Raum · Zeit · Materie

Hermann Weyl

Raum · Zeit · Materie

Vorlesungen über
allgemeine Relativitätstheorie

Herausgegeben
und ergänzt
von Jürgen Ehlers

Achte Auflage

Springer-Verlag

Berlin Heidelberg New York
London Paris Tokyo
Hong Kong Barcelona
Budapest

Hermann Weyl †

Jürgen Ehlers (Hrsg.)
Max-Planck-Institut für Astrophysik
Karl-Schwarzschild-Straße 1
D-85748 Garching bei München

*Die siebente Auflage erschien unter gleichnamigem Titel 1988
in der Reihe Heidelberger Taschenbücher Band 251*

*Die Fotovorlage für die Abbildung auf der Einbandvorderseite
wurde dem Band K. Chandrasekharan: Hermann Weyl –
Gesammelte Abhandlungen, Springer-Verlag, 1968, entnommen*

Mathematics Subject Classification (1991): 83-01

ISBN-13: 978-3-642-78366-1 e-ISBN-13: 978-3-642-78365-4
DOI: 10.1007/978-3-642-78365-4

Die Deutsche Bibliothek – CIP-Einheitsaufnahme
Weyl, Hermann: Raum, Zeit, Materie: Vorlesungen über allgemeine Relativitätstheorie/
Hermann Weyl. – 8. Aufl./ hrsg. und erg. von Jürgen Ehlers. – Berlin; Heidelberg; New York;
London; Paris; Tokyo; Hong Kong; Barcelona; Budapest: Springer, 1993
ISBN 3-540-56978-2 NE: Ehlers, Jürgen (Hrsg.)

Geleitwort

Bücher über naturwissenschaftliche Themen, insbesondere solche aus der Physik, veralten im allgemeinen in wenigen Jahren – mit einigen Ausnahmen. Zu diesen gehört Weyls *Raum, Zeit, Materie.* Einige Gründe dafür habe ich im Vorwort zur 7. Auflage angegeben (s. unten).

Ich freue mich sehr darüber, daß der Springer-Verlag dies Werk in eine neue Reihe aufgenommen hat. Vielleicht kann das Studium dieses Buches manchem Leser wie einst mir dabei helfen, anhand eines großen Beispiels zu erleben, wie eine fundamentale physikalische Theorie nicht nur als Instrument erlernt, sondern *verstanden* werden kann als die Entfaltung einer einfachen Grundidee, deren technische Durchführung fast zwangsläufig durch diese Idee bestimmt ist. Angesichts der durch Eichtheorien, supersymmetrische und Stringtheorien erfolgten gegenseitigen Befruchtung von Differentialgeometrie und physikalischer Feldtheorie ist wohl auch eine von späteren Verallgemeinerungen und Abstraktionen freie, von anschaulichen Vorstellungen geleitete, relativ kurze und doch systematische Darstellung der Grundbegriffe *Mannigfaltigkeit, Zusammenhang, Krümmung* und deren physikalischer Interpretation gerade jetzt vielen Studierenden der Physik oder Mathematik willkommen.

Wer sich über neuere, insbesondere mit globalen Methoden erzielte Ergebnisse der Allgemeinen Relativitätstheorie wie Schwarzlochtheorie, Singularitätensätze, Energiepositivität, Existenzsätze, empirische Prüfungen der Gravitationsfeldgleichungen oder astrophysikalische und kosmologische Anwendungen informieren möchte, muß natürlich die neuere und neueste Literatur heranziehen; wem es aber hauptsächlich darum geht, die physikalischen Grundgedanken der speziellen und allgemeinen Relativitätstheorie und deren mathematische Formulierung im Zusammenhang kennenzulernen oder wiederholend zu vergegenwärtigen, der kann immer noch nichts Besseres tun als Weyls Buch lesen – hoffentlich mit Freude.

Garching, im Juli 1993 *Jürgen Ehlers*

Vorwort des Herausgebers zur siebenten Auflage

Seit dem Erscheinen von Weyls „Raum, Zeit, Materie" im Frühjahr 1918 wurde die Physik wesentlich umgestaltet. Die zwischen 1925 und 1930 im wesentlichen endgültig formulierte Quantenmechanik hat nicht nur den atomaren Feinbau der Materie verstehen gelehrt, sondern eine neue Auffassung von Naturgesetzlichkeit mit sich gebracht. Die immer noch nicht ganz geglückte Verknüpfung der Quantentheorie mit der speziellen Relativitätstheorie in der Quantenfeldtheorie hat in Wechselwirkung mit immer raffinierteren und aufwendigeren Experimenten den Weg in die seltsame Welt der subnuklearen Teilchen gebahnt. Neue Begriffsbildungen und Methoden in der Nichtgleichgewichts-Thermodynamik und statistischen Mechanik haben das Zustandekommen komplizierter Vorgänge in der makroskopischen Materie wie spontane Gestaltbildungen und Phasenübergänge verständlich gemacht. Die Astrophysiker haben u. a. den Bau und die Entwicklung der Sterne weitgehend aufgeklärt, und sogar Sternsysteme und das Weltall als Ganzes sind in Zusammenarbeit von Beobachtern und Theoretikern Gegenstände naturwissenschaftlicher Forschung geworden.

Während all dieser Umgestaltungen der Beschreibung der Materie in ihren vielen Erscheinungsformen blieb jedoch das raumzeitliche Gerüst, das allen Materiebeschreibungen zugrunde lag und noch liegt, unangetastet: Die Quantenmechanik stützt sich wie die „vorrelativistische" Physik auf die Galilei−Newtonsche, die Quantenfeldtheorie überwiegend auf die Einstein−Minkowskische Raumzeitstruktur und läßt die Gravitation unberücksichtigt. Die klassische Gravitationstheorie Einsteins schließlich faßt das Raumzeitkontinuum als eine vierdimensionale Lorentzmannigfaltigkeit auf, deren Metrik mit der Materie wechselwirkt. In dieser Theorie ist der Gegensatz zwischen der fest vorgegebenen, absoluten Raumzeitstruktur und den dynamischen Gesetzen unterworfenen Materiefeldern erstmals aufgehoben; auch Metrik und Zusammenhang sind dynamische Felder geworden. Wenn man eine (nichtflache) Metrik als vorgegebenes, äußeres Feld auffaßt, lassen sich auch Quantenfelder darin beschreiben. Erst eine Quantentheorie des Gravitationsfeldes selbst verlangt wohl den Verzicht auf eine Raumzeitgeometrie im klassischen Sinn − wie die Quantenmechanik den Begriff der Teilchenbahnen aufgeben mußte. Was an ihre Stelle tritt, ist zur Zeit noch durchaus unklar, wenn es auch viele Versuche in dieser Richtung gibt.

Die angedeutete Entwicklung der Physik macht verständlich, warum ein so „altes" Werk wie „Raum, Zeit, Materie" noch aktuell ist: Die Riemann−Einsteinsche Raumzeitstruktur, die von Weyl so meisterhaft beschrieben und aus ihren mathematischen und physikalischen Wurzeln hervorwachsend dargestellt wird, ist immer noch die physikalisch umfassendste und erfolgreichste Raumzeittheorie, die bisher entwickelt und mit der Erfahrung konfrontiert wurde. Darüber hinaus hat das Bedürfnis, die Grundzüge der allgemeinen Relativitätstheorie gründlich kennenzulernen, unter Physikern in den letzten 20 Jahren stark zugenommen, weil sich erstens gezeigt hat, daß Quantenfeldtheorien, deren klassische Basis allgemeinrelativistische Strukturen enthalten – nämlich Zusammenhänge in Hauptfaserbündeln – zu wesentlich brauchbareren Theorien der schwachen und starken Wechselwirkungen zwischen subatomaren Teilchen führen als frühere Theorien, und weil zweitens die Aufstellung einer noch weitergehenden, umfassenden Theorie aller Teilchen und Wechselwirkungen augenblicklich nicht mehr als so aussichtslos beurteilt wird wie etwa vor 20 Jahren. Und: Wer an den Bemühungen um eine solche Theorie teilnehmen will, kommt um ein Studium der Einsteinschen Theorie nicht herum.

Nun gibt es natürlich inzwischen viele und darunter auch sehr gute Lehrbücher und Monographien über die allgemeine Relativitätstheorie, die neuere Ergebnisse und zuweilen methodische Vereinfachungen gegenüber Weyls Darstellung enthalten. Andererseits hat „Raum, Zeit, Materie" demgegenüber mindestens zwei wichtige Vorzüge. Als erstes Lehrbuch der noch neuen Theorie setzt es sich gründlicher als spätere Bücher mit den historischen Wurzeln und den sachlichen Motiven auseinander, die zur Einführung der damals neuen Begriffe wie Zusammenhang und Krümmung in die Physik geführt haben. Zweitens ist es von dem vielleicht letzten Universalisten geschrieben worden, der alle wesentlichen Entwicklungen der Mathematik und Physik seiner Zeit nicht nur überblickte, sondern in wesentlichen Teilen mitgestaltete. Das Studium dieses Werkes vermittelt nicht nur die Grundzüge der beiden Relativitätstheorien, sondern zeigt Zusammenhänge mit anderen Ideen, nicht zuletzt auch der Naturphilosophie auf. Weyl gibt ein großes Beispiel für eine Auffassung der theoretischen Physik, die weder die Einzelheiten vernachlässigt noch sich in ihnen verliert, die den mathematischen Hilfsmitteln dieselbe Sorgfalt zuwendet wie dem Zusammenhang der Theorie mit der Erfahrung, für die Beobachtungsdaten, Kalküle und Formeln nicht Selbstzweck sind, sondern Mittel zum Aufspüren und Darstellen von Strukturen der Wirklichkeit.

Die vorliegende siebte Auflage von Raum, Zeit, Materie unterscheidet sich von den zwei gleichen vorangehenden außer durch eine Reihe kleiner Korrekturen durch folgende Änderungen:

1) Anhang I aus der vierten Auflage ist als Anhang V eingefügt worden.
2) Derjenige Teil aus § 34 der vierten Auflage, der sich auf das Anfangswertproblem und die relativistische Kausalität bezieht, bildet jetzt Anhang VI.
3) Als Anhang VII wurde ein Text aus § 31 der ersten Auflage angefügt, der von elektrostatischen Lösungen und der Schwarzschildlösung in kanonischen Zylinderkoordinaten handelt.
4) In etlichen Anmerkungen des Herausgebers werden kurze Erläuterungen, Ergänzungen und Hinweise auf spätere Entwicklungen gegeben. In die 17. Anmerkung wurde eine Passage aus § 31 der ersten Auflage über die sogenannte Schwarzschildsingularität aufgenommen. Die Textstellen, auf die sich die Anmerkungen beziehen, sind durch Randziffern gekennzeichnet. Diese

Randziffern sind zusammen mit den Seitenangaben den betreffenden Anmerkungen vorangestellt, die nach Kapiteln unterteilt sind.

5) Das Schriftenverzeichnis wurde um die Angabe einiger neuerer Bücher und Zeitschriftenartikel ergänzt. Es wurden nur solche Schriften zitiert, auf die in Anmerkungen des Herausgebers Bezug genommen wird.

6) Die Weylschen Vorworte früherer Auflagen des Werkes sind im Anschluß an dieses Vorwort wieder abgedruckt, da sie einen Einblick in die Entwicklung der Theorie selbst und insbesondere in Änderungen des Weylschen Standpunktes zu grundsätzlichen Fragen der Theorie und ihrer Darstellung verdeutlichen.

Garching, im Mai 1988   *Jürgen Ehlers*

Vorwort zur fünften Auflage

Mit der Einsteinschen Relativitätstheorie hat das menschliche Denken über den Kosmos eine neue Stufe erklommen. Es ist, als wäre plötzlich eine Wand zusammengebrochen, die uns von der Wahrheit trennte: nun liegen Weiten und Tiefen vor unserm Erkenntnisblick entriegelt da, deren Möglichkeit wir vorher nicht einmal ahnten. Der Erfassung der Vernunft, welche dem physischen Weltgeschehen innewohnt, sind wir einen gewaltigen Schritt näher gekommen.

Dies Buch ging aus Vorlesungen hervor, die ich im Sommersemester 1917 an der Eidgenössischen Technischen Hochschule Zürich gehalten habe, und erschien zum ersten Male Frühjahr 1918. Es lockte mich, an diesem großen Thema ein Beispiel zu geben für die gegenseitige Durchdringung philosophischen, mathematischen und physikalischen Denkens. Damals war die Relativitätstheorie nur erst im Kreise der Zunft, derer, die täglich mit Integral und Feldstärke umgehen, bekannt. Seither ward sie populär wie selten eine wissenschaftliche Theorie und zum Gegenstand leidenschaftlicher, nicht immer sachlichen Gründen entspringender Parteinahme. Trotz mancher minder schönen Züge, die dabei in Erscheinung traten, und ohne näher zu untersuchen, wie weit das wirkliche Verständnis geht, auf welches die Relativitätstheorie in der »öffentlichen Meinung« gestoßen ist, scheint es mir im ganzen doch eine außerordentlich erfreuliche Tatsache zu sein, daß tiefe Erkenntnisprobleme bei unsern vielverschrieenen Zeitgenossen so lebendiges Interesse zu erregen vermochten. Der Theorie hat weder ihre Popularität noch die Kritik geschadet; beide haben nur dazu geführt, ihren gedanklichen Aufbau immer einfacher und deutlicher herauszustellen. Die Literatur über Relativitätstheorie ist in den letzten Jahren ins Unübersehbare gewachsen; an guten Darstellungen für alle Stufen der mathematisch-physikalischen Vorbildung ist heute kein Mangel. Ich erwähne hier nur von Werken deutscher Sprache das an einen breiteren Kreis sich wendende prachtvolle Buch von Born »Die Relativitätstheorie Einsteins und ihre physikalischen Grundlagen« (in 3. Auflage 1922 erschienen bei Julius Springer) und den meisterhaften Artikel in der Encyklopädie der Mathematischen Wissenschaften (V 19) von W. Pauli jr. Daneben, hoffe ich, wird auch diese Darstellung für das systematische Studium weiter ihren Wert behalten und ihre Leser finden, obschon sie vor den Genuß der Erkenntnisfrucht den Schweiß des Tensorkalküls gesetzt hat.

An dieser Anordnung habe ich auch in der neuen Ausgabe nichts geändert. War es doch meine Absicht gewesen, nicht bloß eine Darstellung der Relativitätstheorie zu geben, sondern das ganze Problem von Raum und Zeit zu entrollen, wie es sich in der Geschichte von Mathematik und Physik entwickelt hat; und da ist die Mathematik vorangegangen! So ist namentlich das II. Kapitel nicht mehr als Vorbereitung zu betrachten, sondern steht schon mitten im Thema selbst. Außerdem sollten hier alle

Mittel an die Hand gegeben werden, die nötig sind, um auf Schritt und Tritt den Übergang vollziehen zu können von den allgemeinen Ideen zur begrifflich strengen Fassung der Theorie und zur konkreten Anwendung auf Einzelprobleme. Trotzdem verleugnet das Buch nicht seine philosophische Grundeinstellung: auf die *gedankliche Analyse* kommt es ihm an; die Physik liefert die Enfahrungsgrundlage, die Mathematik das scharfe Werkzeug. In der neuen Ausgabe ist diese Tendenz noch verstärkt worden; zwar das Geranke der Spekulation wurde beschnitten, aber die tragenden Grundgedanken wurden anschaulicher, sorgfältiger und vollständiger herausgearbeitet und zergliedert. So erwähne ich: den neu eingeführten § 12 über Parallelverschiebung und Krümmung; die genaue Analyse der Grundlagen der speziellen und der allgemeinen Relativitätstheorie in § 23 und § 29. Vor allem ist die Mechanik ganz anders zur Geltung gekommen (§§ 27 und 37, 38). Endlich habe ich versucht, soviel Klarheit in das Bewegungsproblem zu bringen, als es bei dem heutigen Stand unserer Kenntnisse möglich ist (§§ 36, 39). Es erscheint mir verfehlt, die allgemeine Relativitätstheorie von Ursprung her unlöslich mit einer Kosmologie zu verquicken, welche die Weltmassen für die Trägheit verantwortlich macht. Denn das ist eine Hypothese, deren Durchführbarkeit heute durchaus nicht erwiesen ist. Auch hat man nicht immer genügend beachtet, daß auf dem Standpunkt der allgemeinen Relativität der Begriff der relativen Bewegung zweier Körper zueinander nicht minder bedeutungslos ist als der der absoluten Bewegung eines einzigen. Den eigentlichen physikalischen Inhalt der Einsteinschen Theorie möchte ich so formulieren: Die Bewegung eines Körpers kommt dynamisch zustande durch den Kampf zwischen *Kraft* und *Führung*; das Führungsfeld ist eine mit der Materie in Wechselwirkung stehende Realität; die Gravitation gehört zur Führung und nicht zur Kraft. Meine Auffassung des Verhältnisses von Feld und Materie, welche Raum schafft für die quantentheoretisch-statistische Physik der Materie, habe ich konsequenter der Mieschen Feldtheorie gegenübergestellt, als es in der 4. Auflage geschehen war; die Benutzung »fingierter Felder« zur Ausfüllung des Gebietes, in dem ein materielles Teilchen sich befindet, erweist sich als eine bequem zu handhabende und durchschlagende Methode (§ 38). Die gruppentheoretische Untersuchung der Raumstruktur ist in Kapitel II nur flüchtig berührt worden; in dieser Hinsicht verweise ich zur Ergänzung auf meine spanischen Vorlesungen über die »Mathematische Analyse des Raumproblems«, welche von dem Institut d'Estudis Catalans (Barcelona) herausgegeben werden (sie werden wahrscheinlich auch in deutscher Sprache erscheinen).

Von der 4. Auflage dieses Buches ist eine französische und eine englische Übersetzung herausgekommen. Die erste ist allerdings stellenweise so »frei«, daß ich mich genötigt sehe, für ihren Inhalt jede Verantwortung abzulehnen.

Zürich, Herbst 1922   **H. Weyl**

Vorwort zur vierten Auflage

Das Buch hat in der neuen Auflage im ganzen diejenige Gestalt bewahrt, die ich ihm in der vorigen gegeben hatte; doch erfuhr es im einzelnen mancherlei Änderungen und Zusätze. Die wichtigeren derselben seien hier namhaft gemacht. 1. Dem II. Kapitel ist ein Paragraph hinzugefügt worden, in welchem das Raumproblem eine tiefere gruppentheoretische Formulierung findet; es handelt sich darum, die innere Notwendigkeit und Einzigartigkeit der auf einer quadratischen Differentialform beruhenden Pythagoreischen Raummetrik zu begreifen. 2. Der Grund dafür, daß Einstein zwangsweise zu eindeutig bestimmten Gravitationsgleichungen geführt wurde, liegt darin, daß der Krümmungsskalar die einzige Invariante im Riemannschen Raum von gewissem Charakter ist; für diesen Satz ist ein Beweis im Anhang skizziert worden. 3. Im IV. Kapitel werden die neueren experimentellen Untersuchungen zur allgemeinen Relativitätstheorie berücksichtigt, insbesondere die Beobachtungen der Lichtablenkung durch das Gravitationsfeld der Sonne bei Gelegenheit der Sonnenfinsternis vom 29. Mai 1919, deren Ergebnisse jüngst das Interesse der weitesten Kreise für die Relativitätstheorie so mächtig angeregt haben. 4. Der Mieschen Auffassung der Materie stelle ich eine andere gegenüber (siehe namentlich § 32 und § 36), nach welcher die Materie als Grenzsingularität des Feldes erscheint, Ladung und Masse aber als Kraftflüsse im Felde. Damit ist eine veränderte und vorsichtigere Stellungnahme zu dem ganzen Problem der Materie verbunden.

Für den Hinweis auf kleinere wünschenswerte Ausbesserungen bin ich manchem bekannten und unbekannten Leser, für Durchsicht der Korrekturbogen Herrn Prof. Nielsen (Breslau) zu Dank verbunden.

Zürich, November 1920   **Hermann Weyl**

Vorwort zur dritten Auflage

Obschon dies Buch die Frucht der Erkenntnis in harter Schale bietet, ist es doch manchem, wie mir verschiedene Zuschriften zeigten, ein Trostbüchlein in wirrer Zeit gewesen; ein Aufblick aus dem Trümmerfeld der uns unmittelbar bedrängenden Gegenwart zu den Sternen, das ist: der unzerbrechlichen Welt der Gesetze; Bekräftigung des Glaubens an die Vernunft und eine alle Erscheinungen umspannende, nie gestörte, nie zu störende »harmonia mundi«.

Den Zusammenklang noch reiner zu stimmen, ist mein Bestreben in der neuen, dritten Auflage gewesen. Während die zweite ein unveränderter Abdruck der ersten war — bis auf die Korrektur eines Versehens auf pag. 183 —, habe ich jetzt eine gründliche Umarbeitung vorgenommen, von der vor allem das II. und III. Kapitel betroffen wurden. Die von Herrn Levi-Civita im Jahre 1917 gemachte Entdeckung des Begriffs der infinitesimalen Parallelverschiebung gab den Anstoß zu einer erneuten Untersuchung der mathematischen Grundlagen der Riemannschen Geometrie. Der hier in Kapitel II gegebene Aufbau der reinen Infinitesimalgeometrie, bei welchem sich jeder Schritt in voller Natürlichkeit, Anschaulichkeit und Notwendigkeit vollzieht, ist, glaube ich, das in allen wesentlichen Stücken endgültige Ergebnis dieser Untersuchung. Einige Unvollkommenheiten, welche meiner ersten Darstellung in der Mathematischen Zeitschrift (Bd. 2, 1918) noch anhafteten, sind beseitigt worden. Das IV. Kapitel, dessen Hauptteil der Einsteinschen Gravitationstheorie gewidmet ist, hat zunächst durch Berücksichtigung der in der Zwischenzeit erschienenen wichtigeren Arbeiten, namentlich derjenigen, welche sich auf das Energie-Impulsprinzip beziehen, eine ziemlich tiefgreifende Umgestaltung erfahren. Dann aber ist eine neue, vom Verfasser herrührende Theorie hinzugefügt worden, welche aus der in Kapitel II vollzogenen Erweiterung der geometrischen Grundlage über den Riemannschen Standpunkt hinaus die physikalischen Konsequenzen zieht und sich anheischig macht, aus der Weltgeometrie nicht nur die Gravitations-, sondern auch die elektromagnetischen Erscheinungen abzuleiten. Steckt diese Theorie auch gegenwärtig noch in den Kinderschuhen, so bin ich doch überzeugt, daß ihr der gleiche Wahrheitswert zukommt wie der Einsteinschen Gravitationstheorie — mag nun dieser Wahrheitswert ein unbegrenzter sein oder, wie es wohl wahrscheinlicher ist, begrenzt werden müssen durch die Quantentheorie. —

Herrn Weinstein danke ich für seine mir bei der Durchsicht der Korrekturbogen gewährte Hilfe.

Acla Pozzoli bei Samaden, August 1919

Vorwort zur ersten Auflage

Mit der Einstein schen Relativitätstheorie hat das menschliche Denken über den Kosmos eine neue Stufe erklommen. Es ist, als wäre plötzlich eine Wand zusammengebrochen, die uns von der Wahrheit trennte: nun liegen Weiten und Tiefen vor unserm Erkenntnisblick entriegelt da, deren Möglichkeit wir vorher nicht einmal ahnten. Der Erfassung der Vernunft, welche dem physischen Weltgeschehen innewohnt, sind wir einen gewaltigen Schritt näher gekommen.

Wenngleich in jüngster Zeit eine ganze Reihe mehr oder minder populärer Einführungen in die allgemeine Relativitätstheorie erschienen ist, mangelte es doch bislang an einer systematischen Darstellung. Darum hielt ich es für angezeigt, die vorliegenden, von mir im Sommersemester 1917 an der Eidgen. Technischen Hochschule Zürich gehaltenen Vorlesungen herauszugeben. Zugleich wollte ich an diesem großen Thema ein Beispiel geben für die gegenseitige Durchdringung philosophischen, mathematischen und physikalischen Denkens, die mir sehr am Herzen liegt; dies konnte nur durch einen völlig in sich geschlossenen Aufbau von Grund auf gelingen, der sich durchaus auf das Prinzipielle beschränkt. Aber ich habe meinen eigenen Forderungen in dieser Hinsicht nicht voll Genüge tun können: der Mathematiker behielt auf Kosten des Philosophen das Übergewicht.

Die beim Leser vorausgesetzten Vorkenntnisse beschränken sich auf ein Minimum. Nicht nur die spezielle Relativitätstheorie ist ausführlich abgehandelt, sogar Maxwellsche Theorie und analytische Geometrie sind kurz, unter Herausarbeitung der wesentlichsten Züge, entwickelt. Das lag im Plane des Ganzen. Die Begründung des Tensorkalküls — durch den allein die in Frage stehenden physikalischen Erkenntnisse ihren naturgemäßen Ausdruck finden können — nimmt einen verhältnismäßig breiten Raum ein. So wird das Buch hoffentlich geeignet sein, den Physikern dieses mathematische Hilfsmittel vertrauter zu machen und zugleich als Lehrbuch unter der studierenden Jugend für die neuen Ideen zu wirken! In mathematischer Hinsicht glaube ich manches zur Vereinfachung und Vereinheitlichung beigetragen zu haben. Für die allgemeine Tensoranalysis konnte ich die Abhandlung von Herrn Levi-Civita in den Rend. del Circ. Matem. di Palermo Bd. 42 (1917) noch benutzen. Hessenbergs »Vektorielle Begründung der Differentialgeometrie« [Math. Ann. Bd. 78 (1917)] erschien dagegen erst nach Vollendung des Manuskripts; nur den Beweis der Symmetrieeigenschaften der Riemannschen Krümmung habe ich noch nachträglich aus dieser Arbeit herübergenommen.

Die Einsteinsche Theorie in ihrem gegenwärtigen Zustande endet mit einem Dualismus von Elektrizität und Gravitation, »Feld« und »Äther«; diese bleiben völlig isoliert nebeneinander stehen. Gerade jetzt eröffnet sich dem Verfasser ein verheißungsvoller Weg, durch eine Erweiterung der geometrischen Grundlage beide Erscheinungsgebiete aus einer gemeinsamen Quelle herzuleiten. So ist die Entwicklung der allgemeinen Relativitätstheorie offenbar noch nicht zum Abschluß gekommen. Es lag aber auch durchaus nicht in der Absicht dieses Buches, das auf dem Feld der physikalischen Erkenntnis heute so besonders kräftig sich rührende Leben an dem Punkt, den es im Augenblicke erreicht hat, mit axiomatischer Gründlichkeit in eine tote Mumie zu verwandeln. —

Den Herren Bär und Hiltbrunner bin ich, dem einen für Korrekturhilfe, dem andern für Anfertigung der Figuren, zu Dank verpflichtet; dem Verlage für die unter den heutigen Umständen bewundernswerte rasche Drucklegung und gute Ausstattung der Buches.

Ribnitz in Mecklenburg, Ostern 1918

Hermann Weyl

Aber ins Mondlicht steigen herauf die zerbrochenen Säulen
Und die Tempeltore, die einst der furchtbare traf, der geheime
Geist der Unruh, der in der Brust der Erd und der Menschen
Zürnet und gärt, der Unbezwungne, der alte Eroberer.
Der die Städte wie Lämmer zerreißt, der einst den Olympus
Stürmte, der in den Bergen sich regt und Flammen herauswirft,
Der die Wälder entwurzelt und durch den Ozean hinfährt,
Und die Schiffe zerschlägt, und doch in der ewigen Ordnung
Niemals irre dich macht, auf der Tafel deiner Gesetze
Keine Silbe verwischt, der auch dein Sohn, o Natur, ist,
mit dem Geiste der Ruh aus einem Schoße geboren.

Hölderlin, Die Muße

Inhaltsverzeichnis

IV. Kapitel
Allgemeine Relativitätstheorie

Die Formeln sind in jedem Kapitel durchnumeriert. Formelverweise beziehen sich, wenn nichts
anderes bemerkt ist, jeweils auf das gleiche Kapitel.

Einleitung.

Wir pflegen *Zeit und Raum* als die Existenz*formen* der realen Welt, die *Materie* als ihre *Substanz* aufzufassen. Ein bestimmtes Materiestück erfüllt in einem bestimmten Zeitmoment einen bestimmten Raumteil: in der daraus resultierenden Vorstellung der *Bewegung* gehen jene drei Grundbegriffe die innigste Verbindung ein. Von Descartes wurde es als Programm der exakten Naturwissenschaft aufgestellt, alles Geschehen von diesen Grundbegriffen aus zu konstruieren und damit auf Bewegung zurückzuführen. — Die tiefe Rätselhaftigkeit des *Zeitbewußtseins*, des zeitlichen Ablaufs der Welt, des Werdens, ist vom menschlichen Geist, seit er zur Freiheit erwachte, immer empfunden worden; in ihr liegt eines jener letzten metaphysischen Probleme, um dessen Klärung und Lösung Philosophie durch die ganze Breite ihrer Geschichte unablässig gerungen hat. Der *Raum* ward durch die Griechen zum Gegenstand einer Wissenschaft von höchster Klarheit und Sicherheit. An ihm hat sich in der antiken Kultur die Idee der reinen Wissenschaft entfaltet, die Geometrie wurde zu einer der mächtigsten Kundgebungen des jene Kultur beseelenden Prinzips der Souveränität des Geistes. An die Geometrie hat sich, als die kirchlich-autoritative Weltanschauung des Mittelalters in die Brüche ging und die Wogen des Skeptizismus alles Feste hinwegzureißen drohten, der Wahrheitsglaube wie an einen Fels geklammert; und es konnte als das höchste Ideal aller Wissenschaft aufgestellt werden, »more geometrico« betrieben zu werden. Was endlich die *Materie* betrifft, so glaubten wir zu wissen, daß aller Veränderung eine Substanz, eben die Materie, zugrunde liegen müsse, daß jedes Stück der Materie als ein Quantum sich messen lasse und ihr Substanzcharakter seinen Ausdruck finde in dem Gesetz von der Erhaltung des in allen Veränderungen sich gleich bleibenden Materiequantums. Dieses unser bisheriges Wissen von Raum und Materie, durch die Philosophie vielfach als apriorische Erkenntnis von unbedingter Allgemeinheit und Notwendigkeit in Anspruch genommen, ist heute vollständig ins Wanken geraten. Nachdem die Physik unter den Händen Faradays und Maxwells der Materie als eine Realität anderer Kategorie das *Feld* gegenübergestellt hatte, nachdem auf der andern Seite die Mathematik durch ihre logische Minierarbeit im letztvergangenen Jahrhundert in aller Heimlichkeit das Vertrauen in die Evidenz der Euklidischen Geometrie untergraben hatte, kam in unsern Tagen der revolutionäre Sturm zum Ausbruch, der jene Vorstellungen über Raum, Zeit und Materie, welche bis dahin als die festesten Stützen der Naturwissenschaft gegolten hatten, stürzte; doch nur, um Platz zu schaffen für eine freiere und tiefere Ansicht der Dinge. Diese Umwälzung wurde im wesentlichen vollzogen durch die Gedankenarbeit eines einzigen Mannes, Albert Einstein. Heute scheint die Entwicklung, was die Grundideen betrifft, zu einem gewissen Abschluß gekommen zu sein; doch einerlei ob wir bereits vor einem neuen Definitivum stehen oder nicht — auf jeden Fall muß man sich mit dem Neuen, das da emporgekommen ist, auseinandersetzen. Auch gibt es kein Zurück; die Entwicklung des wissenschaftlichen Gedankens mag über das jetzt Erreichte abermals hinausgehen, aber eine Rückkehr zu dem alten engen und starren Schema ist ausgeschlossen.

An den Problemen, die hier aufgeworfen werden, haben Philosophie, Mathematik und Physik ihren Anteil. Uns soll aber vor allem die mathematisch-physikalische Seite der Fragen beschäftigen; auf die philosophische werde ich nur ganz nebenher eingehen, aus dem einfachen Grunde, weil in dieser Richtung etwas irgendwie Endgültiges bisher nicht vorliegt und ich selber auch nicht imstande bin, auf die hergehörigen erkenntnistheoretischen Fragen solche Antworten zu geben, die ich vor meinem Erkenntnisgewissen voll verantworten könnte. Die Ideen, welche es hier darzustellen gilt, sind nicht aus einer spekulativen Versenkung in die Grundlagen physikalischer Erkenntnis hervorgegangen, sondern haben sich im Ausbau der lebendig vorwärts drängenden Wissenschaft, der die alte Schale zu eng wurde, an konkreten physikalischen Problemen entwickelt; eine Revision der Prinzipien wurde jedesmal erst nachträglich vollzogen und nur so weit, als es gerade die neu aufgetauchten Ideen erheischten. Wie die Dinge heute liegen, bleibt den Einzelwissenschaften nichts anderes übrig, als in diesem Sinne dogmatisch zu verfahren, d. h. in gutem Glauben den Weg zu gehen, auf den sie durch vernünftige, im Rahmen ihrer eigentümlichen Methoden emporkommende Motive gedrängt werden. Die philosophische Klärung bleibt eine große Aufgabe von völlig anderer Art, als sie den Einzelwissenschaften zufällt; da sehe nun der Philosoph zu; mit den Kettengewichten der in jener Aufgabe liegenden Schwierigkeiten behänge und behindere man aber nicht das Vorwärtsschreiten der konkreten Gegenstandsgebieten zugewandten Wissenschaften.

Gleichwohl beginne ich mit einigen *philosophischen* Erörterungen. Als Menschen in der natürlichen Einstellung, in der wir unser tägliches Leben führen, stehen uns in Akten der Wahrnehmung leibhaftig wirkliche Körperdinge gegenüber. Wir schreiben ihnen reale Existenz zu und wir nehmen sie hin als prinzipiell so beschaffen, so gestaltet, so gefärbt usw., wie sie uns da in der Wahrnehmung erscheinen (prinzipiell, d. h. vorbehaltlich aller als möglich zugegebenen Sinnestäuschungen, Spiegelungen, Träume, Halluzinationen usf.). Sie sind umgeben und durchsetzt von einer ins Unbestimmte verschwimmenden Mannigfaltigkeit analoger Wirklichkeiten, die sich alle zusammenfügen zu einer einzigen, immerdar vorhandenen räumlichen Welt, zu der ich selber mit meinem Einzelleib gehöre. Es handle sich hier nur um diese körperlichen Dinge, nicht um all die Gegenständlichkeiten andrer Art, die wir als natürliche Menschen sonst noch uns gegenüber haben: Lebewesen, Personen, Gebrauchsgegenstände, Werte, solche Wesenheiten wie Staat, Recht, Sprache u. dgl. Wohl bei jedem theoretisch gerichteten Menschen beginnt die philosophische Selbstbesinnung damit, daß er irre wird an dieser Weltanschauung des naiven Realismus, auf die ich da eben kurz hingewiesen habe. Man sieht ein, daß eine solche Qualität wie etwa *grün* nur als Korrelat der Grün-Empfindung an dem in der Wahrnehmung sich gebenden Gegenstande Existenz besitzt, daß es aber sinnlos ist, sie als eine Beschaffenheit *an sich* daseienden Dingen *an sich* anzuhängen. Diese *Erkenntnis von der Subjektivität der Sinnesqualitäten* tritt bei Galilei (wie bei Descartes und Hobbes) in engster Verbindung auf mit dem Grundsatz der *mathematisch-konstruktiven Methode unserer heutigen qualitätslosen Physik*, nach der z. B. die Farben »in Wirklichkeit« Ätherschwingungen, also Bewegungen sind. Erst Kant vollzog innerhalb der Philosophie mit völliger Klarheit den weiteren Schritt zu der Einsicht, daß nicht nur die sinnlichen Qualitäten, sondern auch der Raum und die räumlichen Merkmale keine objektive Bedeutung im absoluten Sinne besitzen, daß auch *der Raum nur eine Form unserer Anschauung* ist. Innerhalb der Physik ist es vielleicht erst durch die Relativitätstheorie ganz deutlich geworden, daß von dem uns in der Anschauung gegebenen Wesen von Raum und Zeit in die mathematisch konstruierte physikalische Welt nichts eingeht. Die Farben sind also »in Wirklichkeit« nicht einmal Ätherschwingungen, sondern mathematische Funktionsverläufe, wobei in den Funktionen, den drei Raum- und der einen Zeitdimension entsprechend, vier unabhängige Argumente auftreten.

In prinzipieller Allgemeinheit: die wirkliche Welt, jedes ihrer Bestandstücke und alle Bestimmungen an ihnen, sind und können nur gegeben sein als intentionale Objekte von Bewußtseinsakten. Das schlechthin Gegebene sind die Bewußtseinserlebnisse, die ich habe — so wie ich sie habe. Sie bestehen nun freilich keineswegs, wie die Positivisten vielfach behaupten, aus einem bloßen Stoff von Empfindungen, sondern in einer Wahrnehmung z. B. steht in der Tat leibhaft für mich da ein Gegenstand, auf welchen jenes Erlebnis in einer jedermann bekannten, aber nicht näher beschreibbaren, völlig eigentümlichen Weise bezogen ist, die mit Brentano durch den Ausdruck »*intentionales Objekt*« bezeichnet sein soll. Indem ich wahrnehme, sehe ich etwa diesen Stuhl, ich bin durchaus auf ihn gerichtet. Ich »*habe*« die Wahrnehmung, aber erst wenn ich diese Wahrnehmung selber wieder, wozu ich in einem freien Akt der Reflexion imstande bin, zum intentionalen Objekt einer neuen, inneren Wahrnehmung mache, »*weiß*« ich von ihr (und nicht bloß von dem Stuhl) etwas und stelle dies fest, was ich da eben gesagt habe. In diesem zweiten Akt ist das intentionale Objekt ein *immanentes*, nämlich wie der Akt selber ein reelles Bestandstück meines Erlebnisstromes; in dem primären Wahrnehmungsakt aber ist das Objekt *transzendent*, d. h. zwar gegeben in einem Bewußtseinserlebnis, aber nicht reelles Bestandstück. Das Immanente ist *absolut*, d. h. es ist genau das, als was ich es da habe, und dieses sein Wesen kann ich mir eventuell in Akten der Reflexion zur Gegebenheit bringen. Hingegen haben die transzendenten Gegenstände nur ein *phänomenales* Sein, sie sind Erscheinendes — in mannigfaltigen Erscheinungsweisen und »Abschattungen«. Ein und dasselbe Blatt sieht so oder so groß aus, erscheint so oder so gefärbt, je nach meiner Stellung und der Beleuchtung; keine dieser Erscheinungsweisen kann für sich das Recht beanspruchen, das Blatt so zu geben, wie es »an sich« ist. — In jeder Wahrnehmung liegt nun weiter unzweifelhaft die *Thesis der Wirklichkeit* des in ihr erscheinenden Objekts, und zwar als Teil und inhaltliche Fortbestimmung der Generalthesis einer wirklichen Welt. Aber indem wir von der natürlichen zur philosophischen Einstellung übergehen, machen wir, über die Wahrnehmung reflektierend, diese Thesis sozusagen nicht mehr mit; wir konstatieren kühl, daß in ihr etwas als wirklich »vermeint« ist. Der Sinn und das Recht dieser Setzung wird uns jetzt gerade zum Problem, das von dem Bewußtseins-Gegebenen aus seine Lösung finden muß. Ich meine also keineswegs, daß die Auffassung des Weltgeschehens als eines vom Ich produzierten Bewußtseins-Spiels gegenüber dem naiven Realismus die höhere Wahrheit enthalte; im Gegenteil. Nur darum handelt es sich, daß man einsehe, das Bewußtseins-Gegebene ist der Ausgangspunkt, in den wir uns stellen müssen, um Sinn und Recht der Wirklichkeitssetzung auf eine absolute Weise zu begreifen. Analog steht es auf logischem Gebiet. Ein Urteil, das ich fälle, behauptet einen Sachverhalt; es setzt diesen Sachverhalt als wahr. Auch hier entsteht die philosophische Frage nach dem Sinn und Recht dieser Wahrheitsthesis; auch hier leugne ich nicht die Idee der objektiven Wahrheit, aber sie wird zum Problem, das ich von dem absolut Gegebenen aus zu begreifen habe. — Das »reine Bewußtsein« ist der Sitz des philosophischen a priori. Hingegen muß und wird die philosophische Klärung der Wirklichkeitsthesis ergeben, daß keiner jener erfahrenden Akte der Wahrnehmung, Erinnerung usw., in denen ich Wirklichkeit erfasse, ein letztes Recht dazu gibt, dem wahrgenommenen Gegenstande Existenz und die wahrgenommene Beschaffenheit zuzuschreiben; dieses Recht kann von einem auf andere Wahrnehmungen usw. sich stützenden immer wieder überwogen werden. Es liegt im Wesen eines wirklichen Dinges, ein Unerschöpfliches zu sein an Inhalt, dem wir uns nur durch immer neue, zum Teil sich widersprechende Erfahrungen und deren Abgleich unbegrenzt nähern können. In diesem Sinne ist das wirkliche Ding eine Grenzidee. Darauf beruht der empirische Charakter aller Wirklichkeitserkenntnis [1]).

Die Urform des Bewußtseinstromes ist die *Zeit*. Es ist eine Tatsache, sie mag so dunkel und rätselhaft für die Vernunft sein wie sie will, aber sie läßt sich nicht wegleugnen und wir müssen sie hinnehmen, daß die Bewußtseinsinhalte sich nicht geben als seiend schlechthin (wie etwa Begriffe, Zahlen u. dgl.), sondern als *jetzt-seiend*, die Form des dauernden Jetzt erfüllend mit einem wechselnden Gehalt; so daß es nicht heißt: dies *ist*, sondern: dies *ist jetzt*, doch *jetzt* nicht mehr. Reißen wir uns in der Reflexion heraus aus diesem Strom und stellen uns seinen Gehalt als ein Objekt gegenüber, so wird er uns zu einem *zeitlichen Ablauf*, dessen einzelne Stadien in der Beziehung des *früher und später* zueinander stehen.

Wie die Zeit die Form des Bewußtseinstromes, so, darf man mit Fug und Recht behaupten, ist der *Raum* die Form der körperlichen Wirklichkeit. Alle Momente körperlicher Dinge, wie sie in den Akten äußerer Wahrnehmung gegeben sind, Farbe z. B., haben das Auseinander der räumlichen Ausbreitung an sich. Aber erst indem sich aus allen unseren Erfahrungen eine einzige zusammenhängende reale Welt aufbaut, wird die in jeder Wahrnehmung gegebene räumliche Ausbreitung zu einem Teil des einen und selben Raumes, der alle Dinge umspannt. Dieser Raum ist *Form* der Außenwelt; das will sagen: jedes körperliche Ding kann, ohne irgendwie inhaltlich ein anderes zu sein als es ist, ebensogut an jeder anderen Raumstelle sein als gerade an dieser. Damit ist zugleich die *Homogenität* des Raumes gegeben, und hier liegt die eigentliche Wurzel des *Kongruenzbegriffs*.

Wäre es nun so, daß die Welt des Bewußtseins und der transzendenten Wirklichkeit völlig voneinander geschieden sind oder vielmehr nur das stille Hinblicken der Wahrnehmung die Brücke zwischen ihnen spannt, so bliebe es wohl dabei, wie ich es eben dargestellt habe: auf der einen Seite das in der Form des dauernden Jetzt sich wandelnde, aber raumlose Bewußtsein, auf der andern die räumlich ausgebreitete, aber zeitlose Wirklichkeit, von der jenes nur ein wechselndes Phänomen enthält. Ursprünglicher aber als alle Wahrnehmung ist in uns das Erleben von Streben und Widerstand, des Tuns und Leidens*). Für einen in natürlicher Aktivität lebenden Menschen dient die Wahrnehmung vor allem dazu, ihm den bestimmten Angriffspunkt seiner gewollten Tat und den Sitz ihrer Widerstände in bildhafter Klarheit vor das Bewußtsein zu rücken. Im Erleben des Tuns und Erleidens werde ich selbst mir zu einem einzelnen Individuum von psychischer Realität, geknüpft an einen Leib, der unter den körperlichen Dingen der Außenwelt seine Stelle im Raum hat und durch den hindurch ich mit andern Individuen meinesgleichen in Verbindung stehe; wird das Bewußtsein, ohne doch seine Immanenz preiszugeben, zu einem Stück der Wirklichkeit, zu diesem be-

---

*) Unsere Grammatik hat nur die Verbformen des activum und passivum; es gibt keine zum Ausdruck eines Geschehens, geschweige denn eines Sachverhalts.

sonderen Menschen, der ich bin, der geboren ward und sterben wird. Andererseits spannt aber dadurch auch das Bewußtsein seine Form, die Zeit, über die Wirklichkeit aus: in ihr selber ist darum Veränderung, Bewegung, Ablauf, Werden und Vergehen; und wie mein Wille durch meinen Leib hindurch als bewegende Tat in die reale Welt wirkend hinübergreift, so ist sie selber auch *wirkende* (wie ihr deutscher Name »Wirklichkeit« besagt), ihre Erscheinungen stehen in einem durchgängigen *Kausalzusammenhang* untereinander. In der Tat zeigt sich in der Physik, daß kosmische Zeit und Kausalität nicht voneinander zu trennen sind. Die neue Weise, in der die Relativitätstheorie das Problem der Verkopplung von Raum und Zeit in der Wirklichkeit löst, fällt zusammen mit einer neuen Einsicht in den Wirkungszusammenhang der Welt.

Der Gang unserer Betrachtungen ist damit klar vorgezeichnet. Was über die *Zeit für sich* zu sagen ist und über ihre mathematisch-begriffliche Erfassung, möge noch in dieser Einleitung Platz finden. Weit ausführlicher müssen wir dann vom Raume handeln. Das I. Kapitel ist dem *Euklidischen Raume* gewidmet und seiner mathematischen Konstruktion. Im II. Kapitel werden die Ideen entwickelt, welche über das Euklidische Schema hinausdrängen und im allgemeinen *Begriff des metrischen Kontinuums* (Riemannschen Raumbegriff) ihren Abschluß finden. Darauf wird in einem III. Kapitel das eben erwähnte Problem der *Verkopplung von Raum und Zeit in der Welt* zu erörtern sein; von hier ab spielen die Erkenntnisse der Mechanik und Physik eine wichtige Rolle, weil dieses Problem seinem Wesen nach, wie bereits betont, an die Auffassung der Welt als einer wirkenden geknüpft ist. Die Synthese der im II. und III. Kapitel enthaltenen Gedanken wird uns dann in dem abschließenden Kapitel IV zu Einsteins *allgemeiner Relativitätstheorie* führen, in der in physikalischer Hinsicht eine neue Theorie der *Gravitation* enthalten ist, und zu einer Erweiterung derselben, welche neben der Gravitation die elektromagnetischen Erscheinungen mitumfaßt. Von den Umwälzungen, die unsere Vorstellungen von Raum und Zeit darin erfahren, wird der *Begriff der Materie* sozusagen zwangsläufig mitergriffen werden; so daß, was darüber zu sagen ist, an der gehörigen Stelle im III. und IV. Kapitel zur Sprache kommen soll. —

Um an die *Zeit* mathematische Begriffe heranbringen zu können, müssen wir von der ideellen Möglichkeit ausgehen, in der Zeit mit beliebiger Genauigkeit ein punktuelles *Jetzt* zu setzen, einen Zeitpunkt zu fixieren. Von je zwei verschiedenen Zeitpunkten wird dann immer der eine der *frühere*, der andere der *spätere* sein. Von dieser »Ordnungsbeziehung« gilt der Grundsatz: Ist A früher als B und B früher als C, so ist A früher als C. Je zwei Zeitpunkte AB, von denen A der frühere ist, begrenzen eine *Zeitstrecke*; in sie hinein fällt jeder Punkt, der später als A, früher als B ist. Daß die Zeit Form des Erlebnisstromes ist, kommt in der Idee der *Gleichheit* zum Ausdruck: der Erlebnisgehalt, welcher die Zeitstrecke AB erfüllt, kann an sich, ohne irgendwie ein anderer zu sein als er ist, in irgend eine andere Zeit fallen; die Zeitstrecke, die er dort erfüllen würde, ist der Strecke AB gleich. In der Physik ergibt sich daraus für die Gleichheit von Zeitstrecken der objektiven Zeit, unter Hinzuziehung des Kausalitätsprinzips, das folgende objektive Kriterium. Kehrt ein vollständig isoliertes (keine Einwirkung von außen erfahrendes) physikalisches System einmal genau zu demselben Zustand zurück, in dem es sich bereits in einem früheren Moment befand, so wiederholt sich von da ab die gleiche zeitliche Zustandsfolge, und der Vorgang ist ein zyklischer. Ein solches System nennen wir allgemein eine *Uhr*. Jede Periode hat die *gleiche* Zeitdauer.

Auf diese beiden Relationen, früher-später und gleich, stützt sich die mathematische Erfassung der Zeit durch das *Messen*. Wir versuchen, das Wesen des Messens kurz anzudeuten. Die Zeit ist homogen, d. h. ein einzelner Zeitpunkt kann nur durch individuelle Aufweisung gegeben werden, es gibt keine im allgemeinen Wesen der Zeit gründende Eigenschaft, welche einem Zeitpunkt zukäme, einem andern aber nicht; insbesondere: jede auf Grund der erwähnten beiden Urrelationen rein logisch zu definierende Eigenschaft kommt entweder allen Zeitpunkten oder keinem zu. Ebenso steht es noch mit den Zeitstrecken oder Punktepaaren: es ist ausgeschlossen, daß eine auf Grund jener beiden Urrelationen definierte Eigenschaft nicht für jedes Punktepaar AB (A früher als B) erfüllt ist, wenn sie für ein solches besteht. Anders wird die Sache aber, wenn wir zu drei Zeitpunkten übergehen. Sind irgend zwei Zeitpunkte OE, von denen O der frühere ist, gegeben, so ist es möglich, weitere Zeitpunkte P relativ zu der Einheitsstrecke OE auf begriffliche Weise festzulegen. Dies geschieht dadurch, daß rein logisch aus den Urrelationen eine Beziehung t zwischen drei Punkten konstruiert wird, für welche folgendes gilt: zu je zwei Punkten O und E, von denen O der frühere ist, gibt es einen und nur einen Punkt P, so daß zwischen O, E und P die Beziehung t statthat, in Zeichen:

$$OP = t \cdot OE.$$

(Z. B. bedeutet $OP = 2 \cdot OE$ die Relation $OE = EP$.) Die *Zahl* ist nichts anderes als ein zusammengedrängtes Symbol für eine derartige Relation t und ihre logische Definition auf Grund der Urbeziehungen. P ist der »Zeitpunkt mit der *Abszisse t im Koordinatensystem* (relativ zu der Einheitsstrecke) OE«. Zwei verschiedene Zahlen t, t^* führen notwendig im selben Koordinatensystem immer zu zwei verschiedenen Punkten; denn sonst käme wegen der Homogenität des Kontinuums aller Zeitstrecken die durch

$$t \cdot AB = t^* \cdot AB$$

erklärte Eigenschaft, wie der Zeitstrecke $AB = OE$, so *jeder* Zeitstrecke zu; und die Gleichungen

$$AC = t \cdot AB \quad \text{und} \quad AC = t^* \cdot AB$$

drückten beide dieselbe Relation aus, d. h. es wäre $t = t^*$. — Die Zahlen geben uns die Möglichkeit, relativ zu einer Einheitsstrecke OE aus dem Zeitkontinuum einzelne Zeitpunkte auf begriffliche und daher objektive

und völlig exakte Weise herauszulösen. Aber diese Objektivierung durch
Ausschaltung des Ich und seines unmittelbaren Lebens der Anschauung
gelingt nicht restlos, das nur durch eine individuelle Handlung (und nur
approximativ) aufzuweisende Koordinatensystem bleibt als das notwendige
Residuum dieser Ich-Vernichtung.

Durch diese prinzipielle Formulierung des Messens, meine ich, wird
es begreiflich, wie die Mathematik zu ihrer Rolle in den exakten Naturwissenschaften kommt. *Für das Messen wesentlich ist der Unterschied
zwischen dem »Geben« eines Gegenstandes durch individuelle Aufweisung
einerseits, auf begrifflichem Wege anderseits.* Das letzte ist immer nur
relativ zu Gegenständen möglich, die unmittelbar aufgewiesen werden
müssen. Deshalb ist mit dem Messen immer eine *Relativitätstheorie* verknüpft. Ihr Problem stellt sich allgemein für ein beliebiges Gegenstandsgebiet so: 1) Was muß aufgewiesen werden, um relativ dazu auf begrifflichem Wege einen einzelnen, bis zu jedem beliebigen Grad der Genauigkeit willkürlichen Gegenstand P aus dem in Frage stehenden, kontinuierlich
ausgebreiteten Gegenstandsgebiet herauslösen zu können? Das Aufzuweisende heißt das *Koordinatensystem*, die begriffliche Definition die *Koordinate*
(oder Abszisse) von P in jenem Koordinatensystem. Zwei verschiedene
Koordinatensysteme sind objektiv völlig gleichwertig, es gibt keine begrifflich zu erfassende Eigenschaft, welche dem einen zukäme, dem andern nicht;
denn dann wäre zu viel unmittelbar aufgewiesen. 2) Welcher gesetzmäßige
Zusammenhang findet zwischen den Koordinaten eines und desselben willkürlichen Gegenstandes P in zwei verschiedenen Koordinatensystemen statt?

Hier im Gebiet der Zeitpunkte beantwortet sich die erste Frage dahin:
das Koordinatensystem besteht aus einer Zeitstrecke OE (Anfangspunkt
und Maßeinheit); die zweite aber durch die Transformationsformel

$$t = at' + b \qquad (a > 0),$$

in welcher a, b Konstante sind und t, t' die Koordinaten desselben willkürlichen Punktes P in einem ersten, »ungestrichenen«, und einem zweiten,
»gestrichenen« Koordinatensystem. Dabei können als charakteristische
Zahlen a, b der Transformation für alle möglichen Paare von Koordinatensystemen alle möglichen reellen Zahlen auftreten, mit der Beschränkung,
daß a stets positiv ist. Die Gesamtheit dieser Transformationen bildet,
wie das im Wesen der Sache liegt, eine *Gruppe;* d. h.

1) die »Identität« $t = t'$ ist in ihr enthalten;

2) mit jeder Transformation tritt ihre Inverse in der Gruppe auf,
d. h. diejenige, welche die erstere gerade wieder rückgängig macht. Die
Inverse der Transformation (a, b):

$$t = at' + b$$

ist $\left(\dfrac{1}{a},\ -\dfrac{b}{a}\right)$:

$$t' = \frac{1}{a}t - \frac{b}{a};$$

3) mit zwei Transformationen ist in der Gruppe auch immer diejenige enthalten, welche durch Hintereinanderausführung jener beiden Transformationen hervorgeht. In der Tat: durch Hintereinanderausführung der beiden Transformationen

$$t = at' + b, \qquad t' = a't'' + b'$$

entsteht

$$t = a^* t'' + b^*,$$

wo

$$a^* = a \cdot a', \qquad b^* = (ab') + b$$

ist; und wenn a und a' positiv sind, ist auch ihr Produkt positiv.

Die in Kap. III und IV behandelte Relativitätstheorie wirft das Relativitätsproblem auf nicht bloß für die Zeitpunkte, sondern für die gesamte physische Welt. Es stellt sich aber heraus, daß es gelöst ist, sobald es einmal für die Formen dieser Welt, Raum und Zeit, seine Lösung gefunden hat: auf Grund eines Koordinatensystems für Raum und Zeit läßt sich auch das physikalisch Reale in der Welt nach allen seinen Bestimmungen begrifflich, durch Zahlen, festlegen. —

Alle Anfänge sind dunkel. Gerade dem Mathematiker, der in seiner ausgebildeten Wissenschaft in strenger und formaler Weise mit seinen Begriffen operiert, tut es not, von Zeit zu Zeit daran.erinnert zu werden, daß die Ursprünge in dunklere Tiefen zurückweisen, als er mit seinen Methoden zu erfassen vermag. Jenseits alles Einzelwissens bleibt die Aufgabe, zu *begreifen*. Trotz des entmutigenden Hin- und Herschwankens der Philosophie von System zu System können wir nicht darauf verzichten, wenn sich nicht Erkenntnis in ein sinnloses Chaos verwandeln soll.

I. Kapitel

Der Euklidische Raum: seine mathematische Formalisierung und seine Rolle in der Physik.

§ 1. Herleitung der elementaren Raumbegriffe aus dem der Gleichheit.

Wie wir in der Zeit ein punktuelles *Jetzt* gesetzt haben, so ist in der kontinuierlichen räumlichen Ausbreitung, die ebenfalls unendlicher Teilung fähig ist, das letzte einfache, mit jeder beliebigen Genauigkeit zu fixierende Element ein *Hier*: der Raumpunkt. Der Raum ist nicht wie die Zeit ein eindimensionales Kontinuum, die Art seines kontinuierlichen Ausgebreitetseins läßt sich nicht auf das einfache Verhältnis von früher und später zurückführen; wir lassen dahingestellt, in was für Relationen diese Kontinuität begrifflich zu erfassen ist. Hingegen ist der Raum wie die Zeit *Form* der Erscheinungen, und damit ist die Idee der Gleichheit gegeben: identisch derselbe Gehalt, genau dasselbe Ding, welches bleibt, was es ist, kann so gut an irgend einer andern Raumstelle sein als an der, an welcher es sich wirklich befindet; das von ihm dann eingenommene Raumstück $\mathfrak{S}'$ ist demjenigen $\mathfrak{S}$ gleich oder *kongruent*, welches es wirklich einnimmt. Jedem Punkt P von $\mathfrak{S}$ entspricht ein bestimmter *homologer* Punkt P' in $\mathfrak{S}'$, der nach jener Ortsversetzung von demselben Teile des gegebenen Gehalts bedeckt sein würde, der in Wirklichkeit P bedeckt. Diese »Abbildung«, vermöge deren dem Punkte P der Punkt P' entspricht, nenne ich eine kongruente Abbildung. Bei Erfüllung geeigneter subjektiver Bedingungen würde uns jenes Materiale nach seiner Ortsversetzung genau so erscheinen wie das tatsächlich gegebene. Es ist der Glaube vernünftig zu rechtfertigen, daß ein als starr erprobter Körper — d. i. ein solcher, der, wie wir ihn auch bewegen und bearbeiten mögen, uns immer wieder genau so erscheint wie er vorher war, wenn wir uns selber zu ihm in die richtige Situation bringen — in zwei Lagen, die wir ihm erteilen, diese Idee gleicher Raumstücke realisiert. Den Begriff der Gleichheit will ich neben dem schwer zu analysierenden des kontinuierlichen Zusammenhangs dem Aufbau der Geometrie zugrunde legen und in einer flüchtig hingeworfenen Skizze zeigen, wie auf diese alle geometrischen Grundbegriffe zurückgeführt werden können. Dabei schwebt mir als eigentliches Ziel vor, unter den kongruenten Abbildungen die *Translationen* herauszuheben; erst von diesem Begriff aus soll dann eine strenger geführte axiomatische Begründung der Euklidischen Geometrie anheben.

Zunächst die *gerade Linie!* Ihre Eigentümlichkeit ist, daß sie durch zwei ihrer Punkte bestimmt ist; jede andere Linie kann noch unter Festhaltung zweier ihrer Punkte durch kongruente Abbildung in eine andere Lage gebracht werden (Linealprobe). Also: sind A, B zwei verschiedene Punkte, so gehört zu der geraden Linie $g = AB$ jeder Punkt, der bei allen kongruenten Abbildungen in sich übergeht, die A und B in sich überführen (die gerade Linie »weicht nach keiner Seite aus«). Kinematisch ausgedrückt, kommt das darauf hinaus, daß wir die gerade Linie als Rotationsachse auffassen. Sie ist homogen und ein Linearkontinuum wie die Zeit: sie zerfällt durch einen beliebigen ihrer Punkte A in zwei Teile, zwei »Halbgeraden«. Gehören B und C je einem dieser beiden Teile an, so sagt man, A liege zwischen B und C; die Punkte des einen Teils liegen rechts, die des andern links von A (dabei wird willkürlich bestimmt, welche Hälfte die linke und welche die rechte heißen soll). Die einfachsten Grundtatsachen, welche für diesen Begriff des »*zwischen*« gelten, lassen sich in solcher Vollständigkeit, wie es für den deduktiven Aufbau der Geometrie nötig ist, exakt formulieren. Daher sucht man in der Geometrie (unter Verkehrung des wahren anschaulichen Verhältnisses) auf den Begriff des »zwischen«, auf die Relation »A gehört der Geraden BC an und liegt zwischen B und C«, alle Kontinuitätsbegriffe zurückzuführen. Sei A' ein Punkt rechts von A. Durch A' zerfällt die Gerade g gleichfalls in zwei Stücke; wir nennen dasjenige, dem A angehört, das linke. Liegt hingegen A' links von A, so dreht sich die Sache um. Bei dieser Festsetzung gelten dann analoge Verhältnisse nicht nur hinsichtlich A und A', sondern irgend zweier Punkte der geraden Linie. Durch das links und rechts sind die Punkte der Geraden genau in der gleichen Weise geordnet wie die Zeitpunkte durch das früher und später.

Links und rechts sind gleichberechtigt. Es gibt eine kongruente Abbildung, die A fest läßt, jedoch die beiden Hälften, in welche die Gerade durch A zerfällt, vertauscht; jede Strecke AB läßt sich verkehrt mit sich zur Deckung bringen (so daß B auf A und A auf B fällt). Hingegen läßt eine kongruente Abbildung, die A in A überführt und alle Punkte rechts von A in Punkte rechts von A, alle Punkte links von A in Punkte links von A, jeden Punkt der Geraden fest. Die Homogenität der geraden Linie kommt darin zum Ausdruck, daß man die Gerade so mit sich zur Deckung bringen kann, daß irgend einer ihrer Punkte A in irgend einen andern A' übergeht, die rechte Hälfte von A aus in die rechte Hälfte von A' aus und ebenso die linke in die linke (Translation der Geraden). Führen wir für die Punkte der Geraden die Gleichheit $AB = A'B'$ durch die Erklärung ein: sie besagt, daß AB durch eine Translation der Geraden in $A'B'$ übergeht, so finden hinsichtlich dieses Begriffs die gleichen Umstände statt, wie sie für die Zeit galten. Sie ermöglichen die Einführung der Zahl und durch die Zahl die exakte Fixierung von Punkten auf der geraden Linie unter Zugrundelegung einer Einheitsstrecke OE.

Betrachten wir die Gruppe der kongruenten Abbildungen, welche die Gerade g fest lassen (d. h. jeden Punkt von g in einen Punkt von g

überführen)! Unter ihnen haben wir die Rotationen als diejenigen hervorgehoben, welche nicht nur g als Ganzes, sondern jeden Punkt von g einzeln an seiner Stelle lassen. Wie können wir in dieser Gruppe die Translationen von den Schraubungen unterscheiden? Ich will hier einen ersten Weg einschlagen, der auf einer rotativen Auffassung nicht nur der Geraden, sondern auch der Ebene beruht.

Zwei von einem Punkt O ausgehende Halbgerade bilden einen *Winkel*. Jeder Winkel kann verkehrt mit sich zur Deckung gebracht werden, so daß der eine Schenkel auf den andern fällt und umgekehrt. Ein *rechter* Winkel ist mit seinem Nebenwinkel kongruent. Ist also h eine Gerade, die in A auf g senkrecht steht, so gibt es eine Rotation um g (Umklappung), welche die beiden Hälften, in die h durch A zerfällt, vertauscht. Alle auf g in A senkrecht stehenden Geraden bilden die *Ebene* E durch A senkrecht zu g. Je zwei dieser senkrechten Geraden gehen auseinander durch Rotation um g hervor. Bringt man g irgendwie mit

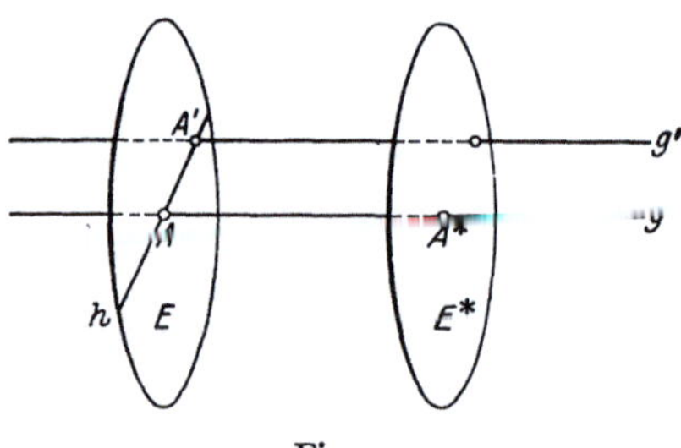

Fig. 1.

sich verkehrt zur Deckung, so daß A in A übergeht, die beiden Hälften, in die g durch A zerfällt, aber miteinander vertauscht werden, so kommt dabei die Ebene E notwendig mit sich selbst zur Deckung. Auch durch diese Eigenschaft zusammen mit der Rotationssymmetrie läßt sich die Ebene erklären: zwei kongruente rotationssymmetrische Tische sind eben, wenn ich dadurch, daß ich den einen mit vertikaler Achse verkehrt auf den andern stülpe, die beiden Tischplatten zur Deckung bringe. Die Ebene ist homogen. Der Punkt A auf E, der hier zunächst als »Zentrum« erscheint, ist in keiner Weise vor ihren übrigen Punkten ausgezeichnet; durch jeden von ihnen, A', geht eine gerade Linie g' hindurch von der Art, daß E aus allen Geraden durch A' senkrecht zu g' besteht. Die aus den sämtlichen Punkten A' von E in dieser Weise hervorgehenden senkrechten Geraden g' bilden eine Schar *paralleler* Geraden; in ihr ist die Gerade g, von der wir ausgingen, in keiner Weise ausgezeichnet. Die Geraden der Schar erfüllen den ganzen Raum, so daß durch jeden Raumpunkt eine und nur eine Gerade der Schar hindurchgeht. Sie ist unabhängig davon, an welcher Stelle A der Geraden g die obige Konstruktion ausgeführt wird: ist A^* irgend ein Punkt von g, so schneidet die auf g in A^* errichtete Normalebene nicht nur g, sondern alle Geraden der Parallelenschar senkrecht. Diese aus den sämtlichen Punkten A^* von g entstehenden Normalebenen E^* bilden eine parallele Schar von Ebenen; auch sie erfüllen den Raum einfach und lückenlos. Es bedarf nur noch eines kleinen Schrittes, um von dem so gewonnenen Raumgerüst zum rechtwinkligen Koordinatensystem zu gelangen. Hier benutzen wir es jedoch, um den

Begriff der räumlichen Translation festzulegen: die Translation ist eine kongruente Abbildung, die nicht nur g, sondern jede Gerade der Parallelenschar in sich überführt. Es gibt eine und nur eine Translation, welche den beliebigen Punkt A von g in den beliebigen Punkt A^* derselben Geraden überführt.

Ich will noch einen zweiten Weg angeben, um zum Begriff der Translation zu gelangen. Das Hauptkennzeichen der Translation ist, daß in ihr alle Punkte gleichberechtigt sind, daß von dem Verhalten eines Punktes bei der Translation nichts Objektives ausgesagt werden kann, was nicht auch für jeden andern gelte (so daß auch bei gegebener Translation die Punkte des Raumes nur durch individuelles Aufweisen [»dieser da«] voneinander unterschieden werden können, während z. B. in einer Rotation sich die Punkte der Achse durch die Eigenschaft, daß sie an ihrer Stelle bleiben, vor allen übrigen auszeichnen). Indem wir dieses Kennzeichen in den Vordergrund stellen, ergibt sich die folgende Erklärung der Translation, die von dem Begriff der Rotation ganz unabhängig ist. Bei einer kongruenten Abbildung I gehe der beliebige Punkt P in P' über; wir wollen PP' ein Paar zusammengehöriger Punkte nennen. Hat eine zweite kongruente Abbildung II die Eigenschaft, daß sie jedes Paar (nach I) zusammengehöriger Punkte wiederum in ein solches Paar überführt, so soll sie mit der ersten vertauschbar genannt werden. Eine kongruente Abbildung heißt eine Translation, wenn es mit ihr vertauschbare kongruente Abbildungen gibt, welche den beliebigen Punkt A in den beliebigen Punkt B überführen. — Daß zwei kongruente Abbildungen I, II miteinander vertauschbar sind, besagt, wie man sofort auf Grund der Erklärung beweist, daß die durch Hintereinanderausführung der Abbildungen I, II entstehende kongruente Abbildung mit derjenigen identisch ist, die durch Hintereinanderausführung dieser beiden Abbildungen II, I in umgekehrter Reihenfolge hervorgeht. Es ist eine Tatsache, daß eine Translation (und zwar, wie sich gleich zeigen wird, nur eine) existiert, welche den beliebigen Punkt A in den beliebigen B überführt. Es ist eine Tatsache, daß, wenn $\mathfrak{T}$ eine Translation ist, A und B irgend zwei Punkte, nicht bloß (laut Definition) überhaupt eine mit $\mathfrak{T}$ vertauschbare kongruente Abbildung existiert, die A in B überführt, sondern daß insbesondere diejenige *Translation*, welche A nach B bringt, die geforderte Eigenschaft besitzt. Eine Translation ist daher mit allen Translationen vertauschbar; und eine kongruente Abbildung, die mit allen Translationen vertauschbar ist, notwendig selber eine Translation. Daraus folgt, daß diejenige kongruente Abbildung, die durch Hintereinanderausführung zweier Translationen entsteht, und ebenso die »Inverse« einer Translation (d. i. diejenige Abbildung, welche die Translation gerade wieder rückgängig macht) eine Translation ist: die Translationen bilden eine »*Gruppe*«. Es gibt keine Translation, die den Punkt A in A überführt, außer der Identität, die jeden Punkt festläßt. Denn wenn eine solche Translation P in P' überführt, so muß es nach Definition eine kongruente Abbildung geben, die A in P und gleichzeitig A in P' verwandelt; mithin muß P' mit P identisch sein.

Es kann daher auch nicht zwei verschiedene Translationen geben, welche A in einen anderen Punkt B überführen.

Ist so der Begriff der Translation unabhängig von dem der Rotation begründet, so läßt sich der obigen rotativen Auffassung von Gerade und Ebene eine translative gegenüberstellen. Sei $\mathfrak{a}$ eine Translation, die den Punkt A_0 in A_1 überführt. Diese selbe Translation wird A_1 in einen Punkt A_2, A_2 in A_3 überführen usf.; durch sie wird A_0 aus einem gewissen Punkt A_{-1} hervorgehen, A_{-1} aus A_{-2} usf. Damit erhalten wir zwar noch nicht die Gerade, aber eine Folge äquidistanter Punkte auf ihr. Nun existirt jedoch, wenn n eine natürliche Zahl ist, eine Translation $\dfrac{\mathfrak{a}}{n}$, die bei n-maliger Wiederholung $\mathfrak{a}$ ergibt. Verwenden wir, vom Punkte A_0 unsern Ausgang nehmend, $\dfrac{\mathfrak{a}}{n}$ in der gleichen Weise wie eben $\mathfrak{a}$, so erhalten wir eine n-mal so dichte Punkterfüllung der zu konstruierenden Geraden. Nehmen wir hier für n alle möglichen ganzen Zahlen, so wird diese Erfüllung, je größer n wird, um so dichter werden, und alle Punkte, die wir erhalten, verfließen zu einem Linearkontinuum, in das sie sich unter Aufgabe ihrer selbständigen Existenz einbetten (ich appelliere hier an die Anschauung der Kontinuität). Die gerade Linie, können wir sagen, entsteht aus einem Punkte durch immer wiederholte Ausführung derselben infinitesimalen Translation und ihrer Inversen. Eine Ebene aber entsteht durch Translation einer Geraden g an einer andern h: sind g, h zwei verschiedene, durch den Punkt A_0 gehende Gerade, so übe man auf g alle Translationen aus, welche h in sich überführen; die sämtlichen so aus g entstehenden Geraden bilden die Verbindungsebene von g und h.

Es kommt erst Ordnung in den logischen Aufbau der Geometrie, wenn man den allgemeinen Begriff der kongruenten Abbildung zunächst zu dem der Translation verengert und diesen als Grundstein des axiomatischen Fundaments verwendet (§§ 2, 3). Doch kommen wir dadurch nur zu einer rein translativen, der *affinen* Geometrie, in deren Rahmen hernach der allgemeine Begriff der Kongruenz wieder eingeführt werden muß (§ 4). Nachdem die Anschauung uns die nötigen Unterlagen geliefert hat, treten wir mit dem nächsten Paragraphen in die Domäne der deduktiven Mathematik hinüber.

§ 2. Grundlagen der affinen Geometrie.

Eine Translation oder Verschiebung $\mathfrak{a}$ des Raumes wollen wir bis auf weiteres als einen *Vektor* bezeichnen; später freilich werden wir mit diesem Namen eine allgemeinere Vorstellung verbinden. Daß bei der Verschiebung $\mathfrak{a}$ der Punkt P in Q übergeht, werde auch so ausgedrückt: Q ist der Endpunkt des von P aus aufgetragenen Vektors $\mathfrak{a}$. Sind P und Q irgend zwei Punkte, so gibt es eine und nur eine Verschiebung $\mathfrak{a}$, die P in Q überführt; wir nennen sie den durch P und Q bestimmten Vektor und bezeichnen ihn mit $\overrightarrow{PQ}$.

Diejenige Translation c, die durch Hintereinanderausführung zweier Translationen a und b entsteht, werde als die Summe von a und b bezeichnet: $c = a + b$. Aus der Definition der Summe ergibt sich 1) die Bedeutung der Multiplikation (Wiederholung) und der Teilung eines Vektors durch eine ganze Zahl; 2) der Sinn der Operation —, welche den Vektor a in den inversen — a verkehrt; 3) was unter dem Vektor o zu verstehen ist, nämlich die alle Punkte festlassende »Identität«. Es ist $a + o = a$, $a + (-a) = o$. Weiter folgt daraus die Bedeutung des Symbols $\pm \dfrac{m\,a}{n} = \lambda a$, in welchem m und n irgend zwei natürliche Zahlen sind und λ den Bruch $\pm \dfrac{m}{n}$ bezeichnet. Durch die Forderung der Stetigkeit ist damit auch festgelegt, was unter dem Vektor λa zu verstehen ist, wenn λ eine beliebige reelle Zahl. Wir stellen folgendes einfache Axiomensystem der affinen Geometrie auf.

1. Vektoren.

Je zwei Vektoren a und b bestimmen eindeutig einen Vektor $a + b$ als ihre »Summe«; eine Zahl λ und ein Vektor a bestimmen eindeutig einen Vektor λa, das »λ-fache von a« (Multiplikation). Diese Operationen genügen folgenden Gesetzen.

α) Addition.

1. $a + b = b + a$ *(kommutatives Gesetz).*
2. $(a + b) + c = a + (b + c)$ *(assoziatives Gesetz).*
3. *Sind a und c irgend zwei Vektoren, so gibt es einen und nur einen x, für welchen die Gleichung $a + x = c$ gilt. Er heißt die Differenz $c - a$ von c und a. (Möglichkeit der Subtraktion.)*

β) Multiplikation.

1. $(\lambda + \mu)a = (\lambda a) + (\mu a)$ *(erstes distributives Gesetz).*
2. $\lambda(\mu a) = (\lambda \mu)a$ *(assoziatives Gesetz).*
3. $1\,a = a$.
4. $\lambda(a + b) = (\lambda a) + (\lambda b)$ *(zweites distributives Gesetz).*

Die Gesetze β) folgen für rationale Multiplikatoren λ, μ aus den Additionsaxiomen, falls wir die Multiplikation mit solchen Faktoren wie oben aus der Addition *erklären*. Gemäß dem Prinzip der Stetigkeit nehmen wir sie auch für beliebige reelle Zahlen in Anspruch, formulieren sie aber ausdrücklich als Axiome, da sie sich in dieser Allgemeinheit rein logisch nicht aus den Additionsaxiomen herleiten lassen. Indem wir darauf verzichten, die Multiplikation auf die Addition zurückzuführen, setzen sie uns in den Stand, aus dem logischen Aufbau der Geometrie die schwer zu greifende Stetigkeit ganz zu verbannen. 4. faßt die Ähnlichkeitssätze zusammen.

γ) Das »*Dimensionsaxiom*«, das hier seine Stelle im System findet, werden wir erst hernach formulieren.

II. Punkte und Vektoren.

1. *Je zwei Punkte A und B bestimmen einen Vektor $\mathfrak{a}$; in Zeichen $\overrightarrow{AB} = \mathfrak{a}$. Ist A irgend ein Punkt, $\mathfrak{a}$ irgend ein Vektor, so gibt es einen und nur einen Punkt B, für welchen $\overrightarrow{AB} = \mathfrak{a}$ ist.*

2. *Ist $\overrightarrow{AB} = \mathfrak{a}$, $\overrightarrow{BC} = \mathfrak{b}$, so ist $\overrightarrow{AC} = \mathfrak{a} + \mathfrak{b}$.*

In diesen Axiomen treten zwei Grundkategorien von Gegenständen auf, die Punkte und die Vektoren; drei Grundbeziehungen, nämlich diejenigen, welche durch die Symbole

$$(1) \qquad \mathfrak{a} + \mathfrak{b} = \mathfrak{c}, \qquad \mathfrak{b} = \lambda\mathfrak{a}, \qquad \overrightarrow{AB} = \mathfrak{a}$$

ausgedrückt werden. Alle Begriffe, die sich allein mit ihrer Hülfe rein logisch definieren lassen, gehören zur affinen Geometrie; alle Sätze, welche sich aus diesen Axiomen rein logisch folgern lassen, bilden das Lehrgebäude der affinen Geometrie, das somit auf der hier gelegten axiomatischen Basis deduktiv errichtet werden kann. Übrigens sind unsere Axiome nicht alle logisch unabhängig voneinander, sondern die Additionsaxiome für Vektoren ($I\alpha$, 2. und 3.) folgen aus denen, (II), welche die Beziehung zwischen Punkten und Vektoren regeln. Es lag uns aber daran, daß die Axiome I über Vektoren für sich schon ausreichen, um alle Tatsachen, welche nur die Vektoren (und nicht die Beziehungen zwischen Punkten und Vektoren) betreffen, aus ihnen zu folgern.

Aus den Additionsaxiomen $I\alpha$ läßt sich schließen, daß ein bestimmter Vektor $\mathfrak{o}$ existiert, der für jeden Vektor $\mathfrak{a}$ die Gleichung $\mathfrak{a} + \mathfrak{o} = \mathfrak{a}$ erfüllt; aus den Axiomen II ergibt sich weiter, daß $\overrightarrow{AB}$ dann und nur dann dieser Vektor $\mathfrak{o}$ ist, wenn die Punkte A und B zusammenfallen.

Ist O ein Punkt, $\mathfrak{e}$ ein von $\mathfrak{o}$ verschiedener Vektor, so bilden die Endpunkte P aller Vektoren OP von der Form $\xi\mathfrak{e}$ (ξ eine beliebige reelle Zahl) eine *Gerade*. Durch diese Erklärung wird die translative Auffassung der Geraden in eine exakte, nur die Grundbegriffe des affinen Axiomensystems benutzende Definition gekleidet. Diejenigen Punkte P, für welche die Abszisse ξ positiv ist, bilden die eine Hälfte, diejenigen, für welche ξ negativ ist, die andere Hälfte der Geraden von O aus. Schreiben wir $\mathfrak{e}_1$ statt $\mathfrak{e}$ und ist $\mathfrak{e}_2$ ein weiterer Vektor, der nicht von der Form $\xi\mathfrak{e}_1$ ist, so bilden die Endpunkte P aller Vektoren $\overrightarrow{OP}$ von der Form $\xi_1\mathfrak{e}_1 + \xi_2\mathfrak{e}_2$ eine *Ebene* (translative Entstehung der Ebene durch Verschiebung einer Geraden längs einer andern). Verschieben wir endlich die Ebene E längs einer durch O hindurchgehenden, aber nicht in E gelegenen Geraden, so durchstreicht sie den ganzen Raum. Ist mithin $\mathfrak{e}_3$ ein Vektor, der nicht unter der Form $\xi_1\mathfrak{e}_1 + \xi_2\mathfrak{e}_2$ enthalten ist, so kann jeder Vektor auf eine und nur eine Weise als eine lineare Kombination

$$\xi_1\mathfrak{e}_1 + \xi_2\mathfrak{e}_2 + \xi_3\mathfrak{e}_3$$

von $\mathfrak{e}_1$, $\mathfrak{e}_2$, $\mathfrak{e}_3$ dargestellt werden. Es ergeben sich hier naturgemäß folgende Begriffsbestimmungen.

Eine endliche Anzahl von Vektoren e_1, e_2, $\cdots$, e_h heißt *linear un-abhängig*, wenn

$$(2) \qquad \xi_1 e_1 + \xi_2 e_2 + \cdots + \xi_h e_h$$

nur dann $= 0$ ist, falls sämtliche Koeffizienten ξ verschwinden. Unter dieser Voraussetzung bilden, wie wir uns ausdrücken wollen, die sämtlichen Vektoren von der Form (2) eine *h-dimensionale lineare Vektor-Mannigfaltigkeit*, und zwar diejenige, welche von den Vektoren e_1, e_2, $\cdots$, e_h *»aufgespannt«* wird. Eine h-dimensionale lineare Vektor-Mannig-faltigkeit $\mathfrak{M}$ kann, unabhängig von der besonderen »Basis« e_i, folgender-maßen gekennzeichnet werden:

1. Die beiden Grundoperationen: Addition zweier Vektoren und Mul-tiplikation eines Vektors mit einer Zahl führen nicht aus der Mannigfaltig-keit heraus; d. h. die Summe zweier zu $\mathfrak{M}$ gehörigen Vektoren wie auch das Produkt eines zu $\mathfrak{M}$ gehörigen Vektors mit einer beliebigen reellen Zahl liegt stets wieder in $\mathfrak{M}$.

2. Es existieren in $\mathfrak{M}$ wohl h linear unabhängige Vektoren, aber je $h + 1$ sind voneinander linear abhängig.

Aus der 2. Eigenschaft (die aus unserer ursprünglichen Definition mit Hülfe der elementarsten Sätze über lineare Gleichungen folgt) entnehmen wir, daß die Dimensionszahl h für die Mannigfaltigkeit als solche charakte-ristisch ist und nicht abhängig von der speziellen Vektorbasis, durch welche wir sie »aufspannen«.

Das in der obigen Tabelle der Axiome noch ausgelassene *Dimensions-axiom* kann jetzt so formuliert werden:

Es gibt n linear unabhängige Vektoren, aber je $n + 1$ sind voneinander linear abhängig,

oder: die Vektoren bilden eine n-dimensionale lineare Mannigfaltigkeit. Das führt für $n = 3$ auf die affine räumliche Geometrie, für $n = 2$ auf die ebene, für $n = 1$ auf die Geometrie der Geraden. Bei der deduk-tiven Behandlung der Geometrie wird es aber zweckmäßig sein, den Wert von n unbestimmt zu lassen und so eine »n-dimensionale Geometrie« zu entwickeln, in welcher die der Geraden, der Ebene und des Raumes als die speziellen Fälle $n = 1, 2, 3$ enthalten sind. Denn wir sehen (hier für die affine, hernach für die vollständige Geometrie), daß in der mathe-matischen Struktur des Raumes nichts liegt, was uns nötigt, bei der Dimensionszahl 3 stehen zu bleiben. Gegenüber der in unsern Axiomen ausgedrückten mathematischen Gesetzmäßigkeit des Raumes erscheint seine spezielle Dimensionszahl 3 als eine Zufälligkeit, über die wir in einer systematischen deduktiven Theorie hinwegschreiten müssen. Auf die damit gewonnene Idee einer n-dimensionalen Geometrie kommen wir noch im nächsten Paragraphen zurück[2]). Zunächst müssen wir die begonnenen Er-klärungen vervollständigen.

Ist O ein beliebiger Punkt, so erfüllen die sämtlichen Endpunkte P der von O aus aufgetragenen Vektoren einer h-dimensionalen linearen

Vektor-Mannigfaltigkeit $\mathfrak{M}$, wie sie durch (2) dargestellt ist, ein *h-dimensionales lineares Punktgebilde*; wir sagen, es werde vom Punkte O aus durch die Vektoren $\mathfrak{e}_1, \mathfrak{e}_2, \cdots, \mathfrak{e}_h$ aufgespannt. (Das eindimensionale Gebilde heißt Gerade, das zweidimensionale Ebene.) Der Punkt O spielt auf dem linearen Gebilde keine ausgezeichnete Rolle; ist O' irgend ein Punkt desselben, so durchläuft $\overrightarrow{O'P}$, wenn für P alle möglichen Punkte des linearen Gebildes eintreten, die gleiche Vektor-Mannigfaltigkeit $\mathfrak{M}$. Tragen wir die sämtlichen Vektoren der Mannigfaltigkeit $\mathfrak{M}$ einmal von einem Punkte O, ein andermal von einem beliebigen andern Punkte O' auf, so nennen wir die beiden entstehenden linearen Punktgebilde zueinander *parallel*. Darin liegt insbesondere die Definition paralleler Geraden und paralleler Ebenen. Derjenige Teil des durch Abtragen aller Vektoren (2) von O aus entstandenen h-dimensionalen linearen Gebildes, den wir erhalten, wenn wir die ξ der Beschränkung

$$\mathrm{o} \leqq \xi_1 \leqq \mathrm{I}, \qquad \mathrm{o} \leqq \xi_2 \leqq \mathrm{I}, \qquad \cdots, \qquad \mathrm{o} \leqq \xi_h \leqq \mathrm{I}$$

unterwerfen, werde das von O aus durch die Vektoren $\mathfrak{e}_1, \mathfrak{e}_2, \cdots, \mathfrak{e}_h$ aufgespannte h-dimensionale *Parallelepiped* genannt. (Das eindimensionale Parallelepiped heißt Strecke, ein zweidimensionales Parallelogramm. — Alle diese Begriffe tragen die Beschränkung auf den uns anschaulich gegebenen Fall $n = 3$ nicht in sich.)

Einen Punkt O zusammen mit n linear unabhängigen Vektoren $\mathfrak{e}_1, \mathfrak{e}_2, \cdots, \mathfrak{e}_n$ nennen wir ein Koordinatensystem $(\mathfrak{C})$. Jeder Vektor $\mathfrak{x}$ kann auf eine und nur eine Weise in der Form

$$(3) \qquad\qquad \mathfrak{x} = \xi_1 \mathfrak{e}_1 + \xi_2 \mathfrak{e}_2 + \cdots + \xi_n \mathfrak{e}_n$$

dargestellt werden; die Zahlen ξ_i nennen wir seine *Komponenten* in dem Koordinatensystem $(\mathfrak{C})$. Ist P ein beliebiger Punkt und $\overrightarrow{OP}$ gleich dem Vektor (3), so heißen die ξ_i außerdem die *Koordinaten* von P. Alle Koordinatensysteme sind in der affinen Geometrie gleichberechtigt: es gibt keine affingeometrische Eigenschaft, durch welche sich das eine von dem andern unterschiede. Ist

$$O'; \; \mathfrak{e}_1', \; \mathfrak{e}_2', \; \cdots, \; \mathfrak{e}_n'$$

ein zweites Koordinatensystem, so werden Gleichungen gelten

$$(4) \qquad\qquad \mathfrak{e}_i' = \sum_{k=1}^{n} \alpha_{ki} \mathfrak{e}_k,$$

in denen die α_{ki} ein Zahlsystem bilden, das wegen der linearen Unabhängigkeit der $\mathfrak{e}_i'$ eine von o verschiedene Determinante besitzen muß. Sind ξ_i die Komponenten eines Vektors $\mathfrak{x}$ im ersten, ξ_i' im zweiten Koordinatensystem, so besteht der Zusammenhang

$$(5) \qquad\qquad \xi_i = \sum_{k=1}^{n} \alpha_{ik} \xi_k',$$

wie man findet, indem man die Ausdrücke (4) in die Gleichung

$$\sum_i \xi_i e_i = \sum_i \xi_i' e_i'$$

einsetzt. $\alpha_1, \alpha_2, \cdots, \alpha_n$ seien die Koordinaten von O' im ersten Koordinatensystem. Sind x_i die Koordinaten eines beliebigen Punktes im ersten, x_i' im zweiten Koordinatensystem, so gelten die Gleichungen

$$(6) \qquad x_i = \sum_{k=1}^{n} \alpha_{ik} x_k' + \alpha_i .$$

Denn $x_i - \alpha_i$ sind die Komponenten von

$$\overrightarrow{O'P} = \overrightarrow{OP} - \overrightarrow{OO'}$$

im ersten, x_i' im zweiten Koordinatensystem. Die Transformationsformeln (6) für die Koordinaten sind also linear; diejenigen (5) für die Vektorkomponenten entstehen aus ihnen einfach dadurch, daß die von den Variabeln freien konstanten Glieder α_i gestrichen werden. — Es ist eine analytische Behandlung der affinen Geometrie möglich, bei der jeder Vektor durch seine Komponenten, jeder Punkt durch seine Koordinaten repräsentiert wird. Die geometrischen Beziehungen zwischen Punkten und Vektoren drücken sich dann aus als solche zwischen ihren Komponenten bzw. Koordinaten bestehende Zusammenhänge, die durch beliebige lineare Transformation nicht zerstört werden.

Die Formeln (5), (6) lassen noch eine andere Deutung zu: sie können als die Darstellung einer *affinen Abbildung* in einem bestimmten Koordinatensystem aufgefaßt werden. Eine Abbildung, d. i. ein Gesetz, das jedem Vektor $\mathfrak{x}$ einen »Bild«-Vektor $\mathfrak{x}'$, jedem Punkt P einen »Bild«-Punkt P' zuordnet, heißt linear oder affin, wenn durch die Abbildung die affinen Grundbeziehungen (1) nicht zerstört werden — wenn also das Bestehen von (1) die gleichen Relationen für die Bild-Vektoren und Punkte zur Folge hat:

$$\mathfrak{a}' + \mathfrak{b}' = \mathfrak{c}', \qquad \mathfrak{b}' = \lambda \mathfrak{a}', \qquad \overrightarrow{A'B'} = \mathfrak{a}' -$$

und wenn außerdem das Bild keines von o verschiedenen Vektors $= o$ ist, oder anders ausgedrückt: wenn aus zwei Punkten nur dann der gleiche Bildpunkt hervorgeht, falls sie selber identisch sind. Zwei Figuren, die durch affine Abbildung auseinander hervorgehen, sind affin. Sie sind vom Standpunkt der affinen Geometrie einander völlig gleich; es kann keine affine Eigenschaft geben, welche der einen zukäme, der andern aber nicht. Der Begriff der linearen Abbildung spielt also für die affine Geometrie die gleiche Rolle wie die Kongruenz in der vollständigen Geometrie; daraus geht seine prinzipielle Bedeutung hervor. Linear unabhängige Vektoren gehen durch affine Abbildung wieder in linear unabhängige über; ein h-dimensionales lineares Gebilde in ein ebensolches Gebilde; parallele in parallele; ein Koordinatensystem $O\,|\,e_1, e_2, \cdots, e_n$ in ein neues Koordinatensystem $O'\,|\,e_1', e_2', \cdots, e_n'$. Die Zahlen α_{ki}, α_i mögen die gleiche

Bedeutung haben wie oben. Der Vektor (3) verwandelt sich durch die affine Abbildung in

$$\mathfrak{x}' = \xi_1\,\mathfrak{e}'_1 + \xi_2\,\mathfrak{e}'_2 + \cdots + \xi_n\mathfrak{e}'_n .$$

Setzen wir die Ausdrücke von $\mathfrak{e}'_i$ ein, benutzen zur Darstellung der affinen Abbildung das ursprüngliche Koordinatensystem $O\,|\,\mathfrak{e}_1,\ \mathfrak{e}_2,\ \cdots,\ \mathfrak{e}_n$ und verstehen unter ξ_i die Komponenten irgend eines Vektors, unter ξ'_i die seines Bildvektors, so ist also

$$(5')\qquad\qquad \xi'_i = \sum_{k=1}^{n} \alpha_{ik}\,\xi_k .$$

Geht P über in P', so der Vektor $\overrightarrow{OP}$ in $\overrightarrow{O'P'}$; daraus folgt: sind x_i die Koordinaten von P, x'_i die von P', so gilt

$$(6')\qquad\qquad x'_i = \sum_{k=1}^{n} \alpha_{ik}\,x_k + \alpha_i .$$

In der analytischen Geometrie pflegt man die linearen Gebilde durch lineare Gleichungen für die Koordinaten des »laufenden Punktes« zu charakterisieren. Darauf werden wir im nächsten Paragraphen genauer eingehen; hier finde nur noch der Grundbegriff »lineare Form«, auf dem diese Darstellung beruht, seinen Platz. Eine Funktion $L\,(\mathfrak{x})$ — deren Argument $\mathfrak{x}$ alle Vektoren durchläuft, deren Werte aber reelle Zahlen sind — heißt eine *Linearform*, wenn sie die Funktionaleigenschaften besitzt:

$$L(\mathfrak{a} + \mathfrak{b}) = L(\mathfrak{a}) + L(\mathfrak{b})\,;\qquad L(\lambda\mathfrak{a}) = \lambda \cdot L(\mathfrak{a}) .$$

In einem Koordinatensystem $\mathfrak{e}_1,\ \mathfrak{e}_2,\ \cdots,\ \mathfrak{e}_n$ ist jede der n Vektorkomponenten ξ_i von $\mathfrak{x}$ eine solche Linearform. Für eine beliebige Linearform L gilt, wenn $\mathfrak{x}$ durch (3) definiert ist,

$$L(\mathfrak{x}) = \xi_1\,L(\mathfrak{e}_1) + \xi_2\,L(\mathfrak{e}_2) + \cdots + \xi_n L(\mathfrak{e}_n)\,;$$

setzen wir also $L(\mathfrak{e}_i) = a_i$, so erscheint die Linearform, in Komponenten dargestellt, unter der Gestalt

$$a_1\,\xi_1 + a_2\,\xi_2 + \cdots + a_n\,\xi_n\,;$$

die a_i sind ihre konstanten Koeffizienten. Umgekehrt wird durch jeden Ausdruck dieser Art eine Linearform gegeben. Mehrere Linearformen $L_1,\ L_2,\ \cdots,\ L_h$ sind linear unabhängig, wenn keine Konstanten λ_i existieren, für welche identisch in $\mathfrak{x}$ die Gleichung

$$\lambda_1 L_1\,(\mathfrak{x}) + \lambda_2 L_2\,(\mathfrak{x}) + \cdots + \lambda_h L_h(\mathfrak{x}) = 0$$

besteht, außer $\lambda_i = 0$. $n + 1$ Linearformen sind stets linear abhängig voneinander.

§ 3. Idee der n-dimensionalen Geometrie. Lineare Algebra. Quadratische Formen.

Um die Raumgesetze in ihrer vollen mathematischen Harmonie zu erfassen, müssen wir von der besonderen Dimensionszahl $n = 3$ abstrahieren. Es hat sich nicht nur in der Geometrie, sondern in noch erstaunlicherem Maße in der Physik immer wieder gezeigt, daß, sobald wir die Naturgesetze, von denen die Wirklichkeit beherrscht ist, erst einmal völlig durchdringen, diese sich in mathematischen Beziehungen von der durchsichtigsten Einfachheit und vollendetsten Harmonie darstellen. Den Sinn für diese Einfachheit und Harmonie, den wir heute in der theoretischen Physik nicht missen können, zu entwickeln, scheint mir eine Hauptaufgabe des mathematischen Unterrichts zu sein; sie ist für uns eine Quelle hoher Erkenntnisbefriedigung. Die analytische Geometrie, in so gedrängter und prinzipieller Form vorgetragen, wie ich es hier versuche, gibt einen ersten, aber noch unzulänglichen Begriff davon. Doch nicht nur um solcher Zwecke willen müssen wir uns über die Dimensionszahl $n = 3$ erheben, sondern wir benötigen für spätere konkrete physikalische Probleme, wie sie die Relativitätstheorie mit sich bringt, in der die Zeit zum Raum hinzutritt, die vierdimensionale Geometrie.

Man braucht keineswegs die Geheimlehren der Spiritisten zu Rate zu ziehen, um sich den Gedanken einer mehrdimensionalen Geometrie anschaulich näher zu bringen. Betrachten wir z. B. homogene Gasgemische aus Wasserstoff, Sauerstoff, Stickstoff und Kohlensäure. Ein beliebiges Quantum eines solchen Gemisches ist charakterisiert durch die Angabe, wieviel Gramm jedes Gases in ihm enthalten sind. Nennen wir jedes solche Quantum einen Vektor (Namen können wir geben, wie wir wollen) und verstehen unter Addition die Vereinigung zweier Gasquanten im gewöhnlichen Sinne, so sind die sämtlichen auf Vektoren bezüglichen Axiome I unseres Systems mit der Dimensionszahl $n = 4$ erfüllt, wenn wir uns erlauben, auch von negativen Gasquanten zu reden. 1 gr reinen Wasserstoffs, 1 gr Sauerstoff, 1 gr Stickstoff und 1 gr Kohlensäure sind vier voneinander unabhängige »Vektoren«, aus denen sich alle andern linear zusammensetzen lassen, bilden also ein Koordinatensystem. — Oder ein anderes Beispiel: Auf jeder von 5 parallelen Stangen ist eine kleine Kugel verschiebbar. Ein bestimmter Zustand dieser primitiven »Rechenmaschine« ist gegeben, wenn die Stelle, an der sich jede der 5 Kugeln auf ihrer Stange befindet, bekannt ist. Nennen wir jeden solchen Zustand einen »Punkt« und jede simultane Verschiebung der 5 Kugeln einen »Vektor«, so sind unsere sämtlichen Axiome erfüllt mit der Dimensionszahl $n = 5$. — Man sieht schon hieraus: es lassen sich anschauliche Gebilde mancherlei Art konstruieren, die bei geeigneter Namengebung unseren Axiomen genügen.

Viel wichtiger aber als diese etwas spielerischen Exempel ist das folgende, welches zeigt, daß *jene Axiome die Operationsbasis für die Theorie der linearen Gleichungen charakterisieren.* Sind α_i und α gegebene Zahlen, so nennt man bekanntlich

$$(7) \qquad \alpha_1 x_1 + \alpha_2 x_2 + \cdots + \alpha_n x_n = 0$$

eine *homogene,*

$$(8) \qquad \alpha_1 x_1 + \alpha_2 x_2 + \cdots + \alpha_n x_n = \alpha$$

eine *inhomogene* lineare Gleichung für die Unbekannten x_i. Zur Behandlung der *Theorie der linearen homogenen Gleichungen* ist es gut, für ein Wertsystem der Variabeln x_i einen kurzen Namen zu haben; wir bezeichnen es als »Vektor«. Mit diesen Vektoren soll so gerechnet werden, daß unter der Summe der beiden Vektoren

$$(a_1, a_2, \cdots, a_n) \quad \text{und} \quad (b_1, b_2, \cdots, b_n)$$

der Vektor

$$(a_1 + b_1, a_2 + b_2, \cdots, a_n + b_n)$$

verstanden wird und unter dem λ-fachen des ersten der Vektor

$$(\lambda a_1, \lambda a_2, \cdots, \lambda a_n).$$

Dann sind die Axiome I über Vektoren erfüllt mit der Dimensionszahl n.

$$\begin{aligned}
e_1 &= (1, 0, 0, \cdots, 0), \\
e_2 &= (0, 1, 0, \cdots, 0), \\
&\quad\cdots\cdots\cdots\cdots \\
e_n &= (0, 0, 0, \cdots, 1)
\end{aligned}$$

bilden ein System unabhängiger Vektoren; die Komponenten eines beliebigen Vektors $(x_1, x_2 \cdots, x_n)$ in diesem Koordinatensystem sind die Zahlen x_i selber. Der Hauptsatz über die Lösung linearer homogener Gleichungen läßt sich jetzt so aussprechen: Sind $L_1(\mathfrak{x})$, $L_2(\mathfrak{x})$, $\cdots$, $L_h(\mathfrak{x})$ h linear unabhängige Linearformen, so bilden die Lösungen $\mathfrak{x}$ der Gleichungen

$$L_1(\mathfrak{x}) = 0, \quad L_2(\mathfrak{x}) = 0, \quad \cdots, \quad L_h(\mathfrak{x}) = 0$$

eine $(n - h)$-dimensionale lineare Vektor-Mannigfaltigkeit.

In der *Theorie der inhomogenen linearen Gleichungen* wollen wir ein Wertsystem der Variablen x_i lieber als einen »Punkt« bezeichnen. Sind x_i und x_i' zwei Lösungssysteme der Gleichung (8), so ist ihre Differenz

$$x_1' - x_1, \quad x_2' - x_2, \quad \cdots, \quad x_n' - x_n$$

eine Lösung der entsprechenden homogenen Gleichung (7). Wir wollen deshalb diese Differenz zweier Wertsysteme der Variablen x_i einen »Vektor« nennen, und zwar den durch die beiden »Punkte« (x_i) und (x_i') bestimmten Vektor, und über die Addition von Vektoren und ihre Multiplikation mit einer Zahl die obigen Verabredungen treffen. *Dann gelten die sämtlichen Axiome.* Für das besondere Koordinatensystem, das aus den oben angegebenen Vektoren e_i besteht und dem »Anfangspunkt« $O = (0, 0, \cdots, 0)$, sind die Koordinaten eines Punktes (x_i) die Zahlen x_i selber. Der Hauptsatz über lineare Gleichungen lautet: Diejenigen Punkte, welche h unabhängigen linearen Gleichungen genügen, bilden ein $(n - h)$-dimensionales lineares Punktgebilde.

So würde man auch ohne Geometrie von der Theorie der linearen Gleichungen her auf die natürlichste Weise nicht nur zu unsern Axiomen geführt werden, sondern auch zu den weiteren Begriffsbildungen, die wir an sie angeschlossen haben. Ja es wäre sogar in mancher Hinsicht zweckmäßig (wie namentlich die Formulierung des Satzes über homogene Gleichungen zeigt), die Theorie der linearen Gleichungen auf axiomatischer Basis in der Weise zu entwickeln, daß man die hier von der Geometrie her gewonnenen Axiome an die Spitze stellt. Sie würde dann gültig sein für irgend ein Operationsgebiet, das jenen Axiomen genügt, und nicht bloß für die »Wertsysteme von *n* Variablen«. Freilich ist der Übergang von einer solchen mehr begrifflichen zu der üblichen, von vornherein mit Zahlen x_i operierenden mehr formalen Theorie ohne weiteres dadurch zu vollziehen, daß man ein bestimmtes Koordinatensystem zugrunde legt und nun statt der Vektoren und Punkte ihre Komponenten und Koordinaten benutzt..

Aus alle dem geht hervor, daß die ganze affine Geometrie über den Raum nur dieses lehrt (man wird uns ohne genauere Erklärung verstehen), daß er *ein dreidimensionales lineares Größengebiet* ist. Alle die anschaulichen Einzeltatsachen, deren in § 1 Erwähnung geschah, sind nur Verkleidungen dieser einen einfachen Wahrheit. Ist es nun auf der einen Seite außerordentlich befriedigend, für die vielerlei Aussagen über den Raum, räumliche Gebilde und räumliche Beziehungen, aus denen die Geometrie besteht, diesen einen gemeinsamen Erkenntnisgrund angeben zu können, so muß auf der andern Seite betont werden, daß dadurch aufs deutlichste hervortritt, wie wenig die Mathematik Anspruch darauf machen kann, das anschauliche Wesen des Raumes zu erfassen: von dem, was den Raum der Anschauung zu dem macht, was er *ist* in seiner ganzen Besonderheit und was er nicht teilt mit »Zuständen von Rechenmaschinen« und »Gasgemischen« und »Lösungssystemen linearer Gleichungen«, enthält die Geometrie nichts. Dies »begreiflich« zu machen oder ev. zu zeigen, warum und in welchem Sinne es unbegreiflich ist, bleibt der Metaphysik überlassen. Wir Mathematiker können stolz sein auf die wunderbare Durchsichtigkeit der Erkenntnis vom Raume, welche wir gewinnen; aber wir müssen uns zugleich sehr bescheiden, da unsere begrifflichen Theorien nur imstande sind, das Raumwesen nach einer Seite hin, noch dazu seiner oberflächlichsten und formalsten, zu erfassen. —

Aus dem Gebiete der linearen Algebra haben wir, um von der affinen zur vollständigen metrischen Geometrie überzuleiten, noch einige Begriffe und Tatsachen nötig, die sich auf *bilineare* und *quadratische Formen* beziehen. Eine Funktion $Q(\mathfrak{x}\mathfrak{y})$ zweier willkürlicher Vektoren $\mathfrak{x}$ und $\mathfrak{y}$ heißt, wenn sie eine lineare Form sowohl in $\mathfrak{x}$ wie in $\mathfrak{y}$ ist, eine Bilinearform. Sind bei Benutzung eines bestimmten Koordinatensystems ξ_i die Komponenten von $\mathfrak{x}$, η_i die von $\mathfrak{y}$, so gilt eine Gleichung

$$Q(\mathfrak{x}\mathfrak{y}) = \sum_{i,\,k=1}^{n} a_{ik}\xi_i\eta_k$$

mit konstanten Koeffizienten a_{ik}. Wir wollen die Form »*nicht-ausgeartet*« nennen, wenn sie für einen Vektor $\mathfrak{x}$ identisch in $\mathfrak{y}$ nur dann verschwindet, falls $\mathfrak{x} = 0$ ist. Das ist dann und nur dann der Fall, wenn die homogenen Gleichungen

$$\sum_{i=1}^{n} a_{ik}\xi_i = 0$$

die einzige Lösung $\xi_i = 0$ besitzen oder wenn die Determinante $|a_{ik}| \neq 0$ ist. Aus der Erklärung geht hervor, daß diese Bedingung des Nicht-Verschwindens der Determinante bei beliebiger linearer Transformation erhalten bleibt. Die Bilinearform heißt *symmetrisch*, wenn $Q(\mathfrak{y}\mathfrak{x}) = Q(\mathfrak{x}\mathfrak{y})$ ist; an den Koeffizienten gibt sich das durch die Symmetrie-Eigenschaft $a_{ki} = a_{ik}$ kund. Aus jeder Bilinearform $Q(\mathfrak{x}\mathfrak{y})$ entsteht eine nur von einem variablen Vektor $\mathfrak{x}$ abhängige *quadratische Form*

$$Q(\mathfrak{x}) = Q(\mathfrak{x}\mathfrak{x}) = \sum_{i,\, k=1}^{n} a_{ik}\, \xi_i\, \xi_k\,.$$

Auf diese Weise entsteht jede quadratische Form insbesondere aus einer und nur einer *symmetrischen* Bilinearform. Die eben gebildete quadratische Form $Q(\mathfrak{x})$ kann nämlich auch durch Identifizierung von $\mathfrak{x}$ und $\mathfrak{y}$ erzeugt werden aus der symmetrischen Form

$$\tfrac{1}{2}\{Q(\mathfrak{x}\mathfrak{y}) + Q(\mathfrak{y}\mathfrak{x})\}\,.$$

Daß aus zwei verschiedenen symmetrischen Bilinearformen nicht dieselbe quadratische Form hervorgehen kann, ist bewiesen, wenn man zeigt, daß eine symmetrische Bilinearform $Q(\mathfrak{x}\mathfrak{y})$, die identisch in $\mathfrak{x}$ der Gleichung $Q(\mathfrak{x}\mathfrak{x}) = 0$ genügt, identisch verschwinden muß. Dies geht aber aus der für jede symmetrische Bilinearform gültigen Relation

$$(9) \qquad Q(\mathfrak{x} + \mathfrak{y},\ \mathfrak{x} + \mathfrak{y}) = Q(\mathfrak{x}\mathfrak{x}) + 2\, Q(\mathfrak{x}\mathfrak{y}) + Q(\mathfrak{y}\mathfrak{y})$$

hervor. Ist $Q(\mathfrak{x})$ das Zeichen für eine beliebige quadratische Form, so bedeutet $Q(\mathfrak{x}\mathfrak{y})$ immer, ohne daß wir es jedesmal erwähnen, diejenige symmetrische Bilinearform, aus welcher $Q(\mathfrak{x})$ entsteht. Daß eine quadratische Form nicht-ausgeartet sei, soll bedeuten, daß jene symmetrische Bilinearform nicht-ausgeartet ist. Eine quadratische Form $Q(\mathfrak{x})$ ist *positiv-definit*, wenn sie der Ungleichung $Q(\mathfrak{x}) > 0$ für jeden Vektor $\mathfrak{x} \neq 0$ genügt. Eine solche ist gewiß nicht-ausgeartet; denn für keinen Vektor $\mathfrak{x} \neq 0$ kann dann $Q(\mathfrak{x}\mathfrak{y})$ identisch in $\mathfrak{y}$ gleich 0 sein, da es für $\mathfrak{y} = \mathfrak{x}$ positiv ausfällt.

§ 4. Grundlagen der metrischen Geometrie.

Um den Übergang von der affinen zur metrischen Geometrie zu bewerkstelligen, müssen wir noch einmal aus dem Born der Anschauung schöpfen. Ihr entnehmen wir (für den dreidimensionalen Raum) die Erklärung jener Größe, die man als das *skalare Produkt* zweier Vektoren $\mathfrak{a}$ und $\mathfrak{b}$ bezeichnet. Nach Wahl eines bestimmten Einheitsvektors messen wir die Länge von $\mathfrak{a}$ und die (mit dem richtigen Vorzeichen zu versehende) Länge der senkrechten Projektion von $\mathfrak{b}$ auf $\mathfrak{a}$ und multiplizieren diese beiden Maßzahlen miteinander. Dabei sind also nicht bloß, wie in der affinen Geometrie, parallele Strecken ihrer Länge nach zu vergleichen, sondern solche von beliebiger Richtung gegeneinander. Für das skalare Produkt gelten folgende Rechengesetze:

$$\lambda\mathfrak{a} \cdot \mathfrak{b} = \lambda(\mathfrak{a} \cdot \mathfrak{b})\,, \qquad (\mathfrak{a} + \mathfrak{a}') \cdot \mathfrak{b} = (\mathfrak{a} \cdot \mathfrak{b}) + (\mathfrak{a}' \cdot \mathfrak{b})\,,$$

und das analoge in bezug auf den zweiten Faktor; außerdem das kommutative $\mathfrak{a} \cdot \mathfrak{b} = \mathfrak{b} \cdot \mathfrak{a}$. Das skalare Produkt von $\mathfrak{a}$ mit sich selbst, $\mathfrak{a} \cdot \mathfrak{a} = \mathfrak{a}^2$, ist stets positiv, außer wenn $\mathfrak{a} = 0$, und gleich dem Quadrat der Länge von $\mathfrak{a}$. Diese Gesetze besagen: das skalare Produkt zweier willkürlicher Vektoren $\mathfrak{x} \cdot \mathfrak{y}$ ist eine symmetrische Bilinearform, und die aus ihr entstehende quadratische Form ist positiv-definit. Man erkennt also: nicht die Länge, sondern das Quadrat der Länge eines Vektors hängt in einfacher, rationaler Weise von dem Vektor selbst ab, ist nämlich eine quadratische Form; das macht den eigentlichen Inhalt des *Pythagoreïschen Lehrsatzes* aus. Das skalare Produkt ist nichts anderes als die symmetrische Bilinearform, aus welcher diese quadratische Form entsteht. Wir formulieren demnach folgendes

Metrische Axiom: Nach Wahl eines von 0 verschiedenen Einheitsvektors $\mathfrak{e}$ bestimmen je zwei Vektoren $\mathfrak{x}$ und $\mathfrak{y}$ eindeutig eine Zahl $(\mathfrak{x} \cdot \mathfrak{y}) = Q(\mathfrak{x}\mathfrak{y})$; sie ist in ihrer Abhängigkeit von den beiden Vektoren eine symmetrische Bilinearform, die aus ihr entstehende quadratische Form $(\mathfrak{x} \cdot \mathfrak{x}) = Q(\mathfrak{x})$ positiv-definit. $Q(\mathfrak{e})$ ist $= 1$.

Q nennen wir die metrische Fundamentalform. Jetzt gilt: *Eine affine Abbildung, die allgemein den Vektor $\mathfrak{x}$ in $\mathfrak{x}'$ überführt, ist eine kongruente, wenn sie die metrische Fundamentalform invariant läßt:*

$$(10) \qquad\qquad Q(\mathfrak{x}') = Q(\mathfrak{x});$$

zwei Figuren, die durch kongruente Abbildung ineinander übergeführt werden können, sind kongruent[*]). Bei unserm axiomatischen Aufbau *definieren* wir durch diese Aussagen den Begriff der Kongruenz. Liegt irgend ein Operationsbereich vor, in welchem die Axiome des § 2 erfüllt sind, so können wir eine beliebige positiv-definite quadratische Form in ihm wählen, sie zur metrischen Fundamentalform »ernennen« und auf Grund ihrer den Begriff der Kongruenz so definieren, wie es eben geschehen ist: dann ist durch jene Form in den affinen Raum eine Metrik eingetragen, und zwar gilt jetzt die gesamte Euklidische Geometrie. Wieder ist die Formulierung, zu der wir gelangt sind, nicht an eine spezielle Dimensionszahl gebunden. Aus (10) folgt mittels der Relation (9) des § 3, daß für eine kongruente Abbildung allgemeiner

$$Q(\mathfrak{x}'\mathfrak{y}') = Q(\mathfrak{x}\mathfrak{y})$$

gilt:

Da der Begriff der Kongruenz durch die metrische Fundamentalform definiert ist, so ist es kein Wunder, daß diese in alle Formeln eingeht, welche die Maße geometrischer Größen betreffen. Zwei Vektoren $\mathfrak{a}$ und $\mathfrak{a}'$ sind dann und nur dann kongruent, wenn

$$Q(\mathfrak{a}) = Q(\mathfrak{a}').$$

Wir könnten daher $Q(\mathfrak{a})$ als Maßzahl des Vektors $\mathfrak{a}$ einführen; wir be-

---

[*]) Wir unterdrücken hier den Unterschied zwischen direkter und spiegelbildlicher Kongruenz. Er findet schon für affine Abbildungen, und zwar im n-dimensionalen so gut wie im dreidimensionalen Raume, statt.

nutzen aber statt dessen die positive Quadratwurzel aus $Q(\mathfrak{a})$ und
nennen diese die Länge des Vektors $\mathfrak{a}$ (das ist jetzt Definition), damit
die weitere Bedingung erfüllt ist, daß die Länge der Summe zweier paralleler und gleichgerichteter Vektoren gleich der Summe der Längen der
beiden Einzelvektoren ist. Sind $\mathfrak{a}$, $\mathfrak{b}$ ebenso wie $\mathfrak{a}'$, $\mathfrak{b}'$ je zwei Vektoren
von der Länge 1, so ist die von den beiden ersten gebildete Figur dann
und nur dann kongruent mit der aus den beiden letzten bestehenden, wenn

$$Q(\mathfrak{a}, \mathfrak{b}) = Q(\mathfrak{a}', \mathfrak{b}')$$

ist. Wieder aber führen wir nicht diese Zahl $Q(\mathfrak{a}, \mathfrak{b})$ selbst als Maßzahl
des *Winkels* ein, sondern eine Zahl ϑ, welche mit ihr durch die transzendente Funktion cos zusammenhängt:

$$\cos \vartheta = Q(\mathfrak{a}, \mathfrak{b}),$$

damit der Satz gilt, daß sich bei Aneinanderlegung zweier Winkel in der
gleichen Ebene die Maßzahlen der Winkel addieren. Der von zwei be-
liebigen Vektoren $\mathfrak{a}$ und $\mathfrak{b}$ ($\neq$ o) gebildete Winkel ϑ berechnet sich dann aus

$$(11) \qquad \cos \vartheta = \frac{Q(\mathfrak{a}, \mathfrak{b})}{\sqrt{Q(\mathfrak{a}\mathfrak{a}) \cdot Q(\mathfrak{b}\mathfrak{b})}}.$$

Insbesondere heißen zwei Vektoren $\mathfrak{a}$, $\mathfrak{b}$ *senkrecht* zueinander, wenn
$Q(\mathfrak{a}\mathfrak{b}) = $ o ist. Diese Erinnerung an die einfachsten metrischen Formeln
der analytischen Geometrie mag genügen.

Daß der durch (11) definierte Winkel zweier Vektoren immer reell
ist, beruht auf der für jede quadratische Form Q, die für alle Argument-
werte $\geqq$ o ist, gültigen Ungleichung
$$(12) \qquad\qquad Q^2(\mathfrak{a}\mathfrak{b}) \leqq Q(\mathfrak{a}) \cdot Q(\mathfrak{b}).$$
Sie ergibt sich am einfachsten, wenn man bildet:

$$Q(\lambda \mathfrak{a} + \mu \mathfrak{b}) = \lambda^2 Q(\mathfrak{a}) + 2\lambda\mu\, Q(\mathfrak{a}\mathfrak{b}) + \mu^2 Q(\mathfrak{b}) \geqq o.$$

Da die hier hingeschriebene quadratische Form von λ und μ nicht
Werte beiderlei Vorzeichens annimmt, kann ihre »Diskriminante«
$Q^2(\mathfrak{a}\mathfrak{b}) - Q(\mathfrak{a}) \cdot Q(\mathfrak{b})$ unmöglich positiv sein.

n unabhängige Vektoren $\mathfrak{e}_i$ bilden ein *Cartesisches Koordinatensystem*,
wenn für jeden Vektor
$$(13) \qquad\qquad \mathfrak{x} = x_1 \mathfrak{e}_1 + x_2 \mathfrak{e}_2 + \cdots + x_n \mathfrak{e}_n$$
$$Q(\mathfrak{x}) = x_1^2 + x_2^2 + \cdots + x_n^2$$
ist, d. h. wenn

$$Q(\mathfrak{e}_i, \mathfrak{e}_k) = \begin{cases} 1 \; (i = k) \\ o \; (i \neq k) \end{cases}$$

ist. Alle Cartesischen Koordinatensysteme sind vom Standpunkt der metrischen Geometrie aus gleichberechtigt. Den sich aufs engste an die
geometrische Anschauung anschließenden Beweis, daß solche Systeme
existieren, wollen wir sogleich nicht bloß für eine definite, sondern eine
beliebige nicht-ausgeartete quadratische Form erbringen, da später in der
Relativitätstheorie gerade der indefinite Fall von entscheidender Wichtigkeit
wird. Wir behaupten:

Zu einer nicht-ausgearteten quadratischen Form Q kann man ein solches Koordinatensystem $\mathfrak{e}_i$ einführen, daß

$$(14) \qquad Q(\mathfrak{x}) = \varepsilon_1 x_1^2 + \varepsilon_2 x_2^2 + \cdots + \varepsilon_n x_n^2 \qquad (\varepsilon_i = \pm 1)$$

wird.

Beweis: Wir wählen einen beliebigen Vektor $\mathfrak{e}_1$, für den $Q(\mathfrak{e}_1) \neq 0$ ist; indem wir ihn mit einer geeigneten positiven Konstanten multiplizieren, können wir noch erreichen, daß $Q(\mathfrak{e}_1) = \pm 1$ ist. Einen Vektor $\mathfrak{x}$, für den $Q(\mathfrak{e}_1\mathfrak{x}) = 0$ ist, wollen wir auch hier zu $\mathfrak{e}_1$ orthogonal nennen. Ist $\mathfrak{x}^*$ ein zu $\mathfrak{e}_1$ orthogonaler Vektor, x_1 eine beliebige Zahl, so gilt für

$$(15) \qquad \mathfrak{x} = x_1 \mathfrak{e}_1 + \mathfrak{x}^*$$

der »Pythagoreïsche Lehrsatz«:

$$Q(\mathfrak{x}) = x_1^2 \, Q(\mathfrak{e}_1) + 2 x_1 \, Q(\mathfrak{e}_1\mathfrak{x}^*) + Q(\mathfrak{x}^*) = \pm x_1^2 + Q(\mathfrak{x}^*) \,.$$

Die zu $\mathfrak{e}_1$ orthogonalen Vektoren bilden eine lineare $(n-1)$-dimensionale Mannigfaltigkeit, in welcher $Q(\mathfrak{x})$ eine nicht-ausgeartete quadratische Form ist. Da unser Satz für die Dimensionszahl $n = 1$ selbstverständlich ist, dürfen wir annehmen, er gelte für $n - 1$ Dimensionen (Schluß von $n - 1$ auf n). Danach existieren $n - 1$ zu $\mathfrak{e}_1$ orthogonale Vektoren $\mathfrak{e}_2$, $\cdots$, $\mathfrak{e}_n$ derart, daß für

$$\mathfrak{x}^* = x_2 \mathfrak{e}_2 + \cdots + x_n \mathfrak{e}_n$$

die Formel gilt

$$Q(\mathfrak{x}^*) = \pm x_2^2 \pm \cdots \pm x_n^2 \,,$$

und daraus erhalten wir für $Q(\mathfrak{x})$ die gewünschte Darstellung. Es ist

$$Q(\mathfrak{e}_i) = \varepsilon_i \,, \qquad Q(\mathfrak{e}_i,\, \mathfrak{e}_k) = 0 \quad (i \neq k) \,.$$

Daß die $\mathfrak{e}_i$ alle voneinander linear unabhängig sind und sich jeder Vektor $\mathfrak{x}$ in der Gestalt (13) darstellen läßt, ist eine Folge dieser Relationen; sie liefern

$$(16) \qquad x_i = \varepsilon_i \cdot Q(\mathfrak{e}_i,\, \mathfrak{x}) \,.$$

Für den indefiniten Fall ist ein wichtiger Zusatz zu machen: *Die Anzahlen r und s der positiven und negativen unter den Vorzeichen ε_i sind durch die quadratische Form eindeutig bestimmt;* ich will sagen, sie habe r positive und s negative Dimensionen. (Man pflegt s den Trägheitsindex der quadratischen Form zu nennen, und der eben behauptete Satz ist unter dem Namen des Trägheitsgesetzes bekannt. Auf ihm beruht z. B. die Klassifizierung der Flächen **2.** Ordnung.) Wir können die Anzahlen r und s in folgender Weise invariant charakterisieren: *Es gibt r wechselseitig zueinander orthogonale Vektoren $\mathfrak{e}$, für die $Q(\mathfrak{e}) > 0$ ist; aber für einen zu diesen orthogonalen, von 0 verschiedenen Vektor $\mathfrak{x}$ gilt notwendig $Q(\mathfrak{x}) < 0$ — so daß mehr als r derartige Vektoren $\mathfrak{e}$ nicht existieren können. Entsprechend für s.*

r Vektoren von der gewünschten Art werden durch diejenigen r Grundvektoren $\mathfrak{e}_i$ des der Darstellung (14) zugrunde liegenden Koordinatensystems geliefert, denen die positiven Vorzeichen ε_i korrespondieren; die zugehörigen Komponenten x_i $(i = 1, 2, \cdots, r)$ sind bestimmte Linearformen von $\mathfrak{x}$ [vergl. (16)]: $x_i = L_i(\mathfrak{x})$. Ist nun $\mathfrak{e}_i$ $(i = 1, 2, \cdots, r)$ irgend ein System von Vektoren, die wechselseitig zueinander orthogonal sind und der Bedingung $Q(\mathfrak{e}_i) > 0$ genügen, und $\mathfrak{x}$ ein zu diesen $\mathfrak{e}_i$ orthogonaler Vektor, so können wir eine lineare Kombination

$$\mathfrak{y} = \lambda_1 \mathfrak{e}_1 + \cdots + \lambda_r \mathfrak{e}_r + \mu \mathfrak{x}$$

mit nicht lauter verschwindenden Koeffizienten bestimmen, welche den r homogenen Gleichungen genügt

$$L_1(\mathfrak{y}) = 0, \qquad \cdots, \qquad L_r(\mathfrak{y}) = 0 .$$

Dann fällt, wie aus der Normaldarstellung hervorgeht, $Q(\mathfrak{y})$ negativ aus, es sei denn, daß $\mathfrak{y} = 0$ ist. Mittels der Formel

$$Q(\mathfrak{y}) - \{\lambda_1^2\, Q(\mathfrak{e}_1) + \cdots + \lambda_r^2\, Q(\mathfrak{e}_r)\} = \mu^2\, Q(\mathfrak{x})$$

folgt jetzt die Behauptung $Q(\mathfrak{x}) < 0$, außer für den Fall, daß $\mathfrak{y} = 0$; $\lambda_1 = \cdots = \lambda_r = 0$ wird; dann aber muß nach Voraussetzung $\mu \neq 0$, also $\mathfrak{x} = 0$ sein.

In der Relativitätstheorie wird der Fall einer quadratischen Form von einer negativen und n-1 positiven Dimensionen von Bedeutung. Im dreidimensionalen Raum ist bei Benutzung affiner Koordinaten

$$- x_1^2 + x_2^2 + x_3^2 = 0$$

die Gleichung eines Kegels mit der Spitze im Nullpunkt, der aus zwei durch das verschiedene Vorzeichen von x_1 unterschiedenen Mänteln besteht, die nur im Nullpunkt miteinander zusammenhängen. Diese Trennung in zwei Mäntel liefert in der Relativitätstheorie den Gegensatz von Vergangenheit und Zukunft; wir wollen sie hier statt durch Kontinuitätsmerkmale auf elementarem Wege analytisch zu beschreiben versuchen. — Sei also Q eine nicht-ausgeartete quadratische Form von nur einer negativen Dimension. Wir wählen einen Vektor $\mathfrak{e}$, für welchen $Q(\mathfrak{e}) = -1$ ist. Die von 0 verschiedenen Vektoren $\mathfrak{x}$, für welche $Q(\mathfrak{x}) \leqq 0$ ist, mögen »negative Vektoren« genannt werden. Nach dem eben geführten Beweis des Trägheitssatzes kann kein negativer Vektor der Gleichung $Q(\mathfrak{e}\mathfrak{x}) = 0$ genügen. Sie zerfallen daher in zwei getrennte Klassen oder »Kegel« gemäß der Fallunterscheidung: $Q(\mathfrak{e}\mathfrak{x}) < 0$ oder > 0; $\mathfrak{e}$ selbst gehört dem ersten, $-\mathfrak{e}$ dem zweiten Kegel an. Ein negativer Vektor $\mathfrak{x}$ liegt »im Innern« oder »auf dem Mantel« seines Kegels, je nachdem $Q(\mathfrak{x}) < 0$ oder $= 0$ ist. Um zu zeigen, daß die beiden Kegel unabhängig sind von der Wahl des Vektors $\mathfrak{e}$, muß man beweisen: Aus $Q(\mathfrak{e}) = Q(\mathfrak{e}') = -1$, $Q(\mathfrak{x}) \leqq 0$ folgt, daß das Vorzeichen von $\dfrac{Q(\mathfrak{e}'\mathfrak{x})}{Q(\mathfrak{e}\mathfrak{x})}$ gleich dem von $- Q(\mathfrak{e}\mathfrak{e}')$ ist.

Jeden Vektor $\mathfrak{x}$ kann man in zwei Summanden zerlegen

$$\mathfrak{x} = x\mathfrak{e} + \mathfrak{x}^*$$

derart, daß der erste proportional, der zweite $\mathfrak{x}^*$ orthogonal zu $\mathfrak{e}$ ist. Man hat zu diesem Zwecke nur $x = - Q(\mathfrak{e}\mathfrak{x})$ zu nehmen, und es wird dann

$$Q(\mathfrak{x}) = - x^2 + Q(\mathfrak{x}^*) .$$

$Q(\mathfrak{x}^*)$ ist, wie wir wissen, notwendig $\geqq 0$; schreiben wir dafür Q^*, so zeigt die Gleichung

$$Q^* = x^2 + Q(\mathfrak{x}) = Q^2(\mathfrak{e}\mathfrak{x}) + Q(\mathfrak{x}) ,$$

daß Q^* eine quadratische Form von $\mathfrak{x}$ ist (übrigens eine ausgeartete), die der identischen Ungleichung $Q^*(\mathfrak{x}) \geqq 0$ genügt. Wir haben jetzt

$$Q(\mathfrak{x}) = -x^2 + Q^*(\mathfrak{x}) \leqq 0, \qquad Q(\mathfrak{e}') = -e'^2 + Q^*(\mathfrak{e}') < 0.$$
$$\{x = -Q(\mathfrak{e}\mathfrak{x})\} \qquad\qquad \{e' = -Q(\mathfrak{e}\,\mathfrak{e}')\}$$

Aus der auf Q^* anwendbaren Ungleichung (12) folgt

$$\{Q^*(\mathfrak{e}'\mathfrak{x})\}^2 \leqq Q^*(\mathfrak{e}') \cdot Q^*(\mathfrak{x}) < e'^2 x^2;$$

mithin hat

$$-Q(\mathfrak{e}'\mathfrak{x}) = e'x - Q^*(\mathfrak{e}'\mathfrak{x})$$

das Vorzeichen des ersten Summanden $e'x$.

Wir lenken zu dem uns gegenwärtig interessierenden Fall einer positiv-definiten metrischen Grundform zurück. Benutzen wir zur Darstellung einer kongruenten Abbildung ein Cartesisches Koordinatensystem, so werden die Transformationskoeffizienten α_{ik} in Formel (5'), § 2 so beschaffen sein müssen, daß identisch in den ξ die Gleichung

$$\xi_1'^2 + \xi_2'^2 + \cdots + \xi_n'^2 = \xi_1^2 + \xi_2^2 + \cdots + \xi_n^2$$

besteht. Das liefert die »Orthogonalitätsbedingungen«

$$(17) \qquad \sum_{r=1}^{n} \alpha_{ri}\alpha_{rj} = \begin{cases} 1 \; (i=j) \\ 0 \; (i \neq j) \end{cases}.$$

Sie besagen, daß beim Übergang zur inversen Abbildung die Koeffizienten α_{ik} sich in α_{ki} verwandeln:

$$\xi_i = \sum_{k=1}^{n} \alpha_{ki}\xi_k'.$$

Daraus folgt noch, daß die Determinante $\varDelta = |\,\alpha_{ik}\,|$ einer kongruenten Abbildung mit der ihrer inversen identisch ist, und da ihr Produkt $= 1$ sein muß, demnach $\varDelta = \pm 1$ wird. (Das eine oder das andere Vorzeichen wird eintreten, je nachdem es sich um eigentliche oder spiegelbildliche Kongruenz handelt.)

Für die analytische Behandlung der metrischen Geometrie ergeben sich zwei Möglichkeiten. *Entweder* man unterwirft das zu benutzende affine Koordinatensystem keiner Einschränkung; dann gilt es, eine Theorie der Invarianz gegenüber beliebigen linearen Transformationen zu entwickeln, in welcher aber zum Unterschied von der affinen Geometrie ein für allemal eine bestimmte invariante quadratische Form, die metrische Grundform

$$Q(\mathfrak{x}) = \sum_{i,\,k=1}^{n} g_{ik}\xi_i\xi_k$$

als absolutes Datum zur Verfügung steht. *Oder* aber man benutzt von vornherein nur Cartesische Koordinatensysteme; dann handelt es sich um eine Theorie der Invarianz gegenüber orthogonalen Transformationen, d. h. solchen linearen Transformationen, deren Koeffizienten die Nebenbedingungen (17) erfüllen. Wir müssen hier, um spätere Verallgemeinerungen, die über die Euklidische Geometrie hinausführen, daran anknüpfen zu können, den ersten Weg einschlagen. Er erscheint auch algebraisch von vornherein als der einfachere, da es leichter sein wird, einen Überblick über diejenigen Ausdrücke zu gewinnen, die bei *allen* linearen Transformationen ungeändert bleiben, als über diejenigen, welche sich nur gegenüber den orthogonalen Transformationen invariant verhalten (einer Klasse von Transformationen, die durch nicht leicht zu beherrschende Nebenbedingungen eingeschränkt sind). Wir werden hier die Invariantentheorie, als *»Tensorrechnung«*, in solcher Gestalt entwickeln, daß sie uns die sachgemäße mathematische Fassung nicht nur der geometrischen, sondern auch aller physikalischen Gesetze ermöglicht[3]).

§ 5. Tensoren.

Zwei lineare Transformationen

$$(18) \qquad \xi^i = \sum_k \alpha_k^{\,i}\,\bar\xi^k, \qquad (\, | \, \alpha_k^i \, | \, \neq 0)$$

$$(18') \qquad \eta_i = \sum_k \breve\alpha_i^{\,k}\,\bar\eta_k \qquad (\, | \, \breve\alpha_i^k \, | \, \neq 0)$$

der Variablen ξ bzw. η in die Variablen $\bar\xi$, $\bar\eta$ heißen *kontragredient* zu einander, wenn dabei die bilineare Einheitsform $\sum_i \eta_i\,\zeta^i$ in sich übergeht:

$$(19) \qquad \sum_i \eta_i\,\xi^i = \sum_i \bar\eta_i\,\bar\xi^i.$$

Das Verhältnis der Kontragredienz ist daher ein wechselseitiges. Gehen durch ein erstes Paar kontragredienter Transformationen A, $\tilde A$ die Variablen ξ, η in $\bar\xi$, $\bar\eta$ über, diese durch ein zweites Paar B, $\tilde B$ in $\bar{\bar\xi}$, $\bar{\bar\eta}$, so folgt aus

$$\sum_i \eta_i\,\xi^i = \sum_i \bar\eta_i\,\bar\xi^i = \sum_i \bar{\bar\eta}_i\,\bar{\bar\xi}^i,$$

daß die beiden zusammengesetzten Transformationen, welche ξ direkt in $\bar{\bar\xi}$, bzw. η in $\bar{\bar\eta}$ überführen, gleichfalls zueinander kontragredient sind. Die Koeffizienten zweier kontragredienter Substitutionen genügen den Bedingungen

$$(20) \qquad \sum_r \alpha_i^{\,r}\,\breve\alpha_r^{\,k} = \delta_i^k = \begin{cases} 1\;(i = k) \\ 0\;(i \neq k) \end{cases}.$$

Setzt man in der linken Seite von (19) nur für die ξ ihre aus (18) zu entnehmenden Ausdrücke in $\bar\xi$ ein, so erkennt man, daß die Gleichungen (18') durch Auflösung aus

$$(21) \qquad \bar\eta_i = \sum_k \alpha_i^{\,k}\,\eta_k$$

hervorgehen. Zu einer linearen Transformation gibt es also eine und nur eine kontragrediente. Aus demselben Grunde wie (21) gilt

$$\bar\xi^i = \sum_k \breve\alpha_k^{\,i}\,\xi^k.$$

Durch Einsetzen dieser und der Ausdrücke (21) in (19) ergibt sich, daß die Koeffizienten außer (20) auch den Bedingungen

$$(20') \qquad \sum_r \alpha_r^i \breve{\alpha}_k^r = \delta_k^i$$

genügen. Eine orthogonale Transformation ist eine solche, die zu sich selber kontragredient ist. Unterwirft man eine Linearform der Variablen ξ^i einer beliebigen linearen Transformation, so transformieren sich die Koeffizienten kontragredient zu den Variablen, oder sie verhalten sich, wie man auch zu sagen pflegt, kontravariant zu diesen.

Relativ zu einem affinen Koordinatensystem O; $e_1, e_2, \cdots, e_n$ hatten wir bis jetzt eine Verschiebung $\mathfrak{x}$ durch diejenigen eindeutig bestimmten Komponenten ξ^i charakterisiert, die sich aus der Gleichung

$$\mathfrak{x} = \xi^1 e_1 + \xi^2 e_2 + \cdots + \xi^n e_n$$

ergeben. Gehen wir zu einem andern affinen Koordinatensystem $\overline{O}$; $\overline{e}_1, \overline{e}_2, \cdots, \overline{e}_n$ über, wobei

$$\overline{e}_i = \sum_k \alpha_i^k e_k$$

sei, so erfahren die Komponenten von $\mathfrak{x}$, wie aus der Gleichung

$$\mathfrak{x} = \sum_i \xi^i e_i = \sum_i \overline{\xi}^i \overline{e}_i$$

hervorgeht, die Transformation

$$\xi^i = \sum_k \alpha_k^i \overline{\xi}^k \, ;$$

sie transformieren sich also kontragredient zu den Grundvektoren des Koordinatensystems, verhalten sich kontravariant zu diesen und mögen daher genauer als *kontravariante Komponenten* des Vektors $\mathfrak{x}$ bezeichnet werden. Im *metrischen* Raum können wir eine Verschiebung aber auch relativ zum Koordinatensystem durch die Werte ihres skalaren Produkts mit den Grundvektoren e_i des Koordinatensystems charakterisieren:

$$\xi_i = (\mathfrak{x} \cdot e_i) \, .$$

Bei Übergang zu einem andern Koordinatensystem transformieren sich diese Größen — das ist aus ihrer Definition sofort ersichtlich — wie die Grundvektoren selber, »kogredient« zu den Grundvektoren, d. i. nach den Gleichungen

$$\overline{\xi}_i = \sum_k \alpha_i^k \xi_k \, ;$$

sie verhalten sich »kovariant«, und wir nennen sie die *kovarianten Komponenten* der Verschiebung. Der Zusammenhang zwischen den kovarianten und den kontravarianten Komponenten wird durch die Formeln vermittelt

$$(22) \qquad \xi_i = \sum_k (e_i \cdot e_k) \xi^k = \sum_k g_{ik} \xi^k \, ,$$

bzw. nach den dazu inversen (durch Auflösung hervorgehenden)

$$(22')\qquad \xi^i = \sum_k g^{ik}\,\xi_k\,.$$

In einem Cartesischen Koordinatensystem stimmen die kovarianten Komponenten mit den kontravarianten überein. — Es sei noch einmal betont, daß uns im affinen Raum nur die kontravarianten Komponenten zur Verfügung stehen, und wo deshalb in der Folge von Komponenten einer Verschiebung ohne Zusatz die Rede ist, sind darunter immer wie früher die kontravarianten zu verstehen.

Es wurden schon im vorhergehenden Linearformen einer oder zweier willkürlicher Verschiebungen ins Auge gefaßt. Von 2 können wir zu 3 und mehr Argumenten übergehen; nehmen wir beispielsweise eine Trilinearform $A(\mathfrak{x}\,\mathfrak{y}\,\mathfrak{z})$. Stellt man in einem beliebigen Koordinatensystem die zwei Verschiebungen $\mathfrak{x}$, $\mathfrak{y}$ durch ihre kontravarianten, $\mathfrak{z}$ durch ihre kovarianten Komponenten dar, ξ^i, η^i bzw. ζ_i, so drückt sich A algebraisch als eine Trilinearform dieser drei Reihen von Variablen mit bestimmten Zahlkoeffizienten aus:

$$(23)\qquad \sum_{ikl} a_{ik}^l\,\xi^i\,\eta^k\,\zeta_l\,.$$

Die analoge Darstellung in einem andern, überstrichenen Koordinatensystem sei

$$(23')\qquad \sum_{ikl} \bar{a}_{ik}^l\,\bar\xi^i\,\bar\eta^k\,\bar\zeta_l\,.$$

Zwischen den beiden algebraischen Trilinearformen (23) und (23') besteht dann der Zusammenhang, daß die eine in die andere übergeht, wenn man die beiden Variablenreihen ξ, η kontragredient, die Variablenreihe ζ aber kogredient zu den Grundvektoren transformiert. Auf Grund dieses Zusammenhangs kann man, wenn die Koeffizienten a_{ik}^l bekannt sind und die Transformationskoeffizienten α_i^k des einen in das andere Koordinatensystem, die Koeffizienten $\bar{a}_{ik}^l$ von A im zweiten Koordinatensystem berechnen. Hiermit sind wir zu dem nicht auf die metrische Geometrie beschränkten, sondern nur den affinen Raum voraussetzenden Begriff des »*r-fach kovarianten, s-fach kontravarianten Tensors* $(r+s)$-*ter Stufe*« gelangt, dessen Erklärung wir jetzt in abstracto angeben wollen; um der einfacheren Ausdrucksweise willen spezialisieren wir aber die Anzahlen r und s etwa wie in dem eben angeführten Beispiel: $r=2$, $s=1$, $r+s=3$.

Eine vom Koordinatensystem abhängige Trilinearform dreier Reihen von Variablen heißt ein zwiefach kovarianter, einfach kontravarianter Tensor 3. Stufe, wenn jene Abhängigkeit von folgender Art ist: die Ausdrücke der Linearform in irgend zwei Koordinatensystemen

$$\sum a_{ik}^l\,\xi^i\,\eta^k\,\zeta_l\,,\qquad\qquad \sum \bar{a}_{ik}^l\,\bar\xi^i\,\bar\eta^k\,\bar\zeta_l$$

gehen ineinander über, wenn man zwei der Variablenreihen (nämlich die ersten beiden, ξ, η) *kontragredient, die dritte kogredient (sc. zu den Grundvektoren des Koordinatensystems) transformiert. Die Koeffizienten der Linearform heißen die Komponenten des Tensors in dem betr. Koordinatensystem; und zwar nennen wir sie kovariant in den Indizes ik, die mit den kontragredient zu transformierenden Variablen verknüpft sind, kontravariant in den andern, hier dem einen Index l.*

Die Terminologie rechtfertigt sich dadurch, daß die Koeffizienten einer Unilinearform sich kovariant verhalten, wenn man die Variablen kontragredient transformiert, kontravariant, wenn man sie kogredient transformiert. Kovariante Indizes werden dem Koeffizientenzeichen immer unten, kontravariante oben angehängt. Variable mit unteren Indizes sollen stets kogredient, solche mit oberen Indizes stets kontragredient zu den Grundvektoren des Koordinatensystems transformiert werden. Ein Tensor ist vollständig bekannt, wenn seine Komponenten in einem Koordinatensystem gegeben sind (vorausgesetzt natürlich, daß das Koordinatensystem selber gegeben ist); diese aber können willkürlich vorgeschrieben werden. Aufgabe der Tensorrechnung ist es, Eigenschaften und Relationen von Tensoren aufzustellen, die unabhängig sind vom Koordinatensystem. *Im übertragenen Sinne werden wir in Geometrie und Physik eine Größe als Tensor bezeichnen, wenn sie eindeutig und ohne Willkür eine vom Koordinatensystem in der geschilderten Weise abhängige algebraische Linearform bestimmt, durch deren Angabe die Größe selbst vollständig charakterisiert ist.* So haben wir oben eine Funktion dreier Verschiebungen, die homogen-linear von jedem ihrer Argumente abhängt, als einen Tensor 3. Stufe, und zwar als einen zwiefach kovarianten, einfach kontravarianten dargestellt. Dies war möglich im *metrischen* Raum, wie es denn dort überhaupt in unserm Belieben steht, jene Größe durch einen nullfach, einfach, zweifach oder dreifach kovarianten Tensor zu repräsentieren; im affinen Raum hätten wir sie jedoch nur in der letzten Weise, als einen kovarianten Tensor 3. Stufe ausdrücken können.

Erläutern wir die allgemeine Erklärung sogleich durch einige Beispiele, wobei wir noch auf dem rein affinen Standpunkt verharren.

1) Stellen wir eine *Verschiebung* $\mathfrak{a}$ in einem beliebigen Koordinatensystem durch ihre (kontravarianten) Komponenten α^i dar und ordnen ihr mit Bezug auf dieses Koordinatensystem die Linearform

$$\alpha^1 \xi_1 + \alpha^2 \xi_2 + \cdots + \alpha^n \xi_n$$

der Variablen ξ_i zu, so entsteht ein kontravarianter Tensor 1. Stufe. Fortan gebrauchen wir das Wort »*Vektor*« nicht mehr synonym für »Verschiebung«, sondern für »Tensor 1. Stufe«, so daß wir sagen: *die Verschiebung ist ein kontravarianter Vektor.* — Das Gleiche gilt für die *Geschwindigkeit* eines sich bewegenden Punktes; denn diese entsteht, wenn man die unendlichkleine Verschiebung, welche der sich bewegende Punkt während des Zeitelements dt erfährt, durch dt dividiert (im Limes für $dt = 0$). Der jetzige Gebrauch des Wortes Vektor ist mit dem

üblichen in Einklang, nach welchem es nicht bloß eine Verschiebung
deckt, sondern jede Größe, die (ev. nach Wahl einer Maßeinheit) eindeutig und ohne Willkür durch eine Verschiebung repräsentiert werden
kann.

2) Man pflegt gewöhnlich den geometrischen Charakter der *Kraft*
darin zu erblicken, daß sie eine derartige Repräsentation gestattet. Dieser
Darstellung der Kraft tritt aber eine andere gegenüber, von der wir heute
glauben, daß sie dem physikalischen Wesen der Kraft besser gerecht
wird, weil sie auf dem Begriff der *Arbeit* beruht, der in der neueren
Physik statt des Kraftbegriffs immer deutlicher als der entscheidende und
primäre in den Vordergrund getreten ist. Wir führen als *Komponenten
einer Kraft* in einem Koordinatensystem O; $\mathfrak{e}_i$ diejenigen Zahlen p_i ein,
welche angeben, eine wie große Arbeit die Kraft bei jeder der virtuellen
Verschiebungen $\mathfrak{e}_i$ ihres Angriffspunktes leistet. Durch diese Zahlen ist
die Kraft vollständig charakterisiert; ihre Arbeit bei der willkürlichen
Verrückung

$$\mathfrak{x} = \xi^1 \mathfrak{e}_1 + \xi^2 \mathfrak{e}_2 + \cdots + \xi^n \mathfrak{e}_n$$

ihres Angriffspunktes ist dann $= \sum_i p_i \xi^i$. Es folgt daraus, daß in zwei

verschiedenen Koordinatensystemen

$$\sum_i p_i \xi^i = \sum_i \bar{p}_i \bar{\xi}^i$$

gilt, falls die Variablen ξ^i (ihrer Behaftung mit oberen Indizes gemäß)
kontragredient zum Koordinatensystem transformiert werden. Danach ist
die Kraft ein kovarianter Vektor. Der Zusammenhang dieser Darstellung
mit der üblichen durch eine Verschiebung wird zur Sprache kommen,
wenn wir von dem gegenwärtig eingenommenen Standpunkt der affinen
Geometrie zur metrischen übergehen. Die Komponenten eines kovarianten
Vektors transformieren sich bei Übergang zu einem neuen Koordinatensystem kogredient zu den Grundvektoren.

Zwischenbemerkungen. Da die Transformationen der Komponenten a_i
eines kovarianten und b^i eines kontravarianten Vektors kontragredient zueinander sind, ist $\sum_i a_i b^i$ eine durch diese beiden Vektoren unabhängig

vom Koordinatensystem bestimmte Zahl. Hier haben wir das erste Beispiel einer invarianten Tensoroperation vor uns. In das System der Tensoren reihen sich die Zahlen oder *Skalare* als Tensoren 0ter Stufe ein.

Es ist schon früher erklärt worden, wann eine Bilinearform zweier
Variablenreihen *symmetrisch* heißt und wann eine symmetrische Bilinearform *nicht-ausgeartet* ist. *Schiefsymmetrisch* ist eine Bilinearform $F(\xi\eta)$,
wenn sie bei Vertauschung der beiden Variablenreihen in ihr Negatives
umschlägt:

$$F(\eta\xi) = -F(\xi\eta);$$

an ihren Koeffizienten a_{ik} gibt sich das durch die Gleichungen $a_{ki} = -a_{ik}$

kund. Diese Eigenschaften bleiben erhalten, wenn die beiden Variablenreihen derselben linearen Transformation unterworfen werden. Es ist also eine vom Koordinatensystem unabhängige Eigenschaft von kovarianten oder kontravarianten Tensoren 2. Stufe, schiefsymmetrisch zu sein oder symmetrisch oder (symmetrisch und) nicht-ausgeartet.

Da durch kontragrediente Transformation zweier Variablenreihen die bilineare Einheitsform in sich übergeht, gibt es unter den gemischten (d. i. einfach kovarianten, einfach kontravarianten) Tensoren 2. Stufe einen, den *Einheitstensor*, der in jedem Koordinatensystem die Komponenten

$$\delta_i^k = \begin{array}{l} 1\ (i = k) \\ 0\ (i \neq k) \end{array} \text{ hat.}$$

3) Die in einem Euklidischen Raum herrschende *Metrik* weist je zwei Verschiebungen

$$\mathfrak{x} = \sum_i \xi^i \mathfrak{e}_i, \qquad \mathfrak{y} = \sum_i \eta^i \mathfrak{e}_i$$

eine vom Koordinatensystem unabhängige Zahl als ihr skalares Produkt zu:

$$(\mathfrak{x} \cdot \mathfrak{y}) = \sum_{ik} g_{ik} \xi^i \eta^k, \qquad g_{ik} = (\mathfrak{e}_i \cdot \mathfrak{e}_k).$$

Die rechts stehende Bilinearform hängt daher vom Koordinatensystem in solcher Weise ab, daß durch sie ein kovarianter Tensor 2. Stufe gegeben ist, der *metrische Fundamentaltensor*. Durch ihn ist die Metrik vollständig charakterisiert. Er ist symmetrisch und nicht-ausgeartet.

4) Durch eine *lineare Vektor-Abbildung* wird jeder Verschiebung $\mathfrak{x}$ eine Verschiebung $\mathfrak{x}'$ in linearer Weise zugeordnet, d. h. so, daß der Summe $\mathfrak{x} + \mathfrak{y}$ die Summe $\mathfrak{x}' + \mathfrak{y}'$, dem Produkt $\lambda \mathfrak{x}$ das Produkt $\lambda \mathfrak{x}'$ entspricht. Solche lineare Vektor-Abbildungen wollen wir, um uns eines kurzen charakteristischen Namens bedienen zu können, *Matrizen* nennen. Gehen die Grundvektoren $\mathfrak{e}_i$ eines Koordinatensystems durch die Abbildung in die Vektoren

$$\mathfrak{e}_i' = \sum_k a_i^k \mathfrak{e}_k$$

über, so verwandelt sie allgemein die beliebige Verschiebung

$$(24) \qquad \mathfrak{x} = \sum_i \xi^i \mathfrak{e}_i \qquad \text{in} \qquad \mathfrak{x}' = \sum_i \xi^i \mathfrak{e}_i' = \sum_{ik} a_i^k \xi^i \mathfrak{e}_k.$$

Wir können die Matrix daher in dem gewählten Koordinatensystem durch die Bilinearform

$$\sum_{ik} a_i^k \xi^i \eta_k$$

kennzeichnen. Aus (24) geht hervor, daß für zwei Koordinatensysteme (unter Verwendung der früheren Bezeichnungen) der Zusammenhang

$$\sum_{ik} \bar{a}_i^k \bar{\xi}^i \bar{\mathfrak{e}}_k = \sum_{ik} a_i^k \xi^i \mathfrak{e}_k \ (= \mathfrak{x}')$$

besteht, wenn

$$\sum_i \bar{\xi}^i \bar{\mathfrak{e}}_i = \sum_i \xi^i \mathfrak{e}_i \; (= \mathfrak{x})$$

ist; also wird

$$\sum_{ik} \bar{a}_i^k \bar{\xi}^i \bar{\eta}_k = \sum_{ik} a_i^k \xi^i \eta_k,$$

falls die η_i kogredient, die ξ^i kontragredient zu den Grundvektoren transformiert werden (diese Zusatzbemerkung über die Transformation der
Variablen versteht sich nachgerade von selbst, so daß wir sie in Zukunft in
ähnlichen Fällen einfach fortlassen). Auf solche Art ist *die Matrix als ein
gemischter Tensor 2. Stufe* dargestellt. Insbesondere entspricht der »Identität«, die jeder Verschiebung $\mathfrak{x}$ sie selber zuordnet, der Einheitstensor.

Wie die Beispiele von Kraft und Metrik zeigen, tritt in den Anwendungen häufig der Fall ein, daß die Darstellung der geometrischen oder
physikalischen Größe durch einen Tensor erst möglich ist nach vorher-
gegangener Wahl einer *Maßeinheit*, einer Wahl, die nur individuell, durch
Aufweisung vollzogen werden kann; bei Abänderung der Maßeinheit multiplizieren sich die darstellenden Tensoren mit einer universellen Konstanten, dem Verhältnis der beiden Maßeinheiten.

Der Erklärung des Begriffes Tensor ist offenbar das folgende Kriterium
äquivalent: *eine vom Koordinatensystem abhängige Linearform mehrerer
Variablenreihen ist ein Tensor, wenn sie immer dadurch einen vom Koordinatensystem unabhängigen Wert annimmt, daß man für jede kontragrediente
Variablenreihe die Komponenten eines willkürlichen kontravarianten Vektors
einsetzt, für eine kogrediente aber die Komponenten eines beliebigen kovarianten
Vektors.*

Kehren wir jetzt von der *affinen* zur *metrischen* Geometrie zurück, so
sinkt, wie die Ausführungen zu Anfang des Paragraphen lehren, der Unterschied von kovariant und kontravariant, der in der affinen Geometrie die
Tensoren selber betrifft, zu einem bloßen Unterschied der Darstellungs-
weise herab. Statt von kovarianten, gemischten und kontravarianten *Tensoren* wird man hier also lieber nur von den kovarianten, gemischten und
kontravarianten *Komponenten* eines Tensors sprechen. Es läßt sich dieser
Übergang zwischen den Tensoren verschiedenen Kovarianzcharakters nach
dem Obigen einfach so formulieren: Deuten wir in einem Tensor die
kontragredienten Variablen als kontravariante Komponenten einer willkürlichen Verschiebung, die kogredienten als kovariante Komponenten einer
willkürlichen Verschiebung, so verwandelt er sich in eine vom Koordinatensystem unabhängige Linearform mehrerer willkürlicher Verschiebungen;
indem wir nun die Argumente nach Gutdünken durch ihre kovarianten
oder kontravarianten Komponenten repräsentieren, gehen wir zu anderen
Darstellungen desselben Tensors über. Rein algebraisch vollzieht sich
die Verwandlung eines kovarianten Index in einen kontravarianten, indem
man in der Linearform die betreffenden Variablen ξ^i nach (22) durch
neue ξ_i ersetzt; die invariante Natur dieses Prozesses beruht auf dem
Umstand, daß diese Substitution kontragrediente Variable in kogrediente

überführt. Der umgekehrte Prozeß wird nach den inversen Gleichungen (22′) vollzogen. An den Komponenten selber geschieht (wegen der Symmetrie der g_{ik}) der Übergang von kontravariant zu kovariant, das »Herunterziehen des Index«, stets nach dem Schema:

$$a^i \text{ wird ersetzt durch } a_i = \sum_j g_{ij} a^j,$$

einerlei ob die Zahlen a^i noch mit weiteren Indizes behaftet sind oder nicht; das Heraufziehen des Index durch die inversen Gleichungen.

Wenden wir das Gesagte insbesondere auf den metrischen Fundamentaltensor an, so erhalten wir

$$\sum_{ik} g_{ik} \xi^i \eta^k = \sum_i \xi^i \eta_i = \sum_k \xi_k \eta^k = \sum_{ik} g^{ik} \xi_i \eta_k.$$

Seine gemischten Komponenten sind also die Zahlen δ_k^i, seine kontravarianten die Koeffizienten g^{ik} der zu (22) inversen Gleichungen (22′). Aus der Symmetrie des Tensors ergibt sich, daß auch diese wie die g_{ik} der Symmetrie-Bedingung $g^{ki} = g^{ik}$ genügen.

Hinsichtlich der Bezeichnung werde für immer die Verabredung getroffen, daß wir die kovarianten, gemischten und kontravarianten Komponenten desselben Tensors mit dem gleichen Buchstaben kennzeichnen und durch die Stellung des Index oben oder unten angeben, ob die Komponenten hinsichtlich dieses Index kontra- oder kovariant sind, wie es das folgende Beispiel eines Tensors 2. Stufe zeigt:

$$\sum_{ik} a_{ik} \xi^i \eta^k = \sum_{ik} a^i_{\;k} \xi_i \eta^k = \sum_{ik} a_i^{\;k} \xi^i \eta_k = \sum_{ik} a^{ik} \xi_i \eta_k$$

(wobei die Variablen mit unteren und mit oberen Indizes durch (22) gekoppelt sind).

Im metrischen Raum entfällt nach dem Gesagten der Unterschied zwischen einem kovarianten und einem kontravarianten Vektor; hier können wir eine Kraft, die nach unserer Auffassung von Hause aus ein kovarianter Vektor ist, auch als einen kontravarianten, durch eine Verschiebung, repräsentieren. Denn hatten wir sie oben durch die Linearform $\sum_i p_i \xi^i$ mit den kontragredienten Variabeln ξ^i dargestellt, so können wir diese jetzt durch (22′) in eine solche mit den kogredienten ξ_i verwandeln: $\sum_i p^i \xi_i$. Dann gilt

$$\sum_i p^i \xi_i = \sum_{ik} g_{ik} p^i \xi^k = \sum_{ik} g_{ik} p^k \xi^i = \sum_i p_i \xi^i;$$

die repräsentierende Verschiebung $\mathfrak{p}$ ist also dadurch bestimmt, daß die Arbeit, welche die Kraft bei einer willkürlichen Verschiebung $\mathfrak{x}$ leistet, gleich dem skalaren Produkt der Verschiebungen $\mathfrak{p}$ und $\mathfrak{x}$ ist.

In einem *Cartesischen* Koordinatensystem, in welchem der Fundamentaltensor die Komponenten

$$g_{ik} = \begin{cases} 1 & (i = k) \\ 0 & (i \neq k) \end{cases}$$

hat, lauten die Koppelungsgleichungen (22) einfach: $\xi_i = \xi^i$. Beschränken wir uns auf den Gebrauch Cartesischer Koordinatensysteme, so fällt nicht nur für die Tensoren, sondern auch für die Tensorkomponenten der Unterschied zwischen kovariant und kontravariant dahin. — Es ist aber zu erwähnen, daß die bisher auseinandergesetzten Begriffe hinsichtlich des Fundamentaltensors g_{ik} nur voraussetzen, daß er symmetrisch und nicht-ausgeartet ist, während der Einführung eines Cartesischen Koordinatensystems der weitere Umstand zugrunde liegt, daß die korrespondierende quadratische Form positiv-definit ist. Das ist nicht gleichgültig. In der Relativitätstheorie tritt zu den drei Raumkoordinaten als vierte gleichberechtigt die Zeitkoordinate hinzu, und die Maßbestimmung, die in dieser vierdimensionalen Mannigfaltigkeit gilt, beruht nicht auf einer definiten, sondern einer indefiniten Form (Kap. III). In dieser Mannigfaltigkeit werden wir also, wenn wir uns auf reelle Koordinaten beschränken, kein Cartesisches Koordinatensystem einführen können; aber die hier entwickelten Begriffe, die auf die Dimensionenzahl $n = 4$ zu spezialisieren sind, behalten ihre volle Anwendbarkeit. Außerdem spricht die Rücksicht auf die algebraische Einfachheit des Kalküls, wie schon am Schluß von § 4 erwähnt wurde, gegen die ausschließliche Benutzung Cartesischer Koordinatensysteme. Endlich und vor allem aber ist es für spätere Erweiterungen, die über die Euklidische Geometrie hinausführen, von großer Wichtigkeit, daß schon hier der affine Standpunkt selbständig und unabhängig von dem metrischen zu voller Geltung gebracht wird.

Die geometrischen und physikalischen Größen sind Skalare, Vektoren und Tensoren: darin spricht sich die mathematische Beschaffenheit des Raumes aus, in welchem diese Größen existieren. Die dadurch bedingte mathematische Symmetrie ist keineswegs auf die Geometrie beschränkt, sondern kommt im Gegenteil erst in der Physik recht zur Geltung: weil die Naturvorgänge in einem metrischen Raum sich abspielen, ist die Tensorrechnung das natürliche mathematische Instrument zum Ausdruck der Gesetzmäßigkeit, welche diese Vorgänge beherrscht.

§ 6. Tensoralgebra.. Beispiele.

Addition von Tensoren. Durch Multiplikation einer Linearform, Bilinearform oder Trilinearform . . . mit einer Zahl, ebenso durch Addition zweier Linearformen oder zweier Bilinearformen . . . entsteht immer wiederum eine derartige Form. Vektoren und Tensoren kann man also mit einer Zahl (einem Skalar) multiplizieren und zwei oder auch mehrere Tensoren der gleichen Stufe addieren. Diese Operationen werden an den Komponenten durch Multiplikation mit der betr. Zahl, bzw. durch Addition ausgeführt. Im Gebiete der Tensoren jeder Stufe gibt es einen ausgezeichneten Tensor o, dessen sämtliche Komponenten verschwinden:

zu einem beliebigen Tensor der gleichen Stufe addiert, ändert er diesen nicht. — Der Zustand eines physikalischen Systems wird durch die Angabe der Werte gewisser Skalare und Tensoren beschrieben: daß ein aus ihnen durch mathematische Operationen gebildeter invarianter (d. h. nur von ihnen, nicht aber von der Wahl des Koordinatensystems abhängiger) Tensor $= 0$ ist, darin besteht allgemein die Aussage eines Naturgesetzes.

Beispiele. Die Bewegung eines Punktes wird analytisch in der Weise dargestellt, daß man den Ort des beweglichen Punktes, bzw. dessen Koordinaten x_i als Funktionen der Zeit t angibt. Die Ableitungen $\dfrac{dx_i}{dt}$ sind die kontravarianten Komponenten u^i des Vektors »*Geschwindigkeit*«. Durch Multiplikation mit der Masse m des bewegten Punktes, einem Skalar, der die Trägheit der Materie zum Ausdruck bringt, erhält man den »*Impuls*« (oder »*Bewegungsgröße*«). Durch Addition der Impulse mehrerer Massenpunkte, bzw. aller derer, aus denen man sich in der Punktmechanik einen starren Körper zusammengesetzt denkt, erhält man den Gesamt-Impuls des Punktsystems oder des starren Körpers. Bei kontinuierlicher Massenausbreitung sind die Summen durch Integrale zu ersetzen. Das Grundgesetz der Bewegung lautet, wenn G^i die kontravarianten Komponenten des Impulses eines Massenpunktes, p^i die der Kraft sind:

$$(25) \qquad \frac{dG^i}{dt} = p^i; \qquad G^i = m u^i.$$

Da nach unserer Auffassung die Kraft von Hause aus ein kovarianter Vektor ist, ist dieses Grundgesetz nur in einem metrischen, nicht in einem rein affinen Raum möglich. Dasselbe Gesetz gilt für den Gesamtimpuls eines starren Körpers und die an ihm angreifende Gesamtkraft.

Multiplikation von Tensoren. Durch Multiplikation zweier Linearformen $\sum\limits_i a_i \xi^i$, $\sum\limits_i b_i \eta^i$ der Variablen ξ und η erhält man eine Bilinearform

$$\sum\limits_{ik} a_i b_k \xi^i \eta^k$$

und damit aus den beiden Vektoren a und b einen Tensor 2. Stufe c:

$$(26) \qquad a_i b_k = c_{ik}.$$

Durch die Gleichung (26) wird ein invarianter Zusammenhang zwischen den Vektoren a und b und dem Tensor c dargestellt; d. h. bei Übergang zu einem neuen Koordinatensystem gelten für die (überstrichenen) Komponenten dieser Größen im neuen Koordinatensystem genau dieselben Gleichungen

$$\overline{a}_i \overline{b}_k = \overline{c}_{ik}.$$

In derselben Weise läßt sich z. B. die Multiplikation eines Tensors 1. Stufe mit einem Tensor 2. Stufe (allgemein eines Tensors beliebiger Stufe mit einem Tensor beliebiger Stufe) vollziehen; durch Multiplikation von

$$\sum\limits_i a_i \xi^i \quad \text{mit} \quad \sum\limits_{ik} b_i^k \eta^i \zeta_k,$$

worin die griechischen Buchstaben, je nachdem sie ihre Indizes oben oder unten tragen, kontragredient oder kogredient zu transformierende Variable bedeuten, entspringt die trilineare Form

$$\sum_{ikl} a_i b_k^l \, \xi^i \eta^k \zeta_l$$

und somit durch Multiplikation der beiden Tensoren 1. und 2. Stufe ein Tensor c der 3. Stufe:

$$a_i \cdot b_k^l = c_{ik}^l.$$

An den Komponenten ist diese Multiplikation, wie man sieht, einfach dadurch auszuführen, daß jede Komponente des einen Tensors mit jeder Komponente des andern multipliziert wird; *die Indizes müssen dabei völlig getrennt gehalten werden.* Es ist noch zu beachten, daß beispielsweise die in bezug auf den Index l kovarianten Komponenten des soeben gebildeten Tensors 3. Stufe

$$c_{ik}^l = a_i b_k^l \text{ durch } c_{ikl} = a_i b_{kl}$$

gegeben sind. In solchen Multiplikationsformeln ist es also ohne weiteres gestattet, irgend einen Index auf beiden Seiten der Gleichung von unten nach oben oder von oben nach unten zu schaffen.

Beispiele schiefsymmetrischer und symmetrischer Tensoren. Aus zwei Vektoren mit den kontravarianten Komponenten a^i, b^i entsteht durch Multiplikation in der einen und andern Reihenfolge und nachfolgende Subtraktion ein schiefsymmetrischer Tensor 2. Stufe c mit den kontravarianten Komponenten

$$c^{ik} = a^i b^k - a^k b^i.$$

In der gewöhnlichen Vektorrechnung tritt dieser Tensor auf als »vektorielles Produkt« der beiden Vektoren a und b. Zeichnet man im dreidimensionalen Raum einen bestimmten Schraubungssinn aus, so ist es nämlich möglich, eine einfache umkehrbar-eindeutige Korrespondenz zwischen diesen Tensoren und den Vektoren herzustellen, die es gestattet, den Tensor c durch einen Vektor zu repräsentieren. (Im vierdimensionalen Raum ist dies schon deshalb ausgeschlossen, weil dort ein schiefsymmetrischer Tensor 2. Stufe 6 unabhängige Komponenten besitzt, ein Vektor aber nur 4; ebenso in Räumen von noch höherer Dimensionszahl. Für die Dimensionszahl 3 aber beruht die erwähnte Darstellung auf folgendem.) Benutzen wir lediglich Cartesische Koordinatensysteme und führen neben a und b noch eine willkürliche Verschiebung ξ ein, so multipliziert sich beim Übergang von einem Cartesischen Koordinatensystem zu einem andern die Determinante

$$\begin{vmatrix} a^1 & a^2 & a^3 \\ b^1 & b^2 & b^3 \\ \xi^1 & \xi^2 & \xi^3 \end{vmatrix} = c^{23}\xi^1 + c^{31}\xi^2 + c^{12}\xi^3$$

mit der Determinante der Transformationskoeffizienten. Für eine orthogonale Transformation ist aber diese Determinante $= \pm\, 1$. Beschränken wir uns auf die »eigentlichen« orthogonalen Transformationen, für welche diese Determinante $= + 1$ ist, so bleibt jene Linearform der ξ also ungeändert; demgemäß ist durch die Formeln

$$c^{23} = c_1^*, \quad c^{31} = c_2^*, \quad c^{12} = c_3^*$$

mit dem schiefsymmetrischen Tensor c ein Vektor c^* in einer Weise verknüpft, die invariant ist gegenüber eigentlichen orthogonalen Transformationen. Der Vektor c^* ist senkrecht zu den beiden Vektoren a und b, und seine Größe ist (nach elementaren Formeln der analytischen Geometrie) gleich dem Flächeninhalt des von den Vektoren a und b aufgespannten Parallelogramms. — Die Ersetzung der schiefsymmetrischen Tensoren durch Vektoren in der üblichen Vektorrechnung mag im Interesse der Bezeichnungsökonomie gerechtfertigt sein. Sie verdeckt aber in mancher Hinsicht das Wesen der Sache und gibt z. B. in der Elektrodynamik zu den berüchtigten Schwimmregeln Anlaß, die keineswegs ein Ausdruck dafür sind, daß in dem Raum, in dem sich die elektrodynamischen Vorgänge abspielen, ein ausgezeichneter Schraubungssinn herrscht, sondern nur notwendig werden, weil man die magnetische Feldstärke als Vektor betrachtet, während sie in Wahrheit (wie das sog. vektorielle Produkt zweier Vektoren) ein schiefsymmetrischer Tensor ist. Wäre uns eine Raumdimension mehr beschert, so hätte es niemals zu einem solchen Irrtum kommen können.

In der Mechanik tritt das schiefsymmetrische Tensorprodukt zweier Vektoren auf 1) als *Drehimpuls (Impulsmoment)* um einen Punkt O: Befindet sich in P ein Massenpunkt und sind ξ^1, ξ^2, ξ^3 die Komponenten von $\overrightarrow{OP}$, ferner u^i die (kontravarianten) Komponenten der Geschwindigkeit jenes Punktes im betrachteten Moment, m seine Masse, so ist der Drehimpuls definiert durch

$$L^{ik} = m\,(u^i \xi^k - u^k \xi^i).$$

Der Drehimpuls eines starren Körpers um einen Punkt O ist die Summe der den einzelnen Massenpunkten des Körpers zugehörigen Drehimpulse. 2) tritt es auf als *Drehmoment einer Kraft*. Greift diese im Punkte P an und sind p^i ihre kontravarianten Komponenten, so ist dasselbe definiert durch

$$q^{ik} = p^i \xi^k - p^k \xi^i.$$

Durch Addition erhält man daraus das Drehmoment eines Kräftesystems. Für einen Massenpunkt wie auch für einen frei beweglichen starren Körper gilt neben (25) das Gesetz

$$(27) \qquad \frac{dL^{ik}}{dt} = q^{ik};$$

für Drehung eines starren Körpers um den festgehaltenen Punkt O gilt allein das Dreh-Gesetz (27).

Ein weiteres Beispiel eines schiefsymmetrischen Tensors ist die *Dreh-*

geschwindigkeit eines starren Körpers um den festen Punkt O. Geht bei einer Drehung um O allgemein der Punkt P über in P', so entsteht der Vektor $\overrightarrow{OP'}$, also auch $\overrightarrow{PP'}$ durch eine lineare Abbildung aus $\overrightarrow{OP}$. Sind ξ^i die Komponenten von $\overrightarrow{OP}$, $\delta\xi^i$ die von $\overrightarrow{PP'}$, v_k^i die Komponenten jener linearen Abbildung (Matrix), so gilt

$$(28) \qquad \delta\xi^i = \sum_k v_k^i \xi^k.$$

Wir fassen hier lediglich unendlichkleine Drehungen ins Auge; sie sind unter den infinitesimalen Matrizen durch die weitere Eigenschaft ausgezeichnet, daß identisch in ξ

$$\delta\left(\sum_i \xi_i \xi^i\right) = \delta\left(\sum_{ik} g_{ik}\xi^i\xi^k\right) = 0$$

wird, und das liefert

$$\sum_i \xi_i \delta\xi^i = 0.$$

Setzen wir die Ausdrücke (28) ein, so kommt

$$\sum_{ik} v_k^i \xi_i \xi^k = \sum_{ik} v_{ik}\xi^i\xi^k = 0.$$

Das muß identisch in den Variablen ξ^i gelten, und daher ist

$$v_{ki} + v_{ik} = 0;$$

der Tensor mit den kovarianten Komponenten v_{ik} ist also schiefsymmetrisch.

Bei der Bewegung eines starren Körpers erfährt der Körper während der unendlichkleinen Zeit δt eine unendlichkleine Drehung. Wir brauchen den eben gebildeten infinitesimalen Drehungstensor v nur durch δt zu dividieren, um (im Limes für $\delta t = 0$) den schiefsymmetrischen Tensor »Winkelgeschwindigkeit« zu erhalten, den wir wiederum mit v bezeichnen wollen. Die Formeln (28) gehen dabei, wenn u^i die kontravarianten, u_i die kovarianten Komponenten der Geschwindigkeit des Punktes P bedeuten, über in die Grundformel der Kinematik des starren Körpers:

$$(29) \qquad u_i = \sum_k v_{ik}\, \xi^k.$$

Die Existenz der »momentanen Drehaxe« folgt aus dem Umstand, daß die linearen Gleichungen

$$\sum_k v_{ik}\,\xi^k = 0$$

mit den schiefsymmetrischen Koeffizienten v_{ik} *im Falle* $n = 3$ stets Lösungen besitzen, die von der trivialen $\xi^1 = \xi^2 = \xi^3 = 0$ verschieden sind. — Auch die Winkelgeschwindigkeit pflegt meistens als ein Vektor dargestellt zu werden.

Endlich bietet das bei der Drehung eines Körpers auftretende *Trägheitsmoment* ein einfaches Beispiel für einen symmetrischen Tensor 2. Stufe.

Befindet sich im Punkte P, zu dem vom Drehpunkt O aus der Vektor $\overrightarrow{OP}$ mit den Komponenten ξ^i führt, ein Massenpunkt von der Masse m, so nennen wir den symmetrischen Tensor, dessen kontravariante Komponenten durch $m\,\xi^i \xi^k$ gegeben sind (Multiplikation!), die »Rotationsträgheit« des Massenpunktes (für den Drehpunkt O). Die Rotationsträgheit T^{ik} eines Punktsystems oder Körpers ist definiert als die Summe dieser für seine einzelnen Punkte P zu bildenden Tensoren. Die Definition weicht von der üblichen ab; sie ist aber die richtige, wenn man Ernst damit macht, die Rotationsgeschwindigkeit als einen schiefsymmetrischen Tensor und nicht als einen Vektor aufzufassen (wie wir alsbald sehen werden). Für Drehung um O spielt der Tensor T^{ik} die gleiche Rolle wie der Skalar m für Translationsbewegung.

Verjüngung. Sind c_i^k die gemischten Komponenten eines Tensors 2. Stufe, so ist $\sum_i c_i^i$ eine Invariante. Sind also $\bar{c}_i^k$ die gemischten Komponenten desselben Tensors nach Übergang zu einem neuen Koordinatensystem, so ist

$$\sum_i c_i^i = \sum_i \bar{c}_i^i.$$

Beweis: Die Variablen ξ^i, η_i der Bilinearform

$$\sum_{ik} c_i^k \xi^i \eta_k$$

sind den kontragredienten Transformationen

$$\xi^i = \sum_k \alpha_k^i \bar{\xi}^k, \qquad\qquad \eta_i = \sum_k \breve{\alpha}_i^k \bar{\eta}_k$$

zu unterwerfen, um sie in

$$\sum_{ik} \bar{c}_i^k \bar{\xi}^i \bar{\eta}_k$$

überzuführen. Daraus ergibt sich

$$\bar{c}_r^r = \sum_{ik} c_i^k \alpha_r^i \breve{\alpha}_k^r,$$

$$\sum_r \bar{c}_r^r = \sum_{ik} \left(c_i^k \sum_r \alpha_r^i \breve{\alpha}_k^r \right),$$

und das ist wegen (20′)

$$= \sum_i c_i^i.$$

Die aus den Komponenten c_i^k einer Matrix gebildete Invariante $\sum_i c_i^i$ heißt die *Spur* der Matrix.

Wir können aus diesem Satz sogleich eine allgemeine Rechenoperation für Tensoren, die »Verjüngung«, herleiten, die als zweite neben die Multiplikation tritt. Indem wir in den gemischten Komponenten eines

Tensors einen bestimmten oberen mit einem bestimmten unteren Index zusammenfallen lassen und nach ihm summieren, erhalten wir aus dem gegebenen Tensor einen neuen, von einer um 2 geringeren Stufenzahl; z. B. aus den Komponenten a_{hik}^{lm} eines Tensors 5. Stufe die Komponenten

$$(30) \qquad \sum_r a_{hir}^{lr} = c_{hi}^{l}$$

eines Tensors 3. Stufe. Der durch (30) dargestellte Zusammenhang ist invariant, d. h. drückt sich in der gleichen Weise nach dem Übergang zu einem neuen Koordinatensystem aus:

$$(31) \qquad \sum_r \bar{a}_{hir}^{lr} = \bar{c}_{hi}^{l} .$$

Wir brauchen, um das einzusehen, nur zwei willkürliche kontravariante Vektoren ξ^i, η^i und einen kovarianten ζ_i zu Hülfe zu nehmen, mittels ihrer die Komponenten

$$\sum_{hil} a_{hik}^{lm} \xi^h \eta^i \zeta_l = f_k^m$$

eines gemischten Tensors 2. Stufe zu bilden und auf ihn unsern eben bewiesenen Satz

$$\sum_r f_r^r = \sum_r \bar{f}_r^r$$

anzuwenden; dann ergibt sich, wenn wir die c durch (30), die $\bar{c}$ durch (31) definieren, die Formel

$$\sum_{hil} c_{hi}^{l} \xi^h \eta^i \zeta_l = \sum_{hil} \bar{c}_{hi}^{l} \bar{\xi}^h \bar{\eta}^i \bar{\zeta}_l .$$

Es sind also in der Tat $\bar{c}_{hi}^{l}$ im neuen Koordinatensystem die Komponenten desselben Tensors 3. Stufe, dessen Komponenten im alten $= c_{hi}^{l}$ sind.

Beispiele für diese Operation der Verjüngung sind uns im vorigen schon in Hülle und Fülle begegnet. Immer wo nach gewissen Indizes summiert wurde, trat in dem allgemeinen Summenglied der Summationsindex doppelt, einmal unten und einmal oben auf; jede solche Summation ist die Ausführung einer Verjüngung. So z. B. in Formel (29): aus v_{ik} und ξ^i kann man durch Multiplikation den Tensor 3. Stufe $v_{ik}\xi^l$ bilden; indem man dann k mit l zusammenfallen läßt und über k summiert, ergibt sich der verjüngte Tensor 1. Stufe u_i. Führt eine Matrix A die beliebige Verschiebung $\mathfrak{x}$ in $\mathfrak{x}' = A(\mathfrak{x})$, eine zweite Matrix B diese $\mathfrak{x}'$ in $\mathfrak{x}'' = B(\mathfrak{x}')$ über, so entspringt aus beiden Matrizen eine zusammengesetzte BA, welche direkt $\mathfrak{x}$ in $\mathfrak{x}'' = BA(\mathfrak{x})$ überführt. Hat A die Komponenten a_i^k, B die Komponenten b_i^k, so sind die Komponenten der zusammengesetzten Matrix BA:

$$c_i^k = \sum_r b_i^r a_r^k .$$

Auch hier handelt es sich um Multiplikation mit nachfolgender Verjüngung. —

Der Prozeß der Verjüngung kann gleichzeitig für mehrere Indexpaare vorgenommen werden. Aus den Tensoren 1., 2., 3., ... Stufe mit den kovarianten Komponenten a_i, a_{ik}, a_{ikl}, ... erhält man so insbesondere die Invarianten

$$\sum_i a_i a^i, \qquad \sum_{ik} a_{ik} a^{ik}, \qquad \sum_{ikl} a_{ikl} a^{ikl}, \qquad \cdots$$

Wenn, wie wir hier annehmen, die dem metrischen Grundtensor entsprechende quadratische Form positiv-definit ist, sind diese Invarianten alle positiv; denn in einem Cartesischen Koordinatensystem stellen sie sich direkt als die Quadratsummen der Komponenten dar. Die Quadratwurzel aus diesen Invarianten mag, wie im einfachsten Falle des Vektors, als der *Betrag* oder die Größe des Tensors 1., 2., 3., ... Stufe bezeichnet werden.

Wir treffen jetzt und für alle Zukunft die Verabredung: wenn in einem mit Indizes behafteten Formelglied, das die Komponenten eines Tensors bedeutet, ein Index doppelt, oben und unten vorkommt, so ist stets gemeint, daß über ihn summiert werden soll, ohne daß wir es für nötig finden, ausdrücklich ein Summenzeichen davor zu setzen.

Die Operationen der Addition, Multiplikation und Verjüngung setzen nur die affine Geometrie voraus; ihnen liegt kein »metrischer Fundamentaltensor« zugrunde. Dies ist allein für den Prozeß des Übergangs von kovarianten zu kontravarianten Komponenten und seine Umkehrung der Fall.

Die Eulerschen Kreiselgleichungen. Zur Einübung der Tensorrechnung wollen wir die Eulerschen Gleichungen der kräftefreien Bewegung eines starren Körpers um einen festen Punkt O herleiten. In einem zum Anfangspunkt O gehörenden, aus den Einheitsvektoren $\mathfrak{e}_1$, $\mathfrak{e}_2$, $\cdots$, $\mathfrak{e}_n$ bestehenden affinen Koordinatensystem bilden wir die »vektoriellen Produkte« $[\mathfrak{e}_i \mathfrak{e}_k] = \mathfrak{e}_{ik}$. Für zwei verschiedene Indizes ik ist $\mathfrak{e}_{ik}$ derjenige schiefsymmetrische kontravariante Tensor 2. Stufe, für welchen die Komponente $\xi^{ik} = +1$, $\xi^{ki} = -1$, alle übrigen Komponenten o sind; wenn aber $i = k$ ist, verschwindet $\mathfrak{e}_{ik}$ mit allen seinen Komponenten. Der Drehimpuls unseres starren Körpers ist der Tensor

$$\mathfrak{L} = \tfrac{1}{2} L^{ik} \mathfrak{e}_{ik} .$$

Ist H^{ik} gleich der über alle Massenpunkte zu erstreckenden Summe

$$H^{ik} = \sum_m m u^i \xi^k, \qquad L^{ik} = H^{ik} - H^{ki},$$

so können wir auch setzen

$$\mathfrak{L} = H^{ik} \mathfrak{e}_{ik} .$$

Das mechanische Drehgesetz sagt aus, daß dieser Drehimpuls $\mathfrak{L}$ zeitlich konstant ist, d. h. daß seine Komponenten L^{ik} in einem *raumfesten* Koordinatensystem $\mathfrak{e}_i$ sich im Laufe der Zeit nicht ändern. Verwenden wir aber jetzt statt des im Raume ein in dem sich drehenden Körper festes Koordinatensystem $\mathfrak{e}_i$, so lautet das Drehgesetz so:

$$(32) \qquad \frac{d\mathfrak{L}}{dt} = \frac{dH^{ik}}{dt} \cdot \mathfrak{e}_{ik} + H^{ik} \cdot \frac{d\mathfrak{e}_{ik}}{dt} = 0 \, .$$

Für die zeitliche Ableitung von $\mathfrak{e}_{ik}$, die jetzt nicht mehr verschwindet, erhalten wir den Ausdruck

$$\frac{d\mathfrak{e}_{ik}}{dt} = \left[\frac{d\mathfrak{e}_i}{dt} , \, \mathfrak{e}_k \right] + \left[\mathfrak{e}_i , \, \frac{d\mathfrak{e}_k}{dt} \right] \, .$$

Ist

$$\frac{d\mathfrak{e}_i}{dt} = v_i^r \, \mathfrak{e}_r \, ,$$

so sind v_i^r die gemischten Komponenten der Drehgeschwindigkeit, deren kovariante Komponenten $g_{kr} v_i^r = v_{ki}$ schiefsymmetrisch sind. Wir finden

$$(33) \qquad \begin{aligned} H^{ik} \cdot \frac{d\mathfrak{e}_{ik}}{dt} &= H^{rk} \left[\frac{d\mathfrak{e}_r}{dt} , \, \mathfrak{e}_k \right] + H^{ir} \left[\mathfrak{e}_i , \, \frac{d\mathfrak{e}_r}{dt} \right] \\ &= (H^{rk} v_r^i + H^{ir} v_r^k) \, \mathfrak{e}_{ik} \, . \end{aligned}$$

Der nach dem Massenpunkt P hinführende Vektor $\overset{\rightarrow}{OP} = \mathfrak{x} = \xi^i \mathfrak{e}_i$ hat in dem körperfesten Koordinatensystem konstante Komponenten ξ^i. Daher ist die Geschwindigkeit von P:

$$\mathfrak{u} = \frac{d\mathfrak{x}}{dt} = \xi^r \frac{d\mathfrak{e}_r}{dt} = \xi^r v_r^i \mathfrak{e}_i \, , \qquad u^i = v_r^i \, \xi^r \, ;$$

und wir haben

$$(34) \qquad H^{ik} = v_r^i \sum_m m \, \xi^r \, \xi^k = v_r^i \, T^{rk} \, ,$$

wo T^{ik} die (im körperfesten Koordinatensystem konstanten) Komponenten des Trägheitstensors bedeuten. Mit Benützung dieser Ausdrücke findet man, daß in (33) der zweite Term verschwindet; denn

$$H^{is} v_s^k = v_r^i v_s^k \, T^{rs}$$

ist symmetrisch in i und k, weil T^{rs} symmetrisch ist in r und s; und es bleibt

$$(35) \qquad \left\{ \frac{dv_r^i}{dt} \, T^{rk} + (vv)_r^i \, T^{rk} \right\} \mathfrak{e}_{ik} = 0 \, .$$

Dabei bedeutet (vv) den Tensor mit den Komponenten

$$(vv)_k^i = v_r^i v_k^r \, ;$$

seine kovarianten Komponenten sind symmetrisch:

$$(vv)_{ik} = v_{is} v_k^s = - v_{si} v_k^s = - g_{sr} v_i^r v_k^s \, .$$

Zerspalten wir in Komponenten, so lauten unsere Gleichungen schließlich

$$\left\{ \frac{dv_r^i}{dt} + (vv)_r^i \right\} T^{rk} - \left\{ \frac{dv_r^k}{dt} + (vv)_r^k \right\} T^{ri} = 0 \, .$$

Es ist bekanntlich möglich, ein Cartesisches Koordinatensystem, bestehend aus den »Hauptträgheitsachsen«, einzuführen, so daß darin

$$g_{ik} = \begin{cases} 1 \ (i = k) \\ 0 \ (i \neq k) \end{cases} \quad \text{und} \quad T^{ik} = 0 \quad (\text{für } i \neq k)$$

ist. Schreiben wir dann T_1 anstelle von T^{11}, analog für die übrigen Indizes und heben die Unterscheidung der oberen und unteren Indizes auf, welche jetzt überflüssig geworden ist, so gewinnen in diesem Koordinatensystem unsere Gleichungen die einfache Gestalt

$$(T_i + T_k)\frac{dv_{ik}}{dt} = (T_k - T_i)(vv)_{ik}.$$

Das sind die Differentialgleichungen für die Komponenten v_{ik} der unbekannten Winkelgeschwindigkeit — Gleichungen, die sich bekanntlich durch elliptische Funktionen von t lösen lassen. Die hier auftretenden Hauptträgheitsmomente T_i hängen mit den sich nach den üblichen Definitionen ergebenden T_i^* durch die Gleichungen zusammen

$$T_1^* = T_2 + T_3, \qquad T_2^* = T_3 + T_1, \qquad T_3^* = T_1 + T_2.$$

Die von uns gegebene Behandlung des Rotationsproblems läßt sich im Gegensatz zu der üblichen Wort für Wort von dem dreidimensionalen auf mehrdimensionale Räume übertragen. Das ist ja freilich in praxi völlig belanglos. Aber erst die Befreiung von der Beschränkung auf eine bestimmte Dimensionszahl, die Formulierung der Naturgesetze in solcher Gestalt, daß ihnen gegenüber die Dimensionszahl als etwas *Zufälliges* erscheint, bürgt uns dafür, daß ihre mathematische Durchdringung vollständig gelungen ist. —
Das Eindringen in den Tensorkalkül hat — abgesehen von der Angst vor Indizes, die überwunden werden muß — gewiß seine begrifflichen Schwierigkeiten. Formal ist aber die Rechenmethodik von der äußersten Einfachheit, viel einfacher z. B. als der Apparat der elementaren Vektorrechnung. Zwei Operationen: Multiplikation und Verjüngung: Nebeneinanderschreiben der Komponenten zweier Tensoren mit lauter verschiedenen Indizes — Identifizierung zweier Indizes oben und unten, dann (stillschweigend) Summation nach ihm. Es ist vielfach versucht worden, in unserm Gebiet eine solche invariante, mit den Tensoren selbst und nicht mit ihren Komponenten arbeitende Bezeichnungsweise auszubilden, wie sie in der Vektorrechnung besteht. Was aber dort am Platze ist, erweist sich für den viel weiter gespannten Rahmen des Tensorkalküls als äußerst unzweckmäßig. Es werden eine solche Fülle von Namen, Bezeichnungen und ein solcher Apparat von Rechenregeln nötig (wenn man nicht doch immer wieder auf die Komponenten zurückgreifen will), daß damit ein Gewinn von sehr erheblichem negativem Betrag erreicht wird. Man muß gegen diese Orgien des Formalismus, mit dem man heute sogar die Techniker zu belästigen beginnt, nachdrücklich protestieren.

§ 7. Symmetrie-Eigenschaften der Tensoren.

Aus den Beispielen des vorigen Paragraphen geht mit aller Deutlichkeit hervor, daß die symmetrischen und die schiefsymmetrischen Tensoren 2. Stufe, wo sie in den Anwendungen auftreten, völlig verschiedene Größenarten darstellen. Der Charakter einer Größe ist demnach im allgemeinen noch nicht vollständig durch die Angabe beschrieben, sie sei ein Tensor so und sovielter Stufe, sondern es treten *Symmetrie-Merkmale* hinzu.

Eine Linearform mehrerer Variablenreihen heißt *symmetrisch*, wenn sie sich bei Vertauschung irgend zweier dieser Variablenreihen nicht ändert; *schiefsymmetrisch*, wenn sie durch diesen Prozeß stets in ihr Negatives umschlägt. Eine symmetrische Linearform ändert sich nicht, wenn man die Variablenreihen irgendwie untereinander permutiert; eine schiefsymmetrische ändert sich nicht, wenn man mit den Variablenreihen eine gerade Permutation vornimmt, sie nimmt das entgegengesetzte Vorzeichen an, wenn jene einer ungeraden Permutation unterworfen werden. Die Koeffizienten a_{ikl} einer symmetrischen Trilinearform (um die Anzahl 3 wiederum als Beispiel zu gebrauchen) genügen den Bedingungen

$$a_{ikl} = a_{kli} = a_{lik} = a_{kil} = a_{lki} = a_{ilk} ,$$

von den Koeffizienten einer schiefsymmetrischen Trilinearform können nur die mit drei verschiedenen Indizes behafteten $\neq 0$ sein, und sie erfüllen die Gleichungen

$$a_{ikl} = a_{kli} = a_{lik} = - a_{kil} = - a_{lki} = - a_{ilk} .$$

Es kann also im Gebiet von n Variablen keine (nicht-verschwindenden) schiefsymmetrischen Formen von mehr als n Variablenreihen geben. Wie eine symmetrische Bilinearform vollständig ersetzt werden kann durch die quadratische Form, welche aus ihr durch Identifizierung der beiden Variablenreihen hervorgeht, so ist auch eine symmetrische Trilinearform eindeutig bestimmt durch die kubische Form einer einzigen Variablenreihe mit den Koeffizienten a_{ikl}, welche aus der Trilinearform durch den gleichen Prozeß entsteht. Nimmt man in einer schiefsymmetrischen Trilinearform

$$F = \sum_{ikl} a_{ikl} \xi^i \eta^k \zeta^l$$

die 3! Permutationen der Variablenreihen ξ, η, ζ vor, versieht die so entstehenden Formen jeweils mit dem positiven oder negativen Vorzeichen, je nachdem die Permutation gerade oder ungerade ist, so steht sechsmal die ursprüngliche Form da. Addiert man alles, so erhält man für diese die folgende Schreibweise:

$$(36) \qquad F = \tfrac{1}{3!} \sum a_{ikl} \begin{vmatrix} \xi^i & \xi^k & \xi^l \\ \eta^i & \eta^k & \eta^l \\ \zeta^i & \zeta^k & \zeta^l \end{vmatrix} .$$

Die Eigenschaft einer Linearform, symmetrisch oder schiefsymmetrisch zu sein, wird nicht zerstört, wenn jede Variablenreihe der gleichen linearen

Transformation unterworfen wird. Infolgedessen hat es einen Sinn, von *symmetrischen und schiefsymmetrischen kovarianten oder kontravarianten Tensoren* zu sprechen. Im Gebiete der gemischten Tensoren aber haben diese Ausdrücke keinen Sinn. Die symmetrischen Tensoren geben zu keinen weiteren Bemerkungen Anlaß; etwas ausführlicher müssen wir bei den schiefsymmetrischen kovarianten Tensoren verweilen, weil diese eine ganz besondere Bedeutung haben.

Durch die Komponenten ξ^i einer Verschiebung wird die Richtung einer Geraden samt Richtungssinn und Größe festgelegt. Sind ξ^i, η^i irgend zwei voneinander linear unabhängige Verschiebungen, so wird von ihnen, wenn man sie von einem beliebigen Punkt O aufträgt, eine Ebene aufgespannt. Die Größen

$$\xi^i \eta^k - \xi^k \eta^i = \xi^{ik}$$

bestimmen durch ihr Verhältnis in der gleichen Weise die »Stellung« dieser Ebene (eine »Flächenrichtung«), wie die ξ^i durch ihr Verhältnis die Richtung einer Geraden (eine »Linienrichtung«) bestimmen. Die ξ^{ik} sind dann und nur dann alle $= 0$, wenn die beiden Verschiebungen ξ^i, η^i linear abhängig sind und also keine zweidimensionale Mannigfaltigkeit aufspannen. Mit zwei linear unabhängigen Verschiebungen ξ und η ist in der aufgespannten Ebene ein Drehungssinn verknüpft: der Sinn derjenigen Drehung in der Ebene um O, welche die Richtung von ξ durch einen Winkel $< 180^o$ in die Richtung von η überführt; und außerdem eine bestimmte Maßzahl (Größe), nämlich der Flächeninhalt des von ξ und η aufgespannten Parallelogramms. Trägt man zwei Verschiebungen ξ, η von einem beliebigen Punkt O, zwei Verschiebungen ξ_*, η_* von einem beliebigen Punkt O_* ab, so sind diese dem einen und dem andern Paar zugehörigen Dinge: Ebenenstellung, Drehsinn und Größe dann und nur dann miteinander identisch, wenn die ξ^{ik} des einen und andern Paares miteinander übereinstimmen:

$$\xi^i \eta^k - \xi^k \eta^i = \xi_*^i \eta_*^k - \xi_*^k \eta_*^i \,.$$

Wie also die ξ^i die Richtung einer Geraden samt Richtungssinn und Größe bestimmen, so die ξ^{ik} die Stellung einer Ebene samt Umlaufssinn und Größe; man sieht die volle Analogie.

Um ihr Ausdruck zu geben, könnte man das erste Gebilde ein *eindimensionales*, das zweite ein *zweidimensionales Raumelement* nennen. Wie das Quadrat der Größe eines eindimensionalen Raumelements durch die Invariante

$$\xi_i \xi^i = g_{ik}\, \xi^i \xi^k = Q(\xi)$$

gegeben wird, so das Quadrat der Größe des zweidimensionalen Raumelements nach den Formeln der analytischen Geometrie durch

$$\tfrac{1}{2}\, \xi^{ik}\, \xi_{ik}\,;$$

man kann dafür auch schreiben

$$\xi_i \eta_k (\xi^i \eta^k - \xi^k \eta^i) = (\xi_i \xi^i)(\eta^k \eta_k) - (\xi_i \eta^i)(\xi^k \eta_k)$$
$$= Q(\xi) \cdot Q(\eta) - Q^2(\xi \eta)\,.$$

In dem gleichen Sinne sind die aus drei unabhängigen Verschiebungen ξ, η, ζ entspringenden Determinanten

$$\xi^{ikl} = \begin{vmatrix} \xi^i & \xi^k & \xi^l \\ \eta^i & \eta^k & \eta^l \\ \zeta^i & \zeta^k & \zeta^l \end{vmatrix}$$

die Komponenten eines *dreidimensionalen Raumelements*, dessen Größe durch die Quadratwurzel aus der Invariante

$$\tfrac{1}{3!}\,\xi^{ikl}\,\xi_{ikl}$$

gegeben ist. Im dreidimensionalen Raum ist diese Invariante

$$= \xi_{123}\,\xi^{123} = g_{1i}g_{2k}g_{3l}\,\xi^{ikl}\xi^{123},$$

und da $\xi^{ikl} = \pm\,\xi^{123}$ ist, je nachdem ikl eine gerade oder ungerade Vertauschung von 123 ist, so bekommt sie den Wert

$$g \cdot (\xi^{123})^2,$$

wo g die Determinante der Koeffizienten g_{ik} der metrischen Fundamentalform ist. Das Volumen des Parallelepipeds wird somit

$$= \sqrt{g} \cdot \mathrm{abs.} \begin{vmatrix} \xi^1 & \xi^2 & \xi^3 \\ \eta^1 & \eta^2 & \eta^3 \\ \zeta^1 & \zeta^2 & \zeta^3 \end{vmatrix}.$$

Das befindet sich in Übereinstimmung mit elementaren Formeln der analytischen Geometrie. — In einem mehr als dreidimensionalen Raum können wir dann weiter zu vierdimensionalen Raumelementen übergehen, usf.

Wie nun ein kovarianter Tensor 1. Stufe jedem eindimensionalen Raumelement (jeder Verschiebung) in linearer, vom Koordinatensystem unabhängiger Weise eine Zahl zuordnet, so ein schiefsymmetrischer kovarianter Tensor 2. Stufe jedem zweidimensionalen Raumelement, ein schiefsymmetrischer kovarianter Tensor 3. Stufe jedem dreidimensionalen Raumelement usf.; das geht aus der Schreibweise (36) unmittelbar hervor. Aus diesem Grunde halten wir uns für berechtigt, die kovarianten schiefsymmetrischen Tensoren schlechtweg als *lineare Tensoren* zu bezeichnen. Von Operationen im Gebiet der linearen Tensoren erwähnen wir die beiden folgenden:

$$(37) \qquad\qquad a_i b_k - a_k b_i = c_{ik},$$
$$(38) \qquad\qquad a_i b_{kl} + a_k b_{li} + a_l b_{ik} = c_{ikl};$$

die erste erzeugt aus zwei linearen Tensoren 1. Stufe einen solchen 2. Stufe, die zweite aus einem linearen Tensor 1. und einem 2. Stufe einen solchen 3. Stufe.

Zuweilen treten *kompliziertere Symmetrie-Bedingungen* auf als die bisher betrachteten. So spielen im Gebiet der Quadrilinearformen $F(\xi\,\eta\,\xi'\,\eta')$ diejenigen eine besondere Rolle, welche den Bedingungen genügen:

$$(39_1) \qquad F(\eta\,\xi\,\xi'\,\eta') = F(\xi\,\eta\,\eta'\,\xi') = -\,F(\xi\,\eta\,\xi'\,\eta');$$
$$(39_2) \qquad F(\xi'\,\eta'\,\xi\,\eta) = F(\xi\,\eta\,\xi'\,\eta');$$
$$(39_3) \qquad F(\xi\,\eta\,\xi'\,\eta') + F(\xi\,\xi'\,\eta'\,\eta) + F(\xi\,\eta'\,\eta\,\xi') = 0.$$

Es zeigt sich nämlich, daß zu jeder quadratischen Form eines willkürlichen zweidimensionalen Raumelements

$$\xi^{ik} = \xi^i \eta^k - \xi^k \eta^i$$

eine und nur eine diesen Symmetriebedingungen genügende Quadrilinearform F gehört, aus der durch Identifizierung des zweiten Variablenpaares $\xi' \eta'$ mit dem ersten $\xi \eta$ jene quadratische Form entsteht. Kovariante Tensoren 4. Stufe mit den Symmetrie-Eigenschaften (39) hat man demnach zur Darstellung von Funktionen zu benutzen, die quadratisch von einem Flächenelement abhängen.

Die *allgemeinste Gestalt der Symmetriebedingung* für einen Tensor F der 5. Stufe — wir halten uns an ein bestimmtes Beispiel — dessen 1., 2. und 4. Variablenreihe kontragredient, dessen 3. und 5. kogredient zu transformieren ist, lautet so:

$$\sum_S e_S F_S = 0;$$

darin bedeutet S alle Permutationen der 5 Variablenreihen, bei denen die kontragredienten untereinander vertauscht werden und ebenso die kogredienten, F_S diejenige Form, die durch die Permutation S aus F entsteht, e_S ein System bestimmter Zahlen, die den Permutationen S zugeordnet sind. Die Summation erstreckt sich über alle Permutationen S. Der Symmetriecharakter einer bestimmten Art von Tensoren drückt sich in einer oder mehreren solchen Symmetriebedingungen aus.

§ 8. Tensoranalysis. Spannungen.

Größen, die den von Ort zu Ort wechselnden Zustand eines räumlich ausgebreiteten physikalischen Systems beschreiben, haben nicht einen Wert schlechthin, sondern nur »in jedem Punkte«; sie sind, mathematisch ausgedrückt, »Funktionen des Orts«. Je nachdem es sich um einen Skalar, Vektor oder Tensor handelt, sprechen wir von einem skalaren, Vektor- oder Tensor-*Feld*. Ein solches ist also gegeben, wenn jedem Punkte des Raumes oder eines bestimmten Raumgebietes ein Skalar, Vektor oder Tensor der betr. Art zugeordnet ist. Benutzen wir ein bestimmtes Koordinatensystem, so erscheinen dann der Wert der skalaren Größe, bzw. die Werte der Komponenten der vektoriellen oder tensoriellen Größe in diesem Koordinatensystem als Funktionen der Koordinaten eines in dem betreffenden Gebiete variablen Raumpunktes.

Die Tensoranalysis lehrt, wie durch Differentiation nach den Raumkoordinaten aus einem Tensorfeld ein neues in einer vom Koordinatensystem unabhängigen Weise hergeleitet werden kann. Sie ist wie die Tensoralgebra von äußerster Einfachheit: sie kennt nur eine Operation, die *Differentiation*.

Ist

$$\varphi = f(x_1 x_2 \cdots x_n) = f(x)$$

ein gegebenes Skalarfeld, so ist die einer infinitesimalen Verrückung des Argumentpunktes, bei welcher dessen Koordinaten x_i die Änderung dx_i erfahren, entsprechende Änderung von φ gegeben durch das totale Differential

$$df = \frac{\partial f}{\partial x_1} dx_1 + \frac{\partial f}{\partial x_2} dx_2 + \cdots + \frac{\partial f}{\partial x_n} dx_n.$$

Der Sinn dieser Formel ist der, daß, wenn $\varDelta x_i$ zunächst die Komponenten einer endlichen Verrückung sind und $\varDelta f$ die zugehörige Änderung von f, der Unterschied zwischen

$$\varDelta f \quad \text{und} \quad \sum_i \frac{\partial f}{\partial x_i} \varDelta x_i$$

mit den Verrückungskomponenten nicht nur absolut zu o herabsinkt, sondern relativ zu der Größe der Verrückung, die etwa durch $|\varDelta x_1| + |\varDelta x_2| + \cdots + |\varDelta x_n|$ gemessen werde. Wir ordnen diesem Differential die Linearform

$$\sum_i \frac{\partial f}{\partial x_i} \xi^i$$

der Variablen ξ^i zu. Führen wir die ganze Konstruktion noch in einem andern, überstrichenen Koordinatensystem durch, so geht aus der Bedeutung des Differentials hervor, daß die erste Linearform in die zweite übergeht, wenn die ξ^i der zu den Grundvektoren kontragredienten Transformation unterworfen werden. Es sind daher

$$\frac{\partial f}{\partial x_1}, \quad \frac{\partial f}{\partial x_2}, \quad \ldots, \quad \frac{\partial f}{\partial x_n}$$

die kovarianten Komponenten eines Vektors, der aus dem Skalarfeld φ in einer vom Koordinatensystem unabhängigen Weise entspringt. In der gewöhnlichen Vektorrechnung tritt er als *Gradient* auf und wird durch das Symbol grad φ bezeichnet. — Da das Linienelement $\overrightarrow{PP'}$, das von einem festen Punkt P mit den Koordinaten x_i nach dem unendlich benachbarten Punkt P' mit den Koordinaten $x_i + dx_i$ hinüberführt, ein Vektor ist mit den *kontravarianten* Komponenten dx_i, werden wir oft, um mit unserer Konvention über die Stellung der Indizes in Einklang zu bleiben, das Zeichen dx_i durch $(dx)^i$ ersetzen.

Diese Operation läßt sich sofort von einem skalaren auf ein beliebiges Tensorfeld übertragen. Seien z. B. $f_{ik}^{h}(x)$ die in bezug auf i, k kovarianten, in bezug auf h kontravarianten Komponenten eines Tensorfeldes 3. Stufe; dann ist

$$f_{ik}^{h} \xi_h \eta^i \zeta^k$$

eine Invariante, wenn wir unter den ξ_h die Komponenten eines willkürlichen, aber konstanten, d. h. vom Orte unabhängigen kovarianten Vektors verstehen, unter η^i, ζ^i die Komponenten je eines ebensolchen kontravarianten Vektors. Die einer infinitesimalen Verrückung mit den Komponenten $(dx)^i$ entsprechende Änderung dieser Invariante ist gegeben durch

$$\frac{\partial f_{ik}^{\overset{h}{}}}{\partial x_l}\, \xi_h\, \eta^i\, \zeta^k\, (dx)^l,$$

und folglich sind

$$f_{ikl}^{\overset{h}{}} = \frac{\partial f_{ik}^{\overset{h}{}}}{\partial x_l}$$

die Komponenten eines Tensorfeldes 4. Stufe, das in einer vom Koordinatensystem unabhängigen Weise aus dem gegebenen entspringt. *Das ist der Prozeß der Differentiation*; durch ihn wird, wie man sieht, die Stufenzahl des Tensors um 1 erhöht. Es ist noch zu bemerken: wegen der Unabhängigkeit des metrischen Fundamentaltensors vom Ort erhält man z. B. die in bezug auf den Index k kontravarianten Komponenten des eben gebildeten Tensors, indem man unter dem Differentiationszeichen den Index k nach oben schafft: $\dfrac{\partial f_i^{hk}}{\partial x_l}$; die Verwandlung von kovariant in kontravariant und die Differentiation sind vertauschbar. Die Differentiation kann rein formal so ausgeführt werden, als ob der betr. Tensor mit einem Vektor multipliziert würde, dessen kovariante Komponenten

$$(40) \qquad \frac{\partial}{\partial x_1},\ \frac{\partial}{\partial x_2},\ \cdots,\ \frac{\partial}{\partial x_n}$$

sind; dabei wird der Differentialquotient $\dfrac{\partial f}{\partial x_i}$ als symbolisches Produkt von f mit $\dfrac{\partial}{\partial x_i}$ behandelt. Den symbolischen Vektor (40) findet man in der Literatur öfter mit dem geheimnisvollen Namen »Nabla-Vektor« belegt.

Beispiele. Aus dem Vektor mit den kovarianten Komponenten u_i entspringt der Tensor 2. Stufe $\dfrac{\partial u_i}{\partial x_k} = u_{ik}$. Daraus bilden wir insbesondere

$$(41) \qquad \frac{\partial u_k}{\partial x_i} - \frac{\partial u_i}{\partial x_k}.$$

Diese Größen sind die kovarianten Komponenten eines linearen Tensors 2. Stufe; in der gewöhnlichen Vektorrechnung tritt er als *Rotation* (rot oder curl) auf. Hingegen sind die Größen

$$\frac{1}{2}\left(\frac{\partial u_i}{\partial x_k} + \frac{\partial u_k}{\partial x_i}\right)$$

die kovarianten Komponenten eines symmetrischen Tensors 2. Stufe. Bedeutet der Vektor u die Geschwindigkeit kontinuierlich ausgebreiteter, sich bewegender Materie als Funktion des Orts, so gibt das Verschwinden dieses Tensors an einer Stelle kund, daß die unmittelbare Umgebung der Stelle sich wie ein starrer Körper bewegt; er verdient daher, als *»Verzerrungs-*

Tensor« bezeichnet zu werden. Endlich aber entsteht aus u_k^i durch Verjüngung der Skalar

$$\frac{\partial u^i}{\partial x_i},$$

in der Vektorrechnung als *Divergenz* (div) bekannt.

Aus einem Tensor 2. Stufe mit den gemischten Komponenten S_i^k entspringt durch Differentiation und Verjüngung der Vektor

$$\frac{\partial S_i^k}{\partial x_k}.$$

Sind v_{ik} die Komponenten eines linearen Tensorfeldes 2. Stufe, so entsteht entsprechend der Formel (38), in der wir b durch v und a durch den symbolischen Vektor »Differentiation« ersetzen, aus ihm der lineare Tensor 3. Stufe mit den Komponenten

$$(42) \qquad \frac{\partial v_{kl}}{\partial x_i} + \frac{\partial v_{li}}{\partial x_k} + \frac{\partial v_{ik}}{\partial x_l}.$$

Der Tensor (41), rot, verschwindet, wenn u_i Gradient eines Skalarfeldes ist; der Tensor (42) verschwindet, wenn v_{ik} die rot eines Vektors u_i ist.

Spannungen. Ein wichtiges Beispiel für ein Tensorfeld bilden die Spannungen in einem elastischen Körper; von diesem Beispiel her haben die Tensoren ihren Namen erhalten. In einem elastischen Körper, an dessen Oberfläche Zug- oder Druckkräfte angreifen, auf dessen Inneres außerdem irgendwelche an den einzelnen Teilen der Materie angreifende »Volumkräfte« (z. B. die Schwerkraft) wirken, stellt sich ein Gleichgewichtszustand her, in dem die durch die Verzerrung beanspruchten Kohäsionskräfte der Materie jenen eingeprägten Kräften das Gleichgewicht halten. Schneiden wir ein beliebiges Stück J der Materie in Gedanken aus dem Körper heraus, lassen es erstarren und entfernen die übrige Materie, so werden die eingeprägten Volumkräfte für sich an diesem Stück der Materie sich nicht das Gleichgewicht halten; sie sind aber ins Gleichgewicht gesetzt durch die auf die Oberfläche Ω des Stückes J wirkenden Druckkräfte, die von dem weggeschnittenen Teil der Materie auf J ausgeübt werden. In der Tat haben wir uns, wenn wir auf die atomistische Feinstruktur der Materie nicht eingehen, vorzustellen, daß die Kohäsionskräfte nur in der unmittelbaren Berührung wirksam sind, so daß also die Einwirkung des weggeschnittenen Materieteils auf J durch solche oberflächlichen Druckkräfte muß ersetzt werden können; und zwar darf, wenn $\mathfrak{S}\,do$ die auf ein Oberflächenelement do wirkende Druckkraft ist, $\mathfrak{S}$ also den Druck pro Flächeneinheit bedeutet, $\mathfrak{S}$ nur abhängen von der Stelle, an der sich das Flächenelement do befindet und von der ins Innere von J gerichteten Normalen n dieses Flächenelements (welche die »Stellung« von do charakterisiert). Für $\mathfrak{S}$ schreiben wir, um die letztere Abhängigkeit auszudrücken, $\mathfrak{S}_n$. Bedeutet — n die der Normale

n entgegengesetzte Normalenrichtung, so folgt aus dem Gleichgewicht für eine kleine, unendlich dünne Scheibe, daß

$$(43) \qquad \mathfrak{S}_{-n} = -\,\mathfrak{S}_n$$

sein muß.

Wir benutzen Cartesische Koordinaten x_1, x_2, x_3. Die Druckkräfte pro Flächeneinheit an einer Stelle, welche gegen ein Flächenelement daselbst wirken, dessen innere Normale in die Richtung der positiven x_1, bzw. x_2, bzw. x_3-Achse fällt, mögen mit $\mathfrak{S}_1$, $\mathfrak{S}_2$, $\mathfrak{S}_3$ bezeichnet werden. Wir wählen irgend drei positive Zahlen a_1, a_2, a_3 und eine positive Zahl ε, die gegen o konvergieren soll (während die a_i festbleiben). Wir tragen vom betrachteten Punkt O aus in Richtung der positiven Koordinatenachsen die Strecken

$$OP_1 = \varepsilon a_1, \qquad OP_2 = \varepsilon a_2, \qquad OP_3 = \varepsilon a_3$$

ab und betrachten das infinitesimale Tetraeder $OP_1P_2P_3$ mit den »Wänden« OP_2P_3, OP_3P_1, OP_1P_2 und dem »Dach« $P_1P_2P_3$. Ist f der Flächeninhalt des Daches und α_1, α_2, α_3 die Richtungskosinusse seiner inneren Normalen n, so sind die Flächeninhalte der Wände

$$-f\cdot\alpha_1\ (=\tfrac{1}{2}\varepsilon^2 a_2 a_3), \qquad -f\cdot\alpha_2, \qquad -f\cdot\alpha_3.$$

Der Druck auf die Wände und das Dach beträgt also insgesamt bei unendlich kleinem ε:

$$f\{\mathfrak{S}_n - (\alpha_1\,\mathfrak{S}_1 + \alpha_2\,\mathfrak{S}_2 + \alpha_3\,\mathfrak{S}_3)\}.$$

f ist von der Größenordnung ε^2; die auf das Tetraedervolumen wirkende Volumkraft ist aber nur von der Größenordnung ε^3. Daher muß zufolge der Gleichgewichtsbedingung

$$\mathfrak{S}_n = \alpha_1\,\mathfrak{S}_1 + \alpha_2\,\mathfrak{S}_2 + \alpha_3\,\mathfrak{S}_3$$

sein. Mit Hilfe von (43) überträgt sich diese Formel unmittelbar auf den Fall, daß das Tetraeder in einem der übrigen 7 Oktanten gelegen ist. Nennen wir die Komponenten von $\mathfrak{S}_i$ in bezug auf die Koordinatenachsen S_{i1}, S_{i2}, S_{i3} und sind ξ^i, η^i die Komponenten zweier beliebiger Verschiebungen von der Länge 1, so ist

$$(44) \qquad \sum_{ik} S_{ik}\,\xi^i \eta^k$$

die in die Richtung von η fallende Komponente derjenigen Druckkraft, die gegen ein Flächenelement mit der inneren Normale ξ stattfindet. Die Bilinearform (44) hat also eine vom Koordinatensystem unabhängige Bedeutung, und S_{ik} sind die Komponenten eines Tensorfeldes »Spannung«. Wir operieren hier auch weiter mit rechtwinkligen Koordinatensystemen, so daß wir zwischen kovariant und kontravariant nicht zu unterscheiden brauchen.

Wir bilden den Vektor $\mathfrak{S}'_i$ mit den Komponenten S_{1i}, S_{2i}, S_{3i}. Die in die Richtung der inneren Normale n eines Flächenelements fallende Komponente von $\mathfrak{S}'_1$ ist dann gleich der x_1-Komponente von $\mathfrak{S}_n$. Die

x_1-Komponente der Gesamt-Druckkraft, die auf der Oberfläche Ω des herausgeschnittenen Materiestücks J liegt, ist daher gleich dem Oberflächenintegral der normalen Komponente von $\mathfrak{S}'_1$, und das ist nach dem Gaußschen Satz gleich dem Volumintegral

$$-\int_{J} \operatorname{div} \mathfrak{S}'_1 \cdot dV\,;$$

das gleiche gilt für die x_2- und x_3-Komponente. Wir haben also den Vektor $\mathfrak{p}$ mit den Komponenten

$$p_i = -\sum_k \frac{\partial S^k{}_i}{\partial x_k}$$

zu bilden (das ist, wie wir wissen, ein invariantes Bildungsgesetz); einer Volumkraft von der Richtung und Stärke $\mathfrak{p}$ pro Volumeinheit sind die Druckkräfte $\mathfrak{S}$ in dem Sinne äquivalent, daß für jedes herausgegriffene Stück Materie J

$$(45) \qquad\qquad \int_{\Omega} \mathfrak{S}_n\, do = \int_{J} \mathfrak{p}\, dV$$

ist. Ist $\mathfrak{k}$ die eingeprägte Kraft pro Volumeinheit, so lautet die erste Gleichgewichtsbedingung für das erstarrt gedachte Materiestück

$$\int_{J} (\mathfrak{p} + \mathfrak{k})\, dV = 0,$$

und da dies für jeden Teil J zutreffen muß:

$$(46) \qquad\qquad \mathfrak{p} + \mathfrak{k} = 0.$$

Wählen wir einen beliebigen Anfangspunkt O und bedeutet $\mathfrak{r}$ den Radiusvektor $\overrightarrow{OP}$ nach dem Argumentpunkt P, die eckige Klammer das »vektorielle« Produkt, so lautet die zweite Gleichgewichtsbedingung, die Momentengleichung:

$$\int_{\Omega} [\mathfrak{r}, \mathfrak{S}_n]\, do + \int_{J} [\mathfrak{r}, \mathfrak{k}]\, dV = 0,$$

und da allgemein (46) gilt, muß also außer (45) auch noch

$$\int_{\Omega} [\mathfrak{r}, \mathfrak{S}_n]\, do = \int_{J} [\mathfrak{r}, \mathfrak{p}]\, dV$$

sein. Die x_1-Komponente von $[\mathfrak{r}, \mathfrak{S}_n]$ ist gleich der in der Richtung n genommenen Komponente von $x_2 \mathfrak{S}'_3 - x_3 \mathfrak{S}'_2$; daher ist nach dem Gaußschen Satz die x_1-Komponente der linken Seite

$$= -\int_{J} \operatorname{div}(x_2 \mathfrak{S}'_3 - x_3 \mathfrak{S}'_2)\, dV,$$

und es kommt die Gleichung

$$\operatorname{div}(x_2 \mathfrak{S}'_3 - x_3 \mathfrak{S}'_2) = -(x_2 p_3 - x_3 p_2).$$

Die linke Seite ist aber

$$= (x_2 \operatorname{div} \mathfrak{S}'_3 - x_3 \operatorname{div} \mathfrak{S}'_2) + (\mathfrak{S}'_3 \cdot \operatorname{grad} x_2 - \mathfrak{S}'_2 \cdot \operatorname{grad} x_3)$$
$$= - (x_2 p_3 - x_3 p_2) + (S_{23} - S_{32}) .$$

Demnach ergibt diese Gleichgewichtsbedingung, wenn wir außer der x_1- noch die x_2- und x_3-Komponente bilden:

$$S_{23} = S_{32}, \qquad S_{31} = S_{13}, \qquad S_{12} = S_{21},$$

d. h. die Symmetrie des *Spannungstensors* S. Für eine beliebige Verschiebung mit den Komponenten ξ^i ist

$$\frac{\sum S_{ik}\, \xi^i \xi^k}{\sum g_{ik}\, \xi^i \xi^k}$$

die in die Richtung von ξ fallende Komponente der Druckkraft pro Flächeneinheit, welche gegen ein senkrecht zu dieser Richtung gestelltes Flächenelement wirkt. (Hier darf nun wieder ein beliebiges affines Koordinatensystem benutzt werden.) *Die Spannungen sind einer Volumkraft vollständig äquivalent, deren Dichte p sich nach den invarianten Formeln*

$$(47) \qquad\qquad - p_i = \frac{\partial S_i{}^k}{\partial x_k}$$

berechnet. — Im Falle eines allseitig gleichen Drucks p ist

$$S_i{}^k = p \cdot \delta_i{}^k, \qquad p_i = - \frac{\partial p}{\partial x_i} .$$

Durch das Vorige hat nur der Begriff der Spannung seine exakte Formulierung und mathematische Darstellung gefunden. Zur Aufstellung der Grundgesetze der Elastizitätstheorie ist es weiterhin erforderlich, die Abhängigkeit der Spannung von der durch die eingeprägten Kräfte bewirkten Verzerrung der Materie zu ermitteln. Wir haben keinen Anlaß, hier darauf näher einzugehen.

§ 9. Das stationäre elektromagnetische Feld.

Wo bisher von mechanischen oder physikalischen Dingen die Rede war, geschah es zunächst zu dem Zweck, zu zeigen, worin sich deren räumliche Natur kundgibt: nämlich darin, daß sich ihre Gesetze als invariante Tensorrelationen ausdrücken. Wir hatten dadurch aber zugleich Gelegenheit, die Bedeutung der Tensorrechnung an konkreten Beispielen klar zu machen und spätere Auseinandersetzungen vorzubereiten, die sich gründlicher mit physikalischen Theorien — um ihrer selbst willen und wegen ihrer Bedeutung für das Zeitproblem — befassen werden. In dieser Hinsicht wird nun namentlich die *Theorie des elektromagnetischen Feldes*, das vollkommenste Stück Physik, das wir heute kennen, von größter Wichtigkeit werden. Hier betrachten wir sie nur insofern, als die Zeit noch nicht in Frage kommt, d. h. wir beschränken uns auf zeitlich unveränderliche stationäre Verhältnisse.

Das *Coulombsche Gesetz* der Elektrostatik läßt sich folgendermaßen
aussprechen: Sind im Raum irgendwelche Ladungen mit der Dichte ϱ
verteilt, so üben sie auf eine Punktladung e die Kraft

$$(48) \qquad \mathfrak{K} = e \cdot \mathfrak{E}$$

aus, worin

$$(49) \qquad \mathfrak{E} = -\int \frac{\varrho \cdot \mathfrak{r}}{4\pi r^3}\, dV .$$

Hier bedeutet $\mathfrak{r}$ den Vektor $\overrightarrow{OP}$, der vom »Aufpunkt« O, in welchem $\mathfrak{E}$
bestimmt werden soll, zum Argument- oder »Quell«-Punkt P führt, nach
dem integriert wird; r seine Länge; dV das Volumelement. Die Kraft
setzt sich also aus zwei Faktoren zusammen, der Ladung e des kleinen
Probekörpers, die nur von dessen Zustand abhängt, und der »Feldstärke«
$\mathfrak{E}$, welche im Gegenteil allein durch die gegebene Ladungsverteilung im
Raum bestimmt ist. Wir machen uns die Vorstellung, daß auch dann,
wenn wir an keinem Probekörper die Kraft $\mathfrak{K}$ beobachten, durch die im
Raume verteilten Ladungen ein »elektrisches Feld« hervorgerufen wird,
das durch den Vektor $\mathfrak{E}$ beschrieben ist; an einer hereingebrachten
Punktladung e gibt es sich durch die Kraft (48) kund. $\mathfrak{E}$ können wir
aus einem Potential ableiten nach der Formel

$$(50) \qquad \mathfrak{E} = -\operatorname{grad}\varphi, \qquad 4\pi\varphi = \int \frac{\varrho}{r}\, dV .$$

Daraus folgt, 1) daß $\mathfrak{E}$ wirbelfrei ist, und 2) daß der Fluß von $\mathfrak{E}$ durch
irgend eine geschlossene Oberfläche gleich den von dieser Oberfläche
umschlossenen Ladungen ist, oder daß die Elektrizität Quelle des elektrischen Feldes ist; in Formeln

$$(51) \qquad \operatorname{rot}\mathfrak{E} = 0, \qquad \operatorname{div}\mathfrak{E} = \varrho .$$

Aus diesen einfachen Differentialgesetzen geht rückwärts wieder das
Coulombsche Gesetz hervor unter Hinzunahme der Bedingung, daß das
Feld $\mathfrak{E}$ im Unendlichen verschwindet. Machen wir nämlich zufolge der
ersten dieser Gleichungen (51) den Ansatz $\mathfrak{E} = -\operatorname{grad}\varphi$, so ergibt sich
aus der zweiten zur Bestimmung von φ die Poissonsche Gleichung
$\Delta\varphi = -\varrho$, deren Lösung durch (50) geliefert wird.

Das Coulombsche Gesetz ist ein *Fernwirkungsgesetz*: in ihm erscheint
die Feldstärke an einer Stelle abhängig von den Ladungen an allen
andern Stellen, den nächsten und fernsten, im Raum. Im Gegensatz
dazu drücken die viel einfacheren Formeln (51) *Nahewirkungsgesetze* aus:
da zur Bestimmung des Differentialquotienten einer Funktion an einer
Stelle die Kenntnis ihres Wertverlaufs in einer beliebig kleinen Umgebung
dieser Stelle genügt, sind durch (51) die Werte von ϱ und $\mathfrak{E}$ an einer
Stelle und deren unmittelbarer Umgebung miteinander in Zusammenhang
gebracht. Diese Nahewirkungsgesetze fassen wir als den wahren Ausdruck
des in der Natur bestehenden Wirkungszusammenhanges auf, (49) aber

nur als eine daraus sich ergebende mathematische Konsequenz; auf Grund der Gesetze (51), die eine so einfache anschauliche Bedeutung haben, glauben wir zu *verstehen*, woher das Coulombsche Gesetz kommt. Gewiß folgen wir hier vor allem einem erkenntnistheoretischen Zwang; schon Leibniz hat die Forderung der Kontinuität, der Nahewirkung als ein allgemeines Prinzip formuliert und sich aus diesem Grunde mit dem Newtonschen Fernwirkungsgesetz der Gravitation, das ja dem Coulombschen völlig entspricht, nicht befreunden können. Daneben kommt aber die mathematische Durchsichtigkeit und der einfache anschauliche Sinn der Gesetze (51) in Betracht; immer wieder machen wir in der Physik die Erfahrung, daß, wenn wir erst einmal dazu gelangt sind, die Gesetzmäßigkeit eines bestimmten Erscheinungsgebietes völlig zu durchdringen, sie sich in Formeln von vollendeter mathematischer Harmonie ausspricht. Schließlich legt, was das Physikalische betrifft, die Maxwellsche Theorie in ihrer Weiterentwicklung beständig Zeugnis davon ab, von wie ungeheurer Fruchtbarkeit der Schritt von der alten Fernwirkungsvorstellung zu der modernen der Nahewirkung war.

Das Feld übt auf die Ladungen, welche es erzeugen, eine Kraft aus, deren Dichte pro Volumeinheit durch die Formel

$$(52) \qquad \mathfrak{p} = \varrho\,\mathfrak{E}$$

gegeben ist: so werden wir die Gleichung (48) in strenger Weise zu deuten haben. Bringen wir einen geladenen Probekörper in das Feld hinein, so gehört auch seine Ladung mit zu den felderzeugenden Ladungen, und die Formel (48) wird nur dann zur richtigen Bestimmung des vor dem Hineinbringen des Probekörpers herrschenden Feldes $\mathfrak{E}$ dienen können, wenn die Probeladung e so schwach ist, daß sie das Feld nur unmerklich verändert. Es ist das eine Schwierigkeit, die sich durch die ganze experimentelle Physik hindurchzieht: daß wir durch das Hereinbringen des Meßinstruments die ursprünglichen Verhältnisse, welche gemessen werden sollen, stören; daher stammen zum guten Teil die Fehlerquellen, auf deren Elimination der Experimentator so viel Scharfsinn verwenden muß.

Das Grundgesetz der Mechanik: *Masse × Beschleunigung = Kraft* lehrt, was für eine Bewegung der Massen unter dem Einfluß gegebener Kräfte (bei gegebenen Anfangsgeschwindigkeiten) eintritt. Was aber *Kraft* ist, lehrt die Mechanik nicht; das erfahren wir in der Physik. *Das Grundgesetz der Mechanik ist ein offenes Schema, das einen konkreten Inhalt erst gewinnt, wenn der in ihm auftretende Kraftbegriff durch die Physik ausgefüllt wird.* Die unglücklichen Versuche, die Mechanik als eine abgeschlossene Disziplin für sich zu entwickeln, haben sich daher auch niemals anders zu helfen gewußt als dadurch, daß sie das Grundgesetz zu einer Worterklärung machten: Kraft *bedeutet* Masse × Beschleunigung. Hier in der Elektrostatik erkennen wir aber für ein besonderes physikalisches Erscheinungsgebiet, was Kraft ist und wie sie sich gesetzmäßig durch (52) aus den *Zustandsgrößen* Ladung und Feld bestimmt. Sehen wir die Ladungen als gegeben an, so liefern die Feldgleichungen (51) den Zusammenhang, durch welchen die Ladungen das von ihnen erzeugte Feld determinieren. Was aber die Ladungen betrifft, so weiß man, daß sie an die Materie gebunden sind. Die moderne Elektronentheorie zeigte, daß das in einem ganz strengen Sinne verstanden werden kann: die Materie besteht aus Elementarquanten, den Elektronen, die eine völlig bestimmte unveränderliche Masse und dazu eine völlig bestimmte unveränderliche Ladung besitzen. Wo immer wir das Auftreten neuer Ladungen beobachten, beruht dies lediglich darauf, daß positive und negative Elementarladungen, die vorher so nahe beieinander waren, daß sie sich in ihrer Fernwirkung vollständig kompensierten, auseinandertreten; es »entsteht« daher bei solchen Prozessen auch immer gleichviel positive und negative Elektrizität. Damit schließen sich die Gesetze zu einem Zykel: die Verteilung der mit ein für allemal festen Ladungen versehenen Elementarquanten der Materie und (wie man bei nicht-stationären Verhältnissen hinzufügen muß) ihre Geschwindigkeiten bestimmen das Feld; das Feld übt auf die geladene Materie eine durch (52) gegebene ponderomotorische Kraft aus; die Kraft bestimmt nach dem Fundamentalgesetz der Mechanik die Beschleunigung und damit die Verteilung und Geschwindigkeit der Materie im nächsten Moment. *Erst dieser ganze theoretische Zusammenhang ist einer experimentellen Nachprüfung fähig —* wenn wir annehmen, daß die Bewegung der Materie das ist, was wir direkt beobachten können (was übrigens auch nur bedingt zugegeben werden kann); nicht aber ein einzelnes, aus diesem theoretischen Gefüge herausgerissenes Gesetz! Der Zusammenhang zwischen der unmittelbaren Erfahrung und dem, was die Vernunft begrifflich als das hinter ihr steckende Objektive in einer Theorie zu erfassen sucht, ist nicht so einfach, daß jede einzelne Aussage der Theorie für sich einen unmittelbar in der Anschauung zu verifizierenden Sinn besäße. Wir werden im folgenden immer deutlicher sehen, daß Geometrie, Mechanik und Physik in dieser Weise eine unlösbare theoretische Einheit bilden, etwas, das man immer *als Ganzes* vor Augen haben muß, wenn man danach fragt, ob jene Wissenschaften die in allem subjektiven Bewußtseins-Erleben sich bekundende, dem Bewußtsein transzendente Wirklichkeit vernünftig deuten: die Wahrheit bildet ein *System.* — Im übrigen ist das hier in seinen ersten Zügen geschilderte physikalische Weltbild charakterisiert durch den Dualismus von *Materie* und *Feld*, die sich in gegenseitiger Wechselwirkung befinden; wir werden später zu untersuchen haben, ob und wie sich dieser Dualismus überwinden läßt.

Die ponderomotorische Kraft im elektrischen Feld ist schon von Faraday auf *Spannungen* zurückgeführt worden. Benutzen wir ein rechtwinkliges Koordinatensystem x_1, x_2, x_3, in welchem E_1, E_2, E_3 die Komponenten der elektrischen Feldstärke sind, so ist die x_i-Komponente der Kraftdichte

$$p_i = \varrho\, E_i = E_i \left(\frac{\partial E_1}{\partial x_1} + \frac{\partial E_2}{\partial x_2} + \frac{\partial E_3}{\partial x_3} \right).$$

Durch eine einfache, die Wirbellosigkeit von $\mathfrak{E}$ berücksichtigende Umrechnung findet man daraus, daß die Komponenten p_i der Kraftdichte sich nach den Formeln (47) aus einem Spannungstensor ableiten, dessen Komponenten S_{ik} in dem folgenden quadratischen Schema zusammengestellt sind:

$$(53) \quad \begin{vmatrix} \frac{1}{2}(E_2^2 + E_3^2 - E_1^2), & -E_1 E_2, & -E_1 E_3 \\ -E_2 E_1, & \frac{1}{2}(E_3^2 + E_1^2 - E_2^2), & -E_2 E_3 \\ -E_3 E_1, & -E_3 E_2, & \frac{1}{2}(E_1^2 + E_2^2 - E_3^2) \end{vmatrix}.$$

Wir sehen, daß die Symmetriebedingung $S_{ki} = S_{ik}$ erfüllt ist. Vor allem ist aber von Wichtigkeit, daß die Komponenten des Spannungstensors an einer Stelle nur von der elektrischen Feldstärke *an dieser Stelle* abhängen. (Sie hängen zudem nur von dem *Feld*, nicht auch von der *Ladung* ab.) Immer wenn eine Kraft p sich nach (47) auf Spannungen S, die einen symmetrischen Tensor 2. Stufe bilden, zurückführen läßt, welcher nur von den Werten der den physikalischen Zustand beschreibenden Zustandsgrößen an der betreffenden Stelle abhängt, werden wir diese Spannungen als das Primäre, die Kraftwirkungen als ihre Folge zu betrachten haben. Mathematisch erhellt die Berechtigung dieser Auffassungsweise daraus, daß die Kraft p sich aus der Spannung durch Differentiation ergibt; die Spannungen liegen also gegenüber den Kräften sozusagen um eine Differentiationsstufe weiter zurück und hängen trotzdem nicht, wie es für ein beliebiges Integral der Fall wäre, von dem ganzen Verlauf der Zustandsgrößen, sondern nur von ihrem Wert an der betr. Stelle ab. Physikalisch ist eine solche Darstellung in erster Linie darum bedeutungsvoll, weil sie in Evidenz setzt, daß die resultierende Gesamtkraft wie auch das resultierende Drehmoment, das ein System geladener Massen auf sich selber ausübt, verschwindet. Denn die i^{te} Komponente K_i der Gesamtkraft ist gleich dem Fluß, welchen der Vektor

$$\mathfrak{S}_i = (S_{i1}, S_{i2}, S_{i3})$$

durch eine das Körpersystem einschließende Fläche Ω hindurchschickt. Weil im ladungsfreien Raum div $\mathfrak{S}_i$ verschwindet, ist dieser Fluß nach dem Gaußschen Satz unabhängig davon, wie im übrigen die einschließende Fläche Ω gewählt wird. Nehmen wir für Ω eine Kugel von unendlich großem Radius, so ergibt sich $K_i = 0$. Bei der Berechnung des resultierenden Drehmoments hat man den Vektor $\mathfrak{S}_i$ zu ersetzen durch sein vektorielles Produkt $[\mathfrak{r}\,\mathfrak{S}_i]$ mit dem vom Drehpunkt O zum variablen Aufpunkt P im Felde hinführenden »Hebelarm« $\mathfrak{r} = \overrightarrow{OP}$. Die beiden so gewonnenen »Impulssätze« besagen, daß ein abgeschlossenes System geladener Massen sich, wenn es anfangs ruht, nicht aus sich selbst heraus als Ganzes in translatorische oder rotatorische Bewegung versetzen kann. Legt man die im leeren Raum verlaufende Fläche Ω so, daß sie

einen Teil M' der geladenen Massen von den übrigen M'' trennt, so
liefern die Flüsse von $\mathfrak{S}_i$, bzw. $[\mathfrak{r}\,\mathfrak{S}_i]$ durch Ω hindurch die Kraft, bzw.
das Kraftmoment, welches M' auf M'' ausübt; wiederum kommt es
bei der Berechnung auf den genaueren Verlauf von Ω nicht an, wenn
diese Fläche nur M' von M'' trennt. Diese Darstellung lehrt, daß die
Kraft, bzw. das Kraftmoment, welches M'' auf M' ausübt, entgegengesetzt gleich ist der Kraft, bzw. dem Kraftmoment, mit welchem der
Teil M' auf M'' wirkt: Prinzip der Gleichheit von actio und reactio.
Außerdem geht aus ihr hervor: Ändert man die Verteilung der geladenen
Massen M' und M'' so ab, daß das zwischen ihnen sich erstreckende
elektrische Feld erhalten bleibt, so ändert sich die Kraft nicht, welche
M' auf M'' ausübt; ebensowenig das Kraftmoment.

Der Tensor (53) ist natürlich unabhängig von der Wahl des Koordinatensystems. Führen wir das Quadrat des Betrages der Feldstärke ein

$$| E |^2 = E_i E^i ,$$

so ist in der Tat

$$S_{ik} = \tfrac{1}{2} g_{ik} | E |^2 - E_i E_k :$$

das sind die kovarianten Spannungskomponenten nicht nur in einem Cartesischen, sondern in einem beliebigen affinen Koordinatensystem, wenn die
E_i die kovarianten Komponenten der Feldstärke sind. Die anschauliche Bedeutung der Spannungen ist überaus einfach. Benutzen wir an einer Stelle
rechtwinklige Koordinaten, deren x_1-Achse in die Richtung von $\mathfrak{E}$ weist,

$$E_1 = | E | , \qquad E_2 = 0 , \qquad E_3 = 0 ,$$

so finden wir: sie bestehen aus einem Zug von der Stärke $\tfrac{1}{2} | E |^2$ in
Richtung der Kraftlinien und einem Druck von der gleichen Stärke
senkrecht zu ihnen.

*Die elektrostatischen Grundgesetze können wir in invarianter Tensorgestalt
jetzt so zusammenfassen:*

$$(54) \quad
\begin{cases}
\text{(I)} \quad \dfrac{\partial E_k}{\partial x_i} - \dfrac{\partial E_i}{\partial x_k} = 0 , \quad bzw. \;\; E_i = -\dfrac{\partial \varphi}{\partial x_i} ; \\[2ex]
\text{(II)} \quad \dfrac{\partial E^i}{\partial x_i} = \varrho ; \\[2ex]
\text{(III)} \quad S_{ik} = \tfrac{1}{2} g_{ik} | E |^2 - E_i E_k .
\end{cases}$$

Einem System einzelner Punktladungen $e_1 , e_2 , e_3 , \ldots$ kommt die
potentielle Energie

$$U = \frac{1}{8\pi} \sum_{i \neq k}{}' \frac{e_i e_k}{r_{ik}}$$

zu; r_{ik} bedeutet die Entfernung der beiden Ladungen e_i und e_k. Dies
besagt, daß die virtuelle Arbeit, welche die an den einzelnen Punkten
angreifenden (von den Ladungen der übrigen Punkte herrührenden) Kräfte
bei einer infinitesimalen Verrückung der Punkte leisten, ein totales Differential, nämlich $= \delta U$ ist. Für kontinuierlich verteilte Ladungen geht
diese Formel über in:

$$U = \iint \frac{\varrho(P)\varrho(P')}{8\pi\, r_{PP'}}\, dV\, dV'\,;$$

beide Volumintegrationen nach P und P' erstrecken sich über den ganzen Raum, $r_{PP'}$ ist die Entfernung dieser beiden Punkte. Unter Benutzung des Potentials φ können wir dafür schreiben

$$U = \tfrac{1}{2}\int \varrho\,\varphi\, dV\,.$$

Der Integrand ist $\varphi \cdot \operatorname{div} \mathfrak{E}$. Zufolge der Gleichung

$$\operatorname{div}(\varphi\,\mathfrak{E}) = \varphi \cdot \operatorname{div}\mathfrak{E} + \mathfrak{E} \cdot \operatorname{grad}\varphi$$

und des Gaußschen Satzes, nach dem das über den gesamten Raum erstreckte Integral von $\operatorname{div}(\varphi\,\mathfrak{E})$ gleich o wird, ist

$$\int \varrho\,\varphi\, dV = -\int(\mathfrak{E}\cdot\operatorname{grad}\varphi)\, dV = \int |E|^2\, dV;$$

$$(55) \qquad U = \int \tfrac{1}{2}|E|^2\, dV\,.$$

Ohne Benutzung der Fernwirkungsformeln erhält man dieses Resultat auch auf folgendem Wege. Will man zu den vorhandenen Ladungen, die ein Feld mit dem Potential φ erzeugen, in einem Volumelement die unendlichkleine Ladung δe hinzufügen, etwa dadurch daß man sie aus dem Unendlichen an den Ort des Volumelements bringt, so ist dazu die Arbeit $\varphi \cdot \delta e$ zu leisten. Um an der vorhandenen Ladungsverteilung eine unendlichkleine Veränderung vorzunehmen, bei welcher die Dichte ϱ den Zuwachs $\delta\varrho$ erfährt, ist demnach die Arbeit

$$\delta U = \int \varphi\,\delta\varrho \cdot dV$$

erforderlich; δU ist der durch jene Änderung bedingte Zuwachs an Energie. Es ist aber

$$\delta\varrho = \delta(\operatorname{div}\mathfrak{E}) = \operatorname{div}(\delta\mathfrak{E})\,,$$

wo $\delta\mathfrak{E}$ die zugehörige Feldänderung bezeichnet; ferner

$$\operatorname{div}(\varphi \cdot \delta\mathfrak{E}) = \varphi \cdot \operatorname{div}(\delta\mathfrak{E}) + \operatorname{grad}\varphi \cdot \delta\mathfrak{E} = \varphi \cdot \delta\varrho - \mathfrak{E}\cdot\delta\mathfrak{E}\,.$$

Da das Raumintegral einer Divergenz verschwindet, gilt daher

$$\delta U = \int(\mathfrak{E}\cdot\delta\mathfrak{E})\, dV\,.$$

Das ist in der Tat nichts anderes als die Variation des Integrals (55).

Die damit von neuem gewonnene Formel (55) setzt unmittelbar in Evidenz, daß die Energie einen positiven Betrag besitzt. Führen wir die Kräfte auf Spannungen zurück, so müssen wir uns vorstellen, daß diese Spannungen (wie die Spannungen des elastischen Körpers) überall mit positiver potentieller Spannungsenergie verbunden sind; der Sitz der Energie wird also im Felde zu suchen sein. Darüber gibt die Formel (55) völlig befriedigende Rechenschaft; sie lehrt, daß die mit der Spannung verbundene Energie pro Volumeinheit $\tfrac{1}{2}|E|^2$ beträgt, also genau gleich dem Zug und Druck ist, welche in Richtung und senkrecht zu den Kraftlinien stattfinden. Wieder ist es natürlich entscheidend für die Zulässigkeit dieser Auffassungsweise, daß die erhaltene Energiedichte nur von dem Werte der das Feld charakterisierenden Zustandsgröße $\mathfrak{E}$ *an der betr. Stelle* abhängt. Es kommt jetzt nicht nur dem Gesamtfeld, sondern auch jedem Stück des Feldes ein bestimmter potentieller Energieinhalt $\int \frac{1}{2} |E|^2 \, dV$ zu. In der Statik spielt nur die Gesamtenergie eine Rolle; erst wenn wir hernach zur Betrachtung veränderlicher Felder übergehen, werden sich unzweifelhafte Bestätigungen der Richtigkeit dieser Auffassung einstellen.

Auf Leitern sammeln sich im statischen Feld die Ladungen auf der Oberfläche, und im Innern der Konduktoren herrscht kein elektrisches Feld. Dann reichen die Gleichungen (51) aus, um das elektrische Feld im leeren Raum, im »Äther«, zu bestimmen. Befinden sich aber Nicht-Leiter, Diëlektrika, im Felde, so ist die Erscheinung der *diëlektrischen Polarisation* zu berücksichtigen. — Zwei an den Stellen P_1 und P_2 befindliche Ladungen $+ e$ und $- e$, ein »Quellpaar«, wie wir kurz sagen wollen, erzeugen ein Feld, das aus dem Potential

$$\frac{e}{4\pi} \left(\frac{1}{r_1} - \frac{1}{r_2} \right)$$

entspringt, in welchem r_1 und r_2 die Entfernungen der Punkte P_1, P_2 vom Aufpunkt O bedeuten. Das Produkt aus e und dem Vektor $\overrightarrow{P_2 P_1}$ heiße das Moment des Quellpaares. Lassen wir die beiden Ladungen an einer Stelle P in bestimmter Richtung zusammenrücken, indem wir dabei die Ladung gleichzeitig so wachsen lassen, daß das Moment $\mathfrak{P}$ konstant bleibt, so entsteht im Limes die »Doppelquelle« vom Moment $\mathfrak{P}$, deren Potential durch

$$\frac{\mathfrak{P}}{4\pi} \cdot \operatorname{grad}_P \frac{1}{r}$$

gegeben ist. In einem Diëlektrikum hat nun ein elektrisches Feld zur Folge, daß in den einzelnen Volumelementen desselben derartige Doppelquellen entstehen; diesen Vorgang bezeichnet man als Polarisation. Ist $\mathfrak{P}$ das elektrische Moment der Doppelquellen pro Volumeinheit, so gilt dann für das Potential statt (50) die Formel

$$(56) \qquad 4\pi\varphi = \int \frac{\varrho}{r} \, dV + \int \mathfrak{P} \cdot \operatorname{grad}_P \frac{1}{r} \cdot dV .$$

Vom Standpunkt der Elektronentheorie können wir diesen Vorgang ohne weiteres verstehen. Stellen wir uns etwa vor, daß ein Atom aus einem ruhenden, positiv geladenen »Kern« besteht, um den ein Elektron von der entgegengesetzten Ladung in einer Kreisbahn rotiert. Im Zeitmittel für einen vollen Umlauf des Elektrons wird dann die mittlere Lage des Elektrons mit der des Kerns zusammenfallen und das Atom nach außen als völlig neutral erscheinen. Wenn aber ein elektrisches Feld wirkt, so übt dieses auf das negative Elektron eine Kraft aus, die zur Folge haben wird, daß seine Bahn zum Atomkern exzentrisch liegt, etwa eine Ellipse wird, in deren einem Brennpunkt der Kern sich befindet. Im Mittel für solche Zeiten, die groß sind gegenüber der Umlaufszeit des Elektrons, wird das Atom dann wirken wie ein ruhendes Quellpaar; oder wenn wir die Materie als kontinuierlich behandeln, werden wir in ihr kontinuierlich verbreitete Doppelquellen annehmen müssen. Schon vor einer genaueren atomistischen Durchführung dieses Gedankens werden wir sagen können, daß wenigstens in erster Annäherung dabei das Moment pro Volumeinheit $\mathfrak{P}$, die »Polarisition«, der erregenden elektrischen Feldstärke $\mathfrak{E}$ proportional sein wird: $\mathfrak{P} = \varkappa\mathfrak{E}$, wo $\varkappa$ eine Materialkonstante bedeutet, die von der chemischen Beschaffenheit der Substanz, nämlich dem Bau ihrer Atome und Moleküle, abhängt. Da

$$\operatorname{div}\left(\frac{\mathfrak{P}}{r}\right) = \mathfrak{P}\cdot\operatorname{grad}\frac{1}{r} + \frac{\operatorname{div}\mathfrak{P}}{r}$$

ist, können wir die Gleichung (56) ersetzen durch

$$4\pi\varphi = \int\frac{\varrho - \operatorname{div}\mathfrak{P}}{r}\,dV.$$

Für die Feldstärke $\mathfrak{E} = -\operatorname{grad}\varphi$ ergibt sich daraus

$$\operatorname{div}\mathfrak{E} = \varrho - \operatorname{div}\mathfrak{P}.$$

Führen wir also die »elektrische Verschiebung«

$$\mathfrak{D} = \mathfrak{E} + \mathfrak{P}$$

ein, so lauten die Grundgleichungen jetzt

$$(57) \qquad \operatorname{rot}\mathfrak{E} = 0, \qquad \operatorname{div}\mathfrak{D} = \varrho.$$

Sie entsprechen den Gleichungen (51); in der einen von ihnen tritt aber jetzt die Feldstärke $\mathfrak{E}$, in der andern die elektrische Verschiebung $\mathfrak{D}$ auf: die Ladungen sind die Quelle der elektrischen Verschiebung. Bei der obigen Annahme $\mathfrak{P} = \varkappa\mathfrak{E}$ erhält man, wenn man die Materialkonstante $\varepsilon = 1 + \varkappa$, die sog. Diëlektrizitätskonstante einführt, das Materialgesetz

$$(58) \qquad \mathfrak{D} = \varepsilon\mathfrak{E}.$$

Durch die Beobachtung bestätigen sich diese Gesetze aufs beste. Der von Faraday experimentell nachgewiesene Einfluß des Zwischenmediums, der sich in diesen Gesetzen kundgibt, ist, wie man weiß, für die Ausbildung der Nahewirkungstheorie von großer Bedeutung gewesen. — Auf eine entsprechende Erweiterung der Formeln für Spannung, Energie und Kraft können wir hier verzichten.

Ohne Benutzung der Fernwirkungsvorstellung ergeben sich die Grundgleichungen für Diëlektrika nach H. A. Lorentz in der folgenden Weise. Wir unterscheiden das in Wahrheit vorhandene »mikroskopische« Feld von dem beobachtbaren »makroskopischen«, das man aus jenem gewinnt, indem man den Mittelwert bildet über einen Raumbereich, der groß ist gegenüber den Ausdehnungen der regellosen atomistischen Unebenheiten des mikroskopischen Feldes, welcher aber bei der tatsächlichen Messung der physikalischen Zustandsgrößen keine weitere Trennung in qualitativ verschiedene Teile mehr gestattet. Bezeichnet $\mathfrak{E}$ die makroskopische Feldstärke und $\bar{\varrho}$ die makroskopische Ladungsdichte, so ergibt sich zunächst durch Mittelung aus den Gleichungen (51):

$$\operatorname{rot}\mathfrak{E} = 0, \quad \operatorname{div}\mathfrak{E} = \bar{\varrho}.$$

Die wahren Ladungen bestehen einerseits aus den freien Elektronen, andrerseits aus den polarisierten Atomen. Die aus den freien Elektronen entspringende gemittelte Ladungsdichte ϱ ist diejenige, welche wir makroskopisch als wirkliche Ladung beobachten: $\int_V \varrho\,dV$ ist die Ladungssumme der freien Elektronen im Volumen V. Wir bestimmen zweitens die Summe der von den polarisierten Atomen herrührenden Ladungen im Innern von V. Ist $\mathfrak{l}$ der Vektor in dem zum Dipol gewordenen Atom, welcher von der negativen Ladung $-e$ zu der positiven $+e$ hinführt, so ist $e\mathfrak{l}$ sein Moment und, wenn N die Zahl der polarisierten Atome pro Volumeinheit ist, $Ne\mathfrak{l} = \mathfrak{P}$ die Polarisation. Betrachten wir ein (makroskopisches) Element do der das Volumen V umgrenzenden Oberfläche Ω; am Ort dieses Elements möge etwa der Vektor $\mathfrak{l}$ nach außen weisen. Würde V von jedem Dipol Quelle und Senke gleichzeitig enthalten, so würde die gesuchte Ladungssumme $= 0$ sein. Nun durchschneidet aber die Oberfläche Ω gewisse Dipole derart, daß die eine Ladung innerhalb, die andere außerhalb von Ω liegt. Die von do in dieser Weise zerschnittenen Dipole sind diejenigen, deren positive Ladung in einem Zylinder liegt, dessen Grundfläche do, dessen Mantellinie $\mathfrak{l}$ ist. Sein Volumen ist $do\cdot\mathfrak{l}_n$ ($\mathfrak{l}_n$ die nach der äußeren Normale genommene Komponente von $\mathfrak{l}$), die Anzahl der positiven Dipolladungen in ihm $Ndo\cdot\mathfrak{l}_n$, die Summe dieser Ladungen selbst $Ne\mathfrak{l}_n do = \mathfrak{P}_n do$. Die Summe derjenigen Ladungen außerhalb Ω, welche jeweils mit einer entgegengesetzten Ladung innerhalb Ω zu einem Dipol zusammengekoppelt sind, der Ladungen also, welche von den Dipolen aus V »herausgesteckt« werden, ist daher $=\int_\Omega \mathfrak{P}_n do$, und die von den Dipolen herrührende Gesamtladung des Gebietes V:

$$(59) \qquad = -\int_\Omega \mathfrak{P}_n do = -\int_V \operatorname{div}\mathfrak{P}\cdot dV.$$

Wenn die Polarisation nicht über das ganze Gebiet hin gleichmäßig ist, liefert das im allgemeinen einen von 0 verschiedenen Beitrag. Wir erhalten von neuem

$$\operatorname{div}\mathfrak{E} = \varrho - \operatorname{div}\mathfrak{P}.$$

Es versteht sich aus dieser Herleitung, daß (57), (58) keine streng gültigen Gesetze sind, sondern sich auf Mittelwerte beziehen, zu bilden für Räume, die viele Atome enthalten, und für Zeiten, die groß sind gegenüber den Umlaufszeiten der Elektronen im Atom. *Als die exakten Naturgesetze sehen wir nach wie vor* (51) *an.* Unser Absehen hier und im folgenden ist durchaus auf die exakten Naturgesetze gerichtet. Es bilden aber, wenn man von den Erscheinungen ausgeht, solche »phänomenologischen« Gesetze wie (57), (58) den notwendigen Durchgangspunkt von dem, was die Beobachtungen direkt ergeben, zu der exakten Theorie. Im allgemeinen können wir erst von ihnen aus uns eine derartige Theorie erarbeiten. Diese wird sich dann als gültig erweisen, wenn es gelingt, unter Zuhilfenahme bestimmter Vorstellungen über die atomistische Konstitution der Materie von ihr aus durch Mittelwertbildung wieder zu den phänomenologischen Gesetzen zu gelangen. Es müssen sich dabei, wenn der Atombau bekannt ist, zugleich die Werte der in diesen Gesetzen auftretenden Materialkonstanten ergeben (in den exakten Naturgesetzen kommen keine solchen Konstanten vor). Da die Gültigkeit der Materialgesetze wie (58), die den Einfluß der Materie nur in Bausch und Bogen berücksichtigen, bei Vorgängen, für welche die feinere Struktur der Materie nicht gleichgültig ist, sicher versagt, müssen sich aus einer solchen atomistischen Theorie ferner die Grenzen der Gültigkeit der phänomenologischen Theorie ergeben und diejenigen Gesetze, welche jenseits dieser Grenzen an ihre Stelle treten. Die Elektronentheorie hat in alle dem große Erfolge aufzuweisen, wenn sie auch wegen der Schwierigkeit, über den feineren Aufbau des Atoms und die Vorgänge im Innern desselben Aufschluß zu erhalten, noch lange nicht zum Abschluß gekommen ist. —

Der *Magnetismus* scheint nach den ersten Erfahrungen an permanenten Magneten nur eine Wiederholung der Elektrizität: auch hier das Coulombsche Gesetz! Sogleich aber macht sich ein charakteristischer Unterschied geltend: man kann positiven und negativen Magnetismus nicht voneinander trennen; es gibt keine Quellen, sondern nur Doppelquellen des Magnetfeldes; der Magnet besteht aus unendlichkleinen Elementarmagneten, deren jeder schon positiven und negativen Magnetismus in sich trägt, De facto ist aber die Magnetismusmenge in jedem Materiestück $= 0$, und das heißt denn doch: es gibt in Wahrheit gar keinen Magnetismus. Die Aufklärung brachte die Entdeckung der magnetischen Wirkung des elektrischen Stromes durch Örsted. Die im *Biot-Savartschen Gesetz* niedergelegte genaue quantitative Formulierung dieser Wirkung führt ebenso wie das Coulombsche auf zwei einfache Nahewirkungsgesetze: bedeutet $\mathfrak{s}$ die Dichte des elektrischen Stroms, $\mathfrak{H}$ die magnetische Feldstärke, so gilt

$$(60) \qquad \operatorname{rot} \mathfrak{H} = \mathfrak{s}, \qquad \operatorname{div} \mathfrak{H} = 0 \, .$$

Die zweite Gleichung sagt die Nicht-Existenz von Quellen des Magnetfeldes aus. Die Gleichungen (60) sind ein genaues Seitenstück zu (51) unter Vertauschung von div und rot. Diese beiden Operationen der Vektoranalysis entsprechen sich in derselben Weise, wie in der Vektoralgebra skalare und vektorielle Multiplikation (div ist skalare, rot vektorielle Multiplikation mit dem symbolischen Vektor »Differentiation«). Die im Unendlichen verschwindende Lösung der Gleichungen (60) bei gegebener Stromverteilung lautet daher auch ganz entsprechend zu (49):

$$(61) \qquad \mathfrak{H} = \int \frac{[\mathfrak{s}\,\mathfrak{r}]}{4\,\pi\,r^3}\, dV;$$

das ist eben das Biot-Savartsche Gesetz. Man kann diese Lösung aus einem »Vektorpotential« $\mathfrak{f}$ ableiten nach den Formeln

$$\mathfrak{H} = \operatorname{rot}\mathfrak{f}, \qquad 4\,\pi\,\mathfrak{f} = \int \frac{\mathfrak{s}}{r}\, dV.$$

Schließlich lautet die Formel für die Kraftdichte des Magnetfeldes ganz analog zu (52):

$$(62) \qquad\qquad \mathfrak{p} = [\mathfrak{s}\,\mathfrak{H}].$$

Es ist kein Zweifel, daß wir durch diese Gesetze die Wahrheit über den Magnetismus erfahren. Sie sind keine Wiederholung, aber ein genaues Seitenstück der elektrischen; sie entsprechen ihnen wie das vektorielle Produkt dem skalaren. Es läßt sich aus ihnen mathematisch beweisen, daß ein kleiner Kreisstrom genau so wirkt wie ein kleiner, senkrecht durch den Kreisstrom hindurchgesteckter Elementarmagnet. Das magnetische Moment eines solchen Kreisstroms wird seiner Größe nach gegeben durch das Produkt aus Stromstärke und Flächeninhalt des vom Strom umgrenzten Flächenelements; seiner Richtung nach fällt es zusammen mit der Normale dieses Flächenelements. Wir haben uns infolgedessen nach Ampère vorzustellen, daß die magnetische Wirkung magnetisierter Körper auf Molekularströmen beruhe; nach der Elektronentheorie sind diese ohne weiteres gegeben durch die im Atom umlaufenden Elektronen.

Auch die Kraft $\mathfrak{p}$ des Magnetfeldes kann auf Spannungen zurückgeführt werden, und zwar ergeben sich für die Spannungskomponenten genau die gleichen Werte wie im elektrostatischen Felde: man braucht nur $\mathfrak{E}$ durch $\mathfrak{H}$ zu ersetzen. Wir werden infolgedessen für die Dichte der im Felde enthaltenen potentiellen Energie hier genau den entsprechenden Ansatz $\frac{1}{2}\mathfrak{H}^2$ machen; seine volle Rechtfertigung findet er erst in der Theorie der zeitlich veränderlichen Felder.

Aus (60) folgt, daß der Strom quellenfrei verteilt ist: div $\mathfrak{s} = 0$. Das Strömungsfeld kann daher in lauter in sich zurücklaufende Stromröhren zerlegt werden: durch alle Querschnitte einer einzelnen Stromröhre fließt derselbe Gesamtstrom. Aus den Gesetzen des stationären Feldes geht in keiner Weise hervor und es kommt für sie in keiner Weise in Betracht, daß dieser Strom elektrischer Strom im wörtlichen Sinne ist, d. h. aus bewegter Elektrizität besteht; dies ist aber zweifellos der Fall. Im Lichte dieser Tatsache besagt das Gesetz div $\mathfrak{s} = 0$, daß Elektrizität weder entsteht noch vergeht. Nur darum, weil der Fluß des Stromvektors $\mathfrak{s}$ durch eine geschlossene Oberfläche Null ist, kann die Dichte der Elektrizität allerorten unverändert bleiben — es handelt sich jetzt ausschließlich um stationäre Felder! —, ohne daß Elektrizität entsteht oder vergeht. — Das oben eingeführte Vektorpotential $\mathfrak{f}$ genügt ebenfalls der Gleichung div $\mathfrak{f} = 0$.

$\mathfrak{s}$ ist als elektrischer Strom ohne Zweifel ein Vektor im eigentlichen Sinne des Worts. Dann geht aber aus dem Biot-Savartschen Gesetz hervor, daß $\mathfrak{H}$ *nicht ein Vektor, sondern ein linearer Tensor 2. Stufe ist*, dessen Komponenten in irgend einem (Cartesischen oder auch nur affinen Koordinatensystem) H_{ik} heißen mögen. Das Vektorpotential $\mathfrak{f}$ ist ein wirklicher Vektor. Sind φ_i seine kovarianten Komponenten und s^i die kontravarianten der Stromdichte (der Strom ist von Hause aus wie die Geschwindigkeit ein kontravarianter Vektor), so enthält die folgende Tabelle die endgültige (von der Dimensionszahl unabhängige) Form der *Gesetze des Magnetfeldes eines stationären elektrischen Stromes:*

$$(63,\text{I}) \qquad \frac{\partial H_{kl}}{\partial x_i} + \frac{\partial H_{li}}{\partial x_k} + \frac{\partial H_{ik}}{\partial x_l} = 0, \qquad bzw. \qquad H_{ik} = \frac{\partial \varphi_k}{\partial x_i} - \frac{\partial \varphi_i}{\partial x_k}$$

und

$$(63,\text{II}) \qquad \frac{\partial H^{ik}}{\partial x_k} = s^i.$$

Die Spannungen bestimmen sich aus

$$(63,\text{III}) \qquad S_i^{\ k} = H_{ir} H^{kr} - \tfrac{1}{2} \delta_i^{\ k} |H|^2,$$

wo $|H|$ den Betrag des Magnetfeldes bedeutet:

$$|H|^2 = \tfrac{1}{2} H_{ik} H^{ik}.$$

Der Spannungstensor ist symmetrisch, da

$$H_{ir} H_k^{\ r} = H_i^{\ r} H_{kr} = g^{rs} H_{ir} H_{ks}.$$

Die Komponenten der Kraftdichte sind

$$(63,\text{IV}) \qquad p_i = H_{ik} s^k,$$

die Energiedichte $\qquad = \tfrac{1}{2} |H|^2.$

Das sind die Gesetze, wie sie für das Feld im leeren Raum gelten; wir betrachten sie wie im elektrischen Fall als die allgemein gültigen exakten Naturgesetze. Für eine phänomenologische Theorie muß aber wieder die der diëlektrischen Polarisation analoge Erscheinung der *Magnetisierung* beachtet werden; hier tritt dann wie $\mathfrak{D}$ neben $\mathfrak{E}$ die »Magnetinduktion« $\mathfrak{B}$ neben der Feldstärke $\mathfrak{H}$ auf, es gelten die Feldgesetze

$$\operatorname{rot} \mathfrak{H} = \mathfrak{s}, \qquad \operatorname{div} \mathfrak{B} = 0$$

und das Materialgesetz

$$(64) \qquad \mathfrak{B} = \mu \mathfrak{H};$$

die Materialkonstante μ heißt magnetische Permeabilität. Übrigens ist $\mathfrak{B}$, nicht $\mathfrak{H}$ zu identifizieren mit dem Mittelwert der Feldstärke des mikroskopischen magnetischen Feldes; die Magnetinduktion $\mathfrak{B}$ ist also eine physikalisch einfache Größe, während die makroskopische Feldstärke $\mathfrak{H}$ nach der Formel $\mathfrak{H} = \mathfrak{B} - \mathfrak{M}$ aus $\mathfrak{B}$ und der »Magnetisierung« $\mathfrak{M}$, dem magnetischen Moment pro Volumeinheit, zusammengesetzt ist. Die mittlere Dichte aller vorhandenen Ströme besteht nämlich aus zwei Teilen:

zu der Dichte $\mathfrak{s}$ des makroskopisch beobachtbaren Stroms fügen die molekularen Kreisströme das Glied rot $\mathfrak{M}$ hinzu. Der Beweis verläuft ganz analog wie die Ableitung der Formel (59) für die Dipolladungen. Statt der Dipolladungen in einem Volumstück V hat man hier die Molekularströme zu betrachten, die ein berandetes Flächenstück durchsetzen; wie dort nur diejenigen Dipole einen nichtverschwindenden Beitrag lieferten, welche von der Oberfläche des Volumstücks durchschnitten wurden, so hier nur diejenigen Molekularströme, welche die Randkurve umschlingen. — *Ein* wichtiger Unterschied ist zu bemerken: Während das einzelne Atom durch die Wirkung der elektrischen Feldstärke erst polarisiert (zu einer Doppelquelle) wird, und zwar in Richtung der Feldstärke, ist das Atom wegen der in ihm befindlichen rotierenden Elektronen von vornherein ein Elementarmagnet. Aber alle diese Elementarmagnete heben ihre Wirkungen gegenseitig auf, solange sie ungeordnet sind und alle Stellungen der Elektronen-Kreisbahnen im Durchschnitt gleich oft vorkommen. Die einwirkende magnetische Kraft hat hier lediglich die Funktion, die vorhandenen Doppelquellen zu *richten*. In welchem Maße ihr das gelingt, hängt von der Stärke der molekularen Wärmebewegung ab, welche die molekulare Unordnung immer wiederherzustellen bestrebt ist. Damit hängt es offenbar zusammen, daß die magnetische Permeabilität von der Temperatur abhängig ist und der Geltungsbereich der Gleichung (64) ein viel engerer ist als der der entsprechenden Gleichung (58). Ihm sind vor allem die permanenten Magnete und die ferromagnetischen Körper (Eisen, Nickel, Kobalt) nicht unterstellt. Übrigens ist der hier hervorgehobene Unterschied zwischen Elektrizität und Magnetismus lange nicht so schroff, wie wir es eben hingestellt haben. In Wahrheit kommt bei den *diamagnetischen* Körpern der Hauptanteil der Magnetisierung dadurch zustande, daß das Feld die vorher unmagnetischen Atome (ihre Elektronenströme haben die Momentensumme o) zu Magneten macht; und umgekehrt spielen bei der Polarisation der Diëlektrika fertige Dipole und Quadrupole, welche durch das Feld nur gerichtet, nicht erzeugt werden, neben dem durch das Feld erzeugten elektrischen Moment eine entscheidende Rolle.

Zu den bisherigen tritt in der phänomenologischen Theorie als weiteres das *Ohmsche Gesetz*

$$\mathfrak{s} = \sigma \mathfrak{E} \quad (\sigma = \text{Leitfähigkeit});$$

es sagt aus, daß der Strom dem Potentialgefälle folgt und ihm bei gegebener Leitersubstanz proportional ist. In der atomistischen Theorie entspricht dem Ohmschen Gesetz das Grundgesetz der Mechanik, nach welchem die auf die »freien« Elektronen wirkende elektrische und magnetische Kraft deren Bewegung bestimmt und so den elektrischen Strom erzeugt. Infolge der Zusammenstöße mit den Molekülen wird dabei keine dauernde Beschleunigung eintreten, sondern (wie bei einem schweren fallenden Körper infolge des Luftwiderstandes) sich alsbald eine mittlere Grenzgeschwindigkeit herausbilden, die man wenigstens in erster Annäherung der treibenden elektrischen Kraft $\mathfrak{E}$ proportional setzen kann; so wird das Ohmsche Gesetz verständlich.

Wird der Strom durch ein galvanisches Element oder einen Akkumulator erzeugt, so wird durch den sich abspielenden chemischen Prozeß zwischen Anfang und Ende der Drahtleitung eine konstante Potentialdifferenz aufrecht erhalten, die »elektromotorische Kraft«. Da die Vorgänge, die sich in dem Stromerzeuger abspielen, offenbar nur von einer atomistischen Theorie verstanden werden können, ist es phänomenologisch am einfachsten, ihn durch einen Querschnitt im geschlossenen Leitungskreis zur Darstellung zu bringen, über den hinüber das Potential einen Sprung erleidet, welcher gleich der elektromotorischen Kraft ist.

Dieser kurze Überblick über die Maxwellsche Theorie des stationären Feldes wird uns für das Folgende genügen. Auf Einzelheiten und konkrete Anwendungen können wir uns hier natürlich nicht einlassen.

II. Kapitel

Das metrische Kontinuum.

§ 10. Bericht über Nicht-Euklidische Geometrie[1]).

Der Zweifel an der Euklidischen Geometrie scheint so alt zu sein wie diese selbst und ist keineswegs erst, wie das von unsern Philosophen meist angenommen wird, eine Ausgeburt moderner mathematischer Hyperkritik. Dieser Zweifel hat sich von jeher an das *V. Postulat des Euklid* geknüpft. Es besagt im wesentlichen, daß in einer Ebene, in der eine Gerade g und ein nicht auf ihr gelegener Punkt P gegeben sind, nur eine einzige Gerade existiert, welche durch P hindurchgeht und g nicht schneidet; sie heißt die Parallele. Während die übrigen Axiome des Euklid ohne weiteres als evident zugestanden wurden, haben sich schon die ältesten Erklärer bemüht, diesen Satz auf Grund der übrigen Axiome zu beweisen. Heute, wo wir wissen, daß das gesteckte Ziel nicht erreicht werden konnte, müssen wir in diesen Betrachtungen die ersten Anfänge der »Nicht-Euklidischen« Geometrie erblicken, d. h. des Aufbaus eines geometrischen Systems, das zu seinen logischen Grundlagen die sämtlichen Axiome des Euklid mit Ausnahme des Parallelenpostulats annimmt. Wir besitzen von Proklus (5. Jahrh. n. Chr.) einen Bericht über derartige Versuche. Proklus warnt darin ausdrücklich vor dem Mißbrauch, der mit Berufungen auf Evidenz getrieben werden kann, (man darf nicht müde werden, diese Warnung zu wiederholen; man darf aber auch nicht müde werden, zu betonen, daß trotz ihres vielfachen Mißbrauchs die Evidenz letzter Ankergrund aller Erkenntnis ist, auch der empirischen) und besteht auf der Möglichkeit, daß es »asymptotische Gerade« geben könne.

Dazu mag man sich folgendes Bild machen. In einer Ebene sei eine feste Gerade g, ein nicht auf ihr gelegener Punkt P gegeben und eine

durch P hindurchgehende, um P drehbare Gerade s. In ihrer Ausgangslage möge sie etwa senkrecht auf g sein. Drehen wir jetzt s, so gleitet
der Schnittpunkt von s und g auf g entlang, z. B. nach rechts hinüber,
und es tritt ein bestimmter Moment ein, wo dieser Schnittpunkt gerade
ins Unendliche entschwunden ist: dann
hat s die Lage einer »asymptotischen«
Geraden. Drehen wir weiter, so nimmt
Euklid an, daß im selben Moment schon
ein Schnittpunkt von links her auftritt.
Proklus dagegen weist auf die Möglichkeit hin, daß man vielleicht erst durch
einen gewissen Winkel weiter drehen

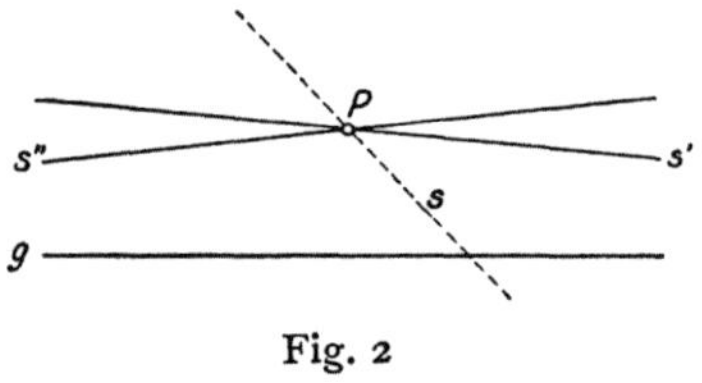

Fig. 2

muß, ehe ein Schnittpunkt auf der linken Seite zustande kommt. Dann
hätten wir zwei »asymptotische« Gerade, eine nach rechts s' und eine
nach links s''. Liegt die Gerade s durch P in dem Winkelraum zwischen
s'' und s' (bei der eben geschilderten Drehung), so schneidet sie g; liegt sie
zwischen s' und s'', so schneidet sie nicht. — *Eine* nicht-schneidende
muß mindestens existieren; das folgt aus den übrigen Axiomen Euklids.
Ich erinnere an eine aus dem ersten Elementarunterricht in der Geometrie
vertraute ebene Figur, bestehend aus der Ge-
raden h und zwei Geraden g und g', die
h in A und A' unter gleichen Winkeln schneiden. g und g' werden beide durch ihren Schnitt
mit h in eine rechte und eine linke Hälfte
zerlegt. Hätten nun g und g' etwa einen auf
der rechten Seite von h gelegenen Schnittpunkt
S gemein, so würde sich, da (s. Fig. 3) $BAA'B'$

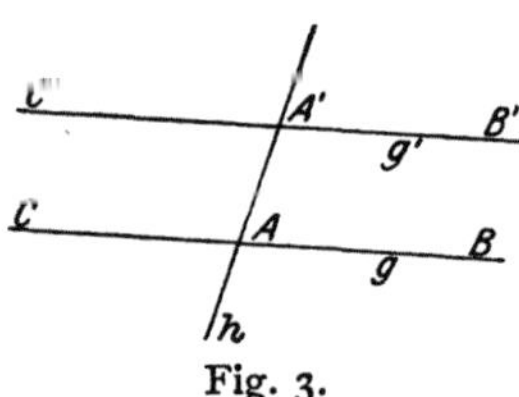

Fig. 3.

kongruent zu $C'A'AC$ ist, auch auf der linken Seite ein solcher Schnittpunkt S^* ergeben; dies ist aber unmöglich, da durch zwei Punkte S und
S^* nur eine einzige Gerade hindurchgeht.

Die Versuche, das Euklidische Postulat zu erweisen, setzen sich unter
den Arabern und unter den abendländischen Mathematikern des Mittelalters fort. Wir nennen nur, sofort in die neuere Zeit hinüberspringend,
die Namen der letzten bedeutendsten Vorläufer der Nicht-Euklidischen
Geometrie: den Jesuitenpater Saccheri (Beginn des 18. Jahrh.), die Mathematiker Lambert und Legendre. Saccheri weiß, daß die Frage der Gültigkeit des Parallelenpostulats der andern äquivalent ist, ob die Winkelsumme
im Dreieck gleich oder kleiner als 180° ist. Ist sie in *einem* Dreieck
$= 180^{\circ}$, so ist sie es in jedem, und es gilt die Euklidische Geometrie;
ist sie in *einem* Dreieck $< 180^{\circ}$, so ist sie in jedem Dreieck $< 180^{\circ}$.
Daß sie $> 180^{\circ}$ ausfällt, ist aus dem gleichen Grunde ausgeschlossen,
aus dem eben gefolgert wurde, daß nicht alle Gerade durch P die feste
Gerade g schneiden können. Lambert entdeckte, daß unter der Voraussetzung einer Winkelsumme $< 180^{\circ}$ in der Geometrie eine ausgezeichnete
Länge existiert; es hängt das eng mit der schon von Wallis gemachten

Bemerkung zusammen, daß es in der Nicht-Euklidischen Geometrie (ganz so wie in der Geometrie auf einer festen Kugel) keine ähnlichen Figuren verschiedener Größe gibt: wenn es also so etwas gibt wie *Gestalt* unabhängig von Größe, so besteht die Euklidische Geometrie zu Recht. Außerdem leitete Lambert eine Formel für den Dreiecksinhalt her, aus welcher hervorgeht, daß dieser Inhalt in der Nicht-Euklidischen Geometrie nicht über alle Grenzen wachsen kann. Es scheint, daß sich durch die Untersuchungen dieser Männer allmählich in weiteren Kreisen der Glaube an die Unbeweisbarkeit des Parallelenpostulats Bahn gebrochen hat. Die Frage hat damals viele Gemüter bewegt; d'Alembert bezeichnete es als einen Skandal der Geometrie, daß sie noch immer nicht zur Entscheidung gebracht sei. Die Autorität Kants, dessen philosophisches System die Euklidische Geometrie als apriorische, den Gehalt der reinen Raumanschauung in adäquaten Urteilen wiedergebende Erkenntnis in Anspruch nimmt, konnte den Zweifel nicht auf die Dauer unterdrücken.

Auch Gauß ist ursprünglich noch darauf aus gewesen, das Parallelenaxiom zu beweisen; doch hat er bald die Überzeugung gewonnen, daß dies unmöglich sei, und hat die Prinzipien einer Nicht-Euklidischen Geometrie, in welcher jenes Axiom nicht erfüllt ist, bis zu einem solchen Punkte entwickelt, daß von da ab der weitere Ausbau mit der nämlichen Leichtigkeit vollzogen werden kann wie der 'der Euklidischen Geometrie. Er hat aber über seine Untersuchungen nichts bekannt gegeben; er fürchtete, wie er später einmal in einem Privatbriefe schrieb, das »Geschrei der Böoter«; denn es gäbe nur wenige, welche verstünden, worauf es bei diesen Dingen eigentlich ankäme. Unabhängig von Gauß ist Schweikart, ein Professor der Jurisprudenz, zu vollem Einblick in die Verhältnisse der Nicht-Euklidischen Geometrie gelangt, wie aus einem knapp gehaltenen, an Gauß gerichteten Notitzblatt hervorgeht. Er hielt es wie Gauß für keineswegs selbstverständlich und ausgemacht, daß in unserm wirklichen Raum die Euklidische Geometrie gilt. Sein Neffe Taurinus, den er zur Beschäftigung mit diesen Fragen anregte, war zwar im Gegensatz zu ihm ein Euklid-Gläubiger; ihm verdanken wir aber die Entdeckung, daß die Formeln der sphärischen Trigonometrie auf einer Kugel vom imaginären Radius $\sqrt{-1}$ reell sind und durch sie auf analytischem Wege ein geometrisches System konstruiert ist, das den Axiomen des Euklid außer dem V. Postulat, diesem aber nicht genügt.

Vor der Öffentlichkeit müssen sich in den Ruhm, Entdecker und Erbauer der Nicht-Euklidischen Geometrie zu sein, teilen der Russe *Nikolaj Iwanowitsch Lobatschefskij* (1793—1856), Professor der Mathematik in Kasan, und der Ungar *Johann Bolyai* (1802—1860), Offizier der österreichischen Armee. Beide kamen mit ihren Ideen um 1826 ins Reine; die Hauptschrift beider, die der Öffentlichkeit ihre Entdeckung mitteilte und eine Begründung der neuen Geometrie im Stile Euklids darbot, stammt aus den Jahren 1830/31. Die Darstellung bei Bolyai ist besonders durchsichtig dadurch, daß er die Entwicklung so weit als möglich führt, ohne über die Gültigkeit oder Ungültigkeit des V. Postulats eine Annahme zu machen, und erst am Schluß aus den Sätzen dieser seiner »absoluten« Geometrie, je nachdem ob man sich für oder wider Euklid entscheidet, die Theoreme der Euklidischen und der Nicht-Euklidischen Geometrie herleitet.

Wenn so auch das Gebäude errichtet war, so war es noch immer nicht definitiv sichergestellt, ob sich schließlich nicht doch einmal in der absoluten Geometrie das Parallelenaxiom als ein Folgesatz herausstellen würde; der strenge *Beweis der Widerspruchslosigkeit der Nicht-Euklidischen Geometrie* stand noch aus. Er ergab sich aber aus der Weiterentwicklung der Nicht-Euklidischen Geometrie fast wie von selbst. Der einfachste Weg zu diesem Beweis wurde freilich, wie das oft geschieht, nicht zuerst eingeschlagen; er ist erst von Klein um 1870 aufgefunden worden und beruht auf der Konstruktion eines *Euklidischen Modells* für die Nicht-Euklidische Geometrie [2]). Beschränken wir uns auf die Ebene! In einer Euklidischen Ebene mit den rechtwinkligen Koordinaten x, y zeichnen wir den Kreis U vom Radius 1 um den Koordinatenursprung. Führen wir homogene Koordinaten ein,

$$x = \frac{x_1}{x_3}, \quad y = \frac{x_2}{x_3}$$

(so daß also die Lage eines Punktes durch das Verhältnis von drei Zahlen $x_1 : x_2 : x_3$ charakterisiert ist), so lautet die Gleichung des Kreises

$$- x_1^2 - x_2^2 + x_3^2 = 0.$$

Die auf der linken Seite stehende quadratische Form werde mit $\Omega(x)$ bezeichnet, die zugehörige symmetrische Bilinearform zweier Wertsysteme x_i, x_i' mit $\Omega(xx')$. Eine Abbildung, die jedem Punkt x einen Bildpunkt x' durch die linearen Formeln

$$x_i' = \sum_{k=1}^{3} \alpha_{ik} x_k \qquad (\,|\,\alpha_{ik}\,| \,\neq\, 0)$$

zuordnet, heißt bekanntlich eine Kollineation (die affinen Abbildungen sind spezielle Kollineationen). Sie führt jede Gerade Punkt für Punkt wieder in eine Gerade über und läßt das Doppelverhältnis von 4 Punkten auf einer Geraden ungeändert. Wir stellen jetzt ein Lexikon auf, durch das die Begriffe der Euklidischen Geometrie in eine fremde Sprache, die »Nicht-Euklidische«, übersetzt werden, deren Worte wir durch Anführungsstriche kennzeichnen. Das Lexikon besteht nur aus drei Vokabeln.

»*Punkt*« heißt jeder Punkt im Innern von U.

»*Gerade*« heißt das innerhalb U verlaufende Stück einer Geraden. Unter den Kollineationen, welche den Kreis U in sich überführen, gibt es zwei verschiedene Arten: solche, welche den Umlaufssinn auf U nicht ändern, und solche, welche ihn in sein Gegenteil verkehren. Die

Kollineationen der ersten Art nennen wir »kongruente« Abbildungen und zwei aus »Punkten« bestehende Figuren »*kongruent*«, wenn sie durch eine solche Abbildung ineinander übergeführt werden können. Für diese »Punkte« und »Geraden« und für diesen Begriff der »Kongruenz« gelten die sämtlichen Axiome Euklids mit Ausnahme des Parallelenpostulats. In Fig. 4 ist ein ganzes Büschel von »Geraden« durch den »Punkt« gezeichnet, die alle die eine »Gerade« g nicht schneiden. Die Widerspruchslosigkeit der Nicht-Euklidischen Geometrie ist damit erwiesen; denn es sind Dinge und Beziehungen aufgewiesen, für welche bei geeigneter Namengebung die sämtlichen Sätze jener Geometrie erfüllt sind. — Die Übertragung des Kleinschen Modells auf die räumliche Geometrie ist offenbar ohne weiteres möglich.

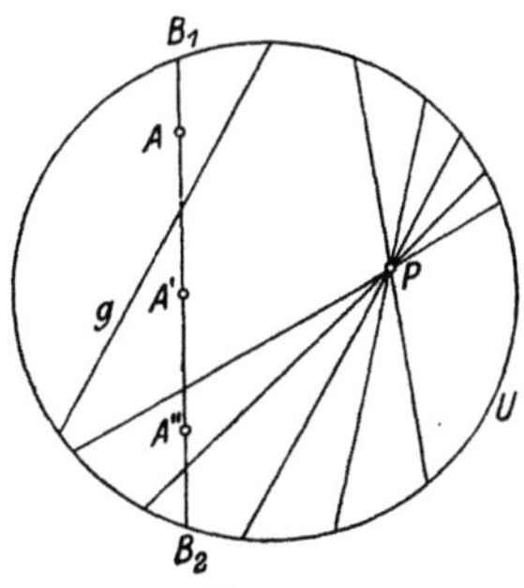

Fig. 4.

Wir wollen in diesem Modell noch die Nicht-Euklidische Entfernung zweier »Punkte«

$$A = (x_1 : x_2 : x_3), \quad A' = (x_1' : x_2' : x_3')$$

bestimmen. Die Gerade AA' schneide den Kreis U in den beiden Punkten B_1, B_2. Die homogenen Koordinaten y_i jedes dieser beiden Punkte haben die Form

$$v_i = \lambda x_i + \lambda' x_i',$$

und das zugehörige Parameterverhältnis $\lambda : \lambda'$ ergibt sich aus der Gleichung $\Omega(y) = 0$:

$$\frac{\lambda}{\lambda'} = \frac{-\Omega(xx') \pm \sqrt{\Omega^2(xx') - \Omega(x)\Omega(x')}}{\Omega(x)}.$$

Das Doppelverhältnis der vier Punkte $AA' B_1 B_2$ ist daher

$$[AA'] = \frac{\Omega(xx') + \sqrt{\Omega^2(xx') - \Omega(x)\Omega(x')}}{\Omega(xx') - \sqrt{\Omega^2(xx') - \Omega(x)\Omega(x')}}.$$

Diese von den beiden willkürlichen »Punkten« A, A' abhängige Größe ändert sich nicht bei einer »kongruenten« Abbildung. Sind $A\,A'\,A''$ irgend drei, in der hingeschriebenen Reihenfolge auf einer »Geraden« gelegene »Punkte«, so ist

$$[AA''] = [AA'] \cdot [A'A''].$$

Die Größe

$$\tfrac{1}{2} \lg [AA'] = \overline{AA'} = r$$

hat also die Funktionaleigenschaft

$$\overline{AA'} + \overline{A'A''} = \overline{AA''}.$$

Da sie außerdem für »kongruente« Strecken AA' den gleichen Wert hat, ist sie als die Nicht-Euklidische Entfernung der beiden Punkte AA' anzusprechen. Indem wir unter lg den natürlichen Logarithmus verstehen, erhalten wir in Einklang mit der Erkenntnis Lamberts eine absolute Festlegung der Maßeinheit. Die Definition läßt sich einfacher so schreiben:

$$(1) \qquad \mathfrak{Cof}\, r = \frac{\Omega(xx')}{\sqrt{\Omega(x)\cdot\Omega(x')}}\cdot \qquad (\mathfrak{Cof} = \text{Cosinus hyperbolicus.})$$

Diese Maßbestimmung ist unter Zugrundelegung eines beliebigen reellen oder imaginären Kegelschnitts $\Omega(x) = 0$ vor Klein bereits von Cayley als »projektive Maßbestimmung« aufgestellt worden [3]); aber erst Klein erkannte, daß sie für einen reellen Kegelschnitt zur Nicht-Euklidischen Geometrie führt.

Man muß nicht wähnen, das Kleinsche Modell zeige, daß die Nicht-Euklidische Ebene endlich sei. Vielmehr kann ich, Nicht-Euklidisch gemessen, auf einer »Geraden« dieselbe Strecke unendlich oft hintereinander abtragen; nur im *Euklidischen* Modell *Euklidisch* gemessen, werden die Abstände dieser »äquidistanten« Punkte immer kleiner und kleiner. Für die Nicht-Euklidische Ebene ist der Grenzkreis U das unerreichbare Unendlichferne.

Die Cayleysche Maßbestimmung für einen imaginären Kegelschnitt führt auf die gewöhnliche sphärische Geometrie, wie sie auf einer Kugel im Euklidischen Raum Geltung hat. Die größten Kreise treten darin an Stelle der geraden Linien, es muß aber jedes aus zwei sich diametral gegenüberliegenden Punkten bestehende Punktepaar als einzelner »Punkt« betrachtet werden, damit sich zwei »Geraden« nur in einem »Punkte« schneiden. Wir projizieren die Kugelpunkte durch geradlinige Strahlen vom Zentrum auf die in einem Kugelpunkte, dem Südpol, gelegte Tangentenebene: in dieser Bildebene fallen alsdann je zwei diametral gegenüberliegende Punkte zusammen. Die Ebene müssen wir aber wie in der projektiven Geometrie mit einer unendlich fernen Geraden ausstatten, die das Bild des Äquatorkreises ist. Wir nennen zwei Figuren in dieser Ebene jetzt »kongruent«, wenn ihre durch die Zentralprojektion auf der Kugel entstehenden Bilder im gewöhnlichen Euklidischen Sinne kongruent sind. Unter Anwendung dieses »Kongruenz«-Begriffs gilt dann in der Ebene eine Nicht-Euklidische Geometrie, in der alle Axiome Euklids erfüllt sind mit Ausnahme des V. Postulats. An dessen Stelle tritt aber hier die Tatsache, daß je zwei Gerade ohne Ausnahme sich schneiden, und in Übereinstimmung damit ist die Winkelsumme $> 180^\circ$. Das scheint mit einem oben erwähnten Euklidischen Beweis in Widerspruch zu stehen. Die Antinomie löst sich dadurch, daß in der jetzigen, »sphärischen« Geometrie die Gerade eine geschlossene Linie ist, während Euklid, ohne es allerdings in den Axiomen auszusprechen, stillschweigend voraussetzt, daß sie eine offene Linie ist, nämlich durch jeden ihrer Punkte in zwei Hälften zerfällt. Nur unter dieser Vorraussetzung ist der in seinem Beweis gezogene Schluß zwingend, daß der auf der »rechten« Seite gelegene hypothetische Schnittpunkt S von dem auf der »linken« Seite gelegenen S^* verschieden ist.

Wir benutzen im Raum ein Cartesisches Koordinatensystem $x_1\ x_2\ x_3$, dessen Nullpunkt im Kugelzentrum liegt, dessen x_3-Achse in die Verbindungslinie Nord-Südpol fällt und welchem als Maßeinheit der Kugelradius zugrunde liegt. Sind x_1, x_2, x_3 die Koordinaten irgend eines Kugelpunktes:

$$\Omega(x) \equiv x_1^2 + x_2^2 + x_3^2 = 1,$$

so sind $\dfrac{x_1}{x_3}$, $\dfrac{x_2}{x_3}$ die erste und zweite Koordinate des Bildpunktes in unserer Ebene $x_3 = 1$; $x_1 : x_2 : x_3$ ist also das Verhältnis der homogenen Koordinaten des Bildpunktes. Kongruente Abbildungen der Kugel sind lineare Transformationen, welche die quadratische Form $\Omega\,(x)$ invariant lassen; die »kongruenten« Abbildungen der Ebene im Sinne unserer »sphärischen« Geometrie sind also durch solche lineare Transformationen der homogenen Koordinaten gegeben, welche die Gleichung $\Omega(x) = 0$, die einen imaginären Kegelschnitt bedeutet, in sich überführen. Damit ist unsere Behauptung betreffs des Zusammenhanges der sphärischen Geometrie mit der Cayleyschen Maßbestimmung bewiesen. Im Einklang damit lautet die Formel für die Entfernung r zweier Punkte A, A' hier

$$(2) \qquad \cos r = \frac{\Omega\,(xx')}{\sqrt{\Omega(x)\,\Omega(x')}}.$$

Zugleich haben wir die Entdeckung des Taurinus bestätigt, daß die Nicht-Euklidische Geometrie identisch ist mit der sphärischen auf einer Kugel vom Radius $\sqrt{-1}$. Denn auf einer Kugel vom Radius a ist in der Gleichung (2) r zu ersetzen durch $\dfrac{r}{a}$; für $a = \sqrt{-1}$ geht die so modifizierte Gleichung (2) über in (1). Daß die Vorzeichen der quadratischen Form Ω in (1) andere sind als in (2), ist unwesentlich; dies besagt lediglich, daß wir auf der Kugel vom Radius $\sqrt{-1}$ diejenigen Punkte als »reell« betrachten wollen, für welche x_1, x_2 rein imaginär sind und x_3 reell.

Zwischen die Bolyai-Lobatschefskysche und die sphärische Geometrie schiebt sich als Grenzfall die Euklidische ein. Lassen wir nämlich einen reellen Kegelschnitt durch einen ausgearteten in einen imaginären übergehen, so verwandelt sich die mit der zugehörigen Cayleyschen Maßbestimmung ausgestattete Ebene von einer Bolyai-Lobatschefskyschen durch eine Euklidische hindurch in eine sphärische.

§ 11. Riemannsche Geometrie.

Die für uns vor allem bedeutsame Weiterentwicklung der Idee der Nicht-Euklidischen Geometrie durch Riemann knüpft an die Grundlagen der Infinitesimalgeometrie, insbesondere der Flächentheorie an, wie sie von Gauß in seinen Disquisitiones circa superficies curvas gelegt worden sind.

Die ursprünglichste Eigenschaft des Raumes ist die, daß seine Punkte eine dreidimensionale Mannigfaltigkeit bilden. Was verstehen wir darunter? Wir sagen z. B., daß die Ellipsen (nach Größe und Gestalt, d. h. wenn man kongruente Ellipsen als gleich, nicht-kongruente als verschieden betrachtet) eine zweidimensionale Mannigfaltigkeit bilden, weil die einzelne Ellipse innerhalb dieser Gesamtheit durch zwei Zahlangaben, den Wert der halben großen und kleinen Achse, festgelegt werden kann. Die Gleichgewichtszustände eines idealen Gases, deren Verschiedenheit etwa durch die Unabhängigen: Druck und Temperatur charakterisiert werde, bilden eine zweidimensionale Mannigfaltigkeit, ebenso die Punkte auf einer Kugel — oder die einfachen Töne nach Intensität und Qualität. Die Farben bilden gemäß der physiologischen Theorie, nach der die Farbwahrnehmung bestimmt ist durch die Kombination dreier chemischer Prozesse auf der Retina, des Schwarz-Weiß, Rot-Grün und Gelb-Blau-Prozesses, deren jeder in einer bestimmten Richtung mit bestimmter Intensität vor sich gehen kann, eine dreidimensionale Mannigfaltigkeit nach Qualität und Intensität, die Farbqualitäten jedoch nur eine zweidimensionale; es findet dies seine Bestätigung durch die bekannte Maxwellsche Konstruktion des Farbdreiecks. Die möglichen Lagen eines starren Körpers bilden eine sechsdimensionale Mannigfaltigkeit, die möglichen Lagen eines mechanischen Systems von n Freiheitsgraden allgemein eine n-dimensionale. *Für eine n-dimensionale Mannigfaltigkeit ist charakteristisch, daß man das einzelne zu ihr gehörige Element* (in unsern Beispielen: die einzelnen Punkte oder Zustände, Farben oder Töne) *festlegen kann durch die Angabe der Zahlwerte von n Größen, den »Koordinaten«, die stetige Funktionen innerhalb der Mannigfaltigkeit sind.* Dabei ist aber nicht erforderlich, zu verlangen, daß die ganze Mannigfaltigkeit mit allen ihren Elementen umkehrbareindeutig und stetig in dieser Weise durch die Wertsysteme von n Koordinaten repräsentiert werde (z. B. ist das ausgeschlossen für die Kugel, $n = 2$), sondern es kommt nur darauf an, daß, wenn P ein beliebiges Element der Mannigfaltigkeit ist, jedesmal eine gewisse Umgebung der Stelle P umkehrbar-eindeutig und stetig auf die Wertsysteme von n Koordinaten abgebildet werden kann. Ist x_i ein System von n Koordinaten, x_i^* irgend ein anderes, so werden die Koordinatenwerte x_i und x_i^* desselben Elementes allgemein durch Relationen

$$(3) \qquad x_i = f_i(x_1^* x_2^* \cdots x_n^*) \qquad (i = 1, 2, \cdots, n)$$

miteinander verknüpft sein, die nach den x_i^* auflösbar sind und in denen die f_i stetige Funktionen ihrer Argumente bedeuten. Solange wir von der Mannigfaltigkeit nichts weiter wissen, sind wir nicht imstande, irgend ein Koordinatensystem vor den andern auszuzeichnen. Zur analytischen Behandlung beliebiger stetiger Mannigfaltigkeiten wird also eine Theorie der Invarianz gegenüber beliebigen Koordinatentransformationen (3) nötig, während wir uns im vorigen Kapitel zur Durchführung der affinen Geometrie auf die viel speziellere Theorie der Invarianz gegenüber *linearen* Transformationen stützten.

Die Infinitesimalgeometrie beschäftigt sich mit dem Studium von Kurven und Flächen im dreidimensionalen Euklidischen Raum, der auf die Cartesischen Koordinaten x, y, z bezogen werde. Eine *Kurve* ist allgemein eine eindimensionale Punktmannigfaltigkeit; ihre einzelnen Punkte können durch die Werte eines Parameters u voneinander unterschieden werden. Befindet sich der Kurvenpunkt u an der Raumstelle mit den Koordinaten xyz, so werden x, y, z bestimmte stetige Funktionen von u sein:

$$(4) \qquad x = x(u), \qquad y = y(u), \qquad z = z(u),$$

und (4) ist die »Parameterdarstellung« der Kurve. Deuten wir u als Zeit, so gibt (4) das Gesetz der Bewegung eines Punktes, welcher die gegebene Kurve durchläuft. Durch die Kurve selbst ist aber die Parameterdarstellung (4) nicht eindeutig bestimmt; vielmehr kann der Parameter u noch einer beliebigen stetigen Transformation unterworfen werden.

Eine zweidimensionale Punktmannigfaltigkeit heißt *Fläche*; ihre Punkte können durch die Werte zweier Parameter u_1, u_2 unterschieden werden, und sie besitzt daher eine Parameterdarstellung der Art:

$$(5) \qquad x = x(u_1\, u_2), \qquad y = y(u_1\, u_2), \qquad z = z(u_1\, u_2).$$

Wieder können die Parameter u_1, u_2 noch einer beliebigen stetigen Transformation unterworfen werden, ohne daß die so dargestellte Fläche sich ändert. Wir wollen annehmen, daß die Funktionen in (5) nicht nur stetig, sondern auch stetig differentiierbar sind. Von dieser Darstellung (5) einer beliebigen Fläche geht Gauß in seiner allgemeinen Theorie aus; die Parameter u_1, u_2 bezeichnet man daher als Gaußsche (oder krummlinige) Koordinaten auf der Fläche. — Ein Beispiel: Projizieren wir wie im vorigen Paragraphen die Punkte der Einheitskugel vom Zentrum (dem Nullpunkt des Koordinatensystems) auf die Tangentenebene $z = 1$ im Südpol, nennen xyz die Koordinaten eines beliebigen Kugelpunktes und u_1, u_2 die x- und y-Koordinate des Projektionspunktes in dieser Ebene, so ist

$$(6) \qquad x = \frac{u_1}{\sqrt{1 + u_1^2 + u_2^2}}, \qquad y = \frac{u_2}{\sqrt{1 + u_1^2 + u_2^2}}, \qquad z = \frac{1}{\sqrt{1 + u_1^2 + u_2^2}}.$$

Das ist eine Parameterdarstellung der Kugel; sie erfaßt jedoch nicht die ganze Kugel, sondern nur eine gewisse Umgebung des Südpols, nämlich die südliche Halbkugel bis zum Äquator, aber mit Ausschluß desselben. Eine andere Parameterdarstellung der Kugel, gleichfalls gültig für die ganze südliche Halbkugel, erhalten wir, wenn wir den willkürlichen Kugelpunkt senkrecht auf die Äquatorebene projizieren und als Gaußsche Koordinaten $x_1\, x_2$ des Kugelpunktes die Cartesischen Koordinaten seines Spurpunktes verwenden; dann haben wir einfach

$$(6') \qquad x = x_1, \qquad y = x_2, \qquad z = \sqrt{1 - x_1^2 - x_2^2}.$$

Eine dritte Parameterdarstellung liefern die geographischen Koordinaten Länge und Breite.

In der Thermodynamik benutzen wir zur graphischen Darstellung eine Bildebene mit einem rechtwinkligen Koordinatenkreuz, in der wir den etwa durch Druck p und Temperatur ϑ gegebenen Zustand eines Gases repräsentieren durch einen Punkt mit den rechtwinkligen Koordinaten p, ϑ. Das gleiche Verfahren können wir hier anwenden: dem Punkt $u_1 u_2$ auf der Fläche ordnen wir in einer »Bildebene« den Bildpunkt mit den rechtwinkligen Koordinaten $u_1 u_2$ zu. Die·Formeln (5) stellen dann nicht nur die Fläche, sondern gleichzeitig eine bestimmte stetige *Abbildung* dieser Fläche auf die $u_1 u_2$-Ebene dar. Beispiele solcher ebenen Abbildungen krummer Flächenstücke sind jedermann in den geographischen Karten geläufig. Eine Kurve auf der Fläche ist mathematisch gegeben durch eine Parameterdarstellung

$$(7) \qquad u_1 = u_1(t), \qquad u_2 = u_2(t),$$

ein Flächenstück durch ein »mathematisches Gebiet« in den Variablen $u_1 u_2$, das mittels Ungleichungen zwischen u_1, u_2 charakterisiert werden muß; graphisch gesprochen also: durch die Bildkurve, bzw. das Bildgebiet in der $u_1 u_2$-Ebene. Bedeckt man die Bildebene nach Art des Millimeterpapiers mit einem Koordinatennetz, so überträgt sich dieses vermöge der Abbildung auf die krumme Fläche als ein aus kleinen parallelogrammatischen Maschen bestehendes Netz, das von den beiden Scharen von »Koordinatenlinien« $u_1 = $ konst., bzw. $u_2 = $ konst. gebildet wird. Wird dies Raster hinreichend fein genommen, so ermöglicht es einem Zeichner, jede in der Bildebene gegebene Figur auf die krumme Fläche zu übertragen.

Der Abstand ds zweier unendlichnaher Punkte auf der Fläche:

$$(u_1, u_2) \qquad \text{und} \qquad (u_1 + du_1, u_2 + du_2)$$

bestimmt sich aus

$$ds^2 = dx^2 + dy^2 + dz^2,$$

wenn man darin

$$(8) \qquad dx = \frac{\partial x}{\partial u_1} du_1 + \frac{\partial x}{\partial u_2} du_2$$

und entsprechende Ausdrücke für dy, dz einsetzt. Es ergibt sich für ds^2 eine quadratische Differentialform

$$(9) \qquad ds^2 = \sum_{i,k=1}^{2} g_{ik} du_i du_k \qquad (g_{ki} = g_{ik}),$$

deren Koeffizienten

$$g_{ik} = \frac{\partial x}{\partial u_i}\frac{\partial x}{\partial u_k} + \frac{\partial y}{\partial u_i}\frac{\partial y}{\partial u_k} + \frac{\partial z}{\partial u_i}\frac{\partial z}{\partial u_k}$$

im allgemeinen keine Konstante, sondern Funktionen von u_1, u_2 sind. Für die Parameterdarstellung (6) der Kugel findet man z. B.

$$(10) \qquad ds^2 = \frac{(1 + u_1^2 + u_2^2)(du_1^2 + du_2^2) - (u_1\, du_1 + u_2\, du_2)^2}{(1 + u_1^2 + u_2^2)^2}.$$

Für die Parameterdarstellung (6') hingegen finden wir, da aus der Kugelgleichung

$$x_1^2 + x_2^2 + z^2 = 1$$

für ein Linienelement auf der Kugel die Beziehung

$$x_1\, dx_1 + x_2\, dx_2 + z\, dz = 0$$

folgt:

$$ds^2 = dx_1^2 + dx_2^2 + dz^2 = dx_1^2 + dx_2^2 + \frac{(x_1\, dx_1 + x_2\, dx_2)^2}{z^2},$$

d. i.

$$(10') \qquad ds^2 = dx_1^2 + dx_2^2 + \frac{(x_1\, dx_1 + x_2\, dx_2)^2}{1 - x_1^2 - x_2^2}.$$

Die beiden quadratischen Differentialformen (10), (10') gehen ineinander über durch diejenige Koordinatentransformation, welche den Zusammenhang zwischen den beiden Gaußschen Koordinatensystemen $u_1 u_2$, $x_1 x_2$ auf der Kugel vermittelt, nämlich:

$$x_1 = \frac{u_1}{\sqrt{1 + u_1^2 + u_2^2}}, \quad x_2 = \frac{u_2}{\sqrt{1 + u_1^2 + u_2^2}}.$$

oder invers geschrieben:

$$u_1 = \frac{x_1}{\sqrt{1 - x_1^2 - x_2^2}}, \quad u_2 = \frac{x_2}{\sqrt{1 - x_1^2 - x_2^2}}.$$

Gauß erkannte, daß die metrische Fundamentalform bestimmend ist für die *Geometrie auf der Fläche*. Kurvenlängen, Winkel und die Größe gegebener Gebiete auf der Fläche hängen allein von ihr ab; die Geometrie auf zwei Flächen ist also dieselbe, wenn für sie bei geeigneter Parameterdarstellung die Koeffizienten g_{ik} der metrischen Fundamentalform übereinstimmen. Beweis: Die Länge einer beliebigen durch (7) gegebenen Kurve auf der Fläche wird geliefert durch das Integral

$$\int ds = \int \sqrt{\sum_{ik} g_{ik}\frac{du_i}{dt}\frac{du_k}{dt}} \cdot dt.$$

Fassen wir einen bestimmten Punkt $P^\circ = (u_1^\circ,\ u_2^\circ)$ auf der Fläche ins Auge und benutzen für dessen unmittelbare Umgebung die relativen Koordinaten

$$u_i - u_i^\circ = du_i; \qquad x - x^\circ = dx,\ y - y^\circ = dy,\ z - z^\circ = dz,$$

so gilt um so genauer, je kleiner du_1, du_2, die Gleichung (8), in der die Werte der Ableitungen an der Stelle P° zu nehmen sind; wir sagen, sie gilt für »unendlichkleine« Werte du_1 und du_2. Fügen wir die analogen Gleichungen für dy, dz hinzu, so drücken sie aus, daß die unmittelbare Umgebung von P° eine Ebene ist und du_1, du_2 affine Koordinaten in ihr*). Demnach können wir in der unmittelbaren Umgebung von P° die Formeln der affinen Geometrie anwenden. Wir finden für den Winkel θ zweier Linienelemente oder infinitesimaler Verschiebungen mit den Komponenten du_1, du_2, bzw. δu_1, δu_2, wenn wir die zu (9) gehörige symmetrische Bilinearform

$$\sum_{ik} g_{ik}\, du_i\, \delta u_k \ \text{ mit } \ Q(d\delta)$$

bezeichnen:

$$\cos\theta = \frac{Q(d\delta)}{\sqrt{Q(dd)\,Q(\delta\delta)}}\,;$$

und für den Flächeninhalt des unendlichkleinen Parallelogramms, das von diesen beiden Verschiebungen aufgespannt wird,

$$\sqrt{g}\ \begin{vmatrix} du_1 & du_2 \\ \delta u_1 & \delta u_2 \end{vmatrix},$$

wenn g die Determinante der g_{ik} bedeutet. Der Inhalt eines krummen Flächenstücks ist demnach gegeben durch das über das Bildgebiet zu erstreckende Integral

$$\iint \sqrt{g}\, du_1\, du_2\,.$$

Damit ist die Gaußsche Behauptung erwiesen. Die Werte der erhaltenen Ausdrücke sind natürlich unabhängig von der Wahl der Parameterdarstellung; diese ihre Invarianz gegenüber beliebigen Transformationen der Parameter kann analytisch ohne weiteres bestätigt werden. Alle geometrischen Verhältnisse auf der Fläche können wir im »Bilde« verfolgen; die Geometrie in der Bildebene fällt mit der Geometrie auf der krummen Fläche zusammen, wenn wir nur übereinkommen, unter dem Abstand ds zweier unendlich naher Punkte nicht den durch die Pythagoreische Formel

$$ds^2 = du_1^2 + du_2^2$$

gelieferten Wert zu verstehen, sondern (9).

Die Geometrie auf der Fläche handelt von den inneren Maßverhältnissen der Fläche, die ihr unabhängig davon zukommen, in welcher Weise

---

*) Dabei machen wir die Voraussetzung, daß die zweireihigen Determinanten, welche aus dem Koeffizientenschema dieser Gleichungen gebildet werden können,

$$\begin{vmatrix} \dfrac{\partial x}{\partial u_1} & \dfrac{\partial y}{\partial u_1} & \dfrac{\partial z}{\partial u_1} \\[2ex] \dfrac{\partial x}{\partial u_2} & \dfrac{\partial y}{\partial u_2} & \dfrac{\partial z}{\partial u_2} \end{vmatrix},$$

nicht alle drei verschwinden; diese Bedingung ist für die regulären Punkte der Fläche, in denen eine Tangentenebene existiert, erfüllt. Die drei Determinanten sind dann und nur dann identisch 0, wenn die Fläche in eine Kurve ausartet, nämlich die Funktionen x, y, z von u_1 und u_2 in Wahrheit nur von *einem* Parameter, einer Funktion von u_1 und u_2, abhängen.

sie in den Raum eingebettet ist; es sind diejenigen Beziehungen, welche durch *Messen auf der Fläche selbst* festgestellt werden können. Gauß ging bei seinen flächentheoretischen Untersuchungen von der praktischen geodätischen Arbeit der Hannoverschen Landesvermessung aus. Daß die Erde keine Ebene ist, kann durch die Vermessung eines hinreichend großen Stücks der Erdoberfläche selbst ermittelt werden; wenn auch das einzelne Dreieck des Triangulationsnetzes so klein genommen wird, daß an ihm die Abweichung von der Ebene nicht in Betracht fällt, so könnten sich doch die einzelnen Dreiecke nicht in der Weise in der Ebene zu einem Netz zusammenschließen, wie sie es auf der Erdoberfläche tun. Um das noch etwas deutlicher darzutun, zeichne man auf einer Kugel vom Radius 1 (der Erdkugel) einen Kreis $\mathfrak{k}$ mit dem auf der Kugel gelegenen Mittelpunkt P; ferner die Radien dieses Kreises, d. h. die von P ausstrahlenden und an der Kreisperipherie endenden Bogen größter Kreise auf der Kugel $\left(\text{sie seien} < \dfrac{\pi}{2}\right)$. Durch Messen auf der Kugel kann ich nun feststellen: diese nach allen Richtungen ausgehenden Radien sind die Linien kleinster Länge, welche vom Punkte P zu der Kurve $\mathfrak{k}$ führen; sie haben alle die gleiche Länge r; die Länge der geschlossenen Kurve $\mathfrak{k}$ ist $= s$. Läge nun eine Ebene vor, so folgte daraus, daß die »Radien« gerade Linien sind, die Kurve $\mathfrak{k}$ also ein Kreis, und es müßte $s = 2\pi r$ sein. Statt dessen aber findet sich, daß s kleiner ist, als es dieser Formel entspricht, nämlich $= 2\pi \sin r$. Damit ist durch Messung auf der Kugel festgestellt, daß sie keine Ebene ist. Nehme ich hingegen ein Papierblatt, auf das ich irgendwelche Figuren zeichne, und rolle es zusammen, so werde ich durch Ausmessen der Figuren auf dem zusammengerollten Blatt die gleichen Werte finden wie vorher, wenn das Zusammenrollen mit keinen Verzerrungen verbunden war: auf ihm gilt genau die gleiche Geometrie wie in der Ebene; durch seine geodätische Vermessung bin ich außerstande, festzustellen, daß es gekrümmt ist. So gilt allgemein auf zwei Flächen, die durch Verbiegung ohne Verzerrung auseinander hervorgehen, die gleiche Geometrie.

Daß auf der Kugel nicht die Geometrie der Ebene gilt, besagt, analytisch ausgedrückt: es ist unmöglich, die quadratische Differentialform (10) durch irgendeine Transformation

$$
\begin{aligned}
u_1 &= u_1\,(u_1^* u_2^*) & u_1^* &= u_1^*\,(u_1\,u_2) \\
u_2 &= u_2\,(u_1^* u_2^*) & u_2^* &= u_2^*\,(u_1\,u_2)
\end{aligned}
$$

auf die Gestalt

$$
(d u_1^*)^2 + (d u_2^*)^2
$$

zu bringen. Zwar wissen wir, daß es an jeder Stelle möglich ist, durch eine lineare Transformation der Differentiale

$$
(11) \qquad d u_i^* = \alpha_{i1}\,d u_1 + \alpha_{i2}\,d u_2 \qquad (i = 1,\, 2)
$$

dies zu erzielen; aber es ist ausgeschlossen, die Transformation der Differentiale dabei an jeder Stelle so zu wählen, daß die Ausdrücke (11) für du_1^*, du_2^* *totale* Differentiale werden.

Krummlinige Koordinaten werden nicht nur in der Flächentheorie, sondern auch zur Behandlung *räumlicher Probleme* verwendet, namentlich in der mathematischen Physik, wo man häufig in die Notwendigkeit versetzt ist, sich mit dem Koordinatensystem vorgegebenen Körpern anzupassen; ich erinnere an die Zylinder-, Kugel- und elliptischen Koordinaten. Das Quadrat des Abstandes ds^2 zweier unendlich benachbarter Punkte im Raum wird bei Benutzung beliebiger Koordinaten $x_1 x_2 x_3$ stets durch eine quadratische Differentialform

$$(12) \qquad \sum_{i,k=1}^{3} g_{ik}\, dx_i\, dx_k$$

ausgedrückt. Glauben wir an die Euklidische Geometrie, so sind wir überzeugt, daß jene Form sich durch Transformation in eine solche Gestalt überführen läßt, daß ihre Koeffizienten Konstante werden.

Nach diesen Vorbereitungen sind wir imstande, die Riemannschen Ideen, die von ihm in seinem Habilitationsvortrag »Über die Hypothesen, welche der Geometrie zugrunde liegen«[4]) in vollendeter Form entwickelt wurden, voll zu erfassen. Aus Kap. I ist zu ersehen, daß in einem vierdimensionalen Euklidischen Raum auf einem dreidimensionalen *linearen* Punktgebilde die Euklidische Geometrie gilt; aber krumme dreidimensionale Räume, die im vierdimensionalen Raum ebensogut existieren wie krumme Flächen im dreidimensionalen, sind von anderer Art. Ist es nicht möglich, daß unser dreidimensionaler Anschauungsraum ein solcher gekrümmter Raum ist? Freilich: er ist nicht eingebettet in einen vierdimensionalen; aber es könnte sein, daß seine inneren Maßverhältnisse solche sind, wie sie in einem »ebenen« Raum nicht stattfinden können; es könnte sein, daß eine sorgfältige geodätische Vermessung unseres Raumes in der gleichen Weise wie die geodätische Vermessung der Erdoberfläche ergäbe, daß er nicht eben ist. — Wir bleiben dabei, daß er eine dreidimensionale Mannigfaltigkeit ist; wir bleiben dabei, daß sich unendlichkleine Linienelemente unabhängig von ihrem Ort und ihrer Richtung messend miteinander vergleichen lassen und daß das Quadrat ihrer Länge, des Abstandes zweier unendlich benachbarter Punkte bei Benutzung beliebiger Koordinaten x_i durch eine quadratische Differentialform (12) gegeben wird. (Diese Voraussetzung hat in der Tat allgemein ihren guten Sinn; denn da jede Transformation von einem auf ein anderes Koordinatensystem *lineare* Transformationsformeln für die Koordinatendifferentiale nach sich zieht, geht dabei eine quadratische Differentialform immer wieder in eine quadratische Differentialform über.) Was wir aber nicht mehr voraussetzen, ist, daß sich diese Koordinaten insbesondere als »lineare« Koordinaten so wählen lassen, daß die Koeffizienten g_{ik} der Fundamentalform konstant werden.

Der Übergang von der Euklidischen zur Riemannschen Geometrie beruht im Grunde auf dem gleichen Gedanken wie die Nahewirkungs-Physik. Durch die Beobachtung stellen wir z. B. fest (Ohmsches Gesetz), daß der in einem Leitungsdraht fließende Strom proportional ist zu der Potentialdifferenz am Anfang und Ende der Leitung. Aber wir sind überzeugt, daß wir nicht in diesem auf einen langen Draht sich beziehenden Messungsergebnis das allgemein gültige exakte Naturgesetz vor uns haben, sondern dieses aus jenem sich herleitet, indem wir das Ohmsche Gesetz, so wie es aus den Messungen abgelesen wird, auf ein *unendlichkleines* Drahtstück anwenden. Dann kommen wir zu jener Formulierung (Kap. I, S. 70), die der Maxwellschen Theorie zugrunde gelegt wird. Aus dem Differentialgesetz folgt rückwärts auf mathematischem Wege *unter Voraussetzung überall homogener Verhältnisse* das Integralgesetz, das wir direkt durch die Beobachtung feststellen. Genau so hier: Die Grundtatsache der Euklidischen Geometrie ist, daß das Quadrat der Entfernung zweier Punkte eine quadratische Form der relativen Koordinaten der beiden Punkte ist *(Pythagoreischer Lehrsatz)*. *Sehen wir aber dieses Gesetz nur dann als streng gültig an, wenn jene beiden Punkte unendlich benachbart sind, so kommen wir zur Riemannschen Geometrie;* zugleich sind wir damit einer genaueren Festlegung des Koordinatenbegriffs überhoben, da das so gefaßte Pythagoreische Gesetz invariant ist gegenüber beliebigen Transformationen. Es entspricht der Übergang von der Euklidischen »Fern«- zur Riemannschen »Nahe«-Geometrie demjenigen von der Fernwirkungs- zur Nahewirkungs-Physik; die Riemannsche Geometrie ist die dem Geiste der Kontinuität gemäß formulierte Euklidische, sie nimmt aber durch diese Formulierung sogleich einen viel allgemeineren Charakter an. Die Euklidische Fern-Geometrie ist geschaffen für die Untersuchung der geraden Linie und der Ebene, an diesen Problemen hat sie sich orientiert; sobald man aber zur Infinitesimalgeometrie übergeht, ist es das Natürlichste und Vernünftigste, den infinitesimalen Ansatz Riemanns zugrunde zu legen: es wird dadurch keine Komplikation bedingt, und man ist vor unsachgemäßen, fern-geometrischen Überlegungen geschützt. Auch im Riemannschen Raum ist eine Fläche als zweidimensionale Mannigfaltigkeit durch eine Parameterdarstellung $x_i = x_i(u_1 u_2)$ gegeben; setzen wir die daraus sich ergebenden Differentiale

$$dx_i = \frac{\partial x_i}{\partial u_1}\, du_1 + \frac{\partial x_i}{\partial u_2}\, du_2$$

in die metrische Fundamentalform (12) des Riemannschen Raumes ein, so bekommen wir für das Quadrat des Abstandes zweier unendlich benachbarter Flächenpunkte eine quadratische Differentialform von du_1, du_2 (wie im Euklidischen Raum): die Metrik des dreidimensionalen Riemannschen Raums überträgt sich unmittelbar auf jede in ihm gelegene Fläche und macht sie damit zu einem zweidimensionalen Riemannschen Raum. Während also bei Euklid der Raum von vornherein von viel speziellerer

Natur angenommen ist als die in ihm möglichen Flächen, nämlich als
eben, hat bei Riemann der Raumbegriff gerade denjenigen Grad der
Allgemeinheit, der nötig ist, um diese Diskrepanz völlig zum Verschwinden zu bringen. — *Das Prinzip, die Welt aus ihrem Verhalten im Unendlichkleinen zu verstehen*, ist das treibende erkenntnistheoretische Motiv
der Nahewirkungsphysik wie der Riemannschen Geometrie, ist aber auch
das treibende Motiv in dem übrigen, vor allem auf die komplexe Funk-
tionentheorie gerichteten grandiosen Lebenswerk Riemanns. Heute erscheint uns die Frage nach der Gültigkeit des »V. Postulats«, von dem
die historische Entwicklung, an die Euklidischen »Elemente« anknüpfend,
ausgegangen ist, nur als ein bis zu einem gewissen Grade zufälliger An-
satzpunkt. Die wahre Erkenntnis, zu der man sich erheben mußte, um
über den Euklidischen Standpunkt hinauszugelangen, glauben wir, ist uns
von Riemann aufgedeckt worden.

Wir müssen uns noch davon überzeugen, daß die Bolyai-Lobatschefskysche Geometrie so gut wie die Euklidische und die sphärische (auf die
als eine Nicht-Euklidische Möglichkeit übrigens erst Riemann hingewiesen
hat) als spezielle Fälle in der Riemannschen enthalten sind. In der Tat,
benutzen wir als Koordinaten eines Punktes der Bolyai-Lobatschefskyschen
Ebene die rechtwinkligen Koordinaten $u_1\,u_2$ jenes Bildpunktes, der ihm
in dem Kleinschen Modell entspricht, so ergibt sich für den Abstand ds
zweier unendlich benachbarter Punkte aus (1):

$$(13) \qquad -ds^2 = \frac{(-1 + u_1^2 + u_2^2)(du_1^2 + du_2^2) - (u_1\,du_1 + u_2\,du_2)^2}{(-1 + u_1^2 + u_2^2)^2}.$$

Der Vergleich mit (10) bestätigt wiederum den Satz von Taurinus. Die
metrische Fundamentalform des dreidimensionalen Nicht-Euklidischen
Raumes lautet genau entsprechend.

Wenn wir im Euklidischen Raum eine krumme Fläche herstellen
können, für die bei Benutzung geeigneter Gaußscher Koordinaten $u_1\,u_2$
die Formel (13) gültig ist, so besteht auf ihr die Bolyai-Lobatschefskysche Geometrie. Solche Flächen kann man sich in der Tat
verschaffen; die einfachste ist die Umdrehungsfläche der
Traktrix. Die Traktrix ist eine ebene Kurve von der neben-
stehenden Gestalt, mit einer Spitze und einer Asymptote; sie
ist geometrisch dadurch charakterisiert, daß die Tangente
vom Berührungspunkt bis zum Schnitt mit der Asymptote
eine konstante Länge besitzt. Man lasse sie um ihre Asymptote rotieren: auf der entstehenden Drehfläche gilt die Nicht-
Euklidische Geometrie. Dieses durch seine Anschaulichkeit

Fig. 5.

ausgezeichnete Euklidische Modell derselben ist zuerst von
Beltrami angegeben [5]. Es leidet freilich an gewissen Übel-
ständen; es ist erstens (in dieser anschaulichen Form) auf die zweidimensionale Geometrie beschränkt, und zweitens realisiert jede der beiden
Hälften der Umdrehungsfläche, in welche sie durch ihre scharfe Kante

zerfällt, nur einen Teil der Nicht-Euklidischen Ebene. Von Hilbert wurde streng bewiesen, daß eine singularitätenfreie Fläche im Euklidischen Raum, welche die [ganze Lobatschefskysche Ebene realisiert, nicht vorhanden sein kann [6]). Beide Übelstände besitzt das elementargeometrische Kleinsche Modell nicht.

Bislang sind wir rein spekulativ vorgegangen und ganz in der Domäne des Mathematikers geblieben. Ein anderes ist aber die Widerspruchslosigkeit der Nicht-Euklidischen Geometrie, ein anderes *die Frage, ob sie oder die Euklidische im wirklichen Raume Gültigkeit besitzt.* Schon Gauß hat zur Prüfung dieser Frage das Dreieck Inselsberg, Brocken, Hoher Hagen (bei Göttingen) mit großer Sorgfalt gemessen, aber die Abweichung der Winkelsumme von 180° innerhalb der Fehlergrenzen gefunden. Lobatschefsky schloß aus dem geringen Betrag der Fixsternparallaxen, daß die Abweichung des wirklichen Raumes vom Euklidischen außerordentlich gering sein müsse. Auf philosophischer Seite ist der Standpunkt vertreten worden, daß durch empirische Beobachtungen die Gültigkeit oder Ungültigkeit der Euklidischen Geometrie nicht erwiesen werden könne. Und in der Tat muß zugestanden werden, daß bei allen solchen Beobachtungen wesentlich physikalische Voraussetzungen, wie etwa die, daß die Lichtstrahlen gerade Linien sind, und dgl., eine Rolle spielen. Wir finden damit aber lediglich eine schon oben gemachte Bemerkung bestätigt, daß nur das Ganze von Geometrie und Physik einer empirischen Nachprüfung fähig ist. Entscheidende Experimente sind also erst dann möglich, wenn nicht nur die Geometrie, sondern auch die Physik im Euklidischen *und* im allgemeinen Riemannschen Raum entwickelt ist. Wir werden bald sehen, daß es auf sehr einfache und völlig willkürlose Weise gelingt, beispielsweise die Gesetze des elektromagnetischen Feldes, die zunächst nur unter der Voraussetzung der Euklidischen Geometrie aufgestellt sind, auf den Riemannschen Raum zu übertragen. Ist dies aber geschehen, so kann sehr wohl die Erfahrung darüber entscheiden, ob der spezielle Euklidische Standpunkt aufrecht zu erhalten ist oder ob wir zu dem allgemeineren Riemannschen übergehen müssen. Wir sehen aber, daß für uns an dem Punkte, an dem wir jetzt stehen, diese Frage noch nicht spruchreif ist.

Zum Schluß stellen wir noch einmal die Grundlagen der Riemannschen Geometrie in geschlossener Formulierung und unter Abstreifung der speziellen Dimensionszahl $n = 3$ vor Augen.

Ein n-dimensionaler Riemannscher Raum ist eine n-dimensionale Mannigfaltigkeit, aber nicht eine beliebige, sondern eine solche, der durch eine positivdefinite quadratische Differentialform eine Maßbestimmung aufgeprägt ist. Die Hauptgesetze, nach denen jene Form die Maßgrößen festlegt, sind die folgenden (die x_i bedeuten irgendwelche Koordinaten):

1. Ist g die Determinante der Koeffizienten der Fundamentalform, so ist die Größe irgend eines Raumstücks gegeben durch das Integral

(14)
$$\int \sqrt{g}\, dx_1 dx_2 \ldots dx_n,$$

das zu erstrecken ist über dasjenige mathematische Gebiet der Variablen x_i, welches dem Raumstück entspricht.

2. Bedeutet $Q(d\delta)$ die der quadratischen Fundamentalform entsprechende symmetrische Bilinearform zweier an derselben Stelle befindlichen Linienelemente d und δ, das »skalare Produkt« von d und δ, so ist der von ihnen gebildete Winkel θ zu berechnen aus

$$(15) \qquad \cos \theta = \frac{Q(d\delta)}{\sqrt{Q(dd) \cdot Q(\delta\delta)}}.$$

3. Eine in dem n-dimensionalen Raum R liegende m-dimensionale Mannigfaltigkeit R_m $(1 \leq m < n)$ ist gegeben durch eine Parameterdarstellung:

$$x_i = x_i(u_1 u_2 \ldots u_m) \qquad (i = 1, 2, \ldots, n),$$

welche jedem Punkt (u) von R_m den Ort (x) anweist, an welchem er sich in R befindet. Aus der metrischen Fundamentalform des Raumes entsteht durch Einsetzen der Differentiale

$$dx_i = \frac{\partial x_i}{\partial u_1} du_1 + \frac{\partial x_i}{\partial u_2} du_2 + \cdots + \frac{\partial x_i}{\partial u_m} du_m$$

die metrische Fundamentalform dieser m-dimensionalen Mannigfaltigkeit; sie ist damit selber ein Riemannscher m-dimensionaler Raum, und die Berechnung der Größe eines beliebigen Stücks von ihr geschieht nach der auf sie übertragenen Formel (14). So kann die Länge von Linienstücken $(m = 1)$, der Inhalt von Flächenstücken $(m = 2)$ usw. ermittelt werden.

§ 12. Parallelverschiebung und Krümmung.

Um die Riemannsche Geometrie weiter zu entwickeln, kehren wir zunächst zur Flächentheorie im Euklidischen Raum zurück. Die zu betrachtende Fläche sei gegeben durch die Parameterdarstellung $\mathfrak{r} = \mathfrak{r}(x_1 x_2)$, welche jedem Flächenpunkt $(x_1 x_2)$ als seinen Ort im Raum denjenigen Punkt P anweist, zu welchem von einem fest im Raum angenommenen Anfangspunkt O der Vektor $\overrightarrow{OP} = \mathfrak{r}$ hinführt. In einem beliebigen Flächenpunkt konstruieren wir die Tangentenebene, welche aufgespannt wird von den beiden Vektoren

$$\mathfrak{e}_1 = \frac{\partial \mathfrak{r}}{\partial x_1} \quad \text{und} \quad \mathfrak{e}_2 = \frac{\partial \mathfrak{r}}{\partial x_2}.$$

Die *Flächenvektoren* im Punkte P sind die in dieser Tangentialebene gelegenen, von P ausgehenden Vektoren. Ein Flächenvektor läßt sich also eindeutig darstellen in der Form

$$\mathfrak{x} = \xi^1 \mathfrak{e}_1 + \xi^2 \mathfrak{e}_2;$$

ξ^1, ξ^2 sind seine kontravarianten Komponenten in dem benutzten Koordinatensystem. Mit den Koordinaten $(x_1 x_2)$, auf welche die Fläche bezogen ist, verknüpft sich so von selber im Punkte P ein bestimmtes

Koordinatensystem $\mathfrak{e}_1\,\mathfrak{e}_2$ für den (zweidimensionalen) Vektorkörper in P, die lineare Mannigfaltigkeit der Flächenvektoren in P. Die kovarianten Komponenten $(\mathfrak{x} \cdot \mathfrak{e}_i) = \xi_i$ hängen mit den kontravarianten zusammen durch die Gleichungen

$$\xi_i = g_{ik}\,\xi^k.$$

Wir verschieben den Flächenvektor $\mathfrak{x}$ in $P = (x_1\,x_2)$ parallel mit sich im Raum nach dem zu P unendlich benachbarten Flächenpunkt $P' = (x_1 + dx_1,\ x_2 + dx_2)$. Dadurch geht ein im allgemeinen die Fläche nicht tangierender Vektor $\mathfrak{x}$ in P' hervor; ihn können wir aber eindeutig spalten in eine die Fläche tangierende und eine (unendlichkleine) zur Fläche normale Komponente $\mathfrak{x} = \bar{\mathfrak{x}} + \mathfrak{x}_n$. Mit Levi-Civita[7]) kommen wir überein, von dem Flächenvektor $\bar{\mathfrak{x}}$ in P' zu sagen, daß er durch *»Parallelverschiebung auf der Fläche«* aus dem Flächenvektor $\mathfrak{x}$ in P hervorgeht. Die Bedeutung dieses Begriffs beruht vor allem auf den folgenden beiden Tatsachen:

I. *Durch infinitesimale Parallelverschiebung auf der Fläche erfahren weder die Längen der Vektoren noch die Winkel zwischen ihnen eine Änderung*; sie bewirkt eine kongruente Verpflanzung des Vektorkörpers von P nach P'. Denn die am Flächenvektor $\mathfrak{x}$ hervorgebrachte Änderung $d\mathfrak{x}$ ist laut Definition normal zur Fläche; infolgedessen gilt für das skalare Produkt irgend zweier Flächenvektoren $\mathfrak{x}$ und $\mathfrak{y}$ in P:

$$d\,(\mathfrak{x} \cdot \mathfrak{y}) = (d\mathfrak{x} \cdot \mathfrak{y}) + (\mathfrak{x} \cdot d\mathfrak{y}) = 0.$$

II. *Der Prozeß hängt nur ab von der metrischen Fundamentalform der Fläche*; aus ihr allein kann von jedem durch seine Komponenten ξ^i gegebenen Flächenvektor in P bestimmt werden, in welchen Vektor er durch Parallelverschiebung nach dem unendlich benachbarten Punkte P' übergeht.

Beweis. Kennzeichnen wir durch Überstreichen die tangentielle Komponente eines Vektors im Flächenpunkte P, so ist die infinitesimale Parallelverschiebung eines Vektors in P auf der Fläche dadurch charakterisiert, daß er 1) Flächenvektor bleibt und 2) $\overline{d\mathfrak{x}} = 0$ ist. Schreiben wir, um die erste Tatsache auszunutzen, $\mathfrak{x} = \xi^i\mathfrak{e}_i$, so bekommen wir aus der zweiten:

$$(16) \qquad d\xi^i \cdot \mathfrak{e}_i + \xi^i \cdot \overline{d\mathfrak{e}_i} = 0.$$

Darin bedeutet $d\xi^i$ die Änderung der Komponente ξ^i des Vektors bei Parallelverschiebung auf der Fläche von $P = (x_i)$ nach $P' = (x_i + dx_i)$, $d\mathfrak{e}_i$ aber den Unterschied des Vektors $\mathfrak{e}_i$ in den beiden zueinander unendlich benachbarten Punkten $P,\ P'$. Es ist also, wenn wir die Ableitung nach x_i durch einen unten angehängten Index bezeichnen,

$$\mathfrak{e}_i = \mathfrak{r}_i, \qquad d\mathfrak{e}_i = \mathfrak{r}_{ik}\,dx_k, \qquad \overline{d\mathfrak{e}_i} = \bar{\mathfrak{r}}_{ik}\,dx_k.$$

Setzen wir

$$\bar{\mathfrak{r}}_{ik} = \Gamma^1_{ik}\mathfrak{r}_1 + \Gamma^2_{ik}\mathfrak{r}_2\,,$$

so ergibt (16):

$$\mathfrak{r}_i d\xi^i = -\xi^\alpha \overline{d\mathfrak{e}}_\alpha = -\xi^\alpha \overline{\mathfrak{r}}_{\alpha\beta} dx_\beta = -\Gamma^i_{\alpha\beta}\xi^\alpha dx_\beta \cdot \mathfrak{r}_i,$$

$$(17) \qquad \boxed{d\xi^i = -\Gamma^i_{\alpha\beta}\xi^\alpha (dx)^\beta}\ .$$

Damit haben wir den Prozeß der Parallelverschiebung in eine Formel gefaßt; sie lehrt, daß die Zuwächse der Vektorkomponenten ξ^i bei infinitesimaler Parallelverschiebung auf der Fläche sowohl vom verschobenen Vektor (ξ^i) als auch von der vorgenommenen Verschiebung mit den Komponenten $(dx)^i$ linear abhängen; die dabei auftretenden Koeffizienten $\Gamma^i_{\alpha\beta}$ genügen außerdem der Symmetriebedingung

$$\Gamma^i_{\beta\alpha} = \Gamma^i_{\alpha\beta}.$$

Um von einem Raumvektor $\mathfrak{a}$ im Flächenpunkt P die tangentielle Komponente

$$\overline{\mathfrak{a}} = \dot{a}^1 \mathfrak{e}_1 + a^2 \mathfrak{e}_2$$

zu finden, müssen wir ausdrücken, daß $\mathfrak{a} - \overline{\mathfrak{a}}$ normal zur Fläche ist; das geschieht durch die beiden Gleichungen

$$(\overline{\mathfrak{a}} \cdot \mathfrak{e}_i) = (\mathfrak{a} \cdot \mathfrak{e}_i) \qquad (i = 1,\ 2).$$

Wir erhalten so

$$g_{ij} a^j = (\mathfrak{a} \cdot \mathfrak{e}_i).$$

Wenden wir diese Regel insbesondere auf den Vektor $\mathfrak{r}_{\alpha\beta}$ an und setzen

$$(\mathfrak{r}_{\alpha\beta} \cdot \mathfrak{r}_i) = \Gamma_{i,\,\alpha\beta},$$

so bekommen wir die Formeln

$$(18) \qquad g_{ij}\Gamma^j_{\alpha\beta} = \Gamma_{i,\,\alpha\beta},$$

welche uns in den Stand setzen, die in (17) auftretenden Koeffizienten $\Gamma^i_{\alpha\beta}$ aus der Flächengleichung $\mathfrak{r} = \mathfrak{r}(x_1 x_2)$ zu berechnen. Um zu zeigen, daß sie in Wahrheit nur von den g_{ik} abhängen, differentiiere man die Definitionsgleichung

$$g_{ik} = (\mathfrak{r}_i \cdot \mathfrak{r}_k)$$

nach x_l:

$$(19) \qquad \frac{\partial g_{ik}}{\partial x_l} = (\mathfrak{r}_{il} \cdot \mathfrak{r}_k) + (\mathfrak{r}_i \cdot \mathfrak{r}_{kl}) = \Gamma_{i,\,kl} + \Gamma_{k,\,il}.$$

Ich setze die Gleichungen darunter, welche aus ihr durch zyklische Vertauschung der drei Indizes ikl entstehen:

$$\frac{\partial g_{kl}}{\partial x_i} = \Gamma_{k,\,li} + \Gamma_{l,\,ki},$$

$$\frac{\partial g_{li}}{\partial x_k} = \Gamma_{l,\,ik} + \Gamma_{i,\,lk}.$$

Addiert man von diesen drei Gleichungen die erste und dritte, subtrahiert die zweite, so zerstören sich rechts, weil die Γ symmetrisch sind in ihren beiden hinteren Indizes, alle Terme bis auf die beiden

$$\Gamma_{i,\,kl} + \Gamma_{i,\,lk} = 2\,\Gamma_{i,\,kl},$$

und man bekommt

$$(20) \qquad \Gamma_{i,\,kl} = \frac{1}{2}\left(\frac{\partial g_{ik}}{\partial x_l} + \frac{\partial g_{il}}{\partial x_k} - \frac{\partial g_{kl}}{\partial x_i}\right).$$

In der Literatur treten die durch (20) definierten Größen meist unter der Christoffelschen Bezeichnung $\begin{bmatrix} kl \\ i \end{bmatrix}$, die daraus nach (18) entspringenden Größen Γ^i_{kl} unter der Bezeichnung $\begin{Bmatrix} kl \\ i \end{Bmatrix}$ auf; sie heißen *Christoffelsche Dreiindizes-Symbole*. Nur gelegentlich werden wir uns hier dieser Klammersymbole bedienen, da sie gegen unsere Konvention über Indexstellung verstoßen.

Wir erwähnen noch eine dritte Eigenschaft unseres Begriffs.

III. *Zu einem vorgegebenen Punkt P auf der Fläche gehört stets ein die Umgebung von P bedeckendes Koordinatensystem* $(x_1\,x_2)$, *für welches die sämtlichen Größen* Γ^α_{ik} *in P verschwinden*. In einem solchen »geodätischen« Koordinatensystem gilt also für einen *beliebigen* Vektor in P bei Parallelverschiebung auf der Fläche nach einem *beliebigen* zu P unendlich benachbarten Punkte P' die einfache Gleichung $d\xi^i = 0$. Auf geometrischem Wege erhält man ein geodätisches Koordinatensystem in P am einfachsten durch die folgende Konstruktion. Man zeichnet die Tangentenebene E der Fläche in P und projiziert die Fläche senkrecht auf E; für eine gewisse Umgebung des Punktes P ist diese Projektion eine umkehrbar eindeutige Korrespondenz zwischen Fläche und Tangentenebene. In E verwenden wir ein rechtwinkliges Koordinatensystem $x_1\,x_2$ mit P als Ursprung, und als Koordinaten eines beliebigen Flächenpunktes fungieren die Koordinaten $x_1\,x_2$ seines Spurpunktes in E. Um sich von der geodätischen Natur dieser Flächenkoordinaten in P zu überzeugen, verwende man im Raum Cartesische Koordinaten, die in E mit $x_1\,x_2$ zusammenfallen. Die Parameterdarstellung der Fläche lautet dann

$$x = x_1, \qquad y = x_2, \qquad z = z\,(x_1\,x_2),$$

und infolgedessen haben die Komponenten von $\mathfrak{r}_{ik} = \dfrac{\partial^2\mathfrak{r}}{\partial x_i \partial x_k}$ die Werte:

$$x_{ik} = 0, \qquad y_{ik} = 0, \qquad z_{ik}.$$

Im Punkte P ist der Vektor $\mathfrak{r}_{ik}$ also normal zur Fläche, $\bar{\mathfrak{r}}_{ik} = 0$ und damit auch $\Gamma^\alpha_{ik} = 0$. — Die Wahl eines geodätischen Koordinatensystems hat für die Koeffizienten der metrischen Fundamentalform zur Folge, daß sie in dem betreffenden Punkte *stationäre* Werte annehmen; denn die Gleichungen $\Gamma^\alpha_{ik} = 0$ haben nach (19) zur Folge, daß die Ableitungen $\dfrac{\partial g_{ik}}{\partial x_l}$ verschwinden.

Levi-Civitas Erklärung setzt ohne weiteres in Evidenz, daß die Parallelverschiebung in der Fläche unabhängig ist von dem auf der Fläche verwendeten Koordinatensystem $(x_1\,x_2)$; sie macht von einem solchen Koordinatensystem überhaupt keinen Gebrauch. Darauf lehrt die Rechnung, welche zu den Formeln (17), (18), (20) führt, daß dieser Begriff nur von der Metrik der Fläche abhängt, nicht aber von der Art, wie sie in einen dreidimensionalen Euklidischen Raum eingebettet ist. Will man den Begriff ganz von dem Euklidischen Einbettungsraum ablösen, so wird man ihn umgekehrt durch die Gleichungen (17), (18), (20), ohne Benutzung des Einbettungsraumes, *definieren*. Man hat dann die Aufgabe, zu zeigen, daß er eine invariante Bedeutung hat, d. h. daß diese Erklärung unabhängig ist von dem verwendeten Koordinatensystem $(x_1 x_2)$. Dies gelingt, wenn auch ein wenig mühsam, durch rechnerische Ausführung der Transformation von *einem* Koordinatensystem $(x_1 x_2)$ auf ein beliebiges anderes. Aber auch dieses Vorgehen, das aus lauter Formeln statt Gedanken und Anschauungen besteht, ist offenbar wenig befriedigend; hinter den Formeln steht doch sicher ein einfacher und natürlicher Begriff, den es gelingen muß so herauszuschälen, daß weder vom Einbettungsraum noch von einem speziellen Koordinatensystem Gebrauch gemacht wird. Bevor wir dies aber leisten können, müssen wir zunächst den *Begriff des Vektors* selbst vom Einbettungsraum ablösen.

Es handelt sich hier offenbar um einen geometrischen Hilfsbegriff, der dazu eingeführt wird, um die Tatsache zum Ausdruck zu bringen, daß die unendlichkleine Umgebung eines Punktes P in einer beliebigen stetigen zweidimensionalen Mannigfaltigkeit als eben gelten kann, daß für ein solches unendlichkleines Gebiet die affin-lineare Geometrie gilt; man ersetzt die Linienelemente in P durch die Vektoren, um nicht beständig mit unendlichkleinen Größen operieren zu müssen. Unwesentlich ist es von diesem Standpunkt aus, daß die betrachtete Fläche und ihre Tangentenebene in einen gemeinsamen dreidimensionalen Euklidischen Raum eingebettet sind; es hat für uns z. B. keine Bedeutung, ob und wo sich Fläche und Tangentenebene fern vom Berührungspunkte P sonst noch im Raume schneiden mögen. Die Tangentenebene ist ein mit einem Zentrum O versehener zweidimensionaler linearer Raum im Sinne von Kap. I; das Zentrum O fällt mit dem Flächenpunkt P zusammen, und die unendlichkleine Umgebung von O in der Tangentialebene deckt sich mit der unendlichkleinen Umgebung von P auf der Fläche. Wir können uns vorstellen, daß wir die Tangentenebene von der Fläche abheben und neben sie legen; wir müssen dann nur das mit P ursprünglich in Deckung befindliche Zentrum O der Tangentenebene auf ihr markieren und die Beziehung oder Abbildung angeben, vermöge deren die unmittelbare Umgebung von O in der Tangentenebene mit der Umgebung von P auf der Fläche zur Koinzidenz gebracht wird; diese Abbildung ist eine affin-lineare. So kommen wir zu der folgenden, vom einbettenden Raum unabhängigen Definition, die nicht an die Dimensionszahl 2 gebunden ist:

Der zum Punkte P einer gegebenen n-dimensionalen Mannigfaltigkeit gehörige Vektorkörper (Vektorraum) ist eine n-dimensionale lineare Vektormannigfaltigkeit (oder, was das gleiche besagt, ein n-dimensionaler, mit einem Zentrum O versehener linearer Raum), worin die unmittelbare Umgebung des Zentrums vermittels einer affin-linearen Beziehung mit der unmittelbaren Umgebung von P in der Mannigfaltigkeit zur Koinzidenz gebracht ist; dabei *deckt sich O mit P.* Auf Grund der Koinzidenz-Beziehung gehört zu jedem die Umgebung des Punktes P bedeckenden Koordinatensystem x_i in der Mannigfaltigkeit ein bestimmtes lineares, aus n Vektoren bestehendes Koordinatenkreuz $e_1 e_2 \ldots e_n$ des Vektorkörpers von solcher Beschaffenheit, daß ein beliebiges von $P = (x_i)$ ausgehendes Linienelement, das nach dem Punkte $P' = (x_i + dx_i)$ führt, koinzidiert mit dem infinitesimalen Vektor $\sum_i dx_i \cdot e_i$ im Vektorraum. Wir sagen kurz, das Koordinatensystem auf der Mannigfaltigkeit induziert ein Koordinatensystem im Vektorraum. Das alles ist noch unabhängig davon, daß die Mannigfaltigkeit als eine Riemannsche Mannigfaltigkeit mit einer Metrik ausgestattet ist. Die Metrik im Punkte P überträgt sich eindeutig auf den Vektorraum in solcher Weise, daß die Koinzidenzbeziehung der unendlichkleinen Umgebungen von P bzw. O eine *kongruente* Abbildung wird. Wenn $g_{ik}(dx)^i(dx)^k$ die metrische Fundamentalform im Punkte P ist, ist $g_{ik}\xi^i\eta^k$ das skalare Produkt zweier Vektoren mit den Komponenten ξ^i, η^i im zugehörigen Vektorraum.

Um ferner zu der gewünschten independenten Erklärung der infinitesimalen Parallelverschiebung von Vektoren zu gelangen, welche formelmäßig durch die Gleichungen (17) und (19) definiert ist, haben wir uns zu fragen: 1) Was bedeutet es, daß dieser Prozeß, durch welchen der Vektorkörper in P auf bestimmte Weise übergeführt wird in den zu P' gehörigen Vektorkörper, sich durch eine Gleichung von der Gestalt (17) ausdrückt? d. h. daß die Änderungen $d\xi^i$ der Komponenten ξ^i eines Vektors linear von ihm selbst und von der vorgenommenen Verschiebung abhängen, mit Koeffizienten $\Gamma^i_{\alpha\beta}$, die symmetrisch sind in α und β. 2) Was bedeutet es, daß die Koeffizienten Γ durch die Relationen (19) mit den Koeffizienten g_{ik} der metrischen Fundamentalform verbunden sind? Die Antwort lautet[8]: 1) ist nur ein anderer Ausdruck für die oben unter III. erwähnte Tatsache, daß es ein in P geodätisches Koordinatensystem gibt; und 2) besagt, daß bei infinitesimaler Parallelverschiebung die Länge der Vektoren ungeändert bleibt. Die Beweise dafür werden wir später, in § 15 und in § 17, genau ausführen. Die Sachlage ist demnach die folgende. Wir haben a priori keinen Anlaß, irgendeinem Koordinatensystem vor einem anderen den Vorzug zu geben. Zu jedem die Umgebung von P bedeckenden Koordinatensystem gehört ein *möglicher Begriff der Parallelverschiebung* des Vektorkörpers in P nach allen zu P unendlich benachbarten Punkten P': Transport der Vektoren ohne Änderung ihrer Komponenten. Trägt unsere Mannigfaltigkeit als Riemannsche Mannigfaltigkeit eine Maßbestimmung, so wird durch die Metrik unter den eben erwähnten, an sich möglichen und miteinander konkurrierenden Begriffen von Parallelverschiebung ein einziger ausgezeichnet durch die Forderung, daß der Prozeß die Länge der Vektoren ungeändert lassen soll. Ich betrachte diese Tatsache geradezu als die *Grundtatsache der*

Infinitesimalgeometrie. Die damit gewonnene independente Erklärung läßt die prinzipielle Bedeutung unseres Begriffs viel besser hervortreten als die ursprüngliche, von Levi-Civita herrührende, die sich des einbettenden Euklidischen Raums bedient; erst jetzt sehen wir, wie natürlich dieser Begriff gebildet ist und daß er mit vollem Recht den Namen der infinitesimalen *Parallelverschiebung* verdient. — Eine Mannigfaltigkeit, deren Natur den Prozeß der infinitesimalen Parallelverschiebung (unter den an sich möglichen) eindeutig determiniert, nenne ich eine *affin zusammenhängende Mannigfaltigkeit.* Ein Riemannscher Raum ist also eine affin zusammenhängende Mannigfaltigkeit. Wie es sich aber in der linearen Geometrie als zweckmäßig erwies, die affine Geometrie selbständig neben der metrischen auszubilden, so werden wir auch in der Infinitesimalgeometrie die allgemeinere Theorie der affin zusammenhängenden Mannigfaltigkeit der spezielleren des Riemannschen metrischen Raumes vorausschicken.

An den Begriff der infinitesimalen Parallelverschiebung schließt sich sogleich eine Reihe weiterer geometrischer Begriffe an; so vor allem der der *geraden* (oder geodätischen) *Linie.* Darunter ist eine Linie zu verstehen, deren Richtung sich nicht ändert, deren Tangente längs der Kurve von Punkt zu Punkt eine infinitesimale Parallelverschiebung erfährt. Allgemeiner kann man einen im Punkte P gegebenen Vektor längs einer beliebigen vom Punkte P ausgehenden Kurve so verschieben, daß er von Punkt zu Punkt eine infinitesimale Parallelverschiebung erfährt, und auf diese Weise den Vektor in P nach einem beliebigen Punkte P^* der Mannigfaltigkeit durch Parallelverschiebung übertragen *längs eines P mit P^* verbindenden Weges.* Hier erhebt sich aber sofort die Frage: ist dieser Prozeß vom Wege unabhängig? Gelangen wir, wenn wir denselben Vektor vom Punkte P auf zwei verschiedenen Wegen nach P^* transportieren, beidemal in P^* zu dem gleichen Endvektor? Die Frage ist offenbar der andern äquivalent: Kehrt ein Vektor, der längs einer geschlossenen Kurve so herumgeführt wird, daß er in jedem Augenblick eine infinitesimale Parallelverschiebung erfährt, zu seiner Ausgangslage zurück oder nicht? Wir können statt des einzelnen Vektors auch den ganzen Vektorkörper betrachten. Nimmt ein sich beliebig in der Mannigfaltigkeit bewegender Punkt P den zu ihm gehörigen Vektorkörper $\mathfrak{T}_P$ bei der Bewegung so mit, daß er in jedem Augenblick eine infinitesimale Parallelverschiebung erfährt, so wollen wir $\mathfrak{T}_P$ als Kompaßkörper bezeichnen. Kehrt der Kompaßkörper, nachdem er eine geschlossene Reise vollendet hat, wieder zu seiner alten Lage zurück? A priori steht fest, da die Parallelverschiebung eine kongruente Verpflanzung des Vektorkörpers ist, daß die Anfangs- in die Endlage an Ort und Stelle durch eine *Drehung* des Kompasses übergeführt werden kann. Wir wollen hier sogleich an einem einfachen Beispiel zeigen, daß im allgemeinen in der Tat der Kompaßkörper nach Zurücklegung eines geschlossenen Weges nicht in seine Ausgangsstellung zurückkehrt.

Auf der Kugel vom Radius a (im dreidimensionalen Euklidischen Raum) sind die Großkreise die geodätischen Linien. Beim Fortschreiten

auf dem Großkreis ist die Änderung dt des Tangentenvektors t von der
Länge 1 normal zur Tangente t selber; denn aus $(t \cdot t) = 1$ folgt $(t \cdot d t) = 0$.
Außerdem liegt dt in der durch den Kugelmittelpunkt gehenden Ebene,
welche den Großkreis ausschneidet. Infolgedessen hat dt die Richtung
der Kugelnormale; d. h. t erfährt beim Fortschreiten längs der Kurve eine
Parallelverschiebung auf der Fläche. Wir betrachten ein aus Großkreisen
bestehendes Dreieck $A B C$ auf der Kugel und wollen die Drehung bestimmen, welche der Kompaßkörper erfahren hat, nachdem sein Zentrum
den Umfang des Dreiecks durchlaufen hat. α, β, γ seien die Außen-
winkel des Dreiecks. Wir gehen etwa aus von einem Vektor $\mathfrak{x}$ im Punkte
A, der die Richtung der Seite AB besitzt; bei Parallelverschiebung längs
AB bleibt er beständig Tangente, weil AB geodätische Linie ist. Im
Endpunkt B angelangt, bildet er also mit der Seite BC den Winkel β.

Wir nehmen einen Vektor $\mathfrak{y}$ in B zu Hilfe,
der in die Richtung der Seite BC weist.
Bei Parallelverschiebung längs BC bleibt $\mathfrak{y}$
beständig Tangente und der Winkel zwi-
schen $\mathfrak{x}$ und $\mathfrak{y}$ konstant; bei seiner Ankunft
in C bildet $\mathfrak{x}$ also mit der Seite BC noch
immer den Winkel β, mit der Seite CA den
Winkel $\beta + \gamma$. Schieben wir ihn endlich
von C nach A zurück längs der Seite CA,
so erhält sich dieser Winkel aus demselben

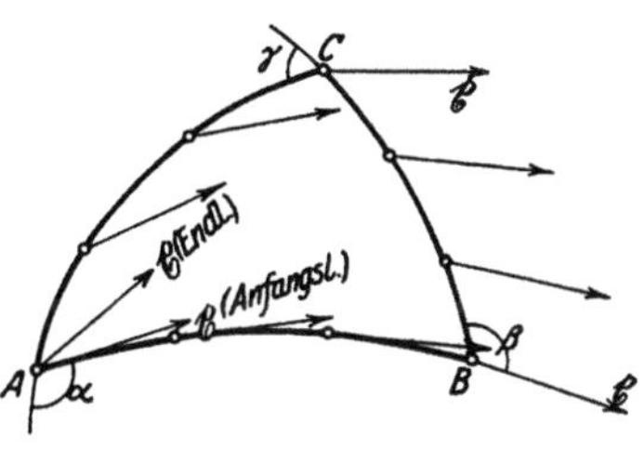

Fig. 6.

Grunde wie bei der Verschiebung längs BC, und er kommt in A mit
einer Richtung an, die den Winkel

$$\alpha + \beta + \gamma \qquad \text{oder} \qquad (\alpha + \beta + \gamma) - 2\pi$$

mit der Linie AB bildet. Um diesen Winkel muß man die Endlage in
A drehen, um sie wieder in die Anfangslage zurückzuführen; dabei ist
der Drehsinn so gewählt, daß die vollzogene Umlaufung des geodätischen
Dreiecks eine solche im positiven Sinne ist. Der Winkel, um welchen
ich den Kompaßkörper in seiner Anfangslage in A drehen muß, um ihn an
Ort und Stelle in die Endlage überzuführen, beträgt also $2\pi - (\alpha + \beta + \gamma)$,

d. i. $= \dfrac{1}{a^2}$ mal dem Flächeninhalt des umfahrenen Dreiecks.

Auf einer Fläche, will sagen: in einer zweidimensionalen Riemann-
schen Mannigfaltigkeit hängt der Winkel $\varDelta \omega (G)$, um den sich der Kompaßkörper gedreht hat, nachdem er die Berandung eines Gebietes G umfuhr,
additiv vom Gebiete G ab; d. h. zerlegt man G irgendwie in zwei Teil-
gebiete $G_1 + G_2$, so gilt

$$\varDelta \omega (G_1 + G_2) = \varDelta \omega (G_1) + \varDelta \omega (G_2).$$

Daraus geht hervor, daß sich $\varDelta \omega (G)$ mit Hilfe einer gewissen Ortsfunktion K in der Form eines Integrals

$$(21) \qquad\qquad \varDelta \omega (G) = \int K d o$$

darstellen lassen muß; do bedeutet das Flächenelement, die Integration erstreckt sich über das Gebiet G. K findet man an einer Stelle P als Quotient aus dem unendlich kleinen Winkel $\varDelta\omega$, um den sich der Kompaßkörper gedreht hat, nachdem er ein an der Stelle P befindliches Flächenelement $\varDelta\sigma$ umfuhr, und der Größe $\varDelta\sigma$ des umfahrenen Flächenelements[9]. (In Wahrheit handelt es sich natürlich um den *Limes* eines Quotienten; beim Grenzübergang zieht sich $\varDelta\sigma$ auf P zusammen. Es ist gleichgültig, welcher Drehsinn in P als positiver fixiert wird, wenn wir nur das Element $\varDelta\sigma$ im selben Sinne umfahren, in welchem die Drehung positiv gerechnet wird.) Nach ihrer Definition muß sich die »Krümmung« K offenbar aus den die infinitesimale Parallelverschiebung bestimmenden Koeffizienten Γ^{r}_{ik}, den Christoffelschen Dreiindizes-Symbolen durch Differentiation berechnen lassen; in § 16 gehen wir darauf ausführlich ein. Diese Invariante der metrischen Fundamentalform — K ist ein mit dem metrischen Felde invariant verknüpfter Skalar — ist zuerst von Gauß entdeckt worden. Die Verallgemeinerung auf eine n-dimensionale Riemannsche Mannigfaltigkeit ergibt sich aus unseren Darlegungen ohne weiteres; doch wird die analytische Darstellung komplizierter, weil in drei und mehr Dimensionen 1) eine Drehung sich nicht mehr durch einen einzigen Drehwinkel kennzeichnen läßt und 2) in einem Punkte Flächenelemente von unendlich vielen verschiedenen Stellungen existieren.

Nach der oben am sphärischen Dreieck durchgeführten Betrachtung ist die Gaußsche Krümmung K der Kugel vom Radius a an jeder Stelle $=\dfrac{1}{a^2}$. Es ist wegen der Homogeneität der Kugel von vornherein klar, daß die Krümmung über die ganze Kugel hin konstant sein muß. Nach der Formel (21) folgt daraus für jedes Gebiet G auf der Kugel:

$$\varDelta\omega(G) = \frac{1}{a^2}\text{ mal Flächeninhalt von } G.$$

Es ist vielleicht eine nützliche Übung, diese Beziehung elementar noch für andere einfach begrenzte Kugelgebiete zu bestätigen, z. B. für eine Kugelkalotte. Hier kommt man sehr rasch durch folgende anschauliche Überlegung zum Ziel. Wir konstruieren den Kegel, welcher die Kugel längs des die Kalotte begrenzenden Kreises $\mathfrak{C}$ berührt (in der Figur ist links der Meridianschnitt gezeichnet). Nach der Erklärung von Levi-Civita kommt es auf das gleiche hinaus, ob wir den Vektorkörper durch Parallelverschiebung längs $\mathfrak{C}$ auf der Kugel oder auf dem berührenden Kegel herumführen. Den Kegel aber können wir ohne Änderung seiner Maßverhältnisse und daher auch ohne Änderung seines affinen Zusammenhangs auf die Ebene abwickeln, nachdem wir ihn längs einer Mantellinie aufgeschnitten haben. Nach der Abwicklung gewähren der Kreis $\mathfrak{C}$ und ein längs $\mathfrak{C}$ parallel verschobener Vektor $\mathfrak{x}$ den Anblick, welchen der rechte Teil der Figur zeigt: der Vektor $\mathfrak{x}$ bleibt parallel mit sich selber in der Ebene. Bedenkt man nun, daß auf dem unzerschnittenen Kegel die Tangente im Endpunkt B mit der Tangente im Anfangspunkt A zusammenfällt, so erkennt man, daß der in der Figur mit $\varDelta\omega$ bezeichnete

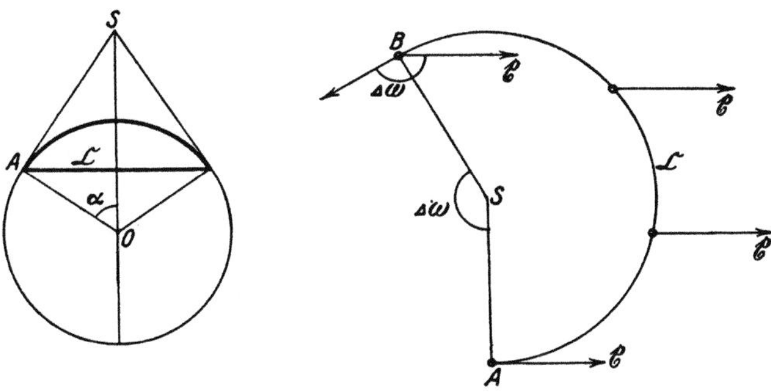

Fig. 7.

Winkel derjenige ist, um welchen sich der Vektorkörper nach Ausführung der Parallelverschiebung längs $\mathfrak{C}$ gedreht hat. Man berechnet daraus sofort

$$\varDelta\omega = 2\pi\,(1 - \cos\alpha) =$$

$\dfrac{1}{a^2}$ mal dem Flächeninhalt der umfahrenen Kalotte.

Die Art und Weise, wie Gauß zuerst die Krümmung in die Flächentheorie eingeführt hat, weicht vollständig von der hier gegebenen ab; sie benutzt den die Fläche einbettenden dreidimensionalen Euklidischen Raum. Darüber möge man sich in den Lehrbüchern der Flächentheorie informieren [10]). Auch die von Riemann gefundene, nur mit den Maßverhältnissen der Fläche operierende geometrische Deutung, die er in seinem oben zitierten Habilitationsvortrag beschreibt, ist komplizierter und weniger natürlich. — Wir haben es hier mit der Theorie der krummen Flächen im Euklidischen Raum nur insoweit zu tun, als wir aus ihr, dem Gang der historischen Entwicklung folgend, die independenten, eine Riemannsche Mannigfaltigkeit betreffenden Begriffe herausdestillieren wollten. Nachdem einmal diese independenten Begriffe gewonnen sind, wird man, systematisch vorgehend, die Theorie der einzelnen (nicht eingebetteten) Mannigfaltigkeit als das Einfachere und Grundlegende an den Anfang stellen, die Theorie der Räume geringerer Dimensionszahl aber, die in einen vorgegebenen Riemannschen oder Euklidischen Raum eingebettet sind, in zweite Linie rücken lassen. Der zweite Teil: Untersuchung zweier Mannigfaltigkeiten in ihrer durch die Einbettung gestifteten Beziehung zueinander, liegt abseits unseres Weges [11]).

In der Riemannschen Geometrie ist, wie wir sahen, anders als in der Euklidischen, ein direkter Fernvergleich von Vektoren, der Vektoren an zwei verschiedenen Orten des Raums, nicht möglich. An seine Stelle tritt vielmehr die Übertragung durch infinitesimale Parallelverschiebung längs eines Weges. Immerhin können auch noch in der Riemannschen Geometrie die *Längen* von Vektoren, die sich an verschiedenen Orten befinden, unmittelbar miteinander verglichen werden; es ist dies die erste Grundvoraussetzung, welche Riemann macht, daß sich zwei an derselben oder an verschiedenen Stellen befindliche Linienelemente aneinander messen lassen. Hierin liegt offenbar eine Inkonsequenz; in einer reinen Nahegeometrie kann die Möglichkeit eines solchen Fernvergleichs ebensowenig für die Vektorlängen, die *Strecken* zugestanden werden wie für die Vektoren selber. Es ist nur ein Prinzip zulässig, das die Übertragung einer Maßstrecke von einem Punkte nach den unendlich benachbarten ermöglicht. Man muß dann darauf gefaßt sein, daß die Übertragung derselben Maßstrecke in P auf zwei verschiedenen Wegen nach einem entfernten Punkte P^* zu verschiedenen Endstrecken führt. Ich glaube also, daß die Riemannsche Geometrie das Ideal einer reinen Infinitesimalgeometrie erst zur Hälfte erreicht; es ist nötig, dieses letzte ferngeometrische Element auszuscheiden, das ihr von ihrer Euklidischen Vergangenheit her noch anhaftet [12]). — Eine andere Erweiterung tritt hinzu, die uns schon aus dem I. Kapitel geläufig ist: um der Anwendung auf die vierdimensionale Welt willen, zu der Raum und Zeit sich verbinden, müssen wir auch den Fall zulassen, daß die metrische Fundamentalform indefinit ist. Immer aber werden wir an der Voraussetzung festhalten, daß sie nicht-ausgeartet ist; und daß die Zahl ihrer positiven und ihrer negativen Dimensionen allerorten die gleiche ist. Die zweite Annahme folgt übrigens aus der Stetigkeit der Koeffizienten g_{ik} der metrischen Fundamentalform und dem Umstande, daß die Determinante der g_{ik} nirgendwo verschwindet.

§ 13. Die Homogeneitätsfrage. Das Wesenhaft-Absolute und das Veränderlich-Zufällige an der Raumstruktur.

Kein Zweifel: die Riemannsche Geometrie, deren Plan wir eben in den Grundzügen entwarfen, verspricht eine mathematische Theorie von großer Schönheit zu werden. Aber kann man im Ernst erwarten, daß diese Theorie für den wirklichen Raum in Betracht kommt? Der Raum ist Form der Erscheinungen und, sofern er das ist, notwendig *homogen*. Nun ist aber der allgemeine Riemannsche Raum keineswegs von homogener metrischer Struktur; sondern ein homogenes metrisches Feld besitzen allein die drei schon in § 10 angeführten Geometrien: die Euklidische, die sphärische und die Bolyai-Lobatschefskysche. Zur näheren Orientierung über diese Frage sehen wir ab von den beiden im letzten Absatz des vorigen Paragraphen eingeführten Verallgemeinerungen, halten uns also an die eigentliche Riemannsche Geometrie, die auf einer positiv-definiten quadratischen Differentialform beruht, und fassen zunächst die niederste Dimensionszahl $n = 2$ ins Auge (der Fall $n = 1$ hat gar kein Interesse). Die Natur der Metrik im Punkte P ist für alle Punkte P die gleiche; denn welches auch die Stelle P sein möge, immer kann ich durch Einführung eines geeigneten Koordinatensystems erreichen, daß die metrische Grundform in P die Gestalt besitzt: $dx_1^2 + dx_2^2$. Ebenso ist der affine Zusammenhang von P mit den Punkten seiner Umgebung an allen Orten P von der gleichen Natur; denn wo auch der Punkt P liegen möge, immer können wir seine Umgebung mit einem solchen Koordinatensystem bedecken, daß für alle Vektoren (ξ^i) in P bei Parallelverschiebung nach den zu P unendlich benachbarten Punkten die Gleichung $d\,\xi^i = 0$ besteht. In beiderlei Hinsicht ist die Mannigfaltigkeit also a priori homogen. Die Metrik an einer Stelle ist bestimmt durch die Werte der g_{ik}, der affine Zusammenhang durch die Werte ihrer ersten Ableitungen daselbst; darum können wir auch sagen: es herrscht Homogeneität auf der 0ten und der 1ten Differentiationsstufe. Es herrscht hingegen keine Homogeneität mehr auf der 2ten Differentiationsstufe; die *Krümmung*, die ihrerseits wieder durch Differentiation aus dem affinen Zusammenhang entspringt, wechselt im allgemeinen von Ort zu Ort auf der Fläche. Soll aber die Mannigfaltigkeit metrisch homogen sein, soll es nicht möglich sein, irgendeine metrische Aussage über sie an *einer* Stelle zu machen, die nicht auch an jeder anderen gültig ist, so muß die Krümmung eine Konstante λ sein. Eine zweidimensionale Riemannsche Mannigfaltigkeit von der konstanten Krümmung λ hat aber, wie man zeigen kann, stets die folgende metrische Fundamentalform (geeignete Wahl der Koordinaten $x_1 x_2$ vorausgesetzt):

$$(dx_1^2 + dx_2^2) + \frac{\lambda\,(x_1\,dx_1 + x_2\,dx_2)^2}{1 - \lambda\,(x_1^2 + x_2^2)}\,.$$

Das Ergebnis läßt sich auf mehr Dimensionen übertragen. Soll das Gesetz, nach welchem ein Flächenelement die Drehung bestimmt, die der Kompaßkörper durch Umfahren des Flächenelements erleidet, soll dieses Gesetz unabhängig sein von Ort und Stellung des Flächenelements, so lautet die metrische Fundamentalform der n-dimensionalen Riemannschen Mannigfaltigkeit, bei geeigneter Wahl der Koordinaten, notwendig so:

$$(22) \qquad\qquad (dx,\ dx) + \frac{\lambda\,(x,\,dx)^2}{1 - \lambda\,(xx)}\,.$$

λ ist eine Konstante, $(x,\,y)$ zur Abkürzung geschrieben für $x_1 y_1 + x_2 y_2 + \cdots + x_n y_n$. $\lambda = 0$ liefert die Euklidische, $\lambda > 0$ die sphärische, $\lambda < 0$ die Bolyaische Geometrie. Unter diesen Umständen haben nicht nur die Linienelemente eine von Ort und Richtung unabhängige Existenz, sondern eine beliebige, endlich ausgedehnte Figur kann kongruent ohne Änderung ihrer Maßverhältnisse an einen beliebigen Ort verpflanzt und in eine beliebige Richtung gestellt werden. Damit kehren wir zu dem Begriff der kongruenten Abbildung zurück, von dem unsere Betrachtungen über den Raum in § 1 ihren Ausgang nahmen. Es ist leicht, die Gruppe G_λ aller kongruenten Abbildungen des Riemannschen Raumes mit der metrischen Fundamentalform (22) anzugeben, das ist die Gruppe aller Transformationen, welche die Form (22) invariant lassen. Innerhalb der drei möglichen Fälle ist der Euklidische dadurch charakterisiert, daß sich aus der Gruppe der kongruenten Abbildungen die Gruppe der Translationen

mit den besonderen, in § 1 auseinandergesetzten Eigenschaften heraushebt. — Der eben formulierte »Homogeneitätssatz« wurde schon von
Riemann in seinem Habilitationsvortrag ausgesprochen; er ist von Beltrami.
Lipschitz, F. Schur eingehender begründet worden [13]).

Von einem tieferen, gruppentheoretischen Gesichtspunkt aus hat Helmholtz zuerst die Homogeneitätsfrage gestellt [14]). Helmholtz setzt nicht die
Gültigkeit des Pythagoreischen Lehrsatzes im Unendlichkleinen, ja nicht
einmal die Meßbarkeit der Linienelemente voraus; er spricht allein von
dem wahren Grundbegriff der Geometrie, der Gruppe G der kongruenten
Abbildungen des Raumes. Seine Orts-Homogeneität drückt sich darin
aus, daß zu G eine Abbildung gehören muß, welche den Punkt P in
einen beliebigen andern vorgegebenen Punkt P^* überführt. Die Gleichartigkeit aller von einem Punkte P ausstrahlenden Richtungen kommt
ferner darin zum Ausdruck, daß unter den kongruenten Abbildungen,
welche P festlassen, eine solche existiert, die eine von P ausgehende
Richtung in eine beliebige andere vorgegebene verwandelt. Von den
Richtungselementen 0ter und 1ter Stufe (Punkt und Linienrichtung) kann
man zu Richtungselementen höherer Stufe (Flächenrichtung usw.) übergehen. Man kommt so zu der folgenden Formulierung des Homogeneitätspostulats im n-dimensionalen Raum: Es soll möglich sein, mit
Hilfe einer zur Gruppe G gehörigen Abbildung ein System Σ inzidenter
Richtungselemente der 0ten bis $(n-1)^{\text{ten}}$ Stufe in ein gleichartiges, beliebig vorgegebenes System Σ' überzuführen; aber die Identität soll unter
den Abbildungen von G die einzige sein, welche ein derartiges System Σ
inzidenter Richtungselemente festläßt. Es ist eine wunderbare gruppentheoretische Tatsache, die von Helmholtz, strenger und allgemeiner von
S. Lie bewiesen wurde [15]), daß die einzigen dieser Bedingung genügenden
Gruppen G die Gruppen G_λ sind; d. h.: eine Gruppe von der geschilderten Art läßt notwendig eine gewisse positiv-definite quadratische
Differentialform ds^2 invariant; der Form ds^2 kann durch geeignete Wahl
der Koordinaten die Gestalt (22) erteilt werden.

Damit scheint es, als ob aus der ganzen Fülle der möglichen Geometrien, welche der Riemannsche Begriff umfaßt, von vornherein nur diejenigen in Betracht kämen, welche durch die metrische Fundamentalform
(22) definiert werden, alle übrigen aber als bedeutungslos unbesehen fallen
gelassen werden müßten. (Wegen der unbestimmten Konstanten λ sind
darin drei vollständig festgelegte individuelle Geometrien enthalten, entsprechend den Werten $\lambda = 0, +1, -1$.) Ja nach der Helmholtzschen
Untersuchung scheint es sogar, als ob der Durchgang durch die allgemeine Riemannsche Geometrie sich als ein Umweg erweist, der durch
die Natur der Sache nicht gefordert ist. Riemann selbst dachte darüber
anders; von einer ganz anderen Auffassung aus hat er seine allgemeine
Infinitesimalgeometrie mit ihrem inhomogenen metrischen Felde entworfen.
Die Schlußworte seines Vortrags geben darüber Auskunft. Sie konnten von
seinen Zeitgenossen in ihrer Tragweite nicht verstanden werden und sind

damals so gut wie ungehört verhallt (nur aus den Schriften von W. K. Clifford klingt uns ein einsames Echo entgegen). Erst heute, nachdem uns Einstein durch seine Gravitationstheorie die Augen geöffnet hat, sehen wir, was eigentlich dahinter steckt. Zu ihrem Verständnis bemerke ich vorweg, daß Riemann dort den *kontinuierlichen* Mannigfaltigkeiten die *diskreten*, aus einzelnen isolierten Elementen bestehenden gegenüberstellt. Das Maß eines jeden Teiles einer solchen Mannigfaltigkeit ist durch die *Anzahl* der zu ihm gehörigen Elemente gegeben. So trägt eine diskrete Mannigfaltigkeit zufolge des Anzahlbegriffs das Prinzip ihrer Maßbestimmung, wie Riemann sagt, a priori in sich. Nun zu Riemanns eigenen Worten:

»Die Frage über die Gültigkeit der Voraussetzungen der Geometrie im Unendlichkleinen hängt zusammen mit der Frage nach dem innern Grunde der Maßverhältnisse des Raumes. Bei dieser Frage, welche wohl noch zur Lehre vom Raum gerechnet werden darf, kommt die obige Bemerkung zur Anwendung, daß bei einer diskreten Mannigfaltigkeit das Prinzip der Maßverhältnisse schon in dem Begriffe dieser Mannigfaltigkeit enthalten ist, bei einer stetigen aber anders woher hinzukommen muß. Es muß also entweder das dem Raume zugrunde liegende Wirkliche eine diskrete Mannigfaltigkeit bilden, oder der Grund der Maßverhältnisse außerhalb, *in darauf wirkenden bindenden Kräften*, gesucht werden.

»Die Entscheidung dieser Fragen kann nur gefunden werden, indem man von der bisherigen durch die Erfahrung bewährten Auffassung der Erscheinungen, wozu Newton den Grund gelegt, ausgeht und diese, durch Tatsachen, die sich aus ihr nicht erklären lassen, getrieben, allmählich umarbeitet; solche Untersuchungen, welche wie die hier geführte von allgemeinen Begriffen ausgehen, können nur dazu dienen, daß diese Arbeit nicht durch die Beschränktheit der Begriffe gehindert und der Fortschritt im Erkennen des Zusammenhangs der Dinge nicht durch überlieferte Vorurteile gehemmt wird.

»Es führt dies hinüber in das Gebiet einer anderen Wissenschaft, in das Gebiet der Physik, welches wohl die Natur der heutigen Veranlassung nicht zu betreten erlaubt.«

Sehen wir von der ersten Möglichkeit ab, es könnte »das dem Raume zugrunde liegende Wirkliche eine diskrete Mannigfaltigkeit bilden« — obschon wir es durchaus nicht abschwören wollen, heute im Angesicht der Quantentheorie weniger denn je, daß darin vielleicht einmal die endgültige Lösung des Raumproblems gefunden werden kann —, so leugnet Riemann also, was bis dahin immer die Meinung gewesen war, daß die Metrik des Raumes von vornherein unabhängig von den physikalischen Vorgängen, deren Schauplatz er abgibt, festgelegt sei und das Reale in diesen metrischen Raum wie in eine fertige Mietskaserne einziehe; *er behauptet vielmehr, daß der Raum an sich nur eine formlose dreidimensionale Mannigfaltigkeit ist und erst der den Raum erfüllende materiale Gehalt ihn gestaltet und seine Maßverhältnisse bestimmt. Es* bleibt die Aufgabe, zu ermitteln, nach welchen Gesetzen dies geschieht: jedenfalls aber wird sich die metrische Fundamentalform im Laufe der Zeit ändern, wie sich das Materiale in der Welt ändert. Die Möglichkeit der Ortsversetzung eines Körpers ohne Änderung seiner Maßverhältnisse ist zurückgewonnen, wenn der Körper das von ihm erzeugte metrische Feld (welches durch die metrische Fundamentalform dargestellt wird) bei der Bewegung mitnimmt. Ein biegsames Blech, das sich einer gegebenen Fläche vollkommen anschmiegt, kann im allgemeinen über die Fläche hin nicht so bewegt werden, daß es beständig in seiner ganzen Ausdehnung aufliegt; aber es gewinnt seine freie Beweglichkeit zurück, wenn die Fläche nicht festgehalten wird, sondern von dem Blech in seiner Bewegung mitgenommen wird. So auch hier, wo der metrische Raum an die Stelle der Fläche tritt. Oder, um ein anderes Bild zu gebrauchen: eine Masse, die unter dem Einfluß eines von ihr selbst erzeugten Kraftfeldes eine Gleichgewichtsgestalt angenommen hat, müßte sich deformieren, wenn man das Kraftfeld festhalten und die Masse an eine andere Stelle desselben schieben könnte; in Wahrheit aber behält sie bei (hinreichend langsamer) Bewegung ihre Gestalt, da sie das von ihr selbst erzeugte Kraftfeld mitführt.

Im Riemannschen Raum läßt sich an einer beliebigen Stelle P durch geeignete Koordinatenwahl der metrischen Fundamentalform die Euklidisch-Pythagoreische Gestalt

$$dx_1^2 + dx_2^2 + \ldots + dx^2$$

erteilen; hierin gibt sich kund, daß die Metrik allerorten von der gleichen *Natur* ist. Das Koordinatensystem aber, in welchem diese Normalform sich einstellt, ist, wie wir uns ausdrücken wollen, charakteristisch für die *Orientierung* der Metrik. Die Metriken in den verschiedenen Punkten unterscheiden sich nicht durch ihre Natur, sondern nur durch ihre Orientierung voneinander. Eines analogen Sprachgebrauchs bedienen wir uns in der ebenen Euklidischen Geometrie mit ihren Cartesischen Koordinatensystemen, wenn wir sagen: Alle Quadrate sind von der gleichen Natur, da sich bei geeigneter Wahl der Cartesischen Koordinaten xy ein vorgegebenes Quadrat stets durch *dieselben* Ungleichungen

$$(23) \qquad 0 \leqq x \leqq 1, \qquad 0 \leqq y \leqq 1$$

dastellen läßt; sie unterscheiden sich jedoch durch ihre Orientierung: das Koordinatensystem, in welchem das Quadrat die Normaldarstellung (23) besitzt, ist von Quadrat zu Quadrat ein anderes. Mit Hilfe dieser Unterscheidung zwischen *Natur* und *Orientierung* können wir die neue Riemannsche Auffassung so schildern. Die *Natur* der Metrik kennzeichnet das apriorische Wesen des Raumes in metrischer Hinsicht; sie ist *eine*, darum auch absolut bestimmt und nicht teilhabend an der unaufhebbaren Vagheit dessen, was eine veränderliche Stelle in einer kontinuierlichen Skala einnimmt. Nicht durch das Wesen des Raumes bestimmt, sondern a posteriori, d. h. zufällig, an sich frei und beliebiger virtueller Veränderungen fähig, ist die gegenseitige *Orientierung* der Metriken in den verschiedenen Punkten; in der Wirklichkeit steht sie in kausaler Abhängigkeit von der Materie und kann, teilhabend an der Vagheit der kontinuierlich veränderlichen Größen, auf rationalem Wege niemals exakt, sondern immer nur näherungsweise und auch niemals ohne Zuhilfenahme unmittelbarer anschaulicher Hinweise auf die Wirklichkeit festgelegt werden. Man sieht: die Riemannsche Auffassung leugnet nicht die Existenz eines apriorischen Elements in der Raumstruktur; nur die Grenze zwischen dem a priori und dem a posteriori ist verschoben. Für den Physiker ergibt sich daraus die folgende Problemstellung: 1) die Gesetze zu erforschen, nach denen das metrische Feld auf die Materie einwirkt (eine solche Einwirkung ist sicher vorhanden; denn wir benutzen ja das physikalische Verhalten von starren Körpern und Lichtstrahlen, um aus ihnen das metrische Feld abzulesen; also muß ihr Verhalten wesentlich durch das metrische Feld bedingt sein); 2) zu prüfen, ob die an den Körpern beobachteten Erscheinungen zufolge ihres unter 1) festgestellten Zusammenhangs mit dem metrischen Feld eine Veränderlichkeit des metrischen Feldes verraten; und wenn ja, die Naturgesetze aufzustellen, welche die Veränderungen des metrischen Feldes in ihrer Abhängigkeit von der Materie regeln. Durch Ausfüllung dieses Programms hat Einstein dem Riemannschen Gedanken zum Siege verholfen (ohne freilich direkt durch Riemann beeinflußt zu sein); seine neue fundamentale, über Riemann hinausgehende physikalische Erkenntnis war die, daß *sich in den Erscheinungen der Gravitation die Veränderlichkeit des metrischen Feldes kundgibt.* Von dem durch Einstein gewonnenen Standpunkt rückschauend aber erkennen wir, daß aus Riemanns Gedanken eine gültige Theorie erst entspringen konnte, nachdem die *Zeit* als vierte zu den drei Raumdimensionen in solcher Weise hinzugetreten war, wie es die sog. spezielle Relativitätstheorie lehrt. Der Entwicklung von Einsteins spezieller und allgemeiner Relativitätstheorie widmen wir das III. und IV. Kapitel dieses Buchs. Aber auch für die mathematische Analyse entspringt aus der Riemannschen Auffassung ein neues Raumproblem. Solange die metrische Raumstruktur für etwas Einmaliges, Absolutes galt, mußte man versuchen, diese eine, dem wirklichen Raum eigentümliche Struktur rational, aus prinzipiellen Forderungen heraus zu begreifen. Ich glaube, jeder wird zugeben, daß diese Aufgabe durch die Helmholtz-Liesche Theorie so gelöst ist, daß nichts zu wünschen übrig bleibt. Stellen wir uns aber auf den Riemann-Einsteinschen Standpunkt, so kann natürlich nicht mehr die Rede davon sein, das metrische Feld in seinem zufälligen quantitativen Verlauf rational zu begreifen; nur für die eine, allerorten gleiche Phythagoreische *Natur* der Metrik kann man sich diese Aufgabe noch stellen. Die Helmholtzsche Homogeneitätsforderung, die mit der alten Auffassung vom Wesen der Raummetrik steht und fällt, muß dann durch ein ganz anders geartetes Postulat ersetzt werden. Das neue Raumproblem, das sich hier erhebt, ist vom Verfasser formuliert und gelöst worden; darüber soll am Schluß dieses Kapitels Bericht erstattet werden.

Die gedanklichen Grundlagen sind gelegt, und wir dürfen jetzt nicht länger säumen, mit dem systematischen Aufbau der »reinen Infinitesimalgeometrie« zu beginnen [16]), der sich naturgemäß in drei Stockwerken vollziehen wird: vom jeder näheren Bestimmung baren *Kontinuum* über die *affin zusammenhängende Mannigfaltigkeit* zum *metrischen Raum*. Diese Theorie, in der, wie ich glaube, eine große Gedankenentwicklung ihr Ziel erreicht und das Ergebnis derselben seine endgültige Gestalt gewonnen hat, ist eine wirkliche *Geometrie*, eine Lehre vom *Raum selbst*, und nicht bloß wie die Geometrie des Euklid und fast alles, was sonst unter dem Namen Geometrie betrieben wird, eine Lehre von den im Raume möglichen Gebilden. Mit der Entwicklung der Geometrie lassen wir in unserer Darstellung die Entwicklung des Tensorkalküls Hand in Hand gehen.

§ 14. Tensoren und Tensordichten in einer beliebigen Mannigfaltigkeit.

n-dimensionale Mannigfaltigkeit. Dem eben skizzierten Aufbau gemäß setzen wir vom Raume zunächst nur voraus, daß er ein *n*-dimensionales Kontinuum ist. Er läßt sich danach auf *n* Koordinaten $x_1 x_2 \ldots x_n$ beziehen, deren jede in jedem Punkt der Mannigfaltigkeit einen bestimmten Zahlwert besitzt; verschiedenen Punkten entsprechen verschiedene Wertsysteme der Koordinaten. Ist $\bar{x}_1 \bar{x}_2 \ldots \bar{x}_n$ ein zweites System von Koordinaten, so bestehen zwischen den *x*- und den $\bar{x}$-Koordinaten desselben willkürlichen Punktes Beziehungen

$$(24) \qquad x_i = f_i(\bar{x}_1 \bar{x}_2 \ldots \bar{x}_n) \qquad (i = 1, 2, \ldots, n),$$

die durch gewisse Funktionen f_i vermittelt werden; von ihnen setzen wir nicht nur voraus, daß sie stetig sind, sondern auch, daß sie stetige Ableitungen

$$\alpha_k^i = \frac{\partial f_i}{\partial \bar{x}_k}$$

besitzen, deren Determinante nicht verschwindet. Die letzte Bedingung ist notwendig und hinreichend, damit im Unendlichkleinen die affine Geometrie gilt, damit nämlich zwischen den Koordinatendifferentialen in beiden Systemen umkehrbare lineare Beziehungen statthaben:

$$(25) \qquad d x_i = \sum_k \alpha_k^i d\bar{x}_k.$$

Wir sind also in unserer Mannigfaltigkeit nicht imstande, gerade Linien von krummen zu unterscheiden, wohl aber besteht der Unterschied zwischen »glatten« Kurven mit stetiger Tangente und solchen *»unendlich krausen«* Kurven ohne Tangente, wie sie zuerst Weierstraß konstruiert hat. Den anschaulichen Sinn unserer Voraussetzung können wir demnach etwa dahin beschreiben, daß die Mannigfaltigkeit selber nicht nur stetig, sondern auch »glatt« (nicht unendlich kraus) sein soll. Die Existenz und Stetigkeit höherer Ableitungen nehmen wir an, wo wir ihrer im Laufe der Untersuchung bedürfen. Auf jeden Fall hat also der Begriff der stetigen und stetig differentiierbaren Ortsfunktion, ev. auch der 2, 3, ... mal stetig differentiierbaren einen invarianten, vom Koordinatensystem unabhängigen Sinn; die Koordinaten selber sind derartige Funktionen.

Begriff des Tensors. Die relativen Koordinaten dx_i eines zu dem Punkte $P = (x_i)$ unendlich benachbarten Punktes $P' = (x_i + dx_i)$ sind die Komponenten eines *Linienelementes* in P oder einer *infinitesimalen Verschiebung* $\overrightarrow{PP'}$ von P. Bei Übergang zu einem anderen Koordinatensystem gelten für diese Komponenten die Formeln (25), in denen α_k^i die Werte der betreffenden Ableitungen im Punkte P bedeuten. Die infinitesimalen Verschiebungen werden für die Entwicklung des Tensorkalküls die gleiche Rolle übernehmen wie die Verschiebungen in Kap. I. Es ist aber zu beachten, daß hier *eine Verschiebung wesentlich an einen Punkt P gebunden* ist, daß es keinen Sinn hat, von den infinitesimalen Verschiebungen zweier verschiedener Punkte zu sagen, sie seien gleich oder ungleich. Man könnte ja freilich auf die Festsetzung verfallen, infinitesimale Verschiebungen zweier Punkte gleich zu nennen, wenn sie dieselben Komponenten haben; aber aus dem Umstand, daß die α_k^i in (25) keine Konstante sind, geht hervor, daß, wenn dies in einem Koordinatensystem der Fall ist, es in einem andern Koordinatensystem keineswegs zu gelten braucht. Wir können demnach nur von der infinitesimalen Verschiebung eines *Punktes*, nicht aber wie in Kap. I. des ganzen Raumes sprechen; infolgedessen auch nicht von einem Vektor oder Tensor schlechthin, sondern von einem *Vektor* oder *Tensor in einem Punkte P*. Ein Tensor in P ist eine vom Koordinatensystem, auf das man die Umgebung von P bezieht, abhängige Linearform mehrerer Reihen von Variablen, wenn jene Abhängigkeit von folgender Art ist: die Ausdrücke der Linearform in irgend zwei Koordinatensystemen x und $\bar{x}$ gehen ineinander über, wenn man gewisse der Variablenreihen (die mit oberen Indizes) kogredient, die andern (mit untern Indizes) kontragredient zu den Differentialen dx_i transformiert, die ersteren also nach der Gleichung

$$(26) \qquad \xi^i = \sum_k \alpha_k^i \bar{\xi}^k, \quad \text{die zweiten nach} \quad \bar{\bar{\xi}}_i = \sum_k \alpha_i^k \xi_k.$$

Unter α_k^i sind dabei die Werte dieser Ableitungen *im Punkte P* zu verstehen. Die Koeffizienten der Linearform heißen die Komponenten des Tensors in dem betreffenden Koordinatensystem; sie sind kovariant in denjenigen Indizes, die zu den mit oberen Indizes behafteten Variablen gehören, kontravariant in den übrigen. — Die Möglichkeit des Tensorbegriffs beruht auf dem Umstande, daß der Übergang von einem zum andern Koordinatensystem für die Differentiale in einer *linearen* Transformation sich ausdrückt. Es wird hier Gebrauch gemacht von dem überaus fruchtbaren mathematischen Gedanken, ein Problem durch Rückgang aufs Unendlichkleine zu »linearisieren«. Die ganze *Tensoralgebra*, durch deren Operationen lediglich Tensoren *im selben Punkte P* miteinander zu verknüpfen sind, *kann jetzt völlig ungeändert aus Kap. I. herübergenommen werden.* Auch hier wollen wir Tensoren 1. Stufe *Vektoren* nennen; es gibt kontravariante und kovariante Vektoren. Wo das Wort Vektor ohne näheren Zusatz gebraucht wird, ist darunter stets ein kontravarianter Vektor zu verstehen; dem Umstande entsprechend, daß der Vektor im geometrischen Sinne, dessen Erklärung schon auf S. 92 gegeben wurde, sich unter diesen allgemeinen Begriff der Tensorrechnung subsumiert. Die dem Koordinatensystem entsprechenden geometrischen Einheitsvektoren in P werden mit e_i bezeichnet. Aus ihnen läßt sich jeder Vektor $\mathfrak{x}$ in P linear zusammensetzen; denn sind ξ^i seine Komponenten, so gilt

$$\mathfrak{x} = \xi^1 e_1 + \xi^2 e_2 + \cdots + \xi^n e_n.$$

Die Einheitsvektoren $\bar{e}_i$ eines andern Koordinatensystems $\bar{x}$ gehen aus den e_i nach den Gleichungen hervor

$$\bar{e}_i = \sum_k \alpha_i^k e_k.$$

Die Möglichkeit des Übergangs von kovarianten zu kontravarianten Komponenten eines Tensors kommt natürlich hier nicht in Frage. Je zwei (voneinander linear unabhängige) Linienelemente mit den Komponenten $(dx)^i$, $(\delta x)^i$ spannen ein *Flächenelement* auf mit den Komponenten

$$(dx)^i (\delta x)^k - (dx)^k (\delta x)^i = (\Delta x)^{ik},$$

je drei solche Linienelemente ein dreidimensionales Raumelement, usf. Invariante Differentialformen, die von einem willkürlichen Linienelement, bzw. Flächenelement, usw. in linearer Weise abhängen, sind »lineare Tensoren« (= kovariante schiefsymmetrische Tensoren, siehe § 7). Die alte Festsetzung über das Fortlassen von Summenzeichen wird beibehalten.

Begriff der Kurve. Ist jedem Wert eines Parameters s ein Punkt $P = P(s)$ in stetiger Weise zugeordnet, so ist, wenn wir s als Zeit deuten, damit eine »Bewegung« gegeben; wir wollen diesen Namen in Ermanglung eines andern Ausdrucks in rein mathematischem Sinne auch dann anwenden, wenn wir uns einer solchen Deutung des Parameters s enthalten. Bei Benutzung eines bestimmten Koordinatensystems erhalten wir eine Darstellung

$$(27) \qquad\qquad x_i = x_i(s)$$

der Bewegung durch n stetige Funktionen $x_i(s)$, von denen wir annehmen, daß sie nicht nur stetig, sondern stetig differentiierbar sind. Beim Übergang vom Parameterwert s zu $s + ds$ erfährt der zugehörige Punkt P eine infinitesimale Verschiebung mit den Komponenten dx_i. Dividieren wir diesen Vektor in P durch ds, so erhalten wir die »*Geschwindigkeit*«, einen Vektor in P mit den Komponenten $\dfrac{dx_i}{ds} = u^i$. Zugleich ist (27) eine Parameterdarstellung der *Bahnkurve* der Bewegung. Zwei Bewegungen beschreiben dann und nur dann dieselbe *Kurve*, wenn die eine Bewegung aus der andern dadurch hervorgeht, daß man auf den Parameter s eine Transformation ausübt $s = \omega(\bar{s})$, die durch eine stetige (und stetig differentiierbare) monotone Funktion ω vermittelt wird. Für die Kurve sind in einem Punkte nicht die Geschwindigkeitskomponenten selber, sondern nur ihr (die *Richtung* der Kurve kennzeichnendes) Verhältnis ist bestimmt.

Tensoranalysis. Ein *Tensorfeld* gewisser Art ist in einem Raumgebiet gegeben, wenn jedem Punkt P dieses Gebiets ein *Tensor der betreffenden Art in P* zugeordnet ist. Relativ zu einem Koordinatensystem erscheinen die Komponenten des Tensorfeldes als bestimmte Funktionen der Koordinaten des variablen »Aufpunktes« P; wir setzen sie als stetig und stetig differentiierbar voraus. Die in Kap. I, § 8 entwickelte Tensoranalysis läßt sich auf ein beliebiges Kontinuum nicht ungeändert übertragen. Bei Konstruktion des allgemeinen Prozesses der Differentiation benutzten wir nämlich damals willkürliche kovariante und kontravariante Vektoren, deren Komponenten *vom Orte unabhängig* waren. Diese Bedingung ist wohl gegenüber linearen, nicht aber gegenüber beliebigen Transformationen invariant, da bei solchen die α_k^i keine Konstante sind. In einer beliebigen Mannigfaltigkeit läßt sich infolgedessen, wie wir jetzt zeigen wollen, nur die *Analysis der linearen Tensorfelder* begründen. Aus einem Skalarfeld f entspringt auch hier, unabhängig vom Koordinatensystem, durch Differentiation ein lineares Tensorfeld 1. Stufe mit den Komponenten

$$(28) \qquad f_i = \frac{\partial f}{\partial x_i};$$

aus einem linearen Tensorfeld 1. Stufe f_i ein solches 2. Stufe:

$$(29) \qquad f_{ik} = \frac{\partial f_k}{\partial x_i} - \frac{\partial f_i}{\partial x_k};$$

aus einem solchen 2. Stufe f_{ik} ein lineares Tensorfeld 3. Stufe:

$$(30) \qquad f_{ikl} = \frac{\partial f_{kl}}{\partial x_i} + \frac{\partial f_{li}}{\partial x_k} + \frac{\partial f_{ik}}{\partial x_l};$$

usf.

Ist φ ein gegebenes Skalarfeld im Raum und bedeuten x_i und $\bar{x}_i$ irgend zwei Koordinatensysteme, so wird in dem einen und andern das Skalarfeld sich durch eine Funktion der x_i bzw. $\bar{x}_i$ darstellen:

$$\varphi = f(x_1 x_2 \ldots x_n) = \bar{f}(\bar{x}_1 \bar{x}_2 \ldots \bar{x}_n).$$

Bilden wir den Zuwachs von φ bei einer infinitesimalen Verschiebung des Argumentpunktes, so kommt

$$d\varphi = \sum_i \frac{\partial f}{\partial x_i}\, dx_i = \sum_i \frac{\partial \bar{f}}{\partial \bar{x}_i}\, d\bar{x}_i.$$

Daraus geht hervor, daß $\dfrac{\partial f}{\partial x_i}$ die Komponenten eines kovarianten Tensorfeldes 1. Stufe bilden, das in einer von jedem Koordinatensystem unabhängigen Weise aus dem Skalarfeld φ entspringt. Hier haben wir ein einfaches Beispiel zum Begriff Vektorfeld; zugleich zeigt sich, daß die Operation »grad« invarianten Charakter trägt nicht nur gegenüber linearen, sondern beliebigen Koordinatentransformationen, wie wir behauptet hatten.

Um zu (29) zu gelangen, machen wir folgende Konstruktion. Vom Punkte $P = P_{oo}$ ziehen wir die beiden Linienelemente mit den Komponenten dx_i und δx_i, die zu den unendlich benachbarten Punkten P_{10} und P_{01} führen. Wir verschieben (variieren) das Linienelement dx in irgend einer Weise so, daß sein Anfangspunkt die Strecke $P_{oo}P_{01}$ beschreibt; in seiner Endlage sei es übergegangen in $\overrightarrow{P_{01}P_{11}}$. Diesen Prozeß bezeichnen wir als die Verschiebung δ. Die Komponenten dx_i mögen dabei die Zuwächse δdx_i empfangen haben, so daß

$$\delta dx_i = \{x_i(P_{11}) - x_i(P_{01})\} - \{x_i(P_{10}) - x_i(P_{oo})\}$$

ist. Jetzt vertauschen wir d und δ. Durch eine analoge Verschiebung d des Linienelements δx an der Strecke $P_{oo}P_{10}$ entlang, bei der es schließlich in die Lage $\overrightarrow{P_{10}P'_{11}}$ übergeht, erfahren die Komponenten desselben den Zuwachs

$$d\delta x_i = \{x_i(P'_{11}) - x_i(P_{10})\} - \{x_i(P_{01}) - x_i(P_{oo})\}.$$

Daraus folgt

$$(31) \qquad d\delta x_i - \delta dx_i = x_i(P'_{11}) - x_i(P_{11}).$$

Dann und nur dann, wenn die beiden Punkte P_{11} und P'_{11} zusammenfallen, wenn also die beiden Linienelemente dx und δx bei ihren Verschiebungen δ bzw. d das gleiche unendlichkleine »Parallelogramm« überfahren — und so wollen wir den Prozeß leiten —, gilt

$$(32) \qquad d\delta x_i - \delta dx_i = 0.$$

Ist nun ein kovariantes Vektorfeld mit den Komponenten f_i gegeben, so bilden wir die Änderung der Invariante $df = f_i\,dx_i$ bei der Verschiebung δ:

$$\delta df = \delta f_i\,dx_i + f_i\,\delta dx_i.$$

Vertauschen wir d mit δ und subtrahieren, so kommt

$$\Delta f = (d\delta - \delta d)f = (df_i\,\delta x_i - \delta f_i\,dx_i) + f_i(d\delta x_i - \delta dx_i),$$

und wenn beide Verschiebungen das gleiche infinitesimale Parallelogramm durchfegen, insbesondere

$$(26)\; \Delta f = df_k\,\delta x_k - \delta f_i\,dx_i = \left(\frac{\partial f_k}{\partial x_i} - \frac{\partial f_i}{\partial x_k}\right) dx_i\,\delta x_k = \frac{1}{2}\left(\frac{\partial f_k}{\partial x_i} - \frac{\partial f_i}{\partial x_k}\right)(\Delta x)^{ik}.$$

Traut man diesem vielleicht allzu gewagten Operieren mit unendlichkleinen Größen nicht, so ersetze man die Differentiale durch Differentialquotienten. Da sich ein unendlichkleines Flächenelement nur als Teil (oder genauer: als Limes des Teils) einer beliebig kleinen, aber endlich ausgedehnten Fläche fassen läßt, lautet die Überlegung dann so. Es sei jedem Wertepaar zweier Parameter s, t (in einer gewissen Umgebung von $s = 0$, $t = 0$) ein Punkt (st) unserer Mannigfaltigkeit zugeordnet; die Funktionen $x_i = x_i(st)$, welche diese (über eine Fläche sich verbreitende)

»zweidimensionale Bewegung« in irgendeinem Koordinatensystem x_i darstellen, seien zweimal stetig differentiierbar. In jedem Punkte (st) gehören dazu die beiden Geschwindigkeitsvektoren mit den Komponenten $\dfrac{dx_i}{ds}$ und $\dfrac{dx_i}{dt}$. Wir können die Zuordnung so wählen, daß sich für $s = 0$, $t = 0$ ein vorgeschriebener Punkt $P = (oo)$ ergibt und jene beiden Geschwindigkeitsvektoren in ihm mit zwei willkürlich vorgegebenen Vektoren u^i, v^i zusammenfallen (es genügt ja dazu, die x_i als lineare Funktionen von s und t anzusetzen). d bedeute die Differentiation $\dfrac{d}{ds}$, δ aber $\dfrac{d}{dt}$. Dann ist

$$df = f_i \frac{dx_i}{ds}, \qquad \delta df = \frac{\partial f_i}{\partial x_k} \frac{dx_i}{ds} \frac{dx_k}{dt} + f_i \frac{d^2 x_i}{dt\,ds}.$$

Durch Vertauschung von δ und d und nachfolgende Subtraktion kommt

$$(33') \qquad \varDelta f = d\delta f - \delta df = \left(\frac{\partial f_k}{\partial x_i} - \frac{\partial f_i}{\partial x_k} \right) \frac{dx_i}{ds} \frac{dx_k}{dt}.$$

Indem wir $s = 0$, $t = 0$ setzen, erhalten wir zum Punkte P die von zwei willkürlichen Vektoren u, v daselbst abhängige Invariante

$$\left(\frac{\partial f_k}{\partial x_i} - \frac{\partial f_i}{\partial x_k} \right) u^i v^k.$$

Der Zusammenhang mit der infinitesimalen Betrachtung besteht darin, daß diese hier in strenger Form für die unendlichkleinen Parallelogramme durchgeführt wird, in welche die Fläche $x_i = x_i(st)$ durch die Koordinatenlinien $s =$ konst. und $t =$ konst. zerlegt ist.

Ich erinnere in diesem Zusammenhang an den *Stokesschen Satz*. Das invariante lineare Differential $f_i dx_i$ heißt *integrabel*, wenn sein Integral längs jeder geschlossenen Kurve, der »Integralwirbel«, $= 0$ ist (was, wie man weiß, nur für ein totales Differential der Fall ist). Man spanne in die geschlossene Kurve eine beliebige Fläche ein, zu geben durch eine Parameterdarstellung $x_i = x_i(st)$, und zerlege sie durch die Koordinatenlinien in infinitesimale Parallelogramme. Der Wirbel um die Begrenzung der ganzen Fläche läßt sich dann zurückführen auf die einzelnen Wirbel um diese kleinen Flächenmaschen herum, deren Wert für jede Masche durch unsern (mit $ds\,dt$ zu multiplizierenden) Ausdruck $(33')$ geliefert wird. So kommt eine differentiale Zerlegung des Integralwirbels zustande, und der Tensor (29) ist an jeder Stelle das Maß für die dort vorhandene »Wirbelstärke«.

Auf die gleiche Weise steigt man zur nächst höheren Stufe (30) auf. Statt des infinitesimalen Parallelogramms wird man dabei ein durch drei Linienelemente d, δ, $\mathfrak{d}$ aufgespanntes dreidimensionales Parallelepiped zu benutzen haben. Die Rechnung sei kurz angedeutet:

$$(34) \qquad \mathfrak{d}(f_{ik}\,dx_i\,\delta x_k) = \frac{\partial f_{ik}}{\partial x_l} dx_i \delta x_k \mathfrak{d} x_l + f_{ik}(\mathfrak{d}\,dx_i \cdot \delta x_k + \mathfrak{d}\,\delta x_k \cdot dx_i).$$

Wegen $f_{ki} = -f_{ik}$ ist der zweite Summand rechts

$$(34') \qquad = f_{ik}(\mathfrak{b}\,dx_i \cdot \delta x_k - \mathfrak{b}\,\delta x_i \cdot dx_k).$$

Nimmt man in (34) die drei zyklischen Vertauschungen von d, δ, $\mathfrak{b}$ vor und addiert, so zerstören sich die aus (34') entspringenden 6 Glieder zu je zweien wegen der Symmetriebedingungen (32).

Begriff der Tensordichte. Ist $\int \mathfrak{W}\,dx$ — ich schreibe kurz dx für das Integrationselement $dx_1\,dx_2 \ldots dx_n$ — eine Integralinvariante, so ist $\mathfrak{W}$ eine Größe, die vom Koordinatensystem in der Weise abhängt, daß sie sich bei Übergang zu einem andern Koordinatensystem mit dem absoluten Betrag der Funktionaldeterminante multipliziert. Fassen wir jenes Integral als Maß eines das Integrationsgebiet erfüllenden Substanzquantums auf, so ist $\mathfrak{W}$ dessen Dichte. Eine Größe der beschriebenen Art möge deshalb als *skalare Dichte* bezeichnet werden. Das ist ein wichtiger Begriff, der gleichberechtigt neben den des Skalars tritt und sich durchaus nicht auf ihn reduzieren läßt. In einem analogen Sinne wie von einer skalaren können wir auch von einer *tensoriellen Dichte* sprechen. Eine vom Koordinatensystem abhängige Linearform mehrerer Reihen von Variablen, die teils mit oberen teils mit unteren Indizes behaftet sind, ist eine Tensordichte im Punkte P, wenn aus dem Ausdruck dieser Linearform in einem ersten Koordinatensystem ihr Ausdruck in einem beliebigen anderen, dem überstrichenen Koordinatensystem durch Multiplikation mit dem absoluten Betrag der Funktionaldeterminante

$$\varDelta = \text{abs.}\ \left| \alpha_i^k \right|$$

und Transformation der Variablen nach dem alten Schema (26) hervorgeht. Der Gebrauch der Worte Komponenten, kovariant, kontravariant, symmetrisch, schiefsymmetrisch, Feld usw. wie bei Tensoren. Mit der Gegenüberstellung der Tensoren und Tensordichten glaube ich den Unterschied zwischen *Quantität* und *Intensität,* soweit er physikalische Bedeutung hat, in strenger Weise erfaßt zu haben: *die Tensoren sind die Intensitäts-, die Tensordichten die Quantitätsgrößen.* Die gleiche ausgezeichnete Rolle, welche unter den Tensoren die kovarianten schiefsymmetrischen spielen, kommt unter den Tensordichten den kontravarianten schiefsymmetrischen zu, die wir darum kurz als *lineare Tensordichten* bezeichnen wollen.

Algebra der Tensordichten. Wie im Gebiet der Tensoren haben wir hier die folgenden Operationen:

1. Addition von Tensordichten der gleichen Art, Multiplikation einer Tensordichte mit einer Zahl;

2. Verjüngung; und

3. (nicht etwa Multiplikation zweier Tensordichten miteinander, sondern) Multiplikation eines Tensors mit einer Tensordichte. Denn durch Multiplikation zweier skalaren Dichten z. B. würde ja nicht wieder eine skalare Dichte entstehen, sondern eine Größe, die sich beim Übergang

von einem zum anderen Koordinatensystem mit dem Quadrat der Funktionaldeterminante multipliziert.   Multiplikation eines Tensors mit einer Tensordichte liefert aber stets eine Tensordichte (deren Stufenzahl gleich der Summe der Stufenzahlen der beiden Faktoren ist); so geht z. B. aus einem kontravarianten Vektor mit den Komponenten f^i und einer kovarianten Tensordichte ·mit den Komponenten $\mathfrak{w}_{ik}$ in einer vom Koordinatensystem unabhängigen Weise eine gemischte Tensordichte 3. Stufe mit den Komponenten $f^i \mathfrak{w}_{kl}$ hervor.

Die Analysis der Tensordichten läßt sich in einer beliebigen Mannigfaltigkeit nur für *lineare* Felder begründen.   Sie führt zu folgenden *divergenzartigen Prozessen:*

$$(35) \qquad \frac{\partial \mathfrak{w}^i}{\partial x_i} = \mathfrak{w},$$

$$(36) \qquad \frac{\partial \mathfrak{w}^{ik}}{\partial x_k} = \mathfrak{w}^i,$$

$$\cdots \cdots \cdots$$

Durch (35) wird aus einem linearen Tensordichte-Feld $\mathfrak{w}^i$ der 1. Stufe ein skalares Dichtefeld $\mathfrak{w}$ erzeugt, durch (36) aus einem linearen Feld 2. Stufe ($\mathfrak{w}^{ki} = -\mathfrak{w}^{ik}$) ein solches der 1. Stufe usf.   Die Operationen sind vom Koordinatensystem unabhängig.   Von einem Feld 1. Stufe $\mathfrak{w}^i$, das aus einem Feld 2. Stufe $\mathfrak{w}^{ik}$ nach (36) entsteht, ist die Divergenz (35) $= 0$; analog für die höheren Stufen.   Den Beweis der Invarianz von (35) erbringen wir durch folgende Betrachtung, die aus der Theorie der Bewegung von kontinuierlich ausgebreiteten Massen bekannt ist.

Ist ξ^i ein gegebenes Vektorfeld, so wird durch

$$(37) \qquad \overline{x}_i = x_i + \xi^i \cdot \delta t$$

eine *infinitesimale Verschiebung* der Punkte unseres Kontinuums erklärt, bei welcher der Punkt mit den Koordinaten x_i in den Punkt mit den Koordinaten $\overline{x}_i$ übergeht; den konstanten infinitesimalen Faktor δt mag man als das Zeitelement deuten, während dessen diese Deformation vor sich geht.   Die Abweichung der Abbildungsdeterminante

$$A = \left| \frac{\partial \overline{x}_i}{\partial x_k} \right| \text{ von } 1 \text{ ist } = \delta t \cdot \frac{\partial \xi^i}{\partial x_i}.$$

Durch die Verrückung gehe ein Teilstück $\mathfrak{G}$ des Kontinuums, dem bei der Darstellung durch die Koordinaten x_i das mathematische Gebiet $\mathfrak{X}$ der Variablen x_i entspricht, in das unendlich wenig davon verschiedene Gebiet $\overline{\mathfrak{G}}$ über.   Ist $\mathfrak{s}$ ein skalares Dichtefeld, das wir als Dichte einer das Kontinuum erfüllenden Substanz auffassen, so ist das in $\mathfrak{G}$ vorhandene Substanzquantum

$$= \int_{\mathfrak{X}} \mathfrak{s}(x)\, dx,$$

das $\overline{\mathfrak{G}}$ erfüllende Quantum aber

$$= \int \mathfrak{z}\,(\overline{x})\,d\overline{x} = \int\limits_{\mathfrak{X}} \mathfrak{z}\,(\overline{x})\,A\,dx$$

wo in dem letzten Ausdruck für die Argumente $\overline{x}_i$ von $\mathfrak{z}$ die Werte (37) einzusetzen sind. (Ich verschiebe hier das Volumen gegen die Substanz; man kann statt dessen natürlich auch die Substanz durch das Volumen strömen lassen; dann ist $\mathfrak{z}\,\xi^i$ die Stromstärke.) Für den Zuwachs an Substanz, den das Gebiet $\mathfrak{G}$ durch die Verschiebung gewonnen hat, ergibt sich das nach den Variablen x_i über $\mathfrak{X}$ zu erstreckende Integral von

$$\mathfrak{z}\,(\overline{x}) \cdot A - \mathfrak{z}\,(x),$$

für den Integranden aber findet sich

$$\mathfrak{z}\,(\overline{x})\,(A-1) + \{\mathfrak{z}\,(\overline{x}) - \mathfrak{z}\,(x)\} = \delta t \left(\mathfrak{z}\,\frac{\partial \xi^i}{\partial x_i} + \frac{\partial \mathfrak{z}}{\partial x_i}\,\xi^i\right) = \delta t \cdot \frac{\partial (\mathfrak{z}\,\xi^i)}{\partial x_i}.$$

Folglich wird durch die Formel

$$\frac{\partial (\mathfrak{z}\,\xi^i)}{\partial x_i} = \mathfrak{w}$$

ein invarianter Zusammenhang hergestellt zwischen den beiden skalaren Dichtefeldern $\mathfrak{z}$, $\mathfrak{w}$ und dem kontravarianten Vektorfeld mit den Komponenten ξ^i. Da sich nun jede Vektordichte $\mathfrak{w}^i$ in der Form $\mathfrak{z}\,\xi^i$ darstellen läßt — denn definiert man in einem *bestimmten* Koordinatensystem eine skalare Dichte $\mathfrak{z}$ und ein Vektorfeld ξ durch $\mathfrak{z} = 1$, $\xi^i = \mathfrak{w}^i$, so gilt in *jedem* die Gleichung $\mathfrak{w}^i = \mathfrak{z}\,\xi^i$ —, ist der gewünschte Beweis erbracht.

Wir sprechen im Anschluß an diese Überlegung das später oft zu benutzende *Prinzip der partiellen Integration* aus: Verschwinden die Funktionen $\mathfrak{w}^i$ am Rande eines Gebietes $\mathfrak{G}$, so ist das Integral

$$\int\limits_{\mathfrak{G}} \frac{\partial \mathfrak{w}^i}{\partial x_i}\,dx = 0.$$

Denn dieses Integral, mit δt multipliziert, bedeutet die Änderung, welche das »Volumen« $\int dx$ jenes Gebiets bei einer infinitesimalen Deformation erleidet, deren Komponenten $= \delta t \cdot \mathfrak{w}^i$ sind.

Ist des Divergenzprozesses (35) Invarianz erkannt, erheben wir uns von da aus leicht zu den höheren Stufen, zunächst zu (36). Wir nehmen ein kovariantes Vektorfeld f_i zu Hilfe, das aus einem Potential f entspringt: $f_i = \dfrac{\partial f}{\partial x_i}$, bilden die lineare Tensordichte 1. Stufe $\mathfrak{w}^{ik} f_i$ und deren Divergenz

$$\frac{\partial (\mathfrak{w}^{ik} f_i)}{\partial x_k} = f_i\,\frac{\partial \mathfrak{w}^{ik}}{\partial x_k}.$$

Die Bemerkung, daß die f_i in einem Punkte P willkürlich vorgeschriebene Werte annehmen können, schließt den Beweis ab. Auf gleiche Art ersteigen wir die 3. Stufe usf.

§ 15. Affin zusammenhängende Mannigfaltigkeit.

Begriff des affinen Zusammenhangs. Der Punkt P einer Mannigfaltigkeit hängt mit seiner Umgebung affin zusammen, wenn von jedem Vektor in P feststeht, in welchen Vektor in P' er durch *Parallelverschiebung* von P nach P' übergeht; dabei bedeutet P' einen beliebigen der zu P unendlich benachbarten Punkte. Von diesem Begriff verlangen wir nicht mehr und nicht weniger, als daß er alle diejenigen Eigenschaften besitzt, die ihm in der affinen Geometrie des Kap. I zukamen, d. h. wir postulieren: *Es gibt ein Koordinatensystem* (für die Umgebung von P), *bei dessen Benutzung die Komponenten eines jeden Vektors in P durch infinitesimale Parallelverschiebung nicht geändert werden.* Diese Forderung kennzeichnet das Wesen der Parallelverschiebung als einer Verpflanzung, von der wir mit Recht behaupten dürfen, daß sie die Vektoren *ungeändert* läßt. Ein solches Koordinatensystem heißt *geodätisch* in P. Was folgt daraus für ein beliebiges Koordinatensystem x_i? In ihm habe der Punkt P die Koordinaten x_i^0, P' die Koordinaten $x_i^0 + dx_i$, ξ^i seien die Komponenten eines beliebigen Vektors in P, $\xi^i + d\xi^i$ die Komponenten des aus ihm durch Parallelverschiebung nach P' hervorgehenden Vektors. Da erstens durch die Parallelverschiebung von P nach P' die sämtlichen Vektoren in P auf die sämtlichen Vektoren in P' linear oder affin abgebildet werden, muß $d\xi^i$ linear von den ξ^i abhängen:

$$(38) \qquad d\xi^i = - d\gamma^i{}_r \xi^r.$$

Zweitens ergibt sich aus der an die Spitze gestellten Forderung, daß die $d\gamma^i{}_r$ Linearformen der Differentiale dx_i sind:

$$(38') \qquad d\gamma^i{}_r = \Gamma^i{}_{rs} (dx)^s,$$

deren Zahlkoeffizienten Γ, die *»Komponenten des affinen Zusammenhangs«*, der Symmetriebedingung

$$(38'') \qquad \Gamma^i{}_{sr} = \Gamma^i{}_{rs}$$

genügen.

Um dies zu beweisen, sei $\bar{x}_i$ ein in P geodätisches Koordinatensystem; es gelten Transformationsformeln (24), (25). Aus der geodätischen Natur des Koordinatensystems $\bar{x}_i$ folgt, daß bei Parallelverschiebung

$$(39) \qquad d\xi^i = d(\alpha^i{}_r \bar{\xi}^r) = d\alpha^i{}_r \cdot \bar{\xi}^r$$

ist. Fassen wir die ξ^i als Komponenten δx_i eines Linienelements in P auf, so muß demnach

$$- d\gamma^i{}_r \delta x_r = \frac{\partial^2 f_i}{\partial \bar{x}_r \partial \bar{x}_s} \delta \bar{x}_r d\bar{x}_s$$

sein (für die 2. Ableitungen sind natürlich deren Werte an der Stelle P zu setzen). Daraus geht die Behauptung hervor, und zwar bestimmt sich die symmetrische Bilinearform

$$(40) \qquad - \Gamma^i{}_{rs} \delta x_r \, dx_s \text{ aus } \frac{\partial^2 f_i}{\partial \bar{x}_r \partial \bar{x}_s} \delta \bar{x}_r d\bar{x}_s$$

durch Transformation nach (25). — Die Konsequenzen sind damit vollständig erschöpft. Das will sagen: sind Γ^i_{rs} beliebig vorgegebene Zahlen, welche der Symmetriebedingung (38″) genügen, und definieren wir den affinen Zusammenhang durch (38), (38′), so gewinnen wir damit einen möglichen Begriff der Parallelverschiebung im Sinne von § 12. Es liefern nämlich die Transformationsformeln

$$x_i - x_i^0 = \bar{x}_i - \tfrac{1}{2}\Gamma^i_{rs}\bar{x}_r\bar{x}_s$$

ein Koordinatensystem $\bar{x}_i$, in welchem der so definierte Prozeß der Parallelverschiebung durch die Gleichungen $d\bar{\xi}^i = 0$ beschrieben wird. In der Tat wird in P:

$$\bar{x}_i = 0, \quad d\bar{x}_i = dx_i \ (\alpha^i_k = \delta^i_k), \quad \frac{\partial^2 f_i}{\partial \bar{x}_r \partial \bar{x}_s} = -\Gamma^i_{rs};$$

infolgedessen besteht in P die Beziehung (40), und wir brauchen unsere Überlegungen nur rückwärts zu durchlaufen, um daraus auf die Formel (39) oder $d\bar{\xi}^i = 0$ zu schließen. Der schon in § 12 versprochene Beweis, daß die Gleichungen (38), (38′), (38″) mit der Existenz eines geodätischen Koordinatensystems gleichbedeutend sind, ist damit geliefert.

Die Formeln, nach denen sich die Komponenten des affinen Zusammenhangs Γ^i_{rs} bei Übergang von einem zum andern Koordinatensystem transformieren, sind aus der obigen Betrachtung leicht zu entnehmen; wir werden aber von ihnen keinen Gebrauch zu machen haben. Jedenfalls sind die Γ *nicht* die Komponenten eines (in i kontra-, in r und s kovarianten) Tensors im Punkte P; wohl besitzen sie diesen Charakter gegenüber linearer, verlieren ihn jedoch gegenüber einer beliebigen Transformation. Denn in einem geodätischen Koordinatensystem verschwinden sie sämtlich. Doch ist jede virtuelle Änderung des affinen Zusammenhangs $[\Gamma^i_{rs}]$, mag sie endlich oder unendlichklein sein, ein Tensor. Denn es ist

$$[d\bar{\xi}^i] = [\Gamma^i_{rs}]\,\xi^r(dx)^s$$

der Unterschied der beiden Vektoren, welche durch die beiden Parallelverschiebungen des Vektors ξ von P nach P' entstehen.

Was unter *Parallelverschiebung eines kovarianten Vektors* ξ_i im Punkte P von dort nach dem unendlich benachbarten Punkte P' zu verstehen ist, ergibt sich eindeutig aus der Forderung, daß bei der simultanen Parallelverschiebung dieses Vektors ξ_i und eines beliebigen kontravarianten η^i das invariante Produkt $\xi_i\eta^i$ ungeändert bleibe:

$$d(\xi_i\eta^i) = (d\xi_i \cdot \eta^i) + (\xi_r\, d\eta^r) = (d\xi_i - d\gamma^r_i\xi_r)\,\eta^i = 0,$$

daher

$$(41) \qquad\qquad d\xi_i = \sum_r d\gamma^r_i\xi_r.$$

Ein kontravariantes *Vektorfeld* ξ^i werden wir im Punkte P *stationär* nennen, wenn die Vektoren in den zu P unendlich benachbarten Punkten P'

aus dem Vektor in P durch Parallelverschiebung hervorgehen, wenn also in P die totalen Differentialgleichungen

$$d\xi^i + d\gamma^i{}_r \xi^r = 0 \quad \left(\text{oder} \quad \frac{\partial \xi^i}{\partial x_s} + \Gamma^i{}_{rs}\xi^r = 0\right)$$

erfüllt sind. Es gibt offenbar ein derartiges Vektorfeld, das im Punkte P selbst beliebig vorgeschriebene Komponenten besitzt (eine Bemerkung, von der bei einer späteren Konstruktion Gebrauch zu machen sein wird). Der gleiche Begriff ist für ein kovariantes Vektorfeld aufzustellen.

Wir beschäftigen uns fortan mit einer *affinen Mannigfaltigkeit; in ihr steht jeder Punkt P mit seiner Umgebung in affinem Zusammenhang.* Bei Benutzung eines bestimmten Koordinatensystems sind die Komponenten $\Gamma^i{}_{rs}$ des affinen Zusammenhangs stetige Funktionen der Koordinaten x_i. Durch geeignete Wahl des Koordinatensystems kann ich die $\Gamma^i{}_{rs}$ wohl an einer einzelnen Stelle P zum Verschwinden bringen; es ist aber im allgemeinen nicht möglich, das Gleiche simultan für alle Punkte der Mannigfaltigkeit zu erzielen. Es gibt keine Unterschiede unter den verschiedenen Punkten der Mannigfaltigkeit hinsichtlich der Natur ihres affinen Zusammenhangs mit der Umgebung; in dieser Hinsicht ist die Mannigfaltigkeit homogen. Auch gibt es keine verschiedenen, nach der Natur des überall in ihnen herrschenden affinen Zusammenhangs zu unterscheidende Arten von Mannigfaltigkeiten. Die von uns an die Spitze gestellte Forderung läßt eben nur eine bestimmte Natur des affinen Zusammenhangs zu.

Geodätische Linie. Führt ein Punkt bei seiner Bewegung einen (irgendwie veränderlichen) Vektor mit, so erhalten wir zu jedem Wert des Zeitparameters s nicht nur einen Punkt

$$P = (s) : x_i = x_i(s)$$

der Mannigfaltigkeit, sondern außerdem einen Vektor in diesem Punkte mit den von s abhängigen Komponenten $v^i = v^i(s)$. Der Vektor bleibt im Momente s stationär, wenn

$$(42) \qquad \frac{dv^i}{ds} + \Gamma^i{}_{\alpha\beta} v^\alpha \frac{dx_\beta}{ds} = 0$$

ist. (Hier atme auf, wem immer das Operieren mit Differentialen unsympathisch ist; hier haben sie sich glücklich in Differentialquotienten verwandelt.) Bei beliebiger Mitführung des Vektors besteht die linke Seite V^i von (42) aus den Komponenten eines mit der Bewegung invariant verknüpften Vektors in (s), der angibt, in welchem Maße sich der Vektor v^i an dieser Stelle pro Zeiteinheit ändert. Denn beim Übergang vom Punkte $P = (s)$ zu $P' = (s + ds)$ geht der Vektor v^i in P über in den Vektor

$$v^i + \frac{dv^i}{ds}\, ds$$

in P'. Verschieben wir aber v^i ungeändert von P nach P', so erhalten wir dort

$$v^i + d'v^i = v^i - \Gamma^i{}_{\alpha\beta}v^\alpha dx_\beta.$$

Der Unterschied dieser beiden Vektoren in P', die Änderung von v während der Zeit ds, hat demnach die Komponenten

$$\frac{dv^i}{ds}ds - d'v^i = V^i ds.$$

Verschwindet V für alle s, so gleitet der Vektor v bei der Bewegung mit dem Punkte P an der Bahnkurve entlang, *ohne sich zu ändern*.

Jede Bewegung führt den Vektor ihrer Geschwindigkeit $u^i = \dfrac{dx_i}{ds}$ mit sich; für diesen besonderen Fall ist V der Vektor

$$U^i = \frac{du^i}{ds} + \Gamma^i{}_{\alpha\beta}u^\alpha u^\beta = \frac{d^2 x_i}{ds^2} + \Gamma^i{}_{\alpha\beta}\frac{dx_u}{ds}\frac{dx_{\beta}}{ds}:$$

die *Beschleunigung*, welche die Änderung der Geschwindigkeit pro Zeiteinheit mißt. Eine Bewegung, in deren Verlauf die Geschwindigkeit beständig ungeändert bleibt, heißt eine *Translation*; die Bahnkurve einer Translation, eine Kurve also, die ihre Richtung ungeändert beibehält, eine *gerade* oder *geodätische Linie*. Beruht doch gerade in dieser Eigenschaft gemäß der translativen Auffassung (vergl. Kap. I, § 1) das Wesen der geraden Linie.

Die Analysis der Tensoren und Tensordichten läßt sich in einer affinen Mannigfaltigkeit ebenso einfach und vollständig wie in der linearen Geometrie des Kap. I entwickeln. Sind beispielsweise f^k_i die in i kovarianten, in k kontravarianten Komponenten eines Tensorfeldes 2. Stufe, so nehmen wir im Punkte P zwei willkürliche Vektoren, einen kontravarianten ξ und einen kovarianten η zu Hilfe, bilden die Invariante

$$f^k_i \xi^i \eta_k$$

und ihre Änderung bei einer unendlich kleinen Verrückung d des Argumentpunktes P, bei welcher ξ und η parallel mit sich verschoben werden. Es ist

$$d(f^k_i \xi^i \eta_k) = \frac{\partial f^k_i}{\partial x_l}\xi^i \eta_k dx_l - f^k_r \eta_k d\gamma^r_i \xi^i + f^r_i \xi^i d\gamma^k_r \eta_k,$$

also sind

$$f^k_{il} = \frac{\partial f^k_i}{\partial x_l} - \Gamma^r_{il}f^k_r + \Gamma^k_{rl}f^r_i$$

die in il kovarianten, in k kontravarianten Komponenten eines Tensorfeldes 3. Stufe, das aus dem gegebenen Tensorfeld 2. Stufe in einer vom Koordinatensystem unabhängigen Weise entspringt. Charakteristisch sind hier die Zusatzglieder, welche die Komponenten des affinen Zusammenhangs enthalten und in denen wir später mit Einstein den Einfluß des Gravitationsfeldes erkennen werden. Nach der angegebenen Methode kann in jedem Fall der Prozeß der Differentiation an einem Tensor vollzogen werden.

Wie in der Tensoranalysis die Operation »grad« als die ursprüngliche auftritt, aus der alle übrigen sich herleiten, so liegt der Analysis der *Tensordichten* die durch (35) erklärte Operation »div« zugrunde. Sie führt zunächst für die Tensordichten aller Stufen zu Prozessen ähnlichen Charakters. Will man z. B. die Divergenz einer gemischten Tensordichte $\mathfrak{w}_i^k$ 2. Stufe bilden, so nimmt man ein in P stationäres Vektorfeld ξ^i zu Hilfe und konstruiert von der Tensordichte $\xi^i\mathfrak{w}_i^k$ die Divergenz:

$$\frac{\partial(\xi^i\mathfrak{w}_i^k)}{\partial x_k} = \frac{\partial \xi^r}{\partial x_k}\mathfrak{w}_r^k + \xi^i\frac{\partial \mathfrak{w}_i^k}{\partial x_k} = \xi^i\left(-\Gamma^r_{ik}\mathfrak{w}_r^k + \frac{\partial \mathfrak{w}_i^k}{\partial x_k}\right).$$

Diese Größe ist eine skalare Dichte, und demnach, da die Komponenten eines in P stationären Vektorfeldes daselbst beliebige Werte annehmen können,

$$(43) \qquad \frac{\partial \mathfrak{w}_i^k}{\partial x_k} - \Gamma^r_{is}\mathfrak{w}_r^s$$

eine kovariante Tensordichte 1. Stufe, die aus $\mathfrak{w}_i^k$ in einer von jedem Koordinatensystem unabhängigen Weise entspringt.

Aber man kann nicht nur durch *Divergenzbildung* einer Tensordichte zu einer solchen von einer um 1 geringeren Stufenzahl herabsteigen, sondern auch durch *Differentiation* aus ihr eine Tensordichte bilden, deren Stufenzahl um 1 höher ist. Bedeutet $\mathfrak{s}$ zunächst eine skalare Dichte, so rufe man wiederum ein in P stationäres Vektorfeld ξ^i zu Hilfe und bilde die Divergenz der Stromstärke $\mathfrak{s}\xi^i$:

$$\frac{\partial(\mathfrak{s}\xi^i)}{\partial x_i} = \frac{\partial \mathfrak{s}}{\partial x_i}\xi^i + \mathfrak{s}\frac{\partial \xi^i}{\partial x_i} = \left(\frac{\partial \mathfrak{s}}{\partial x_i} - \Gamma^r_{ir}\mathfrak{s}\right)\xi^i;$$

dann erhält man in

$$\frac{\partial \mathfrak{s}}{\partial x_i} - \Gamma^r_{ir}\mathfrak{s}$$

die Komponenten einer kovarianten Vektordichte. Um die Differentiation von der skalaren auf eine beliebige Tensordichte, z. B. die gemischte $\mathfrak{w}_i^k$ von 2. Stufe auszudehnen, bedient man sich in nun schon geläufiger Weise zweier in P stationärer Vektorfelder ξ^i und η_i, von denen dieses kovariant, jenes kontravariant ist, und differentiiert die skalare Dichte $\mathfrak{w}_i^k\xi^i\eta_k$. Verjüngung der durch Differentiation entsprungenen Tensordichte nach dem Differentiationsindex und einem kontravarianten führt zur Divergenz zurück.

§ 16. Krümmung.

Sind P und P^* zwei durch eine Kurve verbundene Punkte, in deren erstem ein Vektor gegeben ist, so kann man diesen parallel mit sich längs der Kurve von P nach P^* schieben. Die Gleichungen (42) für die unbekannten Komponenten v^i des in beständiger Parallelverschiebung begriffenen Vektors gestatten nämlich bei gegebenen Anfangswerten von

v^i eine und nur eine Lösung. Die so zustande kommende *Vektor-übertragung* ist jedoch im allgemeinen *nicht integrabel*; d. h. der Vektor, zu dem man in P^* gelangt, ist abhängig von dem Verschiebungswege, auf dem die Übertragung vollzogen wird. Nur in dem besonderen Fall, wo Integrabilität stattfindet, hat es einen Sinn, von dem *gleichen* Vektor in zwei verschiedenen Punkten P und P^* zu sprechen; es sind darunter solche Vektoren zu verstehen, die durch Parallelverschiebung auseinander hervorgehen. Alsdann heiße die Mannigfaltigkeit *Euklidisch-affin*. Erteilt man allen Punkten einer derartigen Mannigfaltigkeit eine unendlichkleine Verschiebung, jedoch so, daß die Verschiebung eines jeden durch den »*gleichen*« infinitesimalen Vektor dargestellt wird, so ist mit dem Raume eine infinitesimale *Gesamt-Translation* vorgenommen. Mit ihrer Hilfe lassen sich gemäß dem Gedankengang des Kap. I (wir verzichten hier darauf, den Beweis strenge durchzuführen) besondere, »lineare« Koordinatensysteme konstruieren, die dadurch ausgezeichnet sind, daß bei ihrer Benutzung gleiche Vektoren in verschiedenen Punkten gleiche Komponenten besitzen. In einem linearen Koordinatensystem verschwinden die Komponenten des affinen Zusammenhangs identisch. Je zwei solche Systeme hängen durch *lineare* Transformationsformeln zusammen. Die Mannigfaltigkeit ist ein affiner Raum im Sinne von Kap. I: *die Integrabilität der Vektorübertragung ist diejenige infinitesimalgeometrische Eigenschaft, durch welche die »linearen« Räume unter den 'affin zusammenhängenden ausgezeichnet sind.*

Doch ist jetzt die Aufmerksamkeit auf den *allgemeinen Fall* zu lenken; da dürfen wir nicht erwarten, daß ein Vektor, durch Parallelverschiebung an einer geschlossenen Kurve herumgeführt, in seine Ausgangslage zurückkehrt. Wie beim Beweise des Stokesschen Satzes spannen wir in die geschlossene Kurve eine Fläche ein und zerlegen sie durch die Parameterlinien in unendlich kleine Parallelogramme. Die Änderung eines beliebigen Vektors beim Umfahren der Fläche wird zurückgeführt auf die Änderung beim Umfahren jedes solchen von zwei Linienelementen dx_i und δx_i in einem Punkte P aufgespannten infinitesimalen Parallelogramms; sie gilt es jetzt zu bestimmen. Wir werden konstatieren, daß der Zuwachs $\varDelta\mathfrak{x} = (\varDelta\xi^i)$, den dabei ein Vektor $\mathfrak{x} = (\xi^i)$ erfährt, aus $\mathfrak{x}$ durch eine lineare Abbildung, eine Matrix $\varDelta\mathsf{F}$ hervorgeht:

$$(44) \qquad \varDelta\mathfrak{x} = -\varDelta\mathsf{F}(\mathfrak{x}); \quad \varDelta\xi^\alpha = -\varDelta F_\beta^\alpha \cdot \xi^\beta.$$

Ist $\varDelta\mathsf{F} = 0$, so ist die Mannigfaltigkeit an der Stelle P in der von unserm Flächenelement eingenommenen Flächenrichtung »*eben*«; trifft dies für alle Elemente einer endlich ausgedehnten Fläche zu, so kehrt jeder Vektor, der längs des Flächenrandes parallel verschoben wird, zu seiner Ausgangslage zurück. — $\varDelta\mathsf{F}$ hängt linear von dem Flächenelement ab:

$$(45) \qquad \varDelta\mathsf{F} = \mathsf{F}_{ik}dx_i\delta x_k = \tfrac{1}{2}\mathsf{F}_{ik}(\varDelta x)^{ik} \quad (\mathsf{F}_{ki} = -\mathsf{F}_{ik}).$$

Die hier auftretende Differentialform charakterisiert die *Krümmung*, die Abweichung der Mannigfaltigkeit von der Ebenheit an der Stelle P in allen möglichen Flächenrichtungen; da ihre Koeffizienten keine Zahlen, sondern Matrizen sind, könnte von einem »*linearen Matrix-Tensor 2. Stufe*« gesprochen werden, und es würde dadurch die Größennatur der Krümmung in der Tat am besten bezeichnet. Gehen wir aber von den Matrizen auf ihre Komponenten zurück — es seien $F^\alpha_{\beta ik}$ die Komponenten von F_{ik} oder auch die Koeffizienten der Form

$$(46) \qquad \varDelta F^\alpha_\beta = F^\alpha_{\beta ik}\, dx_i\, \delta x_k -,$$

so ergibt sich, wenn $\mathfrak{e}_i$ die zum Koordinatensystem gehörigen Einheitsvektoren in P sind, die Formel

$$(47) \qquad \varDelta \mathfrak{x} = -\, F^\alpha_{\beta ik}\, \mathfrak{e}_\alpha\, \xi^\beta\, dx_i\, \delta x_k.$$

Daraus geht hervor, daß $F^\alpha_{\beta ik}$ die in α kontra-, in $\beta i k$ kovarianten Komponenten eines *Tensors 4. Stufe* sind. Ihr Ausdruck durch die Komponenten $\varGamma^i_{rs}$ des affinen Zusammenhangs lautet:

$$(48) \qquad F^\alpha_{\beta ik} = \left(\frac{\partial\, \varGamma^\alpha_{\beta k}}{\partial\, x_i} - \frac{\partial\, \varGamma^\alpha_{\beta i}}{\partial\, x_k}\right) + (\varGamma^\alpha_{ri}\varGamma^r_{\beta k} - \varGamma^\alpha_{rk}\varGamma^r_{\beta i})..$$

Sie erfüllen danach die Bedingungen der »schiefen« und der »zyklischen« Symmetrie:

$$(49) \qquad F^\alpha_{\beta ki} = -\, F^\alpha_{\beta ik}; \qquad F^\alpha_{\beta ik} + F^\alpha_{ik\beta} + F^\alpha_{k\beta i} = 0.$$

Das Verschwinden der Krümmung ist das invariante Differentialgesetz, durch welches sich die Euklidischen Räume unter den affinen im allgemeinen Sinne der Infinitesimalgeometrie auszeichnen.

Zum Beweise der ausgesprochenen Behauptungen bedienen wir uns desselben Verfahrens der doppelten Durchfegung eines unendlichkleinen Parallelogramms, das wir auf S. 108 zur Herleitung des Wirbeltensors benutzten; wir verwenden die damaligen Bezeichnungen. Im Punkte P_{oo} sei ein Vektor $\mathfrak{x} = \mathfrak{x}(P_{oo})$ mit den Komponenten ξ^i gegeben. Im Endpunkte P_{10} des Linienelements dx bringen wir denjenigen Vektor $\mathfrak{x}(P_{10})$ an, der aus ihm durch Parallelverschiebung längs des Linienelementes hervorgeht; heißen seine Komponenten $\xi^i + d\xi^i$, so ist also

$$d\xi^\alpha = -\, d\gamma^\alpha_\beta\, \xi^\beta = -\, \varGamma^\alpha_{\beta i}\xi^\beta\, dx_i.$$

Bei der vorzunehmenden Verschiebung δ des Linienelements dx (die keineswegs eine Parallelverschiebung zu sein braucht) bleibe der Vektor im Endpunkt immer durch die angegebene Bedingung an den Vektor im Anfangspunkt gebunden; dann erleiden die $d\xi^\alpha$ bei der Verschiebung den Zuwachs

$$\delta d\xi^\alpha = -\, \delta\varGamma^\alpha_{\beta i}\, dx_i\, \xi^\beta - \varGamma^\alpha_{\beta i}\, \delta dx_i\, \xi^\beta - d\gamma^\alpha_r\, \delta\xi^r.$$

Bleibt insbesondere der Vektor im Anfangspunkt des Linienelements während der Verschiebung zu sich selbst parallel, so ist hier $\delta\xi^r$ durch

$- \delta\gamma_\beta^r \xi^\beta$ zu ersetzen; in der Endlage $\overrightarrow{P_{01}P_{11}}$ des Linienelements erhalten wir dann im Punkte P_{01} denjenigen Vektor $\mathfrak{x}(P_{01})$, der aus $\mathfrak{x}(P_{00})$ durch Parallelverschiebung längs $\overrightarrow{P_{00}P_{01}}$ hervorgeht, in P_{11} den Vektor $\mathfrak{x}(P_{11})$, in welchen $\mathfrak{x}(P_{01})$ durch Parallelverschiebung längs $P_{01}P_{11}$ übergeht, und es ist

$$\delta d\, \xi^\alpha = \{\xi^\alpha(P_{11}) - \xi^\alpha(P_{01})\} - \{\xi^\alpha(P_{10}) - \xi^\alpha(P_{00})\}.$$

Heißt der aus $\mathfrak{x}(P_{10})$ durch Parallelverschiebung längs $\overrightarrow{P_{10}P_{11}}$ zustande kommende Vektor $\mathfrak{x}_*(P_{11})$, so erhält man durch Vertauschung von d und δ einen analogen Ausdruck für

$$d\delta\, \xi^\alpha = \{\xi_*^\alpha(P_{11}) - \xi^\alpha(P_{10})\} - \{\xi^\alpha(P_{01}) - \xi^\alpha(P_{00})\}.$$

Durch Subtraktion bildet man

$$\varDelta\, \xi^\alpha = d\delta\, \xi^\alpha - \delta d\, \xi^\alpha$$

$$= - \left\{ \begin{array}{l} + d\Gamma_{\beta k}^\alpha \delta x_k - \delta\gamma_r^\alpha d\gamma_\beta^r + \Gamma_{\beta i}^\alpha d\delta x_i \\ - \delta\Gamma_{\beta i}^\alpha dx_i + d\gamma_r^\alpha \delta\gamma_\beta^r - \Gamma_{\beta i}^\alpha \delta d x_i \end{array} \right\} \xi^\beta$$

Hier zerstören sich wegen $d\delta x_i = \delta d x_i$ die beiden hinteren Terme auf der rechten Seite, und es bleibt

$$\varDelta\, \xi^\alpha = - \varDelta F_\beta^{''\alpha} \cdot \xi^\beta\,;$$

dabei sind $\varDelta\, \xi^\alpha$ die Komponenten eines Vektors $\varDelta\mathfrak{x}$ in P_{11}, der Differenz der beiden Vektoren $\mathfrak{x}$ und $\mathfrak{x}_*$ *im selben Punkte*:

$$\varDelta\, \xi^\alpha = \xi_*^\alpha(P_{11}) - \xi^\alpha(P_{11}).$$

Da im Limes P_{11} mit $P = P_{00}$ zusammenfällt, sind damit unsere Behauptungen erwiesen.

Die infinitesimale Überlegung verwandelt sich in einen strengen Beweis, sobald wir wie früher d und δ im Sinne der Differentiationen $\dfrac{d}{ds}$ und $\dfrac{d}{dt}$ deuten. Um die Schicksale des Vektors $\mathfrak{x}$ bei dem infinitesimalen Schiebungsprozeß wiederzugeben, empfiehlt sich folgende Konstruktion. Es sei jedem Wertepaar s, t nicht nur ein Punkt $P = (s\,t)$, sondern außerdem ein kovarianter Vektor mit den Komponenten $f_i(s\,t)$ in diesem Punkte zugeordnet; ist ξ^i ein beliebiger Vektor in P, so verstehen wir unter $d(f_i\xi^i)$ denjenigen Wert von $\dfrac{d(f_i\xi^i)}{ds}$, der sich ergibt, wenn ξ^i beim Übergang vom Punkte $(s\,t)$ zum Punkte $(s + ds,\, t)$ ungeändert mitgenommen wird. $d(f_i\xi^i)$ ist selbst wieder ein Ausdruck von der Form $f_i\xi^i$, nur daß jetzt statt f_i andere Funktionen f_i' von s und t stehen. Wir können deshalb auf ihn von neuem den gleichen Prozeß oder den analogen δ anwenden. Tun wir das letztere, wiederholen den ganzen Vorgang in umgekehrter Reihenfolge und subtrahieren, so bekommen wir zunächst

$$\delta d(f_i\xi^i) = \delta df_i \cdot \xi^i + df_i \delta\xi^i + \delta f_i d\xi^i + f_i \delta d\xi^i$$

und darauf wegen

$$\delta\, d f_i = \frac{d^2 f_i}{dt\, ds} = \frac{d^2 f_i}{ds\, dt} = d\, \delta f_i :$$

$$\varDelta\,(f_i \xi^i) = (d\,\delta - \delta\, d)\,(f_i \xi^i) = f_i \varDelta\,\xi^i.$$

Dabei ist $\varDelta\,\xi^i$ genau der oben gefundene Ausdruck. Die erhaltene Invariante lautet im Punkte $P = (\mathrm{oo})$

$$F^{\alpha}_{\beta i k} f_\alpha \,\xi^\beta\, u^i v^k \,;$$

sie hängt von einem willkürlichen kovarianten Vektor mit den Komponenten f_i daselbst ab und von drei kontravarianten ξ, u, v; die $F^{\alpha}_{\beta i k}$ sind demnach die Komponenten eines Tensors 4. Stufe.

§ 17. Der metrische Raum.

Begriff der metrischen Mannigfaltigkeit. Eine Mannigfaltigkeit *trägt im Punkte P eine Maßbestimmung*, wenn die Linienelemente in P sich ihrer Länge nach vergleichen lassen; wir nehmen dabei im Unendlichkleinen die Gültigkeit der Pythagoreisch-Euklidischen Gesetze an. *Es bestimmt dann jeder Vektor $\mathfrak{x}$ in P eine Strecke; und es gibt eine nicht-ausgeartete quadratische Form $\mathfrak{x}^2$* (mit einer bestimmten Anzahl p positiver und einer bestimmten Anzahl q negativer Dimensionen, $p + q = n$), *derart, daß zwei Vektoren $\mathfrak{x}$ und $\mathfrak{y}$ dann und nur dann dieselbe Strecke bestimmen, wenn $\mathfrak{x}^2 = \mathfrak{y}^2$ ist.* Durch diese Forderung ist die quadratische Form nur bis auf einen von o verschiedenen Proportionalitätsfaktor bestimmt. Indem man ihn festlegt, wird die Mannigfaltigkeit im Punkte *P geeicht*. Die Zahl $\mathfrak{x}^2$ nennen wir alsdann die Maßzahl des Vektors $\mathfrak{x}$ oder, da sie nur von der durch $\mathfrak{x}$ bestimmten Strecke abhängt, die *Maßzahl l dieser Strecke*. Ungleiche Strecken haben verschiedene Maßzahlen; die Strecken in einem Punkte P bilden daher eine eindimensionale Gesamtheit. Ersetzen wir die Eichung durch eine andere, so geht die neue Maßzahl $\bar{l}$ aus der alten l durch Multiplikation mit einem von der Strecke unabhängigen konstanten Faktor $\lambda \neq $ o hervor: $\bar{l} = \lambda l$. Die Verhältnisse zwischen den Maßzahlen der Strecken sind von der Eichung unabhängig. Wie also die Charakterisierung eines Vektors in P durch ein System von Zahlen (seine Komponenten) von der Wahl eines Koordinatensystems abhängt, so ist die Festlegung einer Strecke durch eine Zahl von der Eichung abhängig; und wie die Komponenten eines Vektors beim Übergang zu einem andern Koordinatensystem eine lineare homogene Transformation erleiden, so auch die Maßzahl einer willkürlichen Strecke bei »Umeichen«. — Zwei Vektoren $\mathfrak{x}$ und $\mathfrak{y}$ in P, für welche die zu $\mathfrak{x}^2$ gehörige symmetrische Bilinearform $\mathfrak{x} \cdot \mathfrak{y}$ verschwindet, nennen wir zueinander *senkrecht*; diese Wechselbeziehung wird von dem Eichfaktor nicht beeinflußt. Daß die Form $\mathfrak{x}^2$ definit sei, ist für alle unsere mathematischen Entwicklungen gleichgültig; doch möge man im folgenden in erster Linie immer an diesen Fall denken. Um die Zahl der positiven und der negativen Dimensionen auszudrücken, sagen wir kurz, die Mannigfaltigkeit sei in dem betreffenden Punkte $(p + q)$-dimensional. Ist $p \neq q$, wie wir weiterhin annehmen wollen, so muß das Eichverhältnis λ positiv sein, damit die Anzahlen p und q erhalten bleiben (und sich nicht miteinander vertauschen). Nach Wahl eines bestimmten Koordinatensystems und Festlegung des Eichfaktors sei für jeden Vektor $\mathfrak{x}$ (mit den Komponenten ξ^i):

$$(50) \qquad \mathfrak{x}^2 = \sum_{ik} g_{ik}\, \xi^i\, \xi^k \qquad (g_{ki} = g_{ik}).$$

Wir nehmen jetzt an, unsere Mannigfaltigkeit trage in jedem Punkte eine Maßbestimmung; die Anzahlen p und q sollen allerorten die gleichen sein. Eichen wir sie überall und legen in sie ein System von n Koordinaten x_i hinein — das muß geschehen, um alle vorkommenden Größen durch Zahlen ausdrücken zu können —, so sind die g_{ik} in (50) völlig bestimmte Funktionen der Koordinaten x_i; wir nehmen an, daß sie stetig und stetig differentiierbar sind.

Damit eine Mannigfaltigkeit ein metrischer Raum sei, genügt es nicht, daß sie in jedem Punkte eine Maßbestimmung trägt, sondern es muß außerdem jeder Punkt mit seiner Umgebung *metrisch zusammenhängen*. Der Begriff des metrischen ist analog dem des affinen Zusammenhangs; wie dieser die *Vektoren* betrifft, so jener die *Strecken*. Ein Punkt P hängt also mit seiner Umgebung metrisch zusammen, wenn von jeder Strecke in P feststeht, welche Strecke aus ihr durch kongruente Verpflanzung von P nach dem beliebigen zu P unendlich benachbarten Punkte P' hervorgeht. Die einzige Forderung, welche wir an diesen Begriff stellen (zugleich die weitgehendste, die überhaupt möglich ist), ist diese: Die Umgebung von P läßt sich so eichen, daß die Maßzahl einer jeden Strecke in P durch kongruente Verpflanzung nach den unendlich benachbarten Punkten keine Änderung erleidet. Die Eichung heißt dann geodätisch in P. — Ist aber die Mannigfaltigkeit irgendwie geeicht, ist ferner l die Maßzahl einer beliebigen Strecke im Punkte P, $l + dl$ die Maßzahl der aus ihr durch kongruente Verpflanzung nach dem unendlich nahen Punkte P' entstehenden Strecke in P', so gilt notwendig eine Gleichung

$$(51) \qquad dl = -\, l\, d\varphi,$$

wo der infinitesimale Faktor $d\varphi$ von der verpflanzten Strecke unabhängig ist; denn jene Verpflanzung bewirkt eine ähnliche Abbildung der Strecken in P auf die Strecken in P'. $d\varphi$ entspricht den $d\gamma_r^i$ der Vektorverschiebungs-Formel (38). Wird die Eichung gemäß der Formel $\bar{l} = \lambda l$ in P und den Punkten seiner Umgebung abgeändert (das Eichverhältnis λ ist eine positive Ortsfunktion), so kommt statt dessen

$$d\bar{l} = -\, \bar{l}\, d\overline{\varphi}, \qquad \text{wo} \qquad (52) \qquad d\overline{\varphi} = d\varphi - \frac{d\lambda}{\lambda}$$

ist. Die notwendige und hinreichende Bedingung dafür, daß sich $d\overline{\varphi}$, durch geeignete Wahl von λ, im Punkte P identisch mit Bezug auf die infinitesimale Verschiebung $\overrightarrow{PP'} = (dx_i)$ zu Null machen läßt, ist offenbar die, daß $d\varphi$ eine lineare Differentialform ist:

$$(51') \qquad d\varphi = \varphi_i(dx)^i.$$

Mit (51), (51') sind die Konsequenzen der an die Spitze gestellten Forderung erschöpft. — (In der Tat: die φ_i sind im Punkte P bestimmte Zahlen. Hat P die Koordinaten $x_i = 0$, so braucht man nur etwa $\lg \lambda$ gleich der linearen Funktion $\Sigma \varphi_i x_i$ zu nehmen, um zu erzielen, daß dort $d\overline{\varphi} = 0$ wird.) — Alle Punkte der Mannigfaltigkeit gleichen einander vollständig hinsichtlich der in ihnen herrschenden Maßbestimmung und der Natur ihres metrischen Zusammenhangs mit der Umgebung. Doch gibt es, je nachdem n gerade oder ungerade ist, $\frac{n}{2} + 1$, bzw. $\frac{n+1}{2}$ verschiedene Arten metrischer Mannigfaltigkeiten, die sich durch den Trägheitsindex der metrischen Fundamentalform voneinander unterscheiden. Die eine Art, die wir hier vorzugsweise im Auge haben, entspricht dem Falle $p = n$, $q = 0$ (oder $p = 0$, $q = n$); daneben sind die Fälle möglich: $p = n - 1$, $q = 1$ (oder $p = 1$, $q = n - 1$); $p = n - 2$, $q = 2$ (oder $p = 2$, $q = n - 2$); usw.

Wir fassen zusammen. *Die Metrik einer Mannigfaltigkeit wird relativ zu einem Bezugssystem* (= Koordinatensystem + Eichung) *charakterisiert durch zwei Fundamentalformen, eine quadratische Differentialform*

$$Q = \sum_{ik} g_{ik}(dx)^i(dx)^k \text{ und eine lineare } d\varphi = \sum_i \varphi_i(dx)^i;$$

sie verhalten sich invariant bei Übergang zu einem neuen Koordinatensystem; bei Abänderung der Eichung nimmt die erste einen Faktor λ an, der eine positive stetigdifferentiierbare Ortsfunktion ist, die zweite vermindert sich um das Differential von $\lg \lambda$. In alle Größen oder Beziehungen, welche metrische Verhältnisse analytisch darstellen, müssen demnach die Funktionen g_{ik}, φ_i in solcher Weise eingehen, daß Invarianz stattfindet 1. gegenüber beliebiger Koordinatentransformation (»*Koordinaten-Invarianz*«) und 2. gegenüber der Ersetzung von g_{ik}, φ_i durch

$$\lambda\ g_{ik}, \qquad \varphi_i - \frac{1}{\lambda}\frac{\partial \lambda}{\partial x_i};$$

letzteres, was für eine positive Funktion der Koordinaten λ auch sein mag (»*Eich-Invarianz*«).

Wie wir in § 16 die Änderung eines Vektors bestimmten, der, sich selbst parallel bleibend, ein unendlichkleines, von den Linienelementen dx_i, δx_i aufgespanntes Parallelogramm umfährt, so haben wir hier die Änderung Δl der Maßzahl l einer Strecke bei dem analogen Prozeß zu berechnen und finden dafür aus $dl = -l\,d\varphi$:

$$\delta dl = -\delta l\,d\varphi - l\delta d\varphi = l\delta\varphi\,d\varphi - l\delta d\varphi, \text{ also}$$

$$(53) \qquad \Delta l = d\delta l - \delta dl = -l\Delta\varphi, \text{ wo}$$

$$\Delta\varphi = (d\delta - \delta d)\varphi = f_{ik}(\Delta x)^{ik}, \qquad f_{ik} = \frac{\partial \varphi_k}{\partial x_i} - \frac{\partial \varphi_i}{\partial x_k}.$$

ist. Der lineare Tensor 2. Stufe mit den Komponenten f_{ik} kann demnach in Analogie zu der in § 16 hergeleiteten »*Vektorkrümmung*« des affinen Raums als »*Streckenkrümmung*« des metrischen Raums bezeichnet werden. Die Gleichung (52) bestätigt analytisch, daß er von der Eichung unabhängig ist; er genügt den invarianten Gleichungen

$$\frac{\delta f_{kl}}{\delta x_i} + \frac{\delta f_{li}}{\delta x_k} + \frac{\delta f_{ik}}{\delta x_l} = 0.$$

Sein Verschwinden ist die notwendige und hinreichende Bedingung dafür, daß sich jede Strecke von ihrem Ursprungsort in einer vom Wege unabhängigen Weise nach allen Punkten des Raumes verpflanzen läßt. Dies ist der von Riemann allein ins Auge gefaßte Fall; ist der metrische Raum ein *Riemannscher*, so hat es einen Sinn, von der *gleichen* Strecke in den verschiedenen Punkten des Raumes zu sprechen, die Mannigfaltigkeit läßt sich so eichen (»Normaleichung«), daß $d\varphi$ identisch verschwindet. (In der Tat folgt aus $f_{ik} = 0$, daß $d\varphi$ ein totales Differential, Differential einer Funktion lg λ ist; durch Umeichen mittels des Eichverhältnisses λ läßt sich dann $d\varphi$ überall zu Null machen.) Bei Normaleichung ist im Riemannschen Raum die metrische Fundamentalform Q bis auf einen willkürlichen *konstanten* Faktor bestimmt, den man durch einmalige Wahl einer Streckeneinheit (gleichgültig an welcher Stelle, das Normalmeter läßt sich überallhin transportieren) festlegen kann.

Affiner Zusammenhang eines metrischen Raums. Und nun kommen wir zu jener Tatsache, ich habe sie schon oben die *Grundtatsache der Infinitesimalgeometrie* genannt, welche den Aufbau der Geometrie zu einem wunderbar harmonischen Abschluß bringt. In einem metrischen Raume läßt sich der Begriff der infinitesimalen Parallelverschiebung auf eine und nur eine Weise so fassen, daß er außer unserer früheren Forderung noch die erfüllt: *bei Parallelverschiebung eines Vektors soll auch die durch ihn bestimmte Strecke ungeändert bleiben.* Das der metrischen Geometrie zugrundeliegende Prinzip der infinitesimalen *Strecken- oder Längenübertragung* bringt also ohne weiteres ein solches der *Richtungsübertragung* mit sich; *ein metrischer Raum trägt von Natur einen affinen Zusammenhang.*

Beweis: Wir legen ein Bezugssystem zugrunde. Bei allen Größen a^i, die (vielleicht neben anderen) einen oberen Index, i, tragen, definieren wir das Herunterziehen des Index durch die Gleichungen

$$a_i = \sum_j g_{ij} a^j$$

und den umgekehrten Prozeß des Heraufziehens durch die dazu inversen Gleichungen. Soll der Vektor ξ^i im Punkte $P = (x_i)$ durch die zu erklärende Parallelverschiebung nach $P' = (x_i + dx_i)$ in den Vektor $\xi^i + d\xi^i$ in P' übergehen:

$$d\xi^i = -\, d\gamma^i{}_k \xi^k, \qquad d\gamma^i{}_k = \Gamma^i{}_{kr}(dx)^r,$$

so muß dabei für die Maßzahl

$$l = g_{ik}\,\xi^i\xi^k$$

nach der aufgestellten Forderung die Gleichung gelten

$$dl = -\,l\,d\varphi\,,$$

und das ergibt

$$2\,\xi_i\,d\xi^i + \xi^i\xi^k\,dg_{ik} = -\,(g_{ik}\,\xi^i\xi^k)\,d\varphi\,.$$

Der erste Term links ist

$$= -\,2\,\xi_i\xi^k\,d\gamma^i{}_k = -\,2\,\xi^i\xi^k\,d\gamma_{ik} = -\,\xi^i\xi^k(d\gamma_{ik} + d\gamma_{ki});$$

also kommt

$$d\gamma_{ik} + d\gamma_{ki} = dg_{ik} + g_{ik}\,d\varphi$$

oder

$$(54)\qquad \Gamma_{i,kr} + \Gamma_{k,ir} = \frac{\partial g_{ik}}{\partial x_r} + g_{ik}\varphi_r\,.$$

Nehmen wir in dieser Gleichung mit den Indizes ikr die drei zyklischen Vertauschungen vor, addieren die beiden letzten und subtrahieren davon die erste, so ergibt sich unter Berücksichtigung des Umstandes, daß die Γ in ihren beiden hinteren Indizes symmetrisch sein müssen, das Resultat

$$(55)\qquad \Gamma_{r,ik} = \tfrac{1}{2}\left(\frac{\partial g_{ir}}{\partial x_k} + \frac{\partial g_{kr}}{\partial x_i} - \frac{\partial g_{ik}}{\partial x_r}\right) + \tfrac{1}{2}(g_{ir}\varphi_k + g_{kr}\varphi_i - g_{ik}\varphi_r),$$

und daraus bestimmen sich die $\Gamma^r{}_{ik}$ gemäß der Gleichung

$$(56)\qquad \Gamma_{r,ik} = g_{rs}\Gamma^s{}_{ik}\ \text{ oder aufgelöst }\ \Gamma^r{}_{ik} = g^{rs}\Gamma_{s,ik}\,.$$

Diese Komponenten des affinen Zusammenhangs aber erfüllen alle aufgestellten Forderungen. Mit dem durch sie gegebenen affinen Zusammenhang ist der metrische Raum »von Natur« ausgestattet; und es überträgt sich dadurch auf ihn die ganze Analysis der Tensoren und Tensordichten samt allen früher entwickelten Begriffen wie geodätische Linie, Krümmung usw. Verschwindet die Krümmung identisch, so ist der Raum ein metrisch-Euklidischer im Sinne des Kap. I. Damit haben wir nun auch das zweite in § 12 gegebene Versprechen eingelöst; die Formeln (19) oder allgemeiner (54), zeigten wir, sind der Ausdruck dafür, daß die Parallelverschiebung der Vektoren längentreu ist.

Zusätze. 1) Für die »*Vektorkrümmung*« haben wir hier noch eine wichtige *additive Zerlegung* herzuleiten, durch welche die Streckenkrümmung als ein in ihr enthaltener Bestandteil nachgewiesen wird. Das ist ja nur natürlich, da die Vektorübertragung automatisch die Streckenübertragung mitvollzieht. Mit dem Übergang des Vektors (ξ^i) in $(\xi^i + \varDelta\xi^i)$ beim Umfahren eines Flächenelements erleidet seine Maßzahl $l = (\xi_i\xi^i)$ die Änderung:

$$(53)\qquad \varDelta l = -\,l\,\varDelta\varphi\,.$$

Indem wir den Übergang an Ort und Stelle vollziehen, finden wir

$$\varDelta l = \varDelta(g_{ik}\,\xi^i\xi^k) = g_{ik}\,\varDelta\xi^i\cdot\xi^k + g_{ik}\,\xi^i\cdot\varDelta\xi^k = 2\,\xi_i\,\varDelta\xi^i;$$

und die Gleichung (53) liefert dann folgendes Ergebnis: setzt man für den Vektor $\mathfrak{x} = (\xi^i)$:

$$\varDelta \mathfrak{x} = {}^*\varDelta \mathfrak{x} - \mathfrak{x} \cdot \tfrac{1}{2} \varDelta \varphi,$$

so erscheint $\varDelta \mathfrak{x}$ in eine zu $\mathfrak{x}$ *senkrechte* und eine zu $\mathfrak{x}$ *parallele* Komponente ${}^*\varDelta \mathfrak{x}$ bzw. $- \mathfrak{x} \cdot \tfrac{1}{2} \varDelta \varphi$ zerspalten. Damit geht eine analoge Zerlegung des Krümmungstensors Hand in Hand:

$$F^{\alpha}_{\beta ik} = {}^*F^{\alpha}_{\beta ik} + \tfrac{1}{2} \delta^{\alpha}_{\beta} f_{ik}.$$

Hier wird man den ersten Bestandteil ${}^*F$ als »*Richtungskrümmung*« bezeichnen; sie ist erklärt durch

$$^*\varDelta \mathfrak{x} = - \tfrac{1}{2} {}^*F^{\alpha}_{\beta ik}\, \mathfrak{e}_{\alpha}\, \xi^{\beta} (\varDelta x)^{ik}.$$

Daß ${}^*\varDelta \mathfrak{x}$ senkrecht zu $\mathfrak{x}$ ist, spricht sich in der Formel aus:

$$^*F^{\alpha}{}_{\beta ik}\, \xi_{\alpha}\, \xi^{\beta} = {}^*F_{\alpha\beta ik}\, \xi^{\alpha}\, \xi^{\beta} = 0.$$

Das System der Zahlen ${}^*F_{\alpha\beta ik}$ ist also nicht bloß in bezug auf i und k, sondern auch in dem Indexpaar α, β schiefsymmetrisch. Daraus folgt noch, daß insbesondere

$$^*F^{\alpha}_{\alpha ik} = 0$$

ist.

2) Wählt man Koordinatensystem und Eichung in der Umgebung eines Punktes P so, daß sie in P geodätisch sind, dann gilt dort $\varphi_i = 0$, $\Gamma^r_{ik} = 0$ oder, was nach (54) und (55) auf dasselbe hinauskommt,

$$\varphi_i = 0, \quad \frac{\partial g_{ik}}{\partial x_r} = 0:$$

die Linearform $d\varphi$ verschwindet in P und die Koeffizienten der quadratischen Fundamentalform werden stationär; mit andern Worten, es treten im Punkte P diejenigen Verhältnisse ein, die sich im Euklidischen Raum durch ein einziges Bezugssytem simultan für alle Punkte erreichen lassen. Es ergibt sich daraus noch folgende explizite Erklärung der Parallelverschiebung eines Vektors im metrischen Raum: Ein geodätisches Bezugssystem in P erkennt man daran, daß relativ zu ihm die φ_i in P verschwinden und die g_{ik} stationäre Werte annehmen. Ein Vektor wird vom Punkte P nach dem unendlichen benachbarten P' parallel mit sich verschoben, indem man seine Komponenten *in einem zu P gehörigen geodätischen Bezugssystem* ungeändert läßt. (Es gibt stets geodätische Bezugssysteme; die Willkür in der Wahl eines solchen hat auf den Begriff der Parallelverschiebung keinen Einfluß.)

3) Da bei einer *Translation* $x_i = x_i(s)$ der Geschwindigkeitsvektor $u^i = \dfrac{dx_i}{ds}$ parallel mit sich fortwandert, gilt für sie in der metrischen Geometrie:

$$(57) \qquad \frac{d(u_i u^i)}{ds} + (u_i u^i)\,(\varphi_i u^i) = 0.$$

Haben in einem Moment die u^i solche Werte, daß $u_i u^i = 0$ ist (ein Fall, der eintreten kann, wenn die quadratische Fundamentalform Q indefinit ist), so bleibt diese Gleichung während der ganzen Translation erhalten; die Bahn einer derartigen Translation bezeichnen wir als *geodätische Nullinie.* Die geodätischen Nullinien ändern sich, wie eine kurze Rechnung zeigt, nicht, wenn man, die Maßbestimmung in jedem Punkte festhaltend, den metrischen Zusammenhang der Mannigfaltigkeit irgendwie ändert.

4) Durch die beiden von uns an der Riemannschen Geometrie vorgenommenen Erweiterungen (metrische Grundform nicht positiv-definit, Streckenübertragung nicht integrabel) ist die Möglichkeit einer mit den Maßgrößen von Linien-, Flächen- und Raumstücken operierenden Maßgeometrie verloren gegangen. Der indefinite Charakter der metrischen Grundform macht nämlich die am Schluß von § 11 unter 2. angegebene Formel (15) für die Winkelmessung unbrauchbar, und außerdem fällt das unter 3. benutzte Prinzip dahin, daß eine in unsern metrischen Raum eingebettete Mannigfaltigkeit R_m von geringerer Dimensionszahl wiederum ein metrischer Raum ist; denn die durch Einsetzen erhaltene quadratische Grundform von R_m kann stellenweise oder überall auf R_m eine ausgeartete Form werden. Die Nicht-Integrabilität der Streckenübertragung aber zerstört die a. a. O. unter 1. definierte Volummessung, da das Integral (14) nicht eichinvariant ist. Für diesen Verlust, der dem Geometer schmerzlich genug sein mag, werden wir aber in Kap. IV entschädigt werden: an Stelle der Maßgeometrie tritt die Feldphysik, an Stelle des Volumens die Integralinvariante der »Wirkungsgröße«.

Tensorkalkül. Zum Begriffe des Tensors gehört es, daß seine Komponenten *nur vom Koordinatensystem*, nicht von der Eichung abhängig sind. In übertragenem und erweitertem Sinne wollen wir aber von einem Tensor auch dann sprechen, wenn eine von Koordinatensystem *und Eichung* abhängige Linearform vorliegt, die sich beim Übergang von einem zum andern Koordinatensystem in der alten Weise transformiert, bei Abänderung der Eichung aber den Faktor λ^e annimmt (λ = Eichverhältnis); wir sagen dann, er sei vom *Gewichte e*. So sind die g_{ik} die Komponenten eines symmetrischen kovarianten Tensors 2. Stufe vom Gewichte 1. Wo von Tensoren ohne näheren Zusatz die Rede ist, versteht es sich von selbst, daß diejenigen vom Gewichte 0 gemeint sind. Die in der Tensoranalysis besprochenen Beziehungen sind von Eichung und Koordinatensystem unabhängige Relationen zwischen Tensoren und Tensordichten *in diesem eigentlichen Sinne.* Den erweiterten Tensorbegriff wie auch den analogen der Tensordichte vom Gewichte e sehen wir nur als einen Hilfsbegriff an, den wir lediglich um seiner rechnerischen Bequemlichkeit willen einführen. Diese Bequemlichkeit aber beruht darauf, daß 1) erst in diesem erweiterten Reich das »*Jonglieren mit Indizes*« möglich ist: durch Herabziehen eines kontravarianten Index an den Komponenten eines Tensors vom Gewichte e entstehen die hinsichtlich dieses Index kovarianten Komponenten eines Tensors vom Gewichte $e + 1$; und umgekehrt.

2) Es bedeute g die Determinante der g_{ik}, noch mit dem Vorzeichen $+$ oder $-$ versehen, je nachdem die Anzahl q der negativen Dimensionen gerade oder ungerade ist, und $\sqrt{g}$ die positive Wurzel aus dieser positiven Zahl g; dann *entsteht aus jedem Tensor durch Multiplikation mit $\sqrt{g}$ eine Tensordichte, deren Gewicht um $\frac{n}{2}$ höher ist*; aus einem Tensor vom Gewichte $-\frac{n}{2}$ insbesondere eine Tensordichte im eigentlichen Sinne. Der Beweis beruht auf der sofort einleuchtenden Tatsache, daß $\sqrt{g}$ selber eine skalare Dichte vom Gewichte $\frac{n}{2}$ ist. Die Multiplikation mit $\sqrt{g}$ deuten wir stets dadurch an, daß wir den zur Bezeichnung einer Größe verwendeten lateinischen Buchstaben in den entsprechenden deutschen verwandeln. — Da in der Riemannschen Geometrie durch Normaleichung die quadratische Fundamentalform Q vollständig bestimmt ist (von dem willkürlichen *konstanten* Faktor braucht nicht weiter die Rede zu sein), fällt hier der Unterschied des Gewichts von Tensoren hinweg; da sich dann jede Größe, die durch einen Tensor darstellbar ist, auch durch diejenige Tensordichte repräsentieren läßt, die aus ihm durch Multiplikation mit $\sqrt{g}$ entspringt, verwischt sich dort der Unterschied zwischen Tensoren und Tensordichten (ebenso wie der zwischen kovariant und kontravariant). Daher ist es verständlich, wenn lange Zeit das Eigenrecht der Tensordichten neben den Tensoren nicht zur Geltung gekommen ist.

§ 18. Beispiele zur Tensorrechnung. Kürzeste Linien im Riemannschen Raum.

Der Tensorrechnung bedienen wir uns in der Geometrie hauptsächlich zum *internen* Gebrauch, d. h. zur Herstellung von Feldern, die invariant aus der Metrik selber entspringen. Dafür ein paar Beispiele, die später von großer Wichtigkeit werden! Aus dem Krümmungstensor erhält man durch Verjüngung zunächst

$$F^{\alpha}_{\alpha ik} = \bar{f}_{ik}.$$

Die zugehörige Form $\frac{1}{2}\bar{f}_{ik}(\varDelta x)^{ik}$ gibt an, wie sich das Volumen V eines Parellelepipeds in P beim Herumfahren um das Flächenelement mit den Komponenten $(\varDelta x)^{ik}$ ändert:

$$\varDelta V = - V \cdot \tfrac{1}{2}\bar{f}_{ik}(\varDelta x)^{ik}.$$

(Unter Volumen ist hier die Determinante der Komponenten der n Vektoren zu verstehen, welche das Parallelepiped aufspannen.) Im metrischen Raum ist nach S. 126, wie sich übrigens von selbst versteht, $\bar{f}_{ik} = \frac{n}{2} \cdot f_{ik}$, im Riemannschen $\bar{f}_{ik} = 0$. Eine andere Art der Verjüngung liefert den Tensor 2. Stufe

$$F_{ik} = F^{\alpha}_{iak}.$$

Durch abermalige Verjüngung erhält man in

$$F = g^{ik} F_{ik}$$

einen Skalar vom Eichgewichte $-$ 1. In einem Gebiet, in welchem $F \neq 0$, etwa $F > 0$ ist, kann man daher durch die Gleichung $F =$ const. eine Längeneinheit festsetzen: man mißt die Strecken in P mit Hilfe des »Krümmungsradius« der Mannigfaltigkeit in P. Das ist merkwürdig, da es in einem gewissen Gegensatz steht zu der ursprünglichen Auffassung der Längenübertragung im allgemeinen metrischen Raum, nach welcher ein direkter Fernvergleich von Längen nicht möglich sein soll; man beachte aber, daß das hier erwähnte Längenmaß abhängig ist von den Krümmungsverhältnissen der Mannigfaltigkeit. (Im Grunde ist die Existenz einer solchen ausgezeichneten einheitlichen Eichung ebensowenig verwunderlich wie die Möglichkeit, in einem Riemannschen Raum gewisse auf Grund der Metrik ausgezeichnete Koordinatensysteme einzuführen.) Das mit dieser Längeneinheit gemessene »Volumen« wird durch das invariante Integral

$$(58) \qquad \int \sqrt{g \cdot F^n}\, dx$$

dargestellt.

Im vierdimensionalen Raum ist die aus der Streckenkrümmung f_{ik} entspringende lineare Tensordichte

$$\mathfrak{f}^{ik} = \sqrt{g} \cdot f^{ik}$$

vom Gewichte 0 und daher

$$(59) \qquad \mathfrak{l} = \tfrac{1}{4} f_{ik}\, \mathfrak{f}^{ik}$$

die einfachste skalare Dichte im eigentlichen Sinne, die sich aus seinem metrischen Felde bilden läßt, $\int \mathfrak{l}\, dx$ die einfachste Integralinvariante. Aus $\mathfrak{f}^{ik}$ können wir noch durch Divergenzbildung die Stromstärke (Vektordichte)

$$\frac{\partial \mathfrak{f}^{ik}}{\partial x_k} = \mathfrak{f}^i$$

erzeugen.

Im Riemannschen Raum treten, wenn wir die Normaleichung verwenden ($\varphi_i = 0$), die g_{ik} als die einzigen Fundamentalgrößen auf. Indem wir hier die Christoffelschen Dreiindizes-Symbole verwenden, notieren wir für spätere Rechnungen die folgenden Formeln

$$(60) \qquad \frac{1}{\sqrt{g}} \frac{\partial \sqrt{g}}{\partial x_i} - \left\{ \begin{matrix} i\,r \\ r \end{matrix} \right\} = 0,$$

$$(60') \qquad \frac{1}{\sqrt{g}} \frac{(\partial \sqrt{g} \cdot g^{ik})}{\partial x_k} + \left\{ \begin{matrix} r\,s \\ i \end{matrix} \right\} g^{rs} = 0,$$

$$(60'') \qquad \frac{1}{\sqrt{g}} \frac{\partial (\sqrt{g} \cdot g^{ik})}{\partial x_l} + \left\{ \begin{matrix} l\,r \\ i \end{matrix} \right\} g^{rk} + \left\{ \begin{matrix} l\,r \\ k \end{matrix} \right\} g^{ri} - \left\{ \begin{matrix} l\,r \\ r \end{matrix} \right\} g^{ik} = 0.$$

Sie gelten, weil $\sqrt{g}$ eine skalare, $\sqrt{g} \cdot g^{ik}$ eine Tensordichte ist und daher nach den Regeln der Tensordichten-Analysis die mit $\sqrt{g}$ multiplizierten linken Seiten dieser Gleichungen ebenfalls Tensordichten sind. Benutzen wir aber ein im Punkte P geodätisches Koordinatensystem $\left(\dfrac{\partial g_{ik}}{\partial x_r} = 0 \right)$, so wird alles zu Null; folglich gelten die

Gleichungen wegen ihres invarianten Charakters auch in jedem andern Koordinatensystem. Ferner ist

$$(61) \qquad \frac{dg}{g} = g^{ik}\, dg_{ik}, \qquad\qquad \frac{d\sqrt{\overline{g}}}{\sqrt{\overline{g}}} = \tfrac{1}{2} g^{ik}\, dg_{ik}.$$

Denn das totale Differential einer Determinante von n^2 (unabhängig veränderlichen) Elementen g_{ik} ist $= G^{ik}\, dg_{ik}$, wo G^{ik} die zum Element g_{ik} gehörige Unterdeterminante bedeutet. — Ist t^{ik} $(= t^{ki})$ irgendein symmetrisches System von Zahlen, so ist stets

$$(62) \qquad t^{ik}\, dg_{ik} = - t_{ik}\, dg^{ik}.$$

Denn aus

$$g_{ij}\, g^{jk} = \delta_i^k$$

folgt

$$g_{ij}\, dg^{jk} = - g^{jk}\, dg_{ij}.$$

Multipliziert man diese Gleichungen mit $t_k^{\,i}$ (die Bezeichnung ist nicht mißzuverstehen, da

$$t_{\,k}^i = g_{kl} t^{il} = g_{kl} t^{li} = t_k^{\,i}),$$

so ergibt sich die Behauptung. Insbesondere kann man statt (61) auch schreiben

$$(61') \qquad \frac{dg}{g} = - g_{ik}\, dg^{ik}.$$

Die kovarianten *Krümmungskomponenten* $R_{\alpha\beta ik}$ genügen im Riemannschen Raum, in welchem wir den Buchstaben R statt F verwenden, den Symmetriebedingungen:

$$R_{\alpha\beta ki} = - R_{\alpha\beta ik}, \qquad\qquad R_{\beta\alpha ik} = - R_{\alpha\beta ik},$$
$$R_{\alpha\beta ik} + R_{\alpha ik\beta} + R_{\alpha k\beta i} = 0,$$

(denn die »Streckenkrümmung« verschwindet). Es ist leicht zu zeigen, daß aus ihnen noch die weitere folgt[17)]

$$R_{ik\,\alpha\beta} = R_{\alpha\beta ik}.$$

Diese Bedingungen zusammen lehren nach einer Bemerkung auf S. 51, daß der Krümmungstensor vollständig charakterisiert werden kann durch die von einem willkürlichen Flächenelement $(\varDelta x)^{ik}$ abhängige quadratische Form

$$\tfrac{1}{4} R_{\alpha\beta ik}\, (\varDelta x)^{\alpha\beta}\, (\varDelta x)^{ik}.$$

Dividiert man sie durch das Quadrat der Größe des Flächenelements, so hängt der Quotient nur von dem Verhältnis der $(\varDelta x)^{ik}$, d. i. der Stellung des Flächenelements ab; diese Zahl nennt Riemann die Krümmung des Raumes an der Stelle P in der betreffenden Flächenrichtung. Sie hat eine einfache geometrische Bedeutung. Wir betrachten die Drehung, welche der Kompaßkörper beim Umfahren des Flächenelements $\varDelta\sigma$ mit dem Komponenten $(\varDelta x)^{ik}$ erleidet, lediglich *in der Ebene des umfahrenen Elements*. D. h. wir fassen die zweidimensionale »Ebene« E des Kompaßkörpers ins Auge, die aus allen in der Ebene von $\varDelta\sigma$ gelegenen Vektoren $\mathfrak{x}$ besteht; erleidet ein solcher Vektor $\mathfrak{x}$ durch Parallelverschiebung um $\varDelta\sigma$ herum die Änderung $\varDelta\mathfrak{x}$, so zerspalten wir $\varDelta\mathfrak{x}$ in eine zu E gehörige und eine zu E normale Komponente: $\varDelta\mathfrak{x} = \overline{\varDelta\mathfrak{x}} + \varDelta_n\mathfrak{x}$ und abstrahieren weiter von der letzteren. Der Übergang $\mathfrak{x} \rightarrow \mathfrak{x} + \overline{\varDelta\mathfrak{x}}$ ist eine infinitesimale Drehung der Ebene E. Bedeutet $\varDelta\omega$ ihren Drehwinkel, so ist die Riemannsche Krümmung gleich dem Quotienten aus $\varDelta\omega$ und der Größe des Flächenelements $\varDelta\sigma$. — In der Einsteinschen Gravitationstheorie wird der verjüngte Tensor 2. Stufe

$$(62) \qquad R^{\alpha}_{i\,\alpha k} = R_{ik},$$

der im Riemannschen Raum symmetrisch ist, von Wichtigkeit; seine Komponenten lauten

$$(63) \qquad R_{ik} = \frac{\partial}{\partial x_r} \begin{Bmatrix} ik \\ r \end{Bmatrix} - \frac{\partial}{\partial x_k} \begin{Bmatrix} ir \\ r \end{Bmatrix} + \begin{Bmatrix} ik \\ r \end{Bmatrix} \begin{Bmatrix} rs \\ s \end{Bmatrix} - \begin{Bmatrix} ir \\ s \end{Bmatrix} \begin{Bmatrix} ks \\ r \end{Bmatrix}.$$

Nur der zweite Term auf der rechten Seite läßt hier die Symmetrie in bezug auf i und k nicht unmittelbar erkennen; er ist aber nach (60)

$$= \frac{1}{2} \frac{\partial^2 (\lg g)}{\partial x_i \partial x_k}.$$

Der Krümmungskalar F des allgemeinen metrischen Raumes mit den beiden Fundamentalformen

$$g_{ik} (dx)^i (dx)^k, \qquad \varphi_i (dx)^i$$

drückt sich durch den Krümmungskalar R des Riemannschen Raumes mit den Grundformen

$$g_{ik} (dx)^i (dx)^k, \qquad 0$$

folgendermaßen aus (man muß die einfache Rechnung Schritt für Schritt durchführen):

$$(64) \qquad F = R - (n-1) \frac{1}{\sqrt{g}} \frac{\partial (\sqrt{g}\, \varphi^i)}{\partial x_i} - \frac{(n-1)(n-2)}{4} (\varphi_i\, \varphi^i).$$

Die allgemeine Tensoranalysis ist bereits in der Euklidischen Geometrie von großem Nutzen, wenn man Rechnungen nicht in einem Cartesischen oder affinen, sondern in einem krummlinigen Koordinatensystem durchzuführen hat, wie das in der mathematischen Physik häufig der Fall ist. Um diese Verwendung des Tensorkalküls zu illustrieren, wollen wir die *Grundgleichungen für das elektrostatische Feld und das Magnetfeld stationärer Ströme hier in allgemeinen krummlinigen Koordinaten* hinschreiben.

Es seien zunächst E_i die Komponenten der elektrischen Feldstärke in einem Cartesischen Koordinatensystem; indem man die von der Wahl des Cartesischen Koordinatensystems $x_1 x_2 x_3$ unabhängige quadratische und lineare Differentialform

$$ds^2 = dx_1^2 + dx_2^2 + dx_3^2, \qquad \text{bzw.} \qquad E_1 dx_1 + E_2 dx_2 + E_3 dx_3$$

auf beliebige krummlinige (wiederum mit x_i bezeichnete) Koordinaten transformiert, mögen sie übergehen in

$$ds^2 = g_{ik} dx_i dx_k \qquad \text{und} \qquad E_i dx_i.$$

Dann sind E_i in jedem Koordinatensystem die Komponenten desselben kovarianten Vektorfeldes. Aus ihm bilden wir eine Vektordichte mit den Komponenten

$$\mathfrak{E}^i = \sqrt{g} \cdot g^{ik} E_k \qquad (g = |g_{ik}|).$$

Das Potential φ transformieren wir als einen Skalar auf die neuen Koordinaten; die Dichte ϱ der Elektrizität aber definieren wir durch die Festsetzung, daß die in irgendeinem Raumstück enthaltene elektrische Ladung $= \int \varrho\, dx_1 dx_2 dx_3$ sei; dann ist ϱ kein Skalar, sondern eine skalare Dichte. Die Gesetze lauten:

$$(65) \quad \begin{cases} E_i = - \dfrac{\partial \varphi}{\partial x_i}, \quad \text{bzw.} \quad \dfrac{\partial E_k}{\partial x_i} - \dfrac{\partial E_i}{\partial x_k} = 0, \\[2mm] \qquad\qquad \dfrac{\partial \mathfrak{E}^i}{\partial x_i} = \varrho; \\[2mm] \text{und} \quad \mathfrak{S}_i^k = E_i \mathfrak{E}^k - \tfrac{1}{2}\delta_i^k \mathfrak{S}, \quad \text{wo} \quad \mathfrak{S} = E_i \mathfrak{E}^i, \end{cases}$$

sind die Komponenten einer gemischten Tensordichte 2. Stufe, der Spannung. — Zum Beweise genügt die Bemerkung, daß diese Gleichungen, so wie wir sie hingeschrieben haben, absolut invarianten Charakter besitzen, für ein Cartesisches Koordinatensystem aber in die früher aufgestellten Grundgleichungen übergehen.

Das Magnetfeld stationärer Ströme hatten wir in den Cartesischen Koordinatensystemen durch eine invariante schiefsymmetrische Bilinearform $H_{ik}\,dx_i\,\delta x_k$ charakterisiert. Indem wir sie auf beliebige krummlinige Koordinaten transformieren, erhalten wir in H_{ik} die gegenüber beliebigen Koordinatentransformationen kovarianten Komponenten eines linearen Tensorfeldes 2. Stufe, des »Magnetfeldes«. Ähnlich ermitteln wir die Komponenten φ_i des Vektorpotentials, als eines kovarianten Vektorfeldes, in einem beliebigen krummlinigen Koordinatensystem. Außerdem führen wir eine lineare Tensordichte 2. Stufe ein durch die Gleichungen

$$\mathfrak{H}^{ik} = \sqrt{g} \cdot g^{i\alpha} g^{k\beta} H_{\alpha\beta}.$$

Die Gesetze lauten dann

$$(66) \quad \begin{cases} H_{ik} = \dfrac{\partial \varphi_k}{\partial x_i} - \dfrac{\partial \varphi_i}{\partial x_k}, \quad \text{bzw.} \quad \dfrac{\partial H_{kl}}{\partial x_i} + \dfrac{\partial H_{li}}{\partial x_k} + \dfrac{\partial H_{ik}}{\partial x_l} = 0, \\[2mm] \qquad\qquad \dfrac{\partial \mathfrak{H}^{ik}}{\partial x_k} = \mathfrak{F}^i; \\[2mm] \mathfrak{S}_i^k = H_{ir} \mathfrak{H}^{kr} - \tfrac{1}{2}\delta_i^k \mathfrak{S}, \quad \mathfrak{S} = \tfrac{1}{2} H_{ik} \mathfrak{H}^{ik}. \end{cases}$$

$\mathfrak{F}^i$ sind die Komponenten einer Vektordichte, der »elektrischen Stromstärke«; die Spannungen $\mathfrak{S}_i^k$ haben den gleichen Invarianzcharakter wie im elektrischen Felde. — Man spezialisiere diese Formeln z. B. für den Fall der Kugel- und Zylinderkoordinaten; das ist ohne weitere Rechnungen möglich, sobald man den Ausdruck von ds^2, des Abstandsquadrats zweier Nachbarpunkte, in jenen Koordinaten besitzt, den man durch eine einfache infinitesimal-geometrische Betrachtung gewinnt.

Von größerer prinzipieller Wichtigkeit ist aber dies, daß wir in (65) und (66) die Grundgesetze des stationären elektromagnetischen Feldes bereit haben für den Fall, daß wir aus irgendwelchen Gründen genötigt wären, die Euklidische Geometrie für den physikalischen Raum aufzugeben und durch eine *Riemannsche Geometrie* mit anderer metrischer Fundamentalform zu ersetzen. Denn auch unter solchen allgemeineren geometrischen Verhältnissen stellen unsere Gleichungen wegen ihrer invarianten Natur »objektive«, von jedem Koordinatensystem unabhängige Aussagen über den gesetzmäßigen Zusammenhang zwischen Ladung, Strom und Feld dar.

Daß sie die natürliche Übertragung der im Euklidischen Raum gültigen Gesetze des stationären elektromagnetischen Feldes sind, darüber ist kein Zweifel möglich; ja, es ist geradezu wunderbar, wie einfach und zwanglos diese Übertragung sich aus dem allgemeinen Tensorkalkül ergibt. Die Frage, ob der Raum Euklidisch ist oder nicht, ist völlig irrelevant für die Gesetze des elektromagnetischen Feldes. Die »Euklidizität« drückt sich in allgemein-invarianter Form durch Differentialgleichungen 2. *Ordnung* für die g_{ik} aus (Verschwinden der Krümmung), in diese Gesetze gehen aber nur die g_{ik} und deren 1. Ableitungen ein. — Eine derartig einfache Übertragung ist aber, wohlgemerkt, nur für die *Nahewirkungsgesetze* möglich. Die Herleitung der dem Coulombschen und dem Biot-Savartschen entsprechenden Fernwirkungsgesetze aus diesen Nahewirkungsgesetzen ist eine rein mathematische Aufgabe, die im wesentlichen auf Folgendes hinauskommt: An die Stelle der gewöhnlichen Potentialgleichung $\Delta\varphi = 0$ tritt in der Riemannschen Geometrie als ihre invariante Verallgemeinerung — siehe (65) — die Gleichung

$$\frac{\partial}{\partial x_i}\left(\sqrt{g}\cdot g^{ik}\frac{\partial\varphi}{\partial x_k}\right) = 0;$$

d. i. eine lineare Differentialgleichung 2. Ordnung, deren Koeffizienten aber keine Konstanten mehr sind. Von ihr ist die an einer beliebig vorgegebenen Stelle unendlich werdende »Grundlösung« zu ermitteln, welche der Grundlösung $\frac{1}{r}$ der Potentialgleichung entspricht; deren Bestimmung ist ein schwieriges mathematisches Problem, das in der Theorie der partiellen linearen Differentialgleichungen 2. Ordnung behandelt wird. Dieselbe Aufgabe stellt sich auch schon bei Beschränkung auf den Euklidischen Raum ein, wenn man statt der Vorgänge im leeren Raum die in einem inhomogenen Medium (z. B. in einem Medium mit örtlich veränderlicher Dielektrizitätskonstante) zu untersuchen hat. — Die Übertragung der elektromagnetischen Gesetze auf einen metrischen, nicht-Riemannschen Raum ist, wie sich zpäter zeigen wird, ohne Interesse, weil das metrische Feld eines solchen Raumes das elektromagnetische schon mitenthält.

Kürzeste Linie im Riemannschen Raum. Im metrischen Raum gilt für zwei Vektoren ξ^i, η^i bei Parallelverschiebung

$$d(\xi_i\,\eta^i) + (\xi_i\,\eta^i)\,d\varphi = 0,$$

im Riemannschen fällt das zweite Glied weg. Daraus folgt, daß sich im Riemannschen Raum die Parallelverschiebung eines kontravarianten Vektors ξ in den Größen $\xi_i = g_{ik}\xi^k$ genau so ausdrückt wie die Parallelverschiebung eines kovarianten Vektors in seinen Komponenten ξ_i:

$$d\xi_i - \begin{Bmatrix} i\,\alpha \\ \beta \end{Bmatrix} dx_\alpha\,\xi_\beta = 0 \quad \text{oder} \quad d\xi_i - \begin{bmatrix} i\,\alpha \\ \beta \end{bmatrix} dx_\alpha\,\xi^\beta = 0.$$

Für eine Translation gilt demnach

$$(67) \qquad \frac{du_i}{ds} - \frac{1}{2}\frac{\partial g_{\alpha\beta}}{\partial x_i}u^\alpha u^\beta = 0 \quad \left(u^i = \frac{dx_i}{ds},\; u_i = g_{ik}u^k\right);$$

denn es ist — Gl. (19) —

$$\begin{bmatrix} i\,\alpha \\ \beta \end{bmatrix} + \begin{bmatrix} i\,\beta \\ \alpha \end{bmatrix} = \frac{\partial g_{\alpha\beta}}{\partial x_i}$$

und daher für irgendein symmetrisches System von Zahlen $t^{\alpha\beta}$:

$$(68) \qquad \tfrac{1}{2} \frac{\partial g_{\alpha\beta}}{\partial x_i} \cdot t^{\alpha\beta} = \begin{bmatrix} i\,\alpha \\ \beta \end{bmatrix} t^{\alpha\beta} = \begin{Bmatrix} i\,\alpha \\ \beta \end{Bmatrix} t^{\alpha}_{\beta}.$$

Da die Maßzahl des Geschwindigkeitsvektors während der Translation ungeändert bleibt, gilt

$$(69) \qquad g_{ik} \frac{dx_i}{ds} \frac{dx_k}{ds} = u_i u^i = \text{konst.}$$

Setzen wir die metrische Fundamentalform der Einfachheit halber als positiv-definit voraus, so kommt jeder Kurve $x_i = x_i(s)\,[a \leqq s \leqq b]$ eine (von der Parameterdarstellung unabhängige) *Länge* zu:

$$\int_a^b \sqrt{Q}\,ds \qquad\qquad \left(Q = g_{ik} \frac{dx_i}{ds} \frac{dx_k}{ds} \right).$$

Benutzt man die Bogenlänge selbst als Parameter, so wird $Q = 1$. Die Gleichung (69) sagt aus, daß eine Translation ihre Bahnkurve, die geodätische Linie, mit konstanter Geschwindigkeit durchläuft, daß nämlich der Zeitparameter s der Bogenlänge proportional ist. Die geodätische Linie besitzt im Riemannschen Raum nicht nur die Differentialeigenschaft, ihre Richtung unverändert beizubehalten, sondern auch *die Integraleigenschaft, daß jedes Stück von ihr kürzeste Verbindungslinie seines Anfangs- und Endpunktes ist.* Doch ist diese Aussage nicht ganz wörtlich zu verstehen, sondern in demselben Sinne, wie wir etwa in der Mechanik sagen, daß im Gleichgewicht die potentielle Energie ein Minimum ist, oder von einer Funktion $f(xy)$ zweier Variablen sagen, sie habe dort ein Minimum, wo ihr Differential

$$df = \frac{\partial f}{\partial x}\,dx + \frac{\partial f}{\partial y}\,dy$$

identisch in dx, dy verschwindet; während es in Wahrheit heißen muß, daß sie dort einen »stationären« Wert annimmt, der sowohl ein Minimum wie ein Maximum wie auch ein »Sattelwert« sein kann. Die geodätische Linie ist nicht notwendig eine Kurve kürzester, wohl aber eine Kurve stationärer Länge. Auf der Kugeloberfläche z. B. sind die größten Kreise die geodätischen Linien; nehmen wir auf einem solchen Kreis zwei Punkte A und B an, so ist der kleinere der beiden Bögen AB zwar in der Tat kürzeste Verbindungslinie von A und B; aber auch der andere Bogen ist eine geodätische Verbindungslinie von A und B, er hat nicht kürzeste, sondern stationäre Länge. — Wir benutzen diese Gelegenheit, um in strenger Form das Prinzip der unendlichkleinen Variation darzulegen.

Gegeben sei eine beliebige Kurve in Parameterdarstellung

$$x_i = x_i(s), \qquad (a \leqq s \leqq b)$$

die »Ausgangskurve«. Um sie mit Nachbarkurven zu vergleichen, betrachten wir ferner eine beliebige einparametrige Kurvenschar

$$x_i = x_i(s; \varepsilon) \qquad (a \leqq s \leqq b).$$

Der Parameter ε variiert in einem Intervall um $\varepsilon = 0$; $x_i(s; \varepsilon)$ sollen Funktionen sein, die sich für $\varepsilon = 0$ auf $x_i(s)$ reduzieren. Da alle Kurven der Schar den gleichen Anfangspunkt mit dem gleichen Endpunkt verbinden sollen, sind $x_i(a; \varepsilon)$ und $x_i(b; \varepsilon)$ unabhängig von ε. Die Länge einer solchen Kurve ist gegeben durch

$$L(\varepsilon) = \int_a^b \sqrt{Q}\, ds.$$

Wir nehmen noch an, daß s für die Ausgangskurve die Bogenlänge bedeutet, somit $Q = 1$ ist für $\varepsilon = 0$. Die Richtungskomponenten $\dfrac{dx_i}{ds}$ für die Ausgangskurve $\varepsilon = 0$ mögen mit u^i bezeichnet werden. Wir setzen ferner

$$\varepsilon \cdot \left(\frac{dx_i}{d\varepsilon}\right)_{\varepsilon=0} = \xi^i(s) = \delta x_i;$$

das sind die Komponenten der »unendlich kleinen« Verschiebung, durch welche die Ausgangskurve in die einem unendlich kleinen Wert von ε entsprechende »variierte« Nachbarkurve übergeht; sie verschwinden an den Enden.

$$\varepsilon \cdot \left(\frac{dL}{d\varepsilon}\right)_{\varepsilon=0} = \delta L$$

ist die zugehörige Variation der Länge. $\delta L = 0$ ist die Bedingung dafür, daß die Ausgangskurve in der Kurvenschar stationäre Länge besitzt. Wenden wir das Zeichen δQ im gleichen Sinne an, so ist

$$(70) \qquad \delta L = \int_a^b \frac{\delta Q}{2\sqrt{Q}}\, ds = \tfrac{1}{2} \int_a^b \delta Q\, ds,$$

da für die Ausgangskurve $Q = 1$ ist. Es gilt

$$\frac{dQ}{d\varepsilon} = \frac{\delta g_{\alpha\beta}}{\delta x_i} \frac{dx_i}{d\varepsilon} \frac{dx_\alpha}{ds} \frac{dx_\beta}{ds} + 2 g_{ik} \frac{dx_k}{ds} \frac{d^2 x_i}{d\varepsilon\, ds}$$

und also (im zweiten Glied werden »Variation« und »Differentiation«, d. h. die Differentiationen nach ε und s vertauscht)

$$\delta Q = \frac{\delta g_{\alpha\beta}}{\delta x_i} u^\alpha u^\beta \xi^i + 2 g_{ik} u^k \frac{d\xi^i}{ds}.$$

Setzen wir dies in (70) ein und formen das zweite Glied durch eine partielle Integration um unter Berücksichtigung des Umstandes, daß die ξ^i an den Enden des Integrationsintervalls verschwinden, so kommt

$$\delta L = \int_a^b \left(\frac{1}{2} \frac{\partial g_{\alpha\beta}}{\partial x_i} u^\alpha u^\beta - \frac{du_i}{ds} \right) \xi^i \, ds.$$

Die Bedingung $\delta L = 0$ ist demnach dann und nur dann für jede beliebige Kurvenschar erfüllt, wenn (67) gilt. In der Tat, wäre für einen Wert $s = s_0$ zwischen a und b einer dieser Ausdrücke, z. B. der erste $(i = 1)$ von 0 verschieden, etwa > 0, so kann man um s_0 ein so kleines Intervall abgrenzen, daß in ihm jener Ausdruck durchweg > 0 bleibt. Wählt man für ξ^1 eine nicht-negative Funktion, welche außerhalb dieses Intervalls verschwindet, alle übrigen ξ^i aber $= 0$, so kommt ein Widerspruch zu der Gleichung $\delta L = 0$ zustande.

Aus dem Beweise geht noch hervor, daß eine *Translation* unter allen denjenigen Bewegungen, welche während derselben Zeit $a \leq s \leq b$ vom selben Anfangspunkt zum selben Endpunkt führen, durch die Eigenschaft ausgezeichnet ist, dem Integral $\int_a^b Q \, ds$ einen stationären Wert zu erteilen. —

Es wird manchen (trotz redlicher Bemühungen des Verfassers um anschauliche Klarheit) entsetzt haben, von welcher Sintflut von Formeln und Indizes hier der leitende Gedanke der Infinitesimalgeometrie überschwemmt wurde. Es ist gewiß bedauerlich, daß wir uns um das rein Formale so ausführlich bemühen und ihm einen solchen Platz einräumen müssen; aber es läßt sich nicht vermeiden. Wie jeder Sprache und Schrift mühsam erlernen muß, ehe er sie mit Freiheit zum Ausdruck seiner Gedanken gebrauchen kann, so ist auch hier der einzige Weg, den Druck der Formeln von sich abzuwälzen, der, das Werkzeug der Tensoranalysis so in seine Gewalt zu bringen, daß man sich durch das Formale unbehindert den wahrhaften Problemen zuwenden kann, die uns beschäftigen: Einsicht in das Wesen von Raum, Zeit und Materie zu gewinnen, sofern sie am Aufbau [der objektiven Wirklichkeit beteiligt sind. Für den, der auf solche Ziele aus ist, müßte es eigentlich heißen: das Mathematische versteht sich immer von selbst. Bevor wir nun, nach langwierigen Vorbereitungen und beendeter Ausrüstung, die Fahrt antreten ins Land der physikalischen Erkenntnis, auf den Wegen, die das Genie Einsteins uns gewiesen hat, wollen wir noch zu einer vertieften Auffassung der Raummetrik vorzudringen suchen. Es handelt sich darum, die innere Notwendigkeit und Einzigartigkeit der metrischen Struktur, wie sie im Pythagoreischen Gesetz zum Ausdruck kommt, zu begreifen.

§ 19. Gruppentheoretische Auffassung der Raummetrik.

Während die Natur des affinen Zusammenhangs uns keine Rätsel mehr aufgibt — die an den Begriff der Parallelverschiebung gestellte Forderung auf S. 113, welche sie als eine Art *ungeänderter* Verpflanzung charakterisiert, bestimmt diese Natur völlig eindeutig —, haben wir hinsichtlich der Metrik noch keinen Standpunkt über der Erfahrung gewonnen. Daß sie gerade durch eine quadratische Differentialform beschrieben wird, war als Tatsache hingenommen, aber nicht verstanden. Schon Riemann wies darauf hin, daß als metrische Fundamentalform, zunächst mit demselben Recht, eine homogene Funktion 4. Ordnung der Differentiale oder auch irgendeine anders gebaute Funktion erwartet werden könnte, die nicht einmal rational von den Differentialen abzuhängen brauchte. Aber selbst da dürfen wir noch nicht Halt machen. Das, was ursprünglich und allgemein die Metrik in einem Punkte P bestimmt, ist die *Gruppe der Drehungen;* die metrische Beschaffenheit der Mannigfaltigkeit im Punkte P ist bekannt, wenn man weiß, welche unter den linearen Abbildungen des Vektorkörpers (d. i. der Gesamtheit aller Vektoren) im Punkte P auf sich selbst *kongruente* Abbildungen sind. Es gibt so viele verschiedene Arten von Maßbestimmungen, als es wesentlich verschiedene Gruppen linearer Transformationen gibt (wobei wesentlich verschieden solche Gruppen sind, die sich nicht bloß durch die Wahl des Koordinatensystems voneinander unterscheiden). Für die bisher allein untersuchte *Pythagoreische Metrik* besteht die Gruppe der Drehungen aus allen linearen Transformationen, welche die quadratische Fundamentalform in sich überführen. Aber an sich brauchte die Drehungsgruppe überhaupt keine Invariante (d. i. eine, von einem einzigen willkürlichen Vektor abhängige Funktion, die bei allen Drehungen ungeändert bleibt) zu besitzen.

Überlegen wir uns, welche Forderungen wir natürlicherweise an den Begriff der Drehung zu stellen haben! In einem einzelnen Punkte können, solange die Mannigfaltigkeit noch keine Maßbestimmung trägt, nur die n-dimensionalen Parallelepipede ihrer Größe nach miteinander verglichen werden. Sind $\mathfrak{a}_i (i = 1, 2, \ldots, n)$ beliebige Vektoren, die sich aus den zugrunde gelegten Einheitsvektoren $\mathfrak{e}_i$ nach den Gleichungen

$$\mathfrak{a}_i = a_i^k \mathfrak{e}_k$$

bestimmen, so ist die Determinante der a_i^k, welche nach Graßmann zweckmäßig mit

$$\frac{[\mathfrak{a}_1 \mathfrak{a}_2 \cdots \mathfrak{a}_n]}{[\mathfrak{e}_1 \mathfrak{e}_2 \cdots \mathfrak{e}_n]}$$

bezeichnet wird, definitionsgemäß das Volumen des von den n Vektoren $\mathfrak{a}_i$ aufgespannten Parallelepipeds. Bei Wahl eines andern Systems von Einheitsvektoren $\bar{\mathfrak{e}}_i$ multiplizieren sich alle Volumina mit einem gemeinsamen konstanten Faktor, wie aus dem »Multiplikationssatz der Determinanten«

$$\frac{[\mathfrak{a}_1 \mathfrak{a}_2 \cdots \mathfrak{a}_n]}{[\mathfrak{e}_1 \mathfrak{e}_2 \cdots \mathfrak{e}_n]} = \frac{[\mathfrak{a}_1 \mathfrak{a}_2 \cdots \mathfrak{a}_n]}{[\bar{\mathfrak{e}}_1 \bar{\mathfrak{e}}_2 \cdots \bar{\mathfrak{e}}_n]} \cdot \frac{[\bar{\mathfrak{e}}_1 \bar{\mathfrak{e}}_2 \cdots \bar{\mathfrak{e}}_n]}{[\mathfrak{e}_1 \mathfrak{e}_2 \cdots \mathfrak{e}_n]}$$

hervorgeht; die Volumina sind also nach Wahl einer Maßeinheit eindeutig und unabhängig vom Koordinatensystem bestimmt. *Eine Drehung muß offenbar, da sie den Vektorkörper »nicht verändern« soll, eine volumtreue Abbildung sein.* Die Drehung, durch welche der Vektor $\mathfrak{x} = (\xi^i)$ allgemein übergeht in $\bar{\mathfrak{x}} = (\bar{\xi}^i)$, werde dargestellt durch die Gleichungen

$$\bar{\mathfrak{e}}_i = a_i^k \mathfrak{e}_k \qquad \text{oder} \qquad \bar{\xi}^i = a_k^i \xi^k.$$

Die Determinante der Drehungsmatrix (a_k^i) wird dann gleich 1 ausfallen. — Betrifft diese Forderung die *einzelne* Drehung, so haben wir von ihrer Gesamtheit zu verlangen, daß sie *eine Gruppe bilden*. Es handelt sich dabei um eine *kontinuierliche* Gruppe, d. h. die Drehungen sind die Elemente einer mehrdimensionalen stetigen Mannigfaltigkeit.

Gehen wir in der Darstellung einer linearen Vektorabbildung durch ihre Matrix $A = (a_k^i)$ von einem Koordinatensystem $(\mathfrak{e}_i)$ zu einem andern $(\bar{\mathfrak{e}}_i)$ über vermöge der Gleichungen

$$(71) \qquad\qquad U : \mathfrak{e}_i = u_i^k \, \bar{\mathfrak{e}}_k ,$$

so verwandelt sich A in UAU^{-1} $(U^{-1}$ bedeutet die Inverse zu U, UU^{-1} und $U^{-1}U$ sind gleich der Identität $E)$. In eine gegebene Matrixgruppe $\mathfrak{G}$ kann also jede solche Gruppe durch geeignete Abänderung des Koordinatensystems übergeführt werden, welche aus $\mathfrak{G}$ dadurch entsteht, daß man auf jede Matrix G von $\mathfrak{G}$ die Operation UGU^{-1} anwendet (mit demselben U für alle G); von einer derartigen Gruppe $U\mathfrak{G}U^{-1}$ wollen wir sagen, sie sei von der gleichen Art wie $\mathfrak{G}$, oder sie unterscheide sich von $\mathfrak{G}$ nur durch ihre Orientierung. Ist $\mathfrak{G}$ die Gruppe der Drehungsmatrizen in P und $U\mathfrak{G}U^{-1}$ identisch mit $\mathfrak{G}$ (keineswegs braucht dabei jedes einzelne G durch die Operation UGU^{-1} wieder in G überzugehen, sondern es ist nur gefordert, daß mit G immer auch UGU^{-1} zu $\mathfrak{G}$ gehört), so drückt sich die Metrik in zwei Koordinatensystemen (71), die durch U auseinander hervorgehen, in der gleichen Weise aus; U ist eine Abbildung des Vektorkörpers auf sich selbst, welche alle metrischen Beziehungen ungeändert läßt. Das ist der Begriff der *ähnlichen Abbildung*. $\mathfrak{G}$ ist in der Gruppe $\mathfrak{G}^*$ der ähnlichen Abbildungen als Untergruppe enthalten.

Von der Metrik im einzelnen Punkte kommen wir jetzt zum *»metrischen Zusammenhang«*. Der metrische Zusammenhang des Punktes P_0 mit seiner unmittelbaren Umgebung ist bekannt, wenn man weiß, wann eine lineare Abbildung des Vektorkörpers in $P_0 = (x_i^0)$ auf den Vektorkörper in irgendeinem unendlich benachbarten Punkte $P = (x_i^0 + dx_i)$ eine *kongruente Verpflanzung* ist. Wird die Gruppeneigenschaft auch auf den metrischen Zusammenhang ausgedehnt, so liegen in ihr die folgenden Forderungen:

1) Für die kongruenten Verpflanzungen von P_0 nach einem *bestimmten* zu P_0 unendlich benachbarten Punkte P: alle diese Verpflanzungen A entstehen aus einer von ihnen, A_0, indem wir dem A_0 eine beliebige Drehung G_0 in P_0 voraufgehen lassen: $A = A_0 G_0$, wo G_0 die Drehungsgruppe $\mathfrak{G}_0$ in P_0 durchläuft. Betrachten wir ferner den zum Zentrum P_0 gehörigen Vektorkörper in zwei zueinander kongruenten Lagen, so werden diese durch dieselbe kongruente Verpflanzung A_0 in zwei kongruente Lagen in P übergehen; daher ist die Drehungsgruppe $\mathfrak{G}$ in P gleich $A_0 \mathfrak{G}_0 A_0^{-1}$. — Aus dem metrischen Zusammenhang ergibt sich also, daß die Drehungsgruppe in P sich von der in P_0 nur durch die Orientierung unterscheidet. Und wenn wir stetig vom Punkte P_0 zu irgendeinem Punkte der Mannigfaltigkeit übergehen, so erkennen wir daraus

weiter, daß die Drehungsgruppen in allen Punkten der Mannigfaltigkeit von der gleichen Art sind; in dieser Hinsicht herrscht also Homogenität.

2) Für den metrischen Zusammenhang von P_0 mit *allen* Punkten seiner unmittelbaren Umgebung: nimmt man hintereinander eine infinitesimale kongruente Verpflanzung des Vektorkörpers durch die Verschiebung dx_i vor [d. h. vom Punkte $P_0 = (x_i^0)$ nach der Stelle $P = (x_i^0 + dx_i)$] und eine zweite solche Verpflanzung durch die Verschiebung δx_i, so muß eine durch die resultierende Verschiebung $dx_i + \delta x_i$ bewirkte infinitesimale kongruente Verpflanzung zustande kommen. — Eine kongruente Verpflanzung ist infinitesimal, wenn die Änderungen $d\xi^i$ der Komponenten ξ^i eines beliebigen Vektors von der gleichen Größenordnung unendlich klein sind wie die Komponenten dx_i der vorgenommenen Verschiebung des Zentrums. Ist also

$$d\xi^i = \varepsilon \cdot \sum_k \Lambda_{k1}^i \xi^k$$

eine beliebige infinitesimale kongruente Verpflanzung in Richtung der ersten Koordinatenachse, nach dem Punkte $(x_1^0 + \varepsilon, \, x_2^0, \, \ldots, \, x_n^0)$, und haben $\Lambda_{k2}^i, \, \ldots, \, \Lambda_{kn}^i$ eine analoge Bedeutung für die zweite bis $n$te Koordinatenachse (ε ist eine infinitesimale Konstante), so liefert die Formel

$$(72) \qquad d\xi^i = \sum_{kr} \Lambda_{kr}^i \xi^k (dx)^r$$

ein »System infinitesimaler kongruenter Verpflanzungen« nach den sämtlichen Punkten der Umgebung von P_0.

Endlich erinnere ich daran, daß nach § 12 zu jedem Koordinatensystem ein möglicher Begriff der infinitesimalen Parallelverschiebung gehört, ein mögliches System von Parallelverschiebungen des Vektorkörpers in P_0 nach allen zu P_0 unendlich benachbarten Punkten.

Was wir bisher ausgeführt haben, war eine bloße Begriffsanalyse, Explikation dessen, was in den Begriffen *Metrik, metrischer Zusammenhang* und *Parallelverschiebung* als solchen liegt [18]). Ich komme jetzt zum »synthetischen« Teil im Kantischen Sinne. Unter den verschiedenen Arten metrischer Räume wollen wir durch innere einfache Eigenschaften die eine kennzeichnen, zu welcher nach Pythagoras-Riemann der wirkliche Raum gehört. Die mit dem Ort sich nicht verändernde Art der Drehungsgruppe charakterisiert das metrische Wesen des Raumes. Durch das Wesen des Raumes *nicht* bestimmt ist aber der metrische Zusammenhang von Punkt zu Punkt *) und damit die gegenseitige Orientierung der Drehungsgruppen in den verschiedenen Punkten der Mannigfaltigkeit. Dieser ist vielmehr abhängig von der materiellen Erfüllung, an sich also frei und beliebiger virtueller Veränderungen fähig. Unsere erste Forderung lautet geradezu (Postulat der Freiheit):

I. Das Wesen des Raumes läßt jeden möglichen metrischen Zusammenhang zu; in dem Sinne, daß bei gegebener Drehungsgruppe in P_0 immer noch ein solcher metrischer Zusammenhang von P_0 mit den Punkten P

---

*) Obschon auch er, wie sich hernach zeigen wird, überall von der gleichen Art ist.

seiner Umgebung möglich ist, bei welchem die Formel (72) ein System kongruenter Verpflanzungen nach diesen Nachbarpunkten darstellt *bei beliebig vorgegebenen Zahlen* Λ^i_{kr}.

Die zweite, über die bloße Begriffsanalyse hinausgehende Forderung, welche wir aufstellen, betrifft die Beziehung, welche zwischen kongruenter Verpflanzung und Parallelverschiebung besteht; sie ist identisch mit jenem Sachverhalt, den wir oben als Fundamentalsatz der Infinitesimalgeometrie ausgesprochen hatten, und besagt: Welche quantitative Bestimmtheit auch der nach I. an sich freie metrische Zusammenhang haben mag — wenn er einmal fixiert ist, *gibt es unter den möglichen Systemen von Parallelverschiebungen ein einziges, welches zugleich ein System kongruenter Verpflanzungen ist.* Unter den infinitesimalen kongruenten Verpflanzungen des Vektorkörpers in P_0 nach einem beliebigen Nachbarpunkte P ist also eine ausgezeichnet, die *Translation*, welche mit der Identität zusammenfällt, wenn $P = P_0$ ist. Wir drücken diese Forderung auch, kurz so aus:

II. Der metrische Zusammenhang bestimmt eindeutig den affinen.

Unsere Forderungen enthalten gewisse invariante, vom Koordinatensystem unabhängige Aussagen über das System der infinitesimalen Drehungen im Punkte P_0. Zu beweisen ist, daß aus ihnen die Existenz einer nichtausgearteten quadratischen Form folgt, welche bei den infinitesimalen Drehungen ungeändert bleibt. Tatsächlich ist es mir gelungen, den Beweis für diesen gruppentheoretischen Satz zu erbringen; ich erblicke in seiner Gültigkeit eine Bestätigung der hier vertretenen Gedankeneinstellung zum Raumproblem durch die Logik. Die Wiedergabe des sehr komplizierten Beweises würde uns aber hier viel zu weit führen[19].

Ich mache lieber zum Schluß noch auf zwei Punkte aufmerksam. Erstens: es steht mit dem Axiom I, wie wir sahen, keineswegs im Widerspruch, daß nach II nicht nur die Metrik, sondern auch der metrische Zusammenhang an jeder Stelle von der gleichen Art ist — nämlich von der einfachsten, die überhaupt denkmöglich ist: zu jedem Punkt gibt es ein geodätisches Koordinatensystem derart, daß der Transport aller Vektoren daselbst mit ungeänderten Komponenten an eine Nachbarstelle stets eine kongruente Verpflanzung ist. Zweitens: trifft unsere Analyse das Richtige, so wird der ausgezeichnete Charakter der Pythagoreischen Metrik erst dadurch verständlich, daß wir uns die Orientierung, die quantitative Bestimmtheit und Zusammenknüpfung der Metriken in den verschiedenen Punkten als *frei veränderlich* denken und nicht von vornherein jene besondere Verknüpfung als starr gegeben annehmen, welche für die Euklidische Ferngeometrie charakteristisch ist. »Natur« und »Orientierung« trennen sich dabei so, daß die φ_i und die g_{ik} frei veränderlich sind unter der einen Einschränkung, daß die quadratische Form mit den Koeffizienten g_{ik} nicht-ausgeartet ist und den durch die Natur des Raumes vorgeschriebenen Trägheitsindex besitzt.

Die im II. Kap. angestellten Untersuchungen über den Raum scheinen mir ein gutes Beispiel für die von der phänomenologischen Philosophie

(Husserl) angestrebte Wesensanalyse zu sein; ein Beispiel, das typisch ist für solche Fälle, wo es sich um nicht-immanente Wesen handelt. Wir sehen da an der historischen Entwicklung des Raumproblems, wie schwer es uns in der Wirklichkeit befangenen Menschen wird, das Entscheidende zu treffen. Eine lange mathematische Entwicklung, die große Entfaltung der geometrischen Studien von Euklid bis Riemann, die physikalische Durchdringung der Natur und ihrer Gesetze seit Galilei mit all ihren immer erneuerten Anstößen aus der Empirie, endlich das Genie einzelner großer Geister — Newton, Gauß, Riemann, Einstein — war erforderlich, um uns von den äußerlichen, zufälligen, nicht wesenhaften Merkmalen loszureißen, an denen wir sonst hängen geblieben wären. Freilich: ist einmal der wahre Standpunkt gewonnen, so geht der Vernunft ein Licht auf, und sie erkennt und anerkennt das ihr aus-sich-selbst-Verständliche; dennoch hatte sie (wenn sie natürlich auch in der ganzen Entwicklung des Problems immer »dabei war«) nicht die Kraft, es mit einem Schlage zu durchschauen. Das muß der Ungeduld der Philosophen entgegengehalten werden, die da glauben, auf Grund eines einzigen Aktes exemplarischer Vergegenwärtigung das Wesen adäquat beschreiben zu können; sie haben prinzipiell recht, menschlich aber so unrecht. Das Beispiel des Raumes ist zugleich sehr lehrreich für diejenige Frage der Phänomenologie, die mir die eigentlich entscheidende zu sein scheint: inwieweit die Abgrenzung der dem Bewußtsein aufgehenden Wesenheiten eine dem Reich des Gegebenen selbst eigentümliche Struktur zum Ausdruck bringt und inwieweit an ihr bloße Konvention beteiligt ist.

III. Kapitel

Relativität von Raum und Zeit.

§ 20. Das Galileische Relativitätsprinzip.

Schon in der Einleitung ist besprochen worden, in welcher Weise wir mittels einer Uhr die Zeit messen und nach Wahl eines beliebigen Anfangspunktes in der Zeit und einer Zeiteinheit jeden Zeitpunkt durch eine Zahl t charakterisieren können. Aber in der *Verbindung von Raum und Zeit* liegen neue schwierige Probleme, welche den Gegenstand der Relativitätstheorie bilden; ihre Lösung, eine der größten Taten der menschlichen Geistesgeschichte, knüpft sich vor allem an die Namen *Kopernikus* und *Einstein*[1]).

Für die *Zeit* können willkürlich angenommen werden: der Anfangspunkt der Zeitrechnung und die Zeiteinheit. Ändert man den einen oder die andere ab, so ändert sich die Zeitkoordinate t eines beliebigen Zeitpunktes nach der Transformationsformel

$$\text{(I)} \qquad t = t' + a; \quad \text{bzw. } t = \alpha t' \quad (a \text{ und } \alpha \text{ Konstante, } \alpha > 0).$$

Vom *Raum* setzen wir in diesem Kapitel wieder voraus, daß er ein Euklidischer sei. Dann können im Raum willkürlich angenommen werden: der Anfangspunkt, die Streckeneinheit und die Orientierung des Cartesischen Koordinatensystems. Bei Abänderung je eines dieser Dinge erleiden die Raumkoordinaten $x_1 x_2 x_3$ eines beliebigen Raumpunktes die Transformation

$$(\mathrm{I}) \qquad x_i = x_i' + a_i; \quad \text{bzw. } x_i = \gamma x_i',$$

bzw. eine lineare homogene Transformation

$$(\mathrm{I}) \qquad x_i = \sum_k \alpha_{ik} x_k',$$

welche die quadratische Form $x_1^2 + x_2^2 + x_3^2$ invariant läßt (a_i, α_{ik}, γ sind Konstante, $\gamma > 0$). Macht man sich über die Verbindung von Raum und Zeit keine Gedanken, behandelt den Raum für sich und die Zeit für sich, so besteht also das Koordinatensystem, dessen man bedarf, um beliebige Ereignisse nach Raum und Zeit zahlenmäßig zu lokalisieren, um ihre Stelle in Raum und Zeit durch Zahlangaben fixieren zu können, aus den oben aufgezählten Elementen. Je zwei derartige Koordinatensysteme sind aber gleichberechtigt, durch keine inneren Eigenschaften unterschieden. Infolgedessen sind die Naturgesetze in ihrer mathematischen Formulierung, in welcher die Raum- und Zeitkoordinaten als unabhängige Variable auftreten, invariant gegenüber den angeführten Transformationen und allen, welche sich aus ihnen zusammensetzen; diese Transformationen bilden das, was wir die *elementare Gruppe* in Raum und Zeit nennen wollen.

Um der Möglichkeit der graphischen Darstellung willen unterdrücken wir eine Raumkoordinate; wir beschränken uns also auf die Vorgänge, die sich in einer Ebene abspielen. Ein bestimmtes Koordinatensystem $x_1 x_2, t$ in Raum und Zeit sei gewählt. Wir verfertigen uns ein graphisches Bild, indem wir in einem Bildraum mit einem rechtwinkligen Achsenkreuz die Raum-Zeit-Stelle oder, wie wir kurz sagen wollen, die Weltstelle, welche durch die folgende Beschreibung gegeben ist

»Ort: der Raumpunkt mit den Koordinaten $x_1 x_2$, Zeit: t«

durch den Punkt mit den Koordinaten $x_1 x_2 t$ im Bildraum zur Darstellung bringen. Die Zeitachse sei etwa vertikal gewählt. Von allen sich bewegenden Massenpunkten können wir dann in diesem Bilde den »graphischen Fahrplan« konstruieren; die Bewegung eines jeden wird dargestellt durch eine »Weltlinie«, deren Richtung beständig eine positive Komponente in Richtung der t-Achse besitzt. Die Weltlinien ruhender Massenpunkte sind Gerade parallel zur t-Achse; die Weltlinie eines in gleichförmiger Translation begriffenen Massenpunktes ist eine Gerade. In einem Schnitt $t =$ konst. kann die Lage aller Massenpunkte im gleichen Moment t abgelesen werden. Zwei Körper treffen sich, wenn ihre Weltlinien sich schneiden. Gleichzeitige Ereignisse geschehen in Weltpunkten, die in einer und derselben Horizontalebene gelegen sind. Die Koordinaten $x_1' x_2', t'$ jeder Weltstelle in einem andern gleichberechtigten Koordinatensystem in Raum

und Zeit stimmen überein mit den Koordinaten des Bildpunktes in bezug
auf ein affines Koordinatenkreuz im Bildraum, das dadurch aus dem ursprünglichen entsteht, daß man 1) den Anfangspunkt ändert, 2) das Cartesische Achsenkreuz in der Horizontalebene durch ein anderes ersetzt
und 3) den Maßstab auf der Zeitachse ändert, ohne jedoch ihre Richtung
zu modifizieren. Der Bildraum liefert also offenbar ein affintreues Abbild
der Welt, gibt aber ihre metrische Struktur nicht richtig wieder; als gleichberechtigt treten nicht alle Cartesischen Koordinatensysteme im Bildraum
auf, sondern alle solchen affinen, welche durch die eben geschilderten Ab-
änderungen auseinander hervorgehen.

Hat man an diesem graphischen Bilde einmal gelernt, nicht »im
Raum« und nicht »in der Zeit«, sondern »in der Welt«, in Raum-Zeit

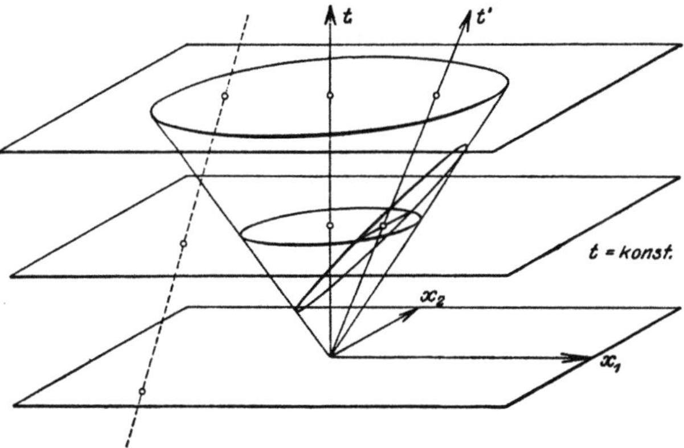

Fig. 8.

zu denken, so wird man bald gewahr, daß die von uns vollzogene Ver-
schmelzung von Raum und Zeit an einer Voraussetzung prinzipieller Art
hängt: wir haben angenommen, daß es einen objektiven, in der Struktur
der Welt begründeten Sinn hat, von zwei Ereignissen zu sagen, daß sie
an derselben Raumstelle geschehen (wenn auch zu verschiedenen Zeiten)
oder daß sie zur gleichen Zeit geschehen (wenn auch an verschiedenen
Orten). Jedes raum-zeitlich streng lokalisierte Ereignis, wie etwa das Auf-
blitzen eines sofort wieder verlöschenden Fünkchens, geschieht in einem
bestimmten Raum-Zeitpunkt oder Weltpunkt: *hier-jetzt.* Nur das Zusammenfallen, bzw. das unmittelbare Benachbartsein zweier Ereignisse in
Raum-Zeit hat einen unmittelbar evidenten Sinn, nicht aber das zeitliche
Zusammenfallen zweier Ereignisse an verschiedenen Orten noch das ört-
liche Zusammenfallen zweier Ereignisse zu verschiedenen Zeiten. Durch
eine Uhr werden unmittelbar nur die zeitlichen Verhältnisse solcher Ereignisse festgelegt, die jeweils gerade dort geschehen, wo sich die Uhr
befindet; nur mit Hilfe der Idee der absoluten Gleichzeitigkeit kann ich
diese Zeit auf die ganze Welt ausdehnen. Die Raumkoordinaten von Ereignissen können wir festlegen in bezug auf ein *beständig vorhandenes* recht-

winkliges Achsenkreuz, die Ecke eines Gebäudes z. B. Aber die Wahl dieses Achsenkreuzes in einem Moment bestimmt das Achsenkreuz für alle folgenden Zeiten nur dann, wenn es einen objektiven Sinn hat, von ihm zu verlangen, daß es *ruhe*. Die erwähnte Annahme, durch welche der Welt eine Struktur beigelegt wird, die in unserm Abbild durch die Schar der parallelen Horizontalebenen und die Schar der vertikalen Geraden dargestellt wird — man könnte sie als eine Schichtung verbunden mit einer quer dazu verlaufenden Faserung beschreiben —, bezeichnen wir als die Annahme der *absoluten Zeit* und des *absoluten Raumes*. Ihr gegenüber kann man sich auf drei verschiedene Standpunkte stellen.

Der erste Standpunkt ist der, den die meisten Menschen einnehmen: man bemerkt überhaupt nicht, daß eine besondere, nicht selbstverständliche Hypothese vorliegt. Der zweite Standpunkt ist derjenige, auf dem Newton in seiner Mechanik steht: das Vorhandensein jener Struktur gilt für a priori gewiß; es entsteht aber die Aufgabe, praktisch anwendbare Kriterien für die Gleichzeitigkeit und die Gleichortigkeit von Ereignissen zu finden. Newton hält am absoluten Raum fest, obwohl sich nach den Gesetzen seiner Mechanik herausstellte, daß diese Aufgabe *unlösbar* ist, daß es kein mechanisches Kriterium geben kann, vermöge dessen sich Ruhe von gleichförmiger Translation unterscheiden ließe. Drittens aber kann man ohne Voreingenommenheit prüfen, ob und wie weit sich in den Erscheinungen eine Weltstruktur bekundet, die Raum und Zeit voneinander zu trennen gestattet; so wollen wir hier vorgehen.

Kein Zweifel: der Glaube an die *objektive Gleichzeitigkeit* beruht ursprünglich darauf, daß jedermann mit voller Selbstverständlichkeit die Dinge, die er sieht, in den Zeitpunkt ihrer Wahrnehmung setzt. So dehne ich *meine* Zeit über die ganze Welt aus, die in meinen Gesichtskreis rückt. Wenn nun auch dieser naiven Ansicht durch die Entdeckung der endlichen Ausbreitungsgeschwindigkeit des Lichtes der Boden entzogen ist, so gibt es doch wohl noch immer einige Gründe dafür, an der objektiven Gleichzeitigkeit festzuhalten. Die durch einen Weltpunkt O laufende Horizontalebene in unserer graphischen Darstellung scheidet die Zukunft und die Vergangenheit von O aus; was heißt das? Schieße ich von O aus in allen Richtungen, mit allen möglichen Geschwindigkeiten Kugeln ab, so erreichen sie alle Weltpunkte, die später als O sind; in die Vergangenheit aber kann ich nicht schießen. Ebenso ist ein in O stattfindendes Ereignis nur auf das, was in späteren Weltpunkten geschieht, von Einfluß, während an der Vergangenheit »nichts mehr geändert werden kann«: Aus dieser Beschreibung geht die objektive Bedeutung jener Horizontalebene für den Wirkungszusammenhang der Welt hervor. Eine momentane Zeitübertragung zwischen zwei Orten A und B ist z. B. dadurch möglich, daß man einer von A nach B reichenden starren Stange in A oder B einen Ruck erteilt. Eine andere Methode der Zeitübermittlung ist die: ich schicke jemanden mit einer Taschenuhr von A nach B. Sie führt zu einem eindeutigen Resultat, wenn sie vom Wege unabhängig ist;

d. h. wenn zwei Leute mit zwei richtig und gleich gehenden Taschenuhren, die sie bei ihrem Zusammensein im Weltpunkte A verglichen haben, bei einem späteren Zusammentreffen im Weltpunkt B finden, daß ihre Uhrzeiten noch immer übereinstimmen. Die Erfahrungen des täglichen Lebens und der messenden Physik bestätigen mit erheblicher Genauigkeit, daß sich dem so verhält. So wollen wir denn zunächst an der These der objektiven Gleichzeitigkeit nicht rütteln; sie ist in der Tat von niemandem vor Einstein in Zweifel gezogen worden, ja sie war vor ihm überhaupt von niemandem als besondere Voraussetzung bemerkt worden.

Ganz anders steht es mit dem Glauben an die objektive Bedeutung der Ruhe. Es gehört nur eine geringe Besinnung dazu, um sich klar zu machen, daß diese Annahme jeden Fundamentes entbehrt*). Wenn ich mit jemandem eine Verabredung treffe, wir wollen uns morgen an »derselben« Stelle wieder treffen wie heute, so heißt das: in derselben materiellen Umgebung, an dem gleichen Gebäude in der gleichen Straße (die nach Kopernikus morgen ganz wo anders im Weltenraum sich befindet als heute); und das hat seinen guten Sinn zufolge des glücklichen Umstandes, daß wir hineingeboren sind in eine wesentlich stabile Umwelt, in der alle Veränderung sich anschließt an einen viel umfassenderen Bestand, der seine (teils unmittelbar wahrgenommene, teils erschlossene) Beschaffenheit unverändert oder fast·unverändert bewahrt. Die Häuser stehen still; das Schiff fährt mit soundsoviel Knoten Geschwindigkeit: das verstehen wir im täglichen Leben immer relativ zu der »dauernden wohlgegründeten Erde«. Betrachten wir wiederum nur die Vorgänge in einer Ebene. Ein Teil dieser Ebene sei eine starre Platte, der Rest leerer Raum. Die Platte sei mit qualitativ voneinander unterschiedenen Marken besät. Die Ortsangabe eines Ereignisses auf der Platte geschieht dann durch Bezeichnung der Marke, bei welcher das Geschehnis stattfand. Diese direkte Ortsangabe können wir vorteilhaft durch eine indirekte mit Hilfe von Zahlangaben ersetzen; wir haben dann statt der vielen Marken nur ein in die Platte eingeritztes Koordinatenkreuz und einen starren Maßstab nötig, der uns die Längeneinheit gibt. Außerdem setzt uns dieses Verfahren in den Stand, dauernde zur Ortsangabe geeignete Marken 'ideell auch in den leeren Raum zu setzen. Immer aber haben wir einen starren Körper als Basis nötig. Objektive Bedeutung haben nur die Bewegungen der Massen relativ zu einem solchen Bezugskörper. Der Zusammenhang der Koordinaten desselben willkürlichen Weltpunktes mit Bezug auf den einen und den andern zweier solcher Bezugskörper wird immer noch durch unsere alten Formeln (I) geliefert; nur dürfen jetzt darin die a_i beliebige stetige Funktionen der Zeitkoordinate t sein, die α_{ik} beliebige stetige Funktionen von t, welche identisch in t den Orthogonalitätsbedingungen genügen. γ jedoch muß eine Konstante bleiben. Ein starrer Maßstab dauert; ist er in einem Augenblick als Streckeneinheit

---

*) Darüber war bereits Aristoteles völlig im klaren, wenn er »Ort« ($\tau o \pi o \varsigma$) als Beziehung eines Körpers zu den Körpern seiner Umgebung bezeichnet.

gewählt, so legt er das Längenmaß für alle Zeiten fest. Die eben beschriebene, viel umfassendere Gruppe von Transformationen der Raum-Zeit-Koordinaten wollen wir die *kinematische Gruppe* nennen. Tragen wir die Flächen $t' =$ konst. sowie $x_1' =$ konst. und $x_2' =$ konst. in unsere graphische Darstellung ein, so sind zwar die Flächen der ersten Schar wiederum Ebenen, die mit den Ebenen $t =$ konst. zusammenfallen, hingegen die beiden andern sind krumme Flächen; die Transformationsformeln sind nicht mehr linear.

Unter diesen Umständen kann es sich bei der Untersuchung der Bewegung eines Systems von Massenpunkten, etwa der Planeten, nur darum handeln, das Koordinatensystem so zu wählen, daß die Funktionen $x_i(t)$, welche die Raumkoordinaten der Massenpunkte in Abhängigkeit von der Zeit darstellen, möglichst einfach werden oder doch möglichst einfachen Gesetzen genügen. Dies war die von Kepler außerordentlich vertiefte Entdeckung des Kopernikus, daß in der Tat ein Koordinatensystem existiert, für das die Gesetze der Planetenbewegung eine ungeheuer viel einfachere und durchsichtigere Form annehmen, als wenn man sie auf die ruhende Erde bezieht. Die Tat des Kopernikus wurde vor allem dadurch zur Weltanschauungswende, daß *er sich von dem Glauben an die absolute Bedeutung der Erde frei machte.* Seine Betrachtungen wie auch die Keplers sind rein *kinematischer* Natur. Newton krönte ihr Werk, indem er den wahren Grund für die kinematischen Keplerschen Gesetze in dem *dynamischen* Grundgesetz der Mechanik und dem Attraktionsgesetz auffand. Man weiß, wie glänzend sich diese Newtonsche Mechanik am Himmel und auf Erden bestätigt hat. Da ihr, wie wir überzeugt sind, universelle, nicht auf das Planetensystem beschränkte Geltung zukommt, ihre Gesetze aber keineswegs invariant gegenüber der kinematischen Gruppe sind, so wird durch sie in absoluter, von jedem Hinweis auf individuelle Gegenständlichkeit unabhängiger Weise eine viel vollständigere Festlegung des Koordinatensystems möglich als auf Grund der zu der kinematischen Gruppe führenden rein kinematischen Auffassung.

An der Spitze der Mechanik steht das *Galileische Trägheitsprinzip*: Ein Massenpunkt, der sich kräftefrei, ohne jede Einwirkung von außen bewegt, führt eine gleichförmige Translation aus. Seine Weltlinie ist mithin eine Gerade, die Raumkoordinaten x_i des Massenpunktes lineare Funktionen der Zeit t. Einen starren Bezugskörper, relativ zu welchem dieses Prinzip gültig ist, wollen wir als berechtigten Bezugskörper bezeichnen. Die auf einen gegebenen berechtigten Bezugskörper sich stützenden Koordinatensysteme (bestehend aus einem in den Körper eingeritzten rechtwinkligen Achsenkreuz, einem Anfangsmoment, einer Längen- und Zeiteinheit) sind durch Transformationen der elementaren Gruppe miteinander verbunden. Irgend zwei berechtigte Bezugskörper K, K' brauchen aber keineswegs relativ zueinander zu ruhen, sondern der eine wird in bezug auf den andern eine gleichförmige Translation ausführen. In der Tat: sind x_i und x_i' auf K und K' sich stützende Raumkoordinaten, so sind

x_i und x_i' jedenfalls durch eine Transformation der kinematischen Gruppe miteinander verbunden; aber es müssen außerdem die x_i in lineare Funktionen von t übergehen, wenn man für x_i' lineare Funktionen von t einsetzt. Daraus folgt, daß die α_{ik} Konstante und die a_i lineare Funktionen von t sein müssen. Zu den Transformationen der elementaren Gruppe treten also neu hinzu lediglich die Transformationen von der Gestalt

$$(1) \qquad x_i = x_i' + \beta_i t', \quad t = t';$$

die Konstanten β_i sind darin die Komponenten der Translationsgeschwindigkeit von K' in bezug auf K. Die durch Hinzufügung der Transformationen (1) erweiterte elementare Gruppe heiße die *Galilei-Gruppe*. In unserm graphischen Bild sind x_i', $t' = t$ die Koordinaten in bezug auf ein geradliniges Achsenkreuz, bei welchem die x_i'-Achsen mit den x_i-Achsen zusammenfallen, hingegen die neue t'-Achse eine irgendwie geänderte Richtung hat.

Und nun zeigt sich umgekehrt: gilt das Trägheitsprinzip und die Newtonsche Mechanik auf K (d. h. wenn unter »Bewegung« Bewegung relativ zu K verstanden wird), so gilt sie auch auf K'. In der Tat: es ist noch niemals eine Erscheinung beobachtet worden, die sich nicht genau so abspielte, wenn man allen dabei beteiligten Körpern eine und dieselbe gemeinsame Translation aufprägt. Alle Vorgänge spielen sich in einem mit gleichförmiger Geschwindigkeit auf geradliniger Strecke dahinfahrenden Eisenbahnzug ebenso ab wie im ruhenden Zuge. Die Gesetze der Physik müssen also invariant sein gegenüber der Galilei-Gruppe. Die Masse ist in der Newtonschen Mechanik ein vom Bezugskörper unabhängiger Skalar. Ferner ist wegen der aus (1) sich ergebenden Transformationsformeln

$$\frac{dx_i}{dt} = \frac{dx_i'}{dt'} + \beta_i, \quad \frac{d^2x_i}{dt^2} = \frac{d^2x_i'}{dt'^2}$$

zwar nicht die Geschwindigkeit, wohl aber die Beschleunigung ein vom Bezugskörper unabhängiger Raumvektor. Demnach hat das Grundgesetz »Masse mal Beschleunigung = Kraft« die behauptete invariante Beschaffenheit, wenn die Kraft gleichfalls ein vom Bezugskörper unabhängiger Raumvektor ist. D. h.: die Kräfte, mit denen irgendwelche Körper aufeinander wirken, ändern sich nicht, wenn man den Körpern eine gemeinsame gleichförmige Translation erteilt. Die Newtonsche Mechanik verlangt zur Ausfüllung ihres Kraftbegriffs eine dieser Forderung genügende Physik. Die Gravitationskraft ist nach dem Newtonschen Attraktionsgesetz in der Tat von der geforderten Art.

Nach der Newtonschen Mechanik bewegt sich der Schwerpunkt jedes abgeschlossenen, keiner Einwirkung von außen unterliegenden Massensystems in gleichförmiger Translation. Betrachten wir die Sonne mit ihren Planeten als ein solches System, so hat es also keinen Sinn, zu fragen, ob der Schwerpunkt des Sonnensystems ruht oder sich in gleichförmiger Translation befindet. Wenn die Astronomen trotzdem behaupten, daß die Sonne sich auf einen Punkt im Sternbild des Herkules zu bewege, so stützen sie diese ihre Behauptung auf die statistische Beobachtung, daß die Sterne in jener Gegend sich im Durchschnitt von einem gewissen Zentrum aus zu entfernen scheinen — so wie eine Baumgruppe auseinander tritt, der ich mich nähere; daraus folgt ihre Aussage, wenn es sicher ist, daß die Sterne im Durchschnitt ruhen, d. h. daß der Schwerpunkt des Fixsternhimmels ruht: es handelt sich also um eine Aussage über die relative Bewegung des Schwerpunktes des Sonnensystems zu dem des Fixsternhimmels.

Nach allem Gesagten *ist es unmöglich, ohne Aufweisung individueller Gegenständlichkeiten unter den für die Mechanik gleichberechtigten Bezugssystemen, von denen je zwei durch eine Transformation der Galilei-Gruppe verknüpft sind, eine engere Auswahl zu treffen (Galilei-Newtonsches Relativitätsprinzip).* Es wird durch diese Gruppe in genau dem gleichen Sinne *die Geometrie der vierdimensionalen Welt* festgelegt, wie durch die Gruppe der Übergangssubstitutionen, die zwischen zwei Cartesischen Koordinatensystemen vermitteln, die Euklidische Geometrie des dreidimensionalen Raumes festgelegt wird: eine Beziehung zwischen Weltpunkten hat dann und nur dann eine objektive Bedeutung, wenn sie durch solche arithmetische Relationen zwischen den Koordinaten der Punkte definiert ist, die invariant sind gegenüber den Transformationen der Galilei-Gruppe. Vom Raume sagt man, er sei *homogen* in allen Punkten und in jedem Punkte homogen in allen Richtungen; diese Behauptungen sind aber nur Teile der *vollständigen Homogeneïtätsaussage,* daß alle Cartesischen Koordinatensysteme gleichberechtigt sind. Ebenso wird durch das Relativitätsprinzip festgestellt, in welchem genauen Sinne die Welt (= Raum-Zeit als »Form« der Erscheinungen, nicht ihrem »zufälligen«, inhomogenen materialen Gehalt nach) homogen ist.

An den Transformationen der Galilei-Gruppe heben wir zunächst nur ihre Linearität hervor: sie besagt, daß *die Welt ein vierdimensionaler affiner Raum* ist. Zur systematischen Darstellung ihrer Geometrie benutzen wir demnach neben den Weltpunkten die *Welt-Vektoren* oder Verschiebungen. Eine Verschiebung der Welt ist eine Abbildung, die jedem Weltpunkt P einen Weltpunkt P' zuordnet; aber eine Abbildung von besonderer Art, nämlich eine solche, die sich in einem zulässigen Koordinatensystem durch Gleichungen

$$x_i' = x_i + a_i \qquad (i = 0, 1, 2, 3)$$

ausdrückt; dabei bedeuten x_i die vier Zeit-Raum-Koordinaten von P (es ist x_0 an Stelle von t geschrieben), x_i' diejenigen von P' in jenem Koordinatensystem, die a_i sind irgendwelche Konstanten. Der Begriff ist unabhängig von der Wahl des zulässigen Koordinatensystems. Die Verschiebung, welche P in P' überführt, wird mit $\overrightarrow{PP'}$ bezeichnet. Es gelten für die Welt-Punkte und -Verschiebungen die sämtlichen Axiome der affinen Geometrie mit der Dimensionszahl $n = 4$. Das Galileische Trägheitsprinzip ist ein affines Gesetz; es sagt, durch welche Bewegungen die geraden Linien unseres vierdimensionalen affinen Raums »Welt« realisiert werden, nämlich durch die kräftefrei sich bewegenden Massenpunkte.

Von dem *affinen* Standpunkt gehen wir zum *metrischen* über. Aus unserer graphischen Darstellung, die (mit Unterdrückung einer Koordinate) ein affines Bild der Welt entwarf, lesen wir ihre wesentliche metrische Struktur ab, die ganz anders ist als die des Euklidischen Raumes: die Welt ist »geschichtet«; die Ebenen $t =$ konst. in ihr haben eine absolute Bedeutung (die »Faserung« ist hingegen durch das Relativitätsprinzip in Fortfall gekommen). Nach Wahl einer Maßeinheit für die Zeit kommt je zwei Weltpunkten A, B ein bestimmter Zeitunterschied zu, die Zeitkomponente des Vektors $\overrightarrow{AB} = \mathfrak{x}$; sie ist, wie allgemein die Vektorkomponenten in einem affinen Koordinatensystem, eine lineare Form $t(\mathfrak{x})$ des willkürlichen Vektors $\mathfrak{x}$. Der Vektor $\mathfrak{x}$ weist in die Vergangenheit oder die Zukunft, je nachdem $t(\mathfrak{x})$ negativ oder positiv ist. Von zwei Weltpunkten A, B ist A früher, gleichzeitig oder später als B, je nachdem

$$t(\overrightarrow{AB}) > 0, \ = 0 \ \text{oder} < 0$$

ausfällt. — In jeder »Schicht« aber gilt die Euklidische Geometrie; sie beruht auf einer definiten quadratischen Form, die jedoch hier nur definiert ist für diejenigen Weltvektoren $\mathfrak{x}$, die in einer Schicht liegen, d. h. der Gleichung $t(\mathfrak{x}) = 0$ genügen (denn es hat nur einen Sinn, von dem Abstand der *gleichzeitigen* Lagen zweier Massenpunkte zu reden). Während also der Euklidischen Metrik eine positiv-definite quadratische Form zugrunde liegt, *beruht die Galileische Metrik*

1. *auf einer Linearform* $t(\mathfrak{x})$ *des willkürlichen Vektors* $\mathfrak{x}$ (der »Zeitdauer« der Verschiebung $\mathfrak{x}$), *und*

2. *einer nur innerhalb der dreidimensionalen linearen Mannigfaltigkeit aller Vektoren* $\mathfrak{x}$, *welche der Gleichung* $t(\mathfrak{x}) = 0$ *genügen, definierten positivdefiniten quadratischen Form* $(\mathfrak{x}\mathfrak{x})$ (dem Quadrat der »Länge« von $\mathfrak{x}$). —

In einem schwingungsfähigen homogenen Medium breitet sich, wenn es durch einen periodischen Vorgang an einer Stelle O zu einer Wellenbewegung angeregt wird, die erzeugte Welle in konzentrischen Kugeln mit gleichförmiger Geschwindigkeit nach allen Seiten aus. Die Fortpflanzungsgeschwindigkeit ist ¦durch die Natur des Mediums bestimmt, unter Umständen außerdem abhängig von der Frequenz der erzeugten Schwingung. Von besonderer Wichtigkeit ist für uns die *Ausbreitung des Lichtes*. Die (von der Frequenz unabhängige) Lichtgeschwindigkeit im leeren Raum werde, wie üblich, mit c bezeichnet. In unserer graphischen Darstellung wird (wiederum mit Unterdrückung einer Raumkoordinate) die Ausbreitung eines im Weltpunkt O gegebenen Lichtsignals durch den in Fig. 8 eingetragenen geraden Kreiskegel mit der Gleichung

$$(2) \qquad\qquad c^2 t^2 - (x_1^2 + x_2^2) = 0$$

abgebildet: jede Ebene $t =$ konst. schneidet den Kegel in dem Kreis derjenigen Punkte, bis zu denen im Momente t das Lichtsignal gelangt ist; der Gleichung (2) (mit dem Zusatz $t > 0$) genügen alle und nur die Weltpunkte, in denen das Lichtsignal eintrifft. Wieder entsteht die Frage, was für ein Bezugskörper dieser Beschreibung des Vorganges zugrunde liegt.

Die *Aberration der Fixsterne* zeigt, daß die Erde relativ zu ihm sich so bewegt, wie es nach der Newtonschen Theorie der Fall ist, d. h. daß er mit einem zulässigen Bezugskörper im Sinne der Newtonschen Mechanik zusammenfällt. Nun ist die Ausbreitung in konzentrischen Kugeln aber gewiß nicht invariant gegenüber den Galilei-Transformationen; denn eine schief gezeichnete t'-Achse schneidet in unserer Figur die Ebenen $t =$ konst. in Punkten, die exzentrisch zu den Ausbreitungskreisen liegen. Trotzdem ist dies kein Einwand gegen das Galileische Relativitätsprinzip, wenn gemäß den Vorstellungen, welche die Physik lange beherrscht haben, die Fortpflanzung des Lichtes in einem materiellen Träger geschieht, dem *Lichtäther*, dessen einzelne Teile gegeneinander bewegbar sind. Es verhält sich dann mit dem Licht genau so, wie mit den konzentrischen Wellenkreisen auf einer Wasserfläche, die durch einen hineingeworfenen Stein erzeugt werden; aus diesem Phänomen kann gewiß nicht der Schluß gezogen werden, daß die hydrodynamischen Gleichungen dem Galileischen Relativitätsprinzip widerstreiten. Denn das Medium selber, das Wasser bzw. der Äther, dessen einzelne Teile, von den verhältnismäßig kleinen Schwingungen abgesehen, gegeneinander ruhen, ist mit in Rechnung zu ziehen und gibt denjenigen Bezugskörper ab, auf welchen sich die Aussage der konzentrischen Ausbreitung bezieht.

Zur weiteren Diskussion dieser Frage wollen wir die Optik in denjenigen theoretischen Zusammenhang einfügen, in den sie seit Maxwell unlösbar hineingehört: die Theorie zeitlich veränderlicher elektromagnetischer Felder.

§ 21. Elektrodynamik zeitlich veränderlicher Felder. Lorentzsches Relativitätstheorem.

Der Übergang von den stationären elektromagnetischen Feldern (§ 9) zu zeitlich veränderlichen hat folgendes gelehrt.

1. Der sog. elektrische Strom besteht tatsächlich aus bewegter Elektrizität: ein geladener rotierender Drahtring erzeugt ein Magnetfeld nach dem Biot-Savartschen Gesetz. Ist die Ladungsdichte ϱ, die Geschwindigkeit $\mathfrak{v}$, so ist die Stromdichte $\mathfrak{s}$ dieses Konvektionsstromes offenbar $= \varrho\,\mathfrak{v}$; doch muß sie, damit das Biot-Savartsche Gesetz genau in der alten Form gültig bleibt, in einer andern Maßeinheit gemessen werden; es ist also zu setzen $\mathfrak{s} = \dfrac{\varrho\,\mathfrak{v}}{c}$, wo c eine universelle Konstante von der Dimension einer Geschwindigkeit ist. Das schon von Weber und Kohlrausch angestellte, später von Rowland und Eichenwald wiederholte Experiment ergab für c einen Wert, der innerhalb der Beobachtungsfehler mit der Lichtgeschwindigkeit übereinstimmt [2]). Man bezeichnet $\dfrac{\varrho}{c} = \varrho'$ als das elektromagnetische Maß der Ladungsdichte und, damit auch in elektromagnetischen Maßeinheiten die elektrische Kraftdichte $= \varrho'\,\mathfrak{E}'$ ist, $\mathfrak{E}' = c\,\mathfrak{E}$ als das elektromagnetische Maß der Feldstärke.

2. Durch ein veränderliches Magnetfeld wird in einem homogenen Draht ein Strom induziert. Er kann auf Grund des Materialgesetzes $\mathfrak{F} = \sigma \mathfrak{E}$ und des *Faradayschen Induktionsgesetzes* bestimmt werden, welches aussagt, daß die induzierte elektromotorische Kraft gleich der zeitlichen Abnahme des durch den Leiter hindurchtretenden magnetischen Induktionsflusses ist; es gilt also

$$(3) \qquad \int \mathfrak{E}' d\mathfrak{r} = - \frac{d}{dt} \int B_n do$$

(links steht das Linienintegral über eine geschlossene Kurve, rechts das Oberflächenintegral der normalen Komponente der Magnetinduktion $\mathfrak{B}$, erstreckt über eine in diese Kurve eingespannte Fläche). Der Induktionsfluß ist durch die Leiterkurve eindeutig bestimmt, weil

$$(4') \qquad \operatorname{div} \mathfrak{B} = 0$$

ist (es gibt keinen wahren Magnetismus). Der Stokessche Satz ergibt aus (3) das Differentialgesetz

$$(4) \qquad \operatorname{rot} \mathfrak{E} + \frac{1}{c} \frac{\partial \mathfrak{B}}{\partial t} = 0.$$

Die im statischen Falle gültige Gleichung $\operatorname{rot} \mathfrak{E} = 0$ erweitert sich also durch das auf der linken Seite hinzutretende, nach der Zeit differentiierte Glied $\frac{1}{c} \frac{\partial \mathfrak{B}}{\partial t}$. Auf ihm beruht unsere ganze Elektrotechnik, und die Notwendigkeit seiner Einführung ist daher durch die Erfahrung auf das beste gestützt.

3. Hypothetisch war hingegen zu Maxwells Zeit dasjenige Glied, durch welches Maxwell die magnetische Grundgleichung

$$(5) \qquad \operatorname{rot} \mathfrak{H} = \mathfrak{F}$$

erweiterte. In einem zeitlich veränderlichen Feld, etwa bei der Entladung eines Kondensators kann nicht $\operatorname{div} \mathfrak{F} = 0$ sein, sondern es muß statt dessen die » Kontinuitätsgleichung «

$$(6) \qquad \frac{1}{c} \frac{\partial \varrho}{\partial t} + \operatorname{div} \mathfrak{F} = 0$$

gelten, in der die Tatsache, daß der Strom aus bewegter Elektrizität besteht, zum Ausdruck kommt. Da $\varrho = \operatorname{div} \mathfrak{D}$ ist, wird mithin nicht $\mathfrak{F}$, wohl aber $\mathfrak{F} + \frac{1}{c} \frac{\partial \mathfrak{D}}{\partial t}$ quellenfrei sein, und es liegt demnach sehr nahe, die Gleichung (5) im zeitlich veränderlichen Feld durch

$$(7) \qquad \operatorname{rot} \mathfrak{H} - \frac{1}{c} \frac{\partial \mathfrak{D}}{\partial t} = \mathfrak{F}$$

zu ersetzen. Daneben gilt nach wie vor

$$(7') \qquad \operatorname{div} \mathfrak{D} = \varrho.$$

Aus (7) und (7') folgt jetzt umgekehrt die Kontinuitätsgleichung (6).

Auf dem nach der Zeit differentiierten Zusatzgliede $\dfrac{1}{c}\dfrac{\partial \mathfrak{D}}{\partial t}$ (dem Maxwellschen *Verschiebungsstrom*) beruht es, daß elektromagnetische Erregungen im Äther mit der endlichen Geschwindigkeit c sich ausbreiten; es bildet also die Grundlage der elektromagnetischen Lichttheorie, welche die optischen Erscheinungen in so wunderbarer Weise hat deuten können, und findet in den bekannten Hertzschen Versuchen und der modernen drahtlosen Telegraphie eine direkte experimentelle Bestätigung (und technische Ausnutzung). Danach ist es auch klar, daß diesen Gesetzen derjenige Bezugsraum zugrunde liegt, in welchem der Satz von der konzentrischen Ausbreitung des Lichtes gültig ist, der »ruhende« Lichtäther. — Zu den Maxwellschen Feldgleichungen (4) und (4'), (7) und (7') treten die Materialgesetze[3]).

Wir wollen aber hier nur die Zustände im Äther betrachten; da ist

$$\mathfrak{D} = \mathfrak{E}, \qquad \mathfrak{H} = \mathfrak{B},$$

und die Maxwellschen Gleichungen lauten

$$(8_\mathrm{I}) \qquad \operatorname{rot} \mathfrak{E} + \frac{1}{c}\frac{\partial \mathfrak{B}}{\partial t} = 0, \qquad \operatorname{div} \mathfrak{B} = 0;$$

$$(8_\mathrm{II}) \qquad \operatorname{rot} \mathfrak{B} - \frac{1}{c}\frac{\partial \mathfrak{E}}{\partial t} = \mathfrak{s}, \qquad \operatorname{div} \mathfrak{E} = \varrho.$$

Die atomistische Elektronentheorie betrachtet sie als die allgemein gültigen exakten Naturgesetze. Sie setzt außerdem $\mathfrak{s} = \dfrac{\varrho\,\mathfrak{v}}{c}$, wo $\mathfrak{v}$ die Geschwindigkeit der Materie bedeutet, an der die elektrische Ladung haftet.

Die auf die Massen wirkende *Kraft* besteht aus dem vom elektrischen und vom Magnetfeld herrührenden Bestandteil; ihre Dichte ist

$$(9) \qquad \mathfrak{p} = \varrho\,\mathfrak{E} + [\mathfrak{s}\,\mathfrak{B}].$$

Da $\mathfrak{s}$ zu $\mathfrak{v}$ parallel ist, ergibt sich für die pro Zeit- und Volumeinheit an den Elektronen geleistete Arbeit der Wert

$$\mathfrak{p}\cdot\mathfrak{v} = \varrho\,\mathfrak{E}\cdot\mathfrak{v} = c(\mathfrak{s}\,\mathfrak{E}) = \mathfrak{s}\cdot\mathfrak{E}'.$$

Sie wird zur Erhöhung der kinetischen Energie der Elektronen verwendet, die sich durch die Zusammenstöße zum Teil auf die neutralen Moleküle überträgt. Phänomenologisch tritt diese verstärkte molekulare Bewegung im Innern des Leiters als *Joulesche Wärme* in Erscheinung. In der Tat lehrt ja die Beobachtung, daß $\mathfrak{s}\cdot\mathfrak{E}'$ die pro Zeit- und Volumeinheit vom Strom erzeugte Wärmemenge ist; dieser Energieverbrauch muß durch die stromerzeugende Maschine gedeckt werden. Multiplizieren wir die Gleichung (8_I) mit $-\mathfrak{B}$, die Gleichung (8_II) mit $\mathfrak{E}$ und addieren, so kommt

$$- c\cdot\operatorname{div}[\mathfrak{E}\,\mathfrak{B}] - \frac{\partial}{\partial t}\left(\tfrac{1}{2}\mathfrak{E}^2 + \tfrac{1}{2}\mathfrak{B}^2\right) = c(\mathfrak{s}\,\mathfrak{E}).$$

Setzen wir

$$\lceil\mathfrak{E}\,\mathfrak{B}\rceil = \mathfrak{S}, \qquad \tfrac{1}{2}\mathfrak{E}^2 + \tfrac{1}{2}\mathfrak{B}^2 = W$$

und integrieren über irgend ein Volumen V, so lautet diese Gleichung

$$-\frac{d}{dt}\int_V W\,dV + c\int_\Omega S_n\,do = \int_V c\,(\mathfrak{s}\,\mathfrak{E})\,dV;$$

das zweite Glied links ist das über die begrenzende Oberfläche Ω von V erstreckte Integral der nach der inneren Normale genommenen Komponente S_n von $\mathfrak{S}$. Auf der rechten Seite steht hier die im Volumen V pro Zeiteinheit geleistete Arbeit; sie wird kompensiert durch die Abnahme der in V enthaltenen Feldenergie $\int W\,dV$ und durch die von außen dem Raumstück V zufließende Energie. Unsere Gleichung enthält also das *Energiegesetz; durch sie bestätigt sich endgültig unser früherer Ansatz für die Dichte W der Feldenergie* und ergibt sich ferner, daß $c\,\mathfrak{S}$, der sog. Poyntingsche Vektor, den *Energiestrom* darstellt.

Die Feldgleichungen (8) sind von Lorentz unter der Voraussetzung, daß die Verteilung der Ladungen und des Stromes bekannt ist, in folgender Weise integriert worden. Der Gleichung div $\mathfrak{B} = 0$ wird durch den Ansatz

$$(10) \qquad\qquad \mathfrak{B} = \operatorname{rot}\mathfrak{f}$$

($\mathfrak{f} =$ Vektorpotential) genügt. Durch Einsetzen in die erste Gleichung ergibt sich dann, daß $\mathfrak{E} + \dfrac{1}{c}\dfrac{\partial\mathfrak{f}}{\partial t}$ wirbelfrei ist, und also kann man setzen

$$(11) \qquad\qquad \mathfrak{E} + \frac{1}{c}\frac{\partial\mathfrak{f}}{\partial t} = -\operatorname{grad}\varphi$$

(φ das skalare Potential). Die Willkür, mit der die Bestimmung von $\mathfrak{f}$ behaftet ist, können wir zur Erfüllung der Nebenbedingung

$$\frac{1}{c}\frac{\partial\varphi}{\partial t} + \operatorname{div}\mathfrak{f} = 0$$

ausnutzen, die sich hier als die zweckmäßige erweist (während wir im stationären Feld div $\mathfrak{f} = 0$ nahmen). Führen wir die Potentiale in die beiden letzten Gleichungen ein, so liefert eine einfache Rechnung

$$(12) \qquad\qquad -\frac{1}{c^2}\frac{\partial^2\varphi}{\partial t^2} + \Delta\varphi = -\varrho,$$

$$(12') \qquad\qquad -\frac{1}{c^2}\frac{\partial^2\mathfrak{f}}{\partial t^2} + \Delta\mathfrak{f} = -\mathfrak{s}.$$

Eine Gleichung von der Form (12) zeigt eine Wellenausbreitung mit der Geschwindigkeit c an. In der Tat: wie die Poissonsche Gleichung

$$\Delta\varphi = -\varrho$$

die Lösung hat

$$4\pi\varphi = \int\frac{\varrho}{r}\,dV,$$

so lautet die Lösung von (12):

$$4\pi\varphi = \int\frac{\varrho\left(t - \dfrac{r}{c}\right)}{r}\,dV;$$

hier steht auf der linken Seite der Wert von φ in einem Punkte O zur Zeit t; r ist die Entfernung des Quellpunktes P, über den integriert wird, vom Aufpunkt O, und unter dem Integral tritt der Wert von ϱ im Punkte P zur Zeit $t - \dfrac{r}{c}$ auf. Ebenso ist die Lösung von $(12')$

$$4\pi\mathfrak{f} = \int \frac{\mathfrak{J}\left(t - \dfrac{r}{c}\right)}{r}\, dV.$$

Das Feld in einem Punkte hängt also nicht ab von der Ladungs- und Stromverteilung im gleichen Moment, sondern maßgebend ist für jede Stelle der Augenblick, der um so viel $\left(\dfrac{r}{c}\right)$ zurückliegt, als die mit der Geschwindigkeit c sich ausbreitende Wirkung gebraucht, um vom Quellpunkt bis zum Aufpunkt zu gelangen.

Wie der Potentialausdruck (in Cartesischen Koordinaten)

$$\Delta\varphi = \frac{\partial^2\varphi}{\partial x_1^2} + \frac{\partial^2\varphi}{\partial x_2^2} + \frac{\partial^2\varphi}{\partial x_3^2}$$

invariant ist gegenüber linearen Transformationen der Variablen $x_1\, x_2\, x_3$, welche die quadratische Form

$$x_1^2 + x_2^2 + x_3^2$$

in sich überführen, so ist der beim Übergang vom statischen zu einem zeitlich veränderlichen Feld an seine Stelle tretende Ausdruck

$$-\frac{1}{c^2}\frac{\partial^2\varphi}{\partial t^2} + \frac{\partial^2\varphi}{\partial x_1^2} + \frac{\partial^2\varphi}{\partial x_2^2} + \frac{\partial^2\varphi}{\partial x_3^2}$$

invariant gegenüber solchen linearen Transformationen der vier Koordinaten t, $x_1\, x_2\, x_3$, den sog. Lorentz-Transformationen, welche die indefinite Form

$$(13) \qquad\qquad -c^2 t^2 + x_1^2 + x_2^2 + x_3^2$$

in sich überführen. Lorentz und Einstein erkannten, daß nicht nur die Gleichung (12), sondern *das ganze System der elektromagnetischen Gesetze für den Äther diese Invarianzeigenschaft besitzt, daß sie sich nämlich ausdrücken durch invariante Relationen zwischen Tensoren in einem vierdimensionalen affinen Raum mit den Koordinaten* t, $x_1\, x_2\, x_3$, *in den durch die Form* (13) *eine (indefinite) Metrik eingetragen ist: Lorentz-Einsteinsches Relativitätstheorem.*

Zum Beweise ändern wir die Maßeinheit der Zeit, indem wir setzen $ct = x_0$. Die Koeffizienten der metrischen Fundamentalform sind dann

$$g_{ik} = 0 \ (i \neq k); \qquad g_{ii} = \varepsilon_i,$$

wo $\varepsilon_0 = -1$, $\varepsilon_1 = \varepsilon_2 = \varepsilon_3 = +1$ ist. Beim Übergang von den in bezug auf einen Index i kovarianten zu den kontravarianten Komponenten eines Tensors ist die i^{te} Komponente also lediglich mit dem Vorzeichen ε_i zu multiplizieren. Die Kontinuitätsgleichung der Elektrizität (6) gewinnt die gewünschte invariante Form

$$\sum_{i=0}^{3} \frac{\partial s^i}{\partial x_i} = 0,$$

wenn wir

$$s^0 = \varrho; \qquad s^1, \ s^2, \ s^3 \text{ gleich den Komponenten von } \mathfrak{H}$$

als die vier kontravarianten Komponenten eines Vektors in jenem vierdimensionalen Raum einführen, des »Viererstroms«. Parallel damit — vgl. (12), (12′) — müssen wir

$$\varphi^0 = \varphi \text{ und die Komponenten von } \mathfrak{f}: \varphi^1, \ \varphi^2, \ \varphi^3$$

zu den kontravarianten Komponenten eines vierdimensionalen Vektors vereinigen, den wir als elektromagnetisches Potential bezeichnen; von seinen kovarianten Komponenten ist die 0te $\varphi_0 = -\varphi$, die drei andern $\varphi_1, \varphi_2, \varphi_3$ sind gleich den Komponenten von $\mathfrak{f}$. Dann lassen sich die Gleichungen (10), (11), durch welche die Feldgrößen $\mathfrak{B}$ und $\mathfrak{E}$ aus den Potentialen entspringen, in der invarianten Form schreiben

$$(14) \qquad \frac{\partial \varphi_k}{\partial x_i} - \frac{\partial \varphi_i}{\partial x_k} = F_{ik},$$

wo

$$\mathfrak{E} = (F_{10}, \ F_{20}, \ F_{30}), \qquad \mathfrak{B} = (F_{23}, \ F_{31}, \ F_{12})$$

gesetzt ist. In dieser Weise hat man also elektrische und magnetische Feldstärke zu einem einzigen linearen Tensor 2. Stufe F, dem »Felde«, zusammenzufassen. Aus (14) ergeben sich die invarianten Gleichungen

$$(15) \qquad \frac{\partial F_{kl}}{\partial x_i} + \frac{\partial F_{li}}{\partial x_k} + \frac{\partial F_{ik}}{\partial x_l} = 0,$$

und dies ist das erste System der Maxwellschen Gleichungen (8_1). Den Umweg über die Lorentzsche Lösung mit Hilfe der Potentiale haben wir lediglich eingeschlagen, um naturgemäß auf die richtige Art der Zusammenfassung der dreidimensionalen Größen zu vierdimensionalen Vektoren und Tensoren geführt zu werden. Bei Übergang zu kontravarianten Komponenten ist

$$\mathfrak{E} = (F^{01}, \ F^{02}, \ F^{03}), \qquad \mathfrak{B} = (F^{23}, \ F^{31}, \ F^{12}).$$

Das zweite System der Maxwellschen Gleichungen lautet jetzt in invarianter vierdimensionaler Tensorschreibweise:

$$(16) \qquad \sum_k \frac{\partial F^{ik}}{\partial x_k} = s^i.$$

Führen wir den vierdimensionalen Vektor mit den kovarianten Komponenten

$$(17) \qquad p_i = F_{ik} s^k$$

(und den kontravarianten

$$p^i = F^{ik} s_k)$$

ein — nach früherem Brauch lassen wir die Summenzeichen wieder fort —, so ist p^0 die »Leistungsdichte«, die Arbeit pro Zeit- und Volumeinheit: $p^0 = (\mathfrak{H} \mathfrak{E})$ [die Zeiteinheit ist hier dem neuen Zeitmaß $x_0 = ct$ anzupassen], und p^1, p^2, p^3 sind die Komponenten der Kraftdichte.

Damit ist das Lorentzsche Relativitätstheorem vollständig bewiesen. *Zugleich aber bemerken wir, daß die erhaltenen Gesetze genau so lauten wie die Gesetze des stationären Magnetfeldes [§ 9, (63)], nur vom dreidimensionalen auf den vierdimensionalen Raum übertragen.* Es ist kein Zweifel, daß in der vierdimensionalen Tensorformulierung ihre wahre mathematische Harmonie, die nicht vollkommener sein könnte, zutage tritt.

Daraus ergibt sich noch weiter, daß wir genau wie im dreidimensionalen Fall die »Viererkraft« p_i aus einem vierdimensionalen symmetrischen »Spannungstensor« S herleiten können:

$$(18) \qquad -p_i = \frac{\partial S_i^k}{\partial x_k} \quad \text{oder} \quad -p^i = \frac{\partial S^{ik}}{\partial x_k},$$

$$(18') \qquad S_i^k = F_{ir}F^{kr} - \tfrac{1}{2}\delta_i^k \,|\,F\,|^2.$$

Das (hier nicht notwendig positive) Quadrat des Feldbetrages ist

$$|\,F\,|^2 = \tfrac{1}{2}F_{ik}F^{ik}.$$

Wir wollen die Formel (18) durch direktes Ausrechnen bestätigen. Es ist

$$\frac{\partial S_i^k}{\partial x_k} = F_{ir}\frac{\partial F^{kr}}{\partial x_k} + F^{kr}\frac{\partial F_{ir}}{\partial x_k} - \tfrac{1}{2}F^{kr}\frac{\partial F_{kr}}{\partial x_i}.$$

Der erste Term rechts ergibt

$$-F_{ir}s^r = -p_i;$$

der zweite wird, wenn man den Faktor von F^{kr} gleichfalls schiefsymmetrisch schreibt,

$$= \tfrac{1}{2}F^{kr}\left(\frac{\partial F_{ir}}{\partial x_k} - \frac{\partial F_{ik}}{\partial x_r}\right)$$

und liefert mit dem dritten vereinigt

$$-\tfrac{1}{2}F^{kr}\left(\frac{\partial F_{ik}}{\partial x_r} + \frac{\partial F_{kr}}{\partial x_i} + \frac{\partial F_{ri}}{\partial x_k}\right);$$

der dreiteilige Ausdruck in der Klammer ist nach (15) $= 0$.

$|F|^2$ ist $= \mathfrak{B}^2 - \mathfrak{E}^2$. Sehen wir zu, was die einzelnen Komponenten von S^{ik} bedeuten, indem wir gemäß der Scheidung in Zeit und Raum den Index o von den übrigen 1, 2, 3 trennen.

S^{oo} ist $=$ der Energiedichte $W = \tfrac{1}{2}(\mathfrak{E}^2 + \mathfrak{B}^2)$,

$S^{oi} \qquad =$ den Komponenten von $\mathfrak{S} = [\mathfrak{E}\mathfrak{B}]$, $\qquad (i,\,k = 1,\,2,\,3)$

$S^{ik} \qquad =$ den Komponenten des Maxwellschen Spannungstensors,

der sich aus dem in § 9 angegebenen elektrischen und magnetischen Bestandteil zusammensetzt. Die o[te] der Gleichungen (18) enthält demnach das Energiegesetz. Die 1., 2., 3. haben eine völlig analoge Gestalt. Bezeichnen wir einen Augenblick die Komponenteen des Vektors $\frac{1}{c}\mathfrak{S}$ mit G^1, G^2, G^3 und verstehen unter $\mathfrak{t}^{(i)}$ den Vektor mit den Komponenten

$$S^{i1},\ S^{i2},\ S^{i3},$$

so haben wir

$$(19) \qquad -p^i = \frac{\partial G^i}{\partial t} + \operatorname{div}\mathfrak{t}^{(i)}. \qquad (i = 1,\,2,\,3)$$

Die Kraft, welche auf die in einem Raumgebiet V enthaltenen Elektronen wirkt, erzeugt eine ihr gleiche zeitliche Zunahme des Bewegungsimpulses derselben. Diese Zunahme wird nach (19) ausgeglichen durch eine entsprechende Abnahme des im Felde mit der Dichte $\dfrac{\mathfrak{S}}{c}$ verteilten *Feldimpulses* und den Zustrom des Feldimpulses von außen. Der Strom der i^{ten} Impulskomponente ist gegeben durch $\mathfrak{t}^{(i)}$, der *Impulsstrom* selber ist demnach nichts anderes als der Maxwellsche Spannungstensor. *Der Satz von der Erhaltung der Energie ist nur die eine, die Zeitkomponente eines gegenüber Lorentztransformationen invarianten Gesetzes, dessen Raumkomponenten die Erhaltung des Impulses aussagen.* Die gesamte Energie sowohl als der gesamte Impuls bleiben ungeändert; sie strömen nur im Felde hin und her und verwandeln sich aus Feldenergie und Feldimpuls in kinetische Energie und kinetischen Impuls der Materie et vice versa. Das ist die einfache anschauliche Bedeutung der Formeln (18). Ihr gemäß werden wir in Zukunft von dem Tensor S der vierdimensionalen Welt als dem *Energie-Impuls-Tensor* oder kurz Energietensor sprechen. Aus der Symmetrie desselben hat sich ergeben, daß die *Impulsdichte* $=\dfrac{1}{c^2}$ *mal dem Energiestrom* ist; der Feldimpuls ist daher sehr schwach, er konnte aber als Druck des Lichtes auf eine spiegelnde Fläche nachgewiesen werden. —

Eine Lorentztransformation ist linear, sie kommt daher (wenn wir in unserer graphischen Darstellung wiederum eine Raumkoordinate unterdrücken) auf die Einführung eines andern affinen Koordinatensystems hinaus. Überlegen wir uns, wie die Grundvektoren $\mathfrak{e}'_0$, $\mathfrak{e}'_1$, $\mathfrak{e}'_2$ des neuen Koordinatensystems liegen zu denen des alten $\mathfrak{e}_0$, $\mathfrak{e}_1$, $\mathfrak{e}_2$, d. i. zu den Einheitsvektoren in Richtung der x_0 (oder t), x_1, x_2 Achse! Da für

$$\mathfrak{x} = x_0\mathfrak{e}_0 + x_1\mathfrak{e}_1 + x_2\mathfrak{e}_2 = x'_0\mathfrak{e}'_0 + x'_1\mathfrak{e}'_1 + x'_2\mathfrak{e}'_2:$$
$$- x_0^2 + x_1^2 + x_2^2 = - x'^2_0 + x'^2_1 + x'^2_2 \,[= Q(\mathfrak{x})]$$

sein soll, ist $Q(\mathfrak{e}'_0) = -1$. Der von O aus aufgetragene Vektor $\mathfrak{e}'_0$ oder die t'-Achse liegt demnach im Innern des Kegels der Lichtausbreitung, die Parallelebenen $t' = $ konst. liegen so, daß sie aus dem Kegel Ellipsen ausschneiden, deren Mittelpunkte auf der t'-Achse liegen (s. Fig. 8), die x'_1, x'_2 Achse haben die Richtung konjugierter Durchmesser dieser Schnittellipsen, so daß die Gleichung jeder von ihnen

$$x'^2_1 + x'^2_2 = \text{konst.}$$

lautet.

Solange man an der Vorstellung des materiellen, schwingungsfähigen Äthers festhält, kann man in dem Lorentzschen Relativitätstheorem nur eine merkwürdige mathematische Transformationseigenschaft der Maxwellschen Gleichungen erblicken; das wahrhaft gültige Relativitätstheorem bleibt das Galilei-Newtonsche. Es entsteht aber die Aufgabe, nicht nur

die optischen Erscheinungen, sondern die gesamte Elektrodynamik und
ihre Gesetze als die Konsequenz einer dem Galileischen Relativitätsprinzip
genügenden Äthermechanik zu deuten, indem man die Feldgrößen in
einen bestimmten Zusammenhang mit Dichte und Geschwindigkeit des
Äthers bringt. Vor Maxwells elektromagnetischer Lichttheorie hat man
diese Aufgabe bekanntlich für die optischen Erscheinungen mit teilweisem,
aber niemals endgültigem Erfolg zu lösen versucht; für das umfassende
Gebiet, in das nach Maxwell die optischen Erscheinungen eingeordnet
sind, hat man diesen Versuch kaum mehr unternommen. Vielmehr be-
gann sich *die Vorstellung des im leeren Raume existierenden Feldes, das
keines Trägers bedarf*, allmählich durchzusetzen; ja schon Faraday hatte
in klaren Worten die Auffassung ausgesprochen, daß sich nicht das Feld
auf die Materie stützen müsse, sondern umgekehrt die Materie nichts
anderes sei als Stellen des Feldes von besonderem singulären Charakter.

§ 22. Das Einsteinsche Relativitätsprinzip.

Wie ist es möglich gewesen, die Lichtgeschwindigkeit zu messen?
Denken wir uns auf einer starren Platte zwei Punkte A und B markiert.
Um die Zeit zu messen, welche das Licht gebraucht, um von A nach B
zu gelangen, müssen wir zunächst die Zeit von A nach B übertragen.
Wir haben dafür in § 20 verschiedene Methoden angegeben. Die eine,
welche darin besteht, Körper mit allen möglichen Geschwindigkeiten von
A nach B zu schleudern, versagt hier praktisch, weil es noch niemandem
gelungen ist, einem Körper eine größere Geschwindigkeit als die des
Lichtes zu erteilen; die Methode ist demnach so ungenau, daß sie c nicht
von ∞ zu unterscheiden gestattet. Mit andern Wirkungsübertragungen
steht es nicht besser; und auch die »Uhrenmethode« (zwei Uhren werden
in A gleichgestellt; die eine bleibt in A, die andere wird nach B gebracht)
hat sich praktisch nicht mit solcher Genauigkeit durchführen lassen, daß sie c
von ∞ zu unterscheiden erlaubt. Roemer (1675) erschloß Endlichkeit und
Wert von c aus der scheinbaren Unregelmäßigkeit in der Umlaufszeit der
Jupitermonde, welche genau die Periode eines Jahres aufwies; denn es erschien absurd, einen Wirkungszusammenhang zwischen Erde und Jupitermond
anzunehmen, der die Periode des Erdumlaufs als eine Störung von so erheblicher Größe auf die Jupitermonde überträgt. Fizeaus Methode der
direkten irdischen Messung beruht auf dem einfachen Gedanken, die
Empfangsstation mit der Sendestation A zusammenfallen zu lassen und
den Lichtstrahl von A nach B durch Spiegelung in B nach A zurück-
zuleiten. Es stellt sich heraus, daß die zwischen Abgang und Ankunft
des Lichtsignals in A verflossene Zeit τ proportional zur Entfernung $|AB|$
ist; der konstante Proportionalitätsfaktor c dieses Gesetzes

$$(20) \qquad \tau = \frac{2 \cdot |AB|}{c}$$

ist die Lichtgeschwindigkeit. Auf diesem Wege erhalten wir nun eine Zeitregulierung, die außerordentlich viel genauer funktioniert als die vorhin diskutierten Methoden. Wir schicken in dem Augenblick, wo die in A befindliche Uhr die Zeit t zeigt, ein Lichtsignal nach B ab und stellen die Uhr in B so, daß sie bei der Ankunft des Lichtsignals die Zeit $t + \dfrac{|AB|}{c}$ zeigt. So können wir mit Hilfe von Lichtsignalen oder Signalen der drahtlosen Telegraphie, die vom Zentrum A aus gegeben werden, die Zeit von A nach allen anderen Orten unserer Platte übertragen. Stellen wir uns vor, daß die Platte mit lauter Türmen besät ist, die eine Uhr tragen, so können wir, nachdem diese Regulierung vom Zentralturm A aus vollzogen ist, Ort und Zeit eines beliebigen Ereignisses dadurch angeben, daß wir sagen, bei welchem Turm es stattfand und welche Zeit *die am Ort des Ereignisses befindliche Uhr* zeigte.

Halten wir zunächst noch an der Äthervorstellung fest! Die eben geschilderte Regulierung läßt sich durchführen, wenn unser Bezugskörper im Lichtäther ruht. Bewegt er sich jedoch relativ zum Äther, so ist eine neue Überlegung nötig. Jedenfalls muß es möglich sein, die Bewegung eines Körpers, z. B. der Erde, relativ zum ruhenden Äther zu konstatieren. Die Aberration leistet das nicht; durch sie wird vielmehr nur dargetan, daß jene relative Bewegung im Laufe des Jahres *wechselt*. Es seien $A_1\,O\,A_2$ drei feste Punkte der Erde, welche ihre Bewegung mitmachen; sie mögen in gerader Linie, und zwar in der Bewegungsrichtung der Erde, in gleichem Abstand $A_1\,O = O\,A_2 = l$ aufeinanderfolgen, und v sei die Translationsgeschwindigkeit der Erde durch den Äther; $\dfrac{v}{c} = q$ ist (voraussichtlich) sehr klein. Ein in O aufgegebenes Lichtsignal wird in A_2 nach Ablauf der Zeit $\dfrac{l}{c-v}$, in A_1 nach Ablauf der Zeit $\dfrac{l}{c+v}$ eintreffen. Leider kann man diesen Unterschied nicht konstatieren, wegen der Schwierigkeit der direkten Zeitübertragung. Wir helfen uns durch den Fizeauschen Gedanken: wir bringen in A_1 und A_2 je einen kleinen Spiegel an, der den Lichtstrahl nach O reflektiert. Wird im Momente o das Lichtsignal in O gegeben, so wird das vom Spiegel A_2 reflektierte zur Zeit

$$\frac{l}{c-v} + \frac{l}{c+v} = \frac{2\,lc}{c^2 - v^2}$$

in O wieder eintreffen, das vom Spiegel A_1 reflektierte aber zur Zeit

$$\frac{l}{c+v} + \frac{l}{c-v} = \frac{2\,lc}{c^2 - v^2}.$$

Jetzt ist kein Unterschied mehr vorhanden. Nehmen wir aber einen dritten, die Translationsbewegung durch den Äther gleichfalls mitmachenden Punkt A auf der Erde an, so daß $O\,A = l$ ist, aber die Richtung $O\,A$ mit der

Bewegungsrichtung einen Winkel ϑ einschließt! In der Figur sind O, O', O'' die sukzessiven Orte des Punktes O zur Zeit o, wo das Lichtsignal abgeschickt wird, im Augenblick t', in welchem es von dem an der Stelle A' befindlichen Spiegel A reflektiert wird, und schließlich zur Zeit $t' + t''$, wo es

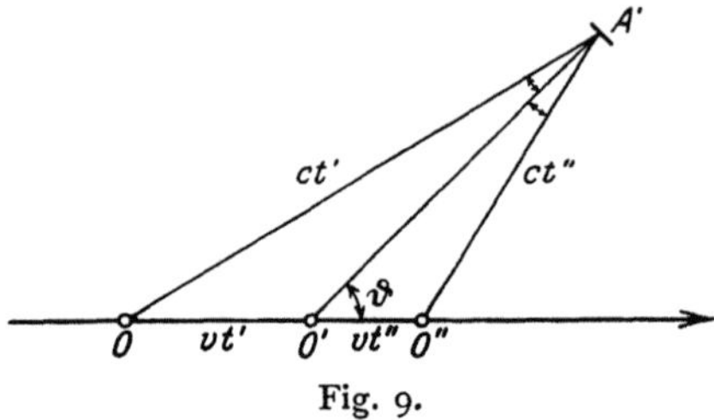

Fig. 9.

wieder in O eintrifft. Aus der Figur geht die Proportion hervor

$$OA' : O''A' = OO' : O''O' ;$$

folglich sind die beiden Winkel bei A' einander gleich: der reflektierende Spiegel muß, wie im Falle der Ruhe, senkrecht zu der starren Verbindung OA gestellt werden, damit der Lichtstrahl nach O zurückkommt *). Eine elementare trigonometrische Rechnung liefert für die *scheinbare Fortpflanzungsgeschwindigkeit in der Richtung ϑ*:

$$(21) \qquad \frac{2l}{t' + t''} = \frac{c^2 - v^2}{\sqrt{c^2 - v^2 \sin^2 \vartheta}} .$$

Sie ist also keine Konstante wie im Falle der ruhenden Erde, sondern abhängig von dem Richtungswinkel ϑ; durch ihre Beobachtung muß sich Richtung und Größe von v feststellen lassen.

Die Ausführung dieser Beobachtung ist der berühmte *Michelsonsche Versuch*[4]). Es werden zwei mit O starr verbundene Spiegel A, A^* in den Entfernungen l, l^* angebracht, der eine in der Bewegungsrichtung, der andere senkrecht zu ihr. Die ganze Montierung ist um O drehbar.

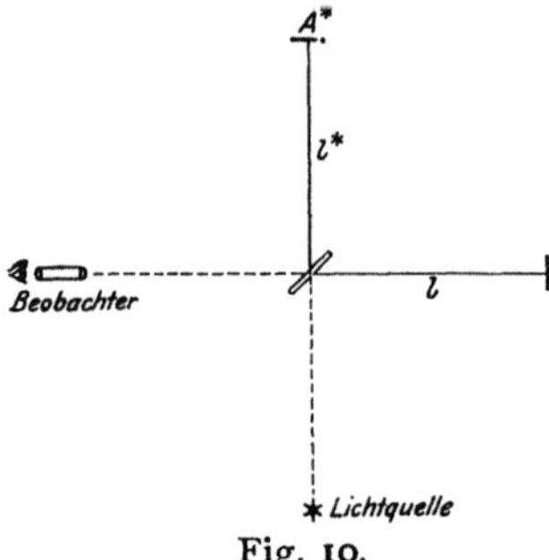

Fig. 10.

Mittels einer halbdurchlässig versilberten, den rechten Winkel bei O halbierenden Glasplatte wird in O ein Lichtstrahl in zwei gespalten, deren einer auf A, deren anderer auf A^* zuläuft; dort werden sie reflektiert und bei ihrer Ankunft in O mittels jener halbversilberten Glasplatte wieder in eine einzige Strahlenrichtung vereinigt. Es tritt Interferenz ein (l und l^* sind nahezu einander gleich) wegen der aus (21) sich ergebenden Wegdifferenz

$$\frac{2l}{1 - q^2} - \frac{2l^*}{\sqrt{1 - q^2}} .$$

Dreht man jetzt das Gerüst langsam um 90°, bis A^* in die Bewegungsrichtung fällt, so geht diese Wegdifferenz stetig über in

$$\frac{2l}{\sqrt{1 - q^2}} - \frac{2l^*}{1 - q^2} ;$$

---

*) Dies ist nicht ganz exakt, da für den bewegten Spiegel das gewöhnliche Reflektionsgesetz nicht streng gültig ist; doch ist die Abweichung des Winkels von einem rechten nur von der Größenordnung q^2.

es tritt demnach eine Verminderung um

$$2\,(l+l^*)\left(\frac{1}{1-q^2}-\frac{1}{\sqrt{1-q^2}}\right)\sim (l+l^*)\,q^2$$

ein. Damit muß eine Verschiebung der Interferenzstreifen verbunden sein. *Obwohl die numerischen Verhältnisse so liegen, daß noch $1\,^{\circ}/_{\circ}$ der zu erwartenden Verschiebung im Michelsonschen Interferometer wahrgenommen werden müßte, zeigte sich bei Ausführung des Experiments keine Spur davon.*

Von Ritz und anderen [5]) ist der Versuch gemacht worden, dem Dilemma durch die Annahme zu entgehen, daß die Geschwindigkeit des von einer bewegten Lichtquelle entsandten Lichtes in der Bewegungsrichtung $= c + v$, in der entgegengesetzten $= c - v$, allgemein in der durch den räumlichen Einheitsvektor $\mathfrak{e}$ charakterisierten Richtung $= c + (\mathfrak{e}\mathfrak{v})$ ist. Dies Verhalten wäre analog dem eines Geschützes, das nach allen Seiten Geschosse abfeuert, die *relativ zu ihm* die Geschwindigkeit c besitzen; hingegen läßt es sich mit der Vorstellung der Wellenfortpflanzung in einem Medium, dessen Natur die Fortpflanzungsgeschwindigkeit bestimmt, nicht in Einklang bringen. Die Ritzsche Annahme — welche natürlich den negativen Ausfall des Michelsonversuchs erklärt — steht aber nicht bloß mit unsern theoretischen Vorstellungen über die optischen Erscheinungen in Widerspruch, sondern auch mit den optischen Erscheinungen selber. Diese beweisen mit großer Sicherheit die Gültigkeit des folgenden Prinzips, das wir als das *Prinzip von der Konstanz der Lichtgeschwindigkeit* bezeichnen: *Die Lichtgeschwindigkeit ist unabhängig vom Bewegungszustand der Lichtquelle.* Andernfalls würde nämlich das Spektrum zweidimensional sein müssen; außer den Unterschieden der Frequenz würden noch davon unabhängig die Unterschiede der Fortpflanzungsgeschwindigkeit existieren. Keine unserer optischen Erfahrungen zeigt aber, daß es qualitativ verschiedenes Licht der gleichen Frequenz gibt. Die Frequenz legt vielmehr eindeutig alle Eigenschaften des Lichtes (sein Verhalten bei Brechung, Interferenz usw.) fest; niemals ist es gelungen, Licht von bestimmter Frequenz noch wieder in einfachere, qualitativ voneinander unterschiedene Bestandteile zu spalten. Aus der Beobachtung von Doppelsternen — der Wechsel der Fortpflanzungsgeschwindigkeit des von dem Trabanten entsandten Lichtes während des Umlaufs müßte eine Verzerrung des beobachteten zeitlichen Verlaufs gegenüber dem ·tatsächlichen hervorbringen — hat de Sitter schließen können [6]), daß die durch die Geschwindigkeit v der Lichtquelle bewirkte Änderung der Lichtgeschwindigkeit kleiner sein muß als der tausendste Teil von v.

Lorentz suchte das Ergebnis von Michelson durch die kühne Hypothese zu erklären, daß ein starrer Körper durch seine Bewegung relativ zum Äther in der Bewegungsrichtung eine Kontraktion im Verhältnis $1 : \sqrt{1-q^2}$ erfährt. In der Tat würde dies den negativen Ausfall des Michelsonschen Experiments erklären. Denn dann hat in der ersten Lage OA in Wahrheit die Länge $l\sqrt{1-q^2}$, OA^* die Länge l^*; in der zweiten Lage aber OA die Länge l, hingegen OA^* die Länge $l^* \sqrt{1-q^2}$, und der Gangunterschied ergäbe sich in beiden Fällen $= \dfrac{2(l-l^*)}{\sqrt{1-q^2}}$. Auch erhielte man bei Drehung eines starr mit O verbundenen Spiegels in allen Richtungen die gleiche scheinbare Fortpflanzungsgeschwindigkeit $\sqrt{c^2-v^2}$ und keine Abhängigkeit von der Richtung wie nach (21). Immerhin erschiene es theoretisch noch möglich, an der gegenüber c verminderten scheinbaren Fortpflanzungsgeschwindigkeit $\sqrt{c^2-v^2}$ die Bewegung zu konstatieren; aber wenn der Äther die Maßstäbe in der Bewegungsrichtung im Verhältnis $1 : \sqrt{1-q^2}$ zusammendrückt, so braucht er den Gang der Uhren nur noch im gleichen Verhältnis zu verlangsamen, um auch diesen Effekt zu zerstören. *Tatsächlich hat nicht nur der Michelsonsche, sondern haben eine ganze Zahl weiterer Versuche, einen Einfluß der Erdbewegung auf kombinierte mechanisch-elektromagnetische Vorgänge festzustellen, ein negatives Ergebnis gehabt*[7]). Es wäre also die Aufgabe der Äthermechanik, nicht nur die Maxwellschen Gesetze zu erklären, sondern auch diese merkwürdige Wirkung auf die Materie, die so erfolgt, als hätte der Äther sich ein für allemal vorgenommen: Ihr verflixten Physiker, mich sollt ihr nicht kriegen!

Die einzig vernünftige Antwort aber auf die Frage: Wie kommt es, daß eine Translation im Äther sich nicht von Ruhe unterscheiden läßt? war die, welche Einstein gab: *weil er nicht existiert*! (Der Äther ist immer eine vage Hypothese geblieben, und noch dazu eine, die sich so schlecht als möglich bewährt hat.) Dann aber liegt die Sache so: für die Mechanik hat sich das Galileische, für die Elektrodynamik das Lorentzsche Relativitätstheorem ergeben. Hat es damit wirklich seine Richtigkeit, so heben sie sich gegenseitig auf und bestimmen einen absoluten Bezugsraum, in welchem die mechanischen Gesetze die Newtonsche, die elektrodynamischen die Maxwellsche Form haben. Die Schwierigkeit, den negativen Ausfall aller Experimente zu erklären, die darauf aus sind, Translation von Ruhe zu unterscheiden, wird nur dann überwunden, wenn man für die gesamten Naturerscheinungen eines dieser beiden Relativitätsprinzipe als gültig ansieht. Das Galileische geht dadurch aus dem Lorentzschen hervor, daß man die Konstante c gegen ∞ konvergieren läßt; die am Schluß von § 21 gegebene geometrische Konstruktion läßt das ohne weiteres erkennen. Die Elektrodynamik könnte also nur dadurch in Einklang mit dem Galileischen·Relativitätsprinzip gebracht werden, daß man in ihren Gesetzen c durch ∞ ersetzte; das kommt nicht in Frage: es gäbe keine Induktion, es gäbe kein Licht und keine drahtlose Telegraphie, ja es gäbe überhaupt keine magnetischen Kräfte zwischen elektrischen Strömen. Hingegen läßt die Lorentzsche Kontraktionshypothese schon vermuten, die Newtonsche Mechanik lasse sich derart modifizieren, daß sie dem Lorentz-Einsteinschen Relativitätstheorem genügt, die dabei auftretenden Abweichungen aber nur von der Größenordnung $\left(\dfrac{v}{c}\right)^2$ werden;

dann liegen sie für alle irdischen und planetarischen Geschwindigkeiten v weit unter der Grenze der Beobachtungsmöglichkeit. Unsere mechanischen Erfahrungen sind nicht genau genug, um c von ∞ unterscheiden zu können. In der Elektrodynamik ist zwar auch die magnetische Kraft, mit der zwei bewegte Ladungen (Geschwindigkeiten v_1 und v_2) aufeinander wirken, gegenüber der elektrostatischen nur von der Größenordnung $\dfrac{v_1 v_2}{c^2}$. Aber die Werte der Elektronengeschwindigkeiten und die Summierung der magnetischen Kräfte, welche sie aufeinander ausüben, bringen es mit sich, daß die durch ein endliches c bewirkten Modifikationen hier zu den kräftigsten und handgreiflichsten Erscheinungen Anlaß geben.

Das ist die Lösung Einsteins[8]), welche mit einem Schlage alle Schwierigkeiten behob: *die Welt ist ein vierdimensionaler affiner Raum, dem durch eine indefinite quadratische Form*

$$Q(\mathfrak{x}) = (\mathfrak{x}\,\mathfrak{x})$$

von einer negativen und drei positiven Dimensionen eine Maßbestimmung aufgeprägt ist. Die einfache konkrete Bedeutung der Form $Q(\mathfrak{x})$ ist die, daß ein in dem Weltpunkt O abgeschicktes Lichtsignal in allen und nur den Weltpunkten A ankommt, für welche $\mathfrak{x} = \overrightarrow{OA}$ dem einen der beiden durch die Gleichung $Q(\mathfrak{x}) = 0$ definierten Kegelmäntel (vgl. § 4) angehört. Dadurch ist der »in die Zukunft geöffnete« der beiden Kegel $Q(\mathfrak{x}) \leqq 0$ vor dem in die Vergangenheit geöffneten in objektiver Weise ausgezeichnet. Wir können $Q(\mathfrak{x})$ durch Einführung eines geeigneten »normalen« Koordinatensystems, bestehend aus dem Nullpunkt O und den Grundvektoren $\mathfrak{e}_i$ auf die Normalform bringen

$$(\overrightarrow{OA},\ \overrightarrow{OA}) = -x_0^2 + x_1^2 + x_2^2 + x_3^2$$

(x_i die Koordinaten von A); dabei soll noch der Grundvektor $\mathfrak{e}_0$ dem in die Zukunft geöffneten Kegel angehören. *Unter diesen normalen Koordinatensystem läßt sich in objektiver Weise keine engere Auswahl treffen,* sie sind alle gleichberechtigt. Legen wir irgend eines von ihnen zugrunde, so ist x_0 als die Zeit, sind $x_1 x_2 x_3$ als Cartesische Raumkoordinaten anzusprechen, und alle auf Raum und Zeit sich beziehenden geläufigen Ausdrücke sind in diesem Bezugssystem wie sonst zu verwenden. — Die adäquate mathematische Formulierung der Einsteinschen Erkenntnis ist übrigens erst durch Minkowski[9]) gegeben worden; ihm verdanken wir die Vorstellung der vierdimensionalen Weltgeometrie, die hier von vorn herein zugrunde gelegt wurde.

Mathematisch ist das Einsteinsche Relativitätsprinzip ersichtlich von viel größerer Einfachheit und Durchsichtigkeit als das Galileische; die Weltgeometrie ist durch Einstein-Minkowski der Euklidischen Raumgeometrie viel näher gerückt worden. In anschaulicher Hinsicht aber *mutet es uns zu, den Glauben an die objektive Bedeutung der Gleichzeitigkeit abzulegen;*

in der Befreiung von diesem Dogma liegt die große erkenntnistheoretische Tat Einsteins, die seinen Namen neben den des Kopernikus rückt. Die am Schluß des vorigen Paragraphen gegebene graphische Darstellung zeigt ohne weiteres, daß die Ebenen $x'_0 = $ konst. nicht mehr mit den Ebenen $x_0 = $ konst. zusammenfallen. Jede Ebene $x'_0 = $ konst. trägt zufolge der in der Welt herrschenden, auf $Q(\mathfrak{x})$ beruhenden Metrik ihrerseits eine solche Maßbestimmung, daß die Ellipse, in der sie den »Licht-Kegel« schneidet, ein Kreis ist, und in ihr gilt die Euklidische Geometrie. Ihr Durchstoßpunkt mit der x'_0-Achse ist der Mittelpunkt der Schnittellipse. So wird auch im gestrichenen Bezugssystem der Vorgang der Lichtausbreitung zu einem in konzentrischen Kreisen sich vollziehenden. Durch geeignete Wahl des normalen Koordinatensystems läßt sich offenbar *jede* Ebene durch O, welche den Lichtkegel nur in O schneidet und somit die beiden Kegelhälften voneinander trennt, zur Ebene x_0 oder $t = $ konst. machen. Daher folgt mit Notwendigkeit aus dem Einsteinschen Relativitätsprinzip, daß kein in O gegebenes Signal einen Weltpunkt A erreichen kann, der außerhalb der in die Zukunft geöffneten Kegelhälfte liegt; mit andern Worten: c ist die obere Grenze aller Körpergeschwindigkeiten und der Ausbreitungsgeschwindigkeiten aller physikalischen Wirkungen. Das zeigt am besten die absolute Bedeutung der Lichtgeschwindigkeit c. Tatsächlich hat man an den Elektronen Geschwindigkeiten beobachten können, die bis auf $1\,^0/_0$ der Lichtgeschwindigkeit nahe kommen; niemals wurde sie jedoch überschritten. Im Gegenteil bemerkt man, daß bei Annäherung an die Lichtgeschwindigkeit der Trägheitswiderstand der Körper ins Unendliche wächst.

Leicht können wir jetzt die Schwierigkeiten beheben, die für unsere Anschauung, unser inneres Erleben von Raum und Zeit in dem von Einstein herbeigeführten Umsturz des Zeitbegriffs zu liegen scheinen! Der von O ausgehende Lichtkegel übernimmt die Rolle, welche nach dem Galileischen Relativitätsprinzip die durch O gehende Schichtebene $t = 0$ spielt: Vergangenheit und Zukunft voneinander zu scheiden. Die Weltrichtung aller in O geschleuderten Körper muß in den vorderen, der Zukunft geöffneten Kegel hineinweisen (so auch die Richtung der Weltlinie meines eigenen Leibes, meiner »Lebenslinie«, wenn ich mich in O befinde); nur auf die Ereignisse in solchen Weltpunkten, die im Innern dieses vorderen Kegels liegen, kann das, was in O geschieht, von Einfluß sein; die Grenze wird von der durch den leeren Raum erfolgenden Ausbreitung des Lichtes gegeben. Befinde ich mich in O, so teilt O meine Lebenslinie in Vergangenheit und Zukunft; daran ist nichts geändert. Was aber mein Verhältnis zur Welt betrifft, so liegen in dem vorderen Kegel alle diejenigen Weltpunkte, auf welche mein Tun und Lassen in O von Einfluß ist, außerhalb desselben alle die Ereignisse, die abgeschlossen hinter mir liegen, an denen »jetzt nichts mehr zu ändern ist«: *der Mantel des vorderen Kegels trennt meine aktive Zukunft von meiner aktiven Vergangenheit.* Hingegen sind im Innern des hinteren Kegels alle die Ereignisse lokalisiert, die ich entweder leibhaftig miterlebt (mitangesehen) habe, oder von denen mir irgendeine Kunde gekommen sein kann, nur diese Ereignisse haben möglicherweise Einfluß auf mich gehabt; außerhalb desselben aber liegt alles, was ich noch miterleben werde oder doch miterleben würde, wenn meine Lebensdauer unbegrenzt wäre und mein Blick überall hindringen könnte: *der Mantel des hinteren Kegels scheidet meine passive Vergangenheit von meiner passiven Zukunft.* Auf dem Mantel liegt das, was ich augenblicklich sehe oder sehen könnte; er ist also eigentlich das Bild meiner räumlichen Umwelt. Man ersetze nur das abstrakte Schema der Gleichzeitigkeit durch den konkreten *Wir-*

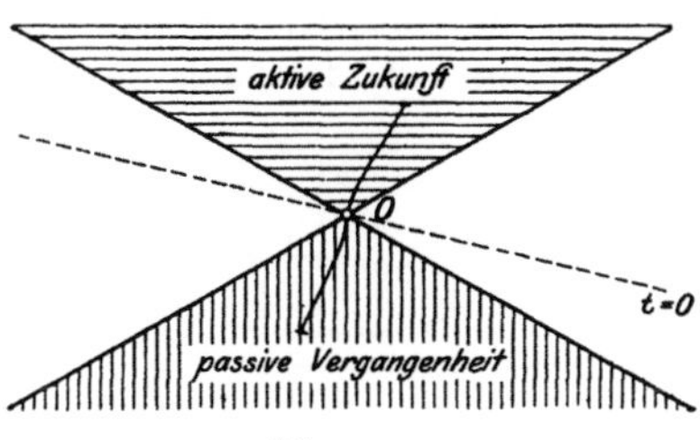

Fig. 11.

kungzusammenhang, und alle anschaulichen Schwierigkeiten verschwinden! Daß man in dem erörterten Sinne zwischen *aktiver* und *passiver* Vergangenheit und Zukunft unterscheiden muß, darin liegt die eigentliche grundsätzliche Bedeutung des Einsteinschen Relativitätsprinzips; wie auf Grund der in den Lichtkegeln zum Ausdruck kommenden Weltstruktur, die den Wirkungszusammenhang bestimmt, am zweckmäßigsten das Weltkontinuum auf Koordinaten zu beziehen ist und welche Transformationsformeln zwischen den verschiedenen gleichberechtigten Koordinatensystemen vermitteln, das ist demgegenüber eine mehr technische Angelegenheit von sekundärem Interesse.

Um vom Einsteinschen Standpunkt die Lorentz-Kontraktion anschaulich zu verstehen, denken wir uns folgenden ebenen Vorgang. In einem normalen Koordinatensystem t, x_1, x_2 (unter Unterdrückung einer Raumkoordinate), auf das sich die im folgenden gebrauchten Raum-Zeit-Ausdrücke beziehen, ruhe ein ebenes Papierblatt (mit den rechtwinkligen Koordinaten x_1, x_2), auf das eine geschlossene Kurve $\mathfrak{C}$ gezeichnet ist. Außerdem habe man eine kreisförmige Platte, die einen um den Mittelpunkt drehbaren starren Zeiger trägt; dreht man diesen langsam herum, so beschreibe die Zeigerspitze den Rand der Platte: so erweist sich, daß sie in der Tat ein Kreis ist. Die Platte bewege sich nun auf dem Papierblatt in gleichförmiger Translation; rotiert währenddes der Zeiger langsam, so wird seine Spitze beständig den Rand der Platte durchlaufen: in diesem Sinne ist sie auch in der Translation eine Kreisscheibe. In einem bestimmten Moment falle der Rand der Scheibe genau mit der Kurve $\mathfrak{C}$ zusammen. Messen wir $\mathfrak{C}$ mittels ruhender Maßstäbe aus, so finden wir, daß $\mathfrak{C}$ kein Kreis, sondern eine Ellipse ist. Der Vorgang ist in der Figur graphisch dargestellt. Es ist dasjenige Koordinatensystem t' x_1', x_2' hinzugefügt, in welchem die Scheibe ruht. Der Schnitt einer Ebene $t' =$ konst. mit dem Lichtkegel ist in diesem Bezugssystem ein »augenblicklich vorhandener Kreis«; der über ihm in

Richtung der t'-Achse errichtete Zylinder stellt einen im gestrichenen System ruhenden Kreis dar, grenzt demnach das Weltgebiet ab, das von unserer Kreisscheibe bestrichen wird. Der Schnitt dieses Zylinders mit der Ebene $t = 0$ ist in der Figur kein Kreis, sondern eine Ellipse; der über ihr in Richtung der t-Achse errichtete gerade Zylinder ist die dauernd vorhandene, auf dem Papierblatt gezeichnete Kurve. Die Lorentz-Kontraktion ist demnach eine Art „*Geschwindigkeits-Perspektive*": Wie

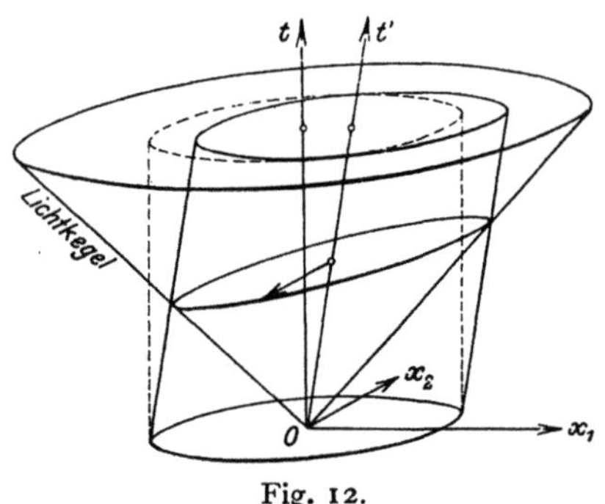

Fig. 12.

eine kreisrunde Scheibe uns als Ellipse erscheint, wenn wir von fernher unter einem schiefen Winkel auf sie blicken, so erscheint sie auch als Ellipse, wenn sie am Beobachter vorüberfährt. Als wahre Gestalt betrachten wir dabei die Ruh-Gestalt, die durch Ausmessen in demjenigen normalen Koordinatensystem ermittelt wird, in welchem die Scheibe ruht. Nach Einstein ist es aber ebenso unberechtigt zu sagen, daß die Kreisscheibe sich infolge der Relativbewegung zum Beobachter kontrahiere, wie es unberechtigt ist zu sagen, daß sie sich zu einer Ellipse abplattet, wenn sie einen schiefen Winkel mit dem Sehstrahl des Beobachters bildet. Die beobachtete Gestalt eines Körpers hängt außer von ihm selber auch von seinem Verhältnis, insbesondere seinem Bewegungsverhältnis zum Beobachter ab.

§ 23. Analyse des Relativitätsprinzips. Die Zerspaltung der Welt in Raum und Zeit als Projektion.

Wir wollen uns mit aller Sorgfalt Rechenschaft darüber zu geben versuchen, auf welchen Voraussetzungen und Tatsachen die Gültigkeit des Einsteinschen Relativitätsprinzips beruht. Der Michelsonsche Versuch zeigt, daß auf einem beliebigen in gleichförmiger Translation begriffenen Bezugskörper K (den wir uns wieder als ebene Platte vorstellen) die Proportionalitätsgleichung (20) mit einem konstanten c gültig ist. Sind A und B zwei Stellen auf K, so geht eine Uhr in B synchron mit der Uhr in A, wenn ein Lichtsignal, das zu irgendeiner Zeit t in A abgeschickt wird, zur Zeit $t + \dfrac{|AB|}{c}$ in B ankommt; das ist die *Definition* von »synchron«.

Die zugrunde gelegte Tatsache zeigt, daß dann auch umgekehrt die Uhr in A synchron mit der Uhr in B geht (oder kurz, daß A gleichgeht mit B). Wir haben aber weiter die Tatsache nötig, daß, wenn B mit A und C mit B gleichgeht, auch C mit A gleichgeht; was bedeutet das? Denken wir uns in A *zwei* Uhren aufgestellt, richten die Uhr in B durch Lichtsignale synchron mit der ersten Uhr in A, die Uhr in C synchron mit B

und die zweite Uhr in A synchron mit C, so behaupten wir, zeigen die beiden Uhren in A beständig dieselbe Zeit. Nach Definition zeigt aber die zweite Uhr in A die Zeit $t + \dfrac{L}{c}$, wenn ein Lichtsignal, das zu der auf der ersten Uhr in A abgelesenen Zeit t von A abgeschickt ist und den gebrochenen Weg $ABCA$ von der Länge L durchlaufen hat, wieder in A ankommt. Unsere Behauptung besagt also, daß die Zeit, welche zwischen Abgang und Ankunft jenes Lichtsignals in A verstreicht, $= \dfrac{L}{c}$ ist.

Es wird vernünftig sein, diese Tatsache nicht bloß für das »Zweieck« ABA, das Dreieck $ABCA$ zu statuieren, sondern für einen beliebigen polygonalen Weg. Wir sprechen also als erste Erfahrungstatsache aus:

Läßt man auf einem in gleichförmiger Translation begriffenen Bezugskörper K das Licht einen geschlossenen Polygonweg von der Länge L durchlaufen, so vergeht zwischen Abgang und Ankunft des Lichtsignals eine Zeit τ, die zu L proportional ist: $\tau = \dfrac{L}{c}$.

Infolgedessen ist es möglich, auf dem Bezugskörper allerorten eine Zeit $t = x_0$ einzuführen; die Uhren, welche sie angeben, gehen alle miteinander synchron. Sie können von einer Zentraluhr aus durch Lichtsignale gerichtet werden; diese Regulierung ist unabhängig vom gewählten Zentrum. Wir bemerken ausdrücklich, daß dabei stets Lichtquellen zu verwenden sind, welche auf K ruhen. Wir können und wollen die Längen- und Zeiteinheit so aneinander binden, daß $c = 1$ wird. Nach Regulierung der Uhren führt natürlich das Auffangen eines an irgendeiner Stelle gegebenen Lichtsignals zu dem Resultat, daß es sich nach allen Seiten mit der Geschwindigkeit 1 fortpflanzt. Zwei zum selben Bezugskörper K gehörige Koordinatensysteme sind durch eine Transformation miteinander verbunden, die sich zusammensetzt aus den Operationen

$$(22) \qquad x_i' = x_i + a_i \;(i = 0,\, 1,\, 2,\, 3);$$

$$(23) \qquad x_i' = \alpha\, x_i \qquad [\alpha > 0]$$

und den orthogonalen Transformationen der Raumkoordinaten x_1, x_2, x_3 bei ungeänderter Zeit x_0 (a_i und α Konstante). Eine frühere Terminologie leicht modifizierend, wollen wir die durch diese Transformationen konstituierte Gruppe *die elementare Gruppe* nennen. Jede Transformation derselben führt von einem auf K gegründeten Koordinatensystem zu einem gleichberechtigten andern; dies gilt insbesondere für die Operation (22).

Die zweite Erfahrungstatsache ist das Galileische Trägheitsprinzip: *Ein kräftefrei sich bewegender Massenpunkt beschreibt auf K eine gerade Linie mit konstanter Geschwindigkeit.* Das bedeutet in genauerer anschaulicher Formulierung: Die Bahn eines Massenpunktes, der jeder Einwirkung durch andere Körper entzogen ist, ist eine Gerade auf K; markieren wir auf ihr eine Reihe äquidistanter Punkte A_1, A_2, A_3 ... und lesen allgemein an der in A_i befindlichen Uhr die Zeit t_i ab, zu welcher der Massenpunkt

die Stelle A_i passiert, so sind t_1, t_2, t_3 ... äquidistante Zeitwerte. — Unsere
beiden Aussagen sind eigentlich so zu verstehen, daß durch sie der »berechtigte«, der in gleichförmiger Translation begriffene Bezugskörper
charakterisiert wird; die behauptete Tatsache ist die, daß es möglich ist,
die Vorgänge in der Welt auf einen derartigen Körper (der nicht wirklich zu existieren braucht, sondern von den wirklichen Körpern aus ideell
konstruiert werden muß) zu beziehen.

Die Aufgabe · ist jetzt die, für irgend zwei berechtigte Bezugskörper
K, K' und zwei auf sie sich stützende Koordinatensysteme x_i, x_i' den
gesetzmäßigen Zusammenhang zwischen den Koordinaten zu finden. Um
sie in physikalisch übersichtlicher Weise zu lösen, machen wir zunächst
noch einen Zusatz zum Galileischen Trägheitsprinzip. Wir denken uns
mit dem kräftefrei sich bewegenden Massenpunkt m eine Uhr verbunden,
die er bei seiner Bewegung mitführt, und behaupten, daß die an dieser
Uhr abgelesene »Eigenzeit« s für die Durchlaufung gleichlanger Strecken
gleichgroß ist. Da vermöge der Abbildung $\bar{x}_i = x_i + \Delta a_i$, in welcher
Δa_i die relativen Koordinaten zweier Punkte auf der Weltlinie von m
bedeuten, aus unserem auf K sich stützenden Koordinatensystem x_i ein
gleichberechtigtes entsteht und zugleich der in Rede stehende Vorgang
in sich übergeht, müssen die an der mitgeführten Uhr abgelesenen Zeit-
dauern für solche Teile des Vorgangs übereinstimmen, die durch diese
Abbildung auseinander hervorgehen; das ist ein evidenter »Homogeneitäts-
schluß«. Wir können also sagen, daß für unsere Bewegung die vier
Weltkoordinaten x_i *lineare Funktionen* der Eigenzeit s sind.

Infolgedessen müssen die zu einem andern berechtigten Bezugskörper
gehörigen Koordinaten x_i' mit x_i so verbunden sein, daß sie in lineare
Funktionen von s übergehen, wenn man für die x_i lineare Funktionen
von s einsetzt. Daraus folgt aber sogleich, daß die Transformationsformeln *linear* sind, also nach Abspaltung einer Transformation von der
Gestalt (22) so aussehen:

$$(24) \qquad x_i' = \sum_{k=0}^{3} \alpha_{ik} x_k \qquad (i = 0, 1, 2, 3).$$

Das zeigt, daß K' selber sich relativ zu K in gleichförmiger Translation
befindet. Die weitere Grundtatsache, welche wir nun verwerten müssen,
ist das »Prinzip von der Konstanz der Lichtgeschwindigkeit«: *Die Weltpunkte, welche ein in O abgesandtes Lichtsignal passiert, sind unabhängig
von dem Bewegungszustand der Lichtquelle allein durch O bestimmt.* Ein
in O $(x_i = 0)$ von einer auf K ruhenden Lichtquelle abgesandtes Lichtsignal passiert alle und nur die Weltpunkte, für welche

$$- x_0^2 + (x_1^2 + x_2^2 + x_3^2) = 0, \qquad x_0 > 0$$

ist; ein im selben Weltpunkt O $(x_i' = 0)$ von einer auf K' ruhenden Lichtquelle
ausgesandtes Lichtsignal passiert alle und nur die Weltpunkte, für welche

$$- x_0'^2 + (x_1'^2 + x_2'^2 + x_3'^2) = 0, \qquad x_0' > 0$$

ist. Nach jenem Prinzip müssen diese beiden Kegel übereinstimmen. Das ist dann und nur dann der Fall, wenn (24) sich zusammensetzt aus einer bloßen Maßstabsänderung (23) und einer Lorentz-Transformation, d. h. einer Transformation (24), welche die quadratische Form

$$(25) \qquad -x_0^2 + (x_1^2 + x_2^2 + x_3^2)$$

invariant läßt, und in welcher· der Koeffizient $\alpha_{00} > 0$ ist. (Betreffs der ergänzenden Umgleichung beachte man, daß infolge der Invarianz von (25)

$$\alpha_{00}^2 - (\alpha_{10}^2 + \alpha_{20}^2 + \alpha_{30}^2) = 1,$$

darum $\alpha_{00}^2 \geqq 1$, α_{00} notwendig $\neq 0$ ist.) Die Gruppe derjenigen Transformationen, welche sich aus Operationen (22), (23) und den Lorentz-Transformationen zusammensetzen, nennen wir die *Lorentz-Einsteinsche Gruppe.*

Endlich folgt die eigentliche Relativitätsaussage: *Jeder Körper K', der sich relativ zu einem berechtigten K in gleichförmiger Translation befindet, ist auch ein berechtigter Bezugskörper. Alle Naturerscheinungen spielen sich relativ zu K' genau in der gleichen Weise ab wie relativ zu K.* Daraus geht hervor, daß mit der Aufstellung der Lorentz-Gruppe unsere Aufgabe gelöst ist, daß keine weiteren Bedingungen mehr hinzutreten. Denn die Operationen der elementaren Gruppe_ sind die einzigen Transformationen der Lorentz-Einsteinschen Gruppe, welche die Zeitachse fest lassen.

Aus diesem Erfahrungszusammenhang heraus erwächst das Einsteinsche Relativitätsprinzip mit Notwendigkeit. In der so gewonnenen Formulierung ist nun aber das Prinzip selbst noch mit Aussagen über das Verhalten von starren Körpern und Uhren verknüpft, die an sich nichts mit ihm zu tun haben; wir wollen die beiden Bestandteile aus dieser Verflechtung befreien. Unsere Entwicklungen lassen schon erkennen, daß man nur die Ausbreitung des Lichtes und die kräftefreie Bewegung von Uhren nötig hat, um die normalen Koordinatensysteme von allen andern zu unterscheiden: wenn der Kegel aller Weltpunkte x_i, welche das im Punkte $O = (x_i^0)$ abgesandte Lichtsignal erreicht, durch die Beziehungen

$$(26) \quad -(x_0 - x_0^0)^2 + (x_1 - x_1^0)^2 + (x_2 - x_2^0)^2 + (x_3 - x_3^0)^2 = 0, \quad x_0 - x_0^0 > 0$$

beschrieben wird und beim zweiten Vorgang die Weltkoordinaten x_i als lineare Funktionen der Eigenzeit erscheinen, ist das Koordinatensystem x_i normal. Wir zeigten oben, daß zwei Koordinatensysteme, die in diesem Sinne normal sind, durch eine Transformation der Lorentz-Einsteinschen Gruppe zusammenhängen. Die starren Maßstäbe sind damit schon ausgeschaltet. Zu dem Kunstgriff, mit dem in kräftefreier Bewegung begriffenen Massenpunkt eine Uhr zu verbinden, nahmen wir aber auch nur unsere Zuflucht, um die mathematischen Überlegungen möglichst einfach und durchsichtig durchführen zu können; im Grunde ist die Uhr ebenso überflüssig. Wir bezeichnen in der wirklichen Welt den Kegel der sämtlichen Weltpunkte, den ein in O gegebenes Lichtsignal passiert, als den von O ausgehenden *Nullkegel*, die Weltlinie eines Massenpunktes, auf den keine anderen Massen einwirken, als *zeitartige Gerade*. Durch Einführung von Koordinaten x_i wird die wirkliche Welt abgebildet auf den vierdimensionalen Zahlenraum, d. i. das Kontinuum aller reellen Zahlenquadrupel $(x_0 x_1 x_2 x_3)$. Im Zahlenraum verstehen wir unter dem vom Punkte (x_i^0) ausgehenden Nullkegel das durch die Beziehungen (26) definierte Gebilde, unter »zeitartiger Gerade« jenes eindimensionale Kontinuum, das man erhält, wenn man die x_i als lineare Funktionen eines Parameters s ansetzt: $\qquad x_i = x_i^0 + \gamma_i s$,

mit Richtungszahlen γ_i, für welche

$$ -\gamma_0^2 + (\gamma_1^2 + \gamma_2^2 + \gamma_3^2) < 0 $$

ist. Die Erfahrungstatsache, auf die wir uns letzten Endes berufen, ist die: *Es lassen sich in der Welt vier Koordinaten x_i so einführen, man kann die Welt auf den vierdimensionalen Zahlenraum so abbilden, daß die Nullkegel in die Nullkegel, die zeitartigen Geraden in die zeitartigen Geraden übergehen.* Jedes System von Koordinaten, das aus einem solchen x_i durch eine Lorentz-Transformation hervorgeht, genügt den gleichen Bedingungen. Aber es ist eine mathematische Wahrheit, daß durch diese Bedingungen die Koordinaten x_i auch bis auf eine Transformation der Lorentz-Gruppe vollständig festgelegt sind. Auf Grund des sog. Fundamentalsatzes der projektiven Geometrie kann man zeigen, daß die einzigen Abbildungen des vierdimensionalen Zahlenraumes auf sich selber, welche die Nullkegel in Nullkegel, die zeitartigen Geraden in die zeitartigen Geraden verwandeln, die Transformationen der Lorentz-Einsteinschen Gruppe sind[19]).* Dabei ist die Abbildung jeweils so zu verstehen, daß sie sich nur auf ein beschränktes Gebiet der Welt, bzw. des Zahlenraumes zu erstrecken braucht: es ist nicht nötig, mit der Welt in ihrer ganzen Ausdehnung zu operieren. So sieht man, daß die folgenden beiden einfachen Naturgesetze:

  1. »das Licht breitet sich in konzentrischen Kugeln mit der Geschwindigkeit 1 aus;

  2. ein Körper, auf den keine Kräfte wirken, beschreibt eine geradlinige Bahn mit konstanter Geschwindigkeit«

bereits ausreichen, um die normalen Koordinatensysteme von allen andern zu unterscheiden. Unter ihnen aber läßt sich keine engere Auswahl treffen, welche andern Naturgesetze wir auch noch zu Hilfe nehmen mögen: alle Naturgesetze lauten genau so in dem einen wie in dem andern von irgend zwei normalen Koordinatensystemen.

Damit gewinnen wir die *Weltgeometrie*: die Welt ist eine vierdimensionale affine Mannigfaltigkeit im Sinne von Kap. I, behaftet mit einer Metrik, die auf einer quadratischen Grundform $(\mathfrak{x} \cdot \mathfrak{x})$ mit drei positiven und einer negativen Dimension beruht. Die Grundform selbst ist noch abhängig von der willkürlichen Wahl einer Einheit; objektive Bedeutung besitzt aber

---

*) Siehe *Anhang V*

die *Streckengleichheit* zweier Weltvektoren $\mathfrak{x}$ und $\mathfrak{y}$, ausgedrückt durch die Gleichung

$$(\mathfrak{x} \cdot \mathfrak{x}) = (\mathfrak{y} \cdot \mathfrak{y}) \, ,$$

und das *Senkrechtstehen* zweier Vektoren $\mathfrak{x}$ und $\mathfrak{y}$ oder ihrer Richtungen, ausgedrückt durch die zu der quadratischen Grundform gehörige symmetrisch-bilineare Beziehung

$$(\mathfrak{x} \cdot \mathfrak{y}) = \mathrm{o} \, .$$

Die Vektoren, für welche $(\mathfrak{x} \cdot \mathfrak{x})$ positiv ist, nennen wir *raumartige*, diejenigen, für welche $(\mathfrak{x} \cdot \mathfrak{x})$ negativ ist, *zeitartige Vektoren*.

Eine auf einem berechtigten Bezugskörper abgegrenzte Strecke beschreibt in der Welt einen Parallelstreifen, dessen Richtung zeitartig ist. Die Länge l dieser Strecke ist die Breite des Parallelstreifens:

$$l^2 = (\mathfrak{x} \cdot \mathfrak{x}) \, ,$$

wo $\mathfrak{x}$ der Vektor ist, welcher *senkrecht* zu der Richtung des Streifens von einem Rand zum andern führt (er ist notwendig raumartig). Zwei gleiche Strecken auf demselben Bezugskörper beschreiben zwei parallel begrenzte Streifen von der gleichen Breite. Auch oben haben wir nur Strecken miteinander verglichen auf *demselben* Bezugskörper; wir haben ruhende Maßstäbe auf K untereinander verglichen, ebenso ruhende Maßstäbe auf einem andern Bezugskörper K', der sich zu K in gleichförmiger Translation befindet. Wir haben aber nicht gefragt, was aus einem starren Maßstab wird, wenn wir ihn von K nach K' hinüberreichen. Doch ist es jetzt auch leicht, diese Frage zu beantworten: seine *»Ruhlänge«*, d. i. *die Breite des Weltstreifens, welchen er beschreibt, ist nach dem Übergang die gleiche wie vorher.* Das Verhältnis λ zwischen der Ruhlänge vor und nach der Überführung kann nämlich nur von der Relativgeschwindigkeit v des Bezugskörpers K' in bezug auf K abhängen: $\lambda = \lambda(v)$. Reichen wir nun aber den Maßstab später wieder von K' nach K zurück, so ändert sich abermals die Ruhlänge im Verhältnis $\lambda(v)$, da die Relativgeschwindigkeit von K in bezug auf K' ebenfalls $= v$ ist (wie wir im nächsten Paragraphen ausrechnen werden). Also ist das Verhältnis der Länge des nun wieder auf K zur Ruhe gekommenen Maßstabes zu seiner ursprünglichen Länge $= \lambda^2(v)$. Durch den Transport eines Maßstabes von einer Stelle des Bezugskörpers K zur andern, den wir etwa mit Hilfe des »Schlittens« K' vollziehen können, ist aber physikalisch die Streckengleichheit auf K definiert. Also muß $\lambda^2(v) = \mathrm{1}$, $\lambda(v) = \mathrm{1}$ sein. Damit haben wir in praktisch ausreichendem Maße festgelegt, wie die starren Körper auf die Weltmetrik reagieren.

Der Begriff des starren Körpers ist in der Einsteinschen Relativitätstheorie mit gewissen Schwierigkeiten behaftet. Stoßen wir einen zunächst ruhenden starren Körper in einem und demselben Augenblick an verschiedenen Stellen an, so werden sich diese Stellen in Bewegung setzen; aber da die Wirkung sich höchstens mit Lichtgeschwindigkeit ausbreiten kann, wird die Bewegung erst allmählich den ganzen übrigen Körper in

Mitleidenschaft ziehen. Solange die um die einzelnen Stoßpunkte mit Lichtgeschwindigkeit sich ausbreitenden Kugeln sich noch nicht überdecken, bewegen sich die mitgerissenen Umgebungen der Stoßpunkte vollständig unabhängig voneinander. Daraus geht hervor, daß es starre Körper im alten Sinne gemäß der Relativitätstheorie nicht geben kann; d. h. es gibt keinen Körper, der bei allen Einwirkungen, denen man ihn aussetzt, objektiv immer derselbe bleibt. Wie können wir aber trotzdem unsere Maßstäbe zur Raummessung verwenden? Ich gebrauche ein Bild. Erhitzen wir ein im Gleichgewicht befindliches, in ein Gefäß eingeschlossenes Gas an verschiedenen Stellen gleichzeitig durch Stichflammen und isolieren es dann adiabatisch, so wird es zunächst eine Folge komplizierter Zustände durchlaufen, die den Gleichgewichtssätzen der Thermodynamik nicht genügen. Schließlich aber wird es zur Ruhe kommen in einem neuen Gleichgewichtszustand, der seiner jetzigen, durch die Erwärmung erhöhten Energie entspricht. So können wir also auch von einem starren Maßstab sagen: immer wieder, wenn er in einem berechtigten Bezugsraum zur Ruhe gekommen ist, wenn er sich hinreichend lange in gleichförmiger Translation befindet, besitzt er dieselbe Ruhlänge, der von ihm beschriebene Weltstreifen dieselbe Breite. Was mit ihm während des Übergangs von dem einen in den andern Bewegungszustand geschieht, darüber brauchen wir uns keine Gedanken zu machen. Immerhin, wenn wir (in dem angezogenen Vergleich) das Gas hinreichend langsam, streng genommen: unendlich langsam erwärmen, wird es eine Folge thermodynamischer Gleichgewichtszustände durchlaufen; wenn wir die Maßstäbe nicht zu stürmisch bewegen, werden sie in jedem Augenblick ihre Ruhlänge bewahren. Offenbar sind die Beschleunigungsgrenzen, innerhalb deren diese Annahme ohne merklichen Fehler gemacht werden darf, sehr weit gesteckt. Endgültiges und Exaktes darüber kann aber erst eine auf den physikalischen und mechanischen Gesetzen beruhende durchgeführte *Dynamik des starren Körpers* ergeben.

Eine *Uhr* beschreibt bei gleichförmiger Translation eine zeitartige Gerade; ist der von ihr während einer Periode durchmessene Weltvektor $\mathfrak{x}$, so ist die aus

$$\tau^2 = - (\mathfrak{x} \cdot \mathfrak{x})$$

zu bestimmende positive Zahl τ die Eigenperiode der Uhr. *Eine Uhr besitzt immer wieder, wenn sie in einem berechtigten Bezugsraum zur Ruhe gekommen ist, dieselbe Eigenperiode;* darauf beruht ihre Verwendung zur Zeitmessung. Für eine besonders einfach gebaute Uhr, die Einsteinsche »Lichtuhr«, bestehend aus zwei einander gegenübergestellten, starr verbundenen kleinen Spiegeln, zwischen denen ein Lichtstrahl hin- und widerläuft (die Periode ist der Hin- und Hergang des Lichtes), folgt die Gültigkeit dieser Behauptung offenbar aus dem Verhalten der starren Körper (und der Unabhängigkeit der Lichtgeschwindigkeit vom Bewegungszustand derjenigen Körper, welche das Licht emittieren oder reflektieren).

Es muß das Gleiche aber auch für jede Uhr zutreffen, deren Verhalten im Ruhzustand gleichförmiger Translation nur durch ihre Konstitution, nicht durch ihre Vorgeschichte bedingt ist. Mit besonderer Genauigkeit wissen wir das von den »*Atomuhren*«, deren Perioden wir an den Frequenzen des von den Atomen ausgestrahlten Lichtes ablesen: zwei Wasserstoffatome z. B., welche nebeneinander ruhen, zeigen mit großer Schärfe die gleichen Spektrallinien, wie verschieden auch ihre Geschichte gewesen sein mag.

Zur anschaulichen Darlegung physikalischer Verhältnisse können wir die *Zerspaltung der Welt in Raum und Zeit* nicht entbehren, wie sie von jedem berechtigten Bezugskörper aus vollzogen werden kann. Alle Stellen des Bezugskörpers beschreiben zueinander parallele Gerade in der Welt: jene Zerspaltung hängt allein ab von der Richtung e dieser Geraden: Weltpunkte, die auf derselben Geraden der Richtung e liegen, fallen in denselben Raumpunkt. Es handelt sich also, geometrisch gesprochen, um nichts anderes als den Vorgang der *Parallelprojektion*. Zum Zwecke einer angemessenen Formulierung schicke ich darüber einige geometrische Erörterungen voraus, die sich auf einen, »Welt« genannten, beliebigen n-dimensionalen affinen Raum beziehen. Knüpfen wir im Interesse der Anschaulichkeit zunächst an den Fall $n = 3$ an. Es sei in der Welt eine Schar von Geraden gezogen, die dem Vektor e ($\neq$ o) parallel sind. Blickt jemand in Richtung dieser Strahlen in die Welt hinein, so werden für ihn alle diejenigen Weltpunkte zusammenfallen, die in Richtung einer solchen Geraden hintereinander liegen; dabei ist es durchaus nicht nötig, eine Ebene zu geben, *auf* die projiziert wird. Wir definieren also:

Es sei gegeben ein von o verschiedener Vektor e. Von zwei Weltpunkten A und A', für die $\overrightarrow{AA'}$ ein Multiplum von e ist, werde gesagt, sie fallen in ein und denselben Punkt A des durch e bestimmten *Raums*. Wir können A darstellen durch die zu e parallele Gerade, auf der alle jene im Raum zusammenfallenden Weltpunkte $A, A', \ldots$ liegen. Da jede Verschiebung $\mathfrak{x}$ der Welt eine zu e parallele Gerade wieder in eine solche überführt, ruft $\mathfrak{x}$ eine bestimmte Verschiebung $\mathfrak{x}$ des Raums hervor; aber je zwei Weltverschiebungen $\mathfrak{x}, \mathfrak{x}'$ fallen im Raum zusammen, wenn ihr Unterschied ein Multiplum von e ist. Der Übergang zum Raum, die »Projektion in Richtung von e«, werde an den Symbolen für Punkte und Verschiebungen durch Fettdruck gekennzeichnet. Durch Projektion gehen

$$\lambda\mathfrak{x}, \ \mathfrak{x} + \mathfrak{y}, \ \overrightarrow{AB} \ \text{über in} \ \lambda\mathfrak{x}, \ \mathfrak{x} + \mathfrak{y}, \ \overrightarrow{AB};$$

d. h. die Projektion trägt affinen Charakter, und im Raum gilt die affine Geometrie mit einer um 1 geringeren Dimensionszahl als in der Welt.

Ist die Welt *metrisch* im Euklidischen Sinne, d. h. liegt ihr als metrische Fundamentalform eine nicht-ausgeartete quadratische Form $(\mathfrak{x}\mathfrak{x})$ zugrunde — für die Anschauung halte man sich zunächst an den positivdefiniten Fall, die Ausführungen gelten aber allgemein —, so werden wir den beiden Punkten des »Raums«, als die wir zwei zu e parallele Gerade erblicken, wenn wir in der Richtung von $\mathfrak{e}$ in die Welt hineinschauen, offenbar einen Abstand gleich dem senkrechten Abstand der beiden Geraden zuschreiben. Das werde analytisch formuliert. Vorausgesetzt ist: $(\mathfrak{e}\mathfrak{e}) = e \neq 0$. Jede Verschiebung $\mathfrak{x}$ kann in eindeutig bestimmter Weise in zwei Summanden gespalten werden

$$(27) \qquad \mathfrak{x} = \xi\mathfrak{e} + \mathfrak{x}^*,$$

deren erster proportional, deren zweiter orthogonal zu $\mathfrak{e}$ ist:

$$(28) \qquad (\mathfrak{x}^*\mathfrak{e}) = 0, \qquad \xi = \frac{1}{e}\,(\mathfrak{x}\mathfrak{e}).$$

Wir nennen ξ die »*Zeitdauer*« der Verschiebung $\mathfrak{x}$ (den Zeitunterschied von A und B, wenn $\mathfrak{x} = \overrightarrow{AB}$). Es gilt

$$(29) \qquad (\mathfrak{x}\mathfrak{x}) = e\xi^2 + (\mathfrak{x}^*\mathfrak{x}^*).$$

$\mathfrak{x}$ kann vollständig charakterisiert werden durch Angabe seiner Zeitdauer ξ und der durch $\mathfrak{x}$ im Raum hervorgerufenen Verschiebung $\mathbf{x}$; wir schreiben

$$\mathfrak{x} = \xi \,|\, \mathbf{x}.$$

Die Welt ist »zerspalten« in Zeit und Raum, der »Lageunterschied« $\mathfrak{x}$ zweier Punkte in der Welt in den Zeitunterschied ξ und Lageunterschied $\mathbf{x}$ im Raum; nicht nur die Behauptung des Zusammenfallens zweier Punkte in der Welt hat einen Sinn, sondern auch die Aussage: zwei Punkte fallen im Raum zusammen, bzw. befinden sich zur gleichen Zeit. Jede Verschiebung $\mathbf{x}$ des Raums wird durch eine und *nur eine* zu $\mathfrak{e}$ orthogonale Weltverschiebung $\mathfrak{x}^*$ hervorgerufen; die Beziehung zwischen $\mathfrak{x}^*$ und $\mathbf{x}$ ist umkehrbar-eindeutig und affin. Durch die Definitionsgleichung

$$(\mathbf{x}\mathbf{x}) = (\mathfrak{x}^*\mathfrak{x}^*)$$

erteilen wir dem Raum eine auf der quadratischen Fundamentalform $(\mathbf{x}\mathbf{x})$ beruhende Metrik. Dann geht (29) über in die Pythagoreische Fundamentalgleichung

$$(30) \qquad (\mathfrak{x}\mathfrak{x}) = e\xi^2 + (\mathbf{x}\mathbf{x}),$$

die sich für zwei Verschiebungen bei einer ohne weiteres verständlichen Bezeichnung zu

$$(30') \qquad (\mathfrak{x}\mathfrak{y}) = e\xi\eta + (\mathbf{x}\mathbf{y})$$

verallgemeinern läßt.

In der wirklichen Welt haben wir für $\mathfrak{e}$ stets einen in die Zukunft weisenden zeitartigen Vektor zu nehmen, den wir zweckmäßig durch die Bedingung $(\mathfrak{e}\mathfrak{e}) = -1$ normieren; so daß in unsern Formeln $e = -1$ zu setzen ist[*]. Der Zeitunterschied und der räumliche Abstand zweier Ereignisse, wie sie sich aus dieser Zerspaltung der Welt in Raum und Zeit ergeben, stimmen überein mit den Angaben, welche die Maßstäbe

---

[*] Will man auf die traditionellen Einheiten des CGS-Systems geführt werden, so muß man die Normierung $(\mathfrak{e}\mathfrak{e}) = -1$ ersetzen durch $(\mathfrak{e}\mathfrak{e}) = -c^2$, und es ist $e = -c^2$ zu nehmen.

und synchron regulierten Uhren auf einem gewissen berechtigten Bezugs-körper K liefern: auf demjenigen Bezugskörper nämlich, dessen verschie-dene Punkte zu e parallele Gerade beschreiben, der in dem durch Pro-jektion nach e entstehenden Raum R_e ruht.

Nachdem wir die gedanklichen Grundlagen der speziellen Relativitäts-theorie genau analysiert haben, schreiten wir jetzt zur Entwicklung der Theorie und ihrer wichtigsten physikalischen Konsequenzen.

§ 24. **Relativistische Geometrie, Kinematik und Optik.**

Wir werden im folgenden mehrere Zerspaltungen der Welt nach den Vektoren e, e', $\cdots$ nebeneinander zu betrachten haben; immer soll dabei e (ohne oder mit Index) einen in die Zukunft weisenden, zeitartigen, der Normierungsbedingung $(ee) = -1$ genügenden Weltvektor bezeichnen.

Sei K ein Körper, der in R_e, K' ein Körper, der in $R_{e'}$ ruhe. K' führt in R_e eine gleichförmige Translation aus. Ist in R_e, d. h. also bei Zer-spaltung nach dem Vektor e:

$$(31) \qquad e' = h \mid h\mathfrak{v} ,$$

so erfährt K' in R_e während der Zeitdauer h die Raumverschiebung $h\mathfrak{v}$; es ist demnach $\mathfrak{v}$ die *Geschwindigkeit* von K' in R_e oder die *Relativ-geschwindigkeit von K' in bezug auf K*. Ihre Größe v bestimmt sich aus $v^2 = (\mathfrak{v}\mathfrak{v})$. Nach (28) ist

$$(32) \qquad h = -(e'e) ;$$

anderseits gilt nach (30)

$$1 = -(e'e') = h^2 - h^2(\mathfrak{v}\mathfrak{v}) = h^2(1 - v^2) ,$$

also

$$(33) \qquad h = \frac{1}{\sqrt{1 - v^2}} \cdot$$

Erfährt K' zwischen zwei Augenblicken seiner Bewegung die Weltver-schiebung $\varDelta s \cdot e'$, so zeigt (31), daß $h \cdot \varDelta s = \varDelta t$ die Zeitdauer dieser Verschiebung in R_e ist; zwischen Eigenzeit $\varDelta s$ und Zeitdauer $\varDelta t$ der Verschiebung in R_e besteht demnach die Beziehung

$$(34) \qquad \varDelta s = \varDelta t \sqrt{1 - v^2} .$$

Da (32) symmetrisch in e und e' ist, lehrt (33), daß die *Größe der Relativgeschwindigkeit von K' in bezug auf K gleich derjenigen von K in bezug auf K' ist*; die vektoriellen Relativgeschwindig-keiten selber lassen sich *nicht* miteinander ver-gleichen, da die eine im Raum R_e, die andere im Raum $R_{e'}$ liegt. In der Sprache der gewöhn-

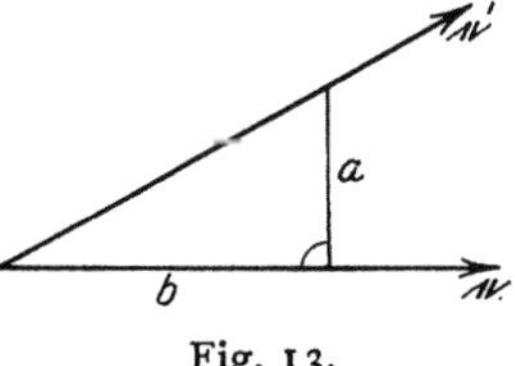

Fig. 13.

lichen Geometrie heißt das folgendes: bezeichnen wir als die »Neigung« einer Richtung e' gegen eine andere e das Verhältnis der beiden aus der

Figur ersichtlichen Katheten, $v = \dfrac{a}{b}$, so ist die Neigung v von $\mathfrak{e}'$ gegen $\mathfrak{e}$ der Neigung von $\mathfrak{e}$ gegen $\mathfrak{e}'$ gleich.

Betrachten wir drei Zerspaltungen, nach $\mathfrak{e}$, $\mathfrak{e}_1$, $\mathfrak{e}_2$. K_1, K_2 seien zwei Körper, die bzw. in $\boldsymbol{R}_{\mathfrak{e}_1}$, $\boldsymbol{R}_{\mathfrak{e}_2}$ ruhen. In $\boldsymbol{R}_{\mathfrak{e}}$ sei

$$\mathfrak{e}_1 = h_1 \mid h_1 \mathfrak{v}_1 \, ; \qquad h_1 = \frac{1}{\sqrt{1 - v_1^2}} \, ;$$

$$\mathfrak{e}_2 = h_2 \mid h_2 \mathfrak{v}_2 \, ; \qquad h_2 = \frac{1}{\sqrt{1 - v_2^2}} \, .$$

Dann ist

$$- (\mathfrak{e}_1 \mathfrak{e}_2) = h_1 h_2 \{ 1 - (\mathfrak{v}_1 \mathfrak{v}_2) \} \, .$$

Bilden also die Geschwindigkeiten $\mathfrak{v}_1$ und $\mathfrak{v}_2$ von K_1 und K_2 in $\boldsymbol{R}_{\mathfrak{e}}$, deren Größe v_1, v_2 ist, den Winkel ϑ miteinander und ist $v_{12} = v_{21}$ die Größe der Relativgeschwindigkeit von K_2 in bezug auf K_1 (oder umgekehrt), so gilt *die Formel*

$$(35) \qquad \frac{1 - v_1 v_2 \cos \vartheta}{\sqrt{1 - v_1^2} \, \sqrt{1 - v_2^2}} = \frac{1}{\sqrt{1 - v_{12}^2}} \, ,$$

gemäß der sich die Relativgeschwindigkeit zweier Körper aus ihren Geschwindigkeiten bestimmt. In der Sprache der gewöhnlichen Geometrie haben wir hier aus der Neigung v_1 von $\mathfrak{e}_1$ gegen $\mathfrak{e}$, der Neigung v_2 von $\mathfrak{e}_2$ gegen $\mathfrak{e}$ und dem Winkel ϑ, den die Ebenen $[\mathfrak{e}_1 \mathfrak{e}]$, $[\mathfrak{e}_2 \mathfrak{e}]$ miteinander bilden, die Neigung von $\mathfrak{e}_1$ und $\mathfrak{e}_2$ gegeneinander zu ermitteln. Es handelt sich also um die trigonometrischen Formeln für die dreiseitige Ecke; wegen der indefiniten Natur der metrischen Grundform gilt aber hier für die von einem Punkte ausgehenden Strahlen nicht die sphärische, sondern die Bolyai-Lobatschefskysche Trigonometrie. In der Tat, setzen wir dieser Auffassung entsprechend für jede der Geschwindigkeitsgrößen $v (< 1)$ unter Benutzung des Tangens hyperbolicus:

$$v = \mathfrak{Tg}\, u \, ,$$

so erhalten wir anstelle von (35) den »Kosinussatz«:

$$\mathfrak{Cof}\, u_1 \; \mathfrak{Cof}\, u_2 - \mathfrak{Sin}\, u_1 \; \mathfrak{Sin}\, u_2 \cos \vartheta = \mathfrak{Cof}\, u_{12} \, .$$

Neben den Zusammenhang (34) zwischen Zeit und Eigenzeit stellt sich der zwischen Länge und Ruhlänge. Wir legen den Bezugsraum $\boldsymbol{R}_{\mathfrak{e}}$ zugrunde. In einem *bestimmten* Moment mögen sich die einzelnen Massenpunkte des Körpers K' in den Weltpunkten O, A, ... befinden; die Raumpunkte O, A, ... von $\boldsymbol{R}_{\mathfrak{e}}$, in denen sie liegen, bilden eine Figur in $\boldsymbol{R}_{\mathfrak{e}}$, der wir Dauer verleihen könnten, wenn der Körper in dem betrachteten Momente einen »Abdruck« im Raum $\boldsymbol{R}_{\mathfrak{e}}$ hinterließe, wie dies durch das am Schluß des vorletzten Paragraphen besprochene anschauliche Beispiel illustriert wird. Fallen anderseits in dem Raum $\boldsymbol{R}_{\mathfrak{e}'}$, in welchem K' ruht, die Weltpunkte O, A, ... in die Raumpunkte O', A', ..., so bilden O', A', $\ldots$ die Ruhgestalt des Körpers K' (man vergleiche die Figur, in der »orthogonale« Weltrichtungen als senkrechte gezeichnet sind). Zwischen demjenigen Teil von R_e, den der Abdruck einnimmt, und der Ruhfigur des Körpers in $R_{e'}$ besteht eine Abbildung, durch welche allgemein die Punkte A, A' einander zugeordnet sind; sie ist offenbar affin (es handelt sich in der Tat um nichts anderes als um orthogonale Projektion). Da die Weltpunkte O, A *gleichzeitig* sind bei Zerspaltung nach e, so ist

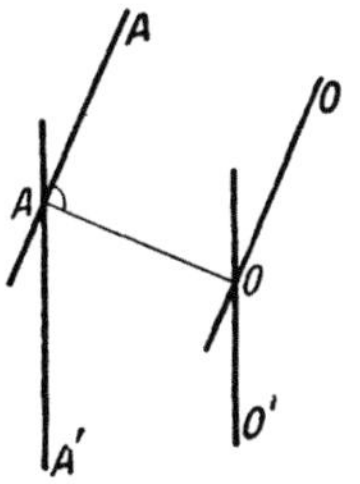

$$\overset{\Rrightarrow}{OA} = \mathfrak{x} = \mathrm{o} \mid \mathfrak{x} \text{ in } R_e; \quad \mathfrak{x} = \overset{\Rrightarrow}{OA}.$$

Fig. 14.

Nach der Grundformel (30) ist

$$\overline{OA}^2 = (\mathfrak{x}\mathfrak{x}) = (\mathfrak{x}\mathfrak{x}),$$
$$\overline{O'A'}^2 = (\mathfrak{x}\mathfrak{x}) + (\mathfrak{x}e')^2.$$

Bestimmen wir aber nach (30') $(\mathfrak{x}e')$ in R_e, so kommt

$$(\mathfrak{x}e') = h(\mathfrak{x}\mathfrak{v});$$

also wird

$$\overline{O'A'}^2 = (\mathfrak{x}\mathfrak{x}) + \frac{(\mathfrak{x}\mathfrak{v})^2}{1 - v^2}.$$

Benutzen wir in R_e ein Cartesisches Koordinatensystem x_1, x_2, x_3 mit O als Anfangspunkt, dessen x_1-Achse in die Richtung der Geschwindigkeit $\mathfrak{v}$ fällt, und sind x_1, x_2, x_3 die Koordinaten von A, so haben wir

$$\overline{OA}^2 = x_1^2 + x_2^2 + x_3^2,$$
$$\overline{O'A'}^2 = \frac{x_1^2}{1 - v^2} + x_2^2 + x_3^2 = x_1'^2 + x_2'^2 + x_3'^2,$$

wenn man

$$(36) \qquad x_1' = \frac{x_1}{\sqrt{1 - v^2}}, \quad x_2' = x_2, \quad x_3' = x_3$$

setzt. Indem man in R_e jedem Punkt mit den Koordinaten (x_1, x_2, x_3) den Punkt mit den aus (36) sich ergebenden Koordinaten (x_1', x_2', x_3') zuordnet, führt man eine Dilatation des Abdrucks in Richtung der Körperbewegung im Verhältnis $1 : \sqrt{1 - v^2}$ durch. Unsere Formeln besagen, daß dadurch der Abdruck in eine zur Ruhgestalt des Körpers kongruente Figur übergeht: das ist die *Lorentz-Kontraktion*. Insbesondere besteht zwischen dem Volumen V, das der Körper K' in einem bestimmten Augenblick im Raum R_e einnimmt, und seinem Ruhvolumen V_0 die Beziehung

$$V = V_0 \sqrt{1 - v^2}.$$

Alle optischen Winkelmessungen durch Anvisieren stellen die Winkel zwischen Lichtstrahlen in demjenigen Bezugsraum fest, in welchem das (aus starrem Material gebaute) Meßinstrument ruht. *Diese Winkel sind*

*es auch, wenn wir das Meßinstrument durch das Auge ersetzen, welche
maßgebend sind für die von einem Beobachter anschaulich erfaßte Gestalt
der in seinem Gesichtsfeld befindlichen Gegenstände.* Um den Zusammenhang zwischen Geometrie und Beobachtung geometrischer Größen herzustellen, müssen wir daher noch auf optische Verhältnisse eingehen.

Die einem Lichtstrahl entsprechenden Lösungen der Maxwellschen
Gleichungen haben sowohl im Äther wie in einem homogenen Medium,
das in einem zulässigen Bezugsraum ruht, diese Form, daß die Komponenten der Zustandsgrößen (bei komplexer Schreibweise) alle

$$= \text{konst. } e^{2\pi i \Theta(P)}$$

sind, wo $\Theta = \Theta(P)$, die durch diesen Ansatz nur bis auf eine additive
Konstante bestimmte »Phase«, eine Funktion des als Argument auftretenden
Weltpunktes ist. Nach Ausführung irgendeiner linearen Transformation der
Weltkoordinaten werden die Komponenten im neuen Koordinatensystem
abermals die gleiche Gestalt besitzen, mit derselben Phasenfunktion Θ.
Die Phase ist demnach eine Invariante. Für eine ebene Welle ist sie
eine *lineare* und, wenn wir absorbierende Medien ausschließen, reelle
Funktion der Weltkoordinaten von P und die Phasendifferenz in zwei
beliebigen Punkten $\Theta(B) - \Theta(A)$ mithin eine Linearform der willkürlichen Verschiebung $\mathfrak{x} = \overrightarrow{AB}$, also ein kovarianter Weltvektor. Stellen
wir diesen durch die korrespondierende Verschiebung $\mathfrak{l}$ dar (wir sprechen
kurz von dem »Lichtstrahl $\mathfrak{l}$«), so ist also

$$\Theta(B) - \Theta(A) = (\mathfrak{l}\,\mathfrak{x}) \, .$$

Geometrisch kennzeichnet man den Vorgang am besten durch die Schar
der zueinander parallelen »Phasenebenen«

$$\Theta = 0, \ \pm 1, \ \pm 2, \ \cdots .$$

Spalten wir nach einem zeitartigen Vektor $\mathfrak{e}$ in Raum und Zeit und setzen

$$(37) \qquad\qquad \mathfrak{l} = \nu \ \Big| \ \frac{\nu}{q}\, \mathfrak{a}$$

in solcher Weise, daß der Raumvektor $\mathfrak{a}$ in $\boldsymbol{R}_\mathfrak{e}$ die Länge 1 besitzt,

$$\mathfrak{x} = \varDelta t \ | \ \mathfrak{x} \, ,$$

so ist die Phasendifferenz

$$= \nu \left\{ \frac{(\mathfrak{a}\,\mathfrak{x})}{q} - \varDelta t \right\} .$$

Daraus geht hervor, daß ν die Frequenz bedeutet, q die Fortpflanzungs-
geschwindigkeit und $\mathfrak{a}$ die Richtung des Lichtstrahls im Raume $\boldsymbol{R}_\mathfrak{e}$. q mißt
zugleich die Neigung von $\mathfrak{e}$ gegen die Phasenebene E, unter »Neigung«
wieder das Kathetenverhältnis $\frac{a}{b}$ (s. d. Figur; $a \perp E$, b liegt in E) ver-

standen. Im Äther ist, wie sich noch aus den Maxwellschen Gleichungen ergibt, die Fortpflanzungsgeschwindigkeit $q = 1$ oder

$$(\mathfrak{l} \mathfrak{l}) = 0 .$$

Spalten wir die Welt auf zweierlei Art, einmal nach e, ein andermal nach e', in Raum und Zeit und unterscheiden die auf die eine und andere Spaltung bezüglichen Größen durch den Akzent, so ergibt sich nun sofort aus der Invarianz von $(\mathfrak{l} \mathfrak{l})$ das Gesetz

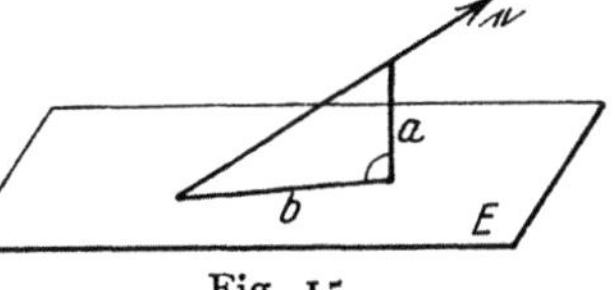
Fig. 15.

$$(38) \qquad \nu^2 \left(\frac{1}{q^2} - 1 \right) = \nu'^2 \left(\frac{1}{q'^2} - 1 \right) .$$

Fassen wir zwei Lichtstrahlen $\mathfrak{l}_1$, $\mathfrak{l}_2$ mit den Frequenzen ν_1, ν_2 und den Fortpflanzungsgeschwindigkeiten q_1, q_2 ins Auge, so ist

$$(\mathfrak{l}_1 \mathfrak{l}_2) = \nu_1 \nu_2 \left\{ \frac{(\mathfrak{a}_1 \mathfrak{a}_2)}{q_1 q_2} - 1 \right\} .$$

Bilden jene also den Winkel ω miteinander, so gilt

$$(39) \qquad \nu_1 \nu_2 \left\{ \frac{\cos \omega}{q_1 q_2} - 1 \right\} = \nu'_1 \nu'_2 \left\{ \frac{\cos \omega'}{q'_1 q'_2} - 1 \right\} .$$

Für den Äther lauten diese Gleichungen

$$(40) \qquad q = q' (= 1) , \qquad \nu_1 \nu_2 \sin^2 \frac{\omega}{2} = \nu'_1 \nu'_2 \sin^2 \frac{\omega'}{2} .$$

Um endlich den Zusammenhang zwischen den Frequenzen ν und ν' anzugeben, nehmen wir einen Körper an, der in $R_{e'}$ ruht; er habe im Raum R_e die Geschwindigkeit $\mathfrak{v}$, so daß wie früher

$$(31) \qquad e' = h \mid h\mathfrak{v} \quad \text{in } R_e$$

zu setzen ist. Aus (31) und (37) folgt

$$\nu' = - (\mathfrak{l} e') = \nu h \left\{ 1 - \frac{(\mathfrak{a} \mathfrak{v})}{q} \right\} .$$

Bildet demnach die Richtung des Lichtstrahls in R_e mit der Geschwindigkeit des Körpers den Winkel ϑ, so ist

$$(41) \qquad \frac{\nu'}{\nu} = \frac{1 - \dfrac{v \cos \vartheta}{q}}{\sqrt{1 - v^2}} .$$

(41) ist das *Dopplersche Prinzip*. Da beispielsweise ein Natriummolekül, in einem zulässigen Bezugsraum ruhend, immer objektiv dasselbe sein wird, so besteht dieser Zusammenhang zwischen der in einem ruhenden Spektroskop beobachteten Frequenz ν' eines ruhenden und ν eines mit der Geschwindigkeit v sich bewegenden Natriummoleküls; ϑ ist der Winkel, welchen die Bewegungsrichtung des Moleküls mit dem in

das Spektroskop eintretenden Lichtstrahl bildet. Denn der an der Bewegung des zweiten Moleküls teilnehmende Bezugsraum hat die Geschwindigkeit $\mathfrak{v}$ im zugrunde gelegten Ruhraum, jenes Molekül selber die Frequenz ν im Ruhraum, ν' im mitbewegten Raum. — Setzen wir (41) in (38) ein, so bekommen wir eine Gleichung zwischen q und q': sie gestattet, aus der Fortpflanzungsgeschwindigkeit q' des Lichtes in einem ruhenden Medium, z. B. in Wasser, die Fortpflanzungsgeschwindigkeit q im bewegten zu berechnen; v ist jetzt die Strömungsgeschwindigkeit des Wassers, ϑ der Winkel, den die Strömungsrichtung des Wassers mit dem Lichtstrahl einschließt. Hier handelt es sich in der Sprache der gewöhnlichen Geometrie

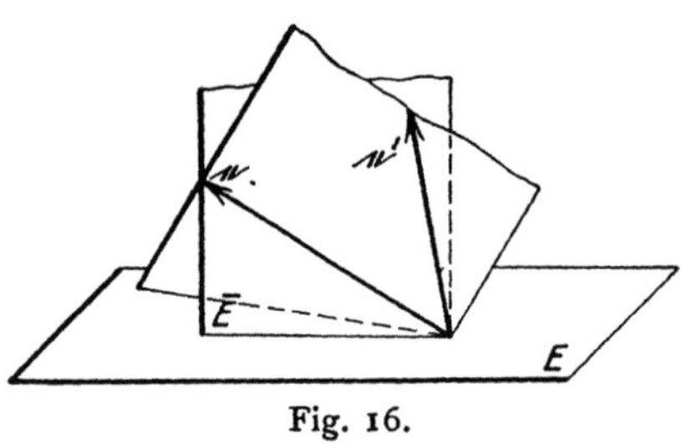

Fig. 16.

um eine Ebene E, die Phasenebene, und zwei von einem Punkte der Ebene ausgehende Richtungen $\mathfrak{e}$, $\mathfrak{e}'$ (Fig. 16). Gegeben die Lage von $\mathfrak{e}'$ gegen die Ebene $\overline{E}$, welche $\mathfrak{e}$ lotrecht auf E projiziert, d. i. der Winkel ϑ, den die Ebene $[\mathfrak{e}'\mathfrak{e}]$ mit $\overline{E}$ bildet, und die Neigung v von $\mathfrak{e}'$ gegen $\mathfrak{e}$; aus der Neigung q' von $\mathfrak{e}'$ gegen E die Neigung q von $\mathfrak{e}$ gegen E zu bestimmen. Die Aufgabe ist also eine andere als die Zusammensetzung der Geschwindigkeiten. Nur in dem Falle, wo $\mathfrak{e}\,\mathfrak{e}'$ in einer gemeinsamen Ebene $\overline{E}$ lotrecht zu E liegen, handelt es sich um dieselbe Figur wie bei der Zusammensetzung gleichgerichteter Geschwindigkeiten. In diesem Falle lautet die Formel also — wie übrigens auch unsere Rechnung ergibt —

$$q = \frac{q' + v}{1 + q'v},$$

oder, indem wir höhere Potenzen von v vernachlässigen (das ja in praktischen Fällen sehr klein ist gegen die Lichtgeschwindigkeit),

$$q = q' + v(1 - q'^2).$$

Nicht mit ihrem vollen Betrage v, sondern nur mit dem Bruchteil $1 - \dfrac{1}{n^2}$ desselben $\left(n = \dfrac{1}{q'}\ \text{der Brechungsindex des Mediums}\right)$ addiert sich die Geschwindigkeit des Mediums zur Fortpflanzungsgeschwindigkeit. Dieser »*Mitführungskoeffizient*« $1 - \dfrac{1}{n^2}$ war bereits lange vor der Relativitätstheorie von Fizeau experimentell dadurch festgestellt worden, daß er zwei der gleichen Lichtquelle entstammende Strahlen, deren einer durch ruhendes, deren anderer durch fließendes Wasser läuft, zur Interferenz brachte[11]. Daß die Relativitätstheorie dieses merkwürdige Resultat erklärt, zeigt, daß sie für die Optik und Elektrodynamik bewegter Medien Geltung hat (und daß in solchen nicht etwa, wie man nach der in ihnen gültigen Wellengleichung vielleicht vermuten könnte, ein Relativitätsprinzip gilt, das aus dem Lorentz-Einsteinschen hervorgeht, wenn man c durch q ersetzt). Die Formel (39) endlich wollen wir für den Äther $q = q' = 1$ spezialisieren — vgl. (40):

$$\sin^2 \frac{\omega}{2} = \frac{(1 - v \cos \vartheta_1)(1 - v \cos \vartheta_2)}{1 - v^2} \sin^2 \frac{\omega'}{2}.$$

Ist der Bezugsraum R_e derjenige, auf welchen sich die Planetentheorie bezieht (und in dem der Schwerpunkt des Sonnensystems ruht), der Körper die Erde (auf der sich das Beobachtungsinstrument befindet), v ihre Geschwindigkeit in R_e, ω der Winkel in R_e, den die zum Sonnensystem gelangenden Strahlen zweier unendlichentfernter Sterne miteinander bilden, ϑ_1, ϑ_2 die Winkel, welche diese Strahlen mit der Bewegungsrichtung der Erde in R_e einschließen, so bestimmt sich der Winkel ω', unter dem die Sterne von der Erde aus beobachtet werden, durch diese Gleichung. ω können wir freilich nicht messen, aber wir beobachten die mit den Änderungen von ϑ_1 und ϑ_2 im Laufe des Jahres verbundenen Änderungen von ω' (*Aberration*). —

Die Formeln für den Zusammenhang zwischen Zeit und Eigenzeit, Volumen und Ruhvolumen gelten auch für *ungleichförmige Bewegung*. Ist $d\mathfrak{x}$ die unendlichkleine Verschiebung, welche ein sich bewegender Massenpunkt in einem unendlichkleinen Zeitraum in der Welt erfährt, so wird durch

$$d\mathfrak{x} = ds \cdot \mathfrak{u}, \quad (\mathfrak{u}\,\mathfrak{u}) = -1, \quad ds > 0$$

Eigenzeit ds und Weltrichtung $\mathfrak{u}$ dieser Verschiebung erklärt. Das über irgendein Stück der Weltlinie erstreckte Integral

$$\int ds = \int \sqrt{-(d\mathfrak{x},\, d\mathfrak{x})}$$

ist die während dieses Teiles der Bewegung verfließende »Eigenzeit«; sie ist unabhängig von jeder willkürlichen Zerspaltung der Welt in Raum und Zeit und wird bei nicht zu stürmischer Beschleunigung durch eine mit dem Massenpunkt verbundene Uhr angegeben werden. Benutzen wir irgendwelche lineare Koordinaten x_i in der Welt und die Eigenzeit s als Parameter zur analytischen Darstellung der Weltlinie (so wie wir in der dreidimensionalen Geometrie die Bogenlänge gebrauchen), so sind

$$\frac{dx_i}{ds} = u^i$$

die (kontravarianten) Komponenten von $\mathfrak{u}$, und es ist $\sum_i u_i u^i = -1$.

Zerspalten wir die Welt nach e in Raum und Zeit, so gilt

$$\mathfrak{u} = \frac{1}{\sqrt{1 - v^2}} \ \left|\ \frac{\mathfrak{v}}{\sqrt{1 - v^2}} \ \text{in } R_e,\right.$$

wo $\mathfrak{v}$ die Geschwindigkeit des Massenpunktes ist, und zwischen der während der Verschiebung $d\mathfrak{x}$ verfließenden Zeit dt in R_e und der Eigenzeit ds besteht der Zusammenhang

$$(42) \qquad\qquad ds = dt \sqrt{1 - v^2}.$$

Liegen zwei Weltpunkte A, B so zueinander, daß $\overrightarrow{AB}$ ein in die Zukunft gerichteter zeitartiger Vektor ist, so kann A mit B durch Weltlinien verbunden werden, deren Richtung überall gleichfalls zeitartig ist; es können also in A abgehende Massenpunkte nach B gelangen. Die von ihnen dazu benötigte Eigenzeit ist abhängig von der Weltlinie (darum ist es unmöglich, durch den Transport von Uhren die Zeit von einem Ort überall hin unabhängig vom Wege zu übermitteln); sie ist am längsten für einen Massenpunkt, der in gleichförmiger Translation von A nach B fliegt. Denn zerspalten wir so in Raum und Zeit, daß A und B in den gleichen Raumpunkt fallen, so ist diese Bewegung die Ruhe, und die Behauptung geht aus der Formel (42) hervor, welche lehrt, daß die Eigenzeit s hinter der Zeit t zurückbleibt. — Der Lebensprozeß eines Menschen kann sehr wohl mit einer Uhr verglichen werden. Von zwei Zwillingsbrüdern, die sich in einem Weltpunkt A trennen, bleibe der eine in der Heimat (d. h. ruhe dauernd in einem tauglichen Bezugsraum), der andere aber unternehme Reisen, bei denen er Geschwindigkeiten (relativ zur »Heimat«) entwickelt, die der Lichtgeschwindigkeit nahekommen; dann wird sich der Reisende, wenn er dereinst in die Heimat zurückkehrt, als merklich jünger herausstellen denn der Seßhafte.

Ein Massenelement dm (eines kontinuierlich ausgedehnten Körpers), das sich mit einer Geschwindigkeit von der Größe v bewegt, nimmt in einem bestimmten Moment ein Volumen dV ein, das mit seinem Ruhvolumen dV_0 durch die Formel zusammenhängt:

$$dV = dV_0 \, \sqrt{1 - v^2}.$$

Für Dichte $\dfrac{dm}{dV} = \mu$ und Ruhdichte $\dfrac{dm}{dV_0} = \mu_0$ gilt demnach die Gleichung

$$\mu_0 = \mu \, \sqrt{1 - v^2}.$$

μ_0 ist eine Invariante, $\mu_0 \mathfrak{u}$ mit den Komponenten $\mu_0 u^i$ also ein durch die Bewegung der Masse unabhängig vom Koordinatensystem bestimmter kontravarianter Vektor, der »materielle Strom«. Er genügt der Kontinuitätsgleichung

$$\sum_i \frac{\partial (\mu_0 u^i)}{\partial x_i} = 0.$$

Dieselben Bemerkungen finden Anwendung auf die Elektrizität: haftet sie an der Materie und ist de die elektrische Ladung des Massenelementes dm, so besteht zwischen Ruhdichte $\varrho_0 = \dfrac{de}{dV_0}$ und Dichte $\varrho = \dfrac{de}{dV}$ der Zusammenhang

$$\varrho_0 = \varrho \, \sqrt{1 - v^2},$$

und

$$s^i = \varrho_0 u^i$$

sind die kontravarianten Komponenten des »elektrischen (Vierer-)Stroms«; das entspricht genau dem Ansatz in § 21. In der phänomenologischen

Maxwellschen Theorie der Elektrizität wird die verborgene Bewegung der Elektronen als Bewegung der Materie nicht mit berücksichtigt, folglich haftet dort die Elektrizität nicht an der Materie. Die einem Stück Materie zukommende Ladung kann dann nicht anders erklärt werden als: diejenige Ladung, welche sich gleichzeitig in demselben Raumstück befindet, das in dem betr. Moment von der Materie eingenommen wird; daraus geht hervor, daß sie nicht wie in der Elektronentheorie eine durch das Materiestück bestimmte Invariante ist, sondern abhängig von der Zerspaltung der Welt in Raum und Zeit.

§ 25. Elektrodynamik bewegter Körper.

Mit der Zerspaltung der Welt in Raum und Zeit ist eine Zerspaltung aller Tensoren verbunden; wie diese geschieht, wollen wir zunächst rein mathematisch betrachten, um sie dann auf die Herleitung der elektrodynamischen Grundgleichungen für bewegte Körper anzuwenden. Es handle sich um einen n-dimensionalen metrischen Raum, den wir als »Welt« bezeichnen, mit der metrischen Grundform $(\mathfrak{x}\mathfrak{x})$. Sei $\mathfrak{e}$ ein Vektor in ihm, für welchen $(\mathfrak{e}\mathfrak{e}) = e \neq o$ ist: nach ihm spalten wir in bekannter Weise die Welt in Zeit und Raum R_e. $\mathfrak{e}_1, \mathfrak{e}_2, \ldots, \mathfrak{e}_{n-1}$ möge irgendein Koordinatensystem im Raum R_e sein und $\mathfrak{e}_1, \mathfrak{e}_2, \ldots, \mathfrak{e}_{n-1}$ diejenigen zu $\mathfrak{e} = \mathfrak{e}_0$ orthogonalen Verschiebungen der Welt, welche $\mathfrak{e}_1, \mathfrak{e}_2, \ldots, \mathfrak{e}_{n-1}$ in R_e hervorrufen. In dem »zu R_e gehörigen« Koordinatensystem $\mathfrak{e}_i (i = o, 1, 2, \ldots, n-1)$ für die Welt hat das Schema der kovarianten Komponenten des metrischen Fundamentaltensors die Gestalt

$$
\begin{vmatrix} e & o & o \\ o & g_{11} & g_{12} \\ o & g_{21} & g_{22} \end{vmatrix} \quad (n = 3).
$$

Wir fassen als Beispiel einen Tensor 2. Stufe ins Auge, der in diesem Koordinatensystem die Komponenten T_{ik} besitze. Er spaltet, wie wir behaupten, in einer durch $\mathfrak{e}$ allein bestimmten Weise nach dem folgenden Schema

T_{00}	T_{01}	T_{02}
T_{10}	T_{11}	T_{12}
T_{20}	T_{21}	T_{22}

in einen Skalar, zwei Vektoren und einen Tensor 2. Stufe in R_e, die hier durch ihre Komponenten im Koordinatensystem $\mathfrak{e}_i (i = 1, 2, \ldots, n-1)$ charakterisiert sind.

Spaltet nämlich die beliebige Weltverschiebung $\mathfrak{x}$ nach $\mathfrak{e}$ wie folgt:

$$
\mathfrak{x} = \xi \mid \mathfrak{x},
$$

und gilt bei Zerlegung in einen zu $\mathfrak{e}$ proportionalen und einen zu $\mathfrak{e}$ orthogonalen Summanden

$$
\mathfrak{x} = \xi \mathfrak{e} + \mathfrak{x}^*,
$$

so ist, wenn $\mathfrak{x}$ die Komponenten ξ^i hat:

$$\mathfrak{x} = \sum_{i=0}^{n-1} \xi^i \mathfrak{e}_i, \qquad \xi = \xi^0, \qquad \mathfrak{x}^* = \sum_{i=1}^{n-1} \xi^i \mathfrak{e}_i, \qquad \mathfrak{x} = \sum_{i=1}^{n-1} \xi^i \mathfrak{e}_i.$$

Ohne Benutzung eines Koordinatensystems läßt sich daher die Zerlegung des Tensors so darstellen. Sind $\mathfrak{x}$, $\mathfrak{y}$ zwei willkürliche Verschiebungen der Welt und setzen wir

$$(43) \qquad \mathfrak{x} = \xi \mathfrak{e} + \mathfrak{x}^*, \qquad \mathfrak{y} = \eta \mathfrak{e} + \mathfrak{y}^*,$$

so daß $\mathfrak{x}^*$ und $\mathfrak{y}^*$ orthogonal zu $\mathfrak{e}$ sind, so ist die zum Tensor 2. Stufe gehörige Bilinearform

$$T(\mathfrak{x}\mathfrak{y}) = \xi\eta\, T(\mathfrak{e}\mathfrak{e}) + \eta\, T(\mathfrak{x}^*\mathfrak{e}) + \xi\, T(\mathfrak{e}\mathfrak{y}^*) + T(\mathfrak{x}^*\mathfrak{y}^*).$$

Wir bekommen also, wenn wir für zwei beliebige Verschiebungen des Raumes $\mathfrak{x}$, $\mathfrak{y}$ unter $\mathfrak{x}^*$, $\mathfrak{y}^*$ die zu $\mathfrak{e}$ orthogonalen Verschiebungen der Welt verstehen, welche sie hervorrufen,

    1. einen Skalar $T(\mathfrak{e}\mathfrak{e}) = J = \boldsymbol{J}$,

    2. zwei Linearformen (Vektoren) im Raum $\boldsymbol{R}_\mathfrak{e}$, definiert durch

$$\boldsymbol{L}(\mathfrak{x}) = T(\mathfrak{x}^*\mathfrak{e}), \qquad \boldsymbol{L}'(\mathfrak{x}) = T(\mathfrak{e}\mathfrak{x}^*),$$

    3. eine Bilinearform (Tensor) im Raum $\boldsymbol{R}_\mathfrak{e}$, definiert durch

$$\boldsymbol{T}(\mathfrak{x}\mathfrak{y}) = T(\mathfrak{x}^*\mathfrak{y}^*).$$

Sind $\mathfrak{x}$, $\mathfrak{y}$ beliebige Weltverschiebungen, welche $\mathfrak{x}$, bzw. $\mathfrak{y}$ in $\boldsymbol{R}_\mathfrak{e}$ hervorrufen, so muß man in diesen Definitionen $\mathfrak{x}^*$, $\mathfrak{y}^*$ nach (43) durch $\mathfrak{x} - \xi\mathfrak{e}$, $\mathfrak{y} - \eta\mathfrak{e}$ ersetzen, wo

$$\xi = \frac{1}{\mathfrak{e}}\,(\mathfrak{x}\mathfrak{e}), \qquad \eta = \frac{1}{\mathfrak{e}}\,(\mathfrak{y}\mathfrak{e}).$$

Setzen wir noch

$$T(\mathfrak{x}\mathfrak{e}) = L(\mathfrak{x}), \qquad T(\mathfrak{e}\mathfrak{x}) = L'(\mathfrak{x}),$$

so erhalten wir dann

$$(44) \quad \left\{ \begin{aligned} &\boldsymbol{L}(\mathfrak{x}) = L(\mathfrak{x}) - \frac{J}{\mathfrak{e}}\,(\mathfrak{x}\mathfrak{e}), \qquad \boldsymbol{L}'(\mathfrak{x}) = L'(\mathfrak{x}) - \frac{J}{\mathfrak{e}}\,(\mathfrak{x}\mathfrak{e}); \\ &\boldsymbol{T}(\mathfrak{x}\mathfrak{y}) = T(\mathfrak{x}\mathfrak{y}) - \frac{1}{\mathfrak{e}}\,(\mathfrak{y}\mathfrak{e})\,L(\mathfrak{x}) - \frac{1}{\mathfrak{e}}\,(\mathfrak{x}\mathfrak{e})\,L'(\mathfrak{y}) + \frac{J}{\mathfrak{e}^2}\,(\mathfrak{x}\mathfrak{e})(\mathfrak{y}\mathfrak{e}). \end{aligned} \right.$$

Die auf der linken Seite stehenden Linear- und Bilinearformen (Vektoren und Tensoren) in $\boldsymbol{R}_\mathfrak{e}$ können durch die auf der rechten Seite stehenden, aus ihnen eindeutig sich bestimmenden Vektoren und Tensoren der Welt repräsentiert werden. In der obigen Komponentendarstellung kommt das darauf hinaus, daß z. B.

$$\boldsymbol{T} = \begin{vmatrix} T_{11} & T_{12} \\ T_{21} & T_{22} \end{vmatrix} \quad \text{repräsentiert wird durch} \quad \begin{vmatrix} 0 & 0 & 0 \\ 0 & T_{11} & T_{12} \\ 0 & T_{21} & T_{22} \end{vmatrix}.$$

Man sieht sofort ein, daß in allen Rechnungen die Tensoren des Raumes durch die repräsentierenden Welttensoren ersetzt werden können; doch werden wir hier nur davon Gebrauch machen, daß, wenn ein Raumtensor das λ fache eines andern ist, das gleiche für die repräsentierenden Welttensoren gilt.

Legen wir dem Rechnen mit Komponenten ein *beliebiges* Koordinatensystem zugrunde, in welchem

$$e = (e^0, e^1, \ldots, e^{n-1}),$$

so ist die Invariante

$$J = T_{ik} e^i e^k \quad \text{und} \quad e = e^i e_i.$$

Die beiden Vektoren und der Tensor in $\boldsymbol{R}_e$ aber haben gemäß (44) zu Repräsentanten in der Welt die beiden Vektoren und den Tensor mit den Komponenten

$$\boldsymbol{L}: \quad L_i - \frac{J}{e} e_i, \qquad L_i = T_{ik} e^k,$$

$$\boldsymbol{L}': \quad L_i' - \frac{J}{e} e_i, \qquad L_i' = T_{ki} e^k;$$

$$\boldsymbol{T}: \quad T_{ik} - \frac{e_k L_i + e_i L_k'}{e} + \frac{J}{e^2} e_i e_k.$$

Im Falle eines schiefsymmetrischen Tensors wird $J = 0$ und $\boldsymbol{L}' = -\boldsymbol{L}$; unsere Formeln reduzieren sich auf

$$\boldsymbol{L}: \quad L_i = T_{ik} e^k$$

$$\boldsymbol{T}: \quad T_{ik} + \frac{e_i L_k - e_k L_i}{e}.$$

Ein linearer Welttensor 2. Stufe spaltet im Raum in einen Vektor und einen linearen Raumtensor 2. Stufe. —

Die Maxwellschen Feldgleichungen für ruhende Körper sind in § 21 zusammengestellt worden. Von H. Hertz rührt der erste Versuch her, sie in allgemein gültiger Weise auf bewegte Körper auszudehnen. Das Faradaysche Induktionsgesetz lautet: Die zeitliche Abnahme des von einem Leiter umschlossenen Induktionsflusses ist gleich der induzierten elektromotorischen Kraft:

$$(45) \qquad -\frac{1}{c}\frac{d}{dt}\int B_n\, do = \int \mathfrak{E}\, d\mathfrak{r}.$$

Dabei muß, wenn sich der Leiter bewegt, das Flächenintegral links erstreckt werden über eine in den Leiter eingespannte Fläche, die sich irgendwie mit dem Leiter mitbewegt. Da das Faradaysche Induktionsgesetz experimentell gerade an solchen Fällen geprüft wird, wo die zeitliche Änderung des vom Leiter umschlossenen Induktionsflusses durch die Bewegung des Leiters bewirkt wird, war Hertz nicht im Zweifel darüber, daß auch im Falle eines bewegten Leiters dieses Gesetz zu postulieren ist. Die Gleichung div $\mathfrak{B} = 0$ bleibt bestehen; die Vektoranalysis lehrt, daß man, sie berücksichtigend, das Induktionsgesetz (45) in die differentielle Formel

$$(46) \qquad \operatorname{rot}\mathfrak{E} = -\frac{1}{c}\frac{\partial\mathfrak{B}}{\partial t} + \frac{1}{c}\operatorname{rot}[\mathfrak{v}\mathfrak{B}]$$

kleiden kann, in der $\dfrac{\partial \mathfrak{B}}{\partial t}$ den nach der Zeit an einer festen Raumstelle genommenen Differentialquotienten bedeutet und $\mathfrak{v}$ die Geschwindigkeit der Materie.

Gleichung (46) hat merkwürdige Konsequenzen. Denken wir uns (Wilsonscher Versuch) zwischen zwei Kondensatorplatten ein homogenes Dielektrikum, das sich mit der konstanten Geschwindigkeit $\mathfrak{v}$ von der Größe v zwischen ihnen bewegt; die beiden Kondensatorplatten seien leitend verbunden, und es herrsche ein homogenes Magnetfeld H parallel den Platten, senkrecht zu $\mathfrak{v}$. Das Dielektrikum denken wir uns durch einen schmalen, leeren Zwischenraum von den Kondensatorplatten getrennt, dessen Dicke wir aber im Limes $= 0$ annnehmen. Aus (46) ergibt sich, daß in dem Raum zwischen den Platten $\mathfrak{E} - \dfrac{1}{c}\,[\mathfrak{v}\mathfrak{B}]$ sich aus einem Potential ableitet; da dieses an den leitend verbundenen Platten $= 0$ sein muß, folgt leicht

$$\mathfrak{E} = \frac{1}{c}\,[\mathfrak{v}\mathfrak{B}].$$

Es entsteht also senkrecht zu den Platten ein homogenes elektrisches Feld von der Stärke

$$E = \frac{\mu}{c}\,vH \qquad (\mu = \text{Permeabilität}).$$

Folglich muß auf den Platten eine statische Ladung mit der Oberflächendichte

$$\frac{\varepsilon\mu}{c}\,vH \qquad (\varepsilon = \text{Dielektrizitätskonstante})$$

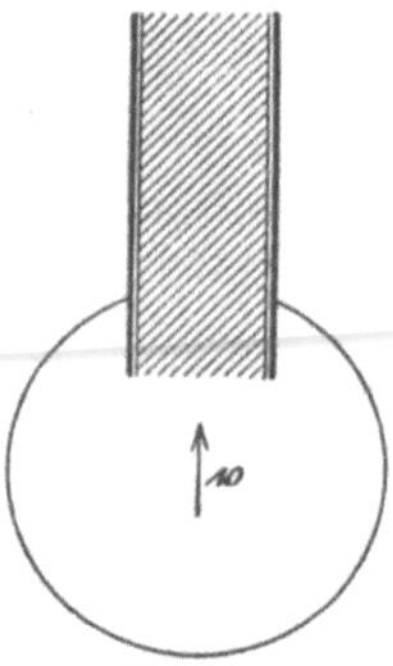

Fig. 17.

auftreten. Ist das Dielektrikum ein Gas, so müßte dieser Effekt auch bei beliebiger Verdünnung sich zeigen, da bei unendlicher Verdünnung $\varepsilon\mu$ nicht gegen 0, sondern gegen 1 konvergiert. Dies hat nur einen Sinn, wenn man an den Äther glaubt; dann heißt das, daß der Effekt auftritt, wenn der Äther zwischen den Platten sich relativ zu ihnen und dem außerhalb der Platten ruhenden Äther bewegt. Zur Erklärung der Induktion aber müßte man annehmen, daß der Äther bei der Bewegung des Leitungsdrahtes von diesem mitgerissen wird*). Die Beobachtung, der Fizeausche Versuch der Lichtfortpflanzung im strömenden Wasser und der Wilsonsche Versuch selber [12]) zeigen aber die Unrichtigkeit dieser Annahme; wie bei Fizeaus Versuch der Mitführungskoeffizient $1 - \dfrac{1}{n^2}$ auftritt, so ist bei der gegenwärtigen Anordnung nur eine Aufladung von der Größe

$$\frac{\varepsilon\mu - 1}{c}\,vH$$

____

*) Und $\mathfrak{v}$ in (46) bedeutete nicht die Geschwindigkeit der Materie, sondern des Äthers, aber relativ wozu?

beobachtet worden, welche verschwindet, wenn $\varepsilon\mu = 1$ wird. Das scheint in unlösbarem Widerspruch zur Tatsache der Induktion des bewegten Leiters zu stehen.

Die Relativitätstheorie bringt hier die volle Aufklärung. Setzen wir wieder, wie in § 21, $ct = x_0$ und fassen, wie dort $\mathfrak{E}$ und $\mathfrak{B}$ zum Felde F, so auch $\mathfrak{D}$ und $\mathfrak{H}$ zu einem schiefsymmetrischen Tensor 2. Stufe H zusammen, so lauten die Feldgleichungen

$$(47) \qquad \left\{ \begin{array}{l} \dfrac{\partial F_{kl}}{\partial x_i} + \dfrac{\partial F_{li}}{\partial x_k} + \dfrac{\partial F_{ik}}{\partial x_l} = 0 \, . \\[3ex] \displaystyle\sum_k \dfrac{\partial H^{ik}}{\partial x_k} = s^i . \end{array} \right.$$

Sie gelten, wenn wir die F_{ik} als die kovarianten, H^{ik} als die kontravarianten Komponenten je eines Tensors 2. Stufe auffassen, die s^i aber als kontravariante Komponenten eines Vektors in der vierdimensionalen Welt, wegen ihres invarianten Charakters in einem beliebigen linearen Koordinatensystem. Die Materialgesetze

$$\mathfrak{D} = \varepsilon\mathfrak{E}, \qquad \mathfrak{B} = \mu\mathfrak{H}, \qquad \mathfrak{s} = \sigma\mathfrak{E}$$

aber besagen: spalten wir die Welt derart in Raum und Zeit, daß die Materie ruht, und spaltet dabei F in $\mathfrak{E} \mid \mathfrak{B}$, H in $\mathfrak{D} \mid \mathfrak{H}$ und s in $\varrho \mid \mathfrak{s}$, so gelten jene Beziehungen. Benutzen wir nunmehr ein beliebiges Koordinatensystem und hat in ihm die Weltrichtung der Materie die Komponenten u^i, so formulieren sich diese Tatsachen nach unsern obigen Ausführungen so:

$$(48, \, \varepsilon) \qquad\qquad H_i^* = \varepsilon F_i^* ,$$

wo
$$F_i^* = F_{ik} u^k , \qquad H_i^* = H_{ik} u^k$$

ist;

$$(48', \, \mu) \qquad F_{ik} - (u_i F_k^* - u_k F_i^*) = \mu \{ H_{ik} - (u_i H_k^* - u_k H_i^*) \}$$

und

$$(48, \, \sigma) \qquad\qquad s_i + u_i (s_k u^k) = \sigma F_i^* .$$

Das ist die invariante Form jener Gesetze. Für die Durchrechnung ist es noch bequem, $(48', \, \mu)$ durch die unmittelbar daraus sich ergebenden Gleichungen

$$(48, \, \mu) \qquad F_{kl} u_i + F_{li} u_k + F_{ik} u_l = \mu \{ H_{kl} u_i + H_{li} u_k + H_{ik} u_l \}$$

zu ersetzen. Sie gelten ihrer Herleitung nach nur für Materie, die in gleichförmiger Translation begriffen ist; wir dürfen sie aber auch als gültig betrachten für einen in gleichförmiger Bewegung befindlichen Einzelkörper, der durch leeren Raum von andern, sich mit andern Geschwindigkeiten bewegenden Körpern getrennt ist*); endlich auch für beliebig bewegte

---

*) Das ist in den meisten Anwendungen der springende Punkt; dadurch, daß wir auf ein Gebiet, bestehend aus je einem Körper K und dem ihn umgebenden leeren Raum, in demjenigen Bezugssystem, in welchem K ruht, die Maxwellschen Ruhgesetze anwenden, kommen wir von den verschiedenen, gegeneinander bewegten Körpern her nicht zu Diskrepanzen im leeren Raum, *weil in ihm das Relativitätsprinzip gilt.*

Materie, wenn deren Geschwindigkeit zeitlich und örtlich nicht zu rasch veränderlich ist.

Nachdem wir so die invariante Gestalt gewonnen haben, können wir jetzt nach einem beliebigen e spalten; in R_e mögen die Meßinstrumente, die zur Messung der ponderomotorischen Wirkungen des Feldes benutzt werden, ruhen. Wir verwenden ein zu R_e gehöriges Koordinatensystem und setzen also

$$(F_{10},\ F_{20},\ F_{30}) = (E_1,\ E_2,\ E_3) = \mathfrak{E}$$
$$(F_{23},\ F_{31},\ F_{12}) = (B_{23},\ B_{31},\ B_{12}) = \mathfrak{B}$$
$$(H_{10},\ H_{20},\ H_{30}) = (D_1,\ D_2,\ D_3) = \mathfrak{D}$$
$$(H_{23},\ H_{31},\ H_{12}) = (H_{23},\ H_{31},\ H_{12}) = \mathfrak{H}$$

$$s^0 = \varrho ; \qquad (s^1,\ s^2,\ s^3) = (s^1,\ s^2,\ s^3) = \mathfrak{s}$$
$$u^0 = \frac{1}{\sqrt{1-v^2}} ; \qquad (u^1,\ u^2,\ u^3) = \frac{(v^1,\ v^2,\ v^3)}{\sqrt{1-v^2}} = \frac{\mathfrak{v}}{\sqrt{1-v^2}} ,$$

dann ergeben sich zunächst wiederum *die Maxwellschen Feldgleichungen, die somit nicht nur für ruhende, sondern auch für bewegte Materie in unveränderter Form gültig sind.* Verstößt aber das nicht aufs krasseste gegen die Induktionsbeobachtungen, die doch ein Zusatzglied wie in (46) zu fordern scheinen? Nein; denn durch diese Beobachtungen wird in Wahrheit nicht die Feldstärke $\mathfrak{E}$ bestimmt, sondern der im Leiter fließende Strom; der Zusammenhang zwischen beiden ist aber für bewegte Körper ein anderer, nämlich durch die Gleichung (48, σ) gegeben.

Schreiben wir von den Gleichungen (48, ε und σ) die den Indizes $i = 1, 2, 3$ entsprechenden Komponenten hin, von (48, μ) die, welche

$$(ikl) = (230),\ (310),\ (120)$$

korrespondieren (die andern sind überschüssig), so ergibt sich, wie man ohne weiteres übersieht, folgendes. Wird

$$\mathfrak{E} + [\mathfrak{v}\mathfrak{B}] = \mathfrak{E}^*, \qquad \mathfrak{D} + [\mathfrak{v}\mathfrak{H}] = \mathfrak{D}^*,$$
$$\mathfrak{B} - [\mathfrak{v}\mathfrak{E}] = \mathfrak{B}^*, \qquad \mathfrak{H} - [\mathfrak{v}\mathfrak{D}] = \mathfrak{H}^*$$

gesetzt, so ist

$$\mathfrak{D}^* = \varepsilon \mathfrak{E}^*, \qquad \mathfrak{B}^* = \mu \mathfrak{H}^*.$$

Zerlegen wir außerdem $\mathfrak{s}$ in den »Konvektionsstrom« $\mathfrak{c}$ und »Leitungsstrom« $\mathfrak{s}^*$:

$$\mathfrak{s} = \mathfrak{c} + \mathfrak{s}^* ;$$
$$\mathfrak{c} = \varrho^* \mathfrak{v}, \ . \qquad \varrho^* = \frac{\varrho - (\mathfrak{v}\mathfrak{s})}{1 - v^2} = \varrho - (\mathfrak{v}\mathfrak{s}^*),$$

so ist ferner

$$\mathfrak{s}^* = \frac{\sigma \mathfrak{E}^*}{\sqrt{1 - v^2}} .$$

Jetzt klärt sich alles auf: der Strom ist teils Konvektionsstrom, rührt her von der Bewegung der geladenen Materie, teils Leitungsstrom, bestimmt durch die Leitfähigkeit σ der Substanz. Der Leitungsstrom berechnet sich aus dem Ohmschen Gesetz, wenn die elektromotorische Kraft nicht durch das Linienintegral von $\mathfrak{E}$, sondern von $\mathfrak{E}^*$ definiert wird. Für $\mathfrak{E}^*$ aber gilt genau die zu (46) analoge Gleichung

$$\operatorname{rot} \mathfrak{E}^* = - \frac{\partial \mathfrak{B}}{\partial t} + \operatorname{rot}[\mathfrak{v}\,\mathfrak{B}]$$

(c ist jetzt durchgängig $= 1$ genommen) oder, integral geschrieben wie (45),

$$- \frac{d}{dt} \int B_n \, do = \int \mathfrak{E}^* \, d\mathfrak{r} \, .$$

Damit ist die Faradaysche Induktion in bewegten Leitern vollkommen erklärt. Was den Wilsonschen Versuch betrifft, so gilt nach der jetzigen Theorie $\operatorname{rot} \mathfrak{E} = 0$, und es wird demnach $\mathfrak{E} = 0$ sein zwischen den Platten. Daraus ergibt sich aber für die konstanten Beträge der einzelnen Vektoren (von denen die elektrischen senkrecht zu den Platten, die magnetischen parallel den Platten senkrecht zur Geschwindigkeit gerichtet sind):

$$E^* = v B^* = v \mu H^* = \mu v (H + v D)$$
$$D = D^* - v H = \varepsilon E^* - v H.$$

Setzen wir den Ausdruck von E^* aus der ersten Gleichung ein, so kommt

$$D = v \{ (\varepsilon \mu - 1) H + \varepsilon \mu v D \},$$
$$D = \frac{\varepsilon \mu - 1}{1 - \varepsilon \mu v^2} v H.$$

Das ist der Wert der flächenhaften Ladungsdichte, die sich auf den Kondensatorplatten herstellt; er stimmt mit den Beobachtungen überein, da wegen der Kleinheit von v der Nenner in unserer Formel außerordentlich wenig von 1 verschieden ist.

Die Grenzbedingungen an der Grenze der Materie gegen den Äther ergeben sich daraus, daß die Feldgrößen F und H keine sprunghafte Änderung erleiden werden, wenn man mit der Materie mitgeht; wohl aber werden sie im allgemeinen an einer festen, zunächst im Äther gelegenen Raumstelle einen Sprung in dem Momente erleiden, wo sich die Materie über diesen Punkt hinüberschiebt. Ist s die Eigenzeit eines Materieelements, so muß also

$$\frac{d F_{ik}}{ds} = \frac{\partial F_{ik}}{\partial x_l} u^l$$

überall endlich bleiben. Setzen wir

$$\frac{\partial F_{ik}}{\partial x_l} = - \left(\frac{\partial F_{kl}}{\partial x_i} + \frac{\partial F_{li}}{\partial x_k} \right),$$

so sieht man, daß dieser Ausdruck

$$= \frac{\partial F_i^*}{\partial x_k} - \frac{\partial F_k^*}{\partial x_i}$$

ist. $\mathfrak{E}^*$ kann folglich keine Flächenwirbel besitzen (und $\mathfrak{B}$ keine Flächendivergenz).

Die Grundgleichungen für bewegte Körper sind in der hier gegebenen Form im wesentlichen schon von Lorentz vor der Entdeckung des Relativitätsprinzips aus der Elektronentheorie hergeleitet worden. Das ist aber kein Wunder, da ja die Maxwellschen Grundgesetze für den Äther dem Relativitätsprinzip genügen und die Elektronentheorie durch Mittelwertbildung aus diesen Gesetzen die für die Materie gültigen herleitet. Der Fizeausche, der Wilsonsche und noch ein analoger, der Röntgen-Eichenwaldsche Versuch [13]) beweisen, daß für das elektromagnetische Verhalten der Materie das Relativitätsprinzip Geltung besitzt; die Probleme der Elektrodynamik für bewegte Körper waren es, die Einstein zu seiner Aufstellung führten. Minkowski verdanken wir die klare Einsicht, daß die Grundgleichungen für bewegte Körper durch das Relativitätsprinzip eindeutig festgelegt sind, wenn man die Maxwellsche Theorie für ruhende Materie zugibt; von ihm rührt die endgültige Formulierung her [14]).

Es handelt sich jetzt endlich darum, *die Mechanik*, die in ihrer klassischen Form dem Prinzip nicht Genüge leistet, ihm zu unterwerfen und zu untersuchen, ob sich die dazu nötigen Modifikationen in Einklang mit der Erfahrung befinden.

§ 26. Grundgesetz der Mechanik. Hamiltonsches Prinzip.

Als maßgebend für die ponderomotorische Wirkung des elektromagnetischen Feldes haben wir in der Elektronentheorie einen Weltvektor $\mathfrak{p}$ gefunden, dessen kovariante Komponenten

$$p_i = F_{ik}s^k = \varrho^\circ F_{ik}u^k$$

sind. Er erfüllt also die Gleichung

$$(49) \qquad p_i u^i = (\mathfrak{p}\mathfrak{u}) = 0;$$

$\mathfrak{u}$ ist die Weltrichtung der Materie. Spalten wir irgendwie in Raum und Zeit

$$(50) \qquad \begin{cases} \mathfrak{u} = h \mid h\mathfrak{v} \\ \mathfrak{p} = \lambda \mid \mathfrak{p}, \end{cases}$$

so ist $\mathfrak{p}$ die Kraftdichte und, wie aus (49) oder

$$h\{\lambda - (\mathfrak{p}\mathfrak{v})\} = 0$$

hervorgeht, λ die Leistungsdichte.

Das Grundgesetz der dem Einsteinschen Relativitätsprinzip gemäßen Mechanik erhalten wir durch die gleiche Methode wie im vorigen Paragraphen die elektromagnetischen Grundgleichungen für bewegte Körper: wir nehmen an, daß das Newtonsche Gesetz in demjenigen Bezugsraum, in welchem die Materie ruht, seine Gültigkeit behalte. Wir fassen die Materiestelle m ins Auge, die sich in einem bestimmten Weltpunkt O

befindet, und spalten nach ihrer Weltrichtung $\mathfrak{u}$ in Raum und Zeit. m ruht
momentan in $\boldsymbol{R}_{\mathfrak{u}}$. μ_{o} sei in $\boldsymbol{R}_{\mathfrak{u}}$ die Dichte der Materie im Punkte O.
Nach Verlauf der unendlichkleinen Zeit ds habe m die Weltrichtung $\mathfrak{u} + d\mathfrak{u}$.
Aus $(\mathfrak{u}\mathfrak{u}) = -\,\mathrm{I}$ folgt

$$(\mathfrak{u} \cdot d\mathfrak{u}) = \mathrm{o}\,;$$

mithin gilt bei der Spaltung nach $\mathfrak{u}$:

$$\mathfrak{u} = \mathrm{I} \mid \mathrm{o}\,, \qquad d\mathfrak{u} = \mathrm{o} \mid d\mathfrak{v}\,, \qquad \mathfrak{p} = \mathrm{o} \mid \mathfrak{p}\,.$$

Aus

$$\mathfrak{u} + d\mathfrak{u} = \mathrm{I} \mid d\mathfrak{v}$$

geht hervor, daß dabei $d\mathfrak{v}$ die von m (in $\boldsymbol{R}_{\mathfrak{u}}$) während der Zeit ds gewonnene Relativgeschwindigkeit ist. Es kann kein Zweifel sein, daß das
mechanische Grundgesetz lautet:

$$\mu_{\mathrm{o}}\frac{d\mathfrak{v}}{ds} = \mathfrak{p}\,.$$

Daraus folgt aber sofort die von jeder Zerspaltung unabhängige invariante
Form

$$(5\mathrm{I}) \qquad \mu_{\mathrm{o}}\frac{d\mathfrak{u}}{ds} = \mathfrak{p}\,;$$

μ_{o} ist die *Ruhdichte*, ds die während der unendlichkleinen Verschiebung
des Masseteilchens, bei welcher seine Weltrichtung den Zuwachs $d\mathfrak{u}$ erfährt, verfließende *Eigenzeit*.

Die Zerspaltung nach $\mathfrak{u}$ wäre eine solche, die während der Bewegung
des Masseteilchens wechselt. Spalten wir aber jetzt in Raum und Zeit
nach irgendeinem festen zeitartigen, in die Zukunft weisenden, der nor-
mierenden Bedingung $(\mathfrak{e}\mathfrak{e}) = -\,\mathrm{I}$ genügenden Vektor $\mathfrak{e}$, so zerlegt sich
$(5\mathrm{I})$ nach $(5\mathrm{o})$ in

$$(5^2) \qquad \begin{cases} \mu_{\mathrm{o}}\dfrac{d}{ds}\left(\dfrac{\mathrm{I}}{\sqrt{\mathrm{I}-v^2}}\right) = \lambda\,, \\[3mm] \mu_{\mathrm{o}}\dfrac{d}{ds}\left(\dfrac{\mathfrak{v}}{\sqrt{\mathrm{I}-v^2}}\right) = \mathfrak{p}\,. \end{cases}$$

Bedeutet bei der jetzigen Zerspaltung t die Zeit, dV das Volumen und
dV_{o} das Ruhvolumen des Masseteilchens in einem bestimmten Augenblick, $m = \mu_{\mathrm{o}}dV_{\mathrm{o}}$ aber dessen Masse,

$$\mathfrak{p}\,dV = \mathfrak{P}\,, \qquad \lambda\,dV = \varLambda$$

die auf das Masseteilchen einwirkende Kraft und deren Leistung, so liefern
unsere Gleichungen durch Multiplikation mit dV, wenn man noch beachtet, daß

$$\mu_{\mathrm{o}}\,dV \cdot \frac{d}{ds} = m\sqrt{\mathrm{I}-v^2} \cdot \frac{d}{ds} = m \cdot \frac{d}{dt}$$

ist, und daß die Masse m während der Bewegung erhalten bleibt:

$$(53_{\mathrm{o}}) \qquad \frac{d}{dt}\left(\frac{m}{\sqrt{\mathrm{I}-v^2}}\right) = \varLambda\,,$$

$$(53) \qquad \frac{d}{dt}\left(\frac{m\mathfrak{v}}{\sqrt{\mathrm{I}-v^2}}\right) = \mathfrak{P}\,.$$

Das sind die mechanischen Gleichungen für den Massenpunkt. Die Impuls-
gleichung (53) hat gegenüber der Newtonschen nur die Änderung erfahren,
daß der kinetische Impuls des Massenpunktes

$$\text{nicht} = m\mathfrak{v}, \quad \text{sondern} = \frac{m\mathfrak{v}}{\sqrt{1 - v^2}}$$

ist. Die Energiegleichung (53_0) mutet zunächst fremd an; entwickelt man
aber nach Potenzen von v, so ist

$$\frac{m}{\sqrt{1 - v^2}} = m + \frac{mv^2}{2} + \cdots,$$

und wir werden unter Vernachlässigung der höheren Potenzen von v und
des konstanten Gliedes auf den klassischen Ausdruck $\dfrac{mv^2}{2}$ für die kinetische Energie zurückgeführt.

Wie man sieht, sind die Abweichungen von der Newtonschen Mechanik,
wie wir vermuteten, nur von der Größenordnung des Quadrats der an
der Lichtgeschwindigkeit gemessenen Geschwindigkeit des Massenpunktes;
bei den kleinen Geschwindigkeiten, mit denen wir es in der Mechanik
stets zu tun haben, wird daher experimentell kein Unterschied festzustellen
sein. Er wird erst bei Geschwindigkeiten merklich werden, die der Lichtgeschwindigkeit nahekommen; bei diesen nimmt der Trägheitswiderstand
der Materie gegen die beschleunigende Kraft in solcher Weise zu, daß
die Lichtgeschwindigkeit niemals erreicht wird. In den freien negativen
Elektronen, die sich in den *Kathodenstrahlen* und der von einem radio-
aktiven Körper ausgehenden β-Strahlung bewegen, haben wir Korpuskeln
kennen gelernt, deren Geschwindigkeit der Lichtgeschwindigkeit vergleichbar ist; für sie ist nun in der Tat durch Versuche von Kaufmann, Bucherer,
Ratnowsky, Hupka u. a. das von der Relativitätstheorie geforderte Verhalten bei longitudinaler Beschleunigung durch ein elektrisches und trans-
versaler Beschleunigung durch ein Magnetfeld experimentell festgestellt
worden. Eine weitere Bestätigung, welche die Bewegung der im Atom
umlaufenden Elektronen betrifft, hat sich neuerdings aus der Feinstruktur
der vom Atom ausgestrahlten Spektrallinien ergeben [15]).
Erst wenn wir denjenigen Grundgleichungen der Elektronentheorie,
die wir in § 21 auf eine dem Relativitätsprinzip genügende invariante
Form gebracht haben, die Gleichung $s^i = \varrho_0 u^i$, die Aussage, daß die
Elektrizität an der Materie haftet, und die mechanischen Grundgleichungen
hinzugefügt haben, erhalten wir einen zyklisch geschlossenen Gesetzes-
zusammenhang, in dem eine wirkliche, von Bezeichnungskonventionen
unabhängige Aussage über den Verlauf von Naturerscheinungen enthalten
ist. Erst jetzt also können wir eigentlich behaupten, für ein gewisses
Gebiet, das der elektromagnetischen Vorgänge, die Gültigkeit des Relativitätsprinzips nachgewiesen zu haben.

Zwingend ergibt sich jetzt auch aus der physikalischen Definition der verschiedenen Größen, insbesondere der Feldstärken, wie sie zu vierdimensionalen Vektoren und Tensoren zusammengefaßt werden müssen; der in § 21 zunächst eingeschlagene heuristische Weg war nicht frei von Willkür. Die dabei zu befolgende Anordnung ist diese: Jedem Elementarteilchen der Materie kommt eine gewisse unveränderliche Masse m zu, unabhängig vom Koordinatensystem; und damit ein Energie-Impuls-Vektor mit den Komponenten $J_i = m u_i$. Seine Ableitung nach der Eigenzeit

$$(54) \qquad \frac{d J_i}{ds} = P_i$$

ist die Viererkraft. Bei gegebenem Feld hängt sie allein vom Ladungs- und Geschwindigkeitszustand des Teilchens ab, und zwar in linearer Weise, der Formel entsprechend:

$$(55) \qquad P_i = F_{ik} \cdot e u^k$$

(der »Strom« $s^k = e u^k$ ist vom Felde unabhängig, während umgekehrt die »Feldkomponenten« F_{ik} vom Zustand des Teilchens nicht abhängen). Wegen der aus der Definition (54) hervorgehenden Identität $(P_i u^i) = 0$, d. i. nach (55):

$$F_{ik} u^i u^k = 0$$

müssen die F_{ik} schiefsymmetrisch sein. Bei Zerspaltung nach Raum und Zeit setzen wir

$$(J_i) = \left(\frac{m}{\sqrt{1 - v^2}}, \frac{m \mathfrak{v}}{\sqrt{1 - v^2}} \right) = (E, \mathfrak{J}) \quad \{\text{Energie und Impuls}\}$$

$$(P_i) = \left(\frac{A}{\sqrt{1 - v^2}}, \frac{\mathfrak{P}}{\sqrt{1 - v^2}} \right) \quad \{A \text{ Leistung, } \mathfrak{P} \text{ Kraft}\}$$

$$(F_{ik}) = (\mathfrak{E}, \mathfrak{H}).$$

Aus (54) und (55) ergibt sich

$$\frac{d\mathfrak{J}}{dt} = \mathfrak{P}, \quad \mathfrak{P} = e(\mathfrak{E} + [\mathfrak{v} \, \mathfrak{H}]).$$

$\mathfrak{P}$ ist demnach die ponderomotorische Kraft, $\mathfrak{E}$ die Kraft auf die ruhende Einheitsladung oder die »elektrische Feldstärke«, $\mathfrak{H}$ die Kraft, welche auf den Strom $e \mathfrak{v}$ wirkt, oder die »magnetische Feldstärke«. Es war nicht Willkür, daß wir elektrische und magnetische Feldstärke zu einem schiefsymmetrischen Tensor in der vierdimensionalen Welt zusammenfaßten, sondern ihrer physikalischen Definition gemäß entspringen sie aus einem solchen durch Zerspaltung. — Das elektromagnetische Feld F_{ik} *wirkt* nicht nur auf Ladung und Strom, sondern es wird auch von ihnen *erzeugt* nach den Maxwellschen Gesetzen, die wir in ihrer vierdimensionalen Formulierung nicht noch einmal hierher zu setzen brauchen.

Dieses ganze System von Gesetzen können wir in ein einziges Variationsprinzip, ein *Hamiltonsches Prinzip*, zusammenfassen [16]). Die Materie, die sich bewegende Substanz haben wir als ein dreidimensionales

Kontinuum zu betrachten (das freilich nicht aus einem einzigen zusammenhängenden Stück besteht); das Kontinuum der Substanzstellen kann also in stetiger Weise auf die Wertsysteme von drei Koordinaten $\alpha\beta\gamma$ bezogen werden. Wir denken uns die Substanz in infinitesimale Elemente zerlegt; jedem Substanzelement kommt dann eine bestimmte unveränderliche positive Masse dm und eine unveränderliche elektrische Ladung de zu; ihm korrespondiert als Ausdruck seiner Geschichte eine mit Durchlaufungssinn versehene Weltlinie, oder besser gesagt, ein unendlich dünner »Weltfaden«. Teilen wir diesen in kleine Abschnitte und ist

$$ds = \sqrt{-g_{ik}\,dx_i\,dx_k}$$

die Eigenzeit-Länge eines solchen Abschnitts, $d\omega$ aber sein vierdimensionales Volumen (das Volumelement ist durch

$$d\omega = \sqrt{g}\,dx_0\,dx_1\,dx_2\,dx_3$$

gegeben, — g die Determinante der g_{ik}), so führen wir durch die invariante Gleichung

$$(56) \qquad\qquad dm\,ds = \mu_0\,d\omega$$

die Raum-Zeit-Funktion μ_0 der Ruhmassendichte ein. Das über ein Weltgebiet $\mathfrak{X}$ erstreckte Integral

$$\int_{\mathfrak{X}} \mu_0\,d\omega = \int dm\,ds = \int\left(dm\int\sqrt{-g_{ik}\,dx_i\,dx_k}\right)$$

nenne ich die *Substanzwirkung der Masse*. Im letzten Integral bezieht sich die innere Integration über denjenigen Teil der Weltlinie eines beliebigen Substanzelements von der Masse dm, der dem Gebiete $\mathfrak{X}$ angehört, die äußere bezeichnet Summation über alle Substanzelemente. Rein mathematisch stellt sich dieser Übergang von Substanz-Eigenzeit- zu gewöhnlichen Raum-Zeit-Integralen folgendermaßen dar. Wir führen zunächst die »Substanzdichte« ν der Masse durch die Gleichung ein:

$$dm = \nu\,d\alpha\,d\beta\,d\gamma$$

(gegenüber beliebigen Transformationen der Substanzkoordinaten $\alpha\beta\gamma$ verhält sich ν wie eine skalare Dichte). Auf jeder Weltlinie einer Substanzstelle $(\alpha\beta\gamma)$ zählen wir die Eigenzeit s von einem bestimmten Anfangspunkt aus (der aber natürlich von Substanzstelle zu Substanzstelle *stetig* variieren soll). Dann sind die Koordinaten x_i des Weltpunktes, in welchem sich die Substanzstelle $(\alpha\beta\gamma)$ im Augenblick s ihrer Bewegung (nach Verlauf der Eigenzeit s) befindet, stetige Funktionen von $\alpha\beta\gamma s$, deren Funktionaldeterminante

$$\frac{\partial(x_0\,x_1\,x_2\,x_3)}{\partial(\alpha\beta\gamma s)} \text{ den absoluten Betrag } \varDelta$$

besitze. Die Gleichung (56) besagt dann

$$\mu_0\sqrt{g} = \frac{\nu}{\varDelta}\cdot$$

Auf analoge Art ist die Ruhdichte ϱ_0 der elektrischen Ladung zu erklären. Das elektromagnetische Feld charakterisieren wir durch sein Potential φ_i; nur die vier Komponenten φ_i betrachten wir als unabhängige und frei zu variierende Zustandsgrößen, das Feld F_{ik} *definieren* wir durch die Gleichungen

$$F_{ik} = \frac{\delta \varphi_k}{\delta x_i} - \frac{\delta \varphi_i}{\delta x_k}.$$

Als *Substanzwirkung der Elektrizität* setzen wir an:

$$-\int \left(d\,e \int \varphi_i\, dx_i \right),$$

wo die äußere Integration sich wieder über alle Substanzelemente, die innere aber jeweils über denjenigen Teil der Weltlinie eines mit der Ladung de behafteten Substanzelementes erstreckt, der im Innern des Weltgebiets $\mathfrak{X}$ verläuft. Wir können dafür auch schreiben

$$\int d\,e\,ds \cdot \varphi_i u^i = \int \varrho_0 u^i \varphi_i\, d\omega = \int s^i \varphi_i\, d\omega,$$

wenn $u^i = \dfrac{dx_i}{ds}$ die Komponenten der Weltrichtung sind und $s^i = \varrho_0 u^i$

die Komponenten des Viererstroms (reiner Konvektionsstrom). Endlich tritt neben der Substanz- auch eine *Feldwirkung der Elektrizität* auf, für welche die Maxwellsche Theorie den einfachen Ansatz

$$\tfrac{1}{4} \int F_{ik} F^{ik}\, d\omega$$

macht. Das Hamiltonsche Prinzip, welches die Maxwell-Lorentzschen Gesetze zusammenfaßt, lautet dann wie folgt·

Die Gesamtwirkung, d. i. die Summe aus Feld- und Substanzwirkung der Elektrizität plus der Substanzwirkung der Masse erleidet bei einer beliebigen unendlichkleinen (außerhalb eines endlichen Gebiets verschwindenden) Variation des Feldzustandes (der φ_i) und einer ebensolchen raumzeitlichen Verschiebung der von den einzelnen Substanzstellen beschriebenen Weltlinien keine Änderung.

Nehmen wir an den φ_i die infinitesimale Änderung $\delta \varphi_i$ vor, wo $\delta \varphi_i$ stetige und stetig differentiierbare Funktionen der Weltkoordinaten x_i sind, welche außerhalb eines endlichen Gebiets $\mathfrak{X}$ verschwinden, so finden wir erstens für die Feldwirkung der Elektrizität:

$$\delta \left(\tfrac{1}{4} F_{ik} F^{ik} \right) = \tfrac{1}{2} F^{ik} \delta F_{ik} = - F^{ik} \frac{\delta(\delta \varphi_i)}{\delta x_k},$$

daher nach dem Prinzip der partiellen Integration (S. 112):

$$\delta \int_{\mathfrak{X}} \tfrac{1}{4} F_{ik} F^{ik}\, d\omega = -\int_{\mathfrak{X}} F^{ik} \frac{\delta(\delta \varphi_i)}{\delta x_k}\, d\omega = \int_{\mathfrak{X}} \frac{\delta F^{ik}}{\delta x_k} \cdot \delta \varphi_i \cdot d\omega.$$

Zweitens ist die an der Substanzwirkung der Elektrizität in der ganzen Welt hervorgerufene Änderung

$$= -\int\left(de\int \delta\,\varphi_i \cdot dx_i\right) = -\int_{\mathfrak{x}} (s^i\,\delta\,\varphi_i) \cdot d\omega.$$

Durch Variation der φ_i erhalten wir also zunächst

$$(57) \qquad \int\left(\frac{\partial F^{ik}}{\partial x_k} - s^i\right)\delta\,\varphi_i \cdot d\omega = 0,$$

und darum muß

$$\frac{\partial F^{ik}}{\partial x_k} = s^i = \varrho_0\,u^i$$

sein. Denn wäre z. B. an einer Stelle

$$\frac{\partial F^{0k}}{\partial x_k} - s^0 \neq 0, \text{ etwa} > 0,$$

so können wir um diese Stelle eine Umgebung abgrenzen, in der jene Differenz durchweg positiv ist. Wählen wir dann für $\delta\,\varphi_0$ eine nichtnegative Funktion, die außerhalb der erwähnten Umgebung verschwindet, und $\delta\,\varphi_1 = \delta\,\varphi_2 = \delta\,\varphi_3 = 0$, so ergibt sich ein Widerspruch zu der Gleichung (57).

Halten wir hingegen die φ_i fest und variieren die Weltlinien der Substanzelemente, so bekommen wir, indem wir (wie in § 18 bei Bestimmung der kürzesten Linien) Differentiation und Variation vertauschen und darauf partiell integrieren:

$$\delta\int \varphi_i dx_i = \int(\delta\,\varphi_i dx_i + \varphi_i d\,\delta x_i) = \int(\delta\,\varphi_i dx_i - \delta\,x_i d\varphi_i)$$
$$= \int\left(\frac{\partial\varphi_i}{\partial x_k} - \frac{\partial\varphi_k}{\partial x_i}\right)\delta\,x_k \cdot dx_i.$$

Dabei sind $\delta\,x_i$ die Komponenten der infinitesimalen Verschiebung, welche die einzelnen Punkte der Weltlinie erfahren. Demnach ist

$$-\delta\int\left(de\int \varphi_i dx_i\right) = \int de\,ds \cdot F_{ik} u^i \delta x_k = \int \varrho_0 F_{ik} u^i \delta\,x_k \cdot d\omega.$$

Variieren wir ebenso die Substanzwirkung der Masse (diese Rechnung wurde in § 18 schon allgemeiner, für variable g_{ik} durchgeführt), so gehen die mechanischen Gleichungen hervor, welche zu den Feldgleichungen hinzutreten:

$$\mu_0\frac{du_i}{ds} = p_i, \qquad p_i = \varrho_0 F_{ik} u^k = F_{ik} s^k.$$

An dem eben formulierten Wirkungsprinzip fällt auf, daß neben die Substanzwirkung der Masse nicht ebenso eine Feldwirkung tritt, wie das bei der Elektrizität der Fall ist; diese Lücke wird im nächsten Kapitel ausgefüllt werden, wo sich das *Gravitationsfeld* als dasjenige zeigen wird, was der Masse in der gleichen Weise entspricht wie das elektromagnetische Feld der elektrischen Ladung.

Im elektromagnetischen Feld leitet sich der ponderomotorische Vektor p_i ab aus einem nur von den lokalen Werten der Zustandsgrößen abhängigen Tensor S_{ik} nach den Formeln

$$p_i = - \frac{\delta S_i^k}{\delta x_k} \,.$$

Auch die linke Seite der mechanischen Gleichungen

$$\mu_0 \frac{du_i}{ds} = p_i$$

kann ohne weiteres auf einen »kinetischen« Energie-Impuls-Tensor zurückgeführt werden:

$$U_{ik} = \mu_0 u_i u_k \,.$$

Es ist nämlich

$$\frac{\delta U_i^k}{\delta x_k} = u_i \frac{\delta(\mu_0 u^k)}{\delta x_k} + \mu_0 u^k \frac{\delta u_i}{\delta x_k} \,.$$

Das erste Glied auf der rechten Seite ist $= 0$ wegen der Kontinuitätsgleichung der Materie, das zweite $= \mu_0 \dfrac{du_i}{ds}$ wegen

$$u^k \frac{\delta u_i}{\delta x_k} = \frac{\delta u_i}{\delta x_k} \frac{dx_k}{ds} = \frac{du_i}{ds} \,.$$

Demgemäß besagen die mechanischen Gleichungen, daß der gesamte Energie-Impuls-Tensor

$$T_{ik} = U_{ik} + S_{ik} \,,$$

zusammengesetzt aus dem kinetischen U und dem potentiellen S, den Erhaltungssätzen genügt:

$$\frac{\delta T_i^k}{\delta x_k} = 0 \,.$$

§ 27. Impuls, Energie und Masse

Bisher haben wir uns vorgestellt, daß die Körper aus einer *Substanz* bestehen; für den Substanzbegriff sind zwei Umstände wesentlich: 1) daß es einen Sinn hat, von derselben Substanzstelle zu verschiedenen Zeiten zu sprechen, daß es prinzipiell möglich ist, dieselbe Substanzstelle im Laufe der in der Welt sich vollziehenden Substanzbewegung immer wiederzuerkennen. Die Geschehnisse in der Welt stellen sich danach so dar, daß sich das vierdimensionale Kontinuum der Weltpunkte faserartig ordnet zu einem dreidimensionalen Kontinuum von Weltlinien, der von den einzelnen Substanzelementen beschriebenen Weltlinien. 2) Jedes Stück der dreidimensional ausgedehnten Substanz läßt als ein Quantum sich messen (Substanzquantum = Masse). Diese Vorstellung war im Grunde schon durch Galilei überwunden worden; denn für Galilei ist die Masse nicht ein Substanzquantum, sondern ein dynamischer Koeffizient, zu welchem die Stoßwucht, der »Impetus« oder Impuls eines mit gegebener

Geschwindigkeit dahinfliegenden Körpers proportional ist. Verwenden wir Körper, die beim Zusammenstoß aneinander haften bleiben, so haben zwei Körper die *gleiche Masse*, wenn keiner von beiden den andern überrennt, falls man sie mit gleichen, aber entgegengesetzten Geschwindigkeiten gegeneinanderjagt. Um weiter festzustellen, wie der Impuls mit wachsender Geschwindigkeit zunimmt, prüfen wir, mit welcher Geschwindigkeit wir einen Körper von der Masse 1 gegen einen Körper jagen müssen, der aus zwei Teilen von der Masse 1 besteht und sich mit der Geschwindigkeit v bewegt, um ihn gerade zum Stillstand zu bringen; der Versuch ergibt $2\,v$. Dies zeigt, daß der Impuls zur Geschwindigkeit proportional ist, und wir gelangen zu der Formel

$$\mathfrak{J} \text{ (Impuls)} = m\,\mathfrak{v} \text{ (Masse mal Geschwindigkeit).}$$

Der Begriff des Impulses erscheint hier primär gegenüber dem der Masse. Wie die Erfahrung der Unmöglichkeit des Perpetuum mobile zum Energieprinzip, so führt die grundlegende Erfahrung, daß ein ruhendes Körpersystem sich nicht aus eigener Kraft in eine einseitig fortschreitende Bewegung zu setzen vermag, zum *Impulsprinzip*: *Jedem Körper kommt ein Impulsvektor* $\mathfrak{J}$ *zu, der gleichgerichtet mit seiner Geschwindigkeit* $\mathfrak{v}$ *ist; bei der Einwirkung mehrerer Körper aufeinander hat die Summe ihrer Impulse nach der Reaktion den gleichen Wert wie vor der Reaktion.* Definieren wir die Masse m als den Proportionalitätsfaktor in der Formel $\mathfrak{J} = m\,\mathfrak{v}$, so zeigen die obigen Überlegungen, wie man auf Grund des Impulsgesetzes die Massen von Körpern dadurch aneinander messen kann, daß man sie zur Reaktion bringt. Die Mechanik untersucht solche Körper, die ohne Veränderung ihres inneren, von einem mitbewegten Beobachter zu beurteilenden Zustandes verschiedener Geschwindigkeiten fähig sind; für einen derartigen Körper von konstantem inneren Zustand kann der Massenfaktor m lediglich eine Funktion der absoluten Größe der Geschwindigkeit v sein: $m = m(v)$. Aber es ist weder selbstverständlich, daß m von v unabhängig ist, noch daß die Funktion $m(v)$ die gleiche bleibt, wenn der innere Zustand des Körpers, etwa infolge Erwärmung oder in seinem Innern sich abspielender chemischer Reaktionen, sich verändert hat. Wie es damit bestellt ist, darüber gibt das *Relativitätsprinzip* Aufschluß. Betrachten wir wiederum den oben geschilderten Vorgang, bei welchem zwei völlig gleich beschaffene Körper k_1, k_2 mit entgegengesetzten Geschwindigkeiten $\pm\,\mathfrak{v}$ zu einem einzigen, notwendig *ruhenden* Körper k sich vereinigen*); betrachten wir aber jetzt den Vorgang von einem Bezugskörper K aus, relativ zu dem k die Geschwindigkeit $\mathfrak{u}$ besitzt. $\mathfrak{v}'$, $\mathfrak{v}''$ seien die relativen Geschwindigkeiten der beiden Körper vor der Vereinigung k_1, k_2 in bezug auf K; die Gültigkeit des Impulssatzes auf K fordert, daß der Vektor

$$m(v')\,\mathfrak{v}' + m(v'')\,\mathfrak{v}'' \text{ parallel zu } \mathfrak{u}$$

its.

---

*) Statt dessen kann man sich auch vorstellen, daß k_1 und k_2 gleichzeitig in ein ruhendes widerstehendes Medium eindringen, in dem sie gebremst werden.

Akzeptieren wir zunächst die Galileische Kinematik, so ist

$$\mathfrak{v}' + \mathfrak{v}'' = 2\,\mathfrak{u} \text{ parallel zu } \mathfrak{u};$$

und infolgedessen muß $m(v') = m(v'')$ sein, d. h. $m(v)$ *ist unabhängig von* v. Die nur vom innern Zustand des Körpers abhängige Konstante $m(v) = m$ nennen wir seine *Masse*. Nachdem diese Erkenntnis gewonnen ist, untersuchen wir einen beliebigen Reaktionsvorgang. *In* die Reaktion mögen mehrere Körper mit verschiedenen Massen m und Geschwindigkeiten $\mathfrak{v}$ eintreten; *aus* der Reaktion gehen andere Körper mit anderen Massen $\overline{m}$ und anderen Geschwindigkeiten $\overline{\mathfrak{v}}$ hervor. Der Impulssatz behauptet, daß

$$(58) \qquad\qquad \Sigma m\,\mathfrak{v} = \Sigma \overline{m}\,\overline{\mathfrak{v}}$$

ist. In bezug auf K aber lautet der Impulssatz:

$$\Sigma m(\mathfrak{u} + \mathfrak{v}) = \Sigma \overline{m}(\mathfrak{u} + \overline{\mathfrak{v}}).$$

Darin liegt neben dem Impulssatz (58) noch das *Gesetz von der Erhaltung der Masse* eingeschlossen:

$$(59) \qquad\qquad \Sigma m = \Sigma \overline{m},$$

oder die Aussage, daß die Gesamtmasse eines Körpersystems durch innere Reaktionen nicht verändert wird. Zum Energieprinzip gelangt man hier aber nicht. In der Tat ist es ja auch in seiner »rein mechanischen« Form

$$(60) \qquad\qquad \Sigma \frac{m\,v^2}{2} = \Sigma \frac{\overline{m}\,\overline{v}^2}{2}$$

für die von uns betrachteten Vorgänge, welche thermische und chemische Veränderungen nicht ausschließen, ungültig.

Legen wir hingegen die *Einsteinsche Kinematik* zugrunde, so ist $(c = 1)$

$$\frac{\mathfrak{v}'}{\sqrt{1 - v'^2}} + \frac{\mathfrak{v}''}{\sqrt{1 - v''^2}} \text{ parallel zu } \mathfrak{u},$$

und infolgedessen ergibt sich jetzt

$$m(v) = \frac{m}{\sqrt{1 - v^2}},$$

wo m einen nur durch den inneren Zustand des Körpers bestimmten, aber von der Geschwindigkeit v unabhängigen Proportionalitätsfaktor bedeutet. Hinsichtlich der Bezeichnung herrscht in der Literatur nicht durchweg Einigkeit darüber, ob man $m(v)$ oder diesen konstanten Faktor m die *Masse* des Körpers nennen soll; wir entscheiden uns für das letztere. — In beiden Fällen, dem der Galileischen und dem der Einsteinschen Kinematik, hat sich gezeigt, daß $m(v)$ aus einem Faktor m besteht, der von der Geschwindigkeit unabhängig ist, und einem Faktor, der eine universelle Funktion $\varphi(v)$ der Geschwindigkeit ist $\left(\varphi(v) = 1 \text{ bzw. } \frac{1}{\sqrt{1 - v^2}}\right)$; das bedeutet, daß das Galileische Kriterium für Massengleichheit $m_1(v) = m_2(v)$ unabhängig ist von der Geschwindigkeit, die man den beiden zu vergleichenden Körpern 1 und 2 erteilt. — Kennzeichnen wir den Bewegungszustand eines Körpers statt durch seine Geschwindigkeit $\mathfrak{v}$ durch den in die Richtung seiner Weltlinie fallenden Vektor $\mathfrak{e}$, der durch $(\mathfrak{ee}) = -1$ normiert ist, so besagt für einen beliebigen Reaktionsvorgang der Impulssatz, daß die Raumkomponente des Weltvektors

$$\mathfrak{b} = \Sigma\, m\mathfrak{e} - \Sigma\, \overline{m\mathfrak{e}}$$

verschwindet, d. h. daß $\mathfrak{b}$ parallel der Zeitachse ist. Da der Impulssatz auf jedem berechtigten Bezugskörper gültig sein soll, so folgt daraus, wenn wir zwei Zerspaltungen in Raum und Zeit nach zwei voneinander unabhängigen zeitartigen Richtungen verwenden, daß $\mathfrak{b}$ überhaupt $= 0$ sein muß. Zum Impulssatz

$$(58') \qquad \Sigma\, \frac{m\mathfrak{v}}{\sqrt{1-v^2}} = \Sigma\, \frac{\overline{m\mathfrak{v}}}{\sqrt{1-\overline{v}^2}}$$

tritt so als Zeitkomponente der *Erhaltungssatz für die Energie* hinzu:

$$(61) \qquad \Sigma\, \frac{m}{\sqrt{1-v^2}} = \Sigma\, \frac{\overline{m}}{\sqrt{1-\overline{v}^2}}.$$

Es ist wichtig, daß als Energie dabei die Größe $\dfrac{m}{\sqrt{1-v^2}}$ auftritt $\left(\dfrac{mc^2}{\sqrt{1-\dfrac{v^2}{c^2}}}\right.$, wenn die Maßeinheiten für Raum und Zeit nicht durch $c = 1$ normiert werden$\big)$ und nicht etwa die Differenz $m\left(\dfrac{1}{\sqrt{1-v^2}} - 1\right)$. Für den oben betrachteten besonderen Vorgang, wo zwei Körper von der Masse m mit einander entgegengesetzten Geschwindigkeiten von der Größe v sich zu einem einzigen ruhenden Körper von der Masse $\overline{m}$ vereinigen, lautet unser Energiegesetz

$$\overline{m} = \frac{2m}{\sqrt{1-v^2}}.$$

Man sieht also, daß die Masse nach der Vereinigung größer ist als die Summe der vereinigten Einzelmassen, und zwar um

$$\Delta m = \overline{m} - 2m = 2m\left(\frac{1}{\sqrt{1-v^2}} - 1\right).$$

Denkt man sich die beiden Einzelmassen durch Zerschneiden eines Körpers k von der Masse $2m$ entstanden, so haben wir eine Art Kreisprozeß, der k in k zurückverwandelt. Aber der innere Zustand von k hat sich doch verändert: der Körper hat sich erwärmt; kein Wunder also, daß seine Masse eine andere geworden ist! Da die Masse eines Körpers nur durch seinen inneren Zustand bestimmt ist, unabhängig von seiner Vorgeschichte, so muß diese Erwärmung, *wie sie auch zustande kommen möge*, immer mit der gleichen Massenänderung Δm verbunden sein; folglich liefert Δm ein *Energiemaß* für jene thermische Zustandsänderung. Durch solche Betrachtungen erkennt man, daß in (61) nicht bloß das phänomenologische Energiegesetz für beliebige Reaktionen von Körpern aufeinander enthalten ist, sondern darüber hinaus in ihm die Aussage steckt: *die träge Masse eines Körpers verändert sich, wenn ihm Energie zugeführt oder entzogen wird; und zwar ist der Zuwachs der Masse direkt gleich der dem ruhenden Körper zugeführten Energie* (oder, bei Verwendung der Maßeinheiten des CGS-Systems: *Zuwachs der Masse $= \dfrac{1}{c^2}$ mal der zugeführten Energie*).

Diese neue und überraschende Verknüpfung zweier physikalischer Grundbegriffe bezeichnen wir mit Einstein als das *Gesetz von der Trägheit der Energie.*

Führen wir seinen Inhalt noch etwas genauer aus! Das phänomenologische Energieprinzip knüpft an die Tatsache an, daß man, um an einem Körpersystem k eine Veränderung V hervorzubringen, k im allgemeinen mit andern Körpern k_0 reagieren lassen muß, in denen nach der Reaktion gleichfalls eine gewisse Veränderung V_0 zurückbleibt; wir sagen, daß die Veränderung V die Veränderung V_0 erzeugt. Immer aber kann man den Prozeß so leiten, daß V_0 Multiplum einer ein für allemal fest vorgegebenen »Einheitsänderung« ist. Nehmen wir als Einheitsänderung z. B. die Erwärmung von »1 g Wasser« — darunter verstehe ich hier ein *bestimmtes* Quantum Wasser in *bestimmtem* (ruhenden) Zustand — um 1° C, so soll V_0 darin bestehen, daß »n g Wasser« diese oder die inverse Zustandsänderung durchmachen. $+ n$ bzw. $- n$ ist dann der Energiewert der Änderung V. Das Energieprinzip aber besagt: durch welche Zwischenstufen hindurch auch V ein Multiplum V_0 gleich $\pm n$ mal der Einheitsänderung erzeugen mag, immer entsteht *dasselbe* V_0. — Normieren wir die Einheit der Masse so, daß die Massenänderung von »1 g Wasser« bei der Erwärmung um 1° C den Wert 1 bekommt, so folgt aus der Gleichung (61), angewendet auf das aus den Körpern k und k_0 kombinierte System, daß die dem Körpersystem k allein entsprechende Differenz der Größe $\sum \dfrac{m}{\sqrt{1 - v^2}}$ vor und nach der Veränderung V gleich der Differenz der Masse des Wasserkalorimeters vor und nach der Änderung V_0, d. h. $= \pm n$ ist. So zeigt sich, daß das Energieprinzip in seiner phänomenologischen Formulierung in der Tat in unserer Gleichung (61) drin steckt; und zwar ist der Energiewert einer Änderung gleich dem Zuwachs der Zustandsgröße $\sum \dfrac{m}{\sqrt{1 - v^2}}$, die wir daher als *Zustandsenergie* bezeichnen. Darin liegen, über das Energieprinzip hinaus, die folgenden beiden Erkenntnisse: 1) Energie kommt von Natur nicht einer *Zustandsveränderung*, sondern einem *Zustand* zu — in der Weise, daß der Energiewert einer Änderung gleich der Differenz der Energiewerte für Anfangs- und Endzustand ist. Früher hatte sich uns schon in zwingender Weise ein Ansatz für die Energie des elektromagnetischen Feldes ergeben, nicht bloß eine Formel für den mit einer Feldänderung verknüpften Energiezuwachs; zu derselben Feststellung, daß es eine absolute Energiehöhe gibt und nicht bloß Energiedifferenzen, gelangen wir hier für die ponderablen Körper. 2) Die Energie eines mit der Geschwindigkeit v sich bewegenden Körpers von der Masse m ist $\dfrac{m}{\sqrt{1-v^2}}$. Diese Formel spricht den Zusammenhang zwischen Masse und Energie in universell gültiger Weise aus. Insbesondere erhält man daraus auch den Wert für die kinetische Energie, d. h. den Energiewert des Übergangs eines Körpers von Ruhe auf die Geschwindigkeit v ohne Änderung seines inneren Zustandes:

$$\text{kinetische Energie} = m\left(\frac{1}{\sqrt{1-v^2}} - 1\right).$$

Eine wichtige Art der Reaktion zwischen Körpern ist der sog. *elastische Stoß*, der dadurch charakterisiert ist, daß alle Körper aus der Reaktion in ungeändertem inneren Zustand wieder hervorgehen. Zu dem Energie- und Impulsprinzip (61) und (58′) treten für den elastischen Stoß also die Gleichungen

$$(62) \qquad\qquad m_1 = \overline{m}_1, \quad m_2 = \overline{m}_2, \ \ldots$$

In der Galilei-Newtonschen Mechanik liegen die Verhältnisse weniger übersichtlich. Hier wird eine der Gleichungen (62) zufolge des vorweggenommenen Satzes von der Erhaltung der Masse (59) überschüssig; an ihre Stelle tritt neu hinzu das Gesetz von der Erhaltung der kinetischen Energie in der Form (60). Woher dieses Gesetz stammt, begreift man viel besser von der Einsteinschen Mechanik aus durch Grenzübergang zu $c = \infty$. — Beim elastischen Stoß zweier Körper bestimmen die Massen der Körper und ihre Geschwindigkeiten *vor* dem Stoß ihre Geschwindigkeiten *nach* dem Stoß eindeutig, wenn der »Stoßdurchmesser« bekannt ist, d. h. wenn eine Richtung x im Raume gegeben ist von solcher Art, daß die Impulskomponenten senkrecht zu x für jeden der beiden

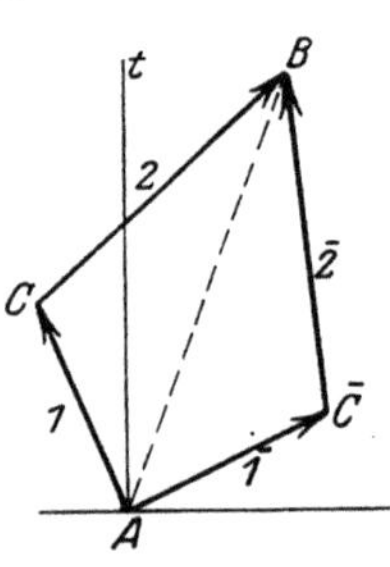
Fig. 18.

Körper einzeln ungeändert bleiben, ein Impulsaustausch nur in der Richtung x stattfindet. Abstrahieren wir von den Raumrichtungen senkrecht zu x, so haben wir es nur mit einer zweidimensionalen Welt zu tun; die nebenstehende Figur zeigt, wie man in ihr aus den beiden Energie-Impuls-Vektoren $\overrightarrow{AC} = 1$ und $\overrightarrow{CB} = 2$ vor dem Stoß die Energie-Impuls-Vektoren $\overline{1}$, $\overline{2}$ nach dem Stoß findet. Dabei hat (im Sinne der Minkowskischen Geometrie) $\overline{1}$ die gleiche Länge wie 1 $(\overline{m}_1 = m_1)$, $\overline{2}$ die gleiche Länge wie 2 $(\overline{m}_2 = m_2)$, oder das Dreieck $AB\overline{C}$ ist kongruent zu ABC[17]).

Die in diesem Paragraphen gegebene, von der Elektrodynamik unabhängige Begründung der Mechanik knüpfte, dem historischen Ursprung der Mechanik folgend, an das *Impulsprinzip* an. Es ist in ähnlicher Weise möglich, wie Langevin in sehr eleganter Weise in einigen Frühjahr 1922 in Zürich gehaltenen Vorträgen bewies, die Mechanik allein mit Hilfe des Relativitäts- und des *Energieprinzips* zu begründen; vielleicht verdient die Langevinsche Methode den Vorzug wegen der größeren Bedeutung des Energieprinzips für die gesamte Physik und wegen seiner breiteren Erfahrungsgrundlage. Übrigens ist auch die hier gegebene Darstellung unter dem unmittelbaren Eindruck der Langevinschen Vorträge niedergeschrieben worden.

In der phänomenologischen Elektrodynamik genügt die Kraftdichte p_i nicht der Gleichung $(p_i u^i) = 0$, weil da die Elektrizität nicht an der Materie haftet. Das hat zur Folge, daß an einem ruhenden Leiter von der Masse m_0, in dem ein stationärer Strom fließt, eine Arbeit geleistet wird, obwohl die auf ihn wirkende resultierende Kraft $= 0$ ist; die Arbeit erscheint als Joulesche Wärme. Ist die entwickelte Wärmemenge pro Zeiteinheit $= A_0$, so haben wir in einem Bezugsraum, relativ zu welchem der Leiter die Geschwindigkeit $\mathfrak{v}$ besitzt,

die Leistung $A = A_0$ und die Kraft $\mathfrak{P} = A_0 \mathfrak{v}$.

Trotz dieser resultierenden Kraft auf den Leiter behält er seine Geschwindigkeit bei. Die Bewegungsgleichung

$$\frac{d}{dt}\left(\frac{m_0 \mathfrak{v}}{\sqrt{1 - v^2}}\right) = \mathfrak{P}$$

ist deshalb unverträglich mit einem konstanten m_0, führt vielmehr zu der Beziehung

$$\frac{dm_0}{dt_0} = A_0 . \qquad (t_0 \text{ die Zeit im Ruhraum})$$

Auch das ist ein instruktives Beispiel dafür, daß Wärmeentwicklung innerhalb eines Körpers mit einer parallel gehenden Erhöhung seiner trägen Masse verbunden ist.

Bisher haben wir Reaktionen zwischen Körpern untersucht unter der Annahme, daß dabei keine Ausstrahlung stattfindet. Die Maxwellsche Theorie hat aber gezeigt, daß auch dem Strahlungsfeld Energie und Impuls zukommen und bei ihrer Berücksichtigung die Erhaltungssätze allgemein gültig bleiben. So erfährt ein Körper, der in einer Richtung Licht ausstrahlt, einen Rückstoß; er bekommt einen Impuls, entgegengesetzt gleich dem Impuls des ausgesandten Lichtstrahls. Ebenso tritt bei der Reflexion von Licht an einem Spiegel der Unterschied zwischen Impuls der einfallenden und der reflektierten Welle als mechanischer Impuls des Spiegels (Lichtdruck) zutage. Wir wollen zunächst Energie und Impuls irgendeines räumlich begrenzten (und mit Lichtgeschwindigkeit sich ausbreitenden) Strahlungszustandes bestimmen. Dazu haben wir eine mathematische Hilfsbetrachtung nötig.

In einem vierdimensionalen affinen Raum sei eine Vektordichte $\mathfrak{s}^i$ gegeben, deren Divergenz $\dfrac{\partial \mathfrak{s}^i}{\partial x_i}$ identisch verschwindet, während sie selber wenigstens außerhalb eines gewissen Kanals Null ist. Die Koordinaten x_i, welche wir benutzen, seien von solcher Art, daß jede dreidimensionale »Ebene« $x_0 =$ const. den Kanal in einem endlichen Schnittbereich durchschneidet. Das über den Schnittbereich erstreckte Integral

$$e = \int \mathfrak{s}^0 \, dx_1 \, dx_2 \, dx_3$$

ist eine Funktion von $x_0 = t$ allein. Aus dem Verschwinden der Divergenz erhält man durch Integration sofort

$$\frac{de}{dt} = 0 \, ;$$

in Wahrheit ist e also eine auch von t unabhängige Konstante. Nach dem Gaußschen Satz kann e berechnet werden als der Fluß der Vektordichte $\mathfrak{s}^i$ durch irgendeine den Kanal durchsetzende dreidimensionale Fläche hindurch (der Gaußsche Satz ist anzuwenden auf das Stück des Kanals, das durch eine Ebene $x_0 =$ const. und diese Fläche abgegrenzt wird); e ist demnach eine Invariante, unabhängig von der speziellen Wahl des Koordinatensystems x_i.

Diese Überlegung wird uns später für den Begriff der Ladung eines abgeschlossenen Systems nützlich sein; hier übertragen wir sie von der Vektordichte $\mathfrak{s}^i$ auf eine beliebige Tensordichte $\mathfrak{S}_i^k$, deren Divergenz

$$\frac{\partial \mathfrak{S}_i^k}{\partial x_k} = 0$$

ist, während sie selber außerhalb des Kanals verschwindet. Wir wählen einen willkürlichen ortsunabhängigen Vektor mit den konstanten Komponenten ξ^i und bilden

$$\mathfrak{s}^k = \mathfrak{S}_i^k \, \xi^i \, .$$

Dann gelten die oben für eine Vektordichte $\mathfrak{s}^i$ gewonnenen Resultate: Bilden wir die über eine beliebige den Kanal durchschneidende Ebene $x_0 =$ const. erstreckten Integrale

$$J_i = \int \mathfrak{S}_i^0 \, dx_1 \, dx_2 \, dx_3 \, ,$$

so sind diese Größen auch von x_0 unabhängig,

$$\frac{dJ_i}{dt} = 0 \, ;$$

außerdem ist $J_i \xi^i$ ein vom Koordinatensystem unabhängiger Skalar, J_i also ein *kovarianter ortsunabhängiger Vektor*.

Zum elektromagnetischen Feld im leeren Raum gehört der symmetrische Energietensor S^{ik}. Bei Verwendung eines normalen Koordinatensystems ist die Energiedichte S^{00} überall positiv, wo überhaupt ein Feld vorhanden ist. Unser Beweis ist anwendbar auf die zugehörige Tensordichte $\mathfrak{S}_i^k$ in einem beliebigen normalen Koordinatensystem, wenn das Feld sich nicht ins Unendliche erstreckt. Wir kommen zu dem Ergebnis, daß es eine konstante Energie J_0 und einen konstanten Impuls (J_1, J_2, J_3) besitzt, die zusammen einen vom Koordinatensystem unabhängigen kovarianten Weltvektor bilden. Übrigens kann dieser Vektor unmöglich raumartig sein. Denn dann würde ein normales Koordinatensystem existieren, in welchem J_0 verschwindet; wegen der positiven Energiedichte kann das nur eintreten, wenn das Feld selber vollständig verschwindet. Es ist demnach notwendig

$$(J_i J^i) \leqq 0.$$

Der Grenzfall $(= 0)$ tritt ein für ein begrenztes Stück einer einzigen homogenen ebenen Welle. Im allgemeinen wird aber das Ungleichheitszeichen gelten, und dann läßt sich die Welt in Raum und Zeit so zerspalten, daß der Impuls $= 0$ wird.

Schickt ein ruhender Körper k eine Lichtwelle aus, deren Impuls $= 0$ und deren Energie $= E_0$ ist — z. B. eine Kugelwelle oder zwei gleich starke Lichtstrahlen nach entgegengesetzten Seiten —, so gelten nach dem eben gewonnenen Resultat, nach welchem sich Energie E und Impuls $\mathfrak{J}$ einer Lichtwelle zu einem vom Bezugskörper unabhängigen Weltvektor vereinigen, relativ zu einem Bezugskörper, in welchem k die Geschwindigkeit $\mathfrak{v}$ besitzt, die folgenden Formeln:

$$E = \frac{E_0}{\sqrt{1 - v^2}}, \qquad \mathfrak{J} = \frac{E_0 \mathfrak{v}}{\sqrt{1 - v^2}}.$$

Energie und Impuls des Körpers k sind aber in diesem Bezugsraum

$$= \frac{m}{\sqrt{1 - v^2}}, \quad \text{bzw.} \quad = \frac{m \mathfrak{v}}{\sqrt{1 - v^2}}.$$

Da die Geschwindigkeit des Körpers sich bei der Ausstrahlung nicht ändert, geht daraus hervor, daß die Masse m eine Änderung $\varDelta m$ gleich der ausgestrahlten Energie E_0 erleiden muß. An diesem Beispiel entdeckte Einstein zuerst das Gesetz von der Trägheit der Energie. [18])

Interessant ist es auch, den Grenzfall einer einzigen ebenen Welle zu betrachten (wo der Impuls des Lichtes in keinem möglichen Bezugsraum verschwindet). Ist E wieder die Energie des ausgestrahlten Lichtes, so ist sein Impuls in der Ausstrahlungsrichtung ebenfalls $= E$. Ist m die Masse des ruhenden Körpers vor der Ausstrahlung, m' seine Masse und v seine Geschwindigkeit nach der Ausstrahlung, so haben wir also

$$\frac{m'}{\sqrt{1 - v^2}} = m - E, \qquad \frac{m' v}{\sqrt{1 - v^2}} = E.$$

Der Rückstoß verleiht dem Körper demnach die Geschwindigkeit

$$v = \frac{cE}{c^2 m - E}.$$

Aus der *Symmetrie* des Energietensors im Strahlungsfelde fließen weitere Erhaltungssätze. Zunächst findet man in bekannter Weise, daß die drei Komponenten des Drehimpulses $\mathfrak{L}$,

$$L_1 = \int (x_2 \mathfrak{S}_0^3 - x_3 \mathfrak{S}_0^2) dx_1 dx_2 dx_3, \quad L_2, \quad L_3,$$

konstant bleiben. Hinzukommen, infolge der Gleichberechtigung der Zeitkoordinate x_0 mit den Raumkoordinaten, die drei Größen

$$M_1 = \int (x_0 \mathfrak{S}_0^1 - x_1 \mathfrak{S}_0^0) dx_1 dx_2 dx_3, \quad M_2, \quad M_3,$$

die Komponenten eines Raumvektors $\mathfrak{M}$. Man wird den Raumpunkt mit den Koordinaten $x_i = a_i$, welche so definiert sind:

$$\int \mathfrak{S}_0^0 x_i dx_1 dx_2 dx_3 = a_i \int \mathfrak{S}_0^0 dx_1 dx_2 dx_3, \qquad (i = 1, 2, 3)$$

den *Energiemittelpunkt* (oder »Schwerpunkt«) des Strahlungsfeldes nennen. Er liegt, da $\mathfrak{S}^{00}$ positiv ist, notwendig im Innern des von Strahlung erfüllten Raumes (genau gesprochen: im Innern jedes konvexen Bereichs, der das strahlungserfüllte Raumgebiet einschließt). Ist $\mathfrak{v}$ seine Geschwindigkeit, so ist die Gleichung $\dfrac{d\mathfrak{M}}{dt} = 0$ identisch mit

$$(63) \qquad\qquad\qquad \mathfrak{J} = E\mathfrak{v},$$

wo E die Energie, $\mathfrak{J}$ den Impuls bedeutet. Auch hier ist der Impuls also der Geschwindigkeit parallel, wenn unter Geschwindigkeit des Strahlungsfeldes die Geschwindigkeit seines Energiemittelpunktes verstanden wird. E ist nicht unabhängig vom Bezugskörper; ist aber $|\mathfrak{v}| = v < 1$ (und nicht $= 1$), so ist die durch die Gleichung $E = \dfrac{E_0}{\sqrt{1 - v^2}}$ eingeführte Größe E_0 ein koordinaten-unabhängiger Skalar. Es hat kein Bedenken, ihn als Masse des Strahlungsfeldes zu bezeichnen. Für Energie und Impuls des Strahlungsfeldes gelten dann genau die gleichen Formeln wie für einen ponderablen Körper [19]).

Auch bei den Reaktionen zwischen ponderablen Körpern können wir, wenn wir die Reaktionen ins einzelne verfolgen wollen, nicht bei der Gesamtenergie und dem Gesamtimpuls stehen bleiben, sondern müssen Energie und Impuls 1) in jedem *Augenblick* ins Auge fassen und 2) *räumlich* lokalisieren. So kommen wir zu dem Begriff der *Energiedichte*, der *Impulsdichte*, des *Energiestroms* und des *Impulsstroms*. Man mache sich das etwa im einzelnen klar an den Bewegungs- und Wärmevorgängen in Gasen und elastischen Körpern. Die erwähnten Größen bilden zusammen eine Tensordichte $\mathfrak{T}_i^k$, für welche die Divergenzgleichungen

$$(64) \qquad\qquad\qquad \frac{\partial \mathfrak{T}_i^k}{\partial x_k} = 0$$

gültig sein werden. Wir nehmen ferner an, daß der korrespondierende Tensor T^{ik} symmetrisch und T^{00} in jedem berechtigten Bezugsraum positiv ist (d. h. $\mathfrak{T}_i^k e^i e_k > 0$ für jeden zeitartigen Weltvektor e^i). Dann

ergeben sich daraus alle bisher besprochenen Gesetze: die Erhaltung von
Energie und Impuls; die Tatsache, daß Energie und Impuls zusammen
einen vom Bezugsraum unabhängigen Weltvektor bilden, der niemals raumartige Richtung besitzt; die Erhaltung des Drehimpulses; die Formel (63),
in der $\mathfrak{v}$ die Geschwindigkeit des Energiemittelpunktes bezeichnet; die
Tatsache, daß dieser Punkt innerhalb der kleinsten konvexen Hülle liegt,
welche das physikalische System einschließt, und die Ungleichung
$|\mathfrak{v}| \leqq 1$. Insbesondere hat man bei der Herleitung der Erhaltungssätze
so zu verfahren, daß man die miteinander
in Reaktion tretenden Systeme als ein einziges
Gesamtsystem betrachtet. In der Figur ist der
Fall zweier Systeme dargestellt; in dem un-
schraffierten Weltgebiet verschwindet der Energietensor; es sind zwei Querschnitte $t =$ const.
vor und nach der Reaktion eingetragen. Sowohl vorher wie nachher ist der Energie-
Impuls-Vektor des Gesamtsystems gleich der
Summe der zu den beiden Einzelsystemen
gehörigen Energie-Impuls-Vektoren. Für die

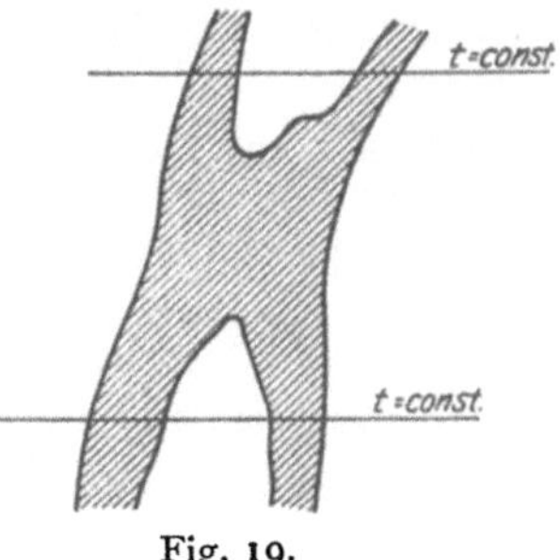

Fig. 19.

Masse m, die mit Energie E und Impuls $\mathfrak{J}$ durch die quadratische
Gleichung verbunden ist

$$m^2 = E^2 - (\mathfrak{J}\mathfrak{J}),$$

gilt dieses einfache Additionsgesetz aber nicht! Die Mechanik im engeren
Sinne bezieht sich nur auf solche Körper, zu denen in jedem Augenblick
ein berechtigter Bezugsraum gehört, in welchem ihr Zustand immerfort
quantitativ der gleiche bleibt. Nur dann ist die für die Mechanik grundlegende Scheidung zwischen innerem Zustand und Bewegungszustand
möglich. Wir sehen jedoch, daß ihre Grundgesetze allgemeinere Bedeutung
besitzen; die Geschwindigkeit eines Körpers ist dabei allgemein als Geschwindigkeit seines Energiemittelpunktes zu präzisieren. Nur bei einem
kleinen Körper ist eine solche Präzisierung der Bedeutung von $\mathfrak{v}$ nicht
erforderlich; für einen kleinen Körper gilt außer der Impulsformel (63) die
Gleichung

$$\mathfrak{L} = [\mathfrak{r}\mathfrak{J}],$$

welche den Drehimpuls $\mathfrak{L}$ als vektorielles Produkt von »Hebelarm« $\mathfrak{r}$ und
Impuls $\mathfrak{J}$ darstellt.

Wir kommen damit zu einer neuen, rein dynamischen Auffassung von
der Materie, wie sie eigentlich längst durch die Galileische Grundlegung
der Mechanik gefordert war*). Wie wir uns von dem Glauben haben
befreien müssen, daß wir einen Raumpunkt zu verschiedenen Zeiten

---

*) Auch Kant lehrte in den »Metaphysischen Anfangsgründen der Naturwissen-
schaft«, daß die Materie einen Raum erfüllt nicht durch ihre bloße Existenz, sondern
durch repulsive Kräfte aller ihrer Teile.

wiedererkennen können, so *hat es jetzt auch keinen Sinn mehr, von »derselben« Stelle der Materie zu verschiedenen Zeiten zu sprechen.* Das Elektron, das man sich früher wohl als einen substantiellen Fremdkörper im substanzlosen elektromagnetischen Felde vorstellte, erscheint uns nunmehr als ein gegen das Feld keineswegs scharf begrenzter kleiner Bezirk, in welchem die Feldgrößen und die elektrische Dichte enorm hohe Werte annehmen. Ein solcher »Energieknoten« pflanzt sich durch den leeren Raum nicht anders fort, wie eine Wasserwelle über die Seefläche fortschreitet; es gibt da nicht »ein und dieselbe Substanz«, aus der das Elektron zu allen Zeiten besteht. Nicht das Feld bedarf zu seiner Existenz der Materie als seines Trägers, sondern *die Materie* ist umgekehrt *eine Ausgeburt des Feldes. Die Atomkerne und Elektronen sind keine letzten unveränderlichen Elemente*, an welchen die Naturkräfte nur von außen anpacken, sie hin und her schiebend; sondern sie sind selber kontinuierlich ausgebreitet und in ihren feinsten Teilen feinen fließenden Veränderungen unterworfen. Es ist die Aufgabe der Feldtheorie, zu erklären, warum das Feld eine derartige körnige Struktur besitzt und jene Energieknoten sich im Hin- und Herströmen von Energie und Impuls dauernd erhalten (wenn auch natürlich nicht völlig unveränderlich, so doch mit einem außerordentlich hohen Grad von Genauigkeit): darin besteht das *Problem der Materie.* Offenbar sind die Feldgesetze von solcher Art, daß sie nur *einen* Gleichgewichtszustand oder wenige, durch keinen kontinuierlichen Übergang verbundene Gleichgewichtszustände von Energieknoten ermöglichen; der einzige uns wirklich bekannte ist repräsentiert durch das Elektron. *Deshalb* haben alle Elektronen dieselbe, zeitlich unveränderte Ladung und Masse; deshalb unterscheiden wir an der Energie oder trägen Masse eines zusammengesetzten Körpers die nicht auflösbare Energie seiner letzten materiellen Elementarbestandteile von der auflösbaren Energie ihrer wechselseitigen Bindung. — Um das Problem der Materie lösen zu können, muß die Maxwellsche Feldtheorie natürlich eine Modifikation oder gar eine Erweiterung durch Hinzufügung neuer Zustandsgrößen erfahren. Die in einem Elektron zusammengedrängte negative Ladung würde, den Coulombschen Fliehkräften folgend, explodieren, wenn sie nicht irgendwie zusammengehalten würde. Nach der »Substanzauffassung« wird der Zusammenhalt dadurch erzwungen, daß man das Elektron als eine starre substantielle Kugel mit einer starr an sie gebundenen Ladungsverteilung betrachtet; nach der neuen Auffassung kann er nur dynamisch, durch gegenwirkende Kräfte zustande kommen.

Auf jeden Fall werden wir anzunehmen haben, daß mit dem Feld eine Tensordichte $\mathfrak{T}_i^k$, die tensorielle Energiedichte, verbunden ist, welche den Divergenzgleichungen (64) genügt. Sie bilden in der Feldtheorie der Materie die Grundlage für die integralen Erhaltungssätze. Sie sind, wenn die $\mathfrak{T}_i^k$ durch die ursprünglichen Zustandsgrößen des Feldes ausgedrückt sind, Beziehungen zwischen den Feldgrößen; die mechanischen Grundgesetze erscheinen also, weil die Materie ein Feldphänomen ist, als

Folgerungen aus den Feldgesetzen. Für einen beliebig abgegrenzten Volumteil V des Feldes liefern sie die Gleichungen

$$\frac{d\,J_i}{d\,t} = K_i\,.$$

wo

$$J_i = \int \mathfrak{T}_i^{\,0}\, dx_1\, dx_2\, dx_3 \qquad\qquad (i = 0,\ 1,\ 2,\ 3)$$

Energie und Impuls dieses Gebietes bedeuten und K_i die auf das Teilgebiet wirkende *Viererkraft*. Nach dem Gaußschen Satz ist K_i gleich dem Fluß der Vektordichte $(\mathfrak{T}_i^1,\ \mathfrak{T}_i^2,\ \mathfrak{T}_i^3)$ durch die Oberfläche Ω von V; *die Kraft hängt also nicht ab von dem Feldzustand im Innern von Ω.* In diesem allgemeineren Fall, wo Ω nicht im feldfreien Raum verläuft, sind aber im allgemeinen J_i nicht die Komponenten eines vom Bezugsraum unabhängigen Weltvektors.

Die Größen $\mathfrak{T}_i^k$ stehen in unmittelbarem Zusammenhang mit dem, wovon wir durch unsere Sinne Kunde erhalten. Fasse ich ein Stück Eis an, so nehme ich den an der Berührungsstelle zwischen jenem Körper und meinem Sinnesleib fließenden Energiestrom als Wärme, den Impulsstrom als Druck wahr; der optische Energiestrom an der Oberfläche des Sinnesepithels meines Auges bestimmt die optischen Wahrnehmungen, die ich habe. Hinter dieser uns durch die Sinnesorgane direkt offenbarten »Materie« verborgen aber steckt das *Feld*. Für die Aufdeckung seiner eignen Gesetzmäßigkeit und der Gesetze, nach welchen es die Energiegrößen bestimmt, ist die Maxwellsche Theorie der erste glänzende Anfang.

Schon vor Aufstellung der Relativitätstheorie wurde die *Trägheit des Elektrons* aus der Energie des mitgeführten elektromagnetischen Feldes erklärt[20]). Die Energie des aus dem Potential $\dfrac{e}{4\,\pi\,r}$ entspringenden elektrostatischen Feldes ist im Außenraum einer Kugel vom Radius a

$$= \frac{1}{8\,\pi} \int_a^\infty \frac{e^2}{r^4} \cdot r^2\, dr = \frac{e^2}{8\,\pi\,a}\,.$$

Betrachtet man das Elektron als eine Kugel vom Radius a mit der Ladung e und *zieht nur die Energie des äußeren Feldes in Betracht*, so kommt man auf die beobachtete träge Masse m des Elektrons, wenn man a aus

$$(65) \qquad\qquad m = \frac{e^2}{8\,\pi\,a\,c^2}$$

bestimmt; das gibt einen Wert von der Größenordnung 10^{-13} cm.

In denjenigen phänomenologischen Theorien, in denen wir von der atomistischen Struktur der Materie absehen, denken wir uns die in den Elektronen, Atomen usw. aufgespeicherte Energie stetig über den Körper verteilt; wir haben sie einfach dadurch zu berücksichtigen, daß wir in den Energie-Impuls-Tensor das am Schluß von § 26 aufgestellte »kinetische«, die Ruhmassendichte μ_0 enthaltende Glied $\mu_0 u^i u^k$ einführen; aber dieser Ansatz ist nur berechtigt im Groben, nicht für die Volumelemente der Atome und Elektronen selber. Bezogen auf ein Koordinatensystem, in welchem die Materie ruht, besteht dieser Tensor aus der einzigen Komponente $T^{00} = \mu_0$, während alle übrigen verschwinden. So haben wir z. B. in der Hydrodynamik bei Beschränkung auf adiabatische Vorgänge zu setzen

$$| T_i^k | = \begin{vmatrix} -\mu_0 & 0 & 0 & 0 \\ 0 & p & 0 & 0 \\ 0 & 0 & p & 0 \\ 0 & 0 & 0 & p \end{vmatrix}$$

p ist der allseitig gleiche Druck; der Energiestrom ist bei adiabatischen Vorgängen 0. Um die Komponenten dieses Tensors in einem beliebigen Koordinatensystem hinzuschreiben, setze man noch $\mu_0 = \mu^* - p$; dann erhält man die invarianten Gleichungen

(66) $$T_i^k = \mu^* u_i u^k + p\,\delta_i^k$$

oder $$T_{ik} = \mu^* u_i u_k + p \cdot g_{ik}.$$

Die Ruhmassendichte ist

$$T_{ik} u^i u^k = \mu^* - p = \mu_0.$$

Wirkt auf die Flüssigkeit keine Kraft, so lauten die hydrodynamischen Gleichungen

$$\frac{\partial T_i^k}{\partial x_k} = 0.$$

Auf ähnliche Weise, wie es soeben mit der Hydrodynamik geschah, kann auch der Elastizitätstheorie eine dem Relativitätsprinzip entsprechende Form gegeben werden[21]. Es bliebe endlich noch übrig, das Gesetz der Gravitation, das in seiner Newtonschen Form durchaus an das Newton-Galileische Relativitätsprinzip gebunden ist, dem Einsteinschen anzupassen. Sie birgt aber ihre besonderen Rätsel in sich, auf deren Lösung wir im letzten Kapitel zu sprechen kommen.

§ 28. Die Miesche Theorie.

Von *Mie* ist der Versuch gemacht worden, zu einer Feldtheorie der Materie zu gelangen, ohne den Kreis der bekannten elektromagnetischen Zustandsgrößen zu überschreiten. Wir wollen die Grundlagen seiner Theorie hier kurz entwickeln — als Beispiel einer den neuen Ideen über die Materie völlig konformen physikalischen Theorie, das uns hernach noch gute Dienste leisten soll, und um an ihr zugleich das Problem der Materie genauer zu formulieren.

Wir halten daran fest, daß die in Betracht kommenden Zustandsgrößen sind: 1) die vierdimesionale Vektordichte des Stromes $\mathfrak{s}$, die »Elektrizität«, und 2) der lineare Tensor 2. Stufe F, das »Feld«. Ihre Eigengesetzlichkeit ist ausgesprochen in den Gleichungen

$$1) \qquad \frac{\partial \mathfrak{s}^i}{\partial x_i} = 0 \, ,$$

$$2) \qquad \frac{\partial F_{kl}}{\partial x_i} + \frac{\partial F_{li}}{\partial x_k} + \frac{\partial F_{ik}}{\partial x_l} = 0 \, .$$

Die Gleichungen 2) sind erfüllt, wenn F sich aus einem Vektor φ_i ableitet nach den Formeln

$$3) \qquad F_{ik} = \frac{\partial \varphi_k}{\partial x_i} - \frac{\partial \varphi_i}{\partial x_k} ;$$

es folgt umgekehrt aus 2), daß ein Vektor φ existieren muß derart, daß die Gleichungen 3) bestehen. Ebenso ist 1) erfüllt, wenn $\mathfrak{s}^i$ sich aus einer linearen Tensordichte 2. Stufe $\mathfrak{H}^{ik}$ in folgender Weise ableitet:

$$4) \qquad \mathfrak{s}^i = \frac{\partial \mathfrak{H}^{ik}}{\partial x_k} ;$$

es folgt umgekehrt aus 1), daß eine diesen Relationen genügende Tensordichte $\mathfrak{H}^{ik}$ notwendig existiert. 4) stimmt formal mit dem zweiten System der Maxwellschen Gleichungen überein. Lorentz nahm an, daß allgemein, nicht bloß im Äther, sondern auch im Gebiet der Elektronen, $\mathfrak{H}^{ik} = \mathfrak{F}^{ik}$ ist. Wir machen nach Mie die allgemeinere Voraussetzung, daß $\mathfrak{H}$ keine bloße Rechengröße ist, sondern eine reale Bedeutung hat und seine Komponenten daher universelle Funktionen der ursprünglichen Zustandsgrößen $\mathfrak{s}$ und F sind. Konsequenterweise müssen wir aber dann die gleiche Voraussetzung auch hinsichtlich φ machen! Die entstehende Größentabelle

$$\begin{array}{c|c} \varphi & F \\ \hline \mathfrak{s} & \mathfrak{H} \end{array}$$

enthält in der ersten Zeile die Intensitätsgrößen, sie sind durch die Differentialgleichungen 3) miteinander verknüpft; in der zweiten Zeile die Quantitätsgrößen, für welche die Differentialgleichungen 4) gelten. Spalten wir in Raum und Zeit und wenden die schon in § 21 verwendeten Bezeichnungen an, so haben wir die wohlvertrauten Gleichungen vor uns

$$1) \qquad \frac{\partial \varrho}{\partial t} + \operatorname{div} \mathfrak{s} = 0 \, ,$$

$$2) \qquad \frac{\partial \mathfrak{B}}{\partial t} + \operatorname{rot} \mathfrak{E} = 0 \qquad (\operatorname{div} \mathfrak{B} = 0) \, ,$$

$$3) \qquad \frac{\partial \mathfrak{f}}{\partial t} + \operatorname{grad} \varphi = -\mathfrak{E} \qquad (\operatorname{rot} \mathfrak{f} = \mathfrak{B}) \, ,$$

$$4) \qquad \frac{\partial \mathfrak{D}}{\partial t} - \operatorname{rot} \mathfrak{H} = -\mathfrak{s} \qquad (\operatorname{div} \mathfrak{D} = \varrho) \, .$$

Kennen wir die universellen Funktionen, welche φ und $\mathfrak{H}$ durch $\mathfrak{F}$ und F ausdrücken, dann haben wir in den nicht eingeklammerten Gleichungen, jede Komponente besonders gezählt, 10 »Hauptgleichungen« vor uns, durch welche die Ableitungen der 10 Zustandsgrößen nach der Zeit in Abhängigkeit von diesen selbst und ihren räumlichen Ableitungen gesetzt werden; also jene Form der Naturgesetze, welche durch das *Kausalitätsprinzip* gefordert wird. Das Relativitätsprinzip aber, das hier in einen gewissen Gegensatz zum Kausalitätsprinzip tritt, fordert, daß die Hauptgleichungen von den eingeklammerten »Nebengleichungen« begleitet werden, in denen keine nach der Zeit differentiierten Glieder auftreten. Die Versöhnung des Widerstreits liegt darin, daß die Nebengleichungen überschüssig sind. Aus den Hauptgleichungen 2) und 3) folgt nämlich

$$\frac{\partial}{\partial t}\,(\mathfrak{B} - \operatorname{rot}\mathfrak{f}) = 0,$$

aus 1) und 4)

$$\frac{\partial\varrho}{\partial t} = \frac{\partial}{\partial t}\,(\operatorname{div}\mathfrak{D})\,.$$

Ein Vergleich der Mieschen mit den Lorentzschen Grundgleichungen der Elektronentheorie ist lehrreich. Bei Lorentz treten 1), 2) und 4) auf, und das Gesetz, nach welchem $\mathfrak{H}$ durch die ursprünglichen Zustandsgrößen sich bestimmt, lautet einfach $\mathfrak{D} = \mathfrak{E}$, $\mathfrak{H} = \mathfrak{B}$. Hingegen werden dort φ und $\mathfrak{f}$ durch die Gleichung 3) *rechnerisch* definiert, und es fehlt ein Gesetz, das die Abhängigkeit dieser Potentiale von den Zustandsgrößen des Feldes und der Elektrizität festlegt. An dessen Stelle tritt die Formel für die Dichte der ponderomotorischen Kraft und das mechanische Grundgesetz für die Bewegung der Elektronen unter dem Einfluß dieser Kraft. Da nach unserer neuen Auffassung aber das mechanische Gesetz sich aus den Feldgleichungen ergeben muß, ist eine Ergänzung nötig, die von Mie eben in der Annahme, daß φ und $\mathfrak{f}$ eine reale Bedeutung in dem angegebenen Sinne haben, gefunden wurde. Wir können die Miesche Gleichung 3) in einer ganz analogen Form aussprechen wie das Grundgesetz der Mechanik. Der dort auftretenden ponderomotorischen Kraft stellen wir hier die »*elektrische Kraft*« $\mathfrak{E}$ gegenüber. Im statischen Falle besagt 3), daß

$$(67) \qquad\qquad \mathfrak{E} + \operatorname{grad}\varphi = 0$$

ist, d. h. daß der elektrischen Kraft $\mathfrak{E}$ durch einen »*elektrischen Druck*« $-\varphi$ im Äther das Gleichgewicht gehalten wird. Allgemein aber entsteht eine resultierende elektrische Kraft, welcher nun nach Gleichung 3) die Größe $-\mathfrak{f}$ als »*elektrischer Impuls*« zugehört. Es ist wunderbar zu sehen, wie in der Mieschen Theorie die Grundgleichung der Elektrostatik (67), die am Anfang der Elektrizitätslehre steht, plötzlich eine viel anschaulichere Bedeutung gewinnt, indem das Potential als elektrischer Druck auftritt; das ist der gesuchte Kohäsionsdruck, welcher das Elektron zusammenhält.

Das Bisherige gibt nur ein leeres Schema, das seine Ausfüllung finden muß durch die noch unbekannten universellen Funktionen, welche die Quantitäts- mit den Intensitätsgrößen verknüpfen. Ihre Ermittlung kann bis zu einem gewissen Grade noch rein spekulativ geschehen durch die Forderung, daß für die tensorielle Energiedichte der Erhaltungssatz (64) gültig sein muß. Denn das ist gewiß eine notwendige Bedingung, damit sich überhaupt ein Zusammenhang der Theorie mit der Erfahrung herstellen läßt. Das Energiegesetz muß die Form haben

$$\frac{\partial W}{\partial t} + \operatorname{div} \mathfrak{S} = 0,$$

wo W die Energiedichte, $\mathfrak{S}$ der Energiestrom ist. In der Maxwellschen Theorie findet man es, indem man 2) mit $\mathfrak{H}$, 4) mit $\mathfrak{E}$ multipliziert und addiert:

$$(68) \qquad \mathfrak{H}\frac{\partial \mathfrak{B}}{\partial t} + \mathfrak{E}\frac{\partial \mathfrak{D}}{\partial t} + \operatorname{div}[\mathfrak{E}\mathfrak{H}] = -(\mathfrak{E}\mathfrak{s}).$$

In dieser Beziehung tritt auf der rechten Seite noch die Arbeit auf, welche zur Erhöhung der kinetischen Energie der Elektronen oder nach unserer jetzigen Auffassung zur Erhöhung der potentiellen Energie des Feldes im Gebiet der Elektronen verwendet wird. Hier muß dieses Glied also sich gleichfalls noch zusammensetzen lassen aus einem nach der Zeit differentiierten Term und einer div. Behandeln wir aber die Gleichungen 1) und 3) ganz analog, wie wir eben mit 2) und 4) verfahren sind, d. h. multiplizieren 1) mit φ und 3) skalar mit $\mathfrak{s}$, so kommt

$$(69) \qquad \varphi\frac{\partial \varrho}{\partial t} + \mathfrak{s}\frac{\partial \mathfrak{f}}{\partial t} + \operatorname{div}(\varphi\mathfrak{s}) = -(\mathfrak{E}\mathfrak{s}).$$

Die Subtraktion von (68) und (69) ergibt das Energiegesetz; es muß demnach der Energiestrom

$$\mathfrak{S} = [\mathfrak{E}\mathfrak{H}] - \varphi\mathfrak{s}$$

sein und

$$-\varphi\delta\varrho - \mathfrak{s}\delta\mathfrak{f} + \mathfrak{H}\delta\mathfrak{B} + \mathfrak{E}\delta\mathfrak{D} = \delta W$$

das totale Differential der Energiedichte. Daß für den Energiestrom zu dem im Äther gültigen Glied $[\mathfrak{E}\mathfrak{H}]$ noch ein zu $\mathfrak{s}$ proportionaler Term $\varphi\mathfrak{s}$ hinzutritt, ist ohne weiteres verständlich; denn mit dem sich bewegenden Elektron, welches den Konvektionsstrom $\mathfrak{s}$ erzeugt, strömt dessen Energieinhalt. Im Äther wird das Glied $[\mathfrak{E}\mathfrak{H}]$ von $\mathfrak{S}$ überwiegen, im Elektron aber behauptet das andere $\varphi\mathfrak{s}$ bei weitem den Vorrang. In der Formel für das totale Differential der Energiedichte treten als unabhängig variierte Zustandsgrößen ϱ, $\mathfrak{f}$; $\mathfrak{B}$, $\mathfrak{D}$ auf. Um da Ordnung zu schaffen, führen wir an Stelle von ϱ und $\mathfrak{D}$ bzw. φ und $\mathfrak{E}$ als Unabhängige ein; damit wird erreicht, daß die sämtlichen Intensitätsgrößen als unabhängige Variable fungieren. Man hat zu bilden

$$(70) \qquad \mathfrak{L} = W - \mathfrak{E}\mathfrak{D} + \varrho\varphi;$$

dann ist

$$\delta\mathfrak{L} = (\mathfrak{H}\,\delta\mathfrak{B} - \mathfrak{D}\,\delta\mathfrak{E}) + (\varrho\,\delta\varphi - \mathfrak{s}\,\delta\mathfrak{f}).$$

Kennt man $\mathfrak{L}$ als Funktion der Intensitätsgrößen, so sind durch diese Gleichung die Quantitätsgrößen als Funktionen derselben bestimmt. *Statt der zehn unbekannten universellen Funktionen haben wir jetzt nur noch eine*, $\mathfrak{L}$; das ist die Leistung des Energieprinzips.

Kehren wir zur vierdimensionalen Schreibweise zurück, so ergibt sich

$$(71) \qquad \delta\mathfrak{L} = \tfrac{1}{2}\mathfrak{H}^{ik}\,\delta F_{ik} - \mathfrak{s}^i\,\delta\varphi_i.$$

Daraus geht hervor, daß $\delta\mathfrak{L}$, mithin $\mathfrak{L}$, eine invariante skalare Dichte ist. Die einfachsten Invarianten, welche sich von einem Vektor mit den Komponenten φ_i und einem linearen Tensor 2. Stufe mit den Komponenten F_{ik} bilden lassen, sind die ins Quadrat erhobenen Beträge

des Vektors φ^i: $\qquad\qquad\qquad \varphi_i\varphi^i$,

des Tensors F_{ik}: $\qquad\qquad 2L^\circ = \tfrac{1}{2}F_{ik}F^{ik}$,

des linearen Tensors 4. Stufe mit den Komponenten $\Sigma \pm F_{ik}F_{lm}$ (die Summation erstreckt sich über die 24 Permutationen der Indizes $iklm$; für die geraden Permutationen gilt das obere, für die ungeraden das untere Vorzeichen); und endlich

des Vektors $\qquad\qquad\qquad F_{ik}\varphi^k$.

Wie in der dreidimensionalen Geometrie der wichtigste Kongruenzsatz aussagt, daß ein Vektorpaar $\mathfrak{a}$, $\mathfrak{b}$ im Sinne der Kongruenz vollständig charakterisiert ist durch die Invarianten $\mathfrak{a}^2$, $\mathfrak{a}\mathfrak{b}$, $\mathfrak{b}^2$, so läßt sich in der vierdimensionalen Geometrie leicht zeigen, daß die eben angegebenen Invarianten die aus einem Vektor φ und einem linearen Tensor 2. Stufe F bestehende Figur im Sinne der Kongruenz vollständig festlegen. Jede Invariante, insbesondere die *Hamiltonsche Funktion L* (L ist der zu der Dichte $\mathfrak{L}$ gehörige Skalar, $\mathfrak{L} = L\sqrt{-g}$), muß sich mithin durch jene vier Größen algebraisch ausdrücken lassen. Auf die Bestimmung dieses Ausdrucks reduziert die Miesche Theorie das Problem der Materie. Die Maxwellsche Theorie des Äthers, nach der freilich Elektronen nicht möglich sind, ist in ihr als der Spezialfall $L = L^\circ$ enthalten. Drückt man auch W und die Komponenten von $\mathfrak{S}$ vierdimensional aus, so erkennt man, daß sie die (negative) 0te. Zeile in dem Schema

$$(72) \qquad \mathfrak{T}_i^k = F_{ir}\mathfrak{H}^{kr} - \varphi_i\mathfrak{s}^k - \mathfrak{L}\delta_i^k$$

bilden. Die $\mathfrak{T}_i^k$ sind also die Komponenten der Energie-Impuls-Dichte, welche nach unseren Rechnungen dem Erhaltungssatz (64) für $i = 0$ und demnach auch für $i = 1, 2, 3$ genügt. Der Beweis, daß die kontravarianten Komponenten des zugehörigen Tensors der Symmetriebedingung $T^{ki} = T^{ik}$ genügen, wird im nächsten Kapitel nachgeholt werden.

Die Feldgesetze können in ein sehr einfaches Variationsprinzip, *das Hamiltonsche Prinzip*, zusammengefaßt werden. Wir betrachten als unabhängige Zustandsgröße wieder allein das Potential mit den Komponenten φ_i und *definieren* das Feld durch die Gleichung

$$F_{ik} = \frac{\partial \varphi_k}{\partial x_i} - \frac{\partial \varphi_i}{\partial x_k}.$$

In die Gesetze geht die invariante Hamiltonsche Funktion L ein, welche vom Potential und Feld abhängt. Wir *definieren* die Stromdichte $\mathfrak{s}^i$ und die lineare Tensordichte $\mathfrak{H}^{ik}$ durch (71).

Das über irgendein Weltgebiet erstreckte invariante Integral

$$\int \mathfrak{L}\, dx \qquad\qquad (dx = dx_0\, dx_1\, dx_2\, dx_3)$$

heißt die in dem betr. Gebiet enthaltene *Wirkungsgröße*. Das Hamiltonsche Prinzip behauptet, daß die Änderung der gesamten Wirkungsgröße bei jeder infinitesimalen Variation des Feldzustandes, welche außerhalb eines endlichen Bereichs verschwindet, Null ist:

$$(73) \qquad\qquad \delta \int \mathfrak{L}\, dx = \int \delta \mathfrak{L}\, dx = 0.$$

Das Integral ist hier über die ganze Welt zu erstrecken, oder, was dasselbe besagt, über ein endliches Gebiet, außerhalb dessen die Zustandsvariation verschwindet. Diese wird dargestellt durch die infinitesimalen Zuwächse $\delta \varphi_i$ der Potentialkomponenten und die damit verknüpfte unendlich kleine Änderung des Feldes

$$\delta F_{ik} = \frac{\partial (\delta \varphi_k)}{\partial x_i} - \frac{\partial (\delta \varphi_i)}{\partial x_k};$$

Setzen wir für $\delta \mathfrak{L}$ den Ausdruck (71) ein, so kommt

$$-\,\delta \mathfrak{L} = \mathfrak{s}^i \delta \varphi_i + \mathfrak{H}^{ik} \frac{\partial (\delta \varphi_i)}{\partial x_k},$$

und es ist demnach

$$\delta \int \mathfrak{L}\, dx = \int \left\{ \frac{\partial \mathfrak{H}^{ik}}{\partial x_k} - \mathfrak{s}^i \right\} \delta \varphi_i \cdot dx.$$

Während 3) durch Definition sichergestellt ist, liefert somit das Hamiltonsche Prinzip die Feldgleichungen 4). 1) und 2) folgen aus 3) und 4).

So drängt sich denn schließlich die Miesche Elektrodynamik in das einfache Wirkungsprinzip (73) zusammen — ganz analog, wie auch die Entwicklung der Mechanik schließlich im Wirkungsprinzip gipfelte. Während aber in der Mechanik zu jedem vorgegebenen mechanischen System eine bestimmte Wirkungsfunktion L gehört, die es aus dessen Konstitution zu ermitteln gilt, haben wir es hier mit einem einzigen System, der Welt, zu tun. Das eigentliche Problem der Materie hebt damit erst an: es handelt sich darum, die der Welt zukommende Wirkungsfunktion, die »Weltfunktion« L zu bestimmen; ihm stehen wir vorerst noch ratlos gegenüber. Wählen wir in willkürlicher Weise ein L, so erhalten wir eine von dieser Wirkungsfunktion beherrschte »mögliche« Welt, in der wir uns (wenn uns nur die mathematische Analysis nicht im Stiche läßt) vollständig auskennen — besser als in der wirklichen. Es käme aber natürlich darauf an, unter all diesen möglichen Welten die einzige existierende *wirkliche* herauszufinden; nach allem, was wir von den Naturgesetzen wissen, muß das ihr zukommende L durch einfache mathematische Eigenschaften ausgezeichnet sein. Wieder scheint die Physik, heute als Feldphysik, auf dem Wege, die Gesamtheit der Naturerscheinungen auf *ein einziges Naturgesetz* zurückzuführen, ein Ziel, dem sie schon einmal, als die durch Newtons Principia begründete mechanische Massenpunkt-Physik ihre Triumphe feierte, nahe zu sein glaubte. Doch ist auch heut dafür gesorgt, daß unsere Bäume nicht in den Himmel wachsen. Vorläufig wissen wir nicht, ob wir mit denjenigen Zustandsgrößen, welche der Mieschen Theorie zugrunde liegen, zur Beschreibung der Materie ausreichen, ob sie tatsächlich rein »elektrischer« Natur ist. Vor allem aber hängt die dunkle Wolke aller jener Erscheinungen, mit denen wir uns heute notdürftig vermittels des Wirkungsquantums auseinandersetzen, über dem Land der physikalischen Erkenntnis, wer weiß welch neuen Umsturz drohend.

Versuchen wir es einmal mit dem folgenden Ansatz für L:

$$(74) \qquad L = \tfrac{1}{4} F_{ik} F^{ik} + w \left(V - \overline{\varphi_i \varphi^i} \right)$$

(w ist das Zeichen für eine Funktion einer Variablen), der sich zunächst als der einfachste, über die Maxwellsche Theorie hinausgehende darbietet, — obschon durchaus kein Grund vorliegt, anzunehmen, daß die Weltfunktion in Wirklichkeit diese Gestalt besitzt. Wir beschränken uns auf die Betrachtung statischer Lösungen, für die

$$\mathfrak{B} = \mathfrak{H} = 0, \qquad \mathfrak{s} = \mathfrak{f} = 0$$

ist. Wir haben

$$\mathfrak{E} = -\operatorname{grad} \varphi, \qquad \operatorname{div} \mathfrak{D} = \varrho$$
$$\mathfrak{D} = \mathfrak{E}, \qquad \varrho = -w'(\varphi)$$

(der Akzent bedeutet die Ableitung). Gegenüber der gewöhnlichen Elektrostatik im Äther ist hier das Neue, daß die Dichte ϱ eine universelle Funktion des Potentials, des elektrischen Drucks φ ist. Es ergibt sich als »Poissonsche Gleichung«

$$(75) \qquad \varDelta \varphi = w'(\varphi).$$

Ist $w(\varphi)$ keine gerade Funktion von φ, so bleibt diese Gleichung beim Übergang von φ zu $-\varphi$ nicht erhalten; das würde die *Wesensverschiedenheit der positiven und negativen Elektrizität* verständlich machen. Freilich führt das für nichtstatische Felder zu einer merkwürdigen Schwierigkeit. Sollen da Ladungen entgegengesetzten Vorzeichens auftreten, so muß die Wurzel in (74) an verschiedenen Stellen des Feldes verschiedene Vorzeichen haben; es muß also Feldstellen geben, wo $\varphi_i \varphi^i$ verschwindet. In der Nähe eines solchen Punktes nimmt dann aber $\varphi_i \varphi^i$ notwendig positive wie negative Werte an (dieser Schluß versagt im statischen Fall, weil o das Minimum der Funktion φ_0^2 von φ_0 ist). Die Lösungen unserer Feldgleichungen müßten also strichweise imaginär werden. Was ein solcher Zerfall des Feldes in einzelne Teile bedeutet, die je nur Ladungen eines Vorzeichens enthalten und welche voneinander getrennt sind durch die Gegenden, wo das Feld imaginär wird, ist schwer zu sagen.

Eine (im Unendlichen verschwindende) Lösung der Gleichung (75) stellt einen möglichen elektrischen Gleichgewichtszustand, ein mögliches für sich existenzfähiges Korpuskel in der Welt dar, die wir jetzt konstruieren. Das Gleichgewicht wird nur dann stabil sein können, wenn die Lösung Kugelsymmetrie hat. In diesem Fall lautet die Gleichung, unter r den Radius vector verstanden,

$$(76) \qquad \frac{1}{r^2} \frac{d}{dr}\left(r^2 \frac{d\varphi}{dr}\right) = w'(\varphi).$$

Soll (76) eine bei $r = \infty$ reguläre Lösung

$$(77) \qquad \varphi = \frac{e_0}{r} + \frac{e_1}{r^2} + \cdots$$

besitzen, so findet man durch Einsetzen dieser Potenzentwicklung in das erste Glied der Gleichung, daß die Entwicklung von $w'(\varphi)$ mit der Potenz r^{-4} oder einer noch höheren negativen beginnt, daß folglich $w(x)$ für $x = 0$ mindestens von 5ter Ordnung o sein muß. Unter dieser Voraussetzung hat aber die Gleichung ∞^1 bei $r = 0$ und ∞^1 bei $r = \infty$ reguläre Lösungen. Man wird (als »allgemeinen« Fall) erwarten dürfen, daß diese beiden *eindimensionalen* Lösungsscharen (innerhalb der zweidimensionalen Gesamtschar aller Lösungen) eine endliche oder jedenfalls eine diskrete Anzahl von Lösungen gemein haben. Diese würden die verschiedenen möglichen Korpuskeln (Elektronen und Elemente des Atomkerns?) darstellen. Es ist freilich nicht *ein* Elektron oder ein Atomkern allein auf der Welt; aber die Abstände zwischen ihnen sind im Vergleich zu ihrer eigenen Ausdehnung doch so groß, daß durch ihre gegenseitige Einwirkung der Feldverlauf im Innern des einzelnen Elektrons oder Atomkerns nicht wesentlich modifiziert wird. Ist φ die ein solches Korpuskel darstellende Lösung (77) von (76), so ist die Gesamtladung desselben

$$= - 4\pi \int_0^\infty w'(\varphi)r^2\,dr = 4\pi \cdot r^2 \frac{d\varphi}{dr}\bigg|_{r=\infty} = 4\pi e_0,$$

seine Masse aber berechnet sich als das Integral der Energiedichte W, die aus (70) hervorgeht:

$$Masse = 4\pi \int_0^\infty \{\tfrac{1}{2}(\operatorname{grad}\varphi)^2 + w(\varphi) + \varphi w'(\varphi)\}r^2\,dr$$

$$= 4\pi \int_0^\infty \{w(\varphi) + \tfrac{1}{2}\varphi w'(\varphi)\}r^2\,dr.$$

Wir können also *aus den Naturgesetzen die Masse und Ladung des Elektrons, die Atomgewichte und Atomladungen der einzelnen existierenden Elemente berechnen*, während wir bisher diese letzten Bausteine der Materie immer als etwas mit seinen numerischen Eigenschaften Gegebenes hingenommen haben. Zwar bleibt das einstweilen nur ein *Programm*, solange wir die Weltfunktion L nicht kennen; der eben zugrunde gelegte spezielle Ansatz (74) sollte nur dazu dienen, klar zu machen, ein wie tiefes und gründliches, auf Gesetze basiertes Verständnis für die Materie und ihre Konstitution uns die Kenntnis der Wirkungsfunktion eröffnen würde. Im übrigen kann die Diskussion derartiger willkürlich gewählter Ansätze nicht weiter führen, sondern es werden neue physikalische Einsichten und Prinzipien nötig sein, die uns den richtigen Weg zur Bestimmung der Hamiltonschen Funktion weisen.

Die große Erkenntnis, zur der wir in diesem Kapitel gelangt sind, ist die, daß der Schauplatz der Wirklichkeit nicht ein dreidimensionaler Euklidischer Raum ist, sondern *die vierdimensionale Welt, in der Raum und Zeit in unlöslicher Weise miteinander verbunden sind*. So tief die Kluft ist, welche für unser Erleben das anschauliche Wesen von Raum und Zeit trennt — von diesem qualitativen Unterschied geht in jene objektive Welt, welche die Physik aus der unmittelbaren Erfahrung herauszuschälen sich bemüht, nichts ein. Sie ist ein vierdimensionales Kontinuum, weder »Raum« noch »Zeit«; nur das an einem Stück dieser Welt hinwandernde Bewußtsein erlebt den Ausschnitt, welcher ihm entgegenkommt und hinter ihm zurückbleibt, als *Geschichte*, als einen in zeitlicher Entwicklung begriffenen, im Raume sich abspielenden Prozeß.

Diese vierdimensionale Welt ist *metrisch*, wie der Euklidische Raum; aber die quadratische Form, welche die Metrik bestimmt, ist nicht positiv-definit, sondern hat *eine* negative Dimension. Dieser Umstand ist zwar mathematisch belanglos, aber für die Wirklichkeit und ihren Wirkungszusammenhang von tiefer Bedeutung. Es war nötig, den in mathematischer Hinsicht so einfachen Gedanken der metrischen vierdimensionalen Welt nicht nur in isolierter Abstraktion zu erfassen, sondern ihn in seine wichtigsten Konsequenzen für die Auffassung der physikalischen Vorgänge zu verfolgen, um zu einem lebendigen Verständnis seines Inhalts und seiner Tragweite zu gelangen; das sollte hier in aller Kürze versucht werden. Es bleibt merkwürdig, daß die dreidimensionale Geometrie der statischen Welt, die schon von Euklid in ein vollendetes axiomatisches System gebracht wurde, für uns einen so einleuchtenden Charakter besitzt, während wir uns der vierdimensionalen erst in zähem Ringen und im Anschluß an ein ausgedehntes physikalisch-empirisches Material haben bemächtigen können. Erst mit der Relativitätstheorie ist unsere Naturerkenntnis (darf man sagen) der Tatsache der Bewegung, der Veränderung in der Welt vollständig gerecht geworden.

IV. Kapitel.

Allgemeine Relativitätstheorie.

§ 29. Relativität der Bewegung, metrisches Feld und Gravitation[1]).

In so vollendeter Weise auch immer das Einsteinsche Relativitätsprinzip, das wir im vorigen Kapitel entwickelt haben, den aus der Erfahrung gewonnenen, den Wirkungszusammenhang der Welt präzisierenden Naturgesetzen gerecht wird — es gibt eine große Schwierigkeit, um derentwillen wir uns nicht mit ihm zufrieden geben können. Wir sehen mit voller Evidenz ein, daß von *Bewegung eines Körpers nur relativ zu einem andern* die Rede sein kann. Es gibt keine absoluten Unterschiede zwischen den verschiedenen möglichen Bewegungszuständen eines starren Körpers. Greifen wir noch einmal auf den Anfang des vorigen Kapitels zurück und abstrahieren einen Augenblick wieder von der Relativierung der Gleichzeitigkeit! Zwei physikalische Zustandsverläufe sind objektiv in keiner Weise voneinander verschieden, wenn die Funktionen der Raum-Zeit-Koordinaten, welche die Zustandsgrößen für den einen Verlauf darstellen, in die den andern Verlauf darstellenden Funktionen übergehen durch eine *Transformation der kinematischen Gruppe*. Es müssen also auch die Naturgesetze in dem einen System von Raum-Zeit-Koordinaten genau die gleiche Form besitzen wie in dem andern. Freilich: die Tatsachen der Dynamik scheinen jener Forderung ins Gesicht zu schlagen, und unter dem Zwange dieser Tatsachen hat man sich seit Newton dazu entschließen müssen, nicht der Translation, wohl aber der Rotation eine absolute Bedeutung zuzuschreiben; doch hat die Vernunft dieses ihr durch die Wirklichkeit zugemutete Abstrusum niemals recht verdauen können (trotz aller philosophischen Rechtfertigungsversuche, vgl. z. B. Kants »Metaphysische Anfangsgründe der Naturwissenschaften«), und das Problem der Zentrifugalkraft ist immer wieder als ungelöstes Rätsel empfunden worden[2]). Überlegen wir uns den Sachverhalt etwas genauer!

Das Galileische Trägheitsgesetz zeigt, daß in der Welt eine Art zwangsweiser Führung vorhanden ist, welche einem Körper, der in bestimmter Weltrichtung losgelassen ist, eine ganz bestimmte natürliche Bewegung aufnötigt, aus der er nur durch äußere Kräfte herausgeworfen werden kann; und zwar geschieht das vermöge einer von Stelle zu Stelle infinitesimal wirksamen Beharrungstendenz, welche die Weltrichtung $\mathfrak{r}$ des Körpers im beliebigen Punkte P »parallel mit sich« nach demjenigen zu P unendlich benachbarten Punkte P' transportiert, welcher in der Richtung $\mathfrak{r}$ von P aus liegt. Über die im Trägheitsgesetz ausgesprochene Tatsache hinausgehend, nehmen wir an, daß das »*Führungsfeld*« nicht bloß die infinitesimale Parallelverschiebung von Richtungen in sich selber, sondern auch der *Vektoren* im Punkte P nach *allen* zu P unendlich benachbarten Punkten bestimmt; damit gewinnen wir den Anschluß an den Aufbau der

Infinitesimalgeometrie in Kapitel II. Das Führungsfeld ist das gleiche, was ich dort mit einem mathematischen Terminus als affinen Zusammenhang bezeichnet habe. Die Weltlinie eines sich selbst überlassenen Massenpunktes ist eine geodätische; beziehen wir zum Zwecke der analytischen Darstellung das vierdimensionale Kontinuum der Weltpunkte in irgendeiner Weise auf vier Koordinaten x_i, so genügt jene Linie, bei geeigneter Wahl des die verschiedenen Stadien der Bewegung voneinander unterscheidenden Parameters s (der »Eigenzeit«), den Gleichungen

$$(1) \qquad \frac{d^2 x_i}{ds^2} + \Gamma^i_{\alpha\beta} \frac{dx_\alpha}{ds} \frac{dx_\beta}{ds} = 0.$$

Man denke sich etwa x_i als die Zeit- und Raumkoordinaten, die zu einem in beliebiger Bewegung begriffenen Bezugskörper gehören in solcher Weise, daß $x_1 x_2 x_3$ den Ort auf diesem Bezugskörper festlegt. Die einzige Forderung, welche wir an den Begriff der infinitesimalen Parallelverschiebung von Vektoren gestellt hatten, war die, daß in einem gewissen zum Weltpunkt P gehörigen Koordinatensystem, dem geodätischen, die Komponenten der Vektoren im Punkte P bei diesem Prozeß sich nicht ändern oder alle $\Gamma^i_{\alpha\beta}$ verschwinden. Das besagt in unserer jetzigen Terminologie, daß sich der Bezugskörper für die unmittelbare Umgebung einer Weltstelle so wählen läßt, daß relativ zu ihm die unbeeinflußten Massenpunkte, welche jene Weltstelle passieren, sich in gerader Linie mit konstanter Geschwindigkeit bewegen, oder, wie wir kurz sagen wollen, das Führungsfeld ein Galileisches ist. Ohne Zweifel zeigen die Erfahrungen, welche dem Galileischen Trägheitsgesetz zugrunde liegen, daß diese Forderung für das Führungsfeld der Welt zu Recht besteht. Benutzen wir aber einen beliebigen Bezugskörper (z. B. die Erde), ein beliebiges Koordinatensystem, so vollzieht sich relativ zu ihm die Bewegung nicht nach dem Galileischen Trägheitsgesetz, sondern so, wie wenn der Körper aus seiner gleichförmigen Translation abgelenkt würde durch eine *Kraft*. Aus der Gleichung (1) lesen wir die Komponenten dieser »Trägheitskraft« pro Masseneinheit ab; sie sind gleich

$$- \Gamma^i_{\alpha\beta} u^\alpha u^\beta,$$

wo der Vektor $u^i = \dfrac{dx_i}{ds}$ die Weltrichtung des Massenpunktes kennzeichnet. Die auf einen Körper wirkende Trägheitskraft (Zentrifugal-, Coriolis-Kraft) ist selbstverständlich seiner Masse proportional; außerdem bringt unsere Formel ihre Abhängigkeit von der Geschwindigkeit zum Ausdruck.

Die tatsächliche Bewegung eines Körpers kommt durch den Kampf zweier Einwirkungen zustande, des *Führungsfeldes*, das die Weltrichtung des Körpers von Moment zu Moment überträgt, und der *Kraft*, die den Körper aus dieser natürlichen Bewegung ablenkt. Fragt man, warum z. B. bei einem Zugzusammenstoß der Zug in Trümmer geht und nicht der Kirchturm, an welchem er vorüberfährt, obwohl er doch relativ zum Zuge einen ebenso starken Bewegungsruck erfährt wie der Zug relativ zum Kirchturm, so ist darauf ganz einfach zu antworten: weil der Zug durch

die beim Zusammenstoß wirksam werdenden Molekularkräfte aus der durch
das Führungsfeld bestimmten natürlichen Bewegung herausgerissen wird,
nicht aber der Kirchturm; man kann sich das bis in alle Details hinein
klar machen. Man sieht: der Widerspruch zwischen dem Prinzip von der
Relativität der Bewegung und der Existenz der Trägheitskräfte ist nur
vorhanden, wenn man die Welt als eine strukturlose Mannigfaltigkeit betrachtet; sobald man aber davon Notiz nimmt, daß sie mit einem Führungsfeld, einem affinen Zusammenhang begabt ist, verschwindet die Schwierigkeit.
Oder vielmehr, wir entdecken ihren wahren Kern: wenn das Führungsfeld
sich in den mechanischen Vorgängen als eine mit den Kräften in Kampf
liegende wirkende Potenz von einer unter Umständen erschütternden Gewalt
offenbart, so müssen wir dieses Feld als etwas *Reales* betrachten; es kann
nicht, wie die Newtonsche Mechanik und die spezielle Relativitätstheorie
annahmen, eine formale, schlechthin vorgegebene, von der erfüllenden
Materie und ihren Zuständen unabhängige Beschaffenheit der Welt sein,
sondern *es muß seinerseits Wirkungen von der Materie erleiden, durch die
Materie bestimmt werden und mit ihren Zuständen sich verändern,* ähnlich
wie das elektrische Feld von den Ladungen erzeugt wird und mit ihnen
sich verändert. So kommen wir mit Notwendigkeit zu der dynamischen
Auffassung Riemanns.

Sind aber in der Natur Anzeichen dafür vorhanden, daß das Führungsfeld von Weltstelle zu Weltstelle variiert und von der Materie beeinflußt
wird? — Zwei eng miteinander zusammenhängende Umstände sind für
die relativ zu einem bestimmten Bezugskörper (in einem bestimmten Koordinatensystem) auftretenden »Trägheitskräfte« charakteristisch. Erstens:
sie sind der trägen Masse des bewegten Körpers proportional; zweitens:
sie lassen sich »wegtransformieren«, d. h. in einem geeignet angenommenen
Koordinatensystem verschwinden sie. Die erwähnten beiden Umstände treffen
nun aber erfahrungsgemäß zu für die *Gravitationskraft.* Darin, daß ein gegebenes Gravitationsfeld jeder Masse, die man in das Feld bringt, die gleiche
Beschleunigung erteilt, liegt ja gerade das eigentliche Rätsel der Schwerkraft.
Im elektrostatischen Felde wirkt auf ein schwach geladenes Probekörperchen
die Kraft $e \cdot \mathfrak{E}$, wo die elektrische Ladung e nur vom Probekörper, die elektrische Feldstärke $\mathfrak{E}$ nur vom Felde abhängt. Wirken keine weiteren Kräfte,
so erteilt diese Kraft dem Probekörper von der trägen Masse m eine
Beschleunigung $\mathfrak{b}$, welche sich durch die Grundgleichung der Mechanik
$m\mathfrak{b} = e\mathfrak{E}$ bestimmt. Im Gravitationsfeld gilt etwas ganz Analoges. Die am
Probekörper angreifende Kraft ist $= g\mathfrak{G}$, wo g, die »Gravitationsladung«,
nur vom Probekörper, $\mathfrak{G}$ aber nur vom Felde abhängt; die Beschleunigung
bestimmt sich auch hier durch die Gleichung $m\mathfrak{b} = g\mathfrak{G}$. Nun stellt sich
aber die merkwürdige Tatsache heraus, daß die »Gravitationsladung« oder
»schwere Masse« g gleich der »trägen Masse« m ist. Von Eötvös ist die empirische Geltung dieses Gesetzes in neuerer Zeit aufs genaueste geprüft worden [3]).
Die einem Körper an der Erdoberfläche durch die Erddrehung erteilte Zentrifugalkraft ist der trägen, sein Gewicht der schweren Masse proportional.

Die Resultierende aus beiden, die scheinbare Schwere, würde für verschiedene Körper verschiedene Richtung haben müssen, wenn nicht durchweg Proportionalität zwischen schwerer und träger Masse bestünde. Daß eine solche Richtungsverschiedenheit nicht stattfindet, konstatiert Eötvös an dem empfindlichsten Instrument, der Drehwage; es wird dadurch die träge Masse eines Körpers mit derselben Genauigkeit gemessen, mit der wir durch eine Präzisionswage sein Gewicht bestimmen. Die Proportionalität zwischen schwerer und träger Masse gilt auch in solchen Fällen, wo ein Massenverlust nicht durch Entweichen von Substanz im alten Sinne, sondern durch Abgabe von radioaktiver Energie stattfindet. — Die Gravitationskräfte genügen auch der zweiten Forderung, daß sie an einer Raum-Zeit-Stelle durch Einführung eines geeigneten Koordinatensystems zum Verschwinden gebracht werden können. Ein geschlossener Kasten, ein Lift, dessen Seil gerissen ist und der reibungslos im Schwerefeld der Erde abstürzt, ist ein anschauliches Beispiel eines solchen Bezugssystems. Alle frei fallenden Körper werden in diesem Kasten zu ruhen scheinen, die Vorgänge werden sich trotz der wirkenden Schwerkraft relativ zu dem Kasten genau so abspielen, als wenn der Kasten ruhte und kein Schwerefeld vorhanden wäre (*»Äquivalenzprinzip«*).

An solchen Beispielen macht man sich klar, daß die Bewegung der Körper im Gravitationsfeld gar keinen physikalischen Anhaltspunkt dafür bietet, die Gravitation von der Trägheit, dem Führungsfelde abzusondern. Wir kommen damit zu der Annahme, daß die Gravitation unablösbar neben der Trägheit in der Beharrungstendenz des Führungsfeldes mit enthalten ist, daß sie nicht als »Kraft« in dem oben erklärten Sinne zu betrachten ist, welche die Körper aus ihrer natürlichen durch das Führungsfeld vorgezeichneten Bewegung ablenkt. Die Einführung einer besonderen »Schwerkraft« neben der Trägheit ist überflüssig zur Erklärung der Erscheinungen. Diese Auffassung löst mit einem Schlage das Rätsel der Schwerkraft, läßt uns verstehen, warum die schwere Masse der trägen gleich ist, und erfüllt zugleich die oben aufgestellte Forderung eines veränderungsfähigen und mit der Materie in Wechselwirkung stehenden Führungsfeldes: *in den Erscheinungen der Gravitation tritt der Einfluß der Materie auf das Führungsfeld zutage.* Das ist der Kernpunkt von Einsteins neuer Theorie der Gravitation. Ihr Sinn wird vielleicht noch faßbarer durch eine historisch bedeutungsvolle Analogie. Nach Ansicht der Alten gibt es im Raum eine absolute Richtung oben—unten; die wirkliche Fallrichtung der Körper setzt sich aus dieser absoluten Normalrichtung und einer durch materielle Einflüsse (Zusammenstöße der Atome bei Demokrit) bedingten Abweichung davon zusammen. Wir haben gelernt, die Fallrichtung als eine Einheit zu betrachten, in ihrer Ganzheit materiell bedingt durch die Anziehungskraft der Erde, und glauben, daß im Raume *an sich* alle Richtungen gleichwertig sind. Genau so hier: nach Galilei-Newton haben wir das homogene »Galileische Führungsfeld«, das eine a priori vorgegebene, formal-geometrische Struktur der Welt ist, und eine Abweichung davon, genannt Gravitation; nur die letztere ist materiell bedingt. Nach Einstein bilden beide eine unlösbare Einheit; in der Welt an sich sind alle Bewegungszustände gleichberechtigt. Diese Ansicht verlangt aber offenbar zu ihrer Durchführung, daß nicht bloß die als Gravitation bekannte leichte Fluktuation des Führungsfeldes, sondern das Führungsfeld als Ganzes in der Materie verankert wird. Das besagt, daß die Gesetze, welche die Wechselwirkung zwischen dem Führungsfeld einerseits, der Materie und den übrigen physikalischen Zustandsgrößen andererseits regeln, unabhängig sein müssen von der Wahl des Koordinatensystems; sie müssen invariant sein gegenüber beliebigen stetigen Transformationen der Weltkoordinaten (*allgemeines Relativitätsprinzip*).

Vielleicht nimmt man Anstoß daran, daß wir die Unabhängigkeit vom Bewegungszustand des Bezugskörpers sofort umdeuten in die Unabhängigkeit von dem willkürlich zu wählenden Koordinatensystem. Aber die Transformationen der kinematischen Gruppe sind jedenfalls in der Zeitkoordinate nicht-linear, die darin auftretenden Funktionen der Zeit sind beliebige stetige Funktionen. Durch die spezielle Relativitätstheorie ist nun die ausgezeichnete Rolle der Zeitkoordinate und ebenso die Vorstellung eines starren Körpers mit einer beschränkten Anzahl von Freiheitsgraden hinfällig geworden. Es bleibt also offenbar nichts anderes übrig, als beliebige stetige Transformationen der vier Weltkoordinaten zuzulassen. Damit fällt die Existenz einer von der Physik unabhängigen Geometrie im alten Sinne. Der »starre Bezugskörper« erweist sich überhaupt als eine Krücke, die man wegwerfen kann, wenn man gelernt hat, die Struktur der Welt nicht vermittels ausgezeichneter Koordinatensyteme, sondern durch Zustandsfelder (affiner Zusammenhang, metrisches Feld) auszudrücken. Durch Messung ermittelt werden die Werte der physikalischen Zustandsgrößen, nicht die Koordinaten; diese werden vielmehr a priori in willkürlicher Weise den Weltpunkten zugeordnet, um die Darstellung der in der Welt ausgebreiteten Zustandsgrößen durch mathematische Funktionen (von vier unabhängigen Variablen) zu ermöglichen. So darf man behaupten, daß erst der jetzt von uns eingenommene Standpunkt der allgemeinen Relativität dem Umstande völlig gerecht wird, daß Raum und Zeit dem materialen Gehalt der Welt als *Formen* der Erscheinungen gegenübertreten.

Für die Ermittlung des Gesetzes, nach welchem die Materie das Führungsfeld bestimmt und das in der Einsteinschen Theorie an die Stelle des Newtonschen Attraktionsgesetzes tritt, bieten uns die bekannten Feldgesetze (der Maxwellschen Theorie) keinen Anhaltspunkt. Trotzdem gelang es Einstein, dies Problem in zwingender Weise zu lösen und zu zeigen, daß sich der Ablauf der Planetenbewegungen aus dem gefundenen Gesetz ebensogut erklärt wie aus dem alten Newtonschen, ja daß sich die einzige, bisher nicht befriedigend erklärte Unstimmigkeit, welche das Planetensystem gegenüber der Newtonschen Theorie aufweist, ein Vorrücken des Merkur-Perihels um den Betrag von etwa $43''$ pro Jahrhundert, quantitativ richtig aus seiner Gravitationstheorie ergibt.

In früherer Zeit wurde die Frage viel diskutiert, ob die Zentrifugalkraft eine wirkliche oder nur eine scheinbare Kraft, eine bloße Rechengröße sei. Vereinigen wir, wie das der Einsteinsche Standpunkt mit sich bringt, die Gravitation mit den Trägheitskräften, so lautet die Antwort: sie sind *scheinbar*, sofern man *an einer einzelnen Weltstelle* stets ein derartiges Koordinatensystem einführen kann, relativ zu dem das Führungsfeld ein Galileisches ist; sie sind *wirklich*, sofern es im allgemeinen nicht möglich ist, *für ein ausgedehntes Weltgebiet* ein derartiges Koordinatensystem anzugeben. (Z. B. herrscht vom stürzenden Lift aus beurteilt, an der Stelle, wo er sich befindet, kein Schwerefeld, wohl aber bei den Antipoden.)

Wir haben hier die Grundgedanken der Einsteinschen Gravitationstheorie dargelegt, ohne Rücksicht darauf zu nehmen, daß das Führungsfeld, der affine Zusammenhang, in einer tieferen Beschaffenheit der Welt, ihrer *Metrik* fundiert ist. Die Maßstäbe und Uhren verraten uns das Vorhandensein eines metrischen Feldes. Gleichbeschaffene Uhren mit unendlichkleiner Periode, welche den Weltpunkt O passieren, legen während einer Periode von O ab gerechnet zeitartige Weltstrecken $\overrightarrow{OP} = (dx_i)$ zurück, welche einander *streckengleich* sind. Im Einklang mit der speziellen Relativitätstheorie nehmen wir an, daß alle diese Weltstrecken einer Gleichung

$$ds^2 = g_{ik}\, dx_i\, dx_k = \text{const.}$$

genügen, auf deren linker Seite eine nicht-ausgeartete quadratische Form von *einer* positiven und *drei* negativen Dimensionen steht*). Die metrische Fundamentalform ist durch diese Beschreibung nur bis auf einen willkürlich bleibenden positiven Proportionalitätsfaktor bestimmt. Nun machen wir aber weiter die folgende Erfahrung: Haben zwei Uhren — etwa zwei Atomuhren, deren Periode wir an den Spektrallinien ablesen — beim Passieren einer Weltstelle O die gleiche Frequenz und treffen sie, nachdem sie verschiedene Wege in der Welt durchlaufen haben, in einem andern Weltpunkt O' wieder zusammen, so haben sie auch dort die gleiche Frequenz. Infolgedessen übertragen sie die Maßeinheit von O nach O' unabhängig vom Wege: *die Maßgeometrie der Welt ist eine Riemannsche.*

Um weiter auf physikalischem Wege den Zusammenhang zwischen dem Maßfeld und dem Führungsfeld herzustellen, denken wir uns, indem wir einen schon im vorigen Kapitel verwendeten Kunstgriff wieder aufnehmen, mit einem kräftefrei sich bewegenden Massenpunkt eine Uhr verbunden. Wir fügen dem Galileischen Trägheitsgesetz die Ergänzung hinzu, daß, während der Massenpunkt die der Gleichung (1) genügende gerade Linie beschreibt, die damit verbundene Uhr die Werte des in jener Gleichung auftretenden Parameters s anzeigt. Oder besser umgekehrt: *Durch eine sich selbst überlassene Uhr definieren wir physikalisch den Prozeß der Parallelver-*

---

* Wir lassen gegenüber dem vorigen Kapitel die Änderung eintreten, daß wir die metrische Fundamentalform mit dem entgegengesetzten Vorzeichen versehen. Die frühere Festsetzung war die bequemere zur Darstellung der Zerspaltung der Welt in Raum und Zeit, für die allgemeine Theorie erweist sich die gegenwärtige als die zweckmäßigere.

schiebung eines Vektors. Während der an der Uhr abzulesenden Eigenzeit ds legt sie ein vom Weltpunkt P ausgehendes Linienelement (dx_i) zurück; $\xi^i = \dfrac{dx_i}{ds}$ ist der Vektor ihrer »Weltgeschwindigkeit«. Sie überträgt diesen Vektor vom Punkte $P = (x_i)$ nach dem unendlich benachbarten Punkte $P' = (x_i + dx_i)$ in ihrer Bewegungsrichtung; die Weltgeschwindigkeit der Uhr im Punkte P' habe die Komponenten $\xi^i + d\xi^i$. Es gibt ein Koordinatensystem in P, in welchem dieser Vorgang für jede von P ausgehende Bewegungsrichtung durch die Gleichung $d\xi^i = 0$ charakterisiert wird. Sein Ausdruck in einem beliebigen Koordinatensystem ist daher (§ 15) der folgende

$$d\xi^i = -\Gamma^i_{\alpha\beta}\,\xi^\alpha\,\xi^\beta\,ds \quad (\Gamma^i_{\beta\alpha} = \Gamma^i_{\alpha\beta}).$$

In einer vom Koordinatensystem unabhängigen Weise ist damit der Prozeß der infinitesimalen Parallelverschiebung eines beliebigen Vektors (ξ^i) in P nach einem *beliebigen* zu P unendlich benachbarten Punkte $P' = (x_i + dx_i)$ verbunden, gemäß der Formel

$$(2) \qquad\qquad d\xi^i = -\Gamma^i_{\alpha\beta}\,\xi^\alpha\,(dx)^\beta.$$

So legt die sich selbst überlassene Uhr den affinen Zusammenhang der Welt fest. Die Weltstrecken, welche die Uhr während jeder unendlichkleinen Periode zurücklegt, sind nach Definition zueinander streckengleich; d. h. bei infinitesimaler Parallelverschiebung des zeitartigen Vektors ξ^i *in sich selbst*, von P nach demjenigen Nachbarpunkte P', der in der Richtung des Vektors (ξ^i) von P aus liegt, bleibt seine Maßzahl

$$g_{ik}\,\xi^i\,\xi^k$$

ungeändert. Führen wir also in der Welt zum Zwecke einer mathematischen Hilfskonstruktion noch denjenigen affinen Zusammenhang $\widetilde{\Gamma}^i_{\alpha\beta}$ ein, der nach § 17 eindeutig durch ihre Metrik bestimmt ist, so fällt der durch die $\widetilde{\Gamma}$ definierte Prozeß der infinitesimalen Parallelverschiebung eines (zeitartigen) Vektors mit dem Prozeß (2) überein, wenn die Verschiebung in Richtung des Vektors selber geschieht, d. h. es ist

$$\widetilde{\Gamma}^i_{\alpha\beta}\,\xi^\alpha\,\xi^\beta = \Gamma^i_{\alpha\beta}\,\xi^\alpha\,\xi^\beta$$

für jeden zeitartigen Vektor ξ in P, und daher gilt wegen der Symmetrie in den Indizes α und β überhaupt

$$\widetilde{\Gamma}^i_{\alpha\beta} = \Gamma^i_{\alpha\beta}.$$

Der affine Zusammenhang, das Führungsfeld der Welt ist mit ihrem metrischen Felde so verbunden, wie wir es in Kap. II dargestellt haben.

Die obigen Überlegungen lassen klar erkennen, welchen physikalischen Sinn die von Einstein vollzogene, auf den ersten Blick so befremdliche *Synthese von Maßgeometrie und Gravitation* hat. Wir können diese geniale Verknüpfung zweier Erkenntnisgebiete, die bis dahin in der historischen Entwicklung völlig getrennt verlaufen waren, durch das Schema andeuten:

$$\underline{\text{Pythagoras} \quad \text{Newton}}.$$
$$\text{Einstein}$$

Auch sieht man, wie der physikalische Zusammenhang der Begriffe genau ihrem in Kap. II entwickelten mathematischen Zusammenhang parallel läuft [4]).

Durch ein einfaches anschauliches Beispiel kann man sich klar machen, wie die geometrischen Verhältnisse durch Bewegung in Mitleidenschaft gezogen werden. Man versetze eine ebene Scheibe in gleichförmige Rotation. Ich behaupte, wenn in demjenigen Bezugsraum, relativ zu dem hier von gleichförmiger Rotation gesprochen wird, die Euklidische Geometrie gilt, sie auf der rotierenden Scheibe, wenn diese mittels mitbewegter Maßstäbe ausgemessen wird, nicht mehr gilt. Man betrachte nämlich einen um das Rotationszentrum beschriebenen Kreis auf der Scheibe. Sein Radius hat den gleichen Wert, ob ich ihn mittels ruhender oder mitbewegter Maßstäbe messe; denn die Bewegungsrichtung ist senkrecht zu der Längserstreckung des an den Radius angelegten Maßstabes. Hingegen ergibt sich für die Kreisperipherie mittels der mitbewegten Maßstäbe wegen der Lorentz-Kontraktion, welche sie erfahren, ein größerer Wert. Auf der rotierenden Scheibe gilt somit · nicht mehr das Euklidische Gesetz, daß der Umfang des Kreises $= 2\pi$ mal dem Radius ist [5]).

Die Gleichungen

$$(3) \qquad g_{ij}\,\Gamma^{j}_{kr} + g_{kj}\Gamma^{j}_{ir} = \frac{\partial g_{ik}}{\partial x_r},$$

vermöge deren die Metrik den affinen Zusammenhang bestimmt, zeigen, daß *das metrische Feld das Potential des Führungsfeldes ist*. Der eine Teil des Newtonschen Attraktionsgesetzes ist damit bereits übertragen: wie nach Newton die Schwerkraft ein Potential besitzt, so leitet sich auch das Führungsfeld aus einem Potential, dem metrischen Felde, ab. Der Ausdruck für die Viererkraft, welche das Führungsfeld auf eine sich bewegende Masse m ausübt,

$$(4) \qquad - m \cdot \Gamma^{i}_{\alpha\beta}\, u^{\alpha}\, u^{\beta}$$

(u^{i} die Weltgeschwindigkeit des Körpers) ist völlig analog dem Ausdruck für die Kraft, mit welcher das elektromagnetische Feld auf eine Ladung e wirkt*),

$$- e \cdot F_{ik}\, u^{k}.$$

Während diese die Geschwindigkeit linear enthält, ist jene quadratisch von der Geschwindigkeit abhängig. — In der Newtonschen Gravitationstheorie ist die Kraft unabhängig von der Geschwindigkeit der Masse, auf welche die Kraft wirkt. Es war aber von vornherein wahrscheinlich, daß in einer Nahewirkungstheorie der Gravitation eine von der Geschwindigkeit abhängige Korrektur auftreten würde wie in der Elektrodynamik die von der Geschwindigkeit abhängige, durch das Magnetfeld $\mathfrak{H}$ auf eine bewegte Ladung ausgeübte »Lorentzsche Kraft« $e\,[\mathfrak{v}\,\mathfrak{H}]$. Die Einsteinsche Theorie führt

---

*) Änderung des Vorzeichens wegen Änderung des Vorzeichens der metrischen Fundamentalform!

insbesondere dazu, diese Korrektur *quadratisch* von der Geschwindigkeit abhängen zu lassen. Dadurch ist es bedingt, daß das Führungs- oder Gravitationsfeld $\Gamma^i_{\alpha\beta}$ nicht bloß 3 oder, bei Hinzuziehung der Zeit als vierter Weltkoordinate, 4 Komponenten besitzt, sondern $4 \cdot \dfrac{4 \cdot 5}{2} = 40$. Die Art der Abhängigkeit von der Geschwindigkeit steht im besten Einklang damit, daß sich das elektromagnetische Feld aus einem Potential ableitet, dessen Komponenten φ_i die Koeffizienten einer invarianten *linearen* Differentialform $\varphi_i (dx)^i$ bilden:

$$(5) \qquad F_{ik} = \frac{\partial \varphi_k}{\partial x_i} - \frac{\partial \varphi_i}{\partial x_k},$$

während die Komponenten des Potentials des Führungsfeldes sich zu der *quadratischen* Differentialform

$$(6) \qquad ds^2 = g_{ik} (dx)^i (dx)^k$$

zusammenfügen.

Elektrodynamik. Auch das zweite System der Maxwellschen Gleichungen, das neben (5) tritt und im Äther

$$(7) \qquad \frac{\partial \mathfrak{F}^{ik}}{\partial x_k} = 0$$

lautet, hat ohne weiteres die geforderte allgemein invariante Gestalt. Der schon durch die Bezeichnung angedeutete Zusammenhang zwischen den Größen F_{ik} und $\mathfrak{F}^{ik}$ ist der folgende

$$g_{i\alpha} g_{k\beta} \mathfrak{F}^{\alpha\beta} = F_{ik} \sqrt{g} ; \qquad - g = \text{det.} \ (g_{ik}).$$

Die Maxwellsche Wirkungsgröße

$$(8) \qquad \tfrac{1}{4} \int F_{ik} \mathfrak{F}^{ik} dx \qquad (dx = dx_0 \, dx_1 \, dx_2 \, dx_3)$$

ist eine Integralinvariante gegenüber beliebigen Koordinatentransformationen. In der Lorentzschen Theorie tritt die Materie als Substanz auf; da es angemessen ist, die Quantitätsgrößen durch skalare und Tensordichten statt durch Skalare und Tensoren zu repräsentieren, definieren wir in ihr die Massen- und Ladungsdichte μ und ϱ durch die Gleichungen

$$dm \, ds = \mu \, dx, \qquad de \, ds = \varrho \, dx$$

[statt durch Formel (56), § 26], während die Eigenzeit längs der Weltlinie sich aus (6) bestimmt. Lorentz berücksichtigt die Materie, indem er die homogenen Gleichungen (7) durch die inhomogenen

$$(9) \qquad \frac{\partial \mathfrak{F}^{ik}}{\partial x_k} = \mathfrak{s}^i$$

ersetzt, auf deren rechter Seite die Vierer-Stromdichte $\mathfrak{s}^i$ auftritt, und für die Stromdichte den Ansatz macht

$$\mathfrak{s}^i = \varrho \, u^i \qquad \left(u^i = \frac{dx_i}{ds} \right).$$

Man sieht, wie mühelos die Übertragung der Gesetze des elektromagnetischen Feldes von der speziellen in die allgemeine Relativitätstheorie sich vollzieht (vgl. übrigens § 18).

Die geodätischen Linien mit zeitartiger Richtung, die von einem Weltpunkt O ausgehen, erfüllen einen »Doppelkegel« mit Knotenpunkt in O, der von O aus in zwei einfache Kegel zerfällt, den in die Zukunft und den in die Vergangenheit geöffneten. Der erste enthält alle Weltpunkte, die zur »*aktiven Zukunft*« von O gehören, der andere alle Weltpunkte, welche die »*passive Vergangenheit*« von O ausmachen. Der begrenzende Kegelmantel wird von den geodätischen Nullinien gebildet; auf seiner »zukünftigen« Hälfte liegen alle Weltpunkte, in denen ein in O gegebenes Lichtsignal eintrifft, allgemeiner die strengen »Einsatzpunkte« einer jeden in O ausgelösten Wirkung. Die metrische Fundamentalform bestimmt demnach allgemein, welche Weltpunkte untereinander in Wirkungszusammenhang stehen. Statt durch Maßstäbe und Uhren können wir das metrische Feld auch durch die Beobachtung der Ankunft von Lichtsignalen und die Bewegung sich selbst überlassener Massenpunkte bestimmen. Sind dx_i die relativen Koordinaten eines zu O unendlich benachbarten Weltpunktes O', so wird O' von einem in O aufgegebenen Lichtsignal dann und nur dann passiert, wenn $g_{ik}dx_i dx_k = 0$ ist. Durch Beobachtung der Lichtankunft in den zu O benachbarten Punkten können wir also das Verhältnis der Werte der g_{ik} im Punkte O feststellen; und wie in O, so in jedem andern Punkt. Mehr aber läßt sich aus dem Vorgang der Lichtausbreitung überhaupt nicht entnehmen; denn es geht aus einer Bemerkung auf S. 127 hervor,

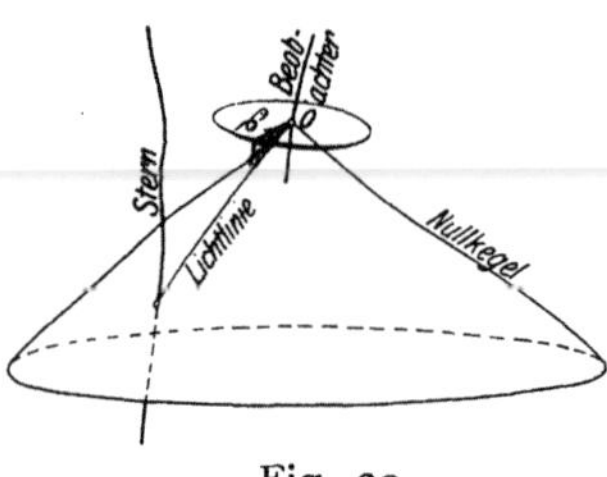

Fig. 20.

daß die geodätischen Nullinien nur von dem Verhältnis der g_{ik} abhängig sind. — Das optische Richtungsbild, das ein Beobachter (den wir uns zu einem »Punktauge« vereinfachen) in einem Augenblick z. B. vom Sternenhimmel empfängt, ist folgendermaßen zu konstruieren. Vom Weltpunkt O, in dem sich der Beobachter befindet, sind diejenigen geodätischen Nullinien (Lichtlinien) auf dem rückwärtigen Kegel zu konstruieren, welche die Weltlinien der Sterne schneiden. Die Richtung jeder Lichtlinie in O ist zu zerlegen in eine Komponente, welche in die Richtung e der Weltlinie des Beobachters hineinfällt, und eine dazu senkrechte $\mathfrak{s}$ (was »senkrecht« bedeutet, ist ja durch die Weltmetrik festgelegt, s. S. 121; $\mathfrak{s}$ ist die räumliche Richtung des Lichtstrahls). Innerhalb der dreidimensionalen linearen Mannigfaltigkeit der zu e senkrechten Linienelemente in O ist $-ds^2$ eine positiv-definite Form; die aus ihr als metrischer Fundamentalform sich ergebenden Winkel — zu berechnen nach § 11, Formel (15) — zwischen den räumlichen Richtungen $\mathfrak{s}$ der Lichtstrahlen sind es, welche die vom Beobachter wahrgenommene Lage der Sterne zueinander bestimmen. Nicht nur die Wirkung der physischen Dinge aufeinander, sondern auch die psycho-physische Wechselwirkung wird von dem Gesetz der Kontinuität beherrscht: die Richtung, in der wir Gegenstände wahrnehmen, ist nicht durch deren Ort bestimmt, sondern durch die Richtung des von ihnen auf der Netzhaut auftreffenden Lichtstrahles; also durch den Zustand des optischen Feldes in der unmittelbaren Berührung mit dem Leibe jenes rätselhaften Realen, in dessen Natur es liegt, daß ihm eine gegenständliche Welt in Bewußtseinserlebnissen »erscheint«.

Der Proportionalitätsfaktor in den g_{ik}, der aus dem Vorgang der Lichtausbreitung nicht entnommen werden konnte, läßt sich durch die Bewegung von Massenpunkten ermitteln; es ist dabei nicht nötig, mit dem Massenpunkt eine Uhr zu verknüpfen[6]). *(Siehe Anhang V)*.

§ 30. Einsteins Grundgesetz der Gravitation.

Nach der Newtonschen Theorie wird der Zustand der Materie durch einen *Skalar*, die Massendichte μ, charakterisiert, und auch das Gravitationspotential ist ein *Skalar* Φ; es gilt *die Poissonsche Gleichung*

$$(10) \qquad \Delta \Phi = 4\pi \mathrm{k}\mu \qquad (\Delta = \text{div grad}; \ \mathrm{k} \ \text{die Gravitationskonstante}).$$

Dies ist das Gesetz, nach welchem die Materie das Gravitationsfeld bestimmt. Nach der Relativitätstheorie kann die Materie im strengen Sinne nur durch einen symmetrischen *Tensor* 2. Stufe T_{ik}, oder besser noch, durch die zugehörige gemischte Tensordichte $\mathfrak{T}_i^k$ zureichend beschrieben werden, und im Einklang damit besteht auch das Potential des Gravitationsfeldes aus den Komponenten eines symmetrischen *Tensors g_{ik}*. An Stelle der einen Gleichung (10) wird also in der Einsteinschen Theorie ein System von Gleichungen zu erwarten sein, deren linke Seiten Differentialausdrücke 2. Ordnung in den g_{ik} sind und auf deren rechter Seite die Komponenten der Energiedichte $\mathfrak{T}$ auftreten; dies System muß natürlich invariant gegenüber beliebigen Koordinatentransformationen sein. Um das Gravitationsgesetz zu finden, knüpfen wir am besten an das in § 26 formulierte Hamiltonsche Prinzip an. Da bestand die Wirkungsgröße aus drei Teilen, der Substanz- und Feldwirkung der Elektrizität und der Substanzwirkung der Masse oder Gravitation. Hier fehlt ein vierter Term: die Feldwirkung der Gravitation, welche wir jetzt zu ermitteln haben. Bevor dies aber geschieht, wollen wir noch die Änderung berechnen, welche die Summe der uns schon bekannten drei ersten Terme erfährt, wenn wir die Potentiale φ_i des elektromagnetischen Feldes und die Weltlinien der Substanzelemente ungeändert lassen, aber die g_{ik}, *die Potentiale des metrischen Feldes, einer unendlichkleinen virtuellen Variation δ unterwerfen*; eine Möglichkeit, die sich ja erst in der allgemeinen Relativitätstheorie darbietet.

Die Substanzwirkung der Elektrizität erleidet dabei keine Änderung, die Änderung des in der Feldwirkung auftretenden Integranden

$$\tfrac{1}{2}\mathfrak{S} = \tfrac{1}{4} F_{ik} \mathfrak{F}^{ik}$$

ist

$$\tfrac{1}{4}\left\{ \sqrt{g}\,\delta(F_{ik}F^{ik}) + (F_{ik}F^{ik})\,\delta\sqrt{g} \right\}.$$

Hier ist der erste Summand in der geschweiften Klammer $= \mathfrak{F}_{rs}\delta F^{rs}$, und dafür findet man wegen

$$F^{rs} = g^{ri}g^{sk}F_{ik}$$

sogleich den Wert

$$2\sqrt{g}\,F_{ir}F_k{}^r\,\delta g^{ik};$$

der zweite Summand ist nach § 18, (61')

$$= -\mathfrak{S}_{gik}\delta g^{ik}.$$

Es ergibt sich also schließlich für die Variation der Feldwirkung

$$-\int \tfrac{1}{2}\mathfrak{S}_{ik}\,\delta g^{ik}\,dx = \int \tfrac{1}{2}\mathfrak{S}^{ik}\,\delta g_{ik}\,dx$$

[vergl. § 18, (62)], wenn

$$(11) \qquad \mathfrak{S}_i^k = \tfrac{1}{2}\mathfrak{S}\,\delta_i^k - F_{ir}\mathfrak{F}^{kr}$$

die Komponenten der Energiedichte des elektromagnetischen Feldes sind*). Plötzlich begreifen wir (aber erst hier, wo uns die Variation der Weltmetrik ermöglicht ist), woher eigentlich die komplizierten Ausdrücke (11) für die Energie-Impulsdichte des elektromagnetischen Feldes kommen. — Für die Substanzwirkung der Masse erhalten wir ein entsprechendes Resultat; es ist

$$\delta\sqrt{g_{ik}\,dx_i\,dx_k} = \tfrac{1}{2}\frac{dx_i\,dx_k\,\delta g_{ik}}{ds} = \tfrac{1}{2}ds\,u^i\,u^k\,\delta g_{ik},$$

also

$$\delta\int\Big(dm\int\sqrt{g_{ik}\,dx_i\,dx_k}\Big) = \int \tfrac{1}{2}\mu\,u^i\,u^k\,\delta g_{ik}\,dx.$$

Für die Gesamtänderung des uns schon bekannten Teils der Wirkungsgröße bei Variation des metrischen Feldes kommt demnach

$$(12) \qquad \int \tfrac{1}{2}\mathfrak{T}^{ik}\,\delta g_{ik}\,dx,$$

wo $\mathfrak{T}_i^k$ die Tensordichte der Gesamtenergie bedeutet.

Das noch fehlende vierte Glied der Wirkungsgröße, die Feldwirkung der Gravitation, wird ein invariantes Integral $\int\mathfrak{G}\,dx$ sein müssen, dessen Integrand $\mathfrak{G}$ aus den Potentialen g_{ik} und den Feldkomponenten $\begin{Bmatrix} i\,k \\ r \end{Bmatrix}$ des Gravitationsfeldes $\Big($aus den g_{ik} und ihren Ableitungen 1. Ordnung $\frac{\partial g_{ik}}{\partial x_r} = g_{ik,r}\Big)$ aufgebaut ist; nur dann, sollte man meinen, werden sich als Gravitationsgesetze Differentialgleichungen von keiner höheren als der 2. Ordnung ergeben. Ist das totale Differential jener Funktion

$$(13) \qquad \delta\mathfrak{G} = \tfrac{1}{2}\mathfrak{G}^{ik}\,\delta g_{ik} + \tfrac{1}{2}\mathfrak{G}^{ik,r}\,\delta g_{ik,r} \quad (\mathfrak{G}^{ki} = \mathfrak{G}^{ik},\ \mathfrak{G}^{ki,r} = \mathfrak{G}^{ik,r}),$$

---

*) Das entgegengesetzte Vorzeichen wie in Kap. III wegen Änderung des Vorzeichens der metrischen Fundamentalform!

so erhält man für eine infinitesimale Variation δg_{ik}, die außerhalb eines endlichen Gebiets verschwindet, durch eine partielle Integration

$$(14) \qquad \delta \int \mathfrak{G}\, dx = \int \tfrac{1}{2} [\mathfrak{G}]^{ik} \, \delta g_{ik}\, dx \,,$$

wo die »Lagrangeschen Ableitungen« $[\mathfrak{G}]^{ik}$, die symmetrisch in den i und k sind, aus der Formel

$$[\mathfrak{G}]^{ik} = \mathfrak{G}^{ik} - \frac{\delta \mathfrak{G}^{ik,r}}{\delta x_r}$$

zu berechnen sind. So werden denn die Gravitationsgleichungen in der Tat die von vornherein vorausgesehene Form

$$(15') \qquad [\mathfrak{G}]_i^k = - \mathfrak{T}_i^k$$

annehmen; und es wundert uns nun auch gar nicht mehr, daß durch Variation der g_{ik} an den ersten drei Bestandteilen der Wirkungsgröße nach (12) gerade die Energie-Impulskomponenten als Koeffizienten herausspringen. — Leider existiert aber eine skalare Dichte $\mathfrak{G}$, wie wir sie wünschen, überhaupt nicht; denn man kann ja an jeder vorgegebenen Stelle durch geeignete Wahl des Koordinatensystems alle $\begin{Bmatrix} i\,k \\ r \end{Bmatrix}$ zum Verschwinden bringen. Wohl aber haben wir im Skalar R der Riemannschen Krümmung eine Invariante kennen gelernt, welche die 2. Ableitungen der g_{ik} nur *linear* enthält; es ließe sich sogar zeigen, daß sie die einzige Invariante dieser Art ist*). Und infolge jener Linearität lassen sich in dem invarianten Integral $\int \tfrac{1}{2} R \sqrt{g}\, dx$ durch partielle Integration die Ableitungen 2. Ordnung herausschaffen. Wir bekommen dann

$$\int \tfrac{1}{2} R \sqrt{g}\, dx = \int \mathfrak{G}\, dx$$

$+$ einem Divergenzintegral, d. h. einem Integral, dessen Integrand die Gestalt $\dfrac{\delta \mathfrak{w}^i}{\delta x_i}$ besitzt; hier hängt nun $\mathfrak{G}$ nur von den g_{ik} und deren 1. Ableitungen ab. Für Variationen δg_{ik}, die außerhalb eines endlichen Bereichs verschwinden, ist daher

$$\delta \int \tfrac{1}{2} R \sqrt{g}\, dx = \delta \int \mathfrak{G}\, dx \,,$$

weil nach dem Prinzip der partiellen Integration

$$\int \frac{\delta (\delta \mathfrak{w}^i)}{\delta x_i}\, dx = 0$$

ist. Nicht $\int \mathfrak{G}\, dx$ selber, wohl aber die Variation $\delta \int \mathfrak{G}\, dx$ ist eine Invariante, und darauf kommt es ja in dem Hamiltonschen Prinzip allein an. *Wir brauchen daher keine Bedenken zu tragen, $\int \mathfrak{G}\, dx$ als die Wirkungs-*

---

*) Der Beweis ist im *Anhang I* durchgeführt.

größe des Gravitationsfeldes einzuführen; und dieser Ansatz ist der einzige, der sich als möglich herausstellt. Nur müssen wir $\mathfrak{G}$ noch mit einer universellen Konstanten $\frac{1}{\varkappa}$ multiplizieren, da $\mathfrak{G}$ nicht dieselbe Dimension hat wie die andern Teile der Wirkungsdichte. (Die Koordinaten, die willkürlich in die Welt hineingelegt werden, hat man als dimensionslose Zahlen zu betrachten, in die Festlegung von ds^2 geht aber eine willkürlich zu wählende Maßeinheit, die Länge (l), ein; ds^2 hat die Dimension l^2, ebenso die Koeffizienten g_{ik} dieser Form. Als zweite Maßeinheit fungiert die Masse (m). Die ersten drei Teile der Wirkungsgröße (z. B. $dm\,ds$) haben danach die Dimension ml, während $R\sqrt{g}$ offenbar von der Dimension l^2 ist. Die Konstante $\varkappa$ hat folglich die Dimension lm^{-1}. Ihren Wert in cm und g werden wir im nächsten Paragraphen bestimmen; ebendort wird sich herausstellen, daß $\varkappa$ positiv ist, weil gravitierende Massen sich anziehen und nicht abstoßen.) Die eindeutig bestimmten Gravitationsgleichungen ($15'$), zu denen wir so zwangsläufig geführt wurden, schreiben wir jetzt, indem wir den Faktor $\varkappa$ in Evidenz setzen, in der Form

$$(15) \qquad\qquad [\mathfrak{G}]_i^k = -\varkappa \mathfrak{T}_i^k .$$

Aus ihnen geht hervor, daß *jede Art von Energie gravitierend wirkt;* nicht bloß die in den Elektronen und Atomen konzentrierte Energie, die Materie im engeren Sinne, sondern auch die diffuse Feldenergie (denn $\mathfrak{T}_i^k$ sind die Komponenten der Gesamtenergie).

Bevor wir die Rechnungen durchführen, welche nötig sind, um die Gravitationsgleichungen in expliziter Form hinschreiben zu können, wollen wir zunächst noch prüfen, ob wir *im Falle der Mieschen Theorie* zu analogen Resultaten gelangen. Die in ihr auftretende Wirkungsgröße $\int \mathfrak{L}\,dx$ ist eine Invariante nicht nur gegenüber linearen, sondern beliebigen Transformationen; denn $\mathfrak{L}$ ist rein algebraisch (ohne Tensoranalysis) zusammengesetzt aus den Komponenten φ_i eines kovarianten Vektors (des elektromagnetischen Potentials), den Komponenten F_{ik} eines linearen Tensors 2. Stufe (des elektromagnetischen Feldes) und den Komponenten g_{ik} des metrischen Fundamentaltensors. Wir setzen das totale Differential dieser Funktion

$$(16) \qquad \delta\mathfrak{L} = \tfrac{1}{2}\mathfrak{T}^{ik}\delta g_{ik} + \delta_o\mathfrak{L}, \qquad \delta_o\mathfrak{L} = \tfrac{1}{2}\mathfrak{H}^{ik}\delta F_{ik} - \mathfrak{s}^i\delta\varphi_i$$
$$(\mathfrak{T}^{ki} = \mathfrak{T}^{ik}, \qquad \mathfrak{H}^{ki} = -\mathfrak{H}^{ik})$$

und bezeichnen alsdann die Tensordichte $\mathfrak{T}_i^k$ als Energie oder Masse. Wir bringen dadurch nur wiederum zum Ausdruck, daß sich das metrische Feld (mit den Potentialen g_{ik}) zu der Masse ($\mathfrak{T}^{ik}$) ebenso verhält wie das elektromagnetische Feld (mit den Potentialen φ_i) zum elektrischen Strom ($\mathfrak{s}^i$). Wir haben aber jetzt die Verpflichtung, nachzuweisen, daß die gegenwärtige Erklärung genau zu den in § 28, (72) angegebenen Ausdrücken für Energie und Impuls führt; damit wird dann auch der damals noch schuldig gebliebene Beweis für die Symmetrie des Energietensors erbracht. Wir können nun hier nicht mehr, wie es oben im besonderen Falle der Maxwellschen Theorie geschah, das Geforderte durch direkte Rechnung erreichen, sondern bedienen uns dazu der folgenden schönen Überlegung, deren Keime bei Lagrange zu finden sind, die aber in vollkommenster Form von F. Klein auseinandergesetzt wurde [7].

Mit dem Weltkontinuum nehmen wir eine infinitesimale Deformation vor, durch welche allgemein der Punkt (x_i) in den Punkt $(\overline{x}_i)$ übergeht:

$$(17) \qquad \overline{x}_i = x_i + \varepsilon \cdot \xi^i(x_0\, x_1\, x_2\, x_3)$$

(ε ist der konstante infinitesimale Parameter, dessen höhere Potenzen in allen Rechnungen zu streichen sind). Wir stellen uns vor, daß die Zustandsgrößen von der Deformation mitgenommen werden, so daß also nach Ausführung der Deformation die neuen φ_i (wir nennen sie $\overline{\varphi}_i$) solche Funktionen der Koordinaten sind, daß zufolge (17) die Gleichung besteht:

$$(18) \qquad \varphi_i(x)\, d x_i = \overline{\varphi}_i(\overline{x})\, d\overline{x}_i$$

und im gleichen Sinne auch die symmetrische und schiefsymmetrische bilineare Differentialform mit den Koeffizienten g_{ik}, bzw. F_{ik} ungeändert bleibt. Die Änderungen $\overline{\varphi}_i(x) - \varphi_i(x)$, welche die Größen φ_i an einer festen Weltstelle (x_i) durch die Deformation erfahren, bezeichnen wir mit $\delta\varphi_i$; entsprechende Bedeutung haben δg_{ik} und δF_{ik}. Setzen wir in die Funktion $\mathfrak{L}$ an Stelle der alten Größen φ_i usw. die durch die Deformation daraus entstandenen $\overline{\varphi}_i \ldots$ ein, so möge die Funktion $\overline{\mathfrak{L}} = \mathfrak{L} + \delta\mathfrak{L}$ hervorgehen; dabei ist $\delta\mathfrak{L}$ durch (16) gegeben. Ferner sei $\mathfrak{X}$ ein beliebiges Weltgebiet, das durch die Deformation in $\overline{\mathfrak{X}}$ übergeht. Durch die Deformation erleidet die Wirkungsgröße

$$\int_{\mathfrak{X}} \mathfrak{L}\, dx \quad \text{eine Änderung } \delta' \int_{\mathfrak{X}} \mathfrak{L}\, dx$$

gleich dem Unterschied des Integrals von $\overline{\mathfrak{L}}$ über $\overline{\mathfrak{X}}$ und des Integrals von $\mathfrak{L}$ über $\mathfrak{X}$. Daß die Wirkungsgröße eine Invariante ist, drückt sich in der Gleichung aus:

$$(19) \qquad \delta' \int_{\mathfrak{X}} \mathfrak{L}\, dx = 0\,.$$

Jene Differenz zerlegen wir natürlicherweise in zwei Teile: 1) die Differenz des Integrals von $\overline{\mathfrak{L}}$ und $\mathfrak{L}$ über $\overline{\mathfrak{X}}$, 2) die Differenz des Integrals von $\mathfrak{L}$ über $\overline{\mathfrak{X}}$ und $\mathfrak{X}$. Für den ersten Teil können wir, da $\overline{\mathfrak{X}}$ nur infinitesimal von $\mathfrak{X}$ verschieden ist, setzen

$$\delta \int_{\mathfrak{X}} \mathfrak{L}\, dx = \int_{\mathfrak{X}} \delta\mathfrak{L}\, dx\,,$$

der zweite ist auf S. 112 zu

$$\varepsilon \cdot \int_{\mathfrak{X}} \frac{\delta(\mathfrak{L}\,\xi^i)}{\delta x_i}\, dx$$

bestimmt worden.

Um die Betrachtung durchzuführen, müssen wir jetzt zunächst die Variationen $\delta\varphi_i$, δg_{ik}, δF_{ik} berechnen. Wenn wir einen Augenblick $\overline{\varphi}_i(\overline{x}) - \varphi_i(x) = \delta'\varphi_i$ setzen, gilt wegen (18):

$$\delta'\varphi_i \cdot dx_i + \varepsilon\,\varphi_r\,d\xi^r = 0, \quad \text{also}$$

$$\delta'\varphi_i = -\varepsilon \cdot \varphi_r \frac{\delta\xi^r}{\delta x_i},$$

und da

$$\delta\varphi_i = \delta'\varphi_i - \{\overline{\varphi}_i(\overline{x}) - \overline{\varphi}_i(x)\} = \delta'\varphi_i - \varepsilon \cdot \frac{\delta\varphi_i}{\delta x_r}\xi^r$$

ist, mit Unterdrückung des selbstverständlichen Faktors ε:

$$(20) \qquad -\delta\varphi_i = \varphi_r \frac{\delta\xi^r}{\delta x_i} + \frac{\delta\varphi_i}{\delta x_r}\xi^r.$$

Ebenso kommt

$$(20') \qquad -\delta g_{ik} = g_{ir}\frac{\delta\xi^r}{\delta x_k} + g_{rk}\frac{\delta\xi^r}{\delta x_i} + \frac{\delta g_{ik}}{\delta x_r}\xi^r,$$

$$(20'') \qquad -\delta F_{ik} = F_{ir}\frac{\delta\xi^r}{\delta x_k} + F_{rk}\frac{\delta\xi^r}{\delta x_i} + \frac{\delta F_{ik}}{\delta x_r}\xi^r.$$

Dabei ist

$$\text{wegen}\ F_{ik} = \frac{\delta\varphi_k}{\delta x_i} - \frac{\delta\varphi_i}{\delta x_k}\ \text{auch}\ (21)\ \delta F_{ik} = \frac{\delta(\delta\varphi_k)}{\delta x_i} - \frac{\delta(\delta\varphi_i)}{\delta x_k};$$

denn weil die erste Relation invarianter Natur ist, folgt aus ihr

$$\overline{F}_{ik}(\overline{x}) = \frac{\delta\overline{\varphi}_k(\overline{x})}{\delta\overline{x}_i} - \frac{\delta\overline{\varphi}_i(\overline{x})}{\delta\overline{x}_k}, \quad \text{also auch}\ \overline{F}_{ik}(x) = \frac{\delta\overline{\varphi}_k(x)}{\delta x_i} - \frac{\delta\overline{\varphi}_i(x)}{\delta x_k}.$$

Durch Einsetzen findet man

$$-\delta\mathfrak{L} = \left(\mathfrak{T}_i^k + \mathfrak{H}^{rk}F_{ri} - \mathfrak{Z}^k\varphi_i\right)\frac{\delta\xi^i}{\delta x_k} + \left(\tfrac{1}{2}\mathfrak{T}^{\alpha\beta}\frac{\delta g_{\alpha\beta}}{\delta x_i} + +\right)\xi^i.$$

Beseitigen wir die Ableitungen der ξ^i durch partielle Integration und setzen zur Abkürzung

$$\mathfrak{B}_i^k = \mathfrak{T}_i^k + F_{ir}\mathfrak{H}^{kr} - \varphi_i\mathfrak{Z}^k - \delta_i^k\mathfrak{L}$$

so erhalten wir eine Formel von folgender Gestalt:

$$(22) \qquad -\delta'\int_{\mathfrak{X}}\mathfrak{L}\,dx = \int_{\mathfrak{X}}\frac{\delta(\mathfrak{B}_i^k\xi^i)}{\delta x_k}\,dx + \int_{\mathfrak{X}}(t_i\xi^i)\,dx = 0.$$

Nun folgt daraus zunächst in bekannter Weise, wenn wir die ξ^i geeignet wählen, und zwar so, daß sie außerhalb eines endlichen Gebiets verschwinden, und für $\mathfrak{X}$ eben dieses Gebiet wählen: daß an jeder Stelle

$$(23) \qquad t_i = 0$$

ist. Mithin ist in (22) auch der erste Summand $= 0$; die so entstandene Identität gilt für beliebige Größen ξ^i und jedes endliche Integrationsgebiet $\mathfrak{X}$. Also muß, da das Integral einer stetigen Funktion über *jedes* Gebiet nur dann verschwindet, wenn die Funktion selber $= 0$ ist,

$$\frac{\delta(\mathfrak{B}_i^k\xi^i)}{\delta x_k} = \mathfrak{B}_i^k\frac{\delta\xi^i}{\delta x_k} + \frac{\delta\mathfrak{B}_i^k}{\delta x_k}\xi^i = 0$$

sein. Hier können nun an einer Stelle ξ^i und $\dfrac{\partial \xi^i}{\partial x_k}$ beliebige Werte annehmen; infolgedessen ist

$$\mathfrak{B}_i^k = 0, \quad \left(\frac{\partial \mathfrak{B}_i^k}{\partial x_k} = 0\right).$$

Damit sind wir zu dem gewünschten Resultat gelangt:

$$\mathfrak{T}_i^k = \mathfrak{L}\delta_i^k - F_{ir}\mathfrak{H}^{kr} + \varphi_i\mathfrak{Z}^k.$$

Diese Überlegung liefert uns aber zugleich *die Erhaltungssätze für Energie und Impuls*, die wir in § 28 durch Rechnung gefunden hatten: sie sind in den Gleichungen (23) enthalten. Für die Änderung der Wirkungsgröße der ganzen Welt bei einer, außerhalb eines endlichen Weltgebiets verschwindenden, unendlichkleinen Deformation finden wir

$$(24) \qquad \int \delta\mathfrak{L}\,dx = \int \tfrac{1}{2}\mathfrak{T}^{ik}\,\delta g_{ik}\,dx + \int \delta_0\mathfrak{L}\,dx = 0.$$

Hier fällt infolge *der Gültigkeit des Hamiltonschen Prinzips*

$$(25) \qquad \int \delta_0\mathfrak{L}\,dx = 0$$

(den Maxwellschen Gleichungen) der zweite Teil weg; der erste aber ist, wie wir schon oben berechnet haben,

$$= -\int\left(\mathfrak{T}_i^k\frac{\partial \xi^i}{\partial x_k} + \tfrac{1}{2}\frac{\partial g_{\alpha\beta}}{\partial x_i}\mathfrak{T}^{\alpha\beta}\xi^i\right)dx = \int\left(\frac{\partial \mathfrak{T}_i^k}{\partial x_k} - \tfrac{1}{2}\frac{\partial g_{\alpha\beta}}{\partial x_i}\mathfrak{T}^{\alpha\beta}\right)\xi^i\,dx.$$

So ergeben sich *als eine Folge der Gesetze des elektromagnetischen Feldes die mechanischen Gleichungen*

$$(26) \qquad \frac{\partial \mathfrak{T}_i^k}{\partial x_k} - \tfrac{1}{2}\frac{\partial g_{\alpha\beta}}{\partial x_i}\mathfrak{T}^{\alpha\beta} = 0.$$

(Wegen des durch die Gravitation bedingten Zusatzgliedes können diese Gleichungen in der allgemeinen Relativitätstheorie nicht mehr gut als Erhaltungssätze bezeichnet werden; die Frage, ob sich wirkliche Erhaltungssätze aufstellen lassen, wird erst in § 37 geprüft werden.)

Aus dem durch *Hinzufügung der Wirkungsgröße des Gravitationsfeldes* ergänzten Hamiltonschen Prinzip

$$(27) \qquad \delta\int(\varkappa\mathfrak{L} + \mathfrak{G})\,dx = 0,$$

in welchem nun elektromagnetischer *und Gravitations*-Feldzustand unabhängig voneinander virtuellen unendlichkleinen Veränderungen unterworfen werden dürfen, entspringen neben den elektromagnetischen Gesetzen noch die Gravitationsgleichungen (15). Wenden wir die obige zu (26) führende Überlegung auf $\mathfrak{G}$ statt auf $\mathfrak{L}$ an — es gilt ja für die durch unendlichkleine, außerhalb eines endlichen Bezirks verschwindende Deformation des Weltkontinuums bewirkte Variation δ auch hier

$$\delta\int\mathfrak{G}\,dx = \delta\int \tfrac{1}{2}R\sqrt{g}\,dx = 0 -,$$

so fließen daraus die zu (26) analogen *mathematischen Identitäten*:

$$(26') \qquad \frac{\partial [\mathfrak{G}]_i^k}{\partial x_k} - \frac{1}{2}\frac{\partial g_{\alpha\beta}}{\partial x_i}[\mathfrak{G}]^{\alpha\beta} = 0.$$

Der Umstand, daß $\mathfrak{G}$ außer den g_{ik} noch deren Ableitungen enthält, macht dabei gar nichts aus. *Die mechanischen Gleichungen* (26) *sind demnach ebensowohl eine Folge der Gravitationsgleichungen* (15) *wie der elektromagnetischen Feldgesetze.*

Die wunderbaren Zusammenhänge, welche sich hier zeigen, können, unabhängig von der Frage nach der Gültigkeit der Mieschen Elektrodynamik, folgendermaßen formuliert werden. Der Zustand eines physikalischen Systems wird relativ zu einem Koordinatensystem beschrieben durch gewisse raumzeitlich variable *Zustandsgrößen* φ (das waren oben die φ_i). Außer ihnen kommt das durch seine Potentiale g_{ik} zu charakterisierende *metrische Feld* in Betracht, in welches das System eingebettet ist. Die Gesetzmäßigkeit der Vorgänge im System wird beherrscht von einer *Integralinvariante* $\int \mathfrak{L}\, dx$; die skalare Dichte $\mathfrak{L}$ ist dabei eine Funktion der φ und ihrer Ableitung 1., eventuell höherer Ordnung; außerdem der g_{ik}, doch gehen nur diese Größen selber, nicht auch ihre Ableitungen in $\mathfrak{L}$ ein. Wir bilden das totale Differential der Funktion $\mathfrak{L}$, wobei wir nur denjenigen Teil explizite hinschreiben, welcher die Differentiale δg_{ik} enthält:

$$\delta\mathfrak{L} = \tfrac{1}{2}\mathfrak{T}^{ik}\,\delta g_{ik} + \delta_0\mathfrak{L}.$$

Dann ist $\mathfrak{T}_i^k$ die Tensordichte der mit dem physikalischen Zustand des Systems verknüpften *Energie*. Die Bestimmung ihrer Komponenten ist damit ein für allemal auf die Bestimmung der Hamiltonschen Funktion $\mathfrak{L}$ zurückgeführt; *nur die allgemeine Relativitätstheorie, welche die Variation der Weltmetrik ermöglicht, führt zur wahren Definition der Energie.* Die *Zustandsgesetze* ergeben sich aus dem »partiellen« Wirkungsprinzip (25), in welchem nur die Zustandsgrößen φ zu variieren sind; es fließen daraus so viele Gleichungen her, als Größen φ vorhanden sind. Die hinzutretenden 10 *Gravitationsgleichungen* (15) für die 10 Potentiale g_{ik} ergeben sich, wenn man das partielle zum totalen Wirkungsprinzip (27) erweitert, in welchem nun auch die g_{ik} mitzuvariieren sind. Die *mechanischen Gleichungen* (26) sind sowohl eine Folge der Zustands- wie der Gravitationsgesetze; man könnte sie als die Eliminante aus beiden bezeichnen. In dem System der Zustands- und Gravitationsgesetze sind daher vier überschüssige Gleichungen enthalten. In der Tat muß die allgemeine Lösung vier willkürliche Funktionen enthalten, da die Gleichungen ja zufolge ihrer invarianten Natur das Koordinatensystem der x_i vollständig unbestimmt lassen und mithin durch willkürliche stetige Transformation dieser Koordinaten aus einer Lösung der Gleichungen immer wiederum Lösungen hervorgehen (die aber objektiv denselben Weltverlauf darstellen). Die alte Einteilung in Geometrie, Mechanik und Physik muß in der Einsteinschen Theorie durch die Gegenüberstellung von 'physikalischem Zustand und metrischem oder Gravitationsfeld ersetzt werden.

Der Vollständigkeit halber kehren wir noch einmal zu dem *Hamiltonschen Prinzip der Maxwell-Lorentzschen Theorie* zurück. Variation der φ_i liefert die elektromagnetischen, Variation der g_{ik} die Gravitationsgesetze. Da die Wirkungsgröße eine Invariante ist, ist die unendlichkleine Änderung, welche an ihr eine infinitesimale Deformation des Weltkontinuums hervorruft, $= 0$; dabei sollen elektromagnetisches und Gravitationsfeld sowie die Weltlinien der Substanzelemente von der Deformation mitgenommen werden. Jene Änderung besteht aus drei Summanden: denjenigen Änderungen, die durch die betreffende Variation des elektromagnetischen und des Gravitationsfeldes und der Substanzbahnen je für sich hervorgebracht werden. Die beiden ersten Bestandteile sind 0 zufolge der elektromagnetischen und der Gravitationsgesetze; also verschwindet auch der dritte Bestandteil, und es ergeben sich so die mechanischen Gleichungen als eine Folge der beiden eben erwähnten Gesetzesgruppen. Frühere Rechnungen rekapitulierend, können wir diese Herleitung im einzelnen so bewerkstelligen: Aus den Gravitationsgesetzen folgen die Gleichungen (26) oder

$$(28) \qquad \mu U_i + u_i M = - \left\{ \frac{\partial \mathfrak{S}_i^k}{\partial x_k} - \tfrac{1}{2} \frac{\partial g_{\alpha\beta}}{\partial x_i} \mathfrak{S}^{\alpha\beta} \right\};$$

darin ist $\mathfrak{S}_k^i$ die Tensordichte der elektromagnetischen Feldenergie,

$$U_i = \frac{du_i}{ds} - \tfrac{1}{2} \frac{\partial g_{\alpha\beta}}{\partial x_i} u^\alpha u^\beta$$

und M die linke Seite der Kontinuitätsgleichung der Materie:

$$M = \frac{\partial (\mu u^i)}{\partial x_i}.$$

Zufolge der Maxwellschen Gleichungen ist in (28) die rechte Seite

$$= \mathfrak{p}_i = - F_{ik}\mathfrak{s}^k \quad (\mathfrak{s}^i = \varrho u^i).$$

Multipliziert man darauf (28) mit u^i und summiert nach i, so kommt $M = 0$; und somit sind wir bei der Kontinuitätsgleichung der Materie und den mechanischen Gleichungen in ihrer gewöhnlichen Form angelangt.

Ist jetzt der volle Überblick darüber gewonnen, wie sich die Einsteinschen Gravitationsgesetze in das Gefüge der übrigen physikalischen Gesetze einordnen, so bleibt uns zum Schluß noch die Aufgabe, den expliziten Ausdruck der $[\mathfrak{G}]_i^k$ zu berechnen[8]). Die virtuelle Änderung

$$\delta \Gamma_{ik}^r = \delta \begin{Bmatrix} i\,k \\ r \end{Bmatrix} = \gamma_{ik}^r$$

der Komponenten des affinen Zusammenhangs ist, wie wir wissen (S. 114), ein Tensor. Benutzen wir an einer Stelle ein geodätisches Koordinatensystem, so ergibt sich aus der Formel für R_{ik} [§ 18, (63)] ohne weiteres

$$\delta R_{ik} = \frac{\partial \gamma_{ik}^r}{\partial x_r} - \frac{\partial \gamma_{ir}^r}{\partial x_k},$$

$$g^{ik} \delta R_{ik} = g^{ik} \frac{\partial \gamma_{ik}^r}{\partial x_r} - g^{ir} \frac{\partial \gamma_{ik}^k}{\partial x_r}.$$

Setzen wir

$$g^{ik}\gamma^r_{ik} - g^{ir}\gamma^k_{ik} = w^r,$$

so ist also

$$g^{ik}\delta R_{ik} = \frac{\delta w^r}{\delta x_r},$$

oder in einem beliebigen Koordinatensystem, da w^i ein kontravarianter Vektor ist,

$$\delta R = R_{ik}\delta g^{ik} + \frac{1}{\sqrt{g}}\frac{\delta(\sqrt{g}\,w^r)}{\delta x_r}.$$

Bei der Integration fällt die Divergenz fort, und wir erhalten daher, weil nach Definition

$$\delta\int R\sqrt{g}\,dx = \int[\mathfrak{G}]^{ik}\delta g_{ik}\,dx = -\int[\mathfrak{G}]_{ik}\,\delta g^{ik}\,dx$$

sein soll und die R_{ik} im Riemannschen Raum symmetrisch sind:

$$[\mathfrak{G}]_{ik} = \sqrt{g}\,(\tfrac{1}{2}g_{ik}R - R_{ik}) = \tfrac{1}{2}g_{ik}\mathfrak{R} - \mathfrak{R}_{ik},$$
$$[\mathfrak{G}]^k_i = \tfrac{1}{2}\delta^k_i\mathfrak{R} - \mathfrak{R}^k_i.$$

Die Gravitationsgleichungen aber lauten

(29)
$$\boxed{\mathfrak{R}^k_i - \tfrac{1}{2}\delta^k_i\mathfrak{R} = \varkappa\mathfrak{T}^k_i}.$$

Man beachte in mathematischer Hinsicht, daß *die exakten Gravitationsgesetze nicht linear* sind; wenn auch linear in den Ableitungen der Feldkomponenten $\left\{\begin{matrix}i\,k\\r\end{matrix}\right\}$, so doch nicht in diesen selbst. Verjüngen wir die Gleichungen (29), d. h. setzen $k = i$ und summieren nach i, so kommt $-\mathfrak{R} = \varkappa\mathfrak{T} = \varkappa\mathfrak{T}^i_i$; deshalb kann man für (29) auch schreiben

(30)
$$\mathfrak{R}^k_i = \varkappa(\mathfrak{T}^k_i - \tfrac{1}{2}\delta^k_i\mathfrak{T}).$$

In der ersten Arbeit, in welcher Einstein, noch nicht geleitet vom Hamiltonschen Prinzip, die Gravitationsgleichungen aufstellte, fehlte rechts das Glied $-\tfrac{1}{2}\delta^k_i\mathfrak{T}$; erst hernach erkannte er, daß es durch den Energie-Impulssatz gefordert wird[9]). Der ganze hier dargestellte, vom Hamiltonschen Prinzip beherrschte Zusammenhang ist erst in weiteren Arbeiten von H. A. Lorentz, Hilbert, Einstein, Klein und dem Verf. zutage getreten[10]).

Für das Folgende ist auch noch die Berechnung von $\mathfrak{G}$ erwünscht. Um durch partielle Integration (Abspaltung einer Divergenz)

$$\int R\sqrt{g}\,dx \quad\text{in}\quad 2\int\mathfrak{G}\,dx$$

zu verwandeln, hat man zu setzen

$$\sqrt{g}\,g^{ik}\frac{\delta}{\delta x_r}\left\{\begin{matrix}i\,k\\r\end{matrix}\right\} = \frac{\delta}{\delta x_r}\left(\sqrt{g}\,g^{ik}\left\{\begin{matrix}i\,k\\r\end{matrix}\right\}\right) - \left\{\begin{matrix}i\,k\\r\end{matrix}\right\}\frac{\delta}{\delta x_r}(\sqrt{g}\,g^{ik}),$$
$$\sqrt{g}\,g^{ik}\frac{\delta}{\delta x_k}\left\{\begin{matrix}i\,r\\r\end{matrix}\right\} = \frac{\delta}{\delta x_k}\left(\sqrt{g}\,g^{ik}\left\{\begin{matrix}i\,r\\r\end{matrix}\right\}\right) - \left\{\begin{matrix}i\,r\\r\end{matrix}\right\}\frac{\delta}{\delta x_k}(\sqrt{g}\,g^{ik});$$

also ist

$$2\mathfrak{G} = \left\{{i\,s \atop s}\right\}\frac{\partial}{\partial x_k}(\sqrt{g}\,g^{ik}) - \left\{{i\,k \atop r}\right\}\frac{\partial}{\partial x_r}(\sqrt{g}\,g^{ik}) + \left(\left\{{i\,k \atop r}\right\}\left\{{r\,s \atop s}\right\} - \left\{{i\,r \atop s}\right\}\left\{{k\,s \atop r}\right\}\right)\sqrt{g}\,g^{ik}.$$

Nach § 18 (60'), (60'') sind aber die beiden ersten Glieder rechts, unter Fortlassung des Faktors $\sqrt{g}$,

$$= -\left\{{i\,s \atop s}\right\}\left\{{k\,r \atop i}\right\}g^{kr} + 2\left\{{i\,k \atop r}\right\}\left\{{r\,s \atop i}\right\}g^{sk} - \left\{{i\,k \atop r}\right\}\left\{{r\,s \atop s}\right\}g^{ik}$$

$$= \left(-\left\{{r\,s \atop s}\right\}\left\{{i\,k \atop r}\right\} + 2\left\{{s\,k \atop r}\right\}\left\{{r\,i \atop s}\right\} - \left\{{i\,k \atop r}\right\}\left\{{r\,s. \atop s}\right\}\right)g^{ik}$$

$$= 2g^{ik}\left(\left\{{i\,r \atop s}\right\}\left\{{k\,s \atop r}\right\} - \left\{{i\,k \atop r}\right\}\left\{{r\,s \atop s}\right\}\right).$$

Mithin kommt schließlich

$$(31) \qquad \frac{1}{\sqrt{g}}\mathfrak{G} = \tfrac{1}{2}g^{ik}\left(\left\{{i\,r \atop s}\right\}\left\{{k\,s \atop r}\right\} - \left\{{i\,k \atop r}\right\}\left\{{r\,s \atop s}\right\}\right).$$

Damit haben wir die Grundlagen der Einsteinschen Gravitationstheorie entwickelt. Jetzt fragt es sich, ob die Erfahrung diese rein spekulativ gewonnene Theorie bestätigt, vor allem, ob die Planetenbewegung aus ihr ebensogut (oder noch besser) wie aus dem Newtonschen Attraktionsgesetz erklärt werden kann. §§ 31—35 handeln von der Lösung der Gravitationsgleichungen; die Weiterführung der allgemeinen Theorie wird erst im § 36 wieder aufgenommen.

§ 31. Statisches Gravitationsfeld. Zusammenhang mit der Erfahrung.

Um den Zusammenhang mit den am Planetensystem gewonnenen Erfahrungen herzustellen, spezialisieren wir zunächst die Einsteinschen Gesetze auf den Fall des statischen Gravitationsfeldes[11]). Dieser ist dadurch charakterisiert, daß bei Benutzung geeigneter Koordinaten, der »statischen Koordinaten«, die Welt sich in Raum und Zeit zerspaltet, daß also für die metrische Grundform

$$ds^2 = f^2\,dt^2 - d\sigma^2, \quad d\sigma^2 = \sum_{i,k=1}^{3}\gamma_{ik}\,dx_i\,dx_k$$

gilt:

$$g_{00} = f^2; \quad g_{0i} = g_{i0} = 0; \quad g_{ik} = -\gamma_{ik} \quad (i, k = 1, 2, 3);$$

und daß dabei die auftretenden Koeffizienten f, γ_{ik} nur von den Raumkoordinaten $x_1 x_2 x_3$, nicht von der Zeit $t = x_0$ abhängen. $d\sigma^2$ ist eine [12] positiv-definite quadratische Differentialform, welche die Metrik des Raumes mit den Koordinaten $x_1 x_2 x_3$ bestimmt; f ist offenbar, wenn die Koordinate t als Zeitmaß gewählt wird, die Lichtgeschwindigkeit. Von besonderen Fällen abgesehen, ist die statische Koordinate t durch die aufgestellten Forderungen bis auf eine lineare Transformation festgelegt; willkürlich bleiben also allein der Anfangspunkt der Zeitrechnung und die Zeiteinheit, [13] und es sind die statischen Raumkoordinaten bestimmt bis auf eine beliebige stetige Transformation dieser drei Koordinaten untereinander. Im statischen Fall liefert die Weltmetrik also außer der Maßbestimmung des Raumes noch ein Skalarfeld f im Raum.

Bezeichnen wir die auf die ternäre Form $d\sigma^2$ bezüglichen Christoffelschen Dreiindizes-Symbole durch einen angehängten * und durchlaufen die Indexbuchstaben i, k, l bloß die Ziffern 1, 2, 3, so folgt aus der Definition leicht:

$$\left\{\begin{matrix} i\,k \\ l \end{matrix}\right\} = \left\{\begin{matrix} i\,k \\ l \end{matrix}\right\}^{*};$$

$$\left\{\begin{matrix} i\,k \\ o \end{matrix}\right\} = o, \qquad \left\{\begin{matrix} o\,i \\ k \end{matrix}\right\} = o, \qquad \left\{\begin{matrix} o\,o \\ o \end{matrix}\right\} = o;$$

$$\left\{\begin{matrix} i\,o \\ o \end{matrix}\right\} = \frac{f_i}{f}, \qquad \left\{\begin{matrix} o\,o \\ i \end{matrix}\right\} = f f^i.$$

Darin sind $f_i = \dfrac{\partial f}{\partial x_i}$ die kovarianten Komponenten des dreidimensionalen Gradienten, $f^i = \gamma^{ik} f_k$ die zugehörigen kontravarianten; $\sqrt{\overline{\gamma}} f^i = \mathfrak{f}^i$ sind die Komponenten einer kontravarianten Vektordichte im Raum. Für die Determinante γ der γ_{ik} gilt $\sqrt{g} = f\sqrt{\overline{\gamma}}$. Setzen wir ferner

$$f_{ik} = \frac{\partial f_i}{\partial x_k} - \left\{\begin{matrix} i\,k \\ r \end{matrix}\right\}^{*} f_r = \frac{\partial^2 f}{\partial x_i\,\partial x_k} - \left\{\begin{matrix} i\,k \\ r \end{matrix}\right\}^{*} \frac{\partial f}{\partial x_r}$$

(auch der Summationsbuchstabe r durchläuft nur die drei Ziffern 1, 2, 3) und

$$\Delta f = \frac{\partial \mathfrak{f}^i}{\partial x_i} \qquad (\Delta f = \sqrt{\overline{\gamma}} \cdot f_i^{\,i}),$$

so erhalten wir zwischen den Komponenten R_{ik} und P_{ik} des Krümmungstensors 2. Stufe, der zur quadratischen Fundamentalform ds^2 bzw. $d\sigma^2$ gehört, durch eine einfache Rechnung die Beziehungen:

$$R_{ik} = \mathsf{P}_{ik} - \frac{f_{ik}}{f};$$

$$R_{io} = R_{oi} = o;$$

$$R_{oo} = f \cdot \frac{\Delta f}{\sqrt{\gamma}} \qquad (\mathfrak{R}_o^o = \Delta f).$$

Für ruhende inkohärente (nicht durch Spannungen aufeinander einwirkende) Materie ist $\mathfrak{T}_o^o = \mu$ die einzige von o verschiedene Komponente der tensoriellen Energiedichte; es ist daher auch $\mathfrak{T} = \mu$. Ruhende Materie erzeugt ein statisches Gravitationsfeld. Von den Gravitationsgleichungen (30) interessiert uns vor allem die $\left(\begin{matrix} o \\ o \end{matrix}\right)^{\mathrm{te}}$; sie liefert

$$(32) \qquad\qquad\qquad \Delta f = \tfrac{1}{2}\varkappa\mu.$$

Nehmen wir an, daß ds^2 (bei geeigneter Wahl der Raumkoordinaten $x_1 x_2 x_3$) unendlich wenig von

$$(33) \qquad c^2 dt^2 - (dx_1^2 + dx_2^2 + dx_3^2)$$

abweicht — dazu müssen die das Gravitationsfeld erzeugenden Massen unendlich schwach sein —, so ergibt sich, wenn wir

$$(34) \qquad f = c + \frac{\Phi}{c}$$

setzen (Φ unendlich klein):

$$(10) \qquad \Delta \Phi \equiv \frac{\partial^2 \Phi}{\partial x_1^2} + \frac{\partial^2 \Phi}{\partial x_2^2} + \frac{\partial^2 \Phi}{\partial x_3^2} = \tfrac{1}{2} \varkappa c \mu \,,$$

und μ ist das c-fache der Massendichte in den gewöhnlichen Maßeinheiten. Tatsächlich trifft diese Annahme nach allen unsern geometrischen Erfahrungen innerhalb des Planetensystems mit großer Annäherung zu.

Da die Massen der Planeten gegenüber der felderzeugenden, als ruhend zu betrachtenden Sonnenmasse sehr klein sind, können wir jene wie »Probekörper«, die in das Gravitationsfeld der Sonne eingebettet sind, behandeln. Die Bewegung eines jeden von ihnen ist dann (von den gegenseitigen Störungen abgesehen) durch eine geodätische Weltlinie in diesem statischen Gravitationsfeld gegeben. Sie genügt als solche dem Variationsprinzip

$$\delta \int ds = 0 \,,$$

wobei die Enden des betreffenden Weltlinienstücks fest bleiben. Im statischen Falle ergibt sich dafür

$$\delta \int \sqrt{f^2 - v^2} \, dt = 0 \,,$$

wo

$$v^2 = \left(\frac{d\sigma}{dt} \right)^2 = \sum_{i,k=1}^{3} \gamma_{ik} \frac{dx_i}{dt} \frac{dx_k}{dt}$$

das Quadrat der Geschwindigkeit ist. Dies ist ein Variationsprinzip von derselben Form wie das der klassischen Mechanik; als »Lagrangesche Funktion« tritt

$$L = \sqrt{f^2 - v^2}$$

auf. Machen wir die gleiche Annäherung wie soeben und bedenken noch, daß bei unendlich schwachem Gravitationsfeld auch die auftretenden Geschwindigkeiten unendlich klein (gegenüber c) sein werden, so ist

$$\sqrt{f^2 - v^2} = \sqrt{c^2 + 2\Phi - v^2} = c + \frac{1}{c} \left(\Phi - \tfrac{1}{2} v^2 \right) \,,$$

und da jetzt

$$v^2 = \sum_{i=1}^{3} \left(\frac{dx_i}{dt} \right)^2 = \sum_i \dot{x}_i^2$$

gesetzt werden darf, ergibt sich

$$\delta \int \left\{ \tfrac{1}{2} \sum_i \dot{x}_i^2 - \Phi \right\} dt = 0 \,;$$

d. h. der Planet von der Masse m bewegt sich nach den Gesetzen der klassischen Mechanik, wenn man annimmt, daß eine Kraft mit dem Potential $m\Phi$ auf ihn einwirkt. *Damit ist der vollständige Anschluß an die Newtonsche Theorie erreicht:* Φ ist das Newtonsche Potential, das der Poissonschen Gleichung (10) genügt, $k = c^2 \varkappa / 8\pi$ die Newtonsche Gravitationskonstante. Für $\varkappa$ ergibt sich aus dem bekannten numerischen Wert der Newtonschen Konstante k der Zahlwert

$$\varkappa = \frac{8\pi k}{c^2} = 1{,}87 \cdot 10^{-27}\,\mathrm{cm} \cdot \mathrm{g}^{-1}\,.$$

Die Abweichung der metrischen Fundamentalform von der »Euklidischen« (33) ist also immerhin so beträchtlich, daß sich die geodätischen Weltlinien in dem Maße, wie die Planetenbewegung es zeigt, von der geradlinig-gleichförmigen Bewegung unterscheiden — obwohl die im Raume gültige, auf $d\sigma^2$ beruhende Geometrie in den Abmessungen des Planetensystems nur ganz unerheblich von der Euklidischen abweicht (die Winkelsumme in einem geodätischen Dreieck von diesen Abmessungen ist nur sehr wenig von 180° verschieden). Es liegt das vor allem daran, daß der Radius der Erdbahn etwa 8 Lichtminuten beträgt, die Dauer des Erdumlaufs hingegen ein ganzes Jahr!

Wir wollen die exakte Theorie der Bewegung eines Massenpunktes und der Lichtstrahlen im statischen Gravitationsfeld noch etwas weiter verfolgen[12]). Die geodätischen Weltlinien können nach § 18 durch die beiden Variationsprinzipe

$$(35) \qquad \delta\!\int\!\sqrt{Q}\,ds = 0 \quad \text{oder} \quad \delta\!\int Q\,ds = 0\,, \qquad Q = g_{ik}\frac{dx_i}{ds}\frac{dx_k}{ds}$$

gekennzeichnet werden. Das zweite setzt voraus, daß der Parameter s in geeigneter Weise gewählt ist. Für die »Nullinien«, die der Bedingung $Q = 0$ genügen und das Fortschreiten eines Lichtsignals angeben, kommt nur das zweite in Betracht. Die Variation muß so vorgenommen werden, daß die Enden des betrachteten Weltlinienstücks ungeändert bleiben. Unterwerfen wir nur $x_0 = t$ einer Variation, so ist im statischen Fall

$$(36) \qquad \delta\!\int Q\,ds = \left[2f^2\frac{dx_0}{ds}\delta x_0\right] - 2\int \frac{d}{ds}\left(f^2\frac{dx_0}{ds}\right)\delta x_0\,ds\,.$$

Also gilt

$$f^2\frac{dx_0}{ds} = \text{konst.}$$

Bleiben wir zunächst beim Fall des Lichtstrahls stehen, so können wir, indem wir die Maßeinheit des Parameters s geeignet wählen — bis auf eine willkürliche Maßeinheit ist s durch das Variationsprinzip selbst normiert —, die rechts auftretende konst. $= 1$ machen. Nehmen wir jetzt die Variation allgemeiner so vor, daß wir die räumliche Bahnkurve des Strahles unter Festhaltung der Enden abändern, hinsichtlich der Zeit aber die Nebenbedingung, daß für die Enden $\delta x_0 = 0$ sein soll, fallen lassen, so lautet das Prinzip, wie aus (36) hervorgeht,

$$\delta\!\int Q\,ds = 2[\delta t] = 2\,\delta\!\int dt\,.$$

Wird die variierte Bahn insbesondere gleichfalls wie die ursprüngliche mit Lichtgeschwindigkeit durchlaufen, so gilt auch für die variierte Weltlinie

$$Q = 0, \qquad d\sigma = f\,dt,$$

und wir erhalten dann

$$(37) \qquad \delta\int dt = \delta\int \frac{d\sigma}{f} = 0.$$

Durch diese Gleichung wird nur die räumliche Lage des Lichtstrahls festgelegt; sie ist nichts anderes als das *Fermatsche Prinzip der raschesten Ankunft*. In der letzten Formulierung ist die Zeit ganz eliminiert; sie gilt für ein beliebiges Stück der Bahn des Lichtstrahls, wenn dieses im Raum irgendwie unter Festhaltung seiner Enden unendlich wenig verlagert wird.

Benutzt man für ein statisches Gravitationsfeld irgendwelche Raumkoordinaten $x_1 x_2 x_3$, so kann man sich zur graphischen Darstellung eines Euklidischen Bildraums bedienen, indem man den Punkt mit den Koordinaten $x_1 x_2 x_3$ durch einen Bildpunkt mit den Cartesischen Koordinaten $x_1 x_2 x_3$ zur Darstellung bringt. Trägt man in diesen Bildraum den Ort zweier ruhender Sterne S_1, S_2 und eines ruhenden Beobachters B ein, so ist der Winkel, unter welchem die Sterne dem Beobachter erscheinen, nicht gleich dem Winkel der geraden Verbindungslinien BS_1, BS_2, sondern man muß B mit S_1, S_2 durch die aus (37) sich ergebenden gekrümmten Linien kürzester Ankunft verbinden und den Winkel, den diese in B miteinander bilden, durch eine weitere Hilfskonstruktion vom Euklidischen Maß auf das durch die metrische Grundform $d\sigma^2$ bestimmte Riemannsche Maß [vgl. § 11, Formel (15)] transformieren. Die so berechneten Winkel sind es, welche die anschaulich erfaßte Lage der Gestirne zueinander bestimmen, sie sind es, die an dem Teilkreis des Beobachtungsinstrumentes abgelesen werden. Während B, S_1, S_2 unverrückt ihre Stelle im Raum behalten, kann dieser $\measuredangle\, S_1 B S_2$ sich ändern, wenn große Massen in die Nähe des Strahlengangs gelangen. In dem erörterten Sinne ist die Behauptung zu verstehen, daß *durch das Gravitationsfeld die Lichtstrahlen gekrümmt werden*. Diese Krümmung der Lichtstrahlen findet insbesondere in dem Gravitationsfeld der Sonne statt. Legen wir der graphischen Darstellung Koordinaten $x_1 x_2 x_3$ zugrunde, für welche im Unendlichen die Euklidische Formel

$$d\sigma^2 = dx_1^2 + dx_2^2 + dx_3^2$$

gilt, so ergibt die numerische Rechnung für einen unmittelbar an der Sonne vorübergehenden Lichtstrahl eine Ablenkung von 1.″74 (siehe § 34). Das bedeutet eine durchaus meßbare Verrückung des Orts von Fixsternen, die in nächster Nähe der Sonne stehen. Solche Sternorte können natürlich nur während einer totalen Sonnenfinsternis beobachtet werden. Die in Betracht kommenden Sterne müssen hinreichend hell sein, möglichst zahlreich, so nahe an der Sonne, daß der Effekt einen merklichen Betrag besitzt und doch weit genug vom Sonnenrand entfernt, um nicht von

der Korona überstrahlt zu werden. Der günstigste Tag dafür ist der
29. Mai; und ein glücklicher Zufall wollte es, daß am 29. Mai 1919 eine
totale Sonnenfinsternis stattfand. Zwei englische Expeditionen wurden in
die Totalitätszone zur Feststellung der Einsteinschen Strahlenablenkung
entsandt, die eine nach Sobral in Nordbrasilien, die andere nach der
Insel Principe im Golf von Guinea. Die Erscheinung in der voraus-
gesagten Größe wurde bestätigt; die endgültigen Meßresultate ergaben für
Sobral $1.''98 \pm 0.''12$, für Principe $1.''61 \pm 0.''30$ [13]).

Ein anderer, durch die Einsteinsche Gravitationstheorie geforderter
optischer Effekt im statischen Feld, der unter günstigen Umständen vielleicht gerade noch der Beobachtung zugänglich ist, beruht auf dem an
einer festen Raumstelle zwischen der kosmischen Zeit dt und der Eigenzeit ds bestehenden Zusammenhang

$$ds = f\,dt\,.$$

Sind zwei ruhende Natriumatome objektiv einander gleich, so muß der
Vorgang in ihnen, der zu den optischen Wellen der D-Linie Anlaß gibt,
in beiden die gleiche Frequenz, gemessen in *Eigenzeit*, besitzen. Auf diese
Weise haben wir überhaupt gleiche Eigenzeitlängen physikalisch definiert.
Zwischen den Frequenzen ν_1, ν_2 in kosmischer Zeit besteht daher, wenn
f an den betreffenden Stellen, an denen sich die Atome befinden, die
Werte f_1, f_2 hat, der Zusammenhang

$$\frac{\nu_1}{f_1} = \frac{\nu_2}{f_2}\,.$$

Andrerseits haben die Maxwellschen Gleichungen im *statischen* metrischen
Felde eine Lösung, für welche die Abhängigkeit von der Zeit durch den
Faktor $e^{\sqrt{-1}\,\nu t}$ mit einer beliebigen *konstanten* Frequenz ν zum Ausdruck
gebracht wird. Es ist natürlich, sie als maßgebend zu betrachten für den
Vorgang der Wellenausbreitung, der von einer im statischen Felde ruhenden
Lichtquelle ausgelöst wird. Dieser Ansatz hat sich bereits in der speziellen
Relativitätstheorie bewährt, wo er zu dem mit der Erfahrung in Einklang
stehenden Dopplerschen Prinzip führt. Die von einem ruhenden Atom
ausgehenden Lichtwellen haben demnach im ganzen Raum, in der kosmischen Zeit t gemessen, überall die gleiche Frequenz. Indem man
also das Licht der Natrium-D-Linie, das von einem Stern großer
Masse herkommt, mit dem von einer irdischen ausgesandten in demselben Spektroskop vergleicht, muß jene Linie gegenüber dieser eine
kleine Verschiebung nach dem Rot hin zeigen, da f in der Nähe
großer Massen einen etwas kleineren Wert besitzt als fern von ihnen.
Das Verhältnis, in welchem die Frequenz herabgedrückt wird, hat nach
unserer Näherungsformel (34) in der Entfernung r von einer Masse m_0
den Wert $1 - \dfrac{\varkappa m_0}{r}$. An der Oberfläche der Sonne macht das für eine
Linie im Blau von der Wellenlänge 4000 Å eine Verschiebung um
0.008 Å aus. Das liegt an der Grenze des Beobachtbaren; es kommen

hinzu: die Vermischung mit dem Dopplereffekt, die Unsicherheit des irdischen Vergleichsmaterials und gewisse unregelmäßig schwankende Verschiebungen der Sonnenlinien, deren Ursachen nur teilweise aufgeklärt sind; endlich die gegenseitige Störung der dicht gedrängten Sonnenlinien durch Überlagerung ihrer Intensitäten (wodurch unter Umständen zwei Linien zu einer einzigen, mit einem einzigen Intensitätsmaximum, verschmelzen können). Berücksichtigt man dies, so scheint das vorliegende Beobachtungsmaterial[14]) eine Rotverschiebung von dem angegebenen Betrage im ganzen zu bestätigen. Aber die Frage kann noch nicht als vollständig abgeklärt gelten.

Eine dritte Möglichkeit der Kontrolle durch die Erfahrung ist diese. Nach Einstein ist die Newtonsche Planetentheorie nur eine erste Annäherung; es fragt sich, ob die Abweichungen der strengen Einsteinschen Theorie von dieser groß genug sind, um einen mit unsern heutigen Hilfsmitteln wahrnehmbaren Einfluß hervorzubringen. Offenbar werden in dieser Hinsicht die Chancen für den sonnennächsten Planeten, den Merkur, am günstigsten liegen. In der Tat hat Einstein, indem er die Approximation einen Schritt weiter fortsetzte, und Schwarzschild[15]), indem er in aller Strenge das von einer ruhenden Masse erzeugte kugelsymmetrische Gravitationsfeld und die Bahnkurve eines Massenpunktes von unendlichkleiner Masse in diesem Felde bestimmte, gefunden, *daß die Bahnellipse des Merkur* (außer den von den übrigen Planeten hervorgebrachten Störungen) *in Richtung der Bahnbewegung eine langsame Drehung erfahren muß, welche pro Jahrhundert 43″ ausmacht.* Seit Leverrier ist ein Betrag von dieser Größe in den säkularen Störungen des Merkurperihels bekannt, der durch die Störungstheorie nicht erklärt werden konnte; es wurden die mannigfachsten Hypothesen ersonnen, um diese Diskrepanz zwischen Theorie und Beobachtung zu beseitigen[16]). — Auf die von Schwarzschild angegebene strenge Lösung kommen wir in §§ 33, 34 zurück.

Wir sehen: so radikal die Umwälzung ist, welche die Einsteinsche Gravitationstheorie für unsere Vorstellungen von Raum und Zeit bedeutet, so winzig sind die tatsächlichen Abweichungen, welche sie für die beobachtbaren Erscheinungen mit sich bringt. Die meßbaren unter ihnen haben sich bisher bestätigt. Ihre eigentliche Stütze findet aber die Theorie zweifellos weniger in der Erfahrung als in ihrer eigenen inneren Folgerichtigkeit, durch welche sie der klassischen Mechanik ganz erheblich überlegen ist, und darin, daß sie in einer die Vernunft aufs höchste befriedigenden Weise das Rätsel der Relativität der Bewegung und der Gravitation auf einen Schlag löst.

Nach der gleichen Methode wie für den Lichtstrahl können wir auch für die Bewegung eines Massenpunktes im statischen Gravitationsfeld ein nur die räumliche Bahnkurve betreffendes Minimalprinzip, das dem Fermatschen der kürzesten Ankunft entspricht, aufstellen. Ist der Parameter s die Eigenzeit, so wird

$$(38) \qquad Q = 1, \quad \text{und} \quad f^2 \frac{dt}{ds} = \text{const.} = \frac{1}{E}$$

ist das Energieintegral. Jetzt benutzen wir das erste der beiden Variationsprinzipe (35) und verallgemeinern es wie oben in der Weise, daß wir die räumliche Bahnkurve unter Festhaltung ihrer Enden, $x_0 = t$ aber ganz beliebig variieren. Es lautet dann

$$(39) \qquad \delta \int \sqrt{Q}\, ds = \left[\frac{1}{E} \delta t \right] = \delta \int \frac{dt}{E} \cdot$$

Um die Eigenzeit zu eliminieren, dividieren wir die erste der Gleichungen (38) durch die ins Quadrat erhobene zweite; es kommt

$$(40) \qquad \frac{1}{f^4} \left\{ f^2 - \left(\frac{d\sigma}{dt} \right)^2 \right\} = E^2, \qquad d\sigma = f^2 \sqrt{U}\, dt,$$

wo

$$U = \frac{1}{f^2} - E^2.$$

(40) liefert das Geschwindigkeitsgesetz, nach welchem der Massenpunkt seine Bahn durchmißt. Variieren wir insbesondere so, daß auch die variierte Bahnkurve nach dem gleichen Gesetz mit der gleichen Konstante E durchlaufen wird, so folgt aus (39):

$$\delta \int \frac{dt}{E} = \delta \int \sqrt{f^2 - \left(\frac{d\sigma}{dt} \right)^2}\, dt = \delta \int E f^2\, dt, \quad \text{d. i.}$$

$$\delta \int f^2 U\, dt = 0$$

oder schließlich, indem wir dt durch das räumliche Bogenelement $d\sigma$ ausdrücken und so die Zeit ganz eliminieren:

$$\delta \int \sqrt{U}\, d\sigma = 0.$$

Nachdem hieraus die Bahnkurve des Massenpunktes ermittelt ist, ergibt sich der zeitliche Ablauf der in dieser Bahnkurve vonstatten gehenden Bewegung aus (40):

$$dt = \frac{d\sigma}{f^2 \sqrt{U}} \cdot$$

Für $E = 0$ kommen wir auf die Gesetze des Lichtstrahls zurück.

§ 32. Gravitationswellen.

Es ist Einstein gelungen[17]), unter der Voraussetzung, daß das erzeugende Energiefeld $\mathfrak{T}_i^k$ unendlich schwach ist, die Gravitationsgleichungen allgemein zu integrieren. Die g_{ik} werden unter diesen Umständen bei geeigneter Wahl der Koordinaten sich von konstanten Werten $\overset{\circ}{g}_{ik}$ nur um unendlichkleine Beträge γ_{ik} unterscheiden. Wir betrachten dann die Welt als eine »Euklidische« mit der metrischen Fundamentalform

$$(41) \qquad \overset{\circ}{g}_{ik}\, dx_i\, dx_k$$

und γ_{ik} als die Komponenten eines symmetrischen Tensorfeldes 2. Stufe *in* dieser Welt. Die im folgenden auszuführenden Operationen sind immer solche, denen die metrische Fundamentalform (41) zugrunde liegt; wir befinden uns augenblicklich wieder auf dem Boden der speziellen Relativitätstheorie und schreiben nur die unendlichkleine Abweichung γ_{ik}, nicht aber den homogenen Untergrund $\overset{o}{g}_{ik}$ des metrischen Feldes dem Einfluß der Materie zu. Das Koordinatensystem denken wir uns als ein »normales« gewählt, so daß $\overset{o}{g}_{ik} = 0$ ist für $i \neq k$ und

$$\overset{o}{g}_{oo} = 1, \quad \overset{o}{g}_{11} = \overset{o}{g}_{22} = \overset{o}{g}_{33} = -1.$$

x_0 ist die Zeit, $x_1 x_2 x_3$ sind Cartesische Raumkoordinaten; die Lichtgeschwindigkeit ist $= 1$ genommen.

Wir führen die Größen

$$\psi_i^k = \gamma_i^k - \gamma \delta_i^k \quad (\gamma = \tfrac{1}{2}\gamma_i^i)$$

ein und behaupten zunächst, daß es keine Einschränkung enthält, anzunehmen, es sei

$$(42) \qquad \frac{\partial \psi_i^k}{\partial x_k} = 0.$$

Ist dies nämlich nicht von vornherein der Fall, so können wir das gewählte Koordinatensystem unendlich wenig so abändern, daß (42) besteht. Die zum neuen Koordinatensystem $\bar{x}$ hinüberführenden Transformationsformeln

$$\bar{x}_i = x_i + \xi^i(x_0\, x_1\, x_2\, x_3)$$

enthalten die unbekannten Funktionen ξ^i, welche unendlichklein der gleichen Größenordnung sind wie die γ. Wir bekommen neue Koeffizienten $\bar{g}_{ik}$, für die nach früheren Formeln

$$g_{ik}(x) - \bar{g}_{ik}(x) = g_{ir}\frac{\partial \xi^r}{\partial x_k} + g_{kr}\frac{\partial \xi^r}{\partial x_i} + \frac{\partial g_{ik}}{\partial x_r}\xi^r$$

ist, also hier

$$\gamma_{ik}(x) - \bar{\gamma}_{ik}(x) = \frac{\partial \xi_i}{\partial x_k} + \frac{\partial \xi_k}{\partial x_i}, \quad \gamma(x) - \bar{\gamma}(x) = \frac{\partial \xi^i}{\partial x_i} = \varXi,$$

und es kommt

$$\frac{\partial \gamma_i^k}{\partial x_k} - \frac{\partial \bar{\gamma}_i^k}{\partial x_k} = \Box\, \xi_i + \frac{\partial \varXi}{\partial x_i}, \quad \frac{\partial \gamma}{\partial x_i} - \frac{\partial \bar{\gamma}}{\partial x_i} = \frac{\partial \varXi}{\partial x_i}.$$

Dabei bedeutet $\Box$ für eine beliebige Funktion f den Differentialoperator:

$$\Box f = \frac{\partial}{\partial x_i}\left(\overset{o}{g}^{ik}\frac{\partial f}{\partial x_k}\right) = \frac{\partial^2 f}{\partial x_0^2} - \left(\frac{\partial^2 f}{\partial x_1^2} + \frac{\partial^2 f}{\partial x_2^2} + \frac{\partial^2 f}{\partial x_3^2}\right).$$

Die gewünschte Bedingung wird also im neuen Koordinatensystem realisiert sein, wenn man die ξ^i aus den Gleichungen

$$\Box\, \xi_i = \frac{\partial \psi_i^k}{\partial x_k}$$

bestimmt, die sich durch retardierte Potentiale lösen lassen (vgl. Kap. III, S. 153).

Jetzt berechnen wir die Krümmungskomponenten R_{ik}; da die Feldgrößen $\begin{Bmatrix} ik \\ r \end{Bmatrix}$ unendlichklein sind, kommt hier bei Beschränkung auf die Glieder 1. Ordnung:

$$R_{ik} = \frac{\partial}{\partial x_r}\begin{Bmatrix} ik \\ r \end{Bmatrix} - \frac{\partial}{\partial x_k}\begin{Bmatrix} ir \\ r \end{Bmatrix}.$$

Es ist

$$\begin{bmatrix} ik \\ r \end{bmatrix} = \tfrac{1}{2}\left(\frac{\partial \gamma_{ir}}{\partial x_k} + \frac{\partial \gamma_{kr}}{\partial x_i} - \frac{\partial \gamma_{ik}}{\partial x_r}\right), \qquad \text{also}$$

$$\begin{Bmatrix} ik \\ r \end{Bmatrix} = \tfrac{1}{2}\left(\frac{\partial \gamma_i^r}{\partial x_k} + \frac{\partial \gamma_k^r}{\partial x_i} - \overset{0}{g}{}^{rs}\frac{\partial \gamma_{ik}}{\partial x_s}\right).$$

Daraus ergibt sich, wenn wir die Gleichungen (42) oder

$$\frac{\partial \gamma_i^k}{\partial x_k} = \frac{\partial \gamma}{\partial x_i}$$

heranziehen:

$$\frac{\partial}{\partial x_r}\begin{Bmatrix} ik \\ r \end{Bmatrix} = \frac{\partial^2 \gamma}{\partial x_i \partial x_k} - \tfrac{1}{2}\square\,\gamma_{ik}.$$

Ebenso kommt

$$\frac{\partial}{\partial x_k}\begin{Bmatrix} ir \\ r \end{Bmatrix} = \frac{\partial^2 \gamma}{\partial x_i \partial x_k}.$$

Das Resultat ist

$$R_{ik} = -\tfrac{1}{2}\square\,\gamma_{ik}.$$

Infolgedessen gilt $R = -\square\,\gamma$ und

$$R_i^k - \tfrac{1}{2}\delta_i^k R = -\tfrac{1}{2}\square\,\psi_i^k.$$

Die Gravitationsgleichungen aber lauten

$$(43) \qquad\qquad \tfrac{1}{2}\square\,\psi_i^k = -\varkappa T_i^k,$$

die sich sofort durch retardierte Potentiale integrieren lassen (vgl. S. 153; wir gebrauchen hier dieselben Bezeichnungen):

$$\psi_i^k = -\int \frac{\varkappa T_i^k(t-r)}{2\pi r}\,dV.$$

Jede Änderung der Materieverteilung bringt demnach eine Gravitationswirkung hervor, die sich im Raum mit Lichtgeschwindigkeit ausbreitet. Schwingende Massen erzeugen Gravitationswellen. Freilich kommen in der von uns zu überblickenden Natur nirgendwo so starke Massenschwingungen vor, daß die daraus resultierenden Gravitationswellen der Beobachtung zugänglich sind.

Die Gleichungen (43) entsprechen vollständig den elektromagnetischen

$$\square\,\varphi^i = s^i,$$

und wie die Potentiale φ^i des elektrischen Feldes der Nebenbedingung $\dfrac{\delta \varphi^i}{\delta x_i} = 0$ zu genügen haben, weil der Strom s^i diese Beziehung erfüllt:

$$\frac{\delta s^i}{\delta x_i} = 0\,,$$

so waren hier die Nebenbedingungen (42) für das System der Gravitationspotentiale ψ_i^k einzuführen, weil sie für den Materietensor bestehen:

$$\frac{\delta T_i^k}{\delta x_k} = 0\,.$$

Im materiefreien Raum können sich *ebene Gravitationswellen* fortpflanzen; diese erhalten wir durch den analogen Ansatz wie in der Optik:

$$\psi_i^k = a_i^k \cdot e^{(\alpha_0 x_0 + \alpha_1 x_1 + \alpha_2 x_2 + \alpha_3 x_3)\sqrt{-1}}.$$

Die a_i^k und α_i sind Konstante; die letzteren genügen der Bedingung $\alpha_i \alpha^i = 0$. $\alpha_0 = \nu$ ist die Frequenz der Schwingung, $\alpha_1 x_1 + \alpha_2 x_2 + \alpha_3 x_3 = \text{konst.}$ sind die Ebenen konstanter Phase. Die Differentialgleichungen $\square\, \psi_i^k = 0$ sind identisch erfüllt, die Nebenbedingungen (42) verlangen

$$(44) \qquad\qquad a_i^k \alpha_k = 0\,.$$

Ist die x_1-Achse die Fortschreitungsrichtung der Welle, so haben wir

$$\alpha_2 = \alpha_3 = 0\,, \qquad -\alpha_1 = \alpha_0 = \nu\,,$$

und die Gleichungen (44) besagen

$$(45) \qquad\qquad a_i^0 = a_i^1 \quad \text{oder} \quad a_{0i} = -a_{1i}\,.$$

Es genügt demnach, den Raumteil des konstanten symmetrischen Tensors a:

$$\begin{Vmatrix} a_{11} & a_{12} & a_{13} \\ a_{21} & a_{22} & a_{23} \\ a_{31} & a_{32} & a_{33} \end{Vmatrix}$$

anzugeben, da die a mit einem Index 0 nach (45) sich aus diesem bestimmen; der Raumteil aber unterliegt keiner Einschränkung. Er spaltet seinerseits nach der Fortschreitungsrichtung der Welle in drei Summanden:

$$\begin{Vmatrix} a_{11} & 0 & 0 \\ 0 & 0 & 0 \\ 0 & 0 & 0 \end{Vmatrix} + \begin{Vmatrix} 0 & a_{12} & a_{13} \\ a_{21} & 0 & 0 \\ a_{31} & 0 & 0 \end{Vmatrix} + \begin{Vmatrix} 0 & 0 & 0 \\ 0 & a_{22} & a_{23} \\ 0 & a_{32} & a_{33} \end{Vmatrix}.$$

Die Tensorschwingung läßt sich demnach in drei voneinander unabhängige Bestandteile zerspalten: eine longitudinal-longitudinale, eine longitudinal-transversale und eine transversal-transversale Welle.

Von der näherungsweisen Integration der Gravitationsgleichungen hat H. Thirring zwei interessante Anwendungen gemacht[18]). Er hat mit ihrer Hilfe den Einfluß der Rotation einer großen schweren Hohlkugel auf die Bewegung von Massenpunkten in der Nähe des Kugelmittelpunktes untersucht und dabei, wie zu erwarten war, eine Kraftwirkung von der gleichen

Art wie die Zentrifugalkraft festgestellt. Daneben tritt aber noch eine Kraft auf, die nach dem gleichen Gesetz den Körper in die Äquatorebene der Rotation hineinzuziehen sucht, wie die Zentrifugalkraft ihn von der Achse zu entfernen strebt. Zweitens hat er (zusammen mit J. Lense) den Einfluß der Eigenrotation der Zentralkörper auf ihre Planeten bzw. Monde studiert; für den 5. Jupitermond erreicht die durch die Rotation des Jupiter hervorgerufene Störung einen solchen Betrag, daß vielleicht ein Vergleich mit der Beobachtung möglich ist.

Nachdem wir in §§ 31, 32 uns mit der näherungsweisen Integration der Gravitationsgleichungen beschäftigt haben, die durch Beschränkung auf die linearen Glieder zustande kommen, wollen wir jetzt versuchen, strenge Lösungen zu ermitteln; dabei fassen wir aber nur die Gravitationsstatik ins Auge.

§ 33. Das statische kugelsymmetrische Feld im leeren Raum[19]).

Für ein statisches Gravitationsfeld ist

$$ds^2 = f^2 dx_0^2 - d\sigma^2,$$

wo $d\sigma^2$ eine positiv-definite quadratische Form der drei Raumvariablen $x_1 x_2 x_3$ ist; die Lichtgeschwindigkeit f hängt gleichfalls nur von diesen ab. Das Feld ist kugelsymmetrisch, wenn die Raumkoordinaten sich so wählen lassen, wenn der wirkliche Raum sich auf einen mit einem Zentrum O versehenen Cartesischen Bildraum so abbilden läßt, daß 1) f als eine Funktion der im Bildraum gemessenen Entfernung

$$r = \sqrt{x_1^2 + x_2^2 + x_3^2}$$

des Aufpunktes vom Zentrum erscheint und 2) das lineare Vergrößerungsverhältnis $\dfrac{d\sigma}{d\sigma_0}$, Quotient der Länge $d\sigma$ eines Lienienelements und der Länge $d\sigma_0$ des korrespondierenden Linielements im Cartesischen Bildraum

$$(d\sigma_0^2 = dx_1^2 + dx_2^2 + dx_3^2),$$

einen festen Wert hat für alle *radial* gestellten Linienelemente $d\sigma_0$ im Bildraum, die sich in der gleichen Entfernung r vom Zentrum befinden, und ebenso für alle *tangential*, senkrecht zu den Radien gestellten Linienelemente $d\sigma_0$ in dieser Entfernung. Daraus folgt, daß $d\sigma^2$ die Gestalt besitzen muß

$$(46) \qquad k\,(dx_1^2 + dx_2^2 + dx_3^2) + l\,(x_1\,dx_1 + x_2\,dx_2 + x_3\,dx_3)^2,$$

wo k und l Funktionen von r allein bedeuten. Denn diese beiden Funktionen genügen, um für das radiale $\|$ und das tangentiale $\perp$ Vergrößerungsverhältnis irgend eine vorgegebene Abhängigkeit von r herauszubekommen:

$$\left(\frac{d\sigma}{d\sigma_0}\right)_{\|} = \sqrt{k + lr^2}, \qquad \left(\frac{d\sigma}{d\sigma_0}\right)_{\perp} = \sqrt{k}.$$

Indem man über die Maßskala für die Entfernung r geeignet verfügt, kann man offenbar erreichen, daß z. B. das tangentiale Vergrößerungsverhältnis, daß k gleich 1 wird. Analytisch heißt das: man kann, ohne die Normalform (46) zu zerstören, die Raumkoordinaten x_i einer Transformation

$$(47) \qquad x_i^* = \frac{r^*}{r}\, x_i$$

unterwerfen, in welcher r^* eine willkürliche monotone Funktion von r ist; durch geeignete Verfügung über diese Funktion erhält man neue Koordinaten x_i^*, für welche das tangentiale Vergrößerungsverhältnis $= 1$ wird (man braucht nämlich nur $r^* = \int dr\, \sqrt{k}$ zu nehmen). Diese Normierung wollen wir hier unseren Rechnungen zugrunde legen. Wir haben dann also:

$$(48) \qquad \begin{aligned} ds^2 &= f^2(r)\, dt^2 - d\sigma^2, \\ d\sigma^2 &= (dx_1^2 + dx_2^2 + dx_3^2) + l(r)\,(x_1\, dx_1 + x_2\, dx_2 + x_3\, dx_3)^2 \end{aligned}$$

oder mit den Bezeichnungen von § 31

$$\gamma_{ik} = -\, g_{ik} = \delta_{ik} + l x_i x_k \qquad (i, k = 1, 2, 3).$$

Bezeichnen wir noch das radiale Vergrößerungsverhältnis mit h, so ist

$$h^2 = 1 + l r^2.$$

Es soll jetzt dieses kugelsymmetrische Feld so bestimmt werden, daß es den homogenen Gravitationsgleichungen genügt, welche dort gelten, wo die Energiedichte $\mathfrak{T}_i^k$ verschwindet. Jene Gleichungen sind zusammengefaßt in dem Variationsprinzip

$$\delta \int \mathfrak{G}\, dx = 0.$$

Wir werden so das Gravitationsfeld finden, welches ruhende Massen umgibt, die kugelsymmetrisch um ein Zentrum verteilt sind. Wir nutzen das Wirkungsprinzip zunächst nur teilweise aus, indem wir annehmen, daß bei der Variation die zugrunde gelegte Normalform (48) des ds^2 nicht zerstört wird; statt alle 10 Komponenten g_{ik} unabhängig voneinander zu variieren, erteilen wir also nur den Größen f und l unendlichkleine, nur von r abhängende Zuwächse. Bei solcher eingeschränkten Verwendung genügt es, das Integral $\int \mathfrak{G}\, dx$ für jene Normalform zu berechnen. Bedeutet der Akzent Ableitung nach r, so bekommen wir

$$\frac{\partial \gamma_{ik}}{\partial x_\alpha} = l'\, \frac{x_\alpha}{r}\, x_i x_k + l\,(\delta_{\alpha i} x_k + \delta_{\alpha k} x_i)$$

und daher

$$-\begin{bmatrix} i\, k \\ \alpha \end{bmatrix} = \tfrac{1}{2}\, \frac{x_\alpha}{r}\, l'\, x_i x_k + l\delta_{ik} x_\alpha \qquad (i, k, \alpha = 1, 2, 3).$$

Da aus

$$x_\alpha = \sum_{\beta=1}^{3} \gamma_{\alpha\beta}\, x^\beta$$

wie man sich durch Einsetzen überzeugt,

$$x^\alpha = \frac{1}{h^2}\, x_\alpha,$$

folgt, ist mithin

$$\begin{Bmatrix} i\, k \\ \alpha \end{Bmatrix} = \tfrac{1}{2}\, \frac{x_\alpha\, l'\, x_i x_k + 2\, l r \delta_{ik}}{r \qquad h^2}.$$

Es genügt, die Berechnung von $\mathfrak{G}$ für den Punkt $x_1 = r$, $x_2 = 0$, $x_3 = 0$ durchzuführen. An dieser Stelle sind von den eben berechneten Dreiindizes-Symbolen

$$\begin{Bmatrix} 1\,1 \\ 1 \end{Bmatrix} = \frac{h'}{h}, \qquad \begin{Bmatrix} 2\,2 \\ 1 \end{Bmatrix} = \begin{Bmatrix} 3\,3 \\ 1 \end{Bmatrix} = \frac{lr}{h^2},$$

alle übrigen $= 0$. Von den 0 enthaltenden Dreiindizes-Symbolen sind nach § 31

$$\begin{Bmatrix} 1\,0 \\ 0 \end{Bmatrix} = \begin{Bmatrix} 0\,1 \\ 0 \end{Bmatrix} = \frac{f'}{f}, \qquad \begin{Bmatrix} 0\,0 \\ 1 \end{Bmatrix} = \frac{ff'}{h^2},$$

alle andern $= 0$. Von den g_{ik} sind die in der Hauptdiagonale stehenden $(i = k)$ gleich

$$f^2, \; -h^2, \; -1, \; -1,$$

die seitlichen $(i \neq k)$ sind 0; für die in der Hauptdiagonale stehenden g^{ik} findet man daher die Werte

$$\frac{1}{f^2}, \; -\frac{1}{h^2}, \; -1, \; -1,$$

für die seitlichen 0. Die Definition (31) von $\mathfrak{G}$ liefert daher hier:

$$-\frac{2}{\sqrt{g}}\,\mathfrak{G} =$$

$$
\begin{array}{c|l}
\dfrac{1}{f^2} & \begin{Bmatrix} 0\,0 \\ 1 \end{Bmatrix}\left(\begin{Bmatrix} 1\,0 \\ 0 \end{Bmatrix} + \begin{Bmatrix} 1\,1 \\ 1 \end{Bmatrix}\right) - 2\begin{Bmatrix} 0\,1 \\ 0 \end{Bmatrix}\begin{Bmatrix} 0\,0 \\ 1 \end{Bmatrix} \\[12pt]
-\dfrac{1}{h^2} & \begin{Bmatrix} 1\,1 \\ 1 \end{Bmatrix}\left(\begin{Bmatrix} 1\,0 \\ 0 \end{Bmatrix} + \begin{Bmatrix} 1\,1 \\ 1 \end{Bmatrix}\right) - \begin{Bmatrix} 1\,0 \\ 0 \end{Bmatrix}\begin{Bmatrix} 1\,0 \\ 0 \end{Bmatrix} - \begin{Bmatrix} 1\,1 \\ 1 \end{Bmatrix}\begin{Bmatrix} 1\,1 \\ 1 \end{Bmatrix} \\[12pt]
-1 & \begin{Bmatrix} 2\,2 \\ 1 \end{Bmatrix}\left(\begin{Bmatrix} 1\,0 \\ 0 \end{Bmatrix} + \begin{Bmatrix} 1\,1 \\ 1 \end{Bmatrix}\right) \\[12pt]
-1 & \begin{Bmatrix} 3\,3 \\ 1 \end{Bmatrix}\left(\begin{Bmatrix} 1\,0 \\ 0 \end{Bmatrix} + \begin{Bmatrix} 1\,1 \\ 1 \end{Bmatrix}\right).
\end{array}
$$

Die in der ersten und zweiten Zeile stehenden Glieder ergeben zusammen

$$\left(\begin{Bmatrix} 1\,1 \\ 1 \end{Bmatrix} - \begin{Bmatrix} 1\,0 \\ 0 \end{Bmatrix}\right)\left(\frac{1}{f^2}\begin{Bmatrix} 0\,0 \\ 1 \end{Bmatrix} - \frac{1}{h^2}\begin{Bmatrix} 1\,0 \\ 0 \end{Bmatrix}\right);$$

in diesem Produkt ist aber der zweite Faktor $= 0$. Da [§ 18, Gl. (60)]

$$\sum_{i=0}^{3} \begin{Bmatrix} 1\,i \\ i \end{Bmatrix} = \frac{\varDelta'}{\varDelta} \qquad (\varDelta = \sqrt{g} = hf),$$

ist die Summe der in der dritten und vierten Zeile stehenden Terme

$$= -\frac{2\,lr}{h^2} \cdot \frac{\varDelta'}{\varDelta}.$$

Erstrecken wir das Weltintegral $\mathfrak{G}$ nach der Zeit x_0 über ein festes Intervall, nach dem Raum über eine von zwei Kugelflächen begrenzte Schale, so lautet, da das Integrationselement

$$dx = dx_0 \cdot d\Omega \cdot r^2 dr \qquad (d\Omega = \text{räumlicher Winkel})$$

ist, die zu lösende Variationsgleichung

$$\delta \int \mathfrak{G} r^2 \, dr = 0;$$

also, wenn wir

$$\frac{l r^3}{h^2} = \frac{l r^3}{1 + l r^2} = \left(1 - \frac{1}{h^2} \right) r = w$$

setzen,

$$\delta \int w \varDelta' \, dr = 0.$$

Darin dürfen wir $\varDelta$ und w als die unabhängig zu variierenden Funktionen betrachten.

Indem wir w variieren, ergibt sich

$$\varDelta' = 0, \qquad \varDelta = \text{const.};$$

bei geeigneter Wahl der Maßeinheit der Zeit also

$$\varDelta = hf = 1.$$

Partielle Integration liefert

$$\int w \varDelta' \, dr = [w \varDelta] - \int \varDelta w' \, dr.$$

Daher kommt, wenn wir $\varDelta$ variieren,

$$w' = 0, \qquad w = \text{konst.} = 2m.$$

Aus der Definition von w und $\varDelta = 1$ folgt nunmehr

$$(49) \qquad \boxed{\quad f^2 = 1 - \frac{2m}{r}, \qquad h^2 = \frac{1}{f^2} \quad}.$$

Man kann sich durch Einsetzen davon überzeugen, daß das so gewonnene Feld allen Gravitationsgleichungen genügt. Doch führt auch die folgende Überlegung ohne Rechnung zu der Einsicht, daß die freie Variation aller 10 Komponenten g_{ik} zu keinen weiteren Bedingungsgleichungen führt. Zunächst hat nach § 31 der in dem Ausdruck von

$$\delta \int \mathfrak{G} \, dx = -\frac{1}{2} \int [\mathfrak{G}]_{ik} \, \delta g^{ik} \, dx$$

auftretende Krümmungstensor R_{ik} gleichfalls die statische Form: es ist $R_{i0} = 0$ (für $i = 1, 2, 3$) und alle Komponenten sind unabhängig von $x_0 = t$. Zweitens folgt aus der Invarianz des Tensorfeldes g_{ik} $(i, k = 1, 2, 3)$ gegenüber den Euklidischen Drehungen des Bildraums um O die gleiche Invarianzeigenschaft für das eindeutig aus den g_{ik} bestimmte Tensorfeld R_{ik}; d. h.

$$R_{ik} = K \delta_{ik} + L x_i x_k \qquad (i, k = 1, 2, 3),$$

und R_{00}, K, L hängen nur von r ab. Infolgedessen genügt es, die Variation von f, k, l — in der Normalform (46) — vorzunehmen. Nimmt man mit dem Bildraum eine unendlichkleine Deformation so vor, daß die Punkte auf der Kugel vom Radius r in radialer Richtung hinüberwandern auf die Kugel vom Radius $r + \delta r$ (δr eine Funktion von r allein), so wird jene Normalform nicht zerstört, es erfahren nur f, k, l gewisse von

δr abhängige Änderungen δf, δk, δl. Für diese aber ist, wenn δr nur in einem endlichen Intervall des Radius r von o verschieden ist, stets

$$\delta \int \mathfrak{G}\, dx = \delta\, \frac{1}{2} \int R\, \sqrt{g}\, dx = 0,$$

weil R eine Invariante ist. Infolgedessen genügt es, unter der Einschränkung $\delta k = 0$ zu variieren.

Wir haben unsere Aufgabe also vollständig gelöst. Die Maßeinheit der Zeit wurde so gewählt, daß die Lichtgeschwindigkeit im Unendlichen $= 1$ ist. Die Größe m von der Dimension einer Länge bezeichnen wir als den *Gravitationsradius* der das Feld erzeugenden Massen; sie mißt die Intensität der von diesen Massen ausgehenden Störung des metrischen Feldes. Wählen wir cm und sec als Maßeinheiten, so wird die Lichtgeschwindigkeit fern von den störenden Massen nicht $= 1$, sondern $= c$; dann müssen wir in unseren Formeln f durch cf ersetzen. In Entfernungen r, die groß sind gegenüber m, ist

$$cf = c + \frac{\Phi}{c}, \qquad \Phi = \frac{-c^2 m}{r}.$$

Mit der in dem Newtonschen Gesetz

$$\text{Gravitationspotential } \Phi = -\frac{M}{r}$$

auftretenden Größe M hängt unser m also durch die Gleichung zusammen: $M = c^2 m$. Die Beobachtung der Gestirnbewegungen gestattet nur, auf die Werte dieser »gravitationsfeld-erzeugenden Masse« M oder m zu schließen; z. B. ist für die Sonne m ungefähr $= 1{,}47$ km, für die Erde $m = 5$ mm. Um aber dem Prinzip zu genügen, daß die von einem Körper 1 auf einen Körper 2 ausgeübte Gravitationskraft derjenigen gleich ist, mit welcher 2 auf 1 wirkt (Gleichheit von Aktio und Reaktio), setzte Newton hypothetisch die Größe M der trägen Masse proportional. In § 37 werden wir allgemein auf Grund der Einsteinschen Theorie den Zusammenhang der gravitationsfeld-erzeugenden mit der trägen Masse feststellen. — Da f^2 nicht negativ werden kann, zeigt sich übrigens, daß bei Verwendung der hier eingeführten Koordinaten für das von Materie freie Raumgebiet überall $r > 2\,m$ sein muß.

Statt der eben zugrunde gelegten Normierung des Bildraumes durch die Bedingung: tangentiales Vergrößerungsverhältnis $= 1$, ist es zuweilen zweckmäßig, andere Normierungen zu verwenden. Besonders einfach ist die Normierung $l = 0$: der wirkliche Raum erscheint dann *konform* auf den Cartesischen Bildraum bezogen, das tangentiale Vergrößerungsverhältnis ist gleich dem radialen. Für die »Umnormierung« (47) ist offenbar

$$\left(\frac{d\sigma_0}{d\sigma_0^*}\right)_{\parallel} = \frac{dr}{dr^*}, \qquad \left(\frac{d\sigma_0}{d\sigma_0^*}\right)_{\perp} = \frac{r}{r^*}.$$

Entspricht der x-Raum unserer alten Normierung

$$\left(\frac{d\sigma}{d\sigma_0}\right)_{\parallel} = h(r), \quad \left(\frac{d\sigma}{d\sigma_0}\right)_{\perp} = 1,$$

so gelangen wir also zum konformen Cartesischen Bildraum mit den Koordinaten x^*, wenn wir dafür sorgen, daß

$$h(r)\frac{dr}{dr^*} = \frac{r}{r^*}$$

wird. Das liefert, auf (49) angewendet, die Differentialgleichung

$$\frac{dr}{\sqrt{r(r-2m)}} = \frac{dr^*}{r^*};$$

die Integration ergibt

$$\frac{r-m}{m} = \frac{1}{2}\left(ar^* + \frac{1}{ar^*}\right).$$

Damit im Unendlichen das Vergrößerungsverhältnis $= 1$ bleibt, wählen wir die Konstante a (d. i. die Maßeinheit für die neue Entfernung r^*) $= \frac{2}{m}$ und erhalten

$$r = r^* + m + \frac{m^2}{4r^*}, \qquad \frac{r}{r^*} = \left(1 + \frac{m}{2r^*}\right)^2,$$

$$f^2 = \frac{r-2m}{r} = \left(\frac{r^* - m/2}{r^* + m/2}\right)^2.$$

Damit wird im neuen Koordinatensystem, wenn wir den Sternakzent wieder fortlassen,

$$(49^*)\quad \left\{\begin{array}{l} \text{das lineare Vergrößerungsverhältnis } h = \dfrac{d\sigma}{d\sigma_0} = \left(1 + \dfrac{m}{2r}\right)^2 \\[2ex] \text{und die Lichtgeschwindigkeit } \ldots\ldots\ f = \dfrac{1 - m/2r}{1 + m/2r}. \end{array}\right.$$

Bringt man einen unendlichkleinen starren Maßstab an verschiedene Stellen des unser Massenzentrum umgebenden Gravitationsfeldes, so kommt ihm immer die gleiche Länge $d\sigma$ zu. Denn wir hatten die Metrik nach Einstein mit Hilfe der Maßstäbe und Uhren physikalisch *definiert*; $d\sigma$ ist die Breite des Weltstreifens, welchen der ruhende Maßstab beschreibt, ausgemessen mit der metrischen Grundform ds^2 senkrecht zur Streifenrichtung. Die auf die direkten Maßangaben starrer Stäbe gegründete »natürliche Geometrie« ist in der Umgebung einer Masse also nicht die Euklidische, sondern weicht von ihr in der aus unseren Formeln ersichtlichen Weise ab. Freilich ist es möglich, diesen Sachverhalt auch folgendermaßen darzustellen: In Wahrheit gilt die Euklidische Geometrie; das Gravitationsfeld wirkt aber auf die Maßstäbe so ein, daß ein radial gestellter Maßstab, der sich in der (wahren) Entfernung r vom Gravitationszentrum befindet, eine Kontraktion im Verhältnis

$$\sqrt{1 - \frac{2m}{r}} : 1$$

erfährt, während an einem tangential, senkrecht zu den Radien gestellten Maßstab das Gravitationsfeld keine Längenänderung hervorruft. Dann ist nicht $d\sigma$, sondern das (unserer ersten Normierung entsprechende) $d\sigma_0$ die wahre Länge eines Stäbchens, und darum gilt nach Anbringung der durch die Kontraktion bedingten Korrektur die Euklidische Geometrie. — Messen wir eine ungleichförmig erwärmte Platte, die sich in stationärem Temperaturzustand befindet, mit Hilfe von ruhenden Maßstäben aus, die an jeder Stelle der Platte im Wärmegleichgewicht die dort herrschende Temperatur angenommen haben, so konstatieren wir ähnliche (übrigens weit erheblichere) Abweichungen der »natürlichen Geometrie« von der Euklidischen wie im Gravitationsfeld. Trotzdem behauptet niemand, daß auf der Platte die Euklidische Geometrie nicht gelte, sondern man schreibt diese Abweichungen der Wärmeausdehnung der benutzten Maßstäbe zu. Ist es nicht auch im Falle des Gravitationsfeldes viel einfacher und vernünftiger, die Euklidische Geometrie beizubehalten und anzunehmen, daß die Maßstäbe im Gravitationsfeld sich kontrahieren? Gewiß ist eine solche Schilderung des Sachverhalts möglich. Aber — auch abgesehen davon, daß auf der ungleichmäßig erwärmten Platte die Kontraktion vom Material abhängig ist, aus dem die Stäbe hergestellt sind, im Gravitationsfeld dagegen nicht — es ist ein wichtiger Unterschied vorhanden. Im Gravitationsfeld können wir, unserer zweiten Normierung entsprechend, die Euklidische Geometrie auch dadurch retten, daß wir annehmen, alle Maßstäbe, die tangential wie die radial gestellten, erfahren in der Entfernung r vom Gravitationszentrum die Kontraktion $(1 + m/2\,r)^2$. So gibt es hier offenbar *unendlichviele gleichmögliche und gleichberechtigte Vorschriften zur Korrektur* der an den Maßstäben direkt abgelesenen Längen, deren jede zur Euklidischen als der wahren Geometrie führt; kein Anhaltspunkt ist da, um eine von ihnen im Gegensatz zu allen anderen als die allein richtige auszuwählen. Nur durch Sanktion eines reinen Willküraktes könnte das geschehen; die Einsteinsche Auffassung vermeidet es, ein solches zugleich willkürliches und überflüssiges Element in die Beschreibung der konkret vorliegenden Verhältnisse hineinzutragen. Ganz anders im Falle des Temperaturfeldes: da haben wir eine einzige physikalisch absolut ausgezeichnete Korrekturvorschrift, die Reduktion auf konstante Temperatur.

Um uns die Abweichungen von der Euklidischen Geometrie in der Nähe eines Massenzentrums anschaulich zu machen, genügt es, eine durch das Zentrum hindurchgehende Ebene ins Auge zu fassen; wir konstruieren eine Rotationsfläche im Euklidischen Raum, auf welcher die gleichen Maßverhältnisse statthaben wie in einer solchen Ebene. Seien $x_1\,x_2\,z$ Cartesische Koordinaten im Euklidischen Raum, die z-Achse die Rotationsachse der gesuchten Fläche, r der Abstand eines willkürlichen Punktes von der z-Achse und $z = F(r)$ die Gleichung der Fläche. Bilden wir sie auf die $x_1 x_2$-Ebene durch orthogonale Projektion ab, so ist offenbar das tangentiale Vergrößerungsverhältnis $= 1$, und das radiale h berechnet sich aus

$$h^2 = 1 + \left(\frac{dz}{dr}\right)^2.$$

Um Übereinstimmung mit (49) zu erzielen, müssen wir $F(r)$ so annehmen, daß

$$\frac{dz}{dr} = F'(r) = \sqrt{\frac{2m}{r - 2m}}$$

wird: das liefert

$$z = F(r) = \sqrt{8m(r - 2m)}.$$

Die Geometrie in jener Ebene ist also die gleiche, wie sie im Euklidischen Raum auf der Rotationsfläche einer Parabel

$$z = \sqrt{8m(r - 2m)}$$

gilt.

Wir gehen zu dem Fall über, daß die kugelsymmetrisch um ein Zentrum O verteilten Massen *elektrisch geladen* sind; natürlich soll die Ladungsverteilung gleichfalls kugelsymmetrisch sein.

Eine *geladene Kugel* erzeugt außer dem kugelsymmetrischen Gravitationsfeld auch ein ebensolches elektrostatisches Feld; da sich beide Felder gegenseitig beeinflussen, können sie nur simultan bestimmt werden[20]). In dem von Massen und Ladungen freien Gebiet lautet das Integral, das für den Gleichgewichtszustand einen stationären Wert annimmt:

$$\int \left\{ w\varDelta' - \frac{\varkappa}{2} \frac{\varphi'^2 r^2}{\varDelta} \right\} dr.$$

Die Bezeichnungen sind dieselben wie oben, φ ist das elektrostatische Potential. Als Wirkungsfunktion des elektrischen Feldes ist gemäß der klassischen Theorie das Quadrat des Feldbetrages zugrunde gelegt. Die Variation von w ergibt, ebenso wie im ladungslosen Fall,

$$\varDelta' = 0, \qquad \varDelta = \text{const.} = 1,$$

Variation von φ aber:

$$\frac{d}{dr}\left(\frac{r^2 \varphi'}{\varDelta} \right) = 0 \quad \text{und daraus} \qquad (50) \quad \varphi = \frac{e}{r}.$$

Für das elektrostatische Potential erhält man demnach die gleiche Formel wie ohne Berücksichtigung der Gravitation; die Konstante $4\pi e$ ist die das Feld erzeugende elektrische Ladung. Variiert man endlich $\varDelta$, so kommt

$$w' - \frac{\varkappa}{2} \frac{\varphi'^2 r^2}{\varDelta^2} = 0$$

und daraus

$$(50^*) \qquad w = 2m - \frac{\varkappa}{2} \frac{e^2}{r}, \qquad \frac{1}{h^2} = f^2 = 1 - \frac{2m}{r} + \frac{\varkappa}{2} \frac{e^2}{r^2}.$$

Die Konstante m werden wir wieder als Gravitationsradius des Zentralkörpers bezeichnen. Das elektrische Zusatzglied, das in dieser Formel auftritt, rührt her von der gravitierenden Wirkung der elektrischen Feldenergie.

§ 34. Lichtstrahlen und Planeten im Gravitationsfeld der Sonne.

Unsere Formeln (49) oder (49*) wenden wir insbesondere auf das *Gravitationsfeld der Sonne* an. Um die Ablenkung eines an der Sonne vorbeigehenden Lichtstrahls zu berechnen, ist es am zweckmäßigsten, die *konforme* Abbildung auf einen Cartesischen Bildraum, Formel (49*), zugrunde zu legen. Die Lichtbahn ist dann dadurch charakterisiert, daß sie dem Integral

$$\int \frac{d\sigma}{f} = \int n\, d\sigma_0$$

einen stationären Wert erteilt, wo

$$n = \frac{h}{f} = (1 + m/2r)^3 : (1 - m/2r)$$

gesetzt ist. *Das Gravitationsfeld wirkt danach genau so auf die Lichtstrahlen wie ein die Sonne umgebendes brechendes Medium, dessen Brechungsexponent n nach dem eben angegebenen Gesetz mit dem Abstand r von der Sonne variiert.* Da auf allen Teilen der Lichtbahn der Abstand r vom Sonnenmittelpunkt sehr groß ist gegenüber m, können wir mit hinreichender Annäherung schreiben:

$$n = 1 + \frac{2m}{r}, \qquad n^2 = 1 + \frac{4m}{r}.$$

Der Ablenkungseffekt rührt, wie man sieht, zur Hälfte her von dem Einfluß des Gravitationszentrums auf die Lichtgeschwindigkeit (oder das statische Gravitationspotential) f, zur Hälfte von seinem Einfluß auf die Raumgeometrie (auf h). Berechnet man die Bahn des Lichtstrahls nach der Newtonschen Theorie unter Berücksichtigung der Schwere des Lichts, nämlich als die Bahn eines Körpers, der im Unendlichen die Lichtgeschwindigkeit c besitzt, so tritt nur der erste Teil des Effektes auf, und darum liefert das Newtonsche Attraktionsgesetz eine halb so große Ablenkung wie das Einsteinsche. Das Wirkungsprinzip für einen Körper, der sich unter dem Einfluß eines Potentials Φ bewegt und dessen Geschwindigkeit im Unendlichen, wo Φ verschwindet, $= c$ ist, lautet in der Tat nach der Newtonschen Mechanik

$$\delta \int \sqrt{1 - \frac{2\Phi}{c^2}} \cdot d\sigma_0 = 0.$$

Wiederum ist es ein Integral von der Form $\int n\, d\sigma_0$, das zum Extremum gemacht werden soll; nur ist diesmal

$$n^2 = 1 - \frac{2\Phi}{c^2} = 1 + \frac{2m}{r}.$$

Bestätigt sich der Einsteinsche Wert in der Erfahrung, so ist das also ein Beleg dafür, daß die gravitierende Masse in der von Einstein behaupteten Weise auf das Maßfeld des sie umgebenden Raumes wirkt.

Um jetzt die Bahn des Lichtes wirklich zu bestimmen, setzen wir einen Augenblick $d\sigma = n\,d\sigma_\circ$; es handelt sich dann um die zu der quadratischen Form $d\sigma^2 = n^2 d\sigma_\circ^2$ gehörigen geodätischen Linien. Ihre Differentialgleichungen lauten

$$\frac{d}{d\sigma}\left(n^2 \frac{dx_i}{d\sigma}\right) = \frac{1}{2}\frac{\partial n^2}{\partial x_i} \cdot \sum_\alpha \left(\frac{dx_\alpha}{d\sigma}\right)^2$$

oder

$$\frac{d}{d\sigma_\circ}\left(n\frac{dx_i}{d\sigma_\circ}\right) = \frac{\partial n}{\partial x_i} = \frac{dn}{dr}\cdot\frac{x_i}{r}\cdot$$

Man erhält daraus in bekannter Weise die drei Gleichungen, welche den »Flächensatz« enthalten:

$$\ldots\ldots\ldots\ldots,\quad n\left(x_1 \frac{dx_2}{d\sigma_\circ} - x_2 \frac{dx_1}{d\sigma_\circ}\right) = \text{const.}$$

Aus ihnen geht hervor, daß der Lichtstrahl in einer Ebene liegt, die wir zur Koordinatenebene $x_3 = 0$ wählen können. Führen wir in ihr Polarkoordinaten r, φ ein, so lautet die Flächengleichung

$$n r^2 \frac{d\varphi}{d\sigma_\circ} = \text{const.} = R$$

oder

$$\frac{1}{r^4}\left(\frac{dr}{d\varphi}\right)^2 + \frac{1}{r^2} = \frac{n^2}{R^2}\cdot$$

Benutzen wir statt r die reziproke Entfernung $\varrho = \dfrac{1}{r}$, so kommt

$$(51)\qquad \left(\frac{d\varrho}{d\varphi}\right)^2 + \varrho^2 = \frac{n^2}{R^2}\cdot$$

Da im Unendlichen $n = 1$ ist, bedeutet R den Abstand der beiden Asymptoten des Lichtstrahls vom Sonnenmittelpunkt oder die »scheinbare Entfernung« des Licht aussendenden Sternes von O (denn bei einer beliebigen Kurve wird der Asymptotenabstand vom Ursprung gegeben durch den Wert von $\dfrac{d\varphi}{d\varrho}$ für $\varrho = 0$). Nach der Newtonschen Theorie ist streng, nach der Einsteinschen mit hinreichender Annäherung

$$n^2 = 1 + \alpha\varrho;\quad \alpha = 2m \text{ (Newton)}, \quad \alpha = 4m \text{ (Einstein)}.$$

Nach (51) beschreibt unter diesen Umständen das Licht eine Hyperbel, und als Ablenkungswinkel ergibt sich leicht der Wert $\dfrac{\alpha}{R}\cdot$ Er ist demnach umgekehrt proportional der Entfernung R des Sternes vom Sonnenmittelpunkt und nach Einstein doppelt so groß wie nach Newton. Die Beobachtungen von Sobral und Principe entscheiden die Frage deutlich zugunsten von Einstein gegen Newton.

Um die Planetenbewegung im Gravitationsfeld zu berechnen, verwenden wir die erste Normierung und alle ihr entsprechenden Bezeichnungen von

§ 33. Der Planet beschreibt eine geodätische Weltlinie. Von deren vier Gleichungen

$$\frac{d^2 x_i}{ds^2} + \left\{ \begin{matrix} \alpha\,\beta \\ i \end{matrix} \right\} \frac{dx_\alpha}{ds} \frac{dx_\beta}{ds} = 0$$

liefert die dem Index $i = 0$ entsprechende im statischen Gravitationsfeld, wie wir oben sahen, das Energieintegral

$$f^2 \frac{dx_0}{ds} = \text{const.}$$

oder, da

$$\left(f \frac{dx_0}{ds} \right)^2 = 1 + \left(\frac{d\sigma}{ds} \right)^2 :$$

$$f^2 \left[1 + \left(\frac{d\sigma}{ds} \right)^2 \right] = \text{const.}$$

Die den Indizes $i = 1, 2, 3$ entsprechenden Gleichungen liefern für ein kugelsymmetrisches Feld, wie die in § 33 angegebenen Werte der Dreiindizes-Symbole ohne weiteres erkennen lassen, die Proportion

$$\frac{d^2 x_1}{ds^2} : \frac{d^2 x_2}{ds^2} : \frac{d^2 x_3}{ds^2} = x_1 : x_2 : x_3$$

und damit den Flächensatz:

$$\cdots\cdots\cdots\cdots\cdots , \quad x_1 \frac{dx_2}{ds} - x_2 \frac{dx_1}{ds} = \text{const.}$$

Gegenüber der Newtonschen Theorie besteht hinsichtlich dieses Satzes nur der Unterschied, daß nicht nach der kosmischen Zeit, sondern der Eigenzeit s des Planeten differentiiert werden muß. Wegen des Flächensatzes erfolgt die Bewegung in einer Ebene, die wir zur Koordinatenebene $x_3 = 0$ wählen können. Führen wir in ihr Polarkoordinaten ein:

$$x_1 = r \cos\varphi , \qquad x_2 = r \sin\varphi ,$$

so lautet das Flächenintegral

$$(52) \qquad r^2 \frac{d\varphi}{ds} = \text{const.} = b .$$

Für das Energieintegral aber kommt, da

$$d\sigma^2 = h^2 dr^2 + r^2 d\varphi^2 \text{ ist:}$$

$$f^2 \left\{ 1 + h^2 \left(\frac{dr}{ds} \right)^2 + r^2 \left(\frac{d\varphi}{ds} \right)^2 \right\} = \text{const.}$$

Wegen $fh = 1$ folgt durch Einsetzen des Wertes von f^2

$$(53) \qquad -\frac{2m}{r} + \left(\frac{dr}{ds} \right)^2 + r(r - 2m)\left(\frac{d\varphi}{ds} \right)^2 = -E = \text{const.}$$

Diese Gleichung zeigt gegenüber der Energiegleichung in der Newtonschen Theorie nur den einen Unterschied, daß im letzten Gliede links der eine Faktor r durch $r - 2m$ ersetzt ist.

Die weitere Behandlung geschieht genau wie in der Newtonschen Theorie. Wir setzen $\dfrac{d\varphi}{ds}$ aus (52) in (53) ein:

$$\left(\frac{dr}{ds}\right)^2 = \frac{2m}{r} - E - \frac{b^2(r - 2m)}{r^3},$$

oder statt r die reziproke Entfernung $\varrho = \dfrac{1}{r}$ benutzend,

$$\left(\frac{d\varrho}{\varrho^2 ds}\right)^2 = 2m\varrho - E - b^2\varrho^2(1 - 2m\varrho).$$

Wollen wir die Planetenbahn ermitteln, so eliminieren wir die Eigenzeit, indem wir diese Gleichung durch die quadrierte Gleichung (52) dividieren:

$$\left(\frac{d\varrho}{d\varphi}\right)^2 = \frac{2m}{b^2}\varrho - \frac{E}{b^2} - \varrho^2 + 2m\varrho^3.$$

In der Newtonschen Theorie fehlt das letzte Glied rechts. Für die numerischen Verhältnisse, die bei einem Planeten vorliegen, hat das Polynom 3. Grades in ϱ auf der rechten Seite drei positive Wurzeln $\varrho_0 > \varrho_1 > \varrho_2$ und ist also

$$= 2m(\varrho_0 - \varrho)(\varrho_1 - \varrho)(\varrho - \varrho_2);$$

ϱ bewegt sich zwischen ϱ_1 und ϱ_2. Die Wurzel ϱ_0 ist sehr groß gegenüber den beiden andern. Wir setzen wie in der Newtonschen Theorie

$$\frac{1}{\varrho_1} = a(1 - e), \qquad \frac{1}{\varrho_2} = a(1 + e)$$

und nennen a die halbe große Achse und e die Exzentrizität; dann ist

$$\varrho_1 + \varrho_2 = \frac{2}{a(1 - e^2)}.$$

Vergleichen wir die Koeffizienten von ϱ^2 miteinander, so kommt

$$\varrho_0 + \varrho_1 + \varrho_2 = \frac{1}{2m}.$$

φ drückt sich durch ϱ mittels eines elliptischen Integrals 1. Gattung aus, daher ist ϱ umgekehrt eine elliptische Funktion von φ. Die Bewegung hat genau den gleichen Typus wie die des sphärischen Pendels. Um einfache Näherungsformeln zu finden, machen wir die gleiche Substitution, wie sie zur Bestimmung der Keplerschen Bahnellipse in der Newtonschen Theorie benutzt wird:

$$\varrho - \frac{\varrho_1 + \varrho_2}{2} = \frac{\varrho_1 - \varrho_2}{2}\cos\theta.$$

Dann ist

$$(54) \qquad \varphi = \int \frac{d\theta}{\sqrt{2m\left(\varrho_0 - \dfrac{\varrho_1 + \varrho_2}{2} - \dfrac{\varrho_1 - \varrho_2}{2}\cos\theta\right)}}.$$

Das Perihel ist charakterisiert durch die Werte $0 = 0$, 2π, ...; der Zuwachs des Azimuts φ für einen vollen Umlauf von Perihel zu Perihel wird also durch das obige Integral, genommen in den Grenzen von o bis 2π, geliefert. Mit bei weitem ausreichender Genauigkeit ist er

$$= \frac{2\pi}{\sqrt{2m\left(\varrho_0 - \dfrac{\varrho_1 + \varrho_2}{2}\right)}} ;$$

denn entwickelt man den Integranden nach Potenzen der kleinen Größe

$$\frac{(\varrho_1 - \varrho_2) \cos 0}{2\varrho_0 - (\varrho_1 + \varrho_2)},$$

so verschwindet bei der Integration der Beitrag der ersten Potenz, wegen

$$\int_0^{2\pi} \cos 0 \cdot d\theta = 0 .$$

Wir finden aber

$$\varrho_0 - \frac{\varrho_1 + \varrho_2}{2} = (\varrho_0 + \varrho_1 + \varrho_2) - \tfrac{3}{2}(\varrho_1 + \varrho_2) = \frac{1}{2m} - \frac{3}{a(1 - e^2)} .$$

Infolgedessen ist jener Zuwachs

$$= \frac{2\pi}{\sqrt{1 - \dfrac{6m}{a(1 - e^2)}}} \sim 2\pi\left\{1 + \frac{3m}{a(1 - e^2)}\right\}$$

und *das Vorrücken des Perihels pro Bahnumlauf*

$$= \frac{6\pi m}{a(1 - e^2)} .$$

m, der Gravitationsradius der Sonne, kann nach dem dritten Keplerschen Gesetz noch durch die Umlaufszeit T des Planeten und die halbe große Achse a ausgedrückt werden:

$$m = \frac{4\pi^2 a^3}{c^2 T^2} .$$

Einen mit den feinen astronomischen Beobachtungsmitteln sicher konstatierbaren Betrag erreicht dieses Vorrücken des Perihels nur für den sonnennächsten Planeten, den Merkur[21]). — Aus der Formel (54) kann man natürlich auch von neuem die Ablenkung eines Lichtstrahls berechnen.

§ 35. Weitere strenge Lösungen des statischen Gravitationsproblems.

Das *im Innern massiver Körper* herrschende Gravitationsfeld ist nach der Einsteinschen Theorie erst bestimmt, wenn die dynamische Konstitution der Körper vollständig bekannt ist; in den Gravitationsgleichungen sind ja die mechanischen, also im statischen Fall die Gleichgewichtsbedingungen mit enthalten. Die einfachsten Verhältnisse, welche wir ins

Auge fassen können, liegen vor, wenn die Körper aus einer *homogenen inkompressiblen Flüssigkeit* bestehen. Der Energietensor einer Flüssigkeit, 18 auf welche keine Volumkräfte wirken, wird nach § 27 durch die Gleichungen geliefert

$$T_{ik} = \mu^* u_i u_k - p\, g_{ik},$$

in denen die u_i die kovarianten Komponenten der Weltrichtung der Materie sind ($u_i u^i = 1$), der Skalar p den Druck bedeutet und μ^* sich aus der konstanten Dichte μ_0 durch die Gleichung $\mu^* = \mu_0 + p$ bestimmt. Wir führen die Größen

$$\mu^* u_i = v_i$$

als Unabhängige ein und setzen

$$L = \frac{1}{\sqrt{g}}\mathfrak{L} = \mu_0 - \sqrt{v_i v^i}.$$

Dann ist, wenn wir nur die g^{ik} variieren, hingegen die v_i nicht:

$$\delta\mathfrak{L} = -\tfrac{1}{2}\mathfrak{T}_{ik}\delta g^{ik}.$$

Folglich können wir die Gravitationsgleichungen in die auf diese Art der Variation sich beziehende Formel zusammenfassen

$$\delta\!\int (\varkappa\,\mathfrak{L} + \mathfrak{G})\,dx = 0.$$

Es ist aber wohl zu beachten, daß dieses Prinzip, wenn in ihm die v_i als Unabhängige variiert werden, *nicht* die richtigen hydrodynamischen Glei-chungen ergibt (statt dessen käme $\dfrac{v^i}{\sqrt{v_i v^i}} = 0$, womit nun gar nichts an-zufangen ist). Diese, d. s. die Erhaltungssätze für Energie und Impuls, sind ja aber bereits in den Gravitationsgleichungen mitenthalten.

Im statischen Fall ist $v_1 = v_2 = v_3 = 0$ und alle Größen sind unab-hängig von der Zeit; wir setzen $v_0 = v$ und verwenden das Variations-zeichen δ in dem gleichen Sinne wie in § 30 für eine Änderung, die durch infinitesimale Deformation hervorgerufen wird, wobei wir uns aber auf eine rein räumliche Verschiebung beschränken. Dann ist

$$\delta\mathfrak{L} = \tfrac{1}{2}\mathfrak{T}^{ik}\delta g_{ik} - h\,\delta v \qquad \left(h = \frac{\varDelta}{f}\right),$$

wobei δv nichts anderes bedeutet als den Unterschied von v an zwei Raumstellen, die durch die infinitesimale Verschiebung auseinander her-vorgehen. Indem wir jetzt den Schluß, durch den wir in § 30 den Energieimpulssatz gewannen, umkehren, folgern wir aus der Gültigkeit jenes Gesetzes, d. i.

$$\int \mathfrak{T}^{ik}\delta g_{ik}\cdot dx = 0,$$

und der Gleichung, welche die invariante Natur des Weltintegrals von $\mathfrak{L}$ zum Ausdruck bringt:

$$\int \delta\mathfrak{L}\cdot dx = 0,$$

daß $\delta v = 0$ ist. Und das bedeutet, daß v *in einem zusammenhängenden, von Flüssigkeit erfüllten Raumgebiet einen konstanten Wert besitzt.* Das Energiegesetz ist identisch erfüllt, und das Impulsgesetz drückt sich am einfachsten in dieser Tatsache aus.

Eine einzige im Gleichgewicht befindliche Flüssigkeitsmasse wird hinsichtlich Massenverteilung und Feld Kugelsymmetrie besitzen. Spezialisieren wir auf diesen Fall, so haben wir für ds^2 den gleichen, die drei unbekannten Funktionen k, l, f enthaltenden Ansatz zu machen wie zu Beginn des § 33. Setzen wir von vornherein $k = 1$, so entgeht uns diejenige Gleichung, welche durch Variation von k entspringt. Für sie ist offenbar jene Gleichung ein voller Ersatz, welche die Invarianz der Wirkungsgröße bei infinitesimaler räumlicher Verschiebung in radialer Richtung aussagt, d. h. der Impulssatz $v = \text{const}$. Das zu lösende Variationsproblem lautet jetzt

$$\delta \int \{ \Delta' w + \varkappa r^2 \mu_0 \Delta - \varkappa r^2 v h \} \, dr = 0;$$

dabei sind Δ und h zu variiren,

$$w \text{ ist} = \left(1 - \frac{1}{h^2} \right) r.$$

Beginnen wir mit der Variation von Δ; es kommt

$$w' - \varkappa \mu_0 r^2 = 0, \qquad w = \frac{\varkappa \mu_0}{3} r^3,$$

$$(55) \qquad \boxed{\frac{1}{h^2} = 1 - \frac{\varkappa \mu_0}{3} r^2}$$

Die Flüssigkeitskugel habe den Radius $r = r_0$. Wir sehen, daß er notwendig

$$< a = \sqrt{\frac{3}{\varkappa \mu_0}}$$

bleiben muß. Für eine Wasserkugel ist jene obere Grenze beispielsweise $4 \cdot 10^8 \, \text{km} = 22$ Lichtminuten. Außerhalb der Kugel gelten unsere früheren Formeln, insbesondere ist dort

$$\frac{1}{h^2} = 1 - \frac{2m}{r}, \qquad \Delta = 1.$$

Die Grenzbedingungen verlangen, daß h und f stetig über die Kugeloberfläche hinübergehen und der Druck p daselbst verschwindet. Aus der Stetigkeit von h ergibt sich zunächst für den Gravitationsradius m der Flüssigkeitskugel

$$(56) \qquad m = \frac{\varkappa \mu_0 r_0^3}{6}.$$

Die zwischen r_0 und μ_0 bestehende Ungleichung zeigt, daß der Radius r_0 größer sein muß als $2m$. Bevor wir also, aus dem Unendlichen kommend, an die früher erwähnte singuläre Kugel $r = 2m$ gelangen, geraten wir in die Flüssigkeit hinein, und in ihr gelten andere Gesetze. Da

$$v = \mu^* f = \frac{\mu^* \varDelta}{h}$$

eine Konstante ist und an der Kugeloberfläche den Wert $\frac{\mu_0}{h_0}$ annimmt, wo h_0 den aus (55) zu entnehmenden Wert von h daselbst bedeutet, so ist im ganzen Innern

$$(57) \qquad v = (\mu_0 + p)f = \frac{\mu_0}{h_0}.$$

Die Variation von h liefert

$$-\frac{2\varDelta'}{h^3} + \varkappa r v = 0.$$

Da aus (55)

$$\frac{h'}{h^3} = \frac{\varkappa \mu_0}{3} r$$

folgt, findet man sofort

$$\varDelta = \frac{3v}{2\mu_0} h + \text{konst.}$$

Zieht man noch den Wert (57) der Konstanten v heran und ermittelt den Wert der auftretenden Integrationskonstanten durch die Randbedingung $\varDelta = 1$ auf der Kugeloberfläche, so kommt

$$\varDelta = \frac{3h - h_0}{2h_0}, \qquad \boxed{f = \frac{3h - h_0}{2hh_0}}.$$

Endlich ergibt sich aus (57) jetzt

$$\boxed{p = \mu_0 \cdot \frac{h_0 - h}{3h - h_0}}.$$

Damit sind die metrische Fundamentalform des Raumes

$$(58) \qquad do^2 = (dx_1^2 + dx_2^2 + dx_3^2) + \frac{(x_1\,dx_1 + x_2\,dx_2 + x_3\,dx_3)^2}{a^2 - r^2},$$

das Gravitationspotential oder die Lichtgeschwindigkeit, f, und das Druckfeld p bestimmt.

Führen wir im Raum eine überschüssige Koordinate

$$z = \sqrt{a^2 - r^2}$$

ein, so ist

$$(59) \qquad x_1^2 + x_2^2 + x_3^2 + z^2 = a^2,$$

darum

$$x_1\,dx_1 + x_2\,dx_2 + x_3\,dx_3 + z\,dz = 0,$$

und (58) verwandelt sich in

$$do^2 = dx_1^2 + dx_2^2 + dx_3^2 + dz^2.$$

Im ganzen Innern der Flüssigkeitskugel gilt die räumliche sphärische Geometrie, nämlich dieselbe wie auf der »Sphäre« (59) im vierdimensionalen Euklidischen Raum mit den Cartesischen Koordinaten $x_1\,x_2\,x_3\,z$. Die Flüssigkeit bedeckt eine Kalotte dieser Sphäre; der Druck in ihr ist eine lineare gebrochene Funktion der »vertikalen Höhe« z auf der Sphäre:

$$\frac{p}{\mu_0} = \frac{z - z_0}{3 z_0 - z}.$$

Übrigens geht aus der Formel noch hervor, da der Druck p nicht auf einer Breitenkugel $z =$ konst. durchs Unendliche hindurch von positiven zu negativen Werten übergehen darf, daß $3 z_0 > a$ sein muß, und die oben gefundene Schranke a für den Radius der Flüssigkeitskugel verkleinert sich dementsprechend auf $\dfrac{2\,a\sqrt{2}}{3}$.

Diese Ergebnisse über die Flüssigkeitskugel sind zuerst von Schwarzschild gewonnen worden[22]. Nachdem die wichtigsten Fälle des kugelsymmetrischen statischen Gravitationsfeldes erledigt waren, gelang es dem Verfasser, das allgemeinere Problem des *rotations-*(zylinder-)*symmetrischen statischen Feldes* zu lösen[23]. Wie sich aus den Gravitationsgleichungen ergibt, läßt sich in diesem Falle der metrischen Fundamentalform, unter Einführung gewisser Raumkoordinaten r, θ, z, der *kanonischen Zylinderkoordinaten,* die folgende Gestalt geben:

$$ds^2 = f^2\,dt^2 - d\sigma^2, \qquad d\sigma^2 = h^2(dr^2 + dz^2) + \frac{r^2\,d\theta^2}{f^2}.$$

θ ist ein Winkel, der mod. 2π zu nehmen ist; d. h. Werten von θ, welche sich um ganzzahlige Vielfache von 2π unterscheiden, entspricht derselbe Punkt. Auf der Rotationsachse wird $r = 0$. h und f sind Funktionen von r und z. Wir bilden den wirklichen Raum auf einen Euklidischen ab, in welchem r, θ, z Zylinderkoordinaten sind. Das kanonische Koordinatensystem ist eindeutig bestimmt bis auf eine Verschiebung in Richtung der Rotationsachse: $z' = z +$ konst. Wenn $h = f = 1$ ist, stimmt $d\sigma^2$ mit der metrischen Grundform des Euklidischen Bildraums überein. Das Gravitationsproblem kann in ebenso einfacher Weise wie nach der Newtonschen Theorie gelöst werden, wenn die Massenverteilung im kanonischen Koordinatensystem bekannt ist. Überträgt man nämlich die Massen in unsern Bildraum, d. h. bringt in ihm eine solche Massenverteilung an, daß die in irgend einem Stück des wirklichen Raums enthaltene Masse gleich der Masse in dem korrespondierenden Stück des Bildraums ist, und ist dann Φ das Newtonsche Potential dieser Massenverteilung im Euklidischen Bildraum, so gilt einfach $\lg f = \Phi$. Die andere unbekannte Funktion $h = e^{\gamma}$ bestimmt sich, wie Levi-Civita[24] bemerkt hat, aus dem Differential

$$d\gamma = 2\,\frac{\partial\Phi}{\partial r}\frac{\partial\Phi}{\partial z}\,dz + r\left\{\left(\frac{\partial\Phi}{\partial r}\right)^2 - \left(\frac{\partial\Phi}{\partial z}\right)^2\right\}dr,$$

das wegen der Gültigkeit der Potentialgleichung $\varDelta \varPhi = 0$ ein totales Differential ist. Nun ist aber von vornherein klar, daß mehrere um eine Achse zylindersymmetrisch verteilte Körper zufolge der Gravitationsanziehung nicht in Ruhe bleiben werden, wenn sie nicht durch stützende Spannungen festgehalten werden. Ein zylindersymmetrisches System von Spannungen besteht aus einer azimutalen Hauptspannung und zwei zueinander senkrechten Hauptspannungen in der Meredianebene, die alle von dem Azimut θ unabhängig sind. Sollen trotz der vorhandenen Spannungen die kanonischen Zylinderkoordinaten existieren, so müssen die beiden Hauptspannungen in der Meridianebene einander entgegengesetzt gleich sein. Ich konnte beweisen: wie auch im übrigen diese Spannungen angenommen sein mögen, immer hindern sie die Körper mit der gleichen, in Richtung der Achse wirkenden Kraft K der Gravitationsanziehung zu folgen; dieses K, welches gegeben ist als der Fluß des Spannungsfeldes durch eine die Körper voneinander trennende Fläche, darf man daher mit einigem physikalischen Grund als die *Gravitationskraft* bezeichnen, *mit der sich die Körper anziehen*. Rechnungen von R. Bach[25]) ergaben den Wert dieser Kraft für zwei Massenpunkte mit den Gravitationsradien m und m', die im kanonischen Bildraum den Abstand $2\,d$ besitzen, zu:

$$K = \frac{2\,c^2\,\pi}{\varkappa}\,\lg\frac{(d+m)\,(d+m')}{d\,(d+m+m')}.$$

Sind m und m' klein gegenüber d, so kommt, wie zu erwarten, in erster Annäherung der Newtonsche Wert

$$\frac{8\,\pi\,c^2}{\varkappa}\cdot\frac{m\,m'}{(2\,d)^2}.$$

Die physikalische Bedeutung dieses Resultats wird man nicht übertreiben dürfen; für die Lösung des wirklichen Zweikörperproblems, die Bestimmung der Bewegung zweier sich anziehender schwerer Massen, ist damit nichts gewonnen. (Für Ergänzungen siehe Anhang VI.)

Eine Reihe weiterer schöner Untersuchungen über statische Gravitationsprobleme rührt von Levi-Civita her[24]). Seine Schüler haben neben dem statischen genauer auch den »stationären« Fall studiert, der dadurch charakterisiert ist, daß alle g_{ik} von der Zeitkoordinate x_0 unabhängig sind, während die »seitlichen« Koeffizienten g_{01}, g_{02}, g_{03} nicht zu verschwinden brauchen[26]). Am interessantesten aber erscheint mir in dieser Richtung eine Arbeit von Herrn Bach[25]), in welcher er das Feld in der Umgebung eines langsam rotierenden kugelförmigen Körpers von beliebiger Masse berechnet. Die Lösung enthält zwei wesentliche Konstante, die man als Masse m und Drehimpuls θ zu deuten hat. Herr Bach betrachtet θ als eine unendlich kleine Größe und ermittelt die Lösung nur bis auf Glieder von der Ordnung θ^2 inklusive. Eine Zerlegung von θ in zwei Faktoren: Trägheitsmoment mal Winkelgeschwindigkeit ist aus dem umgebenden Gravitationsfeld nicht abzulesen.

Abermals sprechen wir hier, wie am Schluß von § 32, von einem rotierenden Körper im Gegensatz zu einem ruhenden und stellen darüber Rechnungen an; wir schalten einige grundsätzliche Bemerkungen darüber ein, mit welchem Recht und in welchem Sinne das geschieht.

§ 36. Kompaß und Rotation.

Zunächst stellen wir fest, daß *der Begriff der Relativbewegung zweier Körper gegeneinander in der allgemeinen Relativitätstheorie ebensowenig einen Sinn hat wie der Begriff der absoluten Bewegung eines einzigen.* Solange man noch den starren Bezugskörper zur Verfügung hatte und an die Objektivität der Gleichzeitigkeit glauben konnte, auf dem Standpunkte Machs etwa, unter der Herrschaft der »kinematischen Gruppe« gab es eine relative Bewegung; aber in der allgemeinen Relativitätstheorie hat sich das Koordinatensystem so »erweicht«, daß auch davon nicht mehr die Rede sein kann. Wie die beiden Körper sich auch bewegen mögen, immer kann ich durch Einführung eines geeigneten Koordinatensystems sie beide zusammen auf Ruhe transformieren.

Aber schon am Beispiel des Zugzusammenstoßes haben wir die einfache Aufklärung gegeben: an die Stelle des Unterschiedes zwischen Ruhe und Bewegung im absoluten Raum bei Newton, an Stelle des Unterschiedes zwischen gleichförmiger Translation und beschleunigten Bewegungen in der speziellen Relativitätstheorie tritt hier der Unterschied zwischen einer Bewegung, welche dem Führungsfeld folgt, und einer solchen, welche aus dieser »natürlichen Bahn« herausgerissen ist. Wenn wir also von Rotation eines Körpers um O sprechen, so meinen wir Rotation in bezug auf einen durch die Bewegung von O mitgenommenen »*Trägheitskompaß*«; diesen Trägheitskompaß hatten wir schon in Kap. II, § 12 unter dem Namen Kompaßkörper eingeführt. Schildern wir seine Konstruktion noch etwas genauer! O beschreibt eine Weltlinie; zu jedem Punkt P dieser Linie konstruieren wir seine »unendlichkleine räumliche Umgebung« R_P, bestehend aus allen von P ausgehenden Linienelementen, welche senkrecht sind zur (zeitartigen) Richtung $\mathfrak{r}(P)$ der Weltlinie in P. Verpflanzen wir jeden zu R_P gehörigen Vektor durch infinitesimale Parallelverschiebung nach dem unendlich benachbarten Punkte P' auf der Weltlinie, so wird er dort im allgemeinen nicht mehr zur Weltlinie orthogonal sein; nach Levi-Civita spalten wir ihn dort in eine Komponente, welche in die Richtung $\mathfrak{r}(P')$ fällt, und eine senkrecht dazu. Indem wir nur die letztere beibehalten, bekommen wir eine kongruente Abbildung von R_P auf $R_{P'}$; und diese Übertragung ist es, durch welche wir den Trägheitskompaß definieren. Verwirklichungen des Trägheitskompasses sind die Ebene des Foucaultschen Pendels und der Kreiselkompaß. Nach diesem Prinzip kann man z. B. mit Herrn Fokker [27]) die schwache Präzessionsbewegung berechnen, welche das Gravitationsfeld der Sonne der Erdachse aufprägt (*Anhang II*).

Man fasse als konkretes Beispiel etwa den Fall der rotierenden Flüssigkeitskugel ins Auge. Es ist gar kein Zweifel darüber, wie dies Problem rechnerisch anzusetzen ist, wenn wir es auch nicht in so elementarer Weise integrieren können wie das Problem der ruhenden Flüssigkeitskugel nach Schwarzschild; und es ist klar, daß die Lösung des einen und des andern Problems nicht äquivalent sind: sie lassen sich nicht durch eine Koordinatentransformation ineinander überführen. Im einen Fall ruht, im andern rotiert die Kugel in bezug auf den zu ihrem Mittelpunkt O gehörigen Trägheitskompaß. Wir können das auch so ausdrücken. O beschreibt eine geodätische Weltlinie; in einem Punkte P_0 dieser Weltlinie konstruieren wir den Raum R_{P_0} und zeichnen die durch seine Punkte senkrecht zu R_{P_0} hindurchgehenden geodätischen Linien, welche eine dünne Röhre bilden. Im einen Fall sind diese Linien die Weltlinien der zu O benachbarten Teile der Flüssigkeitskugel, im andern Fall beschreiben jene Teilchen Weltlinien, welche sich schraubenförmig um die Röhre herumwickeln. Ebenso zeigt die am Schluß von § 32 erwähnte Untersuchung von Thirring einer großen schweren Hohlkugel K, in deren Mittelpunkt eine kleine Massenkugel k sich befindet, daß es etwas anderes ist, ob K ruht und k rotiert oder umgekehrt; »Ruhe« und »Rotation« in unserem Sinne verstanden. In demselben Sinne *rotiert die Erde* und nicht der Fixsternhimmel. *Die Weltansicht, für welche Galilei gekämpft hat, wird durch die allgemeine Relativitätstheorie nicht kritisch zersetzt, sondern im Gegenteil konkreter gedeutet.*

Der älteste Kompaß ist der gestirnte Himmel. Da die Sterngeschwindigkeiten nicht größer sein können als die Lichtgeschwindigkeit, sind wir durch die Beobachtung unendlich ferner Sterne in den Stand gesetzt, eine Richtung im Raume genau festzuhalten. Wohl ist es unberechtigt zu sagen, daß die Erde sich relativ zu den Fixsternen drehe; aber sie dreht sich in bezug auf denjenigen Körper, der am Ort O der Erde selbst gebildet wird von den Lichtstrahlen, die in O von den Fixsternen her zusammenkommen. Das ist ein wesentlicher Unterschied, weil die Lichtstrahlen abhängig sind von dem metrischen Felde, das zwischen der Erde und den Fixsternen herrscht. Wir wollen auch diesen *Sternenkompaß* genau beschreiben. In zwei gegebenen Weltpunkten O, O' konstruieren wir die in die Vergangenheit geöffneten Nullkegel $\mathfrak{K}(O)$, $\mathfrak{K}(O')$. O' gehöre der aktiven Zukunft von O an. Wir fassen eine Mantellinie $\mathfrak{l}$ von $\mathfrak{K}(O)$ ins Auge und auf ihr einen Punkt P, der weit von O entfernt ist und den wir im Limes ins Unendliche rücken lassen. Ein Stern, der P passiert, kann später sich nur an solchen Weltstellen befinden, die innerhalb des von P ausgehenden, in die Zukunft geöffneten Nullkegels $\mathfrak{K}(P)$ liegen. $\overline{\mathfrak{K}}(P)$ berührt $\mathfrak{K}(O)$ längs $\mathfrak{l}$. Derjenige Teil von $\mathfrak{K}(O')$, der innerhalb $\overline{\mathfrak{K}}(P)$ liegt, wird abgegrenzt durch den Schnitt dieser beiden Kegelmäntel. Unter den Verhältnissen der speziellen Relativitätstheorie und bei Reduktion der Dimensionszahl auf 3 bekommen wir eine Kegelhaube, abgegrenzt durch eine Ellipse E_P; durchläuft P die Mantellinie $\mathfrak{l}$, so durchläuft E_P eine Schar von lauter Ellipsen auf $\Re(O')$, die sich in demjenigen Punkte A berühren, in welchem die über O hinaus verlängerte Mantellinie $\mathfrak{l}$ den Kegel $\Re(O')$ trifft (Aufriß Fig. 21). Die Ellipsen dieser

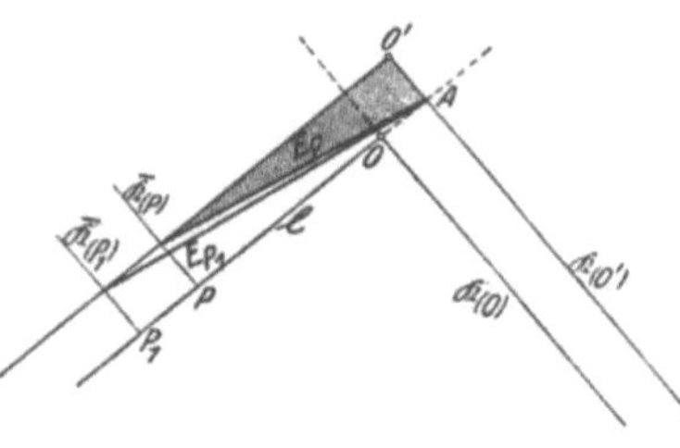

Fig. 21.

Schar ziehen sich, wenn P auf $\mathfrak{l}$ ins Unendliche abwandert, immer gestreckter werdend in einer bestimmten Richtung ins Unendliche hinaus, nämlich in der Richtung der zu $\mathfrak{l}$ parallelen Mantellinie $\mathfrak{l}'$ auf $\Re(O')$. $\mathfrak{l}'$ ist also die einzige Mantellinie auf $\Re(O')$, deren Schnittpunkt mit der Ellipse E_P ins Unendliche hinauswandert, während P ins Unendliche läuft. Im Falle der allgemeinen Relativitätstheorie ergibt sich qualitativ das gleiche Bild: E_P sind jetzt ellipsenartige Kurven, die sich alle im Punte A berühren; $E_{P_{\mathfrak{l}}}$ schließt E_P ein, wenn $P_{\mathfrak{l}}$ auf $\mathfrak{l}$ weiter von O entfernt liegt als P. Nähert sich das metrische Feld im Unendlichen asymptotisch dem Zustande, welchen die spezielle Relativitätstheorie annimmt, so gibt es eine einzige geodätische Nullinie $\mathfrak{l}'$ auf $\Re(O')$, die E_P in einem Punkte schneidet, der gleichzeitig mit P ins Unendliche rückt. (Wenigstens *eine* solche Nullinie gibt es unter allen Umständen; wenn man versucht, die Aussage *invariant* zu formulieren, daß sich im Unendlichen der Zustand des metrischen Feldes dem indefinit-Euklidischen asymptotisch nähert, wird man gerade auf die Forderung einer *einzigen* solchen Nullinie $\mathfrak{l}'$ als einen wesentlichen Teil dieser Aussage stoßen.) So entspricht nun jeder Mantellinie $\mathfrak{l}$ auf $\Re(O)$ eine Mantellinie $\mathfrak{l}'$ auf $\Re(O')$. Durch die Erhöhung der Dimensionszahl auf 4 versagt zwar die zeichnerische Darstellung, aber an der Sachlage ändert sich nichts. Ist uns noch in O eine zeitartige Richtung $\mathfrak{r}$ gegeben, so zerspalten wir die Richtung jeder Nullinie in O in eine zu $\mathfrak{r}$ parallele und eine dazu senkrechte, in R_O gelegene. Ist das Gleiche in O' der Fall, so bekommen wir auf diesem Wege eine Korrespondenz zwischen den Richtungen in R_O und in $R_{O'}$. Dieses Prinzip der Richtungsübertragung, das, wie man sieht, sich lediglich des metrischen Feldes bedient, ist das des Himmelskompasses. Es liefert übrigens einen *direkten Fernvergleich* der Richtungen in O und in O'. Dem steht der Nachteil gegenüber, daß der Winkel, den zwei Richtungen in O bilden, im allgemeinen dem Winkel nicht gleich ist, den die korrespondierenden Richtungen in O' bilden: der Kompaß bleibt nicht kongruent zu sich selbst. Das metrische Feld schiebt sich zwischen den Beobachter und die Gestirne ein und verzerrt das Richtungsbild des gestirnten Himmels. (Die allgemeine Relativitätstheorie lehrt, daß es willkürlich ist, diese von den verschiedenen Weltorten O aus gewonnenen »verzerrten« Bilder auf ein einziges »wahres« zurückzuführen.)

An dem Beispiel von Trägheits- und Himmelskompaß kann man sich gut den Unterschied von *Beharrung* und *Einstellung* klar machen. Trägheitskompasse, wie das Foucaultsche Pendel und der Kreisel, übertragen die Richtung durch eine *von Augenblick zu Augenblick wirksame Beharrungstendenz*; ihre Anfangsrichtung aber kann man ihnen *willkürlich* erteilen, sie ist nicht durch die Konstitution des Kompasses bestimmt. Im Gegensatz dazu *stellt sich* der Himmelskompaß auf die von den Sternen herkommenden Lichtstrahlen, die Magnetnadel auf das magnetische Feld *ein*; die Richtung der Magnetnadel ist nicht willkürlich, sondern bestimmt sich in jedem Augenblick, unabhängig von ihrem Zustand in den vorhergehenden Augenblicken, durch das Feld, in das sie eingebettet ist. Die Übertragung einer Richtung mit Hilfe eines Einstellkompasses ist selbstverständlich unabhängig von dem Übertragungswege; nicht so bei einem Beharrungskompaß. Von einer Verpflanzung, die durch eine infinitesimal wirksame Beharrungstendenz zustande kommt, haben wir a priori keinen Grund anzunehmen, daß sie integrabel sei. Aber sei das auch der Fall, wie z. B. für die Rotationsachse des Kreisels im Euklidischen Raum; es werden dennoch zwei Kreisel, die von demselben Punkte mit gleicher Achsenstellung ausgingen und sich nach Verlauf einer sehr langen Zeit wieder treffen, beliebige Abweichungen der Achsenstellung aufweisen, da sie ja niemals vollständig gegen jede Einwirkung isoliert werden können. Nicht bloß auf die Richtungsübertragung, sondern auch auf das Problem der Längenübertragung läßt sich diese Unterscheidung zwischen Beharrung und Einstellung anwenden; wir werden darauf später zurückkommen. —

Unsere Überlegungen hier betrafen immer *das Ganze von Materie + Führungsfeld*; das dynamische Verhältnis beider Bestandteile bedarf weiterer Aufklärung, namentlich wenn man das Prinzip zur Durchführung bringen will, daß die Materie das Führungsfeld erzeugt und darum eindeutig bestimmt. Erst wenn hierüber Klarheit geschaffen sein wird, wird man von einer wirklichen Lösung des Bewegungsproblems sprechen können.

§ 37. Gravitationsenergie.
Schwere und gravitationsfelderzeugende Masse.

Ein *isoliertes System* durchfegt im Laufe seiner Geschichte einen »Weltkanal«; außerhalb desselben, nehmen wir an, verschwindet die Stromdichte $\mathfrak{s}^i$ (wenn nicht exakt, so doch in solcher Stärke, daß die folgende Überlegung ihre Gültigkeit behält). Aus der Kontinuitätsgleichung

$$(60) \qquad \frac{\partial \mathfrak{s}^i}{\partial x_i} = 0$$

folgt, daß der Fluß der Vektordichte $\mathfrak{s}^i$ durch jede den Kanal durchsetzende dreidimensionale »Fläche« denselben Wert e_0 besitzt. Damit e_0 auch dem Vorzeichen nach bestimmt ist, werde im Kanal als Richtungssinn der von der Vergangenheit in die Zukunft führende festgelegt. Die Invariante e_0 ist die *Ladung* unseres Systems. Erfüllt das Koordinatensystem die Bedingungen, daß jede »Ebene« $x_0 = $ konst. den Kanal in einem endlichen Bereich durchschneidet und diese Ebenen, nach wachsendem x_0 geordnet, in der Richtung Vergangenheit $\longrightarrow$ Zukunft aufeinander folgen, so können wir e_0 durch die Gleichung berechnen:

$$\int \mathfrak{F}^0\, dx_1\, dx_2\, dx_3 = e_0 \, ,$$

wobei sich die Integration über eine beliebige der Ebenen $x_0 =$ konst. erstreckt. Dieses Integral e_0 ist demnach von der »Zeit« x_0 unabhängig, wie sich auch unmittelbar aus (60) durch Integration nach den »Raumkoordinaten« $x_1 x_2 x_3$ ergibt. Das Gesagte gilt allein auf Grund der Kontinuitätsgleichung (60); die Substanzvorstellung und der auf ihr beruhende Ansatz der Lorentzschen Theorie $\mathfrak{F}^i = \varrho\, u^i$ kommen dafür gar nicht in Frage.

Gilt ein ähnlicher *Erhaltungssatz für Energie und Impuls?* Die Gleichung (26), § 30 läßt das wegen des für die Gravitationstheorie charakteristischen Zusatzterms jedenfalls nicht erkennen. *Es gelingt nun aber, auch diesen Zusatzterm in Gestalt einer Divergenz zu schreiben.* Wir legen ein bestimmtes Koordinatensystem zugrunde und nehmen mit dem Weltkontinuum eine infinitesimale *Verschiebung* im eigentlichen Sinne vor, d. h. wir wählen die Deformationskomponenten ξ^i in § 30 als Konstante. Dann ist selbstverständlicherweise für irgend ein endliches Gebiet $\mathfrak{X}$

$$\delta'\!\int_{\mathfrak{X}} \mathfrak{G}\, dx = 0$$

(das gilt für *jede* Funktion der g_{ik} und ihrer Ableitungen, mit Invarianzeigenschaften hat das gar nichts zu tun; δ' bezeichnet wie in § 30 die durch die Verschiebung bewirkte Variation). Es ist also für die Verschiebung

$$\int_{\mathfrak{X}} \frac{\partial(\mathfrak{G}\,\xi^k)}{\partial x_k}\, dx + \int_{\mathfrak{X}} \delta \mathfrak{G}\, dx = 0 \, .$$

Setzen wir nach Früherem

$$(13) \qquad \delta \mathfrak{G} = \tfrac{1}{2}\mathfrak{G}^{\alpha\beta}\,\delta g_{\alpha\beta} + \tfrac{1}{2}\mathfrak{G}^{\alpha\beta,\,k}\,\delta g_{\alpha\beta,\,k} \, ,$$

so liefert eine partielle Integration

$$2\int_{\mathfrak{X}} \delta \mathfrak{G}\, dx = \int_{\mathfrak{X}} \frac{\partial(\mathfrak{G}^{\alpha\beta,\,k}\,\delta g_{\alpha\beta})}{\partial x_k}\, dx + \int_{\mathfrak{X}} [\mathfrak{G}]^{\alpha\beta}\,\delta g_{\alpha\beta}\, dx \, .$$

Nun ist hier, wo die ξ konstant sind:

$$\delta g_{\alpha\beta} = -\frac{\partial g_{\alpha\beta}}{\partial x_i}\,\xi^i \, .$$

Führen wir die Größen

$$\mathfrak{G}\,\delta_i^k - \tfrac{1}{2}\mathfrak{G}^{\alpha\beta,\,k}\frac{\partial g_{\alpha\beta}}{\partial x_i} = \mathfrak{t}_i^k$$

ein, so besteht demnach die Gleichung

$$\int_{\mathfrak{X}} \left\{ \frac{\partial t_i^{k}}{\partial x_k} - \tfrac{1}{2}[\mathfrak{G}]^{\alpha\beta}\frac{\partial g_{\alpha\beta}}{\partial x_i} \right\} \xi^i dx = 0.$$

Da dies für ein beliebiges Gebiet $\mathfrak{X}$ gilt, muß der Integrand verschwinden. In ihm bedeuten die ξ^i willkürliche konstante Zahlen; also erhalten wir vier Identitäten:

$$(61) \qquad \tfrac{1}{2}[\mathfrak{G}]^{\alpha\beta}\frac{\partial g_{\alpha\beta}}{\partial x_i} = \frac{\partial t_i^{k}}{\partial x_k}.$$

Nach den Gravitationsgleichungen ist hier die linke Seite

$$= -\frac{\varkappa}{2}\mathfrak{T}^{\alpha\beta}\frac{\partial g_{\alpha\beta}}{\partial x_i},$$

und die mechanischen Gleichungen (26') gehen infolgedessen über in

$$(62) \qquad \frac{\partial \mathfrak{U}_i^{k}}{\partial x_k} = 0, \qquad \text{wo } \mathfrak{U}_i^{k} = \mathfrak{T}_i^{k} + \frac{1}{\varkappa}t_i^{k}.$$

Es zeigt sich: wenn wir die nur von den Potentialen und Feldkomponenten der Gravitation abhängigen Größen $\frac{1}{\varkappa}t_i^{k}$ als die Komponenten der *Energiedichte des Gravitationsfeldes* ansprechen, bekommen wir für die *gesamte*, mit »physikalischem Zustand« und »Gravitation« verknüpfte Energie reine Divergenzgleichungen.

Dennoch scheint es physikalisch sinnlos zu sein, die t_i^{k} als Energiekomponenten des Gravitationsfeldes einzuführen; denn diese Größen *bilden weder einen Tensor noch sind sie symmetrisch*. In der Tat können durch geeignete Wahl eines Koordinatensystems alle t_i^{k} an einer Stelle stets zum Verschwinden gebracht werden; man braucht dazu das Koordinatensystem nur als ein geodätisches zu wählen. Und auf der andern Seite bekommt man in einer »Euklidischen«, völlig gravitationslosen Welt bei Benutzung eines krummlinigen Koordinatensystems t_i^{k}, die verschieden von 0 sind, wo doch von der Existenz einer Gravitationsenergie nicht wohl die Rede sein kann. Sind daher auch die Differentialrelationen (62) ohne wirkliche physikalische Bedeutung, so entsteht doch aus ihnen durch *Integration über ein isoliertes System* ein invarianter Erhaltungssatz[28]).

Ein isoliertes System mitsamt seinem Gravitationsfelde durchfegt während seiner Bewegung in der Welt einen Kanal. Außerhalb des Kanals, in der leeren Umwelt des Systems, verschwindet, wie wir annehmen, die Tensordichte $\mathfrak{T}_i^{k}$ und das Gravitationsfeld. Wir können dann solche Koordinaten $x_0 = t,\ x_1 x_2 x_3$ benutzen, daß die metrische Fundamentalform dort konstante Koeffizienten bekommt, insbesondere die Gestalt annimmt

$$dt^2 - (dx_1^2 + dx_2^2 + dx_3^2).$$

Die Koordinaten sind dadurch außerhalb des Kanals bis auf eine lineare

(Lorentz-) Transformation festgelegt, und es verschwinden dort auch die t_i^k. Wir nehmen an, daß jede der »Ebenen« $t =$ konst. mit dem Kanal nur einen endlichen Schnittbereich gemein hat. Integrieren wir die Gleichungen (62) nach $x_1 x_2 x_3$ über eine solche Ebene, so ergibt sich, daß die Größen

$$(63) \qquad J_i = \int \mathfrak{U}_i^0\, dx_1\, dx_2\, dx_3$$

unabhängig sind von der Zeit: $\dfrac{dJ_i}{dt} = 0$. Wir nennen J_0 die *Energie*, $J_1 J_2 J_3$ die *Impulskomponenten* des Systems.

Diese Größen haben eine vom Koordinatensystem unabhängige Bedeutung. Ich behaupte zunächst, daß sie ihren Wert behalten, wenn das Koordinatensystem *innerhalb des Kanals* irgendwie abgeändert wird. Seien $\bar{x}_i$ die neuen, außerhalb des Kanals mit den alten übereinstimmenden Koordinaten. Ich lege zwei »Flächen«

$$x_0 = \text{konst.} = a, \quad \text{bzw.} \quad \bar{x}_0 = \text{konst.} = \bar{a} \qquad (\bar{a} \neq a),$$

welche sich im Kanal nicht schneiden (es genügt dazu offenbar, a und $\bar{a}$ hinreichend verschieden voneinander zu wählen). Ich kann dann ein 3. Koordinatensystem x_i^* konstruieren, das in der Umgebung der ersten Fläche mit den x_i, in der Umgebung der zweiten Fläche mit den $\bar{x}_i$ und außerhalb des Kanals mit beiden übereinstimmt. Formulieren wir die Tatsache, daß die Energie-Impulskomponenten J_i^* in diesem System für $x_0^* = a$ und $x_0^* = \bar{a}$ die gleichen Werte annehmen, so ergibt sich das behauptete Resultat $J_i = \bar{J}_i$.

Infolgedessen braucht das Verhalten der J_i nur noch bei *linearer* Koordinatentransformation untersucht zu werden; das haben wir schon auf S. 204 durchgeführt. Unser Resultat ist: *Die vier Zahlen J_i sind die Komponenten eines konstanten kovarianten Vektors in der »Euklidischen«*
22 *Umwelt des Systems.*

Die Gleichung (62) ist, wie aus (26) und (61) hervorgeht, eine mathematische Identität, wenn wir $\mathfrak{U}_i^k$ durch die Gleichungen

$$(64) \qquad \mathfrak{U}_i^k = - [\mathfrak{G}]_i^k + t_i^k = \mathfrak{R}_i^k - \tfrac{1}{2}\, \delta_i^k \mathfrak{R} + t_i^k$$

definieren. Bei dieser Festsetzung ist in der Gleichung (63) links der Faktor $\varkappa$ hinzuzufügen. Im *statischen Fall* ist $J_1 = J_2 = J_3 = 0$ und $\varkappa J_0$ gleich dem Raumintegral von

$$\mathfrak{R}_0^0 - \tfrac{1}{2}\, \mathfrak{R} + t_0^0 = \mathfrak{R}_0^0 - \tfrac{1}{2}\, \mathfrak{R} + \mathfrak{G}.$$

Als wir in § 30, S. 239 durch partielle Integration das Integral von $\tfrac{1}{2}\mathfrak{R}$ in das Integral von $\mathfrak{G}$ umwandelten, stellten wir die Differenz dieser beiden Größen als eine Divergenz dar:

$$\tfrac{1}{2}\mathfrak{R} - \mathfrak{G} = \tfrac{1}{2}\frac{\partial}{\partial x_i}\sqrt{g}\left(g^{\alpha\beta}\begin{Bmatrix}\alpha\,\beta\\i\end{Bmatrix} - g^{i\alpha}\begin{Bmatrix}\alpha\,\beta\\\beta\end{Bmatrix}\right).$$

Außerdem ist nach § 31 im statischen Fall

$$\mathfrak{R}_0^0 = \frac{\partial \mathfrak{f}^i}{\partial x_i};$$

darum, in den Bezeichnungen von § 31 und § 33, $\varkappa J_0$ *gleich dem Fluß der* (uneigentlichen, weil nicht invarianten) *räumlichen Vektordichte*

$$\mathfrak{m}^i = \tfrac{1}{2} f \sqrt{\gamma} \left(\gamma^{\alpha\beta} \begin{Bmatrix} \alpha\,\beta \\ i \end{Bmatrix} - \gamma^{i\alpha} \begin{Bmatrix} \alpha\,\beta \\ \beta \end{Bmatrix} \right) \qquad (i\alpha\beta = 1,\,2,\,3).$$

Ist das Feld zudem kugelsymmetrisch, so findet man, bei Zugrundelegung der Normalform (48), an der Stelle $x_1 = r$, $x_2 = x_3 = 0$: $\mathfrak{m}^2 = \mathfrak{m}^3 = 0$ und

$$\mathfrak{m}^1 = \tfrac{1}{2} f h \left(\frac{1}{h^2} \cdot \frac{h'}{h} + \frac{2\,lr}{h^2} - \frac{1}{h^2} \frac{h'}{h} \right) = f h \cdot \frac{lr}{h^2}.$$

$\mathfrak{m}^i$ ist demnach ein radialer Fluß von der Stärke

$$\frac{f h}{r} \left(1 - \frac{1}{h^2} \right).$$

Im Gravitationsfeld, das einen ungeladenen Zentralkörper umgibt, ist das

$$= \frac{1 - f^2}{r} = \frac{2m}{r^2},$$

der Fluß selber also unabhängig von r gleich $8\,\pi m$. *Der Gravitationsradius, die »gravitationsfeld-erzeugende Masse« m des Zentralkörpers ist deshalb seinem Energiegehalt oder seiner trägen Masse $J_0 = m_0$ proportional:*

(65)
$$\boxed{8\,\pi m = \varkappa J_0}$$

Die Masse ist nicht bloß (als schwere oder passive Masse) *Angriffspunkt* des Gravitationsfeldes, sondern auch seine *Ursache*; *neben das Gesetz, daß die träge mit der schweren Masse übereinstimmt, stellt sich das andere der Proportionalität von aktiver und passiver Masse.* Es ist in der Einsteinschen so gut wie in der Newtonschen Theorie streng gültig. Beispiel: die träge Masse m_0 der in § 35 untersuchten Flüssigkeitskugel hat, da ihr Gravitationsradius durch (56) gegeben ist, den Wert

$$m_0 = \mu_0 \cdot \frac{4\,\pi r_0^3}{3}.$$

Der zweite Faktor ist das Volumen der Flüssigkeitskugel, gemessen in dem durch unsere Behandlung des Problems eingeführten kanonischen Bildraum (nicht ihr »natürliches« Volumen). Damit hat man erst die präzise Bedeutung der Konstanten μ_0 in Händen[29]).

Da für irgend ein isoliertes System das umgebende Feld in Entfernungen, die groß sind gegenüber den Lineardimensionen des Systems, stets Kugelsymmetrie besitzen wird, hat der Zusammenhang zwischen träger und gravitationsfeld-erzeugender Masse universelle Geltung.

Ist der Zentralkörper geladen, so ist die Stärke des radialen Flusses $\mathfrak{m}^i$ gleich

$$\frac{1 - f^2}{r} = \frac{2\,m}{r^2} - \frac{\varkappa}{2} \frac{e^2}{r^3}.$$

Die Kugel vom Radius r umschließt daher das Energiequantum

$$\frac{8\,\pi\,m}{\varkappa} - \frac{2\,\pi\,e^2}{r}\,.$$

Als gesamte träge Masse ergibt sich wiederum, in Einklang mit der Formel (65), $m_0 = 8\,\pi\,m/\varkappa$. Aber auch die Bedeutung des Zusatzgliedes ist klar: $2\,\pi\,e^2/r$ ist die außerhalb der Kugel vom Radius r befindliche elektrostatische Feldenergie, die mit der Dichte $\frac{1}{2}\dfrac{e^2}{r^4}$ verteilt ist:

$$\int_r^\infty \frac{1}{2}\frac{e^2}{r^4}\cdot 4\,\pi\,r^2\,dr = \frac{2\,\pi\,e^2}{r}\,.$$

Daß hier neben der elektrischen keine Gravitationsenergie im Felde auftritt, ist freilich nur durch die Wahl des Koordinatensystems bedingt. Bei der Verwendung des »konformen« Cartesischen Bildraums würde die Energie, welche sich innerhalb der um das ungeladene Massenzentrum im Abstand r geschlagenen Kugel befindet, sich nicht konstant $= 8\,\pi\,m/\varkappa$, sondern

$$= \frac{8\,\pi\,m}{\varkappa}\left(1 + \frac{m}{2\,r}\right)^4\left(1 - \frac{m}{2\,r}\right)$$

ergeben; was einer Energiedichte des Gravitationsfeldes ungefähr vom Betrage $-\,3\,m^2/\varkappa\,r^4$ entspricht. Weil die Vektordichte $\mathfrak{m}^i$ eine uneigentliche ist, hat der Begriff der Energie eben nur für ein abgeschlossenes System streng einen Sinn. Gegenüber der eindeutigen Lokalisierbarkeit der Energie im Maxwellschen elektromagnetischen Felde mag das als ein Mangel erscheinen. Vielleicht trifft aber gerade hierin die Einsteinsche Theorie die physikalische Wahrheit; vielleicht sollte man versuchen, durch Abänderung der Maxwellschen Theorie diese Willkür der Energie-Lokalisation auch in das elektromagnetische Feld hineinzutragen. Verstehen wir doch heute auf Grund der Maxwellschen Energie-Lokalisation im Strahlungsfelde absolut nicht, wie beim lichtelektrischen Effekt die Energiekonzentration an einzelnen Stellen der Wellenfront zustande kommt, welche zur Auslösung der Elektronen nötig ist — obschon die Energiebilanz im Ganzen zweifellos stimmt! — Historisch sei bemerkt: Direkte Übertragung der elektrostatischen Feldansätze auf die Gravitation führt zu der *negativen* Energiedichte $-\frac{1}{2}\,(\mathrm{grad}\,\Phi)^2$, weil gleichartige Massen sich anziehen, während gleichartige Ladungen sich abstoßen. Dieses negative Vorzeichen war bei allen vor Einstein unternommenen Versuchen, eine Gravitationstheorie nach dem Muster der Theorie des elektromagnetischen Feldes aufzubauen, der schwerste Stein des Anstoßes gewesen. *Einstein gibt das Prinzip der eindeutigen Lokalisation für die Gravitationsenergie preis.*

Die Feldformel des geladenen Zentralkörpers wenden wir insbesondere auf das *Elektron* an. Man hat dem Elektron einen endlichen Radius zugeschrieben, um nicht auf eine unendliche Gesamtenergie des von ihm erzeugten elektrostatischen Feldes und damit auf eine unendlich große träge Masse zu kommen. In unserer Feldformel tritt aber eine endliche (gravitationsfeld-erzeugende) Masse m auf, ganz unabhängig davon, bis zu einem wie kleinen Wert von r herab wir diese Formel als gültig ansehen. Dieses Paradoxon löst die Darstellung der Masse durch einen Feldfluß. Wie nach Faraday die *Ladung* des Elektrons der Fluß des elektrischen Feldes ist, den es durch eine umhüllende Fläche Ω hindurchschickt, so gewinnen wir damit auch für die *Masse* eine von den hypothetischen Feldzuständen im Innern des Elektrons unabhängige Definition. Erst dadurch werden wir in den Stand gesetzt, die Mechanik so zu begründen, daß nur von den bekannten Feldgesetzen außerhalb der Materie, nicht von Hypothesen über ihr Inneres Gebrauch gemacht wird. Sie gestattet uns, die Masse wie im vorliegenden Fall auch dann zu bestimmen, wenn die Extrapolation des äußeren Feldes nach innen hinein dort zu einer Singularität führt und infolgedessen die über das Innere sich erstreckenden Raumintegrale ihren Sinn verlieren. Die *physikalische Bedeutung des Elektronenradius*

$$\eta = \frac{\varkappa}{2}\,\frac{e^2}{m}$$

ist lediglich die, daß in den Entfernungen r von der Größenordnung η die gravitierende Wirkung des elektrischen Feldes neben der der Grundmasse m mit in Betracht fällt. Läßt man nur positive Energiedichte zu, so muß, wenn r von ∞ bis zu 0 abnimmt, spätestens von $r = \eta$ ab die klassische Theorie modifiziert werden; aber irgend ein Zwang zur Annahme einer positiven Energiedichte besteht natürlich bei Berücksichtigung der Gravitation nicht mehr. — Sehr seltsam ist *das numerische Verhältnis von Elektrizität und Gravitation am Elektron*; der Gravitationsradius seiner Masse m ist etwa 10^{-40} mal so klein wie sein Radius η; d. h. die elektrische Abstoßung zweier Elektronen ist 10^{40} mal so stark wie ihre Gravitationsanziehung. Für jeden Versuch, die Konstitution des Elektrons eindeutig aus allgemeinen Feldgesetzen herzuleiten, ist dieses Mißverhältnis ein böses Fragezeichen.

§ 38. Die mechanischen Grundgesetze. Feld und Materie.

Wir wollen jetzt vor allem die mechanischen Grundgesetze herleiten, ohne von den hypothetischen Feldern im Innern der materiellen Elementarteilchen Gebrauch zu machen. Dabei werden die Maxwell-Einsteinschen Feldgesetze zugrunde gelegt:

$$(66)\ \begin{cases} \dfrac{\partial \mathfrak{F}^{ik}}{\partial x_k} = 0; \\[2mm] \left(\mathfrak{R}^i_k - \tfrac{1}{2}\delta^i_k \mathfrak{R}\right) = \varkappa\, \mathfrak{S}^i_k \quad \left(\mathfrak{S}^i_k = \tfrac{1}{2}\mathfrak{S}\delta^k_i - F_{ir}\mathfrak{F}^{kr},\ \mathfrak{S} = \tfrac{1}{2}F_{ik}\mathfrak{F}^{ik}\right). \end{cases}$$

Wir wissen, daß sie gültig sind außerhalb der Materie, d. i. außerhalb gewisser enger, die Welt in eindimensional unendlicher Erstreckung durchziehender Schläuche.

Beginnen wir mit der Definition der *Ladung* und dem Erhaltungssatz für die Ladung! Das im Äußern herrschende Potentialfeld φ_i dehnen wir *rein fiktiv* irgendwie in stetiger regulärer Weise über das Innere eines Schlauches aus und bilden damit das *fingierte Feld* $F_{ik} = \dfrac{\partial \varphi_k}{\partial x_i} - \dfrac{\partial \varphi_i}{\partial x_k}$ und die *fingierte Stromdichte*

$$(67) \qquad\qquad \mathfrak{s}^i = \frac{\partial \mathfrak{F}^{ik}}{\partial x_k} \, .$$

Sie wird im allgemeinen innerhalb des Kanals nicht verschwinden; aber für sie gilt zufolge ihrer Definition als eine mathematische Identität die Divergenzgleichung (60). Daraus schließen wir wie im vorigen Parapraphen, wenn das Koordinatensystem so liegt, daß jede Ebene $x_0 = t = $ konst. den Kanal in einem endlichen (von der Hülle Ω begrenzten) Bereich durchschneidet, daß das über diesen Bereich erstreckte Integral

$$e_0 = \int \mathfrak{s}^0 \, dx_1 \, dx_2 \, dx_3$$

1) *konstant* ist, d. h. unabhängig von t und 2) *unabhängig von der Wahl des Koordinatensystems*. Wir behaupten aber weiter, es ist auch *unabhängig von dem eingeführten fingierten Feld*; denn zufolge seiner Definition ist e_0 gleich dem Fluß der räumlichen Vektordichte

$$(\mathfrak{F}^{01}, \; \mathfrak{F}^{02}, \; \mathfrak{F}^{03})$$

durch die Fläche Ω, und auf Ω stimmt das fingierte Feld mit dem wirklichen überein. Die Ausfüllung des Schlauchs mit einem fingierten Felde ist nur ein mathematischer Kunstgriff, um von diesem Fluß e_0 zu zeigen, daß er in zwei Querschnitten $t = $ konst. des Schlauchs den gleichen Wert hat und überdies eine Invariante ist. In aller Strenge ist damit aus den Feldgesetzen heraus bewiesen: *Jeder Körper besitzt eine bestimmte invariante Ladung e_0. Bei der Reaktion mehrerer Körper aufeinander (wo Schläuche ineinanderfließen und sich trennen) ist die Summe der Ladungen der reagierenden Körper vorher und nachher die gleiche.* — Die Felddichte des Stroms $\mathfrak{s}^i$ ist eine Fiktion, die Ladung eine Realität.

Ähnlich erhält man den *Energie-Impuls-Satz für ein einziges isoliertes System, das in einer homogenen Euklidischen und feldfreien Umgebung schwimmt.* Wiederum wird das Innere des Kanals unter Wahrung des regulären stetigen Anschlusses nach außen durch ein fingiertes metrisches g_{ik}-Feld ausgefüllt; man bildet nach (64) die Größen $\mathfrak{U}_k^i$ und aus ihnen die Integrale

$$(69) \qquad\qquad \varkappa J_i = \int \mathfrak{U}_i^0 \, dx_1 \, dx_2 \, dx_3 \, ,$$

die sich über einen Kanalquerschnitt $x_0 = t = $ konst. erstrecken. Durch Integration der identisch bestehenden Divergenzgleichungen (62) beweist man die zeitliche Konstanz von Energie J_0 und Impuls (J_1, J_2, J_3):

23   $\dfrac{d J_i}{d t} = 0$. Von den Feldgesetzen wird überhaupt kein Gebrauch gemacht.

Der Nachweis dafür, daß *die Energie-Impuls-Komponenten des ganzen Systems unabhängig sind von der fingierten Ausfüllung*, gelingt auf dieselbe Weise wie der Nachweis der Unabhängigkeit vom Koordinatensystem. Sind $\mathfrak{A}$ und $\mathfrak{A}'$ irgend zwei fingierte Ausfüllungen, so kann man immer eine dritte $\mathfrak{A}^*$ konstruieren, welche in der Gegend des Querschnitts $x_0 = $ konst. $= a$ mit $\mathfrak{A}$, in der Gegend eines weit davon entfernten Querschnitts $x_0 = $ konst. $= a'$ mit $\mathfrak{A}'$ übereinstimmt. Unterscheiden wir die mit Hilfe der verschiedenen Ausfüllungen definierten Energie-Impulsgrößen durch dieselben Indizes, so gilt für die Ausfüllung $\mathfrak{A}^*$ der Erhaltungssatz:

$$\frac{d J_i^*}{d x_0} = 0, \quad \text{daher} \quad J_i^*(a') = J_i^*(a), \quad \text{d. i.} \quad J_i'(a') = J_i(a).$$

$J_i(x_0)$ ist aber für alle x_0 konstant $= J_i$, $J_i'(x_0)$ konstant $= J_i'$; somit folgt $J_i = J_i'$.

Es entspricht unserer jetzigen Anschauungsweise, *den inneren Zustand eines Körpers zu charakterisieren durch das ihn umgebende Feld*. Der denkbar einfachste Körper ist derjenige, dessen umgebendes Gravitationsfeld (bei geeigneter Wahl der Koordinaten) das in § 33 bestimmte statische kugelsymmetrische ist; ein elektrisches Feld sei überhaupt nicht vorhanden. Einen solchen Körper bezeichnen wir als *neutralen Massenpunkt*, und vom zugehörigen Koordinatensystem sprechen wir als seinem *Ruh-Koordinatensystem*. In der Theorie der Planetenbewegung nahmen wir an, daß *die Sonne* ein Massenpunkt in diesem Sinne ist. Natürlich meint unsere Voraussetzung nur, daß in einer *hinreichend großen* Entfernung r jener Feldzustand herrscht. Um Energie und Impuls des Massenpunktes zu bestimmen, umgeben wir ihn in solcher Entfernung mit einer Hülle Ω und führen im Innern von Ω ein nach außen stetig sich anschließendes fingiertes *statisches* Feld ein. Dann finden wir wie oben

$$J_1 = J_2 = J_3 = 0, \quad J_0 = m_0 = \frac{8\pi m}{\varkappa}.$$

Durch lineare Transformation erhalten wir daraus die Formeln für *Energie und Impuls des Massenpunktes, wenn er sich in einem beliebigen homogenen Gravitationsfeld*

$$ds^2 = g_{ik}(dx)^i(dx)^k \qquad (g_{ik} \text{ Konstante})$$

bewegt; wegen der Invarianzeigenschaften ist nämlich dann

(70) $$J_i = m_0 u_i,$$

wo u^i die konstante Weltrichtung des Körpers charakterisiert (Normierung $u^i u_i = 1$). Ist insbesondere in den verwendeten Koordinaten das äußere Feld ein statisches:

$$ds^2 = f^2 dt^2 - d\sigma^2, \qquad d\sigma^2 = \gamma_{ik}(dx)^i(dx)^k \qquad (i,\ k = 1,\ 2,\ 3),$$

und bezeichnen wir den kovarianten Geschwindigkeitsvektor $\gamma_{ik}\dfrac{dx_k}{dt}$ mit

$v\left(= -\dfrac{ds}{dt}(u_1, u_2, u_3)\right)$, das Quadrat seines Betrages $\gamma_{ik} v^i v^k$ mit v^2, den kovarianten räumlichen Impulsvektor $(-J_1, -J_2, -J_3)$ mit J, die Energie J_0 mit E, so gilt

$$(70') \qquad E = \frac{m_0 f^2}{\sqrt{f^2 - v^2}}, \qquad J = \frac{m_0 v}{\sqrt{f^2 - v^2}}.$$

Die Abhängigkeit, in welcher Energie und Impuls eines Körpers von seiner Geschwindigkeit v stehen, ist in Kap. III, § 27 ausführlich besprochen worden; wie ihre physikalische Bedeutung erst hervortritt, wenn Körper in verschiedenem Geschwindigkeitszustand miteinander reagieren, so kommt auch die in den Formeln $(70')$ statuierte Abhängigkeit vom einbettenden Gravitationsfeld $(f,\ \gamma_{ik})$ natürlich nur zur Geltung, wenn man zwei oder mehrere Körper zur Reaktion bringt, die auf verschiedenem »Gravitationsniveau« sich befinden. Die Landschaft des Gravitationsfeldes bestehe etwa aus einer Tiefebene und einer Hochebene (Ebene heißt: $g_{ik} =$ konst.), zwischen denen ein Abhang vermittelt. Auf jeder der beiden Ebenen befinde sich ein Körper. Nachdem sie irgendwie miteinander in Reaktion getreten sind oder den Abhang passiert haben, möge sich wieder je ein Körper in jeder der beiden Ebenen ergeben haben. *Dann ist die Energiesumme der Körper nach der Reaktion die gleiche wie vorher – vorausgesetzt daß das Gravitationsfeld ungeändert aus der Reaktion hervorgeht.* Bezeichnet man den Skalar, mit welchem man v multiplizieren muß, um J zu bekommen, als träge Masse, so lauten die Formeln $(70')$ für den ruhenden Körper:

$$\text{Energie} = m_0 f, \quad \text{träge Masse} = \frac{m_0}{f}.$$

Bringt man einen Körper auf ein tieferes Gravitationspotential (legt man ihn z. B. vom Tisch auf den Fußboden), so sinkt seine Energie, hingegen wächst seine träge Masse[30]).

Bei Berücksichtigung der Elektrizität ist der einfachste Körper derjenige, dessen umgebendes Feld (bei geeigneter Wahl der Koordinaten) gemäß den Gleichungen (50), § 33 mit wachsendem r in die feldfreie Euklidische Umgebung ausklingt (*geladener Massenpunkt*). Dann tritt die weitere Aussage hinzu, daß die Ladung e_0 unabhängig ist von der Geschwindigkeit des geladenen Massenpunktes und von dem einbettenden homogenen Gravitationsfeld, und daß bei einer Reaktion die Ladungssumme der reagierenden Körper sich nicht ändert. Obschon der »geladene Massenpunkt« nur der einfachste, keineswegs der einzig mögliche Körpertypus ist — ein anderer Typus ist z. B. der Körper, der nach außen als statischer Dipol oder als Hertzscher Sender wirkt — scheint es doch sicher zu sein, daß *die letzten Elementarbestandteile der Materie, insbesondere die Elektronen, geladene Massenpunkte sind.*

Die Erhaltungsprinzipe für Ladung, Energie und Impuls von Körpern, die in einer Euklidischen feldfreien Umgebung sich befinden, sind, wie unsere Überlegungen zeigen, *noch ganz unabhängig von irgendwelchen Feldgesetzen;*

das entspricht der grundlegenden Bedeutung dieser Prinzipe. Ich stelle hier noch einmal die Gleichungen zusammen, mit Hilfe deren dabei die Begriffe Ladung und Energie-Impuls zu definieren sind:

$$\mathfrak{s}^i = \frac{\partial \mathfrak{F}^{ik}}{\partial x_k}, \qquad\qquad e_0 = \int \mathfrak{s}^0\, dx_1\, dx_2\, dx_3;$$

$$\mathfrak{U}_i^k = \mathfrak{R}_i^k - \tfrac{1}{2}\delta_i^k \mathfrak{R} + \mathfrak{t}_i^k; \qquad\qquad \varkappa J_i = \int \mathfrak{U}_i^0\, dx_1\, dx_2\, dx_3.$$

Anders wird es, wenn wir Körper betrachten, die durch ein Feld miteinander verbunden sind. Was zunächst die Elektrizität betrifft, so besagen die Maxwellschen Gleichungen $\mathfrak{s}^i = 0$, daß der Raum zwischen den Elementarbestandteilen der Materie ladungsfrei ist, und darum gilt das Prinzip von der Erhaltung der Ladungssumme reagierender Körper, wie wir es zu Anfang dieses Paragraphen bewiesen, ohne jede Einschränkung. Mit Energie und Impuls ist es aber darin anders bestellt; das Feld ist im allgemeinen nicht energiefrei; die Gravitationsgleichungen besagen nicht, daß $\mathfrak{U}_i^k$ verschwindet. An Stelle der Konstanz von Energie und Impuls treten die *mechanischen Bewegungsgesetze*; zu den bisherigen Begriffen gesellen sich: *Arbeit und Kraft*.

Durch Integration der Gleichungen (62) über einen von der Hülle Ω begrenzten Kanalquerschnitt $x_0 = t = $ konst. — wiederum sind die $\mathfrak{U}_i^k$ mit Hilfe eines den Kanal ausfüllenden fingierten Feldes zu bilden — bekommt man allgemein 25

$$(71) \qquad\qquad \frac{dJ_i}{dt} = - K_i;$$

$\varkappa K_i$ ist gleich dem Fluß der räumlichen Vektordichte

$$(\mathfrak{U}_i^1,\ \mathfrak{U}_i^2,\ \mathfrak{U}_i^3)$$

durch Ω. Nach dieser Definition sind die Größen K_i, die Komponenten der *Viererkraft*, von der fingierten Ausfüllung unabhängig. Daraus folgt durch unsere alte Überlegung das Gleiche für den Viererimpuls J_i. Verwenden wir wieder die drei fingierten Innenfelder $\mathfrak{A}$, $\mathfrak{A}'$, $\mathfrak{A}^*$ nebeneinander, so bekommen wir nämlich

$$J_i'(a') - J_i'(a) = \int_{a'}^{a} K_i\, dt \quad \text{und} \quad J_i'(a') - J_i(a) = J_i^*(a') - J_i^*(a) = \int_{a'}^{a} K_i\, dt,$$

mithin
$$J_i'(a) = J_i(a).$$

So weit kommen wir in strenger Allgemeinheit und ohne die Feldgesetze heranzuziehen. Die genauere Ausfüllung des allgemeinen Schemas (71) der mechanischen Gleichungen durch die Ausdrücke von Impuls und Kraft läßt sich aber nur näherungsweise und unter Berufung auf die Feldgesetze durchführen. In der Tat muß man offenbar bei einem in ein Feld eingebetteten Teilchen einen Kompromiß schließen über die Lage der Hülle Ω, welche die Energie des *Teilchens* abtrennen soll von der Energie des *äußeren Feldes*. Fassen wir insbesondere das Elektron ins Auge! Wir nehmen an, daß zu ihm in seinem augenblicklichen Bewegungszustand ein

»Ruh-Koordinatensystem« gehört, in welchem das g_{ik}-Feld in das äußere Feld g_{ik}° so ausläuft, wie es die Schwarzschildschen Formeln für den Massenpunkt besagen; und zwar sollen diese asymptotischen Formeln gültig sein sowohl für die Potentiale g_{ik} wie auch für die daraus durch einmalige Differentiation entspringenden Feldgrößen $\begin{Bmatrix} i\,k \\ r \end{Bmatrix}$. Das Koordinatensystem ist also ein *geodätisches* für das äußere Feld. Die Entfernungen r, in denen die asymptotische Darstellung des Feldes gültig ist (»Auslaufzone«), sind, wie aus (50*) hervorgeht, groß gegenüber dem Elektronenradius r_i. Auf der anderen Seite steht unsere Annahme nur dann nicht im Widerspruch mit den Gravitationsgleichungen, wenn $\dfrac{m}{\varkappa\,r^3}$ groß ist gegenüber der Energiedichte W des wirksamen elektrischen Feldes. Wir müssen also voraussetzen, daß diese Energiedichte klein ist gegenüber $\dfrac{e^2}{\eta^4}$; dann ist durch die Bedingungen

$$ r \gtrless \eta, \quad \varkappa W r^3 \gtrless m $$

die Auslaufzone charakterisiert. In ihr soll die Hülle Ω verlaufen; damit ist in praktisch ausreichendem Maße die Energietrennung zwischen Feld und Teilchen vollzogen. Das Innere von Ω füllen wir mit einem fingierten statischen g_{ik}-Feld aus und finden dann in bekannter Weise, daß im Ruh-Koordinatensystem der Impuls verschwindet und die Energie $= m_{\mathrm{o}} = 8\,\pi\,m/\varkappa$ ist.

Zweitens haben wir die Invarianzeigenschaften von J_i nötig. Wir bilden mit Hilfe irgendwelcher Koordinaten x_i die Welt auf einen vierdimensionalen affinen Bildraum ab; ist x_i' ein Koordinatensystem, das aus x_i durch *lineare* Transformation hervorgeht, so können wir die x_i' als affine Koordinaten im selben Bildraum deuten. Sind $\mathfrak{J} = (J_i)$ und $\mathfrak{J}' = (J_i')$ die zu diesen beiden Koordinatensystemen gehörigen Viererimpulse des gegebenen Weltkanals an zwei Stellen $x_{\mathrm{o}} = a$, bzw. $x_{\mathrm{o}}' = a'$, so läßt sich nach der Beweisführung des § 37 der Unterschied dieser beiden Vektoren im affinen Bildraum — der eine ist durch seine Komponenten J_i im Koordinatensystem x_i charakterisiert, der andere durch seine x_i'-Komponenten J_i' — ausdrücken als ein Integral über denjenigen Teil des Kanalmantels, der zwischen den beiden Querschnitten $x_{\mathrm{o}} = a$ und $x_{\mathrm{o}}' = a'$ liegt. Aus jenem Ausdruck geht in unserem Falle hervor, daß $\mathfrak{J}$ mit der Genauigkeit, mit der es überhaupt bei der Unsicherheit der Lage von Ω definiert ist, sich nicht ändert, wenn man die Ruh-Koordinaten durch solche ersetzt, die aus ihnen durch eine lineare Transformation hervorgehen. In jedem derartigen Koordinatensystem werden also die Gleichungen (70) gelten. Das genügt uns aber nicht; wir müssen dieselben Gleichungen auch noch in einem nicht-geodätischen Koordinatensystem als gültig nachweisen, in welchem ein von Null verschiedenes *äußeres Feld* $\begin{Bmatrix} i\,k \\ r \end{Bmatrix}$ auftritt. (Nur die Auslaufzone brauchen wir zu betrachten, da wir ja schon wissen, daß die J_i sich bei beliebiger Deformation des Koordinatensystems im Innern von Ω gar nicht ändern, wenn nur der reguläre Anschluß nach außen gewahrt wird; denn Deformation des Koordinatensystems ist eine besondere Art von Abänderung des Innenfeldes.) Aus dem Bau von $\mathfrak{U}_i^k$, in dessen einzelnen Termen die Feldkomponenten entweder undifferenziert, aber quadratisch, oder differenziert und linear vorkommen, geht hervor, daß die Überlagerung eines äußeren Feldes keinen merklichen Einfluß auf die Werte von J_i ausübt, wenn 1. die *Wertunterschiede* der Feldkomponenten des äußeren Gravitationsfeldes in der Auslaufzone wesentlich geringer sind als $\dfrac{m}{r^2}$ (d. h. als die Wertunterschiede des Innenfeldes), und wenn

2. die Quadrate der Feldkomponenten klein sind gegenüber $\dfrac{m}{r^3}$. Die letzte Bedingung ist in der Natur stets in außerordentlich hohem Grade erfüllt; die erste, welche bereits dafür notwendig ist, daß es überhaupt ein Ruh-Koordinatensystem und eine Auslaufzone gibt, könnte bedenklich erscheinen, weil der Gravitationsradius m so außerordentlich klein ist gegenüber dem Elektronenradius; dennoch trifft auch sie in der Natur in ausreichendem Maße zu.

Unsere Annahme ist also jetzt die, die Welt sei auf ein Koordinatensystem x_i bezogen, in welchem überall längs des Kanals das Gravitationsfeld und das elektrische Feld den aufgezählten Bedingungen genügen. Dann gilt

$$(72) \qquad J_i(t_2) - J_i(t_1) = -\int_{t_1}^{t_2} K_i\, dt,$$

und J_i kann überall in hinreichender Annäherung $= m_0\, u_i$ gesetzt werden. Die Bedeutung des Begriffes Geschwindigkeit ist dabei klar; wenn wir $u^i = dx_i / ds$ setzen, so ist das natürlich so zu verstehen, daß die Differentiale »physikalisch unendlichkleine« Größen sind, von der Größenordnung des Durchmessers der Hülle Ω, und ds^2 die zum äußeren metrischen Felde gehörige quadratische Form ist. In demselben Sinne können wir die Integralgleichung (72) ersetzen durch die Differentialgleichung

$$\frac{d(m_0\, u_i)}{dt} = -K_i.$$

Wir schreiten zur Berechnung von K_i. Auf der Oberfläche des Kanals gelten die Gravitationsgleichungen, und dort ist also

$$\varkappa\, \mathfrak{U}_i^k = \varkappa\left(\tfrac{1}{2}\mathfrak{S}\,\delta_i^k - F_{ir}\,\mathfrak{F}^{kr}\right) + \mathfrak{t}_i^k.$$

Wir verwenden wiederum an einer Stelle $t = t^0$ das Ruh-Koordinatensystem. In ihm ist der Gravitationsanteil $\mathfrak{t}_i^k$ (auf der Oberfläche Ω) ganz zu streichen, und in dem Ausdruck für den Maxwellschen Energie-Impulsstrom $\mathfrak{S}_i^k$ sind die g_{ik} durch die konstanten g_{ik}^0 zu ersetzen. Es bleibt dann also lediglich der nach den Maxwellschen Formeln zu berechnende vierdimensionale Impuls, welcher durch die Hülle Ω hindurchtritt. Können wir das elektromagnetische Feld in der Auslaufzone in zwei Bestandteile zerlegen: daß äußere Feld F_{ik} und das statische, zum Potential $\dfrac{e}{r}$ gehörige Eigenfeld f_{ik}, von denen *der erste in jenem Bereich wesentlich schwächer variiert als der zweite* und darum konstant gesetzt werden kann, so zerfällt der Maxwellsche Energie- und Impulsstrom nach der für jeden quadratischen Ausdruck gültigen Formel

$$(F + f)^2 = F^2 + 2Ff + f^2$$

in drei Terme. Von ihnen liefert der *erste*, weil er konstant ist, keinen Beitrag zum Fluß durch die geschlossene Oberfläche Ω; ebensowenig der *letzte*, wie aus den Elementen der Maxwellschen Theorie bekannt und übrigens leicht nachzurechnen ist. Den Beitrag des *mittleren* finden wir durch abermalige Anwendung unseres mathematischen Kunstgriffs, das Innere von Ω mit einem fingierten statischen Eigenfeld

$$f_{ik} = \frac{\partial \varphi_k}{\partial x_i} - \frac{\partial \varphi_i}{\partial x_k} \quad (\varphi_1 = \varphi_2 = \varphi_3 = 0)$$

auszufüllen. Indem wir unter F_{ik}, g_{ik} die betreffenden *Konstanten* verstehen, verwandelt sich dann das Oberflächenintegral nach Gauß in ein Volumintegral über das Innere von Ω:

$$\int \frac{\partial}{\partial x_k} \left\{ \tfrac{1}{2}(F^{rs} f_{rs}) \delta_i^k - F_{ir} f^{kr} - f_{ir} F^{kr} \right\} dx_1\, dx_2\, dx_3 .$$

Hierin darf die Summation nach k auch über $k = 0$ ausgedehnt werden, da alle auftretenden Größen von x_0 unabhängig sind (wenn F_{ik} nicht die vielleicht von der Zeit abhängigen Komponenten des Außenfeldes bedeuten, sondern *Konstante*, die im betrachteten Augenblick mit jenen Komponenten übereinstimmen). Der Integrand geht durch die auf S. 156 ausgeführte Rechnung über in

$$\tfrac{1}{2} F^{kr} \left(\frac{\partial f_{ik}}{\partial x_r} + \frac{\partial f_{kr}}{\partial x_i} + \frac{\partial f_{ri}}{\partial x_k} \right) - F_{ir} \frac{\partial f^{kr}}{\partial x_k} = - F_{ir} \frac{\partial f^{kr}}{\partial x_k} = - F_{io} \frac{\partial f^{ko}}{\partial x_k} .$$

Jetzt können wir das Volumintegral zurückverwandeln in ein Oberflächenintegral und bekommen: F_{io} mal dem Fluß, den das Eigenfeld (f^{o1}, f^{o2}, f^{o3}) durch Ω schickt. Dieser Fluß ist die Ladung $e_0 = 4\pi e$. Damit haben wir schließlich

$$\boxed{K_i = e_0 F_{io}} \; .$$

Die o te der so gewonnenen Gleichungen

$$(73) \qquad\qquad \frac{d(m_0 u_i)}{dt} = e_0 F_{oi}$$

liefert die Konstanz der Ruhmasse: $\dfrac{dm_0}{dt} = 0$. Die Gleichungen (73) sind gültig im Momente $t = t^0$, wenn das Koordinatensystem, auf welches die Welt bezogen ist, *im Augenblick t^0* ein Ruh-Koordinatensystem für das Elektron ist. In einem beliebigen Koordinatensystem aber gilt

$$(74) \qquad \frac{d(m_0 u_i)}{ds} - \tfrac{1}{2} \frac{\partial g_{\alpha\beta}}{\partial x_i} m_0 u^\alpha u^\beta = e_0 \cdot F_{ki} u^k .$$

Denn die Beziehungen (74) sind invariant gegenüber Koordinatentransformation und stimmen für das normale Koordinatensystem mit (73) überein. Damit sind wir bei den *mechanischen Gleichungen* in ihrer klassischen Form angelangt. Klar treten die Voraussetzungen hervor, an welche ihre Gültigkeit gebunden ist. *Sie erscheinen als notwendige Bedingungen dafür, daß sich das von einem Massenpunkt erzeugte Eigenfeld in den außerhalb des Kanals herrschenden Feldverlauf, welcher den Gesetzen* (66) *genügt, einpassen kann.* Diese Auffassung der mechanischen Grundgesetze wurde schon von Mie in dem 3., von »Kraft und Trägheit« handelnden Teil seiner bahnbrechenden »Grundlagen einer Theorie der Materie« vertreten[31]). Die Formeln für das Eigenfeld enthalten zwei für das Teilchen charakteristische Konstante, e und m, »Ladung« und »Masse«

$$\left(\varphi = \frac{e}{r}, \quad f^2 = 1 - \frac{2m}{r} \right) .$$

Die Feldgesetze fordern, daß e und m konstant sind und die Weltrichtung u^i nach der Gleichung variiert

$$(74') \qquad m \left(\frac{du_i}{ds} - \tfrac{1}{2} \frac{\partial g_{\alpha\beta}}{\partial x_i} u^\alpha u^\beta \right) = \frac{\varkappa e}{2} \cdot F_{ki} u^k .$$

Diese »mechanischen Gleichungen« lehren, daß die »*gravitationsfeld-erzeugende*« *Masse m* zugleich *träge und schwere Masse* ist, die »*felderzeugende*« *Ladung e* oder vielmehr das dazu proportionale $\varkappa e/2$ zugleich *Angriffspunkt der elektrischen Feldkraft* ist. So verstehen wir jetzt auch prinzipiell die Gleichheit von träger und gravitationsfeld-erzeugender Masse. *Die Masse ist ihrem Wesen nach eine Länge.* Die Grundeinheiten, welche wir zu wählen haben, sind die Längen- und die Ladungseinheit. In diesem CE-System (cm und elektrostatische Einheit el; es liegt in der Tat jetzt kein Grund mehr vor, die Heavisidesche, über den Faktor 4π anders verfügende Wahl zu bevorzugen) ist der Wert von $\varkappa$:

$$\varkappa = 1{,}49 \cdot 10^{-28} \mathrm{cm}^2 \, \mathrm{el}^{-2} .$$

Unsere Voraussetzungen bringen es mit sich, daß der Fall der *quasistationären Bewegung* vorliegt, d. h. daß die (durch einen Winkel zu messende) Ablenkung aus der vom Führungsfeld vorgezeichneten Bahn während der Zeit, die das Licht (mit seiner Normalgeschwindigkeit c) braucht, um den Elektronendurchmesser zu durchlaufen, sehr klein ist. Nur in diesem Fall ist auch der Ansatz für das elektrische Feld um das Elektron herum berechtigt. Im Rahmen der speziellen Relativitätstheorie existiert die Liénard-Wiechertsche Formel, welche das Eigenfeld eines beliebig beschleunigten Elektrons angeben will; sie sagt aus, daß auf dem in die Zukunft geöffneten Nullkegel, der von dem Punkte O der Weltlinie des Elektrons ausgeht,

$$\varphi_i = \frac{e\,u_i}{(u_r \cdot \varDelta x^r)}$$

ist, wo u^i die Weltrichtung des Elektrons in O angibt und $\varDelta x^i$ der Vektor ist, der vom Punkte O zu dem auf dem Nullkegel gelegenen Aufpunkt P führt. Sie liefert für ein beschleunigtes Elektron *Ausstrahlung* und widerspricht den Tatsachen der Atomistik. Unter den Physikern ist heute die Meinung allgemein herrschend, daß sie eine notwendige Folge der Maxwellschen Gleichungen sei. Daß dies nicht zutreffen kann, geht aber schon daraus hervor, daß in ihr eine ausgezeichnete Zeitrichtung auftritt (in die *Zukunft* geöffneter Nullkegel; *Ausstrahlung*, nicht Einstrahlung), in den Maxwellschen Gleichungen hingegen nicht [32]).

Von der feinen tiefen Furche, welche die Bahn des Elektrons in das metrische Antlitz der Welt gräbt, sehen wir nur die Randböschung; unbekannt ist uns, was ihre Tiefe birgt. Es kann sein, wie Mie annahm, daß die ganze Furche von einem qualitativ dem äußeren gleichartigen Feld ausgefüllt ist; *es kann aber auch sein, daß der Abgrund bodenlos ist.* Die Miesche Auffassung löst die Materie im Felde auf, die andere entrückt sie sozusagen dem Felde; nach ihr ist *die Materie ein feld-bestimmendes Agens, das selber nichts Räumliches, Extensives ist, sondern nur in einer bestimmten räumlichen Umgebung drin steckt,* von der seine Feldwirkungen ihren Ausgang nehmen. Wir können nicht sagen: *hier ist Ladung,* sondern nur: *diese Fläche schließt Ladung ein.* Nach der Mieschen Auffassung müßte der Zustand des Feldes inkl. der Materie in einem Augenblick (in einem dreidimensionalen Querschnitt der Welt) *willkürlich* sein; die Naturgesetze würden lediglich bestimmen, wie sich daraus die Folgezustände (und die vergangenen) des ganzen Systems gesetzmäßig entwickeln. Unsere Erfahrungen sprechen aber mit großer Deutlichkeit dafür, daß *die Materie das Feld erzeugt und eindeutig bestimmt.* Unser willentliches Handeln muß primär stets an der Materie angreifen, und nur durch sie hindurch sind wir imstande, das Feld zu verändern. Tatsächlich haben wir denn auch zweierlei Art von Gesetzen nötig zur Erklärung der Naturerscheinungen: 1. *die Feldgesetze,* gewisse Bindungen des inneren differentiellen Zusammenhangs der möglichen Feldzustände, vermöge deren das Feld allein zur Wirkungsübertragung fähig ist; und 2. *die Gesetze, nach denen die Materie das Feld erregt.* Unsere Beschreibung des Feldes, das ein Elektron umgibt, ist erste stammelnde Formulierung derartiger Gesetze. Hier ist das Arbeitsfeld der modernen Physik der Materie, zu welcher vor allem die Tatsachen und Rätsel des *Wirkungsquantums* gehören. Für das Kausalitätsprinzip in dem Sinne, daß der Zustand der Welt in einem Querschnitt $x_0 = $ konst. Vergangenheit und Zukunft determiniert, liefert die heutige

Physik, das muß einmal klipp und klar gesagt werden, keinen Beleg mehr. Die Gesetzmäßigkeit, nach welcher die Materie Wirkungen auslöst, ist, soweit wir heute beurteilen können, nur *statistisch* zu beschreiben. — Der Erfahrung, daß die Materie daß Feld erzeugt, entspricht es besser, wenn wir sie im Gegensatz zu Mie als eine jenseits des Feldes liegende Realität ansetzen. Dieses Agens nennen wir »Materie«, sofern wir es als Ursache der Zustände des Feldes betrachten, jenes extensiven Mediums, das alle die verschiedenen materiellen Individuen zu dem Wirkungsganzen einer Außenwelt zusammenbindet; nach seinem inneren Wesen mag es ebensowohl Leben und Wille wie »Materie« sein [33]).

Hatte die Miesche Anschauung recht, so durften wir im Felde die objektive Wirklichkeit schlechthin erblicken, und die Physik schien dem Ziel nicht mehr ferne zu sein, wo sie uns das Wesen der physischen Welt, der Materie und der Naturkräfte, so vollständig begreifen lehrte, daß sich aus dieser Einsicht mit vernunftmäßiger Notwendigkeit die Gesetze eindeutig ergeben mußten, welche den Ablauf der Naturvorgänge regeln. So kühner Hoffnungen müssen wir uns wohl jetzt fürs erste entschlagen. Aber gerade darin liegt nicht der geringste Vorteil der Agens-Auffassung, daß sie neben dem streng funktionalen Feldgesetz Raum läßt für die Quantenstatistik der Materie. Die Physik der Materie wird uns auch Aufschluß zu geben haben über *die ausgezeichnete Ablaufsrichtung der Zeit*: *Vergangenheit→Zukunft*; diese fundamentale Tatsache, die offenbar mit der Idee der Verursachung aufs engste verbunden ist, kann innerhalb der Feldphysik wegen der Invarianz der Feldgesetze nicht zur Geltung kommen. So ist im Äther ebensogut eine einlaufende wie eine auslaufende elektromagnetische Kugelwelle möglich; aber nur der letztere Vorgang kann durch ein im Zentrum liegendes Atom, das bei einem Bohrschen Elektronensprung Energie abgibt, ausgelöst werden.

§ 39. Über die Zusammenhangsverhältnisse der Welt im Großen (Kosmologie).

Schon in der Elektrostatik und in der Newtonschen Gravitationstheorie zeigt sich, daß die Nahewirkungsgesetze, die zusammengefaßt sind in der Poissonschen Gleichung $\Delta \varphi = - \varrho$, die Tatsachen nicht erklären können, wenn nicht eine *Randbedingung im Unendlichen* hinzugenommen wird. Denn sonst bleibt es uns bei gegebenem ϱ freigestellt, zu der richtigen Potentialfunktion

$$\varphi = \int \frac{\varrho}{4\pi r} \, dV$$

eine beliebige harmonische Funktion, Lösung der homogenen Gleichung $\Delta \varphi = 0$, additiv hinzuzufügen. Bei Beschränkung auf kugelsymmetrische Felder wird dieser Tatbestand freilich dadurch verdunkelt, daß die homogene Potentialgleichung keine andere reguläre *kugelsymmetrische* Lösung besitzt als die Konstante. In der Einsteinschen Gravitationstheorie liegen ganz analoge Verhältnisse vor. Zwar konnte es in § 33 so scheinen, als ob die Feldgesetze zwangsweise dafür sorgten, daß in großer Entfernung vom Massenzentrum das ungestörte metrische Feld der speziellen Relativitätstheorie sich einstellt. Sobald wir aber *zwei* Massenpunkte im selben Raum betrachten, liegt ebensowenig ein Grund vor, warum in ihrer Auslaufzone die Lichtgeschwindigkeiten c übereinstimmen sollen, wie etwa für die Übereinstimmung ihrer beiden charakteristischen Konstanten m. Die Ursache für das gemeinsame, nahezu homogene metrische Feld, das alle Körper einbettet, liegt offenbar nicht in den Körpern, geht nicht von den inneren Feldsäumen aus, sondern von dem *unendlich fernen Saum*; von da her legt sich eine ungeheure Macht beruhigend auf das Weltgeschehen. Den Prinzipien der allgemeinen Relativitätstheorie widerspricht das nicht, wohl aber der Forderung, daß die Materie alleinige Ursache des Feldes sein soll. Um ihr zu genügen, ist es nötig, daß man den *Raum als geschlossen* annimmt und nicht als einen offenen, sich ins Unendliche erstreckenden. In der offenen Ebene hat die Potentialgleichung unendlich viele Lösungen, auf der geschlossenen Kugelfläche hingegen ist die Konstante ihre einzige Lösung. Die allgemeine Relativitätstheorie gewährt die Möglichkeit, den offenen durch einen geschlossenen Raum zu ersetzen.

In der Tat läßt sie es durchaus dahingestellt, ob die Weltpunkte in umkehrbar-eindeutiger und stetiger Weise durch die Werte von 4 Koordinaten x_i dargestellt werden können. Sie setzt lediglich voraus, daß die *Umgebung* eines jeden Weltpunktes eine umkehrbar-eindeutige stetige Abbildung auf ein Gebiet des vierdimensionalen »Zahlenraumes« gestattet (wobei unter »Punkt des vierdimensionalen Zahlenraumes« jedes Zahlenquadrupel verstanden ist); über den Zusammenhang der Welt im ganzen macht sie von vornherein keine Annahmen. — Wenn wir in der Flächentheorie von einer Parameterdarstellung der zu untersuchenden Fläche ausgehen, so bezieht sich diese auch immer nur auf ein Flächenstück, nicht aber auf die ganze Fläche, die im allgemeinen keineswegs eindeutig und stetig auf die Euklidische Ebene oder ein ebenes Gebiet abgebildet werden kann. Von denjenigen Eigenschaften der Flächen, die bei allen eineindeutigen stetigen Abbildungen erhalten bleiben, handelt die *Analysis situs; die Geschlossenheit* ist z. B. eine derartige Analysis-situs-Eigenschaft. Jede Fläche, die aus der Kugel durch stetige Deformation hervorgeht, ist auf dem Standpunkt der Analysis situs von der Kugel nicht verschieden, wohl aber z. B. der Torus. Auf dem Torus gibt es nämlich geschlossene Linien, welche den Torus nicht in mehrere Gebiete zerlegen, auf einer Kugel existieren derartige Linien nicht. Aus der Geometrie auf der Kugel ging jene »sphärische Geometrie«, welche wir in § 10 mit Riemann der Bolyai-Lobatschefskyschen gegenüberstellten, dadurch hervor, daß wir je zwei einander diametral gegenüberliegende Kugelpunkte identifizierten. Die so entstehende Fläche $\mathfrak{F}$ ist von der Kugel gleichfalls im Sinne der Analysis situs verschieden, und zwar durch diejenige Eigenschaft, welche man als ihre Einseitigkeit bezeichnet. Denkt man sich ein kleines, auf einer Fläche liegendes, beständig im gleichen Sinne rotierendes Rädchen während der Rotation über diese Fläche hinbewegt, wobei der Mittelpunkt eine geschlossene Bahn beschreibe, so sollte man erwarten, wenn das Rädchen wieder an seinen Ausgangsort zurückkehrt, so rotiere es hier im gleichen Sinne wie im Anfang seiner Bewegung. Ist dies der Fall, welche geschlossene Kurve der Mittelpunkt des Rädchens auch auf der Fläche beschrieben haben mag, so heißt sie *zweiseitig;* im andern Falle aber *einseitig.* Daß es einseitige Flächen gibt, ist zuerst von Möbius bemerkt worden. Die oben erwähnte Fläche $\mathfrak{F}$ ist einseitig, während die Kugel natürlich zweiseitig ist. Man sieht das ohne weiteres ein, wenn man den Mittelpunkt des Rädchens einen größten Kreis durchlaufen läßt; auf der Kugel muß der *ganze* Kreis durchlaufen werden, ehe diese Bahn sich schließt, auf $\mathfrak{F}$ jedoch nur der *halbe.* — Ganz analog wie eine zweidimensionale kann nun auch eine vierdimensionale Mannigfaltigkeit sehr verschiedenerlei Analysis-situs-Beschaffenheit besitzen. Aber auf jeder vierdimensionalen Mannigfaltigkeit läßt sich die Umgebung eines Punktes gewiß in stetiger Weise durch 4 Koordinaten darstellen derart, daß verschiedenen Punkten dieser Umgebung immer verschiedene Koordinatenquadrupel korrespondieren. Genau in diesem Sinne ist die Benutzung der 4 Weltkoordinaten zu verstehen.

Die Schwierigkeiten, welche die unendliche Ausdehnung des Raumes mit sich bringt, sind schon früher oft diskutiert worden. Sind die Massen im Raum durchschnittlich gleich dicht verteilt, so ergibt sich nach Newton an jeder Stelle ein unendlich hohes Gravitationspotential; nicht die *nächsten* großen Massen, die Erde, der Mond, die Sonne zögen uns an, sondern gerade die *entferntesten* Massen hätten das absolute Übergewicht. Aus demselben Grunde müßte der Himmel unendlich hell sein. Die Vorstellung aber, daß nur in einer gewissen begrenzten Gegend der Raum in merklicher Dichte mit Materie bevölkert ist, die Vorstellung der Sterneninsel hat entschieden etwas sehr Unbefriedigendes. Als Ausweg aus diesem Dilemma boten sich Modifikationen des Newtonschen Attraktionsgesetzes dar*). Vom Standpunkte der Nahewirkungstheorie erscheint es am einfachsten, die Potentialgleichung $\varDelta\varPhi = 0$ für das Gravitationspotential $\varPhi$ durch eine Gleichung $\varDelta\varPhi - \lambda\varPhi = 0$ zu ersetzen, in der λ eine positive Konstante bedeutet. Ihre Grundlösung — entsprechend der Grundlösung $1/r$ der Potentialgleichung — ist bekanntlich $e^{-r\sqrt{\lambda}}/r$. Die exponentielle Abnahme mit der Entfernung r lischt die Wirkung allzu ferner Massen aus.

Einstein übertrug diesen Gedanken auf seine Gravitationstheorie [34]. In der Tat haben wir in § 30 bei der Herleitung der Gravitationsgleichungen eine kleine Unterlassungssünde begangen. Es ist nicht R die einzige von

---

*) In anderer Richtung liegen die auf einem Grundgedanken von Lambert beruhenden Versuche, die Schwierigkeiten durch die Annahme einer Hierarchie von Systemen unbegrenzt wachsender Größenordnung zu überwinden; sie sind neuerdings namentlich von C. V. L. Charlier weitergeführt worden (vgl. Ark. för Mat. Astr. och Fys. Bd. 16 [1922], Nr. 22).

g_{ik}, ihren 1. und 2. Differentialquotienten abhängige und in den letzteren lineare Invariante, sondern die allgemeinste Invariante dieser Art hat die Gestalt $\alpha R + \beta$, wo α und β numerische Konstante sind. Wir sind also genötigt, das Integral von $\mathfrak{G} + \lambda\sqrt{g}$ als Wirkungsgröße des Gravitationsfeldes anzusetzen; aber es war ungerechtfertigt, daß wir der Konstanten λ von vornherein den Wert 0 erteilten. Behalten wir jetzt das Glied mit λ bei, so lauten die Gravitationsgleichungen — von der Elektrizität, die im Haushalt des Kosmos offenbar keine Rolle spielt, sehen wir jetzt ganz ab —:

$$(75) \qquad (R_{ik} - \tfrac{1}{2}g_{ik}R) - \lambda g_{ik} = 0.$$

Sie haben also ein ganz analoges Zusatzglied erhalten, wie wir es oben der Potentialgleichung in der Newtonschen Theorie anhängen wollten.

Wir finden ihre zu einem Zentrum O gehörigen statischen kugelsymmetrischen Lösungen wie in § 33, Ansatz (48). Mit den dort verwendeten Bezeichnungen lautet das Variationsprinzip

$$\delta \int (w\Delta' + \lambda\Delta r^2)\, dr = 0.$$

Die Variation von w ergibt wie früher $\Delta = 1$; die Variation von Δ hingegen

$$w' = \lambda r^2.$$

Verlangen wir Regularität bei $r = 0$, so folgt daraus

$$w = \frac{\lambda}{3} r^3,$$

$$\frac{1}{h^2} = f^2 = 1 - \frac{r^2}{a^2} \quad \left(a^2 = \frac{3}{\lambda}\right).$$

Nehmen wir also λ als positiv an, so kommen wir in der Tat auf einen *geschlossenen Raum*; $d\sigma^2$ ist die metrische Fundamentalform einer dreidimensionalen Kugel (Sphäre) im vierdimensionalen Euklidischen Raum:

$$(76) \quad x_1^2 + x_2^2 + x_3^2 + z^2 = a^2, \quad d\sigma^2 = dx_1^2 + dx_2^2 + dx_3^2 + dz^2.$$

O nennen wir den Pol, $z = 0$ den Äquator des Raumes. Vom Pol bis zum Äquator nimmt die Lichtgeschwindigkeit nach dem einfachen Gesetz

$$(76') \qquad f = z/a$$

von 1 bis 0 ab. Die metrische Fundamentalform der Welt wird also auf dem Äquator singulär. Einstein schloß daraus, daß *notwendig in der Welt Massen vorhanden sein müssen*, wenn man die »kosmologischen« Gravitationsgleichungen (75) mit einem positiven λ akzeptiert. Und tatsächlich stellt sich heraus, daß eine gewisse gleichmäßige Verteilung von Materie im Raum in statischem Gleichgewicht sich befindet. Wir ersetzen die aus inkohärenten Teilen (den Sternen) bestehende Masse, kosmische Maßstäbe anlegend, durch eine kontinuierliche Flüssigkeit von der konstanten Dichte μ_0 und werden insbesondere eine Lösung finden, bei welcher der Druck p identisch verschwindet. Das Variationsprinzip ist genau das gleiche wie in § 35, S. 264; nur hat man $\varkappa\mu_0$ durch $\varkappa\mu_0 + \lambda$ zu ersetzen. Man bekommt deshalb wiederum einen sphärischen Raum, dessen Radius b sich aus

$$b^2 = \frac{3}{\varkappa \mu_0 + \lambda}$$

bestimmt, und dazu die Gleichungen

$$(\mu_0 + p)\,f = v = \text{konst.} \qquad \text{(Impulssatz)},$$

$$f = \frac{3\,\varkappa v}{2\,(\varkappa\mu_0 + \lambda)} + \frac{\text{konst.}}{h}.$$

Soll $p = 0$ werden, so muß $f = \text{konst.}$ sein; das ist auch ohne Rechnung klar, da sich sonst die Materie unter dem Einfluß des Gravitationspotentials f in Bewegung setzen würde. Mit $f = 1$ bekommen wir dann $v = \mu_0$,

$$3\varkappa v = 2\,(\varkappa\mu_0 + \lambda), \quad \text{d. i.} \quad \varkappa\mu_0 = 2\,\lambda.$$

Rechnet man als Gesamtmasse M das $\mu_0$fache des natürlichen Volumens der Sphäre vom Radius $b = 1/\sqrt{\lambda}$, so findet man für den Gravitationsradius von M:

$$(77) \qquad \varkappa M = \frac{2\,\pi^2}{\lambda^{3/2}} \cdot 2\,\lambda = \frac{4\,\pi^2}{\sqrt{\lambda}},$$

eine Zahl also von derselben Größenordnung wie der Radius der Weltkugel. Diese ungeheure Masse übernimmt nach der Einsteinschen Kosmologie die Rolle, welche der unendlich ferne Horizont bisher spielte: *sie erzeugt den homogenen Untergrund des Führungsfeldes;* sie hält z. B. die Ebene des Foucaultschen Pendels fest, so daß sie der Umdrehung des Sternenhimmels folgt.

Ein geschlossener Raum, in welchem die Sterne im ganzen ruhend und gleichmäßig verteilt sind, das ist danach der ideale Gleichgewichtszustand, in welchem sich die wirkliche Welt nahezu befindet; aus demselben Grunde und in demselben *statistischen* Sinne, wie ein Gas, das in einen ruhenden Kasten eingeschlossen ist, fast immer im Zustand des thermodynamischen Gleichgewichts sich befindet, in welchem seine Moleküle den Raum gleichförmig erfüllen, an jeder Stelle im Durchschnitt ruhen und ihre Geschwindigkeiten die bekannte Maxwellsche Geschwindigkeitsverteilung aufweisen. Damit soll zugleich eine Erklärung dafür gewonnen sein, wie es kommt, daß die relativen Sterngeschwindigkeiten klein sind gegenüber der Lichtgeschwindigkeit und unser Fixsternsystem nicht längst in die Unendlichkeit auseinander gestoben ist. Die Schwierigkeit, welche darin liegt, daß die zufällig in der Welt vorhandene Gesamtmasse in einem genau abgestimmten Verhältnis zu der im Gravitationsgesetz auftretenden Konstanten λ stehen muß, kann man beheben, wenn man annimmt, daß die Naturgesetze den Wert der Konstanten λ nicht festlegen; wenn man das Gravitationsgesetz so formuliert: für jede außerhalb eines endlichen Bereichs verschwindende unendlich kleine Variation des metrischen Feldes, bei welcher das Volumen ungeändert bleibt

$$\delta\!\int\!\sqrt{g}\,dx = 0\,, \quad \text{gilt auch} \quad \delta\!\int\!\mathfrak{G}\,dx = 0$$

(Variationsprinzip mit Nebenbedingung). — Übrigens bleibt die Frage offen, ob die »Sphäre« ein umkehrbar eindeutiges Abbild des wirklichen Raumes ist oder ob man in ihr je zwei diametral gegenüberliegende Punkte mit einem und demselben Raumpunkt zu identifizieren hat.

Auch wenn man die Masse in der Gegend des Raumäquators konzentriert, kommt man, wenn die Singularität des metrischen Feldes am Äquator beseitigt werden soll, stets auf eine Gesamtmasse, die den eben errechneten Betrag (77) nicht unterschreiten kann und von der gleichen Größenordnung ist.[35] Das befindet sich zugleich in gutem Einklang mit der Untersuchung von Thirring über die Wirkung, welche eine rotierende schwere Hohlkugel auf Massen in ihrem Zentrum ausübt. Sie ruft eine ähnliche Kraft wie die Zentrifugalkraft hervor; nur tritt ein kleiner Faktor hinzu, das Verhältnis des Gravitationsradius der Hohlkugelmasse zum geometrischen Radius der Hohlkugel. Für die Weltkugel erreicht dieser Faktor eine Größe ~ 1: der Gravitationsradius ihrer Masse ist ebenso groß wie ihr eigener Durchmesser. — Das statische kugelsymmetrische Gravitationsfeld, das einen in O befindlichen neutralen oder geladenen Zentralkörper umgibt, läßt sich nach der hier befolgten Methode unter Berücksichtigung des kosmologischen λ-Gliedes gleichfalls sofort berechnen; immer stellt sich die Notwendigkeit heraus, einen Massenhorizont von der Mächtigkeit (77) anzubringen.

So verlockend nach dem Allen die Einsteinsche Kosmologie erscheinen mag, es stehen ihr doch schwere Bedenken entgegen. Zunächst die *Tatsachen*. Auf Grund der spektroskopischen Befunde schreibt man den Sternen ein Alter zu; und es ist darum gar nicht gesagt, daß das Fixsternsystem sich nicht auflösen wird wie eine Rauchwolke. Nur im Augenblick ist es noch viel zu jung dazu, als daß ihm das schon widerfahren sein könnte. Alle Erfahrungen über Sternverteilung zeigen, daß *der gegenwärtige Zustand des Sternenhimmels nichts mit einem »statistischen Endzustand« zu tun hat*.[36]). Die kleinen Sterngeschwindigkeiten beruhen viel eher auf einem gemeinsamen Urprung als auf einem Ausgleich; und übrigens scheint es auch, je weiter voneinander entfernte Gebilde man betrachtet, um so größere Geschwindigkeiten findet man im Durchschnitt. Statt zu der gleichmäßigen Massenverteilung führen die astronomischen Tatsachen eher zu der Ansicht, daß einzelne Sternwolken in weiten leeren Räumen dahinziehen.

Zweitens haben nach einer Bemerkung von de Sitter[37]) Einsteins kosmologische Gravitationsgleichungen eine sehr einfache reguläre Lösung; *eine massenleere Welt ist also doch mit ihnen verträglich*, das ist die metrisch homogene Welt von nicht-verschwindender Krümmung. Ist $\Omega(x)$ eine nicht-ausgeartete quadratische Form von 5 Variablen x_1 bis x_5 mit konstanten Koeffizienten, so ist der »Kegelschnitt« $\Omega(x) = a^2$ im fünfdimensionalen Euklidischen Raum mit der metrischen Grundform $ds^2 = -\Omega(dx)$ eine metrisch homogene vierdimensionale Riemannsche Mannigfaltigkeit. Soll sie eine positive und drei negative Dimensionen besitzen, so hat man für Ω eine Form mit vier positiven und einer negativen Dimension zu nehmen; also

$$\Omega(x) = x_1^2 + x_2^2 + x_3^2 + x_4^2 - x_5^2.$$

Der zugehörige Krümmungstensor 4. Stufe lautet

$$R^i_{k\alpha\beta} = -\frac{1}{a^2}\left(\delta^i_\alpha g_{k\beta} - \delta^i_\beta g_{k\alpha}\right);$$

daher ist

$$R_{ik} = R^\alpha_{i\alpha k} = -\frac{3}{a^2}g_{ik}, \quad R = R^i_i = -\frac{12}{a^2},$$

und die Gleichungen (75) sind erfüllt mit $\lambda = 3/a^2$. Diese Lösung stellen wir der *Einsteinschen* »*Zylinderwelt*« — die gegeben ist durch einen in Richtung der t-Axe über einer dreidimensionalen Sphäre im fünfdimensionalen Euklidischen Raum mit den Koordinaten $x_1 x_2 x_3 z t$ errichteten Zylinder — als *de Sittersche Hyperbelwelt* gegenüber.

Mit der »Zylinderlösung« (76), (76′) steht sie in engstem Zusammenhang. Wenn man nämlich

$$(78) \qquad x_4 = z \cdot \mathfrak{Cof}\,\frac{t}{a}, \qquad x_5 = z \cdot \mathfrak{Sin}\,\frac{t}{a}$$

setzt, so kommt

$$\Omega(x) = x_1^2 + x_2^2 + x_3^2 + z^2 = a^2,$$

$$-ds^2 = \Omega(dx) = (dx_1^2 + dx_2^2 + dx_3^2 + dz^2) - \left(\frac{z}{a}\right)^2 dt^2;$$

und das stimmt genau mit (76), (76′) überein. Doch bringen die so eingeführten statischen Koordinaten $x_1 x_2 x_3$, t nur den keilförmigen Ausschnitt $x_4^2 - x_5^2 > 0$ des de Sitterschen Hyperboloïds zur Darstellung. Man kann sich den Sachverhalt anschaulich klar machen, wenn man zwei Raumkoordinaten $(x_1 x_2)$ unterdrückt. Die Schneide des Keils (auf dem gleichzeitig $x_4 = 0$, $x_5 = 0$ wird) ist die x_3-Achse. Die durch sie hindurchgehenden Ebenen $x_4/x_5 =$ konst. schneiden aus dem Hyperboloïd die Linien aus, die auf dem Zylinder in $t =$ konst. übergehen; insbesondere gehen die Keilränder $x_4 - x_5 = 0$ und $x_4 + x_5 = 0$ über in die beiden unendlichfernen Säume $t = \pm\infty$ des Zylinders. Hingegen werden die beiden Durchstoßpunkte S der Schneide mit dem Hyperboloïd $(x_4 = x_5 = 0,$ $x_3 = \pm a)$ je zu einer Mantellinie des Zylinders auseinander gezogen. — Übrigens können wir vor Anwendung der Substitution (78) die Koordinaten x_1 bis x_5 einer beliebigen homogenen linearen Transformation unterwerfen, welche die Form $\Omega(x)$ invariant läßt. Es gibt also im gegenwärtigen Fall unendlich viele verschiedene Systeme statischer Koordinaten; freilich bringt jedes von ihnen einen andern keilförmigen Ausschnitt des ganzen Gebildes zur Darstellung.

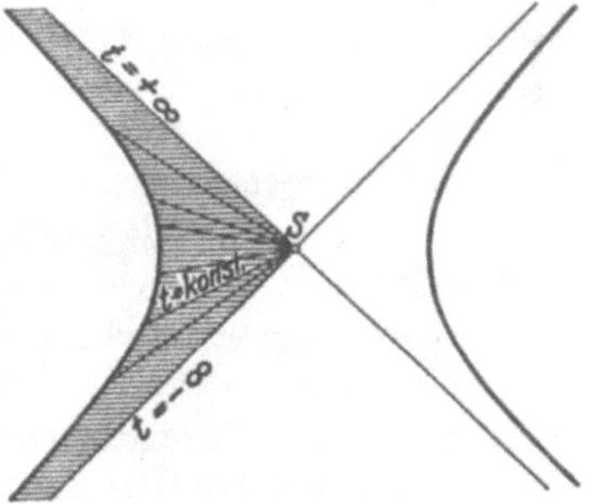

Fig. 22.

Die de Sittersche Lösung, die als Ganzes nicht statisch ist, zwingt uns, die einseitig statische Denkweise aufzugeben und uns zu überlegen, was die Forderung der räumlichen Geschlossenheit eigentlich für die *Analysis situs der vierdimensionalen Welt* bedeutet. Während der vierdimensionale Zahlenraum einen einzigen zusammenhängenden unendlichfernen Saum trägt, soll diese Forderung erzwingen, daß *die Welt zwei getrennte Säume bekommt, die unendlichferne Vergangenheit* $(-\infty)$ *und die unendlichferne Zukunft* $(+\infty)$; sowohl der Zylinder wie das Hyperboloïd haben diesen Charakter. Schon durch die Analysis-situs-Beschaffenheit der Welt, nicht erst durch ihre metrische Struktur ist dann dafür gesorgt, daß *sie sich erstreckt von Ewigkeit zu Ewigkeit*. In einer Welt vom Zusammenhang des vierdimensionalen Zahlenraums ist es leicht, ein metrisches Feld so zu konstruieren, daß der von einem Punkte O ausgehende Kegel der passiven Vergangenheit, wenn man ihn hinreichend weit rückwärts verfolgt, schließlich mit seinem Innern den Punkt O selber überdeckt; daraus würden die grausigsten Möglichkeiten von Doppelgängertum und Selbstbegegnungen entspringen. Trägt aber die Welt zwei Säume, so können wir durch das einfache Postulat, daß alle geodätischen Nullinien in einem Sinne gegen den Saum $-\infty$, im andern gegen den Saum $+\infty$ laufen, dies verhindern und dafür sorgen, daß *jeder solchen Linie* (und damit auch jeder Linie mit durchweg zeitartiger Richtung) *ein eindeutig bestimmter Durchlaufungssinn* (von $-\infty$ nach $+\infty$) *zufällt*. — Den doppelten Saum von Vergangenheit und Zukunft haben Zylinder und Hyperboloïd gemeinsam. In der massenerfüllten Zylinderwelt aber (in welcher $f = \mathrm{1}$ ist) überschlägt der nach rückwärts verlängerte Vergangenheitskegel sich selbst unendlich oft (er wird, bei Unterdrückung zweier Raumdimensionen, von den beiden Schraubenlinien auf dem Zylinder begrenzt, welche die Mantellinien unter $\pm\,45°$ schneiden); so kann es geschehen, daß wir von demselben Stern am Himmel mehrere Bilder erblicken, welche uns den Stern in Epochen zeigen, die durch ungeheuere Zeiträume (während welcher das Licht einmal rund um den Raum läuft) voneinander getrennt sind. In dieser Welt gehen die »Gespenster« des Längstvergangenen unter uns um. Wenn man annimmt, daß sie zu diffus sind, um wahrgenommen zu werden, so müßte das entstehende diffuse Licht doch so stark sein, daß die Sterne im Durchschnitt gleichviel Licht absorbieren wie emittieren; es müßte ein Strahlungsgleichgewicht sich einstellen wie in einem schwarzen Hohlraum. Anders auf dem Hyperboloïd (wo der Nullkegel gebildet wird von den durch O laufenden geradlinigen Erzeugenden); die de Sittersche Hyperbelwelt vereinigt beides miteinander: *sie verleiht der Welt den doppelten Saum der Vergangenheit und Zukunft, aber vermeidet die Selbstüberdeckung der Nullkegel*. In ihr ist viel mehr Platz und Weite als in der Zylinderwelt. Damit hängt eine andere wunderbare Eigenschaft des Hyperboloïds zusammen. Seine geodätischen Linien werden von den Ebenen ausgeschnitten, welche durch den Nullpunkt laufen (wir unterdrücken wieder die beiden Koordinaten $x_1\,x_2$, operieren also im dreidimensionalen Euklidischen Raum mit der metrischen Grundform

$- ds^2 = dx_3^2 + dx_4^2 - dx_5^2)$; die zeitartigen unter diesen Linien sind Hyperbeläste, welche sich von $- \infty$ bis $+ \infty$ erstrecken. Die von den Punkten einer solchen geodätischen Linie l ausstrahlenden, in die Zukunft geöffneten Nullkegel bedecken nur einen Teil des Hyperboloïds, welcher begrenzt wird von zwei zueinander parallelen geradlinigen Erzeugenden. Nach unten zu $(- \infty)$ wird das Gebiet im Vergleich zum ganzen Umfang des Hyperboloïds unendlich schmal, nach oben zu umfaßt es nahezu vollständig die Rundung der Fläche. (In der Figur ist das Bild im Aufriß gezeichnet; l liegt in der Zeichenebene.) Dieses »Wirkungsgebiet« hat l gemeinsam mit ∞^3 andern geodätischen Linien, welche ein gegen die Zukunft hin divergierendes (gegen die Vergangenheit konvergierendes) Bündel bilden. Es existieren ∞^3 solcher durch ihre Konvergenzrichtung sich unterscheidende Bündel — so wie es im gewöhnlichen unendlichen vierdimensionalen Raum ∞^3 Bündel von je ∞^3 zueinander parallelen Geraden gibt. Hier stehen aber nur solche Materie-Elemente, deren Weltlinien dem gleichen Bündel angehören, von Anfang an in Wirkungszusammenhang miteinander; verschiedene derartige Systeme beginnen erst

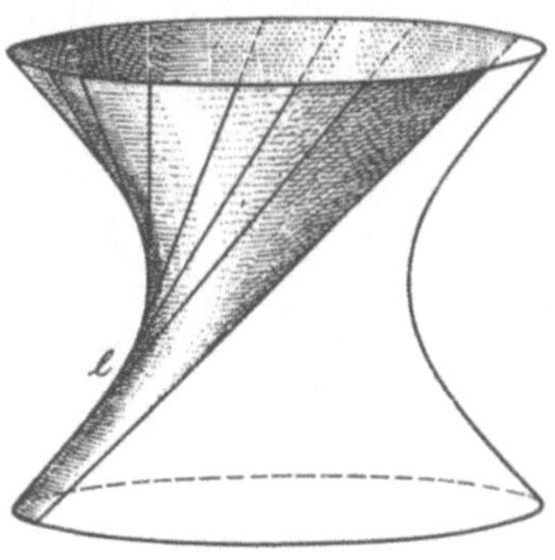

Fig. 23.

im Laufe ihrer Geschichte sich kausal zu durchdringen. Es ist die Hypothese naheliegend, daß die Himmelskörper, welche wir kennen, alle einem einzigen solchen System angehören; das würde die kleinen Sterngeschwindigkeiten als eine Folge ihres gemeinsamen Ursprungs verständlich machen. (Über eine interessante astronomische Konsequenz dieser Kosmologie siehe *Anhang III*).

Während de Sitters Lösung den Zwang zur Massenerfüllung dahinfallen läßt, ist endlich auch an der *Begründung* der Einsteinschen Kosmologie Kritik zu üben, und da liegt vielleicht der entscheidendste Einwand. Der Grund dafür, daß ein ruhender geladener Körper von einem statischen Feld mit dem Potential $\dfrac{e}{r}$ umgeben ist, liegt gar nicht in der Bindung durch eine Randbedingung im räumlich-Unendlichen. Auch hier muß man sich von der einseitigen »statischen« Einstellung los machen. Wenn ein System von Ladungen im leeren Raum sich bis vor einer Stunde irgendwie bewegt hat, aber seither in Ruhe verharrte, so herrscht das Coulombsche Feld im Umkreis von »1 Lichtstunde $=$ ca. 10^9 km« um das System herum. Das Gleichgewicht stellt sich keineswegs erst her, wenn der seit einer Stunde in Ausbildung begriffene statische Feldzustand, der sich mit Lichtgeschwindigkeit ausbreitet, den Raumhorizont erreicht, die Raumkugel durchlaufen hat. An die Stelle der Frage, warum das statische Potential die räumlichen Randwerte o besitzt, tritt die andere, *woher die in den retardierten Potentialen zutage tretende ausgezeichnete Richtung des Zeitablaufs stammt.* Betrachten wir etwa den folgenden Vorgang: Von einem neutralen Körper löst sich eine Ladung ab und kommt fern vom Mutterkörper zur Ruhe; später kehrt sie auf dieselbe Weise zu ihm zurück, wie sie sich von ihm abgelöst hat. Daß durch diesen Vorgang ein mittels retardierter Potentiale darzustellendes Feld *ausgebildet* und *ausgesendet* wird, ergibt sich aus den Feldgesetzen, wenn man die Annahme hinzufügt, daß *vor seinem Beginn der Raum feldfrei* ist; die Feldgesetze selber haben zur Folge, daß dann die Felderregung *niemals wieder erlischt.* (Würde man umgekehrt annehmen, daß der Raum nach *Beendigung* des Vorgangs feldfrei ist, so würde man ein *einstrahlendes* und sich *rückbildendes* Feld erhalten.) Wenn auch diese Beschreibung nur auf die grob beobachtbaren Körper anwendbar ist — z. B. auf eine Sendestation, deren felderregende Wirkung in einem gewissen Moment einsetzt und die dann wieder verstummt; nicht aber auf ein Elektron, dessen Wirkung ohne Anfang in der Zeit ist —, so geht daraus wohl doch mit Sicherheit hervor, daß *die Bindung,* welche erklärt werden soll, *nicht herkommt von dem räumlich-Unendlichen, sondern von der unendlichen Vergangenheit,* die hinter uns liegt, von dem Weltsaum — ∞. Da dieser auch in der Einsteinschen Kosmologie beibehalten wird, scheint es mir ausgeschlossen, daß es ihr gelingen wird, die Trägheitsführung der Körper in den großen fernen Massen zu verankern.

Das Prinzip, daß die Materie das metrische Feld *erzeugt,* läßt sich nicht in dem Sinne durchführen, daß »fern von aller Materie, oder wenn alle Materie vernichtet ist, kein Führungsfeld da ist«, d. h. das Feld *unbestimmt* wird. Konsequenterweise müßte man, wenn man dies für notwendig erachtet, dasselbe Postulat für das elektromagnetische Feld aufstellen. Jedermann nimmt aber an, daß mit verschwindender Materie das elektromagnetische Feld Null wird. Doch besagen die Gleichungen $\varphi_i = 0$ ja nicht, daß überhaupt »kein elektromagnetisches Feld da ist«, sondern sie schildern einen bestimmten, besonders ausgezeichneten, den »Ruh-Zustand« des Feldes, der sich stetig in alle andern möglichen Zustände einpaßt. *Der Ruh-Zustand des metrischen Feldes aber ist die homogene Metrik,* wie sie auf dem de Sitterschen Hyperboloïd herrscht. Ich nehme also im Einklang mit der Erfahrung an, daß *fern von aller Materie dieser homogene Zustand herrscht.* (Die im einführenden § 29 herangezogene Analogie zur Frage der absoluten Raumrichtung oben-unten ist danach in einem wesentlichen Punkte nicht stichhaltig.) Es wird gut sein, hier die alte Vorstellung des *Äthers* wieder zu Ehren kommen zu lassen. Nicht als substantielles Medium tritt er von neuem auf den Plan, sondern in dem Sinne, daß unter *Zustand des Äthers* das herrschende metrische und elektromagnetische Feld zu verstehen ist[38]). Das Verhältnis von Materie und Äther ist nicht das von Erzeuger und Erzeugtem; sondern, wie Schiffe auf einer glatten Seefläche, *erregt* die Materie lediglich den Äther, der von Hause aus im Zustande der Ruhe sich befindet. Auf dem de Sitterschen Hyperboloïd wird nach dem Saum der unendlichen Vergangenheit — ∞ hin der Bereich, in welchem der Äther in seinem Ruhe-Zustand der Homogenität sich befindet, immer umfassender, werden die isolierten Störungsbereiche ihm gegenüber von immer geringerer Ausdehnung; gegen den Saum der unendlichen Zukunft jedoch greifen alle Störungsbereiche übereinander und erfüllen das All. In der Hyperbelwelt können wir so die Auffassung, welche wir oben an den in der Zeit beginnenden Erregungen des elektrischen Feldes auseinandersetzten, auch auf die von Ewigkeit her bestehende Felderregung durch die letzten Elementarbestandteile der Materie ausdehnen. Die Welt ist geboren aus der ewigen Ruhe; aber erregt von dem »Geist der Unruh«, der im Agens der Materie zu Hause ist, wird sie niemals wieder zur Ruhe kommen. Die Vergangenheit liegt abgeschlossen hinter uns; niemand entrinnt ihrer bindenden Kraft. In die Zukunft $+\infty$ hinein aber liegt die Welt offen und unvoraussehbar vor uns; Verwegenheit, nach dort hin ihr eine »Randbedingung« aufzuerlegen! (Siehe dazu Anhang VI.)

Physikalisch durchführen können wir zur Zeit weder die Einsteinsche noch die de Sittersche Kosmologie; eine endgültige Entscheidung muß also noch vertagt werden. Sowie man in die Einsteinsche Welt einen Massenpunkt, einen einzelnen Zentralkörper hineinsetzt, zieht er die benachbarten Weltmassen an; es ist schwer, den richtigen phänomenologischen Ansatz für den Widerstand zu finden, der die Massen an dem Hineinstürzen in den Zentralkörper hindert. Die Einführung eines Gegendrucks wie in einer inkompressiblen Flüssigkeit reicht dazu nicht aus, wie die Rechnung lehrt. Aber auch in der de Sitterschen Welt sind die einem Massenpunkt entsprechenden Lösungen (die mit verschwindender Masse in das homogene Hyperboloïd übergehen müßten) bisher nicht bekannt. In der Physik müssen wir deshalb überall den Grenzübergang zu $\lambda = 0$ vornehmen. Trotzdem mußten diese Fragen besprochen werden, weil sie mit dem Grundproblem von der Herkunft des Galileischen Führungsfeldes aufs engste zusammenhängen. Auf die Frage, *warum der Trägheitskompaß und der Himmelskompaß fast genau zusammengehen*, weiß ich keine andere Antwort zu geben als die: weil die Materie die Ruhe des »Vaters Äther« nur in geringem Grade zu stören vermocht hat; je weniger Materie vorhanden wäre, um so genauer würde diese Übereinstimmung sein. Trotzdem mag es sein, daß die Intensität, mit der ein Körper ablenkenden Kräften widersteht, sein Trägheitskoeffizient $m/\varkappa$ abhängig ist von den übrigen Massen. Es kann sein, daß weder der Wert von $\varkappa$ bedingt ist durch die allgemeine Gesetzlichkeit des Äthers noch der Gravitationsradius m eines Elektrons durch die Natur des Elektrons allein bestimmt ist; sondern beide Zahlen könnten z. B. abhängen von der zufälligen Anzahl von Elektronen, die in der Welt vorhanden sind. Legen die seltsamen numerischen Verhältnisse am Elektron einen solchen Gedanken vielleicht nahe, so sind das doch Spekulationen, denen vorläufig jede Grundlage fehlt.

§ 40. Das elektromagnetische Feld als Bestandteil des metrischen.

Wenn wir zu Anfang dieses Kapitels mit Einstein die Maßbestimmung im Äther mit Hilfe von Maßstäben und Uhren *definierten*, so kann man das nur als eine vorläufige Anknüpfung an die Erfahrung gelten lassen, wie etwa auch die Definition der elektrischen Feldstärke als ponderomotorische Kraft auf die Einheitsladung. Es ist nötig, den Kreis zu schließen; nachdem einmal die physikalischen Wirkungsgesetze aufgestellt sind, muß man *beweisen*, daß hier die geladenen Körper unter dem Einfluß des elektromagnetischen Feldes, dort die Maßstäbe unter dem Einfluß des metrischen Feldes zufolge der Wirkungsgesetze jenes Verhalten zeigen, das wir anfänglich zur physikalischen Definition der Feldgrößen benutzt haben. Es ist heute sicher, daß wir dazu der Ansätze der Quantentheorie bedürfen. Die Bohrsche Atomtheorie [39]) zeigt, daß die Radien der Kreisbahnen, welche die Elektronen im Atom beschreiben und die Frequenzen des ausgesendeten Lichts sich unter Berücksichtigung der Konstitution des Atoms bestimmen aus dem Planckschen Wirkungsquantum, aus Ladung und Masse von Elektron und Atomkern. Ähnlich wie mit jenen Radien wird es sich mit den Gitterabständen in einem kristallinischen Medium verhalten und infolgedessen auch mit der Länge eines gegebenen starren Maßstabs. Die neueste Entwicklung der Atomphysik hat es wahrscheinlich gemacht, daß die Urbestandteile aller Materie das Elektron und der Wasserstoffkern sind; alle Elektronen haben die gleiche Ladung und Masse, ebenso alle Wasserstoffkerne. Daraus geht mit aller Evidenz hervor, daß *sich die Atommassen, Uhrperioden und Maßstablängen nicht durch irgendeine Beharrungstendenz erhalten*; sondern es handelt sich da um einen durch die Konstitution des Gebildes bestimmten Gleichgewichtszustand, auf den es sich sozusagen in jedem Augenblick neu *einstellt*. Das erklärt die folgende grundlegende Tatsache, von der wir bei der Definition des metrischen Feldes ausgingen (ich spreche sie, statt für die geometrischen Radien der Atombahnen, lieber für die Atommassen aus, die offenbar etwas physikalisch Ursprünglicheres sind): Ein Wasserstoff- und ein Sauerstoffatom mögen jetzt, wo sie sich nebeneinander an der gleichen Feldstelle P befinden, ein bestimmtes Massenverhältnis $1,008 : 16,000$ besitzen; sie bewegen sich getrennt voneinander während langer Zeit in der Welt und treffen in einem viel späteren Weltpunkte P' von neuem zusammen; *wir finden daselbst genau das gleiche Massenverhältnis wie in P.* Dies Massenverhältnis stellt sich nicht in P' ein, weil es in P geherrscht hatte, sondern weil es durch die Konstitution des Wasserstoff- und des Sauerstoffatoms erzwungen ist. Die Wiederkehr des gleichen Massenverhältnisses muß also darauf beruhen, daß sich jede Atommasse einzeln auf ein bestimmtes Verhältnis einstellt zu dem an der betr. Feldstelle herrschenden Wert einer gewissen *Feldgröße*, welche die Dimension einer Länge (= Masse) besitzt.

Und wenn wir fragen, welches diese unbekannte Feldgröße ist, so gestattet die Einsteinsche Theorie in ihrer letzten kosmologischen Fassung darauf die Antwort zu geben: der *Krümmungsradius des Feldes*. Aus den allgemeinen Feldgleichungen

$$(\mathfrak{R}_k^i - \tfrac{1}{2}\delta_k^i \mathfrak{R}) - \lambda \delta_k^i \sqrt{g} = \varkappa \mathfrak{S}_k^i, \quad \mathfrak{S}_k^i = \tfrac{1}{2}\mathfrak{S}\delta_k^i - F_{kr}\mathfrak{F}^{ir}$$

folgt nämlich durch Verjüngung

$$\boxed{R = -4\lambda = \text{const.}}$$

Mit dieser Einsicht fällt nun aber der Zwang fort, der Physik eine Riemannsche Geometrie als Weltgeometrie zugrunde zu legen. Auch in der allgemeinen metrischen Infinitesimalgeometrie haben wir einen Krümmungsskalar F; und wir brauchen nur anzunehmen, daß die zur Messung verwendeten Körper sich auf diese Feldgröße einstellen, um mit der eben von neuem hervorgehobenen grundlegenden Erfahrungstatsache über das Messen in Einklang zu kommen. Ja, wir erhalten erst so eine Darstellung des Sachverhalts, bei der die Begriffe in ihrer natürlichen Ordnung rangieren. Wenn die ursprüngliche Struktur des Äthers metrischer Natur sein soll, so muß die in der kräftefreien Bewegung eines Körpers zutage tretende Beharrungstendenz von Weltrichtungen begründet sein auf einer Beharrungstendenz für Strecken. Verbinden wir aber mit dem isolierten Massenpunkt eine Uhr, so können ·wir an ihr vielleicht die Parallelverschiebung der Richtungen ablesen, nicht aber der Längen, da diese durch die Uhrangaben »verfälscht«, nämlich durch die Einstellung auf die Weltkrümmung ersetzt wird. Infolgedessen besteht ein Unterschied zwischen der ursprünglichen *Äthergeometrie* und der an den Meßkörpern abgelesenen, sog. »natürlichen Geometrie«; die zweite entsteht aus der ersten, indem man die infinitesimale kongruente Verpflanzung der Strecken ersetzt durch ihre Einstellung auf die Krümmung.

Wir erheben uns damit zu einer letzten Synthese [40]. Um den physikalischen Zustand der Welt an einer Weltstelle durch Zahlen charakterisieren zu können, muß nicht nur die Umgebung dieser Stelle auf ein Koordinatensystem bezogen, sondern müssen außerdem gewisse Maßeinheiten festgelegt werden. Es gilt, eine ebenso prinzipielle Stellungnahme zu diesem zweiten Punkt, der Willkürlichkeit der Maßeinheiten, zu gewinnen, wie sie die in den vorigen Paragraphen dargestellte Einsteinsche Theorie hinsichtlich des ersten Punktes, der Willkürlichkeit des Koordinatensystems, einnimmt. Eben dieser Gedanke bewirkte, auf die Geometrie und den Begriff der Strecke angewendet, in Kap. II, nachdem der Schritt von der Euklidischen zur Riemannschen Geometrie vollzogen worden, den endgültigen Durchbruch zur reinen Infinitesimalgeometrie. Wir sind zu diesem weiteren Schritt durch das *Prinzip von der Relativität der Größe* ebenso notwendig gezwungen wie zu dem ersten durch das Prinzip von der Relativität der Bewegung. Wir bekommen also jetzt neben der *quadratischen* noch eine *lineare* Differentialform $\varphi_i(dx)^i$ zur Charakterisierung des metrischen Feldes. Neben die vier willkürliche Funktionen mit sich bringende Koordinateninvarianz der Feldgesetze tritt als fünfte die *Eichinvarianz*: die Gesetze müssen in sich übergehen, wenn man die Funktionen φ_i und g_{ik} ersetzt durch

$$\varphi_i - \frac{1}{\tau}\frac{\partial \tau}{\partial x_i}, \quad \tau g_{ik},$$

wo τ eine willkürliche positive Ortsfunktion in der Welt ist. Wir haben früher gesehen, in welcher innigen Beziehung die Koordinateninvarianz zu den differentiellen Erhaltungssätzen für Energie und Impuls steht. Wir dürfen erwarten, daß die Eichinvarianz in der gleichen Weise mit dem 5. Erhaltungssatz, der Erhaltung der elektrischen Ladung, verknüpft ist.

Um zunächst von dem neuen Standpunkt zu den alten Resultaten zu gelangen, setzen wir als Wirkungsgröße W das »natürlich gemessene« Volumen an. Von ihm war bereits auf S. 129 die Rede. Indem wir die Voraussetzung machen, daß die skalare Krümmung F des metrischen Feldes negativ ist, schreiben wir $F = -4\lambda$,

$$(79) \qquad \begin{aligned} W &= \int \lambda^2 \sqrt{g}\, dx, \\ \delta W &= \int \left\{ 2\lambda \delta\left(\lambda\sqrt{g}\right) - \lambda^2 \delta\sqrt{g} \right\} dx. \end{aligned}$$

Wir normieren die Darstellung des Feldes durch die Bedingung $\lambda = \text{konst.}$: die virtuelle Variation jedoch bleibe frei und soll nicht an diese Bedingung gebunden sein. Dividieren wir durch die Konstante $-\lambda$, so bleibt als Integrand

$$\lambda \delta\sqrt{g} - \delta\left(2\lambda\sqrt{g}\right).$$

Unter dem Variationszeichen haben wir nach dem § 18, Formel (64) einzusetzen

$$-2\lambda\sqrt{g} = \tfrac{1}{2} R\sqrt{g} - \tfrac{3}{2}\frac{\partial(\sqrt{g}\,\varphi^i)}{\partial x_i} - \tfrac{3}{4}(\varphi_i\varphi^i)\sqrt{g}.$$

Indem wir Divergenzausdrücke von der Form $\dfrac{\partial(\delta\mathfrak{v}^i)}{\partial x_i}$ weglassen, da sie bei der Integration Null ergeben, kommen wir zu dem Wirkungsprinzip

$$\delta\int\mathfrak{W}\,dx = 0 \text{ mit } \mathfrak{W} = \mathfrak{G} + \lambda\sqrt{g} - \tfrac{3}{4}(\varphi_i\varphi^i)\sqrt{g}.$$

Hierin bedeutet jetzt λ eine nicht zu variierende Konstante. Die Variation von φ_i liefert die Gleichungen

$$(80) \qquad\qquad\qquad\qquad \varphi_i = 0;$$

die Variation der g_{ik} darauf die kosmologischen Gravitationsgleichungen, die enthalten sind in

$$\delta\int\left(\mathfrak{G} + \lambda\sqrt{g}\right)dx = 0.$$

Es ist jetzt kein Wunder, sondern selbstverständlich, daß sie uns zu der Gleichung

$$R = -4\lambda = \text{konst.}$$

zurückführen. Bei eichinvarianter Formulierung ist diese Beziehung übrigens mit den Gleichungen (80) zu vereinigen:

$$(81) \qquad \frac{\partial \lambda}{\partial x_i} - \lambda \varphi_i = 0 .$$

Gleichung (81) bedeutet, daß die Übertragung einer Strecke durch kongruente Verpflanzung zufolge der Wirkungsgesetze genau so vor sich geht wie durch Einstellung auf den Krümmungsradius. So kommen wir zu den alten Gesetzen zurück; aber wir gewinnen sie auf einem Wege, der das wahre Verhältnis der Begriffe besser zum Ausdruck bringt, und aus einem einfacheren und einheitlich gebauten Wirkungsprinzip (79) heraus. Außerdem sind wir jetzt *genötigt, das kosmologische Glied hinzuzufügen*, das in der Einsteinschen Theorie eine durch die Theorie nicht geforderte, sondern ad hoc gemachte Annahme war.

Neben dem Gravitationsfeld existiert in der Natur nur noch das elektromagnetische. Seine vier Potentialkomponenten bilden die Koeffizienten einer invarianten linearen Differentialform. *Da die allgemeine Infinitesimalgeometrie uns neben der quadratischen eine solche lineare Differentialform $\varphi_i(dx)^i$ zur Verfügung stellt, ist es sehr naheliegend und verlockend, sie mit dem elektromagnetischen Potential zu identifizieren.* Die Streckenkrümmung

$$f_{ik} = \frac{\partial \varphi_k}{\partial x_i} - \frac{\partial \varphi_i}{\partial x_k}$$

liefert uns dann das elektromagnetische Feld. Die lineare metrische Fundamentalform hat genau wie die elektromagnetische Potentialform die Eigenschaft, daß sie unbestimmt ist *bis auf ein willkürliches totales Differential*, das additiv hinzutreten kann. Das 1. System der Maxwellschen Gleichungen

$$(82) \qquad \frac{\partial f_{ik}}{\partial x_l} + \frac{\partial f_{kl}}{\partial x_i} + \frac{\partial f_{li}}{\partial x_k} = 0$$

ist, wenn unsere Auffassung vom Wesen des elektromagnetischen Feldes zutrifft, ein Wesensgesetz, dessen Gültigkeit noch völlig unabhängig davon ist, welche Naturgesetze den Wertverlauf der physikalischen Zustandsgrößen in der Wirklichkeit beherrschen. Die *Maxwellsche Wirkungsgröße* aber, aus der das 2. System der Maxwellschen Gleichungen entspringt, wäre das Integral

$$(83) \qquad \int \mathfrak{l}\, dx = \tfrac{1}{4} \int f_{ik} \mathfrak{f}^{ik}\, dx ;$$

und das ist in der Tat *in einer vierdimensionalen Mannigfaltigkeit* eine Integralinvariante des metrischen Feldes, die am einfachsten gebaute, welche überhaupt existiert! In Mannigfaltigkeiten von anderer Dimensionszahl ist dafür kein Analogon vorhanden. Ganz allgemein verliert in der allgemeinen metrischen Geometrie eine nach bestimmtem Gesetz aus dem metrischen Felde gebildete Größe, die bei *einer* Dimensionszahl eine skalare Dichte ist, diesen Charakter für andere Dimensionszahlen, wegen der mit der Eichinvarianz verknüpften Forderung, daß das Eichgewicht $= 0$ sein muß. Zum erstenmal eröffnet darum diese Theorie ein Verständnis für die *Besonderheit der Dimensionszahl 4 der wirklichen Welt* [41]).

Trifft unsere Hypothese zu, so haben wir es nicht mehr mit zwei in keinem innern Zusammenhang nebeneinander bestehenden Feldern zu tun, sondern *der Äther, der die verschiedenen materiellen Individuen zu einem Wirkungsganzen verbindet, ist ein (3 + 1)-dimensionales extensives Medium von metrischer Struktur.* Der Gegensatz von »physikalischem Zustand« und »Gravitation«, der in § 30 aufgestellt wurde und alle unsere Entwicklungen beherrschte, wird durch die neue Auffassung überwunden und ein völlig einheitlicher und in sich folgerichtiger Standpunkt gewonnen. Der Traum des Descartes von einer rein geometrischen Physik scheint in wunderbarer, von ihm selbst freilich gar nicht vorauszusehender Weise in Erfüllung zu gehen; wenigstens innerhalb desjenigen Teiles der Physik, welcher von dem kontinuierlichen Medium des Feldes handelt. Scharf sondern sich die Intensitäts- von den Quantitätsgrößen. — Der einzige *homogene* vierdimensionale metrische Raum ist, wie man beweisen kann (vgl. § 13), der Kegelschnitt im fünfdimensionalen *Euklidischen* Raum. Das ist der »Ruh-Zustand« des Äthers, welchen wir fern von der Materie annehmen; er ist gegeben durch das de Sitter'sche ds^2 zusammen mit den Gleichungen $\varphi_i = 0$.

Die Eichinvarianz der Maxwellschen Gesetze im Äther ist im Rahmen der speziellen Relativitätstheorie schon früher bemerkt worden [42]). Wir kommen auf die spezielle Relativitätstheorie zurück, wenn sich Koordinaten und Eichung so wählen lassen, daß

$$ds^2 = dx_0^2 - (dx_1^2 + dx_2^2 + dx_3^2)$$

wird. Sind x_i, $\overline{x}_i$ zwei Koordinatensysteme, für welche sich diese Normalform von ds^2 erzielen läßt, so ist der Übergang von x_i zu $\overline{x}_i$ eine konforme Transformation, d. h. es ist

$$dx_0^2 - (dx_1^2 + dx_2^2 + dx_3^2) \text{ bis auf einen Proportionalitätsfaktor}$$
$$= d\overline{x}_0^2 - (d\overline{x}_1^2 + d\overline{x}_2^2 + d\overline{x}_3^2).$$

Die konformen Transformationen der vierdimensionalen Minkowskischen Welt fallen zusammen mit den Kugelverwandtschaften [43]), d. h. denjenigen Abbildungen, welche jede »Kugel« der Welt wieder in eine Kugel verwandeln. Eine Kugel wird dargestellt durch eine lineare homogene Gleichung zwischen den homogenen »hexasphärischen« Koordinaten

$$u_0 : u_1 : u_2 : u_3 : u_4 : u_5 = x_0 : x_1 : x_2 : x_3 : \frac{(xx) + 1}{2} : \frac{(xx) - 1}{2},$$
$$[(xx) = x_0^2 - (x_1^2 + x_2^2 + x_3^2)],$$

welche an die Bedingung

$$u_0^2 - u_1^2 - u_2^2 - u_3^2 - u_4^2 + u_5^2 = 0$$

gebunden sind. Die Kugelverwandtschaften drücken sich daher aus als solche lineare homogene Transformationen der u_i, welche diese Bedingungsgleichung invariant lassen. Die Maxwellschen Gleichungen im Äther, wie sie in der speziellen Relativitätstheorie gelten, sind daher nicht bloß invariant gegenüber der 10-parametrigen Gruppe der linearen Lorentz-Transformationen, sondern sogar gegenüber der umfassenderen 15-parametrigen Gruppe der Kugelverwandtschaften.

Von der neuen Auffassung gewinnen wir offenbar den Anschluß an die alten Feldgesetze, wenn wir als Wirkungsgröße W eine lineare Kombination des natürlich gemessenen Volumens und der Maxwellschen Integralinvariante (83) benutzen:

$$W = \int \{\lambda^2 V \overline{g} - \alpha \mathfrak{l}\} \, dx \, ;$$

α ist eine numerische Konstante. Führen wir die Normierung $\lambda = \text{konst.} = \tfrac{1}{4}$ ein, so können wir das Wirkungsprinzip durch ein anderes ersetzen, dessen Integrand

$$\mathfrak{B} = (\mathfrak{G} + \alpha \mathfrak{l}) + \tfrac{1}{4} V \overline{g} \{1 - 3(\varphi_i \varphi^i)\}$$

lautet[44]. Unsere Normierung bedeutet, daß wir mit kosmischen Maßstäben messen. Wählen wir auch die Koordinaten x_i so, daß Weltstellen, deren Koordinaten sich um Beträge von der Größenordnung 1 unterscheiden, kosmische Entfernung haben, so werden wir annehmen dürfen, daß die g_{ik} und φ_i von der Größenordnung 1 werden. Durch die Substitution $x_i = 2\,\varepsilon\,x'_i$ führen wir Koordinaten der gewöhnlich benutzten Größenordnung ein (Größenordnung des menschlichen Körpers); ε ist eine sehr kleine Konstante. Die g_{ik} ändern sich bei dieser Transformation nicht, wenn wir gleichzeitig diejenige Umeichung vornehmen, welche ds^2 mit $1/4\,\varepsilon^2$ multipliziert. Im neuen Bezugssystem ist dann

$$g'_{ik} = g_{ik}, \quad \varphi'_i = 2\,\varepsilon\,\varphi_i, \quad \lambda' = -\,\varepsilon^2.$$

$\dfrac{1}{\varepsilon}$ ist demnach, in menschlichem Maße, der Krümmungsradius der Welt.

Behalten g_{ik}, φ_i ihre alte Bedeutung, verstehen wir aber jetzt unter x_i die bisher mit x'_i bezeichneten Koordinaten, so wird

$$(84) \qquad \mathfrak{B} = (\mathfrak{G} + \alpha \mathfrak{l}) + \varepsilon^2 \, V \overline{g} \{1 - 3(\varphi_i \varphi^i)\}.$$

Unter Vernachlässigung der winzigen kosmologischen Terme von der Größenordnung ε^2 erhalten wir hier also in der Tat genau die klassische Maxwell-Einsteinsche Theorie der Elektrizität und Gravitation. Und mit der gleichen Vernachlässigung bekommen wir die *mechanischen Gleichungen,* aus denen die ponderomotorische Wirkung des elektromagnetischen Feldes in Einklang mit der Erfahrung hervorgeht; endlich auch noch die Tatsache, daß *sich Maßstablängen und Frequenzen der Atomuhren* bei Zugrundelegung der natürlichen Eichung *erhalten,* sich also in der Tat durch Einstellung auf den Krümmungsradius bestimmen. Bei Herleitung der mechanischen Gleichungen ist die Vernachlässigung der kosmologischen Terme nicht bloß wegen ihrer Kleinheit statthaft, sondern sie ist geradezu geboten, weil die Masse eines Körpers überhaupt nur mit derjenigen Genauigkeit definiert ist, mit der man das ihn umgebende Feld als ein Euklidisches ansehen kann. Daß die den *Naturgesetzen* gemäß verlaufende Bewegung eines Körpers und die Übertragung der Uhrperioden nicht dem affinen Zusammenhang des Äthers folgt, geht übrigens schon rein formal aus dem Vergleich der Wirkungsgröße mit den Komponenten des affinen Zusammenhangs

$$(85) \qquad \Gamma_{ik}^{r} = \begin{Bmatrix} ik \\ r \end{Bmatrix} + \varepsilon \left(\delta_i^r \varphi_k + \delta_k^r \varphi_i - g_{ik} \varphi^r \right)$$

hervor: nach den aus dem Wirkungsprinzip entspringenden Naturgesetzen hat eine Verwandlung von φ in $-\varphi$ *keinen* Einfluß, während nach (85) dadurch der affine Zusammenhang im Äther geändert wird.

Unsere Theorie, insbesondere die zunächst recht grotesk anmutende Deutung der φ_i als elektromagnetischer Potentiale bewährt sich also in diesem Sinne: *Die durch das Prinzip der Eichinvarianz erzwungene Erweiterung der Weltgeometrie führt, bei Zugrundelegung eines in einfacher rationaler Weise aus den Zustandsgrößen des metrischen Feldes aufgebauten Wirkungsprinzips, zu Folgerungen, die mit der Erfahrung im Einklang stehen, und macht ein bis dahin neben der Metrik angenommenes physikalisches Zustandsfeld wie das elektromagnetische überflüssig.* Genau so steht es mit dem Einsteinschen Prinzip der allgemeinen Koordinateninvarianz, zu dessen Annahme die Relativität der Bewegung drängt. Seine physikalische Bewährung liegt einzig und allein darin, das ein einfaches koordinateninvariantes Wirkungsprinzip für einen freien, keinen Kräftewirkungen unterliegenden Massenpunkt diejenige Bewegung ergibt, welche uns die Erfahrung an den Planeten zeigt, ohne ein besonderes Gravitationsfeld neben dem metrischen zu benötigen.

Dennoch bleibt hier ein Unbehagen zurück. Bei Einstein läßt sich der Zusammenhang zwischen der Richtung erhaltenden Trägheit und der Gravitation an der Gleichheit von schwerer und träger Masse oder dem »Äquivalenzprinzip« ohne weiteres anschaulich demonstrieren; wo ist eine entsprechende anschauliche Basis für den hier behaupteten Zusammenhang zwischen kongruenter Verpflanzung und elektromagnetischem Feld? Es ist zuzugeben, daß eine solche anschauliche Basis fehlt; aber wir können wenigstens verstehen, warum sie fehlen muß. 1. Sehen wir von der geometrischen Einkleidung ab, so bleibt als der eigentliche Kern unserer Theorie dies: daß durch den physikalischen Zustand der Welt das Gravitationspotential $ds^2 = g_{ik} dx_i dx_k$ und das elektromagnetische $d\varphi = \varphi_i dx_i$ nicht festgelegt sind, sondern durch $\tau \cdot ds^2$, $d\varphi - \dfrac{d\tau}{\tau}$ (τ eine willkürliche positive Ortsfunktion) ersetzt werden können. Aus den Feldgrößen f_{ik} fällt dieses willkürliche τ aber glatt heraus, so daß die vom elektromagnetischen Feld auf einen geladenen Körper ausgeübte ponderomotorische Wirkung gar nicht mit der Eichung gekoppelt ist. 2. Daß eine solche Feldkraft auftritt, ist natürlich dadurch bedingt, daß in unser Wirkungsprinzip die nicht wegzutransformierenden Krümmungsgrößen f_{ik} in wesentlicher Weise eingehen (daher der Gegensatz von »Beharrung« und »Kraft«). Würde man in der Einsteinschen Gravitationstheorie eine Wirkungsgröße annehmen, welche nicht bloß die ersten Ableitungen der g_{ik}, sondern auch die Krümmung wesentlich enthält (z. B. $\int R_{ik}\Re^{ik}dx$), so erhielte man auch dort neben der Gravitation nicht-massenproportionale Kräfte, deren Zusammenhang mit dem Führungsfeld durch kein Äquivalenzprinzip sich plausibel machen ließe. Die Elektrizität ist nicht etwa das Analogon der Gravitation, ebenso die Veränderlichkeit des metrischen Zusammenhangs in der Welt anzeigend wie die Gravitation die Veränderlichkeit des affinen Zusammenhangs. In der Wirkungsdichte $\mathfrak{W}$, Formel (84), ist dies Analogon zur Gravitation, $\mathfrak{G}$, vielmehr das kosmologische Glied; seine Äußerungen sind von der Größenordnung ε^2 und aus der Erfahrung daher nicht zu belegen. Die Elektrizität, $\mathfrak{l}$, ist ein Begleitphänomen (höherer Differentiationsstufe), dergleichen bei dem affinen Zusammenhang zufolge des besonderen Baus der Wirkungsgröße nicht vorkommt; darum tritt in der Welt als einzige ursprüngliche Kraft, welche sich dem Führungsfeld entgegenstemmt, die elektromagnetische auf. 3. Bei der Normierung $\lambda = $ konst. kennzeichnen die Potentiale φ_i — sie genügen infolge der Eichnormierung übrigens, wie wir gleich sehen werden, der Lorentzschen Gleichung $\dfrac{\partial(\sqrt{g}\,\varphi^i)}{\partial x_i} = 0$ — die Abweichung, welche zwischen kongruenter Verpflanzung und Einstellung auf den Krümmungsradius, zwischen Äther- und Körpergeometrie besteht. Auf das Maßverhalten der Körper und ihre Bewegung sind sie also von keinem Einfluß.

Die einzige Modifikation, welche unsere Theorie mit sich bringt, ist die, daß bei Wirksamkeit elektromagnetischer Potentiale Einsteins *kosmologisches Glied*

$$\varepsilon^2\sqrt{g} \text{ ersetzt wird durch } \varepsilon^2\sqrt{g}\,\{1 - 3(\varphi_i\varphi^i)\}.$$

Um seine Bedeutung zu überblicken, schreiben wir zunächst die Feldgleichungen explizite hin. Variation der φ_i liefert

$$(86) \qquad \frac{\partial \mathfrak{f}^{ik}}{\partial x_k} + \frac{3\,\varepsilon^2}{\alpha}\,\varphi^i\sqrt{g} = 0\,,$$

Variation der g_{ik}:

$$(87) \quad \Re_i^k - \tfrac{1}{2}\Re\delta_i^k = \alpha\,(\mathfrak{l}\delta_i^k - f_{ir}\mathfrak{f}^{kr}) + \varepsilon^2\sqrt{g}\,\{(1 - 3\,\varphi_r\varphi^r)\delta_i^k + 6\,\varphi_i\varphi^k\}\,.$$

Die elektromagnetischen Gleichungen (86) zeigen, daß die Potentiale φ_i der normierenden Bedingung

$$(88) \qquad \frac{\partial(\sqrt{g}\,\varphi^i)}{\partial x_i} = 0$$

genügen. Dies folgt übrigens in doppelter Weise aus den Feldgleichungen, es kann auch aus den Gravitationsgleichungen (87) hergeleitet werden; sie ergeben nämlich durch Verjüngung

$$(89) \qquad -R - 4\varepsilon^2(1 - \tfrac{3}{2}\varphi_i\varphi^i) = 0\,.$$

Zufolge der Eichnormierung ist aber

$$-F = -R + 6\,\varepsilon \cdot \frac{1}{\sqrt{g}}\,\frac{\partial(\sqrt{g}\,\varphi^i)}{\partial x_i} + 6\,\varepsilon^2(\varphi_i\varphi^i) = 4\,\varepsilon^2;$$

darum besagt (89) das gleiche wie (88).

Wir sahen in § 37, daß im Felde eines geladenen ruhenden kugelsymmetrischen Körpers der Fluß der Gravitations-Vektordichte $\mathfrak{m}^i$ durch eine Kugel vom Radius r abhängig ist von r; der Unterschied für zwei Werte von r ist $= 1/\varkappa$ mal der in dem Zwischenraum zwischen den beiden Kugeln enthaltenen elektromagnetischen Energie. Das bedeutet *Äquivalenz zwischen* (gravitationsfeld-erzeugender) *Masse und Energie* mit dem Äquivalenzkoeffizienten $\varkappa$. Ein Körper, der Energie ausstrahlt, verliert an Masse um den äquivalenten Betrag; die ausgestrahlte Energie berechnet sich, indem man den Fluß des Energiestroms, welcher durch eine den Körper umgebende Hülle Ω hindurchtritt, nach der Zeit integriert. Im Gegensatz dazu ist im Felde des geladenen ruhenden Körpers der Fluß der elektrischen Vektordichte $(\mathfrak{f}^{o1},\ \mathfrak{f}^{o2},\ \mathfrak{f}^{o3})$ unabhängig vom Radius: das Feld ist ganz ladungsfrei. In der jetzt diskutierten Theorie treten Korrekturen hinzu, die freilich nur von der Größenordnung ε^2 sind, von kosmischer Kleinheit. *Prinzipiell wird dadurch aber das Verhalten der Ladung ganz analog zu dem der Masse*: es besteht *Äquivalenz zwischen Ladung und Potential* mit dem Äquivalenzkoeffizienten $\dfrac{3}{\alpha}\varepsilon^2$. Dadurch, daß ein Körper »Potential« ausstrahlt, nimmt seine Ladung um den entsprechenden Betrag ab. Das ausgestrahlte Potential wird berechnet, indem man den Fluß des räumlichen Vektorpotentials

$$\left(\varphi^1\sqrt{g},\ \ \varphi^2\sqrt{g},\ \ \varphi^3\sqrt{g}\right),$$

welcher durch Ω hindurchtritt, nach der Zeit integriert. (So wenig wie mit dem Massenverlust eines Körpers durch Energieausstrahlung eine Massenänderung seiner letzten materiellen Elementarbestandteile verbunden ist, so wenig geschieht natürlich auch dieser Ladungsverlust auf Kosten jener Elemente.)

Die Potentialform $\varphi_i(dx)^i$, welche die kongruente Verpflanzung charakterisiert, ist nicht abhängig von der willkürlichen Wahl einer Maßeinheit; es gibt also in unserer Theorie eine *absolute Elektrizitätseinheit*. Ebenso wird durch die Eichnormierung $\lambda = 1$ eine absolute Längeneinheit eingeführt. (Damit ist die Feldmöglichkeit für die Einstellung des Elektrons auf eine bestimmte Ladung und Masse gegeben.) Beide Einheiten sind aber von kosmischer Größe, wir kennen sie nicht. Wir können nur sagen, wenn die absolute Längeneinheit in cm gleich $\dfrac{1}{\varepsilon}$, die absolute Elektrizitätseinheit in elektrostatischen gemessen $= \dfrac{e}{\varepsilon}$ ist, so ist $e^2 = \alpha/\varkappa$. Immerhin ist es bedeutungsvoll, daß *die Wirkungsgröße eine reine Zahl ist*. Beim

Grenzübergang zu $\varepsilon = 0$ geht uns nicht nur die absolute Längeneinheit, sondern auch die Elektrizitätseinheit verloren; der numerische Wert von α wird damit illusorisch; sein Einfluß auf die Naturvorgänge ist demnach nur von kosmischer Kleinheit. Da es formal unbefriedigend ist, daß unsere Wirkungsgröße aus zwei Teilen additiv mit Hilfe einer numerischen Konstante zusammengesetzt ist, wird man gerne annehmen — und damit greifen wir einen am Schluß von § 39 geäußerten Gedanken wieder auf —, daß der Wert von α nicht durch die Gesetzmäßigkeit des Feldes, sondern etwa durch die gesamte in der Welt vorhandene Materie, z. B. durch die Anzahl der Elektronen bestimmt wird. Das universelle Wirkungsgesetz sprechen wir danach so aus: *Für jede außerhalb eines endlichen Bereichs verschwindende virtuelle Veränderung des metrischen Feldes, welche das natürlich gemessene Gesamtvolumen ungeändert läßt:*

$$\delta \int \lambda^2 \sqrt{g}\, dx = 0,$$

bleibt auch die Maxwellsche Wirkung ungeändert:

$$\delta \int \mathfrak{l}\, dx = 0.$$

Man sollte vielleicht hinzufügen: vergrößert oder verkleinert die virtuelle Veränderung das Volumen, so vergrößert bzw. verkleinert sie auch die Maxwellsche Wirkung. Dieser Zusatz drückt aus, daß α notwendig positiv ist.

Der *statische Fall* liegt vor, wenn sich Koordinatensystem und Eichung so wählen lassen, daß die lineare Fundamentalform $= \varphi\, dx_0$ wird, die quadratische

$$= f^2\, dx_0^2 - d\sigma^2;$$

dabei sind φ und f von der Zeit x_0 nicht abhängig, sondern nur von den Raumkoordinaten $x_1 x_2 x_3$, $d\sigma^2$ ist eine positiv-definite quadratische Differentialform in den drei Raumvariablen. Diese besondere Gestalt der Fundamentalform wird (von ganz speziellen Fällen abgesehen) durch Koordinatentransformation und Umeichen nur dann nicht zerstört, wenn x_0 für sich eine lineare Transformation erleidet, die Raumkoordinaten gleichfalls nur unter sich transformiert werden und das Eichverhältnis eine Konstante ist. Im statischen Fall haben wir also einen dreidimensionalen Riemannschen Raum mit der metrischen Fundamentalform $d\sigma^2$ und zwei Skalarfelder in ihm: das elektrostatische Potential φ und das Gravitationspotential oder die Lichtgeschwindigkeit f. Die statische Welt ist somit von Hause aus geeicht; es fragt sich, ob für diese ihre Eichung $\lambda =$ konst. ist. Die Antwort lautet bejahend. Eichen wir nämlich die statische Welt um auf die Forderung $\lambda = 1$ und kennzeichnen die dadurch hervorgehenden Größen durch Überstreichung, so ist

$$\overline{\varphi}_i = -\frac{\lambda_i}{\lambda}, \text{ wo } \lambda_i = \frac{\partial \lambda}{\partial x_i} \text{ gesetzt ist } (i = 1, 2, 3),$$

$$\overline{g}_{ik} = \lambda g_{ik}, \text{ also } \overline{g}^{ik} = \frac{g^{ik}}{\lambda}, \sqrt{\overline{g}} = \lambda^2 \sqrt{g},$$

und die Gleichung (88) liefert

$$\sum_{i=1}^{3} \frac{\partial \sqrt{g}\,\lambda^i}{\partial x_i} = 0 \,.$$

Daraus folgt aber $\lambda =$ konst. *)

Es stellt sich heraus, daß die Feldgesetze statische kugelsymmetrische Lösungen besitzen, welche auf dem »Raumäquator« regulär bleiben, ohne daß dort ein Massenhorizont angebracht werden muß. Auch lassen sich bemerkenswerte qualitative Aussagen über den Verlauf der Lösung machen wie z. B. die, daß φ^2 eine abnehmende Funktion von r ist. Mit dem Grenzübergang zu $\varepsilon = 0$ wird man aus ihnen die Feldlösungen (50) erhalten, welche für einen geladenen Massenpunkt im unendlichen Raume charakteristisch sind. Vom Standpunkt der Einsteinschen Kosmologie würde das besagen, daß unsere Feldgesetze einem Körper von beliebiger Ladung und Masse die Existenzmöglichkeit gewähren. Vom Standpunkt der de Sitterschen Kosmologie wäre das Problem freilich anders zu stellen.

Die Theorie gibt keinen Aufschluß über die *Ungleichartigkeit von positiver und negativer Elektrizität*. Das kann ihr aber nicht zum Vorwurf gemacht werden. Denn jene Ungleichartigkeit beruht ohne Zweifel darauf, daß von den beiden·Urbestandteilen der Materie, Elektron und Wasserstoffkern, der positiv geladene mit einer andern Masse verbunden ist als der negativ geladene; sie entspringt aus der Natur der Materie und nicht des Feldes.

Hält man sich vor Augen, ein wie vollkommenes, in sich notwendiges und abgeschlossenes Gebäude die »reine Infinitesimalgeometrie« ist, vor allem zufolge ihrer in § 19 besprochenen gruppentheoretischen Fundierung, so darf man wohl behaupten, daß hier eine theoretisch sehr befriedigende Zusammenfassung und Interpretation unseres gesamten feldphysikalischen Wissens vorliegt, die durch in sich konsequente und plausible kosmologische Ansätze ergänzt wird.

§ 41. Die Invarianzeigenschaften und die differentiellen Erhaltungssätze.

Der Zusammenhang zwischen der Koordinateninvarianz und den differentiellen Erhaltungssätzen für Energie-Impuls tritt in seiner einfachsten Form bei der in § 32 gegebenen näherungsweisen Integration der Einsteinschen Feldgesetze zutage: die Freiheit in der Wahl der *Koordinaten*

---

*) Dieser Schluß ist zunächt nur berechtigt, wenn der Raum geschlossen ist. Berücksichtigt man die Singularitäten der Materie, so könnte an sich in der Umgebung einer solchen Singularität λ als Potentialfunktion die Gestalt haben $a + \dfrac{b}{r}$; aber hier muß die Konstante $b = 0$ sein, weil sonst die Ladung eine zeitliche Abnahme erlitte proportional zu b, dem Fluß der Vektordichte $(\lambda^i \sqrt{g})$ durch eine das Teilchen umschließende Hülle. Die Ladung erhält sich aber durch Einstellung. Unter Hinzufügung dieser in der Natur des Elementarteilchens liegenden Forderung kommt man unter allen Umständen auf die Gleichung $\lambda =$ konst.

bringt es mit sich, daß man die Gravitationspotentiale ψ_i^k parallel mit den Energie-Impuls-Komponenten der Bedingung (42) unterwerfen kann. Schon dort ist hingewiesen auf die Analogie zu den elektromagnetischen Gleichungen: durch Ausnutzung der *Eichinvarianz* kann man bewirken, daß die elektromagnetischen Potentiale parallel mit dem Strom der Nebenbedingung $\dfrac{\partial \varphi^i}{\partial x_i} = 0$ genügen. *Die Eichinvarianz steht demnach in ganz analoger Beziehung zum Erhaltungssatz der Elektrizität wie die Koordinateninvarianz zum Erhaltungssatz für Energie-Impuls.*

Im Grunde handelt es sich hier um rein mathematische Zusammenhänge, welche gültig sind für jede Integralinvariante $\int \mathfrak{W}\, dx$ des metrischen Feldes. In dieser Allgemeinheit wollen wir sie hier entwickeln, nach der schon in § 30 angewendeten Kleinschen Methode, die erst jetzt zu voller Auswirkung gelangen wird. Um der Übersichtlichkeit willen beschränken wir uns auf den Fall, daß $\mathfrak{W}$ ein Ausdruck 2. Ordnung ist, d. h. aufgebaut einerseits aus den g_{ik} und deren Ableitungen 1. und 2. Ordnung, anderseits aus den φ_i und deren Ableitungen 1. Ordnung. Das einfachste Beispiel ist die Maxwellsche Wirkungsdichte $\mathfrak{l}$.

I. Erteilen wir den die Metrik relativ zu einem Bezugssystem beschreibenden Größen φ_i, g_{ik} beliebige unendliche kleine Zuwächse $\delta \varphi_i$, δg_{ik} und bedeutet $\mathfrak{X}$ ein endliches Weltgebiet, so ist es der Effekt der partiellen Integration, daß das Integral der zugehörigen Änderung $\delta \mathfrak{W}$ von $\mathfrak{W}$ über das Gebiet $\mathfrak{X}$ in zwei Teile zerlegt wird: ein Divergenzintegral und ein Integral, dessen Integrand nur noch eine lineare Kombination von $\delta \varphi_i$ und δg_{ik} ist:

$$(90) \quad \int\limits_{\mathfrak{X}} \delta \mathfrak{W}\, dx = \int\limits_{\mathfrak{X}} \frac{\partial (\delta \mathfrak{v}^k)}{\partial x_k}\, dx + \int\limits_{\mathfrak{X}} \left(\mathfrak{w}^i\, \delta \varphi_i + \tfrac{1}{2} \mathfrak{W}^{ik}\, \delta g_{ik} \right) dx . \quad [\mathfrak{W}^{ki} = \mathfrak{W}^{ik}]$$

Dabei sind $\mathfrak{w}^i$ die Komponenten einer kontravarianten Vektordichte, $\mathfrak{W}_i^k$ aber die einer gemischten Tensordichte 2. Stufe (im eigentlichen Sinne). Die $\delta \mathfrak{v}^k$ sind lineare Kombinationen von

$$\delta \varphi_\alpha , \quad \delta g_{\alpha\beta} \text{ und } \delta g_{\alpha\beta,\, i} \qquad \left[g_{\alpha\beta,\, i} = \frac{\partial g_{\alpha\beta}}{\partial x_i} \right];$$

wir deuten das durch die Formel an:

$$\delta \mathfrak{v}^k = (k\alpha)\, \delta \varphi_\alpha + (k\alpha\beta)\, \delta g_{\alpha\beta} + (ki\alpha\beta)\, \delta g_{\alpha\beta,\, i} .$$

Die $\delta \mathfrak{v}^k$ sind durch die Gleichung (90) erst dann eindeutig bestimmt, wenn die normierende Bedingung hinzugefügt wird, daß die Koeffizienten $(ki\alpha\beta)$ symmetrisch in den Indizes k und i sind; bei dieser Normierung sind $\delta \mathfrak{v}^k$ die Komponenten einer Vektordichte (im eigentlichen Sinne), wenn man $\delta \varphi_i$ als die Komponenten eines kovarianten Vektors vom Gewichte 0, δg_{ik} als die Komponenten eines Tensors vom Gewichte 1 auffaßt. (Natürlich steht nichts im Wege, an Stelle dieser Normierung eine andere, im gleichen Sinne invariante zu verwenden.)

Wir drücken zuvörderst aus, daß $\int_{\mathfrak{X}} \mathfrak{W}\,dx$ eine Eichinvariante ist, sich also nicht ändert, wenn die Eichung der Welt infinitesimal abgeändert wird. Ist das Eichverhältnis zwischen der abgeänderten und der ursprünglichen Eichung $\tau = 1 + \pi$, so ist π ein den Vorgang charakterisierendes infinitesimales Skalarfeld, das willkürlich vorgegeben werden kann. Bei diesem Prozeß erfahren die Fundamentalgrößen die folgenden Zuwächse

$$(91) \qquad \delta g_{ik} = \pi g_{ik}, \qquad \delta \varphi_i = -\frac{\partial \pi}{\partial x_i}.$$

Substituieren wir diese Werte in $\delta \mathfrak{v}^k$, so mögen die Ausdrücke

$$(92) \qquad \mathfrak{z}^k(\pi) = \pi \cdot \mathfrak{z}^k + \frac{\partial \pi}{\partial x_\alpha} \cdot \mathfrak{h}^{k\alpha}$$

hervorgehen; sie sind die Komponenten einer von dem Skalarfeld π linear-differentiell abhängigen Vektordichte. Daraus folgt noch, da $\frac{\partial \pi}{\partial x_\alpha}$ die Komponenten eines aus jenem Skalarfeld entspringenden kovarianten Vektorfeldes sind: $\mathfrak{z}^k$ ist eine Vektordichte, $\mathfrak{h}^{k\alpha}$ eine kontravariante Tensordichte 2. Stufe. Die Variation (90) des Wirkungsintegrals muß wegen seiner Eichinvarianz für (91) verschwinden:

$$\int_{\mathfrak{X}} \frac{\partial \mathfrak{z}^k(\pi)}{\partial x_k}\,dx + \int_{\mathfrak{X}} \left(-\mathfrak{w}^i \frac{\partial \pi}{\partial x_i} + \tfrac{1}{2}\mathfrak{W}_i^i \pi \right)dx = 0.$$

Formt man den ersten Term des zweiten Integrals noch durch partielle Integration um, so kann man statt dessen schreiben:

$$(93) \qquad \int_{\mathfrak{X}} \frac{\partial(\mathfrak{z}^k(\pi) - \pi\mathfrak{w}^k)}{\partial x_k}\,dx + \int_{\mathfrak{X}} \pi \left(\frac{\partial \mathfrak{w}^i}{\partial x_i} + \tfrac{1}{2}\mathfrak{W}_i^i \right)dx = 0.$$

Daraus ergibt sich nun zunächst die Identität

$$(94) \qquad \frac{\partial \mathfrak{w}^i}{\partial x_i} + \tfrac{1}{2}\mathfrak{W}_i^i = 0$$

in der aus der Variationsrechnung bekannten Weise: Wäre die auf der linken Seite stehende Ortsfunktion an einer Stelle (x_i) von 0 verschieden, etwa positiv, so kann man eine so kleine Umgebung $\mathfrak{X}$ dieser Stelle abgrenzen, daß jene Funktion in ganz $\mathfrak{X}$ positiv bleibt. Wählt man in (93) für $\mathfrak{X}$ dieses Gebiet, für π aber eine außerhalb $\mathfrak{X}$ verschwindende Funktion, welche innerhalb $\mathfrak{X}$ durchweg > 0 ist, so verschwindet das erste Integral, das zweite aber fällt positiv aus — im Widerspruch mit der Gleichung (93). Nachdem dies erkannt, liefert (93) die Gleichung

$$\int_{\mathfrak{X}} \frac{\partial(\mathfrak{z}^k(\pi) - \pi\mathfrak{w}^k)}{\partial x_k}\,dx = 0;$$

sie gilt bei gegebenem Skalarfeld π für jedes endliche Gebiet $\mathfrak{X}$, und infolgedessen muß

$$(95) \qquad \frac{\partial\,(\mathfrak{Z}^{k}(\pi) - \pi\,\mathfrak{w}^{k})}{\partial x_{k}} = 0$$

sein. Setzen wir (92) ein und beachten, daß an einer Stelle die Werte von $\pi,\ \dfrac{\partial\,\pi}{\partial x_{i}},\ \dfrac{\partial^{2}\pi}{\partial x_{i}\partial x_{k}}$ beliebig vorgegeben werden können, so zerspaltet sich diese eine Formel in die folgenden Identitäten:

$$(95_{\,1,\,2,\,3}) \qquad \frac{\partial\,\mathfrak{Z}^{k}}{\partial x_{k}} = \frac{\partial\,\mathfrak{w}^{k}}{\partial x_{k}}\,; \qquad \mathfrak{Z}^{i} + \frac{\partial\,\mathfrak{h}^{\alpha i}}{\partial x_{\alpha}} = \mathfrak{w}^{i}\,; \qquad \mathfrak{h}^{\alpha\beta} + \mathfrak{h}^{\beta\alpha} = 0\,.$$

Nach der dritten ist $\mathfrak{h}^{ik}$ eine lineare Tensordichte 2. Stufe. Die erste ist in Anbetracht der Schiefsymmetrie von $\mathfrak{h}$ eine Folge der zweiten, da

$$\frac{\partial^{2}\mathfrak{h}^{\alpha\beta}}{\partial x_{\alpha}\partial x_{\beta}} = 0$$

ist.

II. Wir nehmen mit dem Weltkontinuum eine infinitesimale Deformation vor, bei welcher der einzelne Punkt eine Verrückung mit den Komponenten ξ^{i} erfährt; die Metrik werde von der Deformation ungeändert mitgenommen. δ bezeichne die durch die Deformation bewirkte Änderung irgendeiner Größe, wenn man an derselben Raum-Zeit-Stelle bleibt, δ' ihre Änderung, wenn man die Verschiebung der Raum-Zeit-Stelle mitmacht. Dann ist nach (20), (20'), (91)

$$(96) \qquad \begin{cases} -\,\delta\varphi_{i} = \left(\varphi_{r}\dfrac{\partial\,\xi^{r}}{\partial x_{i}} + \dfrac{\partial\,\varphi_{i}}{\partial x_{r}}\,\xi^{r}\right) + \dfrac{\partial\,\pi}{\partial x_{i}}\,, \\[2ex] -\,\delta g_{ik} = \left(g_{ir}\dfrac{\partial\,\xi^{r}}{\partial x_{k}} + g_{kr}\dfrac{\partial\,\xi^{r}}{\partial x_{i}} + \dfrac{\partial\,g_{ik}}{\partial x_{r}}\,\xi^{r}\right) - \pi g_{ik}\,. \end{cases}$$

Darin bedeutet π ein durch unsere Festsetzungen noch willkürlich gelassenes infinitesimales Skalarfeld. Die Invarianz der Wirkungsgröße gegenüber Koordinatentransformation und Abänderung der Eichung kommt in der auf diese Variation sich beziehenden Formel zum Ausdruck:

$$(97) \qquad \delta'\!\int\limits_{\mathfrak{X}} \mathfrak{W}\,dx = \int\limits_{\mathfrak{X}} \left\{\frac{\partial\,(\mathfrak{W}\,\xi^{k})}{\partial x_{k}} + \delta\mathfrak{W}\right\} dx = 0\,.$$

Will man nur die Koordinateninvarianz zum Ausdruck bringen, so hat man $\pi = 0$ zu wählen; aber die so hervorgehenden Variationsformeln (96) haben keinen invarianten Charakter. In der Tat bedeutet diese Festsetzung: es sollen durch die Deformation die beiden Fundamentalformen so variiert werden, daß die Maßzahl l eines Linienelements ungeändert bleibt: $\delta' l = 0$. Nun drückt aber nicht diese Gleichung den Prozeß der kongruenten Verpflanzung einer Strecke aus, sondern

$$\delta' l = -\,l(\varphi_{i}\delta' x_{i}) = -\,l(\varphi_{i}\xi^{i})\,.$$

Wir müssen demnach in (96) nicht $\pi = 0$, sondern $\pi = -(\varphi_i \xi^i)$ wählen, damit invariante Formeln zustande kommen, nämlich die folgenden:

$$(98) \quad \begin{cases} -\delta\varphi_i = f_{ir}\xi^r, \\ -\delta g_{ik} = \left(g_{ir}\dfrac{\partial \xi^r}{\partial x_k} + g_{kr}\dfrac{\partial \xi^r}{\partial x_i} \right) + \left(\dfrac{\partial g_{ik}}{\partial x_r} + g_{ik}\varphi_r \right)\xi^r. \end{cases}$$

Die durch sie dargestellte Änderung der beiden Fundamentalformen ist eine solche, daß *die Metrik von der Deformation ungeändert mitgenommen und jedes Linienelement kongruent verpflanzt erscheint.* Auch analytisch erkennt man leicht den invarianten Charakter; an der zweiten Gleichung (98) insbesondere, indem man den gemischten Tensor

$$\frac{\partial \xi^i}{\partial x_k} + \Gamma^i_{kr}\xi^r = \xi^i_k$$

einführt, sie lautet dann

$$-\delta g_{ik} = \xi_{ik} + \xi_{ki}.$$

Nachdem die Eichinvarianz unter I. ausgenutzt ist, können wir uns in der Formel (96) darauf beschränken, für π die eben besprochene, vom Standpunkt der Invarianz allein mögliche Wahl zu treffen.

Für die Variation (98) sei

$$\mathfrak{W}\xi^k + \delta \mathfrak{v}^k = \mathfrak{S}^k(\xi).$$

$\mathfrak{S}^k(\xi)$ ist eine linear-differentiell von dem willkürlichen Vektorfeld ξ^i abhängige Vektordichte; ich schreibe explizite

$$\mathfrak{S}^k(\xi) = \mathfrak{S}^k_i \xi^i + \overline{\mathfrak{H}}^{k\alpha}_i \frac{\partial \xi^i}{\partial x_\alpha} + \tfrac{1}{2}\mathfrak{H}^{k\alpha\beta}_i \frac{\partial^2 \xi^i}{\partial x_\alpha\, \partial x_\beta}$$

(der letzte Koeffizient ist natürlich symmetrisch in den Indizes $\alpha\beta$). Darin, daß $\mathfrak{S}^k(\xi)$ eine von dem Vektorfeld ξ^i abhängige Vektordichte ist, spricht sich am einfachsten und vollständigsten der Invarianzcharakter der in dem Ausdruck von $\mathfrak{S}^k(\xi)$ auftretenden Koeffizienten aus, und insbesondere geht daraus hervor, daß $\mathfrak{S}^k_i$ nicht die Komponenten einer gemischten Tensordichte 2. Stufe sind; wir sprechen hier von einer »Pseudo-Tensordichte«. Führen wir in (97) die Ausdrücke (90), (98) ein, so entsteht ein Integral, dessen Integrand lautet

$$\frac{\partial \mathfrak{S}^k(\xi)}{\partial x_k} - \xi^i\left\{ f_{ki}\mathfrak{w}^k + \tfrac{1}{2}\left(\frac{\partial g_{\alpha\beta}}{\partial x_i} + g_{\alpha\beta}\varphi_i \right)\mathfrak{W}^{\alpha\beta} \right\} - \mathfrak{W}^k_i \frac{\partial \xi^i}{\partial x_k}.$$

Wegen

$$\frac{\partial g_{\alpha\beta}}{\partial x_i} + g_{\alpha\beta}\varphi_i = \Gamma_{\alpha,\beta i} + \Gamma_{\beta,\alpha i}$$

und der Symmetrie von $\mathfrak{W}^{\alpha\beta}$ ist

$$\tfrac{1}{2}\left(\frac{\partial g_{\alpha\beta}}{\partial x_i} + g_{\alpha\beta}\varphi_i \right)\mathfrak{W}^{\alpha\beta} = \Gamma_{\alpha,\beta i}\,\mathfrak{W}^{\alpha\beta} = \Gamma^\alpha_{\beta i}\,\mathfrak{W}^\beta_\alpha.$$

Üben wir auf das letzte Glied unseres Integranden noch eine partielle Integration aus, so erhalten wir daher

$$\int\limits_{x} \frac{\partial(\mathfrak{S}^{k}(\xi) - \mathfrak{W}_{i}^{k}\,\xi^{i})}{\partial x_{k}}\,dx + \int\limits_{x} [\cdots]_{i}\xi^{i}\,dx = 0 .$$

Nach der oben angewendeten Schlußweise entspringen daraus die Identitäten:

$$(99) \qquad [\cdots]_{i},\ \text{d. i.}\ \left(\frac{\partial\mathfrak{W}_{i}^{k}}{\partial x_{k}} - \Gamma_{i,j}^{\alpha}\mathfrak{W}_{\alpha}^{\beta}\right) + f_{ik}\mathfrak{w}^{k} = 0 \qquad \text{und}$$

$$(100) \qquad \frac{\partial(\mathfrak{S}^{k}(\xi) - \mathfrak{W}_{i}^{k}\,\xi^{i})}{\partial x_{k}} = 0 .$$

Die letzte zerspaltet sich in die folgenden vier:

$$(100_{\ 1,2,3,4})\left\{\begin{array}{ll} \dfrac{\partial\mathfrak{S}_{i}^{k}}{\partial x_{k}} = \dfrac{\partial\mathfrak{W}_{i}^{k}}{\partial x_{k}}\ ; & \mathfrak{S}_{i}^{k} + \dfrac{\partial\overline{\mathfrak{H}}_{i}^{\alpha k}}{\partial x_{\alpha}} = \mathfrak{W}_{i}^{k}\ ; \\[3ex] (\overline{\mathfrak{H}}_{i}^{\alpha\beta} + \overline{\mathfrak{H}}_{i}^{\beta\alpha}) + \dfrac{\partial\mathfrak{H}_{i}^{\gamma\alpha\beta}}{\partial x_{\gamma}} = 0\ ; & \mathfrak{H}_{i}^{\alpha\beta\gamma} + \mathfrak{H}_{i}^{\beta\gamma\alpha} + \mathfrak{H}_{i}^{\gamma\alpha\beta} = 0 . \end{array}\right.$$

Ersetzt man in $(_{3})$ nach $(_{4})$

$$\mathfrak{H}_{i}^{\gamma\alpha\beta} \quad \text{durch} \quad -\mathfrak{H}_{i}^{\alpha\beta\gamma} - \mathfrak{H}_{i}^{\beta\alpha\gamma},$$

so geht daraus hervor, daß

$$\overline{\mathfrak{H}}_{i}^{\alpha\beta} - \frac{\partial\mathfrak{H}_{i}^{\alpha\beta\gamma}}{\partial x_{\gamma}} = \mathfrak{H}_{i}^{\alpha\beta}$$

schiefsymmetrisch ist in den Indizes $\alpha\beta$. Führen wir $\mathfrak{H}_{i}^{\alpha\beta}$ statt $\overline{\mathfrak{H}}_{i}^{\alpha\beta}$ ein, so enthalten $(_{3})$ und $(_{4})$ also lediglich Symmetrie-Aussagen, $(_{2})$ aber geht über in

$$(101) \qquad \mathfrak{S}_{i}^{k} + \frac{\partial\mathfrak{H}_{i}^{\alpha k}}{\partial x_{\alpha}} + \frac{\partial^{2}\mathfrak{H}_{i}^{\alpha\beta k}}{\partial x_{\alpha}\partial x_{\beta}} = \mathfrak{W}_{i}^{k} .$$

Daraus folgt $(_{1})$, weil wegen der Symmetriebedingungen

$$\frac{\partial^{2}\mathfrak{H}_{i}^{\alpha\beta}}{\partial x_{\alpha}\partial x_{\beta}} = 0 , \qquad \frac{\partial^{3}\mathfrak{H}_{i}^{\alpha\beta\gamma}}{\partial x_{\alpha}\partial x_{\beta}\partial x_{\gamma}} = 0 \quad \text{ist.}$$

Beispiel. Für die Maxwellsche Wirkungsdichte gilt, wie man sofort einsieht,

$$\delta\mathfrak{v}^{k} = \mathfrak{f}^{ik}\delta\varphi_{i},$$

infolgedessen:

$$\mathfrak{z}^{i} = 0 , \quad \mathfrak{h}^{ik} = \mathfrak{f}^{ik}\ ; \quad \mathfrak{S}_{i}^{k} = \mathfrak{l}\delta_{i}^{k} - f_{i\alpha}\mathfrak{f}^{k\alpha} , \quad \text{die Größen}\ \mathfrak{H} = 0 .$$

Unsere Identitäten liefern also

$$\mathfrak{w}^{i} = \frac{\partial\mathfrak{f}^{\alpha i}}{\partial x_{\alpha}} , \qquad \frac{\partial\mathfrak{w}^{i}}{\partial x_{i}} = 0 , \qquad \mathfrak{W}_{i}^{i} = 0\ ;$$

$$\mathfrak{W}_i^k = \mathfrak{S}_i^k \,, \qquad \left(\frac{\partial \mathfrak{S}_i^k}{\partial x_k} - \tfrac{1}{2}\frac{\partial g_{\alpha\beta}}{\partial x_i}\,\mathfrak{S}^{\alpha\beta}\right) + f_{i\alpha}\frac{\partial \mathfrak{f}^{\beta\alpha}}{\partial x_\beta} = 0 \,.$$

Die in der letzten Zeile stehenden beiden Formeln haben wir früher, die erste auf S. 230, die zweite auf S. 156 durch Rechnung gefunden; die letzte drückte damals aus, daß zwischen der Maxwellschen Tensordichte $\mathfrak{S}_i^k$ der Feldenergie und der ponderomotorischen Kraft der geforderte Zusammenhang besteht.

Feldgesetze und Erhaltungssätze. Nimmt man in (90) für δ eine beliebige Variation, die außerhalb eines endlichen Gebiets verschwindet und für $\mathfrak{X}$ die ganze Welt oder ein solches Gebiet, außerhalb dessen $\delta = 0$ ist, so kommt

$$\int \delta\,\mathfrak{W}\,dx = \int (\mathfrak{w}^i\,\delta\,\varphi_i + \tfrac{1}{2}\mathfrak{W}^{ik}\,\delta g_{ik})\,dx \,.$$

Ist $\int \mathfrak{W}\,dx$ die Wirkungsgröße, so erkennt man daraus, daß in dem Hamiltonschen Prinzip die folgenden invarianten Gesetze enthalten sind:

$$\mathfrak{w}^i = 0 \,, \qquad \mathfrak{W}_i^k = 0 \,,$$

von denen wir die ersten als die elektromagnetischen, die zweiten als die Gravitationsgesetze zu bezeichnen haben. Zwischen den linken Seiten dieser Gleichungen bestehen 5 Identitäten, die unter (94) und (99) aufgeführt sind. Es sind also unter den Feldgleichungen 5 überschüssige enthalten, entsprechend dem von 5 willkürlichen Funktionen abhängigen Übergang von einem Bezugssystem zu einem beliebigen anderen.

Nach (95_2) haben die elektromagnetischen Gesetze, im Einklang mit der Maxwellschen Theorie, die folgende Gestalt:

$$\frac{\partial\,\mathfrak{h}^{ik}}{\partial x_k} = \mathfrak{s}^i$$

Im besonderen Falle $\mathfrak{W} = \mathfrak{l}$ ist, wie es sein muß, $\mathfrak{h}^{ik} = \mathfrak{f}^{ik}$, $\mathfrak{s}^i = 0$. Wie die $\mathfrak{s}^i$ die Viererdichte des Feldstroms konstituieren, so wird das Schema der $\mathfrak{S}_i^k$ als die Pseudotensordichte der Energie zu deuten sein; im einfachsten Falle $\mathfrak{W} = \mathfrak{l}$ stimmt diese Erklärung mit den Maxwellschen Ausdrücken überein. *Es gelten allgemein* nach (95_1) und (100_1) *die Erhaltungssätze*

$$\frac{\partial\,\mathfrak{s}^i}{\partial x_i} = 0 \,, \qquad \frac{\partial\,\mathfrak{S}_i^k}{\partial x_k} = 0 \,.$$

Und zwar folgen die Erhaltungssätze auf doppelte Weise aus den Feldgesetzen. Es ist nämlich nicht nur

$$\frac{\partial\,\mathfrak{s}^i}{\partial x_i} \equiv \frac{\partial\,\mathfrak{w}^i}{\partial x_i} \,, \text{ sondern auch } \equiv -\tfrac{1}{2}\mathfrak{W}_i^i \,;$$

$$\frac{\partial\,\mathfrak{S}_i^k}{\partial x_k} \text{ nicht nur } \equiv \frac{\partial\,\mathfrak{W}_i^k}{\partial x_k} \,, \text{ sondern auch } \equiv \Gamma_{i\beta}^\alpha\,\mathfrak{W}_\alpha^\beta - f_{ik}\,\mathfrak{w}^k \,.$$

Die Gestalt der Gravitationsgleichungen geht aus (101) hervor. Die Feldgesetze und die zu ihnen gehörigen Erhaltungssätze lassen sich nach (95) und (100) übersichtlich zusammenfassen in die beiden Gleichungen

$$\frac{\partial \mathfrak{F}^i(\pi)}{\partial x_i} = 0, \qquad \frac{\partial \mathfrak{S}^i(\xi)}{\partial x_i} = 0.$$

Für den in der Natur allem Anschein nach realisierten, im vorigen Paragraphen behandelten Fall ist die *Gegenüberstellung von » Trägheit « und » Kraft «* charakteristisch, die nur zum Ausdruck kommt, wenn man unter Einführung der normierten Eichung $\lambda =$ const. den Teil $\lambda^2 \sqrt{g}$ der Wirkungsdichte in die Gestalt bringt:

$$\mathfrak{G} + \varepsilon^2 \sqrt{g} \left\{ 1 - 3 \left(\varphi_i \varphi^i \right) \right\};$$

er ist dann aufgebaut lediglich aus Größen, denen man lokal mit Benutzung eines geeigneten Koordinatensystems die *ein für allemal festen* Werte

$$g_{ik} = \begin{cases} 0 & (i \neq k) \\ \varepsilon_i = \pm 1 & (i = k) \end{cases}, \qquad \frac{\partial g_{ik}}{\partial x_r} = 0, \qquad \varphi_i = 0$$

erteilen kann. Die nicht wegzutransformierenden Krümmungsgrößen treten nur in dem andern Bestandteil $\mathfrak{l}$ auf, und dieser allein gibt darum Anlaß zu einer der Trägheit sich entgegenstemmenden, nicht massenproportionalen Kraft. Die Willkür, welche im allgemeinen Fall nach einer oben gemachten Bemerkung in der Bestimmung von $\delta \mathfrak{v}^k$ enthalten ist, fällt hier fort, weil die 2. Ableitungen der g_{ik} in der Wirkungsdichte $\mathfrak{W}$ nicht mehr vorkommen. Dafür hat sie allerdings ihre Eich- und Koordinateninvarianz eingebüßt. Trotzdem bleiben die allgemeinen Überlegungen im wesentlichen erhalten, sofern man sich auf das Glied niedrigster Ordnung in $\mathfrak{F}^k(\pi)$, bzw. $\mathfrak{S}^k(\xi)$ beschränkt, nämlich auf »Feldstrom« $\mathfrak{F}^k$ und »Feldenergie» $\mathfrak{S}^k_i$.

Die Gleichungen (86) zeigen, daß man

$$\mathfrak{h}^{ik} = \mathfrak{f}^{ik}, \qquad \mathfrak{F}^i = - \frac{3\,\varepsilon^2}{\alpha} \varphi^i \sqrt{g}$$

zu setzen hat; und wirklich entspringt der zugehörige differentielle Erhaltungssatz (88), wie wir im vorigen Paragraphen feststellten, in doppelter Weise: nicht bloß aus den elektromagnetischen Gleichungen $\mathfrak{w}^i = 0$ durch Divergenzbildung, sondern auch aus den Gravitationsgleichungen $\mathfrak{W}^k_i = 0$ durch Verjüngung. Die Gleichung

$$\delta' \int \mathfrak{W} dx = 0$$

gilt für eine Variation δ', die durch eine Verschiebung im eigentlichen Sinne hervorgebracht wird [Formeln (96) mit $\xi^i =$ const., $\pi = 0$], ganz unabhängig von allen Invarianzeigenschaften. Sie liefert

$$(102) \qquad \frac{\partial \left({}^*\mathfrak{S}^k_i \xi^i \right)}{\partial x_k} = 0 \quad \text{mit}$$

$$ {}^*\mathfrak{S}^k_i = \mathfrak{W} \delta^k_i - \frac{1}{2} \frac{\partial g_{\alpha\beta}}{\partial x_i} \mathfrak{G}^{\alpha\beta,\,k} + \alpha \frac{\partial \varphi_r}{\partial x_i} \mathfrak{f}^{kr}.$$

Diese Art des Vorgehens hatten wir in § 37 verwendet, um die Komponenten der tensoriellen Energiedichte des *Gravitationsfeldes* zu ermitteln. Wir sehen hier, daß sie für den *elektromagnetischen Bestandteil* nicht zu den richtigen Energiekomponenten führt. In der Tat müssen wir ja auch nach unsern allgemeinen Überlegungen, um zu diesen Größen zu kommen, die Maxwellschen Gleichungen in der Form schreiben

$$\frac{\partial\left(\pi\mathfrak{S}^i + \dfrac{\partial\pi}{\partial x_k}\mathfrak{f}^{ik}\right)}{\partial x_i} = 0,$$

darin $\pi = -(\varphi_i\xi^i)$ setzen und die so hervorgehende Gleichung mit α multipliziert zu (102) addieren. Dann kommt in der Tat

$$\frac{\partial(\mathfrak{S}_i^k\xi^i)}{\partial x_k} = 0,$$

und es treten in $\mathfrak{S}_i^k$ auf: die Maxwellsche Energiedichte des elektromagnetischen Feldes

$$\mathfrak{l}\delta_i^k - f_{ir}\mathfrak{f}^{kr},$$

die Gravitationsenergie

$$\mathfrak{G}\,\delta_i^k - \frac{1}{2}\frac{\partial g_{\alpha\beta}}{\partial x_i}\mathfrak{G}^{\alpha\beta,k}$$

und die kosmologischen Zusatzterme. Erst so kommen wir zu dem richtigen Ausdruck der Energie. Die virtuelle Deformation des Weltkontinuums, welche dazu führt, muß Metrik und Linienelemente in unserm und nicht im Einsteinschen Sinne *ungeändert* mitnehmen.

Freilich geht aus alledem hervor, daß es mancherlei verschiedene »differentielle Erhaltungssätze« im Felde gibt. Das eigentliche Energiegesetz ist unter diesen physikalisch durch *seine Verbindung mit den mechanischen Grundgleichungen der Materieteilchen* ausgezeichnet. Diese Verbindung beruht auf einer Fülle von Eigentümlichkeiten der Energiegrößen des Feldes und des zugrunde gelegten Wirkungsprinzips:

Alle rationalen *Integralinvarianten der 2. Ordnung*, d. h. alle diejenigen, deren Integrand gleich $\sqrt{g}$ mal einem ganzen rationalen Ausdruck der g_{ik} und ihrer Ableitungen bis zur 2., der φ_i und ihrer Ableitungen 1. Ordnung ist, sind von R. Weitzenböck bestimmt worden [45]. Es ergaben sich deren sechs, von denen zwei allerdings in ihrem Vorzeichen abhängen von einem in der Welt anzunehmenden Schraubungssinn. R. Bach hat gezeigt [46], daß die Variation dieser beiden identisch verschwindet; dasselbe gilt nach seinen Rechnungen auch für eine gewisse numerische Kombination der übrigen vier. Demnach kommt neben den bisher benutzten Invarianten im Wirkungsprinzip nur noch *eine* weitere in Frage. Entgegen früher geäußerter Meinung glaube ich jetzt dessen ziemlich sicher zu sein, daß sie in der Natur *keine* Rolle spielt. Denn wenn wir sie mit heranziehen, kommen wir auf Feldgesetze 4. Ordnung; die statische kugelsymmetrische Lösung derselben enthält — wenn wir annehmen, daß kein elektromagnetisches Feld vorhanden ist und von den kosmologischen Termen absehen, dafür aber eine bestimmte Maßeinheit der Länge zugrunde legen — nach einer Untersuchung von Pauli [47]) nicht nur *eine* willkürliche Konstante, die Masse, sondern deren *zwei*. Vor allem aber scheint es ganz unmöglich, von einem solchen Wirkungsprinzip aus zu den mechanischen Gleichungen zu gelangen und zu dem Zusammenhang, welcher zwischen der quadratischen Grundform ds^2 und dem Verhalten der Maßstäbe und Uhren besteht. Stichhaltige Gründe dafür, warum die Natur die Benutzung der dritten Invariante verschmäht hat, weiß ich nicht anzugeben; aber schon die Beschränkung der Differentiationsordnung auf 2 ist offenbar ein viel zu formaler Gesichtspunkt, als daß man darin den entscheidenden inneren Zwang für die Auswahl der Wirkungsgröße erblicken dürfte.

Im *Anhang IV* ist ein kurzer Bericht hinzugefügt über eine von Eddington kürzlich entworfene geometrische Theorie des Feldes [48]), die aber bisher zu keinem Kontakt mit der Erfahrung gelangt ist; sie geht nicht von der Metrik, sondern von dem *affinen Zusammenhang* als der ursprünglichen Struktur des Äthers aus. Hinweise auf andere Versuche von Bach, Einstein selber und Kaluza schließen sich an.

Wir sind an dem Punkte angelangt, wo wir Halt machen müssen, wenn wir uns nicht im Nebel der Spekulation vollends verlieren wollen; gefährden wir dadurch nicht, was wir an wertvollen Ergebnissen gewonnen haben! Die Rolle, welche *Raum und Zeit*, das extensive Medium der Außenwelt und seine Struktur, im Aufbau der Wirklichkeit spielen, hat sich uns fortschreitend geklärt. Wer auf den durchmessenen Weg zurückschaut, der uns von der Euklidischen Metrik zu dem beweglichen, von der Materie abhängigen metrischen Felde führte, das die Felderscheinungen der Gravitation und des Elektromagnetismus mit einschließt, wer in einem einzigen Blick das Ganze zu umspannen sucht, was nur sukzessive und in ein gegliedertes Mannigfaltige aufgelöst zur Darstellung kommen konnte, muß von dem Gefühl errungener Freiheit überwältigt werden — ein festgefügter Käfig, in den das Denken bisher gebannt war, ist gesprengt. Ein paar Grundakkorde jener Harmonie der Sphären sind in unser Ohr gefallen, von der Pythagoras und Kepler träumten. — Wir haben unsere Analyse von Raum und Zeit nicht durchführen können, ohne uns zugleich eingehend mit der *Materie* zu befassen. Hier stehen wir aber noch vor Rätseln, deren Auflösung nicht von der Feldphysik zu gewärtigen ist In dem Dunkel, welches das Problem der Materie annoch umhüllt, ist vielleicht die Quantentheorie das erste anbrechende Licht.

Anhang I

(Zu Seite 231)

Invarianten der Riemannschen Geometrie

Beweis des Satzes, daß im Riemannschen Raum R die einzige Invariante ist, welche die Ableitungen der g_{ik} nur bis zur 2. Ordnung enthält, die der 2. Ordnung aber linear.

Die Invariante J ist nach Voraussetzung aus den Ableitungen 2. Ordnung

$$g_{ik,\,rs} = \frac{\partial^2 g_{ik}}{\partial x_r \partial x_s}$$

so zusammengesetzt:

$$J = \sum \lambda_{ik,\,rs} g_{ik,\,rs} + \lambda\,.$$

Die λ bedeuten Ausdrücke in den g_{ik} und deren 1. Ableitungen; sie genügen den Symmetriebedingungen

$$\lambda_{ki,\,rs} = \lambda_{ik,\,rs}\,, \qquad \lambda_{ik,\,sr} = \lambda_{ik,\,rs}\,.$$

In dem Punkte O, in welchem wir die Invariante betrachten, führen wir ein orthogonales geodätisches Koordinatensystem ein; so daß dort

$$g_{ik} = \delta_i^k\,, \qquad \frac{\partial g_{ik}}{\partial x_r} = 0$$

ist. Die λ gehen durch Eintragen dieser Werte in *absolute Konstante* über. Der ausgezeichnete Charakter des Koordinatensystems wird nicht zerstört:

1) durch lineare orthogonale Transformation;
2) durch eine Transformation

$$x_i = x_i' + \frac{1}{6}\,\alpha_{krs}^i x_k' x_r' x_s'\,,$$

welche keine quadratischen Glieder enthält; die Koeffizienten α sind symmetrisch in krs, im übrigen aber willkürlich.

Betrachten wir also in einem Euklidisch-Cartesischen Raum (in welchem beliebige orthogonale lineare Transformationen zulässig sind) die von zwei Vektoren $x = (x_i)$, $y = (y_i)$ abhängige biquadratische Form

$$G = g_{ik,\,rs} x_i x_k y_r y_s$$

mit willkürlichen in i und k, ebenso in r und s symmetrischen Koeffizienten $g_{ik,\,rs}$, so muß

$$\text{1)} \qquad \lambda_{ik,\,rs} g_{ik,\,rs} \quad \text{eine Invariante}$$

dieser Form sein. Da ferner bei der Transformation 2) die Ableitungen $g_{ik,\,rs}$ sich, wie man leicht ausrechnet, nach der Gleichung verwandeln

$$g_{ik,\,rs}' = g_{ik,\,rs} + \frac{1}{2}(\alpha_{krs}^i + \alpha_{irs}^k)\,,$$

muß

$$\text{2)} \qquad \lambda_{ik,\,rs}\,\alpha_{krs}^i = 0$$

sein für jedes in den drei Indizes krs symmetrische System von Zahlen α.

Wir operieren weiter im Euklidisch-Cartesischen Raum; (xy) bedeutet das skalare Produkt $x_1 y_1 + x_2 y_2 + \cdots + x_n y_n$. Es genügt, für G eine Form der folgenden besonderen Gestalt zu verwenden:

$$G = (ax)^2 (by)^2\,,$$

wo a und b zwei willkürliche Vektoren sind. Schreiben wir hernach wieder x und y statt a und b, so liefert 1) die Forderung, daß

$$1^*) \qquad \Lambda = \Lambda_x = \Sigma \lambda_{ik,\,rs}\, x_i x_k y_r y_s$$

eine Orthogonal-Invariante der beiden Vektoren x, y ist. In 2) genügt es,

$$\alpha^i_{krs} = x_i \cdot y_k y_r y_s$$

zu wählen; dann lautet diese Bedingung, daß die aus Λ_x durch Verwandlung eines x in y entstehende Form

$$2^*) \qquad \Lambda_y = \Sigma \lambda_{ik,\,rs}\, x_i y_k y_r y_s \quad \text{identisch verschwindet.}$$

(Man gewinnt sie aus Λ_x, indem man zunächst diejenige — von y quadratisch abhängige — symmetrische Bilinearform $\Lambda_{xx'}$ in x, x' bildet, welche bei Identifizierung der Variablenreihe x' mit x in Λ_x übergeht, und darauf x' durch y ersetzt.) Ich behaupte: aus $1^*)$ folgt, daß Λ die Form hat

$$\text{(I)} \qquad \Lambda = \alpha\,(xx)(yy) - \beta\,(xy)^2,$$

aus $2^*)$:

$$\text{(II)} \qquad \alpha = \beta.$$

Damit wird alles erledigt sein. Denn nun haben wir

$$J = \alpha\,(g_{ii,\,kk} - g_{ik,\,ik}) + \lambda,$$

oder, da in einem orthogonal-geodätischen Koordinatensystem der Riemannsche Krümmungsskalar

$$R = g_{ik,\,ik} - g_{ii,\,kk}$$

ist:

$$\text{(*)} \qquad J = -\alpha R + \lambda.$$

Beweis von (I): Wir können ein Cartesisches Koordinatensystem so einführen, daß x in die 1. Koordinatenachse fällt, y in die $(12)^{\text{te}}$ Koordinatenebene:

$$x = (x_1, 0, 0, \cdots, 0), \qquad y = (y_1, y_2, 0, \cdots, 0);$$
$$\Lambda = x_1^2\,(a y_1^2 + 2 b y_1 y_2 + c y_2^2).$$

Dabei kann der Richtungssinn der 2. Koordinatenachse noch willkürlich gewählt werden; weil Λ von dieser Wahl nicht abhängen darf, muß $b = 0$ sein:

$$\Lambda = c x_1^2 (y_1^2 + y_2^2) + (a - c)(x_1 y_1)^2 = c\,(xx)(yy) + (a - c)(xy)^2.$$

Beweis von (II): Aus dem unter (I) angegebenen $\Lambda = \Lambda_x$ entstehen die Formen

$$\Lambda_{xx'} = \alpha\,(xx')(yy) - \beta\,(xy)(x'y),$$
$$\Lambda_y = (\alpha - \beta)(xy)(yy).$$

Soll Λ_y verschwinden, so muß $\alpha = \beta$ sein. —

Wir haben stillschweigend angenommen, daß die metrische Fundamentalform des Riemannschen Raums positiv-definit ist; im Falle eines andern Trägheitsindex ist im »Beweis von (I)« eine geringe Modifikation erforderlich. — Damit im Volumintegral von J durch partielle Integration die Ableitungen 2. Ordnung herausgeworfen werden, ist übrigens erforderlich, daß die $\lambda_{ik,\,rs}$ nur von den g_{ik}, nicht von ihren Ableitungen abhängen; das brauchte im Beweise aber gar nicht benutzt zu werden. — Über die physikalische Bedeutung der Möglichkeit, nach (*) zu einem Multiplum von R noch eine universelle Konstante λ additiv hinzuzufügen, vgl. § 39; zu dem hier bewiesenen Satze: Vermeil, Nachr. d. Ges. d. Wissensch. zu Göttingen, 1917, S. 334—344. — Auf die gleiche Art kann man auch beweisen, daß g_{ik}, $R g_{ik}$, R_{ik} die einzigen Tensoren 2. Stufe sind, welche die Ableitungen der g_{ik} nur bis zur 2. Ordnung und diese linear enthalten.

Anhang II
(Zu Seite 268)
Geodätische Präzession

Ein Massenpunkt, der sich im statischen Gravitationsfeld der Sonne — Formeln (48), (49) — bewegt, führe, während er seine Weltlinie beschreibt, einen Weltvektor (ξ^i) mit sich, der in jedem Augenblick eine Parallelverschiebung erfährt. Ist in einem Moment (ξ^i) senkrecht zur Weltrichtung des Massenpunktes, so bleibt diese Beziehung während der Bewegung dauernd erhalten. Ein solcher Vektor gibt nach unserer Annahme die Schicksale der Rotationsachse eines Kreisels wieder — vorausgesetzt natürlich, daß die Ausdehnung des Kreisels als punktförmig betrachtet werden kann und seine Masse genau rotationssymmetrisch um die Achse verteilt ist. Wir beschränken uns auf den Fall, wo die Bahn des Kreisels kreisförmig ist. Wenden wir unser Resultat auf die *Erde* an, so vernachlässigen wir also sowohl die Ausdehnung des Erdkörpers wie die Exzentrizität der Erdbahn.

r, φ seien die Polarkoordinaten in der $x_1 x_2$-Ebene, in welcher die Bewegung mit gleichförmiger Winkelgeschwindigkeit vonstatten geht. Im Augenblick, wo das Azimut φ der Erde $= 0$ ist, gilt für ihre Weltrichtung:

$$dx_0 = dt, \quad dx_1 = 0, \quad dx_2 = r\,d\varphi, \quad dx_3 = 0,$$

und die auf S. 252 gegebenen Ausdrücke für die Dreiindizes-Symbole liefern die folgenden Formeln für die infinitesimale Parallelverschiebung in dieser Richtung:

$$d\xi^0 = -\frac{f'}{f}\xi^1 dt, \quad d\xi^1 = -\frac{ff'}{h^2}\xi^0 dt - \frac{lr^2}{h^2}\xi^2 d\varphi, \quad d\xi^2 = 0, \quad d\xi^3 = 0.$$

Statt ξ^1 und ξ^2 führen wir die radiale und die tangentiale Komponente ζ^1 und ζ^2 ein, welche freilich an der Stelle $\varphi = 0$ mit ξ^1 bzw. ξ^2 zusammenfällt. Jedoch ist für die Ableitungen ebendort:

$$d\zeta^1 = d\xi^1 + \xi^2 d\varphi, \quad d\zeta^2 = d\xi^2 - \xi^1 d\varphi.$$

Bezeichnen wir noch die konstante Winkelgeschwindigkeit $\dfrac{d\varphi}{dt}$ mit ω und setzen der Gleichförmigkeit wegen $\xi^0 = \zeta^0$, $\xi^3 = \zeta^3$, so haben wir

$$(*) \qquad \frac{d\zeta^0}{d\varphi} = -\frac{f'}{\omega f}\zeta^1, \quad \frac{d\zeta^1}{d\varphi} = \frac{1}{h^2}\zeta^2 - \frac{ff'}{\omega h^2}\zeta^0, \quad \frac{d\zeta^2}{d\varphi} = -\zeta^1, \quad \frac{d\zeta^3}{d\varphi} = 0;$$

und diese Gleichungen gelten jetzt längs der ganzen Bahnlinie, nicht bloß für $\varphi = 0$.

Wir benutzen sie zunächst, um ω zu bestimmen. Unsere Gleichungen müssen nämlich insbesondere erfüllt sein für den Tangentenvektor (ξ) der (geodätischen!) Weltlinie, welche die Erde beschreibt, d. h. für die konstanten Größen

$$\zeta^0 = 1, \quad \zeta^1 = 0, \quad \zeta^2 = r\omega, \quad \zeta^3 = 0.$$

Daraus ergibt sich die Beziehung

$$r\omega = \frac{ff'}{\omega}, \qquad \boxed{\omega^2 = \frac{m}{r^3}}$$

Für kreisförmige Planetenbahnen gilt also genau das 3. Keplersche Gesetz, wenn wir Bahnradien und Umlaufszeiten in den unserer Berechnung zugrunde liegenden kanonischen Koordinaten bestimmen.

Die vom momentanen Weltort der Erde ausgehenden Vektoren, welche dort senkrecht sind zur Richtung $\mathfrak{r}$ ihrer Weltlinie, spannen den »*Erdraum*« auf, in dessen Zentrum die Erde steht. Befinden wir uns an der Stelle $\varphi = 0$ der Bahn, so lautet die Orthogonalitätsbedingung

$$f^2\xi^0 dt - r\xi^2 d\varphi = 0, \quad \xi^0 : \xi^2 = r\omega : f^2.$$

Führen wir neben f noch die Größe e ein durch die Gleichung

$$e^2 = f^2 - (r\omega)^2 = 1 - \frac{3m}{r},$$

so bilden die drei Vektoren

$$\mathfrak{e}_1 = (0,\, f,\, 0,\, 0),$$

$$\mathfrak{e}_2 = \left(\frac{r\,\omega}{f e},\quad 0,\quad \frac{f}{e},\quad 0\right),$$

$$\mathfrak{e}_3 = (0,\, 0,\, 0,\, 1)$$

ein Cartesisches Achsenkreuz im Erdraum; sie sind in der Tat nicht nur zueinander und zu $\mathfrak{r}$ orthogonal, sondern auch so normiert, daß ihre aus der metrischen Fundamentalform zu bestimmende Eigenlänge $= 1$ ist. Da $\mathfrak{e}_3$ senkrecht steht zur Ebene der Ekliptik, ist die Koordinatenebene $[\mathfrak{e}_1\mathfrak{e}_2]$ als die Ekliptik im Erdraum anzusprechen; die in ihr liegende Achse $\mathfrak{e}_1$ weist nach der Sonne. Indem wir von der Erde aus beobachtete räumliche Geschehnisse auf dieses Koordinatensystem beziehen, sprechen wir von dem »nach der Sonne orientierten Erdraum«. Ist die Erdachse $\mathfrak{d}$ gegeben durch

$$\mathfrak{d} = \eta^1 \mathfrak{e}_1 + \eta^2 \mathfrak{e}_2 + \eta^3 \mathfrak{e}_3,$$

so haben wir

$$\zeta^0 = \frac{r\,\omega}{f e}\,\eta^2, \quad \zeta^1 = f\eta^1, \quad \zeta^2 = \frac{f}{e}\,\eta^2, \quad \zeta^3 = \eta^3.$$

Führen wir statt der ζ die neuen dazu proportionalen Größen η in die Gleichungen (*) ein, so fallen in der Tat die 1. und die 3. Gleichung zusammen, und wir bekommen

$$\frac{d\eta^1}{d\varphi} = e\eta^2, \quad \frac{d\eta^2}{d\varphi} = -e\eta^1, \quad \frac{d\eta^3}{d\varphi} = 0.$$

Ihre Lösung können wir sofort hinschreiben:

$$\eta^1 = \cos(e\varphi), \quad \eta^2 = -\sin(e\varphi), \quad \eta^3 = \text{konst.}$$

und anschaulich deuten:

In dem nach der Sonne orientierten Erdraum beschreibt die Erdachse mit gleichförmiger Geschwindigkeit rückläufig einen geraden Kreiskegel, der mit seiner Spitze senkrecht auf der Ebene der Ekliptik aufsteht. Diese periodische Bewegung äußert sich bekanntlich als der Wechsel der Jahreszeiten; ihre Periode ist das »tropische Jahr«, während das »siderische Jahr« die Zeit ist, in der die Erde einmal ihre Kreisbahn durchmißt. Während eines siderischen Jahres wächst daher φ um 2π, während eines tropischen wächst $e\varphi$ um 2π, φ also um $\dfrac{2\pi}{e}$: *das tropische Jahr ist* $\dfrac{1}{e}$ *mal so groß wie das siderische.* Nach Ablauf eines siderischen Jahres ist die Erdachse noch nicht wieder in ihre alte Lage zurückgekehrt, sondern ihre Projektion auf die Ekliptik hat sich im positiven Sinne um den Winkel

$$2\pi\,(1 - e) = 0\rlap{.}''019 \qquad\qquad \text{(in Bogensekunden)}$$

gedreht. Das siderische Jahr ist anschaulich charakterisiert durch die Rückkehr der Sonne in die gleiche Stellung unter den Fixsternen; sehen wir von den Eigenbewegungen der Fixsterne ab, so hat das einen ganz klaren Sinn, da nach Ablauf eines siderischen Jahres auch der Fixsternhimmel dem irdischen Beobachter wiederum genau den gleichen Anblick bietet. Infolgedessen ist die berechnete Präzession direkt als eine Verlagerung der Polachse gegen die Fixsterne zu konstatieren. Den gleichen Sachverhalt kann man auch dadurch kennzeichnen, daß der »Frühlingspunkt« (in welchem sich die Erde befindet, wenn $\eta^1 = 0$, $\eta^2 = 1$ ist) von Mal zu Mal um den Winkel

$$2\pi\left(\frac{1}{e} - 1\right)$$

auf der kreisförmigen Erdbahn vorwärts rückt.

Der hier berechnete Effekt geht für die Beobachtung unter in den übrigen Störungen der Erdachse und kann daher empirisch vorerst nicht kontrolliert werden. Ist doch die gewöhnliche Präzession — herrührend von dem Drehmoment, welches Sonne und Mond auf den ausgedehnten ellipsoidischen Erdkörper ausüben — zwei- bis dreitausendmal so groß und außerdem abhängig von der nicht genau bekannten Massenverteilung des Erdkörpers.

Anhang III

(Zu Seite 244 und 295)

Rotverschiebung und Kosmologie

Die auf S. 244 gegebene Vorschrift, daß im statischen Gravitationsfeld die von einem ruhenden Atom ausgestrahlte Lichtwelle in der »statischen Zeit« konstante Frequenz besitzt, trägt rein formalen Charakter und scheint außerdem vieldeutig, da es unter Umständen — so z. B. im Falle der leeren Hyperbelwelt — verschiedene statische Zeiten gibt, die nicht durch lineare Transformation auseinander hervorgehen. Hinter dieser Vorschrift steckt aber, wie ich hier nachträglich bemerken möchte, die folgende einfache (nicht auf das statische Feld beschränkte) physikalische Tatsache: Für eine punktförmige Lichtquelle werden die (dreidimensionalen) Flächen konstanter Phase in der Welt gebildet von den in die Zukunft geöffneten Nullkegeln, die von den verschiedenen Punkten der Weltlinie der Lichtquelle ausgehen*). Aus dem Rhythmus des Phasenwechsels auf dieser Linie erhält man so den von irgendeinem Beobachter wahrgenommenen Verlauf des Phasenwechsels, indem man darauf achtet, wie seine Weltlinie die sukzessiven Phasenflächen durchschneidet. Es sei s die Eigenzeit der Lichtquelle, σ die des Beobachters. Jedem Punkt s auf der Weltlinie der Lichtquelle entspricht ein Punkt σ auf der Weltlinie des Beobachters: $\sigma = \sigma(s)$, der Durchschnitt mit dem von s ausgehenden (vordern) Nullkegel. Ist der von der Lichtquelle ausgelöste Vorgang am Ort der Quelle ein rein periodischer, und zwar von unendlich kleiner Periode, so ist auch der Phasenwechsel, der über den Beobachter hinstreicht, periodisch; aber die Periode ist im Verhältnis $\alpha = \dfrac{d\sigma}{ds}$ vergrößert (selbstverständlich wird auf jeder der beiden Weltlinien mit der ihr zukommenden Eigenzeit gemessen). Führt der Beobachter eine Lichtquelle von der gleichen physikalischen Beschaffenheit wie die beobachtete mit sich, so entspricht jeder Spektrallinie der mitgeführten Lichtquelle von der Frequenz ν eine Spektrallinie der fernen Lichtquelle von der Frequenz ν/α; die einen erscheinen gegen die andern verschoben.

In der so gewonnenen Gestalt setzt unser Prinzip uns in den Stand, etwas auszusagen über die Spektrallinien, welche wir an fernen Gestirnen wahrnehmen müssen, wenn *die Welt ein de Sittersches Hyperboloid* ist. Wir nehmen an, daß wir es mit einer einzigen, von Ursprung her zusammenhängenden Wirkungswelt zu tun haben und daß die Massenverteilung so dünn ist, daß wir im großen von der gravitierenden Wirkung der einzelnen Sterne absehen können. Die Weltlinien der Sterne gehören dann zu einem einzigen divergenten »Bündel« von ∞^3 geodätischen Linien; ihr Divergieren gegen die Zukunft hin legt Zeugnis ab von einer universellen auseinanderstrebenden Tendenz der Materie, welche im kosmologischen Glied des Wirkungsprinzips ihren Ausdruck findet. Es ist der geschilderte, durch die Gravitation nur leicht gestörte Normalzustand in Parallele zu setzen mit dem Normalzustand, den die *elementare Kosmologie* annimmt: unendlicher Euklidischer Raum, unendlich dünne Verteilung ruhender Massen, die Weltlinien der Sterne zugehörig zu einem Bündel von ∞^3 parallelen Weltgraden; und ebenso mit dem Normalzustand der *Einsteinschen Kosmologie*: geschlossener Raum mit einer gleichförmigen Massenverteilung von solcher Dichte, daß ihre gravitierende Wirkung die universelle Flieh-Tendenz kompensiert, die auf dem kosmologischen Glied beruht, die Weltlinien der Sterne zugehörig jenem Bündel von ∞^3 Linien, die durch das Konstantbleiben der statischen Raumkoordinaten charakterisiert sind.

---

*) Es erledigt sich damit auch die Kritik, die ich an der in Rede stehenden Vorschrift in meinem Bericht über die Nauheimer Relativitäts-Sitzung [Jahresber. D. Math.-Vereinig. 1922, S. 54; außerdem Physik. Zeitschr. Bd. 22 (1921), S. 478] geübt habe.

In unserer Hyperbelwelt bekommt ein Beobachter von unendlicher Lebensdauer, der auf einem Stern des Systems lebt, von dem *materiellen Kosmos*, d. i. jener Welthälfte, welche der Störungsbereich des materiellen Systems bedeckt, nur einen solchen keilförmigen Ausschnitt zu Gesicht, der sich nach Einstein auf statische Koordinaten beziehen läßt; »für ihn« ist die Welt also statisch, und es ist danach klar, was von seinem Standpunkt aus unter Raum und Zeit zu verstehen ist. Der räumliche Abstand der übrigen Sterne von ihm ist in beständiger Vergrößerung begriffen, und zwar fliehen sie alle in radialer Richtung von ihm fort. Diese Beschreibung gilt, welcher Stern des Systems auch als Sitz des Beobachters angenommen wird. Außerdem zeigen die Spektrallinien der Gestirne *Rotverschiebungen*, die um so größer sind, je ferner die beobachteten Sterne. Die Rechnung läßt sich nach unserm Prinzip ohne Schwierigkeit durchführen; ich komme zu dem Ergebnis, daß die Frequenz ν sich erniedrigt auf ν/α, wo

$$\alpha = 1 + \operatorname{tg}\frac{r}{a}$$

ist. r ist die Entfernung, die der Stern im Augenblick der Beobachtung vom Beobachter in dessen statischem Raum besitzt, a der konstante Krümmungsradius der Welt.

Tatsächlich zeigen die Spektrallinien der Spiralnebel — sie sind wahrscheinlich die einzigen sichtbaren Himmelsobjekte, welche nicht mehr unter dem Einfluß der Milchstraße stehen — systematisch starke Rotverschiebungen, entsprechend Radialgeschwindigkeiten von der Größenordnung 1000 km/sec; schon de Sitter hat versucht, sie kosmologisch zu deuten. Es ist bemerkenswert, daß weder die elementare noch die Einsteinsche Kosmologie zu einer derartigen Rotverschiebung führt. Man kann natürlich heute noch nicht behaupten, daß unsere Erklärung das Richtige trifft, zumal auch die Ansichten über die Natur und Distanz der Spiralnebel noch sehr der Abklärung bedürfen; aber es ist nötig, solche Möglichkeiten wie die hier besprochene ins Auge zu fassen. Setzt man die Distanz der größeren Spiralnebel nach neueren hypothetischen Parallaxebestimmungen am Andromedanebel (Lundmark u. a.) auf 1 bis 10 Millionen Lichtjahre an, so kommt man für den Weltradius a auf eine Größenordnung von 10^9 Lichtjahren. Es muß bemerkt werden, daß der so abgeschätzte Weltradius das gleiche Verhältnis (10^{40}) zum Elektronenradius hat wie dieser selbst zum Gravitationsradius seiner Masse. Das verstärkt die Vermutung, daß der abnorme Wert von $\varkappa$ seinen Grund hat in dem Mißverhältnis zwischen Elektron und Weltall oder letzten Endes in der großen Anzahl der vorhandenen Elektronen.

Anhang IV

(Zu Seite 317)

Weltgeometrische Erweiterungen der Einsteinschen Theorie

Eddington geht von dem Gedanken aus, daß die Unveränderlichkeit eines kleinen Maßstabs auf Einstellung beruht, nicht bloß wenn ich ihn an einen andern Ort transportiere, sondern auch wenn ich ihn an Ort und Stelle um den Anfangspunkt drehe. Wie in der im Haupttext dargestellten Theorie die skalare Gleichung $F = $ const. zur *Definitionsgleichung* derjenigen Eichnormierung wird, welche durch die starren Maßstäbe wiedergegeben wird, so möchte er in den Gleichungen $F_{ik} = \lambda\,g_{ik}$ (mit konstantem λ) die *Definition* der Maßgrößen g_{ik} für alle Richtungen erblicken. In der kosmologischen Theorie besteht in der Tat, wenn man das elektromagnetische Feld vernachlässigt, diese Proportionalität zwischen dem Krümmungstensor 2. Stufe und dem metrischen Grundtensor g_{ik}. Als ursprüngliche Beschaffenheit des Weltäthers wird demgemäß von Eddington der *affine Zusammenhang*, das Führungsfeld Γ_{ik}^{r} zugrunde gelegt. Aus ihm entspringt ein Krümmungstensor 2. Stufe F_{ik}, dessen Ausdruck in einem geodätischen Koordinatensystem lautet:

$$F_{ik} = \frac{\partial\,\Gamma_{ik}^{\alpha}}{\partial x_k} - \frac{\partial\,\gamma_i}{\partial x_k}, \quad \text{wo } \gamma_i = \Gamma_{i\alpha}^{\alpha}.$$

Er läßt sich zerspalten in einen symmetrischen und einen schiefsymmetrischen Teil:

$$\frac{\partial \Gamma_{ik}^{\alpha}}{\partial x_{\alpha}} - \frac{1}{2}\left(\frac{\partial \gamma_i}{\partial x_k} + \frac{\partial \gamma_k}{\partial x_i}\right), \quad \frac{1}{2}\left(\frac{\partial \gamma_k}{\partial x_i} - \frac{\partial \gamma_i}{\partial x_k}\right).$$

Den ersten identifiziert Eddington mit dem Maßfeld, den zweiten mit dem elektromagnetischen Feld. Darüber hinaus, daß wir so aus dem affinen Zusammenhang einen *symmetrischen* Tensor erhalten und einen *schiefsymmetrischen*, der in gleicher Weise wie die elektromagnetischen Feldkomponenten aus einem Potential entspringt, ergibt sich jedoch kein näherer Zusammenhang mit der Erfahrung. Um ihn zu gewinnen, ist es unbedingt erforderlich, die mechanischen Grundgleichungen so herzuleiten, daß daraus die Gleichheit von träger und gravitationsfeld-erzeugender Masse hervorgeht. Eddington verzichtet aber einstweilen überhaupt noch auf die Aufstellung von Feldgesetzen. Die Beziehung zwischen dem Krümmungstensor 2. Stufe und den g_{ik} besteht übrigens auch nur zu Recht, wenn kein elektromagnetisches Feld vorhanden ist; sonst tritt die tensorielle Energiedichte des Maxwellschen Feldes hinzu, und dieses charakteristische, durch die Erfahrung einigermaßen sicher belegte Zusatzglied müßte irgendwo in der Theorie wieder zum Vorschein kommen. Jede Theorie, welche die g_{ik} aus anderen, ursprünglicheren Zustandsgrößen ableitet, hat ein großes Bedenken gegen sich: wie soll sie erklären, daß die mit den g_{ik} gebildete quadratische Form niemals ausartet und überall den gleichen Trägheitsindex besitzt? Bei unserer Auffassung zeigt die gruppentheoretische Untersuchung, daß diese Forderung im Wesen der Metrik liegt: die auf einer ausgearteten Form beruhende Metrik ist von der auf einer nicht ausgearteten beruhenden, trotz der Analogie der formalen Darstellung, durch einen Abgrund geschieden. Beraubt man die Metrik ihres ursprünglichen Charakters, so gibt meines Erachtens die Erfahrung auch keinen Anhalt mehr dafür, der Welt einen affinen Zusammenhang zuzuschreiben. Die Trägheitsbewegung weist lediglich auf eine »projektive Beschaffenheit« hin, darauf, daß ein Prozeß der infinitesimalen Parallelverschiebung von *Richtungen in sich selber* existiert. Der Grundgedanke Eddingtons verliert wohl auch seine physikalische Überzeugungskraft, wenn man bedenkt, daß diejenige materielle Größe von der Dimension einer Länge, die sich offenbar *ursprünglich* durch Einstellung bestimmt, die richtungslose Masse und nicht der gerichtete Maßstab ist. (Das einfachste physikalische Modell für Längengleichheit in verschiedenen Richtungen ist die kreisförmige Quantenbahn des Elektrons im Wasserstoffatom.) Aus allen diesen Gründen scheint mir, solange keine genauere Durchführung vorliegt, der Eddingtonsche Ansatz undiskutierbar.

Bach und Einstein[49]) haben geprüft, ob man nicht, unter Verzicht auf den metrischen Zusammenhang und natürlich auch unter Verzicht auf die Erklärung des Elektromagnetismus, allein mit der *konformen Beschaffenheit* der Welt, ihrem Wirkungszusammenhang auskommen kann, der durch die Gleichung $g_{ik}(dx)^i(dx)^k = 0$ vollständig beschrieben wird; namentlich hat Herr Bach die Konsequenzen des dann allein möglichen Wirkungsprinzips rechnerisch entwickelt. Diese Auffassung ordnet sich unserer Theorie des metrischen Feldes unter; man hat nach einer koordinaten- und eichinvarianten Wirkungsgröße des metrischen Feldes zu suchen, welche die φ_i gar nicht enthält. Eine solche ist, bei Beschränkung auf die Differentiationsordnung 2, in der Tat vorhanden; aber sie enthält die 3. Weitzenböcksche Integralinvariante, und damit ist dieser Theorie wohl auch ihr Urteil gesprochen.

Endlich ist noch ein Versuch von Kaluza zu erwähnen[50]), der einen *fünfdimensionalen* Riemannschen Raum zugrunde legt und die dadurch neu hinzukommenden Koeffizienten

$$g_{04},\ g_{14},\ g_{24},\ g_{34}$$

mit den elektromagnetischen Potentialen identifiziert; besondere Annahmen sorgen für die Unwirksamkeit des g_{44}.

Anhang V

(Zu Seite 170 und 229)

Kennzeichnung der Metrik durch Trägheitsbewegungen und Lichtausbreitung

Um in der speziellen Relativitätstheorie die »normalen« Koordinatensysteme vor allen anderen auszuzeichnen, in der allgemeinen die metrische Fundamentalform zu bestimmen, kann man nicht bloß der starren Körper, sondern auch der Uhren entraten.

In der *speziellen* Relativitätstheorie wird durch die Forderung, daß bei der den Koordinaten x_i entsprechenden Abbildung eines Weltstücks auf den vierdimensionalen Euklidischen Bildraum mit den Cartesischen Koordinaten x_i die Weltlinien der kräftefrei sich bewegenden Massepunkte in *Gerade* übergehen sollen (Galileisches Trägheitsprinzip), dieser Bildraum *bis auf eine projektive Abbildung* festgelegt. Denn es gilt der Satz, daß die projektiven die einzigen stetigen Abbildungen eines Raumstücks sind, durch welche Gerade in Gerade übergeführt werden. Er ergibt sich sogleich, wenn wir in der Möbiusschen Netzkonstruktion die unendlichferne durch eine unser Raumstück durchschneidende Gerade ersetzen (Fig. 24). Der Vorgang der Lichtausbreitung legt dann in unserem vierdimensionalen projektiven Bildraum das

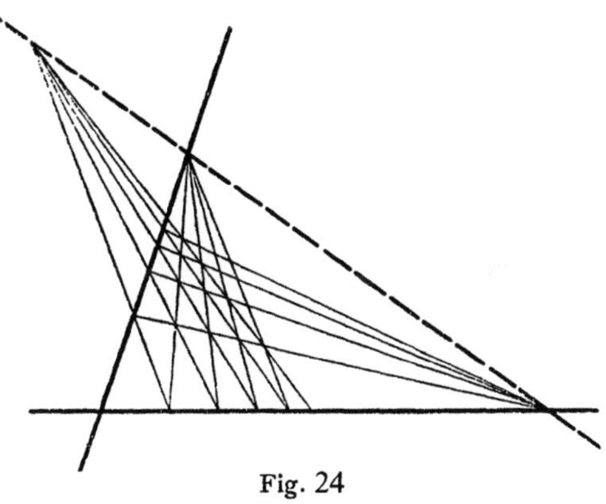

Fig. 24

Unendlich-Ferne und die *Metrik* fest; denn seine (dreidimensionale) »unendlichferne Ebene« E ist dadurch gekennzeichnet, daß die Lichtkegel die von den verschiedenen Weltpunkten aus gewonnenen Projektionen eines und desselben in E gelegenen zweidimensionalen Kegelschnitts sind.

In der *allgemeinen* Relativitätstheorie gestalten sich diese Schlüsse am einfachsten so. Der vierdimensionale Riemannsche Raum, als welchen sich Einstein die Welt denkt, ist ein Sonderfall des allgemeinen metrischen Raums (§ 17). Bei dieser Auffassung können wir sagen, daß durch den Vorgang der Lichtausbreitung die *quadratische* Fundamentalform ds^2 bestimmt ist, während die *lineare* frei bleibt. Zwei verschiedene Wahlen der linearen Fundamentalform, die sich um $d\varphi = \varphi_i\, dx_i$ unterscheiden, entsprechen zwei verschiedene Werte des affinen Zusammenhangs; ihr Unterschied ist nach § 17, Formel (55) gegeben durch

$$[\Gamma_{\alpha\beta}^{\,i}] = \tfrac{1}{2}(\delta_\alpha^i\,\varphi_\beta + \delta_\beta^i\,\varphi_\alpha - g_{\alpha\beta}\,\varphi^i)\,.$$

Der Unterschied der beiden Vektoren, die aus einem Vektor u^i im Weltpunkt O durch die infinitesimale Parallelverschiebung von u^i in seiner eigenen Richtung (um das gleiche Stück $dx_i = \varepsilon \cdot u^i$) entstehen, ist daher gleich ε-mal

(*) $$u^i(\varphi_\alpha u^\alpha) - \tfrac{1}{2}\,\varphi^i\,;$$

dabei wurde $g_{\alpha\beta}\, u^{\alpha}\, u^{\beta} = 1$ angenommen. Stimmen für beide Felder die durch O in der Richtung des Vektors u^i hindurchlaufenden geodätischen Linien überein, so müssen jene beiden aus u^i durch Parallelverschiebung entstandenen Vektoren ihrer Richtung nach zusammenfallen, der Vektor (*) und daher φ^i muß die Richtung des Vektors u^i haben. Findet diese Übereinstimmung für *zwei* in verschiedener Richtung durch O hindurchgehende geodätische Linien statt, so ergibt sich $\varphi^i = 0$. Kennen wir also die Weltlinien zweier O passierenden, nur unter dem Einfluß des Führungsfeldes sich bewegenden Massenpunkte, so ist neben der quadratischen auch die lineare Fundamentalform in O eindeutig bestimmt.

Anhang VI

(Zu Seite 297)

Kausalität und allgemeine Relativität

In § 28 sahen wir, daß ohne Berücksichtigung der Gravitation die elektrodynamischen Grundgesetze (nach Mie) eine solche Gestalt besitzen, wie sie durch das *Kausalitätsprinzip* gefordert ist: die Ableitungen der Zustandsgrößen nach der Zeit drücken sich aus durch diese Größen selber und ihre räumlichen Differentialquotienten. Diese Tatsachen bleiben bestehen, wenn wir die Gravitation mit hereinziehen und somit die Tabelle der Zustandsgrößen φ_i, F_{ik} durch die g_{ik} und $\begin{Bmatrix} i\,k \\ r \end{Bmatrix}$ erweitern. Wegen der allgemeinen Invarianz der Naturgesetze muß aber die Behauptung dahin formuliert werden, daß aus den Werten der Zustandsgrößen für einen Moment alle diejenigen Aussagen über sie, *welche invarianten Charakter tragen*, auf Grund der Naturgesetze folgen; und es muß ferner beachtet werden, daß diese Behauptung sich nicht auf die Welt als Ganzes, sondern nur jeweils auf einen durch 4 Koordinaten darstellbaren Ausschnitt beziehen kann. Wir verfahren mit Hilbert (l. c. [10], 2. Mitt.) so. In der Umgebung des Weltpunktes O führen wir 4 Koordinaten x_i ein, so daß in O selber

$$ds^2 = dx_0^2 - (dx_1^2 + dx_2^2 + dx_3^2)$$

wird. Wir können in dem dreidimensionalen Raum $x_0 = 0$ um O eine solche Umgebung $\mathfrak{R}$ abgrenzen, daß in ihr durchweg $-ds^2$ positiv-definit bleibt. Durch jeden Punkt dieser Umgebung ziehen wir die zu jenem Raum orthogonale geodätische Weltlinie, die zeitartig ist. Diese Linien werden eine gewisse vierdimensionale Umgebung von O einfach überdecken. Wir führen jetzt neue Koordinaten ein, die freilich in dem dreidimensionalen Raum $\mathfrak{R}$ mit den bisherigen übereinstimmen; wir schreiben nämlich demjenigen Punkte P, zu welchem wir gelangen, wenn wir von dem Punkt $P_0 = (x_1\, x_2\, x_3)$ in $\mathfrak{R}$ auf der durch ihn hindurchlaufenden orthogonalen geodätischen Weltlinie so weit gehen, daß die Eigenzeit des durchlaufenen Bogens $P_0 P$ gleich x_0 ist, jetzt die Koordinaten $x_0\, x_1\, x_2\, x_3$ zu. Dieses System von Koordinaten ist von Gauß in der Flächentheorie eingeführt worden. Da auf jeder der geodätischen Linien $ds^2 = dx_0^2$ ist, muß bei Benutzung dieses Koordinatensystems identisch in allen vier Koordinaten

(α)
$$g_{00} = 1$$

sein. Weil die Linien orthogonal sind zu dem dreidimensionalen Raum $x_0 = 0$, ist für $x_0 = 0$:

(β)
$$g_{01} = g_{02} = g_{03} = 0 \, .$$

Da ferner diejenigen Linien, welche man erhält, wenn man $x_1\, x_2\, x_3$ konstant läßt und nur x_0 variiert, geodätisch sind, muß (siehe die Gleichung der geodätischen Linien)

$$\left\{ \begin{matrix} 00 \\ i \end{matrix} \right\} = 0 \qquad (i = 0, 1, 2, 3)$$

werden, mithin auch

$$\left[\begin{matrix} 00 \\ i \end{matrix} \right] = 0 \, .$$

Unter Berücksichtigung von (α) folgt daraus

$$\frac{\partial g_{0i}}{\partial x_0} = 0 \qquad (i = 1, 2, 3) \, ,$$

und wegen (β) ist infolgedessen nicht nur für $x_0 = 0$, sondern identisch in allen vier Koordinaten

(γ)
$$g_{0i} = 0 \qquad (i = 1, 2, 3) \, .$$

Wir haben folgende Figur vor uns: eine Schar von geodätischen Linien mit zeitartiger Richtung, welche ein gewisses Weltgebiet einfach und lückenlos überdecken und eine ebensolche einparametrige Schar von dreidimensionalen Räumen $x_0 =$ konst. Gemäß (γ) sind diese beiden Scharen überall zueinander orthogonal; und die auf den geodätischen Linien durch zwei der »parallelen« Räume $x_0 =$ konst. abgeschnittenen Bogenstücke haben alle die gleiche Eigenzeit. Benutzen wir dieses besondere Koordinatensystem, so ist

$$\frac{\partial g_{ik}}{\partial x_0} = -2 \left\{ \begin{matrix} i\,k \\ 0 \end{matrix} \right\} \qquad (i, k = 1, 2, 3) \, ,$$

und die Gravitationsgleichungen gestatten, die Ableitungen

$$\frac{\partial}{\partial x_0} \left\{ \begin{matrix} i\,k \\ 0 \end{matrix} \right\} \qquad (i, k = 1, 2, 3)$$

außer durch die φ_i und ihre Ableitungen auszudrücken durch die g_{ik}, deren Ableitungen 1. und 2. Ordnung nach $x_1\, x_2\, x_3$ und die $\left\{ \begin{matrix} i\,k \\ 0 \end{matrix} \right\}$ selber. Indem wir also die 12 Größen

$$g_{ik}, \qquad \left\{ \begin{matrix} i\,k \\ 0 \end{matrix} \right\} \qquad (i, k = 1, 2, 3)$$

neben den elektromagnetischen als die Unbekannten betrachten, geht das gewünschte Resultat hervor (wobei x_0 die Rolle der Zeit spielt). Der von einem Punkt 33

O' mit positiver x_0-Koordinate gelegte Kegel der passiven Vergangenheit wird aus $\Re$ ein gewisses Stück $\Re'$ herausschneiden, das mit dem Mantel jenes Kegels zusammen ein endliches Weltgebiet $\mathfrak{G}$ (eine Kegelhaube mit Spitze in O') begrenzt. Wenn unsere Behauptung, daß die geodätischen Nullinien die Einsatzpunkte jeder Wirkung bezeichnen, streng richtig ist, muß der Satz gelten, daß durch die Werte der erwähnten 12 Größen, dazu der elektromagnetischen Potentiale φ_i und Feldgrößen F_{ik} in dem dreidimensionalen Raumgebiet $\Re'$ deren Werte im Weltgebiet $\mathfrak{G}$
34 vollständig bestimmt sind. Er ist bisher nicht bewiesen worden. *Auf jeden Fall aber erkennt man, daß die Differentialgleichungen des Feldes die vollständigen Naturgesetze enthalten* und nicht etwa noch eine weitere Eingrenzung durch Randbedingungen im räumlich-Unendlichen oder dgl. stattfinden kann.

Anhang VII

Ergänzungen zu § 35

Handelt es sich um *geladene Körper*, so existiert das kanonische Koordinatensystem gleichfalls. Nimmt man an, daß die Massen gegenüber den Ladungen zu vernachlässigen sind, d. h. daß für ein beliebig herausgegriffenes Raumstück der
35 Gravitationsradius der in ihm enthaltenen elektrischen Ladungen immer vielmal größer ist als der Gravitationsradius der in ihm enthaltenen Massen, und bedeutet φ das nach der klassischen Theorie berechnete elektrostatische Potential der in den kanonischen Bildraum übertragenen Ladungen, so gelten für f und für das elektrostatische Potential Φ im wirklichen Raum die Formeln

$$\Phi = \frac{c}{\sqrt{\varkappa}}\,\mathrm{tg}\left(\frac{\sqrt{\varkappa}}{c}\,\varphi\right), \qquad f = \frac{1}{\cos\left(\dfrac{\sqrt{\varkappa}}{c}\,\varphi\right)}.$$

Einigermaßen überraschend gestaltet sich die Einordnung des kugelsymmetrischen Falles in diese allgemeinere Theorie. Eine Euklidische Ebene mit den rechtwinkligen Koordinaten r, z schlitze man auf längs der auf der z-Achse durch $-m \leq z \leq +m$ charakterisierten Strecke. Aus zwei übereinander liegenden Exemplaren dieser geschlitzten Ebene stelle man sich eine zusammenhängende zweiblättrige Riemannsche Fläche dadurch her, daß man die Schlitzränder kreuzweise zusammenheftet, und dieses Gebilde lasse man um die z-Achse rotieren. Dann erhält man einen »zweiblättrigen« Euklidischen Raum. Auf ihn wird durch die kanonischen Koordinaten der Gesamtraum, in welchem sich das statische Feld eines »Massenpunktes« ohne Ladung befindet (vgl. Anmerkung 17 zu Kap. IV), umkehrbar eindeutig und stetig abgebildet. Der singulären Kugel, auf welcher die Masse verteilt ist, entspricht dabei der vorhin angegebene Schlitz. Von den früher benutzten »konformen« Koordinaten $x_1\,x_2\,x_3$, die, wenn man sie als Cartesische Koordinaten in einem Euklidischen Bildraum deutet, die konforme Abbildung des wirklichen Raumes auf den Bildraum bewirken, gelangt man zu den kanonischen, wenn man von den konformen zunächst zu den ihnen korrespondierenden Zylinderkoordinaten übergeht:

$$x_1 = r' \cos \theta', \qquad x_2 = r' \sin \theta', \qquad x_3 = z'$$

und dann in der Meridianebene die Transformation

$$(r' + i z') + \frac{(m/2)^2}{r' + i z'} = r + i z \qquad (i = \sqrt{-1})$$

durchführt.

Wie die Gesetze der Mieschen Elektrodynamik, so sind auch *die Einsteinschen Gravitationsgesetze nicht-linear*. Diese Nicht-Linearität macht sich in denjenigen Abmessungen, welche der direkten Beobachtung zugänglich sind, nicht merkbar, weil in ihnen die nichtlinearen Glieder vollständig gegenüber den linearen zu vernachlässigen sind; das hat zur Folge, daß wir in dem Kräftespiel der sichtbaren Welt das *Superpositionsprinzip* durchweg bestätigt finden. Höchstens für die seltsamen Vorgängen innerhalb des Atoms, von denen wir uns heute noch kein klares Bild machen können, kommt jene Nicht-Linearität möglicherweise in Betracht. Bei nichtlinearen Differentialgleichungen liegen, namentlich was ihre Singularität betrifft, im Vergleich zu den linearen äußerst komplizierte, unerwartete und vorerst noch ganz und gar unbeherrschbare Verhältnisse vor, und es liegt nahe, diese beiden Dinge: das sonderbare Verhalten nichtlinearer Differentialgleichungen und die Eigentümlichkeiten intraatomistischer Vorgänge in Zusammenhang miteinander zu bringen. Die angegebenen Gleichungen bieten ein schönes und einfaches Beispiel dafür dar, wie sich das Superpositionsprinzip in der strengen Gravitationstheorie modifiziert: die Feldpotentiale f und Φ hängen in dem einen Falle durch die Exponentialfunktion, in dem andern durch die trigonometrischen von derjenigen Größe ψ, bzw. φ ab, welche dem Superpositionsprinzip genügt. Zugleich aber zeigen jene Formeln deutlich, daß von der Nicht-Linearität der Gravitationsgleichungen für das Verständnis der Vorgänge im Atom und der Konstitution des Elektrons nichts zu erhoffen ist. Denn die Abweichungen zwischen φ und Φ werden erst dort merklich, wo $\frac{\sqrt{\varkappa}}{c}\,\varphi$ Werte annimmt, die mit 1 vergleichbar sind. Das ist aber selbst im Innern des Elektrons nicht der Fall: damit jene Abweichung für den Bau des Elektrons bedeutungsvoll würde, müßte vielmehr seine Ladung c_0 auf einen Bereich zusammengedrängt sein, dessen Radius die Größenordnung des Gravitationsradius

$$e = \frac{\sqrt{\varkappa}}{c}\, c_0 \sim 10^{-33} \text{ cm}$$

dieser Ladung hätte.

Bei der Ermittlung der bisher angegebenen strengen Lösungen der Gravitationsgleichungen handelte es sich immer um eine Fragestellung der folgenden Art. Bekannt sei, daß ein »kanonisches Koordinatensystem« existiert, in welchem die invariante quadratische Form $T_{ik}\, dx_i\, dx_k$ der Materie eine besondere Gestalt annimmt (z. B. eine Kombination von

$$dx_0^2, \qquad dx_1^2 + dx_2^2 + dx_3^2, \qquad (x_1\, dx_1 + x_2\, dx_2 + x_3\, dx_3)^2$$

ist mit Koeffizienten, die nur von $r = \sqrt{x_1^2 + x_2^2 + x_3^2}$ abhängen: Kugelsymmetrie); dann existiert ein den Gravitationsgleichungen genügendes Schwerefeld

$g_{ik}\, dx_i\, dx_k$, welches in den kanonischen Koordinaten die gleiche Normalform annimmt, und es sollen aus bekannten Ansätzen für die T_{ik} in diesem kanonischen
Koordinatensystem die g_{ik} ermittelt werden. Wie wir in § 16 in dem Verschwinden
des Riemannschen Flächentensors der Krümmung die allgemein invariante Bedingung dafür erkannten, daß sich eine quadratische Form mittels Einführung kano-
nischer Koordinaten auf die »Euklidische«, durch konstante Koeffizienten ausgezeichnete Gestalt bringen läßt, so kann man sich hier die mathematische Aufgabe
stellen, analog die invarianten Bedingungen dafür zu ermitteln, daß sich der quadratischen Form der Materie durch Transformation auf geeignete Koordinaten die
gewünschte besondere Gestalt verleihen läßt. Wenn dies gelungen ist, können wir
die Probleme, welche hier gelöst wurden, in einer dem Gedanken der allgemeinen
Relativität besser entsprechenden Weise formulieren, nämlich so, daß wir dabei von
36 besonderen »kanonischen« Koordinatensystemen keinen Gebrauch mehr machen.

Literatur

(Hinter der Nummer jeder Literaturbemerkung ist in Fettdruck die Seite des Buchs angegeben, zu der sie gehört.)

Einleitung und Kapitel I.

1) **4.** Die präzise Fassung dieser Gedanken lehnt sich auf engste an Husserl an, »Ideen zu einer reinen Phänomenologie und phänomenologischen Philosophie« (Jahrbuch f. Philos. u. phänomenol. Forschung Bd. I, Halle 1913).

2) **17.** Für die systematische Behandlung der affinen Geometrie, unter Abstreifung der speziellen Dimensionszahl 3, ist wie für das Gesamtgebiet des geometrischen Kalküls Grassmanns »Lineale Ausdehnungslehre« (Leipzig 1844) das bahnbrechende Werk. In der Konzeption des Begriffs einer mehr als dreidimensionalen Mannigfaltigkeit sind Grassmann sowohl als Riemann durch die philosophischen Ideen Herbarts beeinflußt.

3) **30.** Die systematische Gestalt, welche wir hier der Tensorrechnung geben, rührt im wesentlichen her von Ricci und Levi-Civita: Méthodes de calcul différentiel absolu et leurs applications, Math. Ann. Bd. 54 (1901).

Kapitel II.

1) **71.** Zu genauerer Orientierung sei auf das in der Teubnerschen Sammlung »Wissenschaft und Hypothese« (Bd. IV) erschienene Buch von Bonola und Liebmann, »Die Nicht-Euklidische Geometrie«, verwiesen.

2) **74.** F. Klein, Über die sogenannte Nicht-Euklidische Geometrie, Math. Ann. Bd. 4 (1871), S. 573. Vgl. auch die ferneren Abhandlungen in Math. Ann. Bd. 6 (1873), S. 112 und Bd. 37 (1890), S. 544.

3) **76.** Sixth Memoir upon Quantics, Philosophical Transactions, t. 149 (1859).

4) **84.** Mathematische Werke (2. Aufl., Leipzig 1892), Nr. XIII, S. 272. Als besondere Schrift herausgegeben und kommentiert vom Verf. (2. Aufl., Springer 1920).

5) **86.** Saggio di interpretazione della geometria non euclidea, Giorn. di Matem. t. VI (1868), S. 204; Opere Matem. (Höpli 1902), t. I, S. 374.

6) **87.** Grundlagen der Geometrie (3. Aufl., Leipzig 1909), Anhang V.

7) **89.** Nozione di parallelismo in una varietà qualunque..., Rend. del Circ. Mat. di Palermo, t. 42 (1917).

8) **93.** In dieser Form rührt die Antwort her vom Verf.: »Reine Infinitesimalgeometrie«, Math. Zeitschrift Bd. 2 (1918); 3. Aufl. dieses Buchs (1920). Vgl. aber auch Hessenberg, Vektorielle Begründung der Differentialgeometrie, Mathem. Annalen Bd. 78 (1917) und J. A. Schouten, Die direkte Analysis zur neueren Relativitätstheorie, Verh. d. Akad. v. Wetensch. te Amsterdam, 1919.

9) **96.** Diese Auffassung der Krümmung ist in den unter 7) und 8) zitierten Arbeiten entwickelt worden. Auf Grund des von ihm gefundenen Ausdrucks für die Krümmung hatte schon Gauß zeigen können, daß die Totalkrümmung eines geodätischen Dreiecks gleich seinem sphärischen Exzeß ist. O. Bonnet verallgemeinerte dies Ergebnis auf eine beliebige geschlossene Kurve (vgl. darüber etwa Blaschke, Vorlesungen über Differentialgeometrie I, Berlin 1921, S. 108). Höchst bemerkenswert sind die kinematischen Betrachtungen in dem berühmten Treatise on Natural Philosophy von Thomson u. Tait, Part I, sect. 135—137, S. 105—109 der Ausgabe 1912 (Cambridge), welche im Grunde schon die ganze Theorie der Parallelverschiebung auf einer Fläche und der Krümmung enthalten. Vgl. ferner Cartan, Comptes rendus Paris 174 (1922), S. 437.

10) **97.** Siehe z. B. die unter 9) zitierten Vorlesungen von Blaschke. Ein anschaulicher Beweis des »theorema egregium« von Gauß, welches besagt, daß die Gaußsche Krümmung nur von der Geometrie auf der Fläche abhängt, a. a. O. bei Thomson u. Tait.

11) **97.** Von dem hier eingenommenen Standpunkt aus kurz entwickelt in: Weyl, p-dimensionale Fläche im n-dimensionalen Raum, Math. Zeitschr. 12 (1922), S. 154. Vgl. auch Schouten u. Struik, Rend. Circ. Mat. Palermo 46 (1922) und Ak. v. Wetensch. Amsterdam 24 (1922); Struik, Grundzüge der mehrdimensionalen Differentialgeometrie (Springer 1922).

12) **98.** Diese Erweiterung stammt vom Verf.: »Gravitation und Elektrizität«, Sitzungsber. der Preuß. Ak. d. Wissensch. 1918, S. 465; »Reine Infinitesimalgeometrie«, Math. Zeitschr. Bd. 2 (1918); dieses Buch, 3. Aufl. (1920).

13) **100.** Beltrami, Ann. di Matem. 7, S. 203; Lipschitz, Crelles Journal 72, S. 1; F. Schur, Math. Ann. 27, S. 537. Einfachere Beweise in meinem Kommentar zu Riemanns Habilitationsvortrag [Zitat unter 4)], S. 39 und in einer Note des Verf., Nachr. d. Ges. d. Wissensch. Göttingen 1921, S. 109—110. Vgl. ferner die ausführliche Darstellung dieses Satzes sowie der Helmholtz-Lieschen gruppentheoretischen Untersuchungen in den im Vorwort zitierten Vorlesungen des Verf. über die »Mathematische Analyse des Raumproblems« (Barcelona).

14) **100.** »Über die Tatsachen, welche der Geometrie zugrunde liegen«, Nachr. d. Ges. d. Wissensch. zu Göttingen 1868.

15) **100.** Die Lieschen Untersuchungen sind zusammengefaßt und breit entwickelt in dem großen Werk Lie-Engel, Theorie der Transformationsgruppen Bd. 3, Abt. 5. Im Geiste der Mengenlehre sind die zugrunde liegenden Voraussetzungen für den zweidimensionalen Fall weitgehend eingeschränkt worden von Hilbert: Grundlagen der Geometrie (3. Aufl., Leipzig 1909), Anhang IV.

16) **104.** In engstem Anschluß an die unter 8) zitierte Arbeit des Verf.

17) **130.** Hessenberg, l. c. 8), S. 190.

18) **139.** Von diesem Standpunkt aus, der mir an sich der richtige scheint und der sich in der Durchführung unserer Untersuchung bewährt, kann ich den rein formalen Verallgemeinerungen Schoutens, Mathem. Zeitschr. 13 (1922), S. 56, für das Raumproblem keine Bedeutung beimessen; gerade in der Existenz des metrischen Fundamentaltensors, den Schouten einfach hinnimmt, liegt für mich das Problem. Beachtenswerter scheinen mir die Ansätze von Cartan, Comptes rendus Paris 174 (1922), S. 593, 734, 857, 1104; und von Wirtinger, Transactions of the Cambridge Philos. Soc. Vol. 22 (1922), Nr. 23.

19) **140.** Weyl, Die Einzigartigkeit der Pythagoreischen Maßbestimmung, Math. Zeitschr. 12 (1922), S. 114. Die gruppentheoretische Formulierung des Problems und seine Lösung in einem einfachen Sonderfall sind ausführlich auseinandergesetzt in den beiden letzten meiner spanischen Vorlesungen.

Kapitel III.

1) **141.** Die grundlegenden Abhandlungen zur Relativitätstheorie findet man vereinigt in der Sammlung »Das Relativitätsprinzip« (herausgeg. v. Blumenthal, 4. Aufl., Teubner 1921). Zur Vervollständigung der Literaturangaben verweisen wir ein für allemal auf den Enzyklopädieartikel »Relativitätstheorie« (Enzykl. d. Math. Wissensch. V, 19) von W. Pauli jr. (auch als Buch bei Teubner erschienen 1922).

2) **150.** Siehe etwa Eichenwald, Ann. d. Phys. 11 (1903), S. 1.

3) **152.** Der Lorentzsche Gedankengang zur Herleitung der im Gebiet der Materie gültigen Gesetze (vgl. § 9) wurde vierdimensional, in genauem Einklang mit der Relativitätstheorie, durchgeführt von W. Dällenbach, Dissert. Zürich 1918; Ann. d. Phys. 58 (1919), S. 523.

4) **160.** A. A. Michelson, American Journ. of Science 22 (1881), S. 120. Michelson und Morley, ebenda 34 (1887), S. 333. Morley und Miller, Philos.

Mag. Bd. 8 (1904), S. 753 und Bd. 9 (1905), S. 680. H. A. Lorentz, Arch. Néerl. Bd. 21 (1887), S. 103 oder Ges. Abhandlg. Bd. 1, S. 341. Seit Aufstellung der Relativitätstheorie durch Einstein ist das Experiment vielfach diskutiert worden. Die Kritik, welche jüngst A. Righi an ihm geübt hat (Comptes rendus Paris, 28. April 1919 und 28. Juni 1920), halte ich für unberechtigt.

5) **161.** W. Ritz, Ges. Werke S. 317, 427, 447. Dieselbe Idee wurde von Tolman, Kunz, Comstock ausgesprochen; sie wird immer wieder von Laien der Einsteinschen Theorie entgegengehalten. Zur Diskussion über ihre Durchführbarkeit vgl. die im Enzyklopädieartikel von Pauli angegebene Literatur (S. 549—553).

6) **161.** Phys. Zeitschr. 14 (1913), S. 429 u. 1267; dazu P. Guthnik, Astronom. Nachr. 195 (1913), Nr. 4670 und W. Zurhellen, Astronom. Nachr. 198 (1914), S. 1. — Die Unabhängigkeit der Lichtgeschwindigkeit von der Frequenz ist nach H. Shapley (Bulletin 763 der Harvard-Sternwarte) in solchem Maße gewährleistet, daß der Unterschied für gelbes und violettes Licht höchstens den (10^{10}) ten Teil der Lichtgeschwindigkeit ausmachen kann.

7) **162.** F. T. Trouton und H. R. Noble, London Philos. Transact. A 202 (1903), S. 165; Lord Rayleigh, Philos. Mag. 4 (1902), S. 678. D. B. Brace, Philos. Mag. 7 (1904), S. 317; 10 (1905), S. 71; Boltzmann-Festschrift 1907, S. 576. F. T. Trouton und A. O. Rankine, Proc. Roy. Soc. 8 (1908), S. 420. B. Straßer, Ann. d. Phys. 24 (1907), S. 137. Vgl. den zusammenfassenden Bericht von J. Laub über die experimentellen Grundlagen des Relativitätsprinzips, Jahrb. f. Radioakt. u. Elektr. 7 (1910), S. 405. — Die Lorentzsche Kontraktionshypothese ist unabhängig von Lorentz auch von Fitzgerald aufgestellt worden.

8) **163.** Zur Elektrodynamik bewegter Körper, Ann. d. Phys. 17 (1905), S. 891. In derselben Richtung bewegen sich, ohne daß die prinzipielle Bedeutung so klar und vollständig wie bei Einstein erkannt wurde, zwei etwa gleichzeitig erschienene Arbeiten von Lorentz und Poincaré: H. A. Lorentz, Versl. Ak. v. Wetensch. Amsterdam 12 (1904), S. 986; H. Poincaré, Comptes rendus Paris 140 (1905), S. 1504 und Rend. Circ. Matem. di Palermo 21 (1906), S. 129. Als Vorläufer ist J. J. Larmor zu nennen: Aether and matter, Cambridge 1900, S. 167—177.

9) **163.** Minkowski, Die Grundgleichungen für die elektromagnetischen Vorgänge in bewegten Körpern, Nachr. d. Ges. d. Wissensch. Göttingen 1908, S. 53 oder Ges. Abhandlg. Bd. II, S. 352.

10) **170.** Vgl. darüber die erste und dritte meiner spanischen Vorlesungen.

11) **180.** Bei Berücksichtigung der Dispersion ist zu beachten, daß q' die Fortpflanzungsgeschwindigkeit in ruhendem Wasser für die Frequenz ν' ist, nicht für die (innerhalb und außerhalb des Wassers herrschende) Frequenz ν. — Sorgfältige experimentelle Bestätigungen des Resultats rühren her von Michelson und Morley, Americ. Journ. of science 31 (1886), S. 377; Zeeman, Versl. d. K. Akad. v. Wetensch. Amsterdam 23 (1914), S. 245; 24 (1915), S. 18. Ähnlich dem Fizeauschen ist ein neuer Zeemanscher Interferenzversuch: Zeeman, Versl. Akad. v. Wetensch. Amsterdam 28 (1919), S. 1451; Zeeman und Snethlage, ebenda S. 1462. Über Interferenzversuche an drehenden Körpern vgl. Laue, Annal. d. Physik 62 (1920), S. 448.

12) **186.** Wilson, Philosoph. Transact. (A) Bd. 204 (1904), S. 121.

13) **190.** Röntgen, Sitzungsber. d. Berliner Akademie 1885, S. 195; Wied. Annalen Bd. 35 (1888), S. 264 und Bd. 40 (1890), S. 93. Eichenwald, Annalen d. Physik Bd. 11 (1903), S. 421.

14) **190.** Minkowski, l. c. 9).

15) **192.** W. Kaufmann, Nachr. d. K. Ges. der Wissensch. zu Göttingen 1902, S. 291; Ann. d. Physik Bd. 19 (1906), S. 487 u. Bd. 20 (1906), S. 639. A. H. Bucherer, Ann. d. Physik Bd. 28 (1909), S. 513 u. Bd. 29 (1909), S. 1063. S. Ratnowsky, Détermination expérimentale de la variation d'inertie des corpuscules cathodiques en fonction de la vitesse, Dissertation, Genf 1911. E. Hupka, Ann. d. Physik Bd. 31 (1910), S. 169. G. Neumann, Ann. d. Physik Bd. 45 (1914), S. 529, mit Nachtrag von C. Schaefer, ibid. Bd. 49, S. 934. — Zur Atomtheorie vgl. K. Glitscher, Spektro-

skopischer Vergleich zwischen den Theorien des starren und des deformierbaren Elektrons, Ann. d. Physik Bd. 52 (1917), S. 608.

16) **193.** Schwarzschild, Nachr. d. Ges. d. Wissensch. Göttingen 1903, S. 125. Poincaré, l. c. 8) (Rend. Palermo). Born, Ann. d. Phys. **28**, 1909, S. 571. Weyl, Ann. d. Phys. **54**, 1917, S. 118.

17) **202.** Mit Hilfe des elastischen Stoßes begründen durch Anwendung des Energie- und des Impulsprinzips Lewis und Tolman die Einsteinsche Dynamik, Phil. Mag. **18**, 1909, S. 510. Der elastische Stoß ist eingehend von Jüttner diskutiert worden, Zeitschr. f. Mathem. u. Physik **62** (1914), S. 410.

18) **205.** Ist die Trägheit eines Körpers von seinem Energieinhalt abhängig? Ann. d. Physik **17**, 1905, S. 639; vgl. auch Ann. d. Phys. **20**, 1906, S. 627 und ebendort **23**, 1907, S. 371. Ferner H. A. Lorentz, Versl. Akad. v. Wetensch. Amsterdam **20**, 1911, S. 87. In seiner grundlegenden Arbeit über die Dynamik bewegter Systeme geht Planck von demjenigen »Körper« aus, der durch eine im thermischen Gleichgewicht befindliche Hohlraumstrahlung gebildet wird: Ann. d. Phys. **76**, 1908, S. 1. Vgl. K. v. Mosengeil, Ann. d. Phys. **22**, 1907, S. 867 und M. Abraham, Theorie der Elektrizität Bd. II, 2. Aufl., S. 44.

19) **206.** Die hier aufgezählten Erhaltungssätze für das Strahlungsfeld entspringen dem Umstand, daß die Maxwellschen Gesetze invariant sind gegenüber Lorentz-Transformationen. Tatsächlich herrscht, wie wir in § 40 besprechen werden, Invarianz gegenüber der umfassenderen »konformen Gruppe«. Die daraus sich ergebenden Erhaltungssätze sind von E. Bessel-Hagen, Mathem. Annalen **84**, 1921, S. 258, formuliert worden. Sie haben aber nur eine sehr eingeschränkte physikalische Bedeutung, weil sie für die Wechselwirkung zwischen Materie und Feld nicht gültig sind.

20) **209.** M. Abraham, Nachr. d. Ges. d. Wissensch. Göttingen 1902, S. 20 und Ann. d. Phys. **10**, 1903, S. 105.

21) **210.** Herglotz, Ann. d. Phys. **36**, 1911, S. 453. Zur Hydrodynamik vgl. auch Ignatowsky, Physik. Zeitschr. **12**, 1911, S. 441 und Lamla, Ann. d. Phys. **37**, 1912, S. 772 und die Bemerkungen von Pauli auf S. 693 seines Enzyklopädieartikels [Zitat unter 1)]; zur Thermodynamik Planck, l. c. 18).

22) **211.** Ann. d. Phys. **37**, **39**, **40** (1912/13).

Kapitel IV.

1) **219.** Vgl. für diesen Paragraphen wie für das ganze Kapitel bis § 39 A. Einstein, Die Grundlagen der allgemeinen Relativitätstheorie (Leipzig, Job. Ambr. Barth, 1916); Über die spezielle und die allgemeine Relativitätstheorie (gemeinverständlich; Sammlung Vieweg, 10. Aufl., 1920). — Von der übrigen reichen Literatur in deutscher Sprache über Relativitätstheorie erwähnen wir M. Born, Die Relativitätstheorie Einsteins und ihre physikalischen Grundlagen, Springer 1920. H. Thirring, Die Idee der Relativitätstheorie, Springer 1921. E. R. Neumann, Vorlesungen zur Einführung in die Relativitätstheorie, Jena 1922. M. Laue, Die Relativitätstheorie, Bd. 1 u. 2, Vieweg 1921. Der Enzyklopädieartikel von W. Pauli jr. — M. Schlick, Raum und Zeit in der gegenwärtigen Physik, Springer 1920. E. Cassirer, Zur Einsteinschen Relativitätstheorie, Berlin 1921. R. Carnap, Der Raum (Ein Beitrag zur Wissenschaftslehre), Kant-Studien Nr. 56 (1922). — Einstein, Prinzipielles zur allgemeinen Relativitätstheorie, Ann. d. Phys. **55**, 1918, S. 241. Ders., Äther und Relativitätstheorie, Springer 1920. Vorträge und Diskussionen über Relativitätstheorie auf der Naturforscherversammlung in Nauheim 1920, Physik. Zeitschr. **21**, 1920, S. 649—675. Dazu: Weyl, Die Relativitätstheorie auf der Naturforscherversammlung in Bad Nauheim, Jahresber. d. Deutsch. Math.-Vereinig. 1922. Nature, Vol. 106, 1921 (17. Febr.), Spezialnummer über Relativität. — Von Kritikern der Relativitätstheorie haben namentlich Gehör gefunden: P. Lenard, Über Relativitätsprinzip, Äther, Gravitation, Leipzig 1921. P. Painlevé, Comptes rendus Paris, mehrere Noten 1921/22.

2) **219.** Die Schwierigkeit ist schon von den Begründern der rationellen Mechanik empfunden worden; von Newton, Leibniz, Huygens, Euler u. a. ist sie diskutiert worden; am nachdrücklichsten wurde sie in neuerer Zeit von E. Mach ausgesprochen. Vgl. L. Lange, Die geschichtliche Entwicklung des Bewegungsbegriffes, 1886, und die eingehenden Literaturangaben bei A. Voss, Die Prinzipien der ratiōnellen Mechanik, in der Mathematischen Enzyklopädie, Bd. IV, Art. 1, Absatz 13—17 (phoronomische Grundbegriffe).

3) **221.** Mathematische und naturwissenschaftliche Berichte aus Ungarn VIII (1890), S. 65.

4) **226.** Über andere Versuche (Abraham, Mie, Nordström), die Theorie der Gravitation der durch die spezielle Relativitätstheorie geschaffenen Lage anzupassen, orientiert übersichtlich M. Abraham, Neuere Gravitationstheorien, Jahrbuch der Radioaktivität und Elektronik, Bd. XI (1915), S. 470. Vgl. dazu auch Laue, ebendort Bd. XIV (1917), S. 263 und Einstein u. Fokkèr, Ann. d. Phys. 44, 1914, S. 321.

5) **226.** Über die Deformation bewegter Körper vgl. H. A. Lorentz, Nature 106, 1921, S. 793; über Raum-Zeit-Messung in einem rotierenden Bezugssystem F. Kottler, Physik. Zeitschr. 22, 1921, S. 274 u. 480.

6) **229.** Vgl. hierzu die dritte meiner spanischen Vorlesungen oder auch Weyl, Nachr. d. Ges. d. Wissensch. zu Göttingen 1921, S. 100.

7) **233.** F. Klein, Über die Differentialgesetze für die Erhaltung von Impuls und Energie in der Einsteinschen Gravitationstheorie, Nachr. d. Ges. d. Wissensch. Göttingen 1918. Vgl. dazu die allgemeinen Formulierungen von E. Noether, Invariante Variationsprobleme, am gleichen Ort.

8) **237.** Nach A. Palatini, Deduzione invariantiva delle equazioni gravitazionali dal principio di Hamilton, Rend. del Circ. Matem. di Palermo t. 43 (1919), S. 203/212.

9) **238.** Einstein, Zur allgemeinen Relativitätstheorie, Sitzungsber. d. Preuß. Akad. d. Wissensch. 1915, 44, S. 778, mit Nachtrag auf S. 799. Ders., Die Feldgleichungen der Gravitation, ebenda 1915, S. 844.

10) **238.** H. A. Lorentz, Het beginsel van Hamilton in Einsteins theorie der zwaartekracht, Versl. d. Akad. v. Wetensch. te Amsterdam, XXIII, S. 1073; Over Einsteins theorie der zwaartekracht I, II, III, ibid. XXIV, S. 1389, 1759; XXV, S. 468. Tresling, ibid., Nov. 1916; Fokker, ibid., Jan. 1917, S. 1067. Hilbert, Die Grundlagen der Physik, 1. Mitteilung, Nachr. d. Ges. d. Wissensch. zu Göttingen 1915, 2. Mitteilung 1917. In der 1. Mitteilung stellte Hilbert gleichzeitig und unabhängig von Einstein die invarianten Feldgleichungen auf, aber im Rahmen der hypothetischen Mieschen Theorie der Materie. Einstein, Hamiltonsches Prinzip und allgemeine Relativitätstheorie, Sittzungsber. d. Preuß. Akad. d. Wissensch. 1916, 42, S. 1111. Klein, Zu Hilberts erster Note über die Grundlagen der Physik, Nachr. d. Ges. d. Wissensch. zu Göttingen 1918, und die unter 7) zitierte Arbeit. Weyl, Zur Gravitationstheorie, Ann. d. Physik Bd. 54 (1917), S. 117.

11) **239.** Nach Levi-Civita, Statica Einsteiniana, Rend. della R. Accad. dei Lincei 1917, vol. XXVI, ser. 5^a, 1° sem. pag. 458.

12) **242.** Vgl. Levi-Civita, La teoria di Einstein e il principio di Fermat, Nuovo Cimento, Ser. VI, vol. 16 (1918), S. 105—114.

13) **244.** F. W. Dyson, A. S. Eddington, C. Davidson, A Determination of the Deflection of Light by the Sun's Gravitational Field, from Observations made at the Total Eclipse of May 29, 1919; Philos. Transact. of the Royal Society of London, Ser. A, Vol. 220 (1920), S. 291—333. Vgl. dazu E. Freundlich, Die Naturwissenschaften 1920, S. 667—673. Zu neuen Beobachtungen hat die totale Sonnenfinsternis vom 21. September 1922 Anlaß gegeben.

14) **245.** Schwarzschild, Sitzungsber. d. Preuß. Akad. d. Wissensch. 1914, S. 1201. Ch. E. St. John, Astrophys. Journal. 46 (1917), S. 249 (vgl. auch die dort zitierten Arbeiten von Halm und Adams). Evershed und Royds, Kodaik. Obs. Bull. 39. L. Grebe und A. Bachem, Verhandl. d. Deutsch. Physik. Ges. 21 (1919), S. 454; Zeitschr. f. Phys. 1 (1920), S. 51. L. Grebe, Zeitschr. f. Phys. 4 (1921), S. 105.

A. Perot, Comptes rendus Paris 170 (1920), S. 988 und 171 (1920), S. 229. St. John, The Observatory 43 (1920), Nr. 551; Physik. Zeitschr. 23 (1922), S. 197. Fabry u. Buisson, Comptes rendus Paris 172 (1921), S. 1020. Perot, Journ. d. Physique et le Radium, Ser. 6, Bd. 3 (1922), S. 101. E. Freundlich, Physik. Zeitschr. 20 (1919), S. 561.

15) **245.** Einstein, Sitzungsber. d. Preuß. Akad. d. Wissensch. 1915, S. 831. Schwarzschild, Sitzungsber. d. Preuß. Akad. d. Wissensch. 1916, S. 189.

16) **245.** Am meisten Beachtung fand die Hypothese von H. Seeliger, Das Zodiakallicht und die empirischen Glieder in der Bewegung der inneren Planeten, Münch. Akad. Ber. 36 (1906). Vgl. dazu E. Freundlich, Astr. Nachr. Bd. 201 (Juni 1915), S. 48. — Zur Kritik des von Newcomb berechneten Wertes von 42″ vgl. Grossmann, Astronom. Nachr. 214, S. 41 (Auszug: Zeitschr. f. Phys. 5 [1922], S. 280); zur Neuberechnung aller Konstanten der inneren Planeten auf Grund der Einsteinschen Theorie J. Bauschinger, Enzyklopädie d. Math. Wissensch. VI 2, 17; S. 887; Kienle, Die Naturwissenschaften 1922, S. 217 u. 246.

17) **246.** Einstein, Sitzungsber. d. Preuß. Akad. d. Wissensch. 1916, S. 688; dazu die Ergänzung: Über Gravitationswellen, ebenda 1918, S. 154. Ferner Hilbert, l. c. 10), 2. Mitteilung.

18) **249.** Phys. Zeitschr. Bd. 19 (1918), S. 33 und S. 156; Bd. 22 (1921), S. 29. Vgl. auch de Sitter, Planetary motion and the motion of the moon according to Einstein's theory, Amsterdam Proc. Bd. 19, 1916. — Von weiteren Untersuchungen über näherungsweise Integration seien hier noch die Arbeiten von W. Alexandrow über die Elektrodynamik im schwachen Gravitationsfelde genannt: Ann. d. Phys. 65 (1921), S. 675, und Physik. Zeitschr. 22 (1921), S. 593.

19) **250.** Vgl. Schwarzschild, l. c. 14); Hilbert, l. c. 10), 2. Mitt.; J. Droste, Versl. K. Akad. v. Wetensch. Amsterdam Bd. 25 (1916), S. 163.

20) **257.** H. Reißner, Ann. d. Phys. 50 (1916), S. 106. Weyl, l. c. 10). G. Nordström, On the Energy of the Gravitation Field in Einstein's Theory, Versl. d. K. Akad. v. Wetensch. Amsterdam Bd. 20, Nr. 9, 10 (26. Jan. 1918). C. Longo, Legge elettrostatica elementare nella teoria di Einstein, Nuovo Cimento, Ser. VI, Vol. 15 (1918), S. 191.

21) **262.** Vgl. hierzu A. S. Eddington, Report on the Relativity Theory of Gravitation (London, Fleetway Press, 1919), §§ 29, 30; L. Flamm, Physik. Zeitschr. 17 (1916), S. 448. Vom n-Körper-Problem handelt J. Droste, Versl. K. Akad. v. Wetensch. Amsterdam 25 (1916), S. 460.

22) **266.** Sitzungsber. d. Preuß. Akad. d. Wissensch. 1916, 18, S. 424. Ferner: H. Bauer, Kugelsymmetrische Lösungssysteme der Einsteinschen Feldgleichungen der Gravitation für eine ruhende, gravitierende Flüssigkeit mit linearer Zustandsgleichung. Sitzungsber. d. Akad. d. Wissensch. in Wien, math.-naturw. Kl., Abt. IIa, Bd. 127 (1918).

23) **266.** Weyl, l. c. 10), §§ 5, 6. Dazu eine Bemerkung in Ann. d. Phys. Bd. 59 (1919) und den Zusatz über das statische Zweikörperproblem zu der Arbeit von R. Bach: Explizite Aufstellung statischer axialsymmetrischer Felder, Math. Zeitschr. 13 (1922), S. 134—145.

24) **266.** Levi-Civita: ds^2 einsteiniani in campi newtoniani, Rend. Acc. dei Lincei, 1917/19.

25) **267.** l. c. 23); ferner R. Bach, Das Feld in der Umgebung eines langsam rotierenden kugelähnlichen Körpers von beliebiger Masse in 1. und 2. Annäherung, Math. Zeitschr. 13 (1922), S. 119.

26) **267.** A. De-Zuani, Equilibrio relativo ed equazioni gravitazionali di Einstein nel caso stazionario, Nuovo Cimento, Ser. VI, Vol. 18 (1919), S. 5. A. Palatini, Moti Einsteiniani stazionari, Atti del R. Istit. Veneto di scienze, lett. ed arti, t. 78 (2) (1919), S. 589.

27) **268.** Versl. K. Akad. v. Wetensch. Amsterdam 29, S. 611. Siehe auch J. A. Schouten, ebenda S. 1150.

28) **273.** Einstein, Grundlagen [l. c. 1)], S. 49. Der hier durchgeführte Beweis nach Klein, l. c. 7). Zur Diskussion über den physikalischen Sinn dieser Gleichungen

siehe Schrödinger, Phys. Zeitschr. Bd. 19 (1918), S. 4; H. Bauer, ebenda S. 163: Einstein, ebenda S. 115, und endlich die Arbeit von Einstein, Der Energiesatz in der allgemeinen Relativitätstheorie, in den Sitzungsber. d. Preuß. Akad. d. Wissensch. 1918, S. 448, welche die volle Abklärung brachte und der wir hier folgen. Vgl. ferner F. Klein, Über die Integralform der Erhaltungssätze und die Theorie der räumlich-geschlossenen Welt, Nachr. d. Ges. d. Wissensch. zu Göttingen 1918.

29) **275.** Vgl. dazu G. Nordström, On the mass of a material system according to the Theory of Einstein, Akad. v. Wetensch. Amsterdam, Bd. 20, Nr. 7 (29. Dez. 1917).

30) **280.** Man vgl. hierzu die demnächst in der Physik. Zeitschr. erscheinende Arbeit von Herrn G. Jaffé: »Ruhmasse« und »Masse der Bewegung« im statischen Gravitationsfelde; Herr Jaffé versteht unter träger Masse nicht den Skalar $\dfrac{m_0}{\sqrt{f^2 - v^2}}$, sondern den Raumtensor $\dfrac{m_0\,\gamma_{ik}}{\sqrt{f^2 - v^2}}$.

31) **285.** Ann. d. Physik Bd. 39 (1913).

32) **286.** In dem Beweis von Oseen (Physik. Zeitschr. **16**, 1915, S. 395) sind die postulierten Randbedingungen ebenso wichtig wie die Maxwellschen Gleichungen. Vgl. dazu G. Mie, Physik. Zeitschr. **21**, 1920, S. 657; und S. R. Milner, Phil. Mag. **41**, 1921, S. 405.

33) **287.** Weyl, Über das Verhältnis der kausalen zur statistischen Betrachtungsweise in der Physik, Schweiz. Medizin. Wochenschrift 1920, Nr. 34; ders., Feld und Materie, Ann. d. Physik. **65**, 1921, S. 541; W. Schottky, Das Kausalproblem der Quantentheorie als eine Grundfrage der modernen Naturforschung überhaupt, Die Naturwissenschaften 9, 1921; W. Nernst, Zum Gültigkeitsbereich der Naturgesetze, ebenda Bd. **10**, 1922.

34) **289.** Sitzungsber. d. Preuß. Akad. d. Wissensch. 1917, S. 142.

35) **292.** Weyl, Physik. Zeitschr. **20**, 1919, S. 31.

36) **292.** A. S. Eddington, Stellar Movements and the Structure of the Universe, Macmillan & Co. 1914.

37) **292.** On the Relativity of Inertia, Versl. d. Akad. v. Wetensch. Amsterdam **19** (1917); On the curvature of Space, ebenda **20** (1918); On Einsteins Theory of Gravitation and its Astronomical Consequances, Third paper, Monthly Notices of the R. Astronom. Soc. London, Nov. 1917. Vgl. dazu F. Klein, l. c. 27).

38) **296.** Einstein, Äther und Relativitätstheorie (Leidener Vorlesung), Springer 1920. Betreffs der »Übermacht des Äthers« vgl. die Ausführungen von E. Wiechert: Der Äther im Weltbild der Physik, Nachr. d. Ges. d. Wissensch. zu Göttingen 1921, S. 29, und Vierteljahrsschr. d. Astron. Gesellsch. **56** (1921), S. 171.

39) **298.** Siehe etwa A. Sommerfeld, Atombau und Spektrallinien, 3. Aufl., Braunschweig 1922.

40) **299.** Die in den beiden folgenden Paragraphen enthaltene Theorie wurde vom Verf. entwickelt in der Note »Gravitation und Elektrizität«, Sitzungsber. d. Preuß. Akad. d. Wissensch. 1918, S. 465. Vgl. auch Weyl, Eine neue Erweiterung der Relativitätstheorie, Ann. d. Physik Bd. 59 (1919). Einer ähnlichen Tendenz scheint die (mir in wesentlichen Punkten unverständlich gebliebene) Theorie von E. Reichenbächer (Grundzüge zu einer Theorie der Elektrizität und Gravitation, Ann. d. Physik, Bd. 52 [1917], S. 135; ferner Ann. d. Physik Bd. 63 [1920], S. 93—144) entsprungen zu sein. Betreffs anderer Versuche, Elektrizität und Gravitation unter einen Hut zu bringen, vgl. den unter 4) zitieren Artikel von Abraham; ferner G. Nordström, Physik. Zeitschr. **15** (1914), S. 504; E. Wiechert, Die Gravitation als elektrodynamische Erscheinung, Ann. d. Physik, Bd. 63 (1920), S. 301.

41) **302.** Vgl. P. Ehrenfest, Welche Rolle spielt die Dreidimensionalität des Raumes in den Grundgesetzen der Physik? Ann. d. Phys. **61** (1920), S. 440.

42) **302.** E. Cunningham, Proc. of the London Mathem. Society, (2) vol. 8 (1910), S. 77—98; H. Bateman, ebenda, S. 223—264.

43) **302.** Dieser Satz wurde von Liouville bewiesen: Note VI im Anhang zu G. Monge, Application de l'analyse à la géométrie (1850), S. 609.

44) **303.** Vgl. W. Pauli, Zur Theorie der Gravitation und der Elektrizität von H. Weyl, Physik. Zeitschr. Bd. 20 (1919), S. 457—467; Weyl, Über die physikalischen Grundlagen der erweiterten Relativitätstheorie, Physik. Zeitschr. 22 (1921) S. 473. Zum Teil zu ähnlichen Konsequenzen gelangt Einstein durch eine abermalige Modifikation seiner Gravitationsgleichungen in der Arbeit: Spielen Gravitationsfelder im Aufbau der materiellen Elementarteilchen eine wesentliche Rolle? Sitzungsber. d. Preuß. Akad. d. Wissensch. 1919, S. 349—356.

45) **316.** Über die Wirkungsfunktion in der Weylschen Physik. Sitzungsber. d. Akad. d. Wissensch. in Wien, Abt. IIa, 129 und 130 (1920/21); ferner: K. Akad. v. Wetensch. Amsterdam 25 (27. Mai 1922).

46) **316.** Math. Zeitschr. 9 (1921), S. 110—135, insbesondere S. 125 und 128.

47) **317.** Verhandl. d. Deutsch. Phys. Ges. 21 (1919), S. 742.

48) **317.** Proceedings of the Royal Society, A, 99 (1921), S. 104—122.

49) **325.** R. Bach, l. c. 46), S. 128—135. A. Einstein, Sitzungsber. d. Preuß. Akad. d. Wissensch. 1921, S. 261—264.

50) **325.** Sitzungsber. d. Preuß. Akad. d. Wissensch. 1921, S. 966.

Sachverzeichnis

(Die Zahlen verweisen, wenn nichts anderes bemerkt ist, auf die Seiten des Buchs.)

Anmerkungen und Ergänzungen des Herausgebers

Kapitel II

1 S. 92   Jetzt: Tangentialraum.

2 S. 94   Statt »affiner Zusammenhang« sagt man neuerdings »symmetrischer (oder torsionsfreier) linearer Zusammenhang«.

3 S. 140   Eine sorgfältige Erläuterung des Inhalts dieses Paragraphen gibt E. Scheibe: Hermann Weyl and the Nature of Spacetime. In W. Deppert et al. (1988).

Kapitel III

4 S. 161   Diese übliche Formulierung ist irreführend, weil der Begriff »Geschwindigkeit« in ihr unnötig ist. Eine von diesem Begriff unabhängige Formulierung des Prinzips wird im zweiten Absatz der Seite 163 gegeben.

5 S. 170   Es entspricht dem hier begründeten Standpunkt, »Zeit« und »Länge« als (historisch bedingte) verschiedene Bezeichnungen für nur *eine* dimensionsbehaftete physikalische Grundgröße aufzufassen. Dem entspricht die Definition des Meters durch die Festsetzung (1983): $c = 299\,792\,458$ m sec^{-1}. Die Sekunde ist seit 1967 ausdrücklich als Einheit der Eigenzeit definiert, und zwar als ein Vielfaches der Eigenperiode derjenigen Strahlung, die bei einem bestimmten Hyperfeinübergang des Atoms mit dem Nuklid ^{133}Cs ausgesandt wird.

6 S. 203   Siehe Ehlers et al. (1965).

7 S. 212   Genauer: sie schränken nur die Anfangsdaten ein. Gelten sie anfangs, so gelten sie aufgrund der »Hauptgleichungen« überall im Abhängigkeitsgebiet.

8 S. 214   In der physikalischen Literatur wird $\mathfrak{L}$ durchweg Lagrangedichte oder Wirkungsdichte genannt.

Kapitel IV

9 S. 219   Diese Zusatzannahme läßt sich begründen, indem man außer den eine projektive Struktur definierenden Trägheitsbewegungen die eine konforme Struktur festlegende Lichtausbreitung sowie eine beide verknüpfende Verträglichkeitsbedingung heranzieht; siehe S. 228/229, Anhang I, und unter schwächeren Voraussetzungen Ehlers et al. (1973).

10 S. 233   Die an irgendeinem Feld Φ ausführbare Operation $\Phi \to \dfrac{-1}{\varepsilon}\,\delta\Phi = \mathfrak{L}_\xi\,\Phi$ nennt man nach dem Vorschlag von van Dantzig (1932) die Lie-Ableitung bezüglich ξ.

11 S. 236   Vgl. Marginalziffer **8**.

12 S. 239   Ohne Bezugnahme auf Koordinaten bedeutet das; die Metrik ist invariant unter einer eindimensionalen Gruppe von Abbildungen der Welt auf sich, deren Bahnen zeitartig und hyperflächenorthogonal sind.

13 S. 239   Eine (»richtig gehende«) Uhr zeigt nach S. 224–225 die Eigenzeit $\int ds$ an, eine im statischen Feld »ruhende« Uhr also $f\,t$. Es ist deshalb irreführend, aber leider üblich, in statischen Feldern die Koordinate t als »Zeit« und die Funktion f als »Lichtgeschwindigkeit« zu bezeichnen. (Vgl. auch Marginalziffer **5**).

14 S. 240   Streng genommen kann »inkohärente«, d. h. spannungsfreie Materie kein statisches Gravitationsfeld erzeugen; denn die Gravitationskräfte, die ihre Teile aufeinander ausüben, müssen durch Spannungsgradienten (S. 54 – 57) kompensiert werden, wie Gl. (26) zeigt. Die Betrachtung im Text ist als Näherung aufzufassen, bei der die im Verhältnis zur Massendichte kleinen Spannungen als Quellen des Gravitationsfeldes vernachlässigt werden. Siehe dazu H. Weyl, Annalen der Physik **59**, 185 – 188, 1919.

15 S. 242   Die Beziehung der Einsteinschen Theorie zur Newtonschen als ihrem »Grenzfall« für schwache Felder und langsame Bewegungen ist eingehend untersucht worden. Siehe z. B. Ehlers (1981) und die dort zitierten Arbeiten.

16 S. 249   Durch infinitesimale Koordinatentransformationen, die (42) erhalten, kann erreicht werden, daß nur die rein transversale Welle übrigbleibt und $a_{22} = -a_{33}$ ist. Sie ist wie eine elektromagnetische Welle durch zwei unabhängige Amplituden bestimmt, die »entgegengesetzten Polarisationen« entsprechen. Gravitations- und elektromagnetische Wellen unterscheiden sich durch ihre Helizitäten. Siehe z. B. Straumann (1984).

17 S. 257   Das Linienelement ds^2 ist nach (49) an der Stelle $r = 2\,m$ formal singulär; h^2 ist dort unendlich. In der ersten Auflage hat Weyl diesen Sachverhalt im Zusammenhang mit der vorstehenden, von Flamm (1916) stammenden Veranschaulichung einer »durch das Gravitationszentrum gehenden Ebene« (total geodätischen Untermannigfaltigkeit) durch ein einschaliges Rotationsparaboloid folgendermaßen interpretiert (1. Aufl., S. 205 – 206): »Die orthogonale Projektion des Paraboloids auf die $x_1 x_2$-Ebene bedeckt das Äußere des Kreises $r > 2\,m$ doppelt, das Innere hingegen überhaupt nicht. Bei natürlicher analytischer Fortsetzung haben wir unsere kugelsymmetrische Lösung des Gravitationsproblems also folgendermaßen zu interpretieren: Der wirkliche Raum ist in der Weise auf den Euklidischen Bildraum mit den Cartesischen Koordinaten $x_1 x_2 x_3$ abgebildet, daß die Abbildung das Äußere der Kugel $r = 2\,m$ doppelt überzieht. Durch jene Kugel, auf welcher die Maßbestimmung singulär wird, ist der Raum in zwei Hälften geschnieden, deren eine man als das Äußere, deren andere man als das Innere des »Massenpunktes« zu bezeichnen hätte, um dessen Feld es sich handelt. Masse befindet sich aber weder im Äußern noch im Innern, sondern nur auf der Oberfläche der singulären Kugel. Die volle Realisierung dieser Lösung würde voraussetzen, daß der Raum andere Zusammenhangsverhältnisse aufweist, als wir sie ihm gemeinhin zuschreiben; er müßte nämlich zweifach zusammenhängend sein, d. h. nicht nur *einen*, sondern *zwei* ins Unendliche hinausreichende Säume tragen.« Während die hierin enthaltene Beschreibung des singularitätenfreien, analytisch fortgesetzten, kugelsymmetrischen und mittelpunktslosen dreidimensionalen Raumes $t = $ const. mit seinen zwei asymptotisch flachen Auslaufzonen, die durch eine »Brücke« miteinander verbunden sind, richtig ist und wohl das erste Beispiel einer ungewohnten Topologie in der allgemeinen Relativitätstheorie darstellt, hat sich Weyls Deutung der »singulären Sphäre $r = 2\,m$« als flächenhafte Massenverteilung als falsch erwiesen. Erst 1933 bemerkte Lemaitre, daß nur eine Singularität des Koordinatensystems, aber keine des metrischen Feldes vorliegt. Dies Ergebnis fand wenig Beachtung. Die volle Aufklärung brachten erst Arbeiten von J. L. Synge (1950), M. D. Kruskal (1960) und G. Szekeres (1960), die die maximale analytische Fortsetzung der Schwarzschild-Raumzeit konstruierten. In der fortgesetzten Raumzeit bilden die Ereignisse mit $r = 2\,m$ zwei sich in einer raumartigen Sphäre schneidende lichtartige Hyperflächen, die zwei zueinander isometrische statische Schwarzschild-Bereiche mit $r > 2\,m$ von zwei ebenfalls zueinander isometrischen, aber nichtstationären Innenbereichen mit $r < 2\,m$ trennt. Die genannten Hyperflächen stellen zugleich die Ränder der Bereiche dar, die von einem Außenbereich beobachtet und kausal beeinflußt werden können; sie werden deshalb Ereignishorizonte genannt. Diese Erkenntnisse bildeten den Ausgangspunkt der ab 1967 von W. Israel, B. Carter, S. W. Hawking u. a. entwickelten Theorie der schwarzen Löcher. Siehe z. B. Hawking-Ellis (1973), Misner et al. (1973).

18 S. 263   Inkompressible Flüssigkeiten sind mit der Relativitätstheorie ebensowenig vereinbar wie starre Körper, da sich in ihnen Schallwellen »unendlich schnell« ausbreiten würden. Die hier betrachtete Lösung konstanter Dichte ist zwar nicht realistisch, aber die einfachste

Innenlösung; sie ist physikalisch als Näherung brauchbar. Für andere Lösungen siehe Kramer et al. (1980).

19 S. 264   Vgl. Marginalziffer **17**.

20 S. 267   Viele weitere, auch nichtstationäre exakte Lösungen mit und ohne Quellen sind angegeben und z. T. diskutiert in dem Sammelwerk Kramer et al. (1980).

21 S. 270   Eine koordinatenfrei formulierte Asymptotik im lichtartig-Unendlichen, die Weyls Vermutung bestätigt, hat zuerst 1962 Penrose erdacht. Siehe dazu z. B. Penrose et al., Bd. 2 (1986), und Esposito et al. (1977).

22 S. 274   Die Existenz eines erhaltenen, im räumlich-Unendlichen lokalisierbaren, globalen Energie-Impuls-Weltvektors eines isolierten Systems wurde ohne die (mit den Feldgleichungen unverträgliche) Annahme einer exakt flachen Umgebung des Systems zuerst 1962 von Arnowitt, Desen und Misner nachgewiesen. Für eine koordinatenfreie, geometrische Formulierung siehe z. B. Ashtekar (1980). Zur Asymptotik von Raumzeiten siehe außerdem Esposito et al. (1977), Penrose et al., Bd. 2 (1986).

23 S. 278   Dafür aber von der stärkeren, fiktiven Annahme, daß sogar der volle Krümmungstensor in einer Umgebung des Systems (und nicht nur asymptotisch) gleich Null ist; vgl. Marginalziffer **22**.

24 S. 280 E ist auch im freien Fall konstant und geht bei kleinen Geschwindigkeiten und schwachen statischen Feldern $-\, f \approx 1 + \Phi,\ |\Phi| \ll 1 -$ in die Newtonsche Gesamtenergie über:

$$E \approx m_0 \left(1 + \frac{v^2}{2}\right)(1 + \Phi) \approx m_0 \left(1 + \frac{v^2}{2} + \Phi\right) = (\text{innere} + \text{kinetische} + \text{potentielle}) \text{ Energie.} - \text{Ein}$$

entsprechender Impulssatz gilt nicht, weil die Impulsvektoren an Orten lokalisiert sind, die durch ein inhomogenes Schwerefeld (»Abhang«) getrennt und daher nicht addierbar sind.

25 S. 281   Die folgende Begründung der Bewegungsgleichung (74) mittels der Maxwell-Einsteinschen Feldgleichungen im materiefreien Raum und der die Körper bzw. Teilchen umgebenden Nahfelder, ohne Annahmen über $\mathfrak{T}^\sigma_\tau$ und $\mathfrak{s}^\alpha$ im Innern der Körper – erstmals von Weyl in der vierten Auflage von »Raum, Zeit, Materie« 1921 entwickelt – stützt sich auf eine Reihe zwar plausibler, aber bis jetzt immer noch nicht ganz befriedigend präzisierter Näherungsannahmen (über die »Hülle« Ω, den Feldverlauf in der Auslaufzone, usw.). Viele, rechnerisch aufwendige Versuche, Bewegungsgleichungen und zugehörige Metriken wechselwirkender Körper aus der Einsteinschen Theorie abzuleiten, haben zwar zu Teilerfolgen, aber noch nicht zu einer exakten allgemeinrelativistischen Mechanik (n-Körperproblem) geführt. Zu diesem Problemkreis siehe z. B. Ehlers (1976), zum gegenwärtigen Stand insbesondere Damour (1987).

26 S. 288   Dafür hat sich die Bezeichnung »Topologie« durchgesetzt, die schon Listing 1847 benutzt hat; geschlossen = kompakt und randfrei.

27 S. 288   Einseitig = orientierbar, zweiseitig = nicht orientierbar.

28 S. 290   Vgl. Marginalziffer **13**.

29 S. 290   Dies ist aber, wie auf S. 293 gezeigt wird, nur eine »Koordinatensingularität«. Einsteins Schluß (nächster Satz) war also ein Fehlschluß.

30 S. 292   Die Bemerkungen in diesem Absatz, vor allem aber die auf S. 295 unter Fig. 23 ausgesprochene Hypothese und die in Anhang III abgeleitete Vorhersage einer kosmischen Rotverschiebung nehmen wesentliche Züge der Theorie des expandierenden Weltalls vorweg. Zur neueren Entwicklung dieses von A. Friedmann 1922, 1924 und G. Lemaître 1927 begründeten Theorie siehe z. B. Misner et al. (1973) und Weinberg (1972).

31 S. 298   Die in diesem und dem letzten Paragraphen entworfene »elektrogravische« einheitliche Feldtheorie hat sich physikalisch nicht bewährt; Weyl selbst hat sie 1928 ausdrücklich aufgegeben. Ihre bleibende Bedeutung liegt in der Einführung der »Eichinvarianz«, die in verallgemeinerter Form neueren Feldtheorien der fundamentalen Wechselwirkungen zugrunde liegt; siehe z. B. Itzykson und Zuber (1980). Die von Weyl hier bereits angesprochene Beziehung der allgemeinen Relativitätstheorie zur Quantentheorie ist ein offenes Problem; für eine Einführung in einige diesbezügliche Fragen und Ansätze siehe Weinberg (1972), Abschnitt 10.8, und Wald (1984), Kap. 14.

32 S. 319   Lovelock (1970) hat einen ähnlichen, tiefer liegenden Satz bewiesen: in vier Dimensionen hat jeder aus den g_{ik} und ihren Ableitungen bis zur 2. Ordnung gebildete Tensor 2. Stufe, dessen kovariante Divergenz identisch Null ist, die Form $a\,(R_{ik} - \frac{1}{2}\,g_{ik}\,R) + b\,g_{ik}$ mit Konstanten a, b.

Anhang VI

33 S. 327   Dabei zerfallen die 10 Gravitationsgleichungen analog zu den Gleichungen der Mieschen Theorie (vgl. S. 212) in 6 Hauptgleichungen und 4 Nebengleichungen, von denen erstere die Zeitentwicklung bestimmen, während letztere die Anfangsdaten $g_{ik}, \dfrac{\partial g_{ik}}{\partial x_0}$ einschränken.

34 S. 328   Einen solchen Eindeutigkeitssatz bewies zuerst 1937 K. Stellmacher, allerdings in anderen Koordinaten. Das Cauchysche Anfangswertproblem für die Gravitationsgleichungen ist seitdem intensiv untersucht worden. Für den jetzigen Stand der Kenntnisse siehe z. B. A. E. Fischer und J. E. Marsden (1979), Y. Choquet und J. W. York (1980).

Anhang VII

35 S. 328   Definiert als $c^{-1}\sqrt{\varkappa} \times$ Ladung.

36 S. 330   Das hier angesprochene »Äquivalenzproblem« ist im Zusammenhang mit exakten Lösungen allgemeinrelativistischer Feldgleichungen behandelt und weitgehend gelöst worden; siehe z. B. Ehlers (1981), Karlhede (1980).

Literaturergänzungen

Ashtekar, A., in: Held, A. (ed.) General Relativity and Gravitation, vol. II, p. 37. New York: Plenum Press 1980.

Choquet, Y., York, J. W., in: Held, A. (ed.) General Relativity and Gravitation, vol. I, p. 99. New York: Plenum Press 1980.

Damour, T., in: Hawking, S. W., Israel, W. (ed.) Three Hundred Years of Gravitation, p. 128. Cambridge University Press 1987.

Deppert, W., Hübner, K., Oberschelp, A., Weidemann, V. (eds.): Exakte Wissenschaften und ihre philosophische Grundlegung. Bern: Peter Lang 1988.

Ehlers, J., in: Butzer, P. L., Feher, E. (Hrsg.) E. B. Christoffel, S. 526. Basel: Birkhäuser 1981.

Ehlers, J. (ed.) Isolated Gravitating Systems in General Relativity. New York: North Holland 1979.

Ehlers, J., in: Nitsch, J. et al. (Hrsg.) Grundlagenprobleme der modernen Physik, S. 65. Mannheim: Bibliographisches Institut 1981.

Ehlers, J., Penrose, R., Rindler, W.: Am. J. Phys. **33**, 995 (1965).

Ehlers, J., Pirani, F. A. E., Schild, A., in: O'Raifeartaigh, L. (ed.) General Relativity, p. 63. Oxford: Clarendon Press 1972.

Esposito, F. P., Witten, L.: Asymptotic Structure of Spacetime. New York: Plenum Press 1977.

Fischer, E. A., Marsden, J. E., in: Hawking, S. W., Israel, W. (ed.) General Relativity, p. 138. Cambridge University Press 1979.

Hawking, S. W., Ellis, G. F. R.: The Large Scale Structure of Space-Time. Cambridge University Press 1973.

Itzykson, C., Zuber, J.-B.: Quantum Field Theory. New York: McGraw Hill 1980.

Karlhede, A.: Gen. Rel. Grav. **12**, 693 (1980).

Kramer, D., Stephani, H., MacCallum, M., Herlt, E.: Exact Solutions of Einstein's Field Equations. Cambridge University Press 1980.

Lovelock, D.: Aequationes Mathematicae **4**, 127 (1970).

Misner, C. W., Thorne, K. S., Wheeler, J. A.: Gravitation. San Francisco: Freeman 1973.

Penrose, R., Rindler, W.: Spinors and Spacetime. Cambridge University Press, vol. I: 1984, vol. II: 1986.

Scheibe, E., in: Deppert, W. et al. (eds.) Exakte Wissenschaften und ihre philosophische Grundlegung. Bern: Peter Lang 1988.

Straumann, N.: General Relativity and Relativistic Astrophysics. Berlin: Springer 1984.

Wald, R.: General Relativity. Chicago University Press 1984.

Weinberg, S.: Gravitation and Cosmology. New York: Wiley 1972.

B. van der Waerden

Algebra

Mit einem Geleitwort von J. Neukirch

Band 1

9. Aufl. 1993. Etwa 285 S. Geb. DM 68,–; öS 530,–; sFr 75,–.
ISBN 3-540-56799-2

Band 2

6. Aufl. 1993. Etwa 315 S. Geb. DM 68,–; öS 530,–; sFr 75,–.
ISBN 3-540-56801-8

Der Autor wurde am 2.2.1903 in Amsterdam geboren. Im Jahre 1924
ging er als Student nach Göttingen und wurde dort mit Emmy Noether
und der abstrakten Algebra bekannt. Sein Hauptinteresse galt damals
vor allem der Begründung der algebraischen Geometrie mit Hilfe der
neuen algebraischen Methoden. Als er im Jahre 1926 als junger
Doktor mit einem Rockefeller-Stipendium nach Hamburg kam, hatte
er Gelegenheit, eine didaktisch hervorragende Algebra-Vorlesung von
Emil Artin zu hören. Die Ausarbeitung, die er von dieser Vorlesung
machte, wurde zum Kern des vorliegenden Werkes. Es erschien zuerst
1930 bis 1931 unter dem Titel „Moderne Algebra" in der Sammlung
„Grundlehren der mathematischen Wissenschaften".

In der Folge wurde das Werk in die englische, russische und chinesi-
sche Sprache übersetzt. Im Jahre 1928 wurde der Autor Professor an
der Universität Groningen. Seit 1951 lebte und arbeitete er bis zu
seiner Emeritierung in Zürich als Professor an der dortigen
Universität. Heute lebt er in Zürich.

Preisänderungen vorbehalten.

B3.07.102